向日葵遗传与育种

Sunflower Genetics and Breeding: International Monography

〔塞尔〕D. 史科瑞奇　　〔美〕G. J. 塞勒
〔美〕刘　朝　　　　　　〔美〕冉超健　　编著
〔美〕J. F. 米勒　　　　　〔美〕L. D. 夏洛特

赵　君　侯爱新　孟瑞霞等　译
冉超健　赵　君　校

科学出版社
北　京

图字：01-2019-1610 号

内 容 简 介

本书是一本向日葵遗传育种方面的工具书，由塞尔维亚科学与艺术院著名的向日葵育种家 Dragan Škorić 联合美国农业部北方作物研究所向日葵研究中心的几位专家共同编撰。本书包括向日葵遗传学、向日葵育种、向日葵野生资源在向日葵育种中的应用、向日葵育种的分子技术、抗虫育种 5 章，系统、全面地阐述了向日葵的遗传原理、育种技术，抗病虫、抗逆育种及分子标记在向日葵育种中的应用等方面的研究进展。

本书可以作为科研院所、高等院校、育种公司从事向日葵育种和向日葵有害生物研究相关人员的工具书。同时，本书中有关向日葵传统育种、分子标记辅助育种技术的相关内容还可以作为作物遗传育种专业学生的参考资料。

Sunflower Genetics and Breeding: *International Monography* (ISBN 978-86-81125-82-3) was originally published in English by Serbian Academy of Sciences and Arts Branch in Novi Sad in 2012. This translation is published by arrangement with Serbian Academy of Sciences and Arts Branch in Novi Sad.

Copyright © 2012 Serbian Academy of Sciences and Arts Branch in Novi Sad

---

图书在版编目（CIP）数据

向日葵遗传与育种 /（塞尔）D. 史科瑞奇（Dragan Škorić）等编著；赵君等译 . — 北京：科学出版社，2021.3

书名原文：Sunflower Genetics and Breeding: International Monography

ISBN 978-7-03-064973-7

Ⅰ . ①向… Ⅱ . ① D… ②赵… Ⅲ . ①向日葵 - 遗传育种 Ⅳ . ① S565.532

中国版本图书馆 CIP 数据核字（2020）第 072453 号

责任编辑：陈 新 田明霞 郝晨扬 / 责任校对：严 娜
责任印制：肖 兴 / 封面设计：铭轩堂

科学出版社 出版
北京东黄城根北街 16 号
邮政编码：100717
http://www.sciencep.com

北京汇瑞嘉合文化发展有限公司 印刷
科学出版社发行 各地新华书店经销

*

2021 年 3 月第 一 版　开本：787×1092　1/16
2021 年 3 月第一次印刷　印张：25 1/2
字数：603 000

定价：368.00 元
（如有印装质量问题，我社负责调换）

《向日葵遗传与育种》译校者名单

(以姓名汉语拼音为序)

翻译人员

郭树春（内蒙古自治区农牧业科学院）

侯爱新（北京关尔科技发展有限公司）

刘　朝（美国堪萨斯州立大学）

孟瑞霞（内蒙古农业大学）

王美玲（乌兰察布市环境科学研究所）

张　键（内蒙古农业大学）

张希吏（三瑞农业科技股份有限公司）

赵　君（内蒙古农业大学）

校对人员

冉超健（三瑞农业科技股份有限公司）

赵　君（内蒙古农业大学）

原著第一作者简介

Dragan Škorić 于 1938 年 9 月 16 日出生在邻近克罗地亚的一个小村庄。1963 年从塞尔维亚诺维萨德农业大学的大田作物专业本科毕业。1964 年他开始在诺维萨德大田作物和蔬菜研究所（原诺维萨德农业研究所）工作，主要从事向日葵育种工作。于 1968 年获得诺维萨德农业大学植物遗传和育种系的硕士学位，随后于 1975 年在该系获得博士学位。1978 年他成为诺维萨德农业大学植物遗传和育种系助理教授，并于 1983 年和 1990 年分别晋升为副教授和教授。从 1980 年到 2006 年退休，Škorić 教授任诺维萨德大田作物和蔬菜研究所油料作物育种室的主任并连任了两届该研究所理事会的主任。他还是塞尔维亚教育、科学和技术发展部的成员并担任两届  主席。2003～2006 年，Škorić 教授任塞尔维亚国家生物技术和农业工程项目的主持人。从 2000 年起他先后当选南斯拉夫工程院及塞尔维亚科学与艺术院院士。

除了在塞尔维亚担任一系列重要职位，Škorić 教授还在国际向日葵领域做了很多的贡献。从 1989 年起，他担任联合国粮食及农业组织（FAO）欧洲区合作项目的协调员，并担任国际向日葵协会（ISA）执行委员会的成员直至 2012 年。他同时代表塞尔维亚担任欧洲植物育种研究协会（EUCARPIA）的执行委员，直至 2006 年。他也是国际向日葵期刊 *Helia* 的主编，以及一些其他国际期刊的编辑。

Škorić 教授获得了很多国内、国际方面的奖项。最为重要的是于 1988 年获得了国际向日葵协会授予的 Pustovoit 奖章。这一奖章主要是奖励那些在向日葵领域做出卓越贡献的研究者。他还因对美国农业部（USDA）合作项目做出卓越贡献而获得了美国农业部授予的奖状及中国政府授予的友谊奖杯等。

Škorić 教授在他 50 年的职业生涯中，在向日葵遗传、育种和种子繁育等领域对全球向日葵产业的发展做出了卓越的贡献。他把自己 50 多年在向日葵育种领域取得的成果集结在他的著作中，其中两本是英语版，两本是塞尔维亚语版。他还作为第一作者或共同作者参与了 6 部专著部分章节的撰写工作，发表 400 余篇研究论文。他曾受邀在 20 多个国际学术会议上做了大会报告，参与了法国、美国、印度、伊朗等国家的多项向日葵科研工作。与美国农业部合作的 5 个项目中，3 个项目是由他主持的。但是最被人称道的是 Škorić 教授在向日葵品种选育方面做出的巨大贡献。向日葵杂交种的选育使得他成为世界著名的向日葵育种家。他在塞尔维亚参与选育了 50 多个向日葵品种，同时还为其他国家提供了 129 份育种材料。他同时也和国际其他向日葵育种单位共同选育了 78 份向日葵杂交种。到 2006 年，由 Škorić 教授参与选育的向日葵杂交种的种植面积超过了 200 万 hm^2，占世界向日葵总种植面积的 10%。

译者的话

这本书的中文版我们盼望了很久，现在非常高兴能与读者见面了。原著的第一作者 Škorić 教授毕生致力于向日葵的遗传及育种研究。2006 年他从塞尔维亚的诺维萨德大田作物和蔬菜研究所油料作物育种室主任岗位退休至今，仍然风尘仆仆地受邀到世界各地，继续为他最爱的向日葵的科研及育种尽心尽力，言传身教，为培育年轻一代的向日葵科研人员而努力。在从事向日葵育种的 40 年中，他也见证了中国早期的油葵和近年兴起的食葵产业的发展。他多次访华并做技术指导，为中国向日葵产业的兴起提供了及时而有力的帮助，他是一位实至名归的中国向日葵之友。我本人有幸于 1982 年在诺维萨德初识 Škorić 教授，并于 1989 年受其邀请再到诺维萨德学习交流两个多月，协助他建立了塞尔维亚首家向日葵种间杂交幼胚培养实验室。往事历历在目，转眼 30 年就过去了，老一辈的向日葵育种家，如今只剩下 Škorić 教授一人仗剑独行，以向日葵的永续发展为己任。

2009 年，Škorić 教授有感于可用的向日葵专业书籍的不足，提出要编写一本他心目中以遗传育种为重心的专著，由他本人负责向日葵遗传学、向日葵育种两章，另外三章包括向日葵野生资源在向日葵育种中的应用、向日葵育种的分子技术及抗虫育种则由我当时所在的美国农业部北方作物研究所向日葵研究中心的同事协助完成。英文版的《向日葵遗传与育种》于 2012 年出版。紧接着，该书的俄文版于 2015 年在俄罗斯出版，而中文版的翻译一直到 2017 年春才由内蒙古农业大学赵君教授承担下这个重任。中国向日葵近年快速发展，迫切地需要一本好用的中文参考专业书，而这本书的中文版也正逢其时。在各方的关心和期待中，翻译工作总算坚持了下来，回首来时路，点滴在心头。这本书中文版的问世，时间上可能稍微晚了一点，只希望这份迟到的礼物能为不熟悉英文的向日葵工作者提供一些宝贵而全面的经验和知识，也为广大向日葵从业人员提供丰富的参考资料。

众所周知，栽培向日葵起源于欧洲，尤其是苏联及东欧诸国如南斯拉夫、罗马尼亚及保加利亚。这些国家皆有很完善的国家级向日葵研究中心，致力于向日葵的遗传及改良。遗憾的是，他们卓越的研究成果大多发表于本国杂志或内部报告，不易汲取及研究。而 Škorić 教授对这些研究成果则非常熟悉，由他将这些成果纳入此书，即使见不到原始文章，也为此书增色不少。近年来，综述性的向日葵书籍虽然也出版了一些，但全面涉及向日葵各领域研究的不多，而且也没有中文版。这些书中，以美国农艺学会 1997 年出版的《向日葵的技术与生产》（*Sunflower Technology and Production*）最为经典，它是一本很全面的向日葵参考书。而 Škorić 教授的《向日葵遗传与育种》比上述书籍晚出版了近 15 年。该书引述较新，写法则更为清晰明快，内容集中于遗传及育种两方面的应用上，印刷及图表清晰，版面美观，易懂而实用，更易引起育种工作者的共鸣。

本书第 1 章和第 2 章由 Škorić 教授亲自主笔，讲述了向日葵各种重要性状的遗传及育种，娓娓道来，深入浅出，如话家常，读后余味犹存，对向日葵改良有兴趣的朋友必定不会空手而归。第 3 章以野生向日葵的收集及利用为主。向日葵原产于北美洲，经印第安人多年驯化，然后漂洋过海，在苏联被改良为油用作物，后又重回北美洲并分布于全世界。然而，因向日葵高度选种而缺乏遗传多样性，为确保向日葵的永续发展，这些北美洲的向日葵野生资源将为未来向日葵栽培品种的选育提供有力的保障。第 4 章回顾了近期快速发展的向日葵分子遗传的研究及利用，配合传统育种，协助提高向日葵改良的速度和精确度。第 5 章则以抗虫育种为主题，列举出向日葵栽培及野生种质资源中抗虫基因的广泛存在，并指出抗虫育种的可行性，为将来培育出健康又环保的抗虫品种铺路。

在此，我要特别感谢参与翻译的同仁。感谢他们在百忙的工作中仍然能够抽出时间，鼎力相助。从开始的第一稿到最终完稿，没有他们就没有这本书的诞生。另外，要特别感谢的是本书的主要译者内蒙古农业大学赵君教授，没有她邀请翻译人员、协调、校稿、联络出版社及寻求出版赞助，这本书不可能如期完成。在这里，我向赵君教授致以由衷的谢意。

本人受 Škorić 教授、赵君教授之托，审阅了中文版译稿多次，在忠实于原文的原则下，力求中文表述流畅，并在赵君教授完成统稿后，又做了一次最终的审阅，但百密总有一疏，请从事向日葵研究的专家学者多多指正，以便于再版时加以完善。

最后，感谢甘肃九洋农业发展有限公司、三瑞农业科技股份有限公司、北京关尔科技发展有限公司、甘肃同辉种业有限责任公司，以及国家特色油料产业技术体系（CARS-14）、国家公益性行业（农业）科研专项（201503109）、国家自然科学基金项目（31572049）及内蒙古院士工作站建设项目（201803048）对本书出版给予的资助。

冉超健

于内蒙古五原

2019 年 8 月

前　言

当一位研究者把他的毕生精力用于研究一个特殊物种时，如向日葵，他就会很自然地想到需要以著书的形式记录这个和他相伴一生的伙伴，这样能够使得刚刚踏入这个物种研究领域的年轻人从他一生积累的知识和经验中受益。

本书背后的另外一个初衷是想将世界不同国家从事向日葵研究的单位在向日葵研究方面取得的研究结果和成就整理在一起。在本书中，还特别包括了东欧各国的研究单位用其母语发表的有关向日葵方面的研究成果，这些成果由于语言的限制而没有在国际期刊上发表。

在写本书时，我们的主要目标是对向日葵育种过程中的遗传原理和方法、育种方向的选择进行综述，旨在提高向日葵栽培种的遗传变异，创制对生物和非生物胁迫具有广谱抗性的杂交种，最终获得具有高油和高蛋白品质的向日葵品种，从而满足不同的食品和非食品工业需求。

非常感谢美国农业部北方作物研究所向日葵研究中心的 Gerald J. Seiler 博士、冉超健博士、Jerry F. Miller 博士、刘朝博士，以及 Laurence D. Charlet 博士对本书部分章节所做的贡献。我作为这本书的第一作者向他们表示衷心的感谢。

同时，利用这个机会我还要感谢 Messrs Vladimir Škorić、Srdijn Vraneš 及 Zaga Radosavljević 女士在本书翻译为英文时所做出的努力。最后，尤其要感谢 Zvonimir Sakač 小姐在书稿的图表和版面设计方面、Snežana Merdović 女士对书稿准备过程中有关技术方面的问题给予的有价值的指导及付出的大量努力。

Dragan Škorić 博士
于诺维萨德
2012 年 2 月 20 日

目 录

第1章 向日葵遗传学 ··· 1
   1.1 向日葵栽培种形态性状的遗传 ·· 1
   1.2 分枝 ·· 17
   1.3 苞叶 ·· 20
   1.4 向日葵植物器官叶绿素的缺乏 ·· 22
   1.5 花盘的特性及倾斜度 ·· 23
   1.6 倒伏 ·· 27
   1.7 种子大小和颜色 ·· 28
   1.8 向日葵的花形及花色的遗传 ·· 31
   1.9 籽粒产量和含油量的遗传及其遗传组分 ·· 38
   1.10 花蜜量及其对传粉媒介的吸引力 ·· 44
   1.11 自交不亲和与自交可育性 ·· 47
   1.12 种子和种仁的特性 ·· 49
   1.13 蛋白质组成的遗传特性 ·· 61
   1.14 向日葵的雄性不育 ·· 63
   1.15 细胞核雄性不育 ·· 64
   1.16 细胞质雄性不育 ·· 67
   1.17 雄性不育的恢复 ·· 70
   1.18 细胞质雄性不育资源和育性恢复基因分子水平的研究 ················ 72
   1.19 向日葵病害 ·· 74
   1.20 列当 ·· 91
   1.21 抗除草剂 ·· 94
   1.22 抗旱性 ·· 95
   参考文献 ·· 97

第2章 向日葵育种 ··· 130
   2.1 向日葵育种原理和方法 ·· 130
   2.2 育种目标 ·· 133
   2.3 种质资源 ·· 134
   2.4 向日葵杂交种理想株型的选育 ·· 136
   2.5 育种目标——选择最重要的性状 ·· 140
   2.6 育种目标——理想株型 ·· 144
   2.7 产油量和含油率 ·· 149
   2.8 育种目标——油的品质 ·· 150

2.9 育种目标——提高蛋白质含量和品质 155
2.10 育种目标——早熟性 157
2.11 育种目标——吸引传粉媒介 158
2.12 向日葵抗生物胁迫育种 161
2.13 向日葵抗逆（非生物胁迫）育种 195
2.14 向日葵广泛适应性育种 203
2.15 向日葵抗除草剂育种 204
2.16 育种方法 209
2.17 轮回选择 215
2.18 突变 218
2.19 开放授粉品种（常规种）的繁育 222
2.20 Pustovoit 保纯繁殖法 224
2.21 基于细胞质雄性不育系的杂交种繁育 228
2.22 自交系配合力的测定 234
2.23 自交系的性状与 F_1 代杂交种的相关性 237
2.24 向日葵育种的前景和生物技术的应用 239
参考文献 249

第3章 向日葵野生资源在向日葵育种中的应用 278
3.1 种质资源 278
3.2 种质资源创新 287
3.3 资源特性 295
3.4 结论与展望 325
参考文献 325

第4章 向日葵育种的分子技术 339
4.1 分子标记和遗传图谱的构建 340
4.2 在分子水平评价感兴趣的性状及其遗传多样性 341
4.3 葵花籽油的品质 341
4.4 细胞质雄性不育和育性恢复 343
4.5 遗传多样性 345
4.6 主效基因的分子定位 347
4.7 数量性状基因座的分子定位 349
4.8 菌核病抗性分子水平的研究 350
4.9 列当抗性分子水平的研究 351
4.10 分子标记辅助选择 351
4.11 驯化和进化 353
4.12 对非生物胁迫的反应 356
4.13 转录组学、蛋白质组学和功能基因组学数据挖掘 359

4.14 植物与病原菌的互作机制 363
4.15 BAC文库的构建 365
4.16 分子细胞遗传学 365
4.17 结论 367
参考文献 367

第5章 抗虫育种 377

5.1 轮回表型选择育种程序 377
5.2 轮回表型选择结合S_1品系子代评估的育种程序 378
5.3 向日葵螟 379
5.4 向日葵细卷蛾 382
5.5 红色种子象甲 385
5.6 向日葵茎象甲 388
参考文献 391

第 1 章　向日葵遗传学

Dragan Škorić

Serbian Academy of Sciences and Arts, Belgrade, Knez Mihailova St. 35, Republic of Serbia

对任何遗传学家和植物育种家而言，了解植物性状的遗传、明确控制特定性状表达基因的数量，以及确定影响性状遗传的调控因子对于育种的成功至关重要。实际上，对向日葵（*Helianthus annuus* L.）不同性状及特性遗传方式的研究也并不是同等的重要。

依据控制植物性状表达基因数量的多少，植物的性状可以划分为两大类：质量性状（qualitative trait）和数量性状（quantitative trait）。数量性状由多个基因控制，每个基因单独作用效果都很微小，这类基因被称为微效基因（minor gene），该性状是由多基因（polygene）调控的。多基因理论认为性状的表达是多个微效基因相加或累积的结果。相反，质量性状是由单一的主效基因（major gene）调控的。质量性状的表达由单个或几个基因相互作用从而进行调控。数量性状被认为是决定向日葵产量性状的关键要素。质量性状也直接或间接的有其重要的经济价值，如可以通过提高向日葵对特定病原菌的抗性而间接地提高其产量。

遗传杂交分析（genetic hybridization analysis）是性状遗传研究最常用的方法。该方法利用基本的杂交原理及追踪后代表型的分离比来进行研究。获得具有纯合的某一性状自交系是利用上述方法进行研究的基础，而每个自交系都具有特定的表型性状。亲本自交系杂交产生杂合的F_1代。F_1自交获得的F_2代及F_1与亲本回交获得的F_1BC_1代，会分离出许多表型。这些表型可用于决定目的性状遗传方式及控制该性状的基因数量。数量性状方面，除了F_2代、F_1BC_1代，对F_3代和F_4代也必须加以利用才可以成功得出该性状的遗传方式。

根据Miller和Fick（1997）的研究，植物和种子特性的遗传标记应该是非常明显的。这些标记对精确定位向日葵基因在染色体上的位置和构建遗传图谱非常重要。

本章将综述有关不同向日葵遗传性状的大量研究结果。

1.1　向日葵栽培种形态性状的遗传

向日葵栽培种植株的部分（根、茎、叶、花盘）形态性状有显著的不同，这些性状的表现是由栽培种自身的遗传组成及环境因素决定的。叶片总面积取决于叶片大小和叶片数量，而叶片总面积会影响叶片的光合作用。叶面积的大小取决于叶位、叶形的横切面、向日葵的生长阶段及其基因型。向日葵的光合作用速率取决于叶龄及叶片在茎秆上的位置。光合作用沿茎秆下降的速率极大程度取决于叶片在茎秆上与水平线的角度。

诸多研究者对向日葵栽培种主要形态性状的变异和遗传方式进行了研究，不同的研究结果也显著不同。研究结果不同是由于不同研究所选用的向日葵基因型及生态环境不同。文献中有关向日葵F_1代和F_2代根系相关性的研究结果非常少。

Hladni（1999）的研究结果表明，叶柄角度的广义遗传力（broad sense heritability）

为95.5%～98.6%，叶片数量、总叶面积（cm^2/株）的广义遗传力分别为71.8%～93.5%、48.7%～96.5%。Hladni（1999）还认为，叶柄角度、叶柄长度、叶片数及茎秆高度受基因的加性效应和非加性效应的影响，但是根据一般配合力（general combining ability，GCA）和特殊配合力（special combining ability，SCA）的比例、遗传变异的组成和回归分析的结果，基因的加性效应会更普遍。

Hladni（1999）研究还发现，F_1代和F_2代叶柄角度通常是中间型（intermediacy）遗传或显性（dominance）遗传。F_1代叶柄长度主要是显性遗传，而中间型遗传、不完全显性（partial dominance）遗传、超显性（overdominance）遗传比较少见。除了在4个组合中发现有中间型遗传现象，一般F_2代叶柄长度主要是显性遗传。叶片数量（F_1代和F_2代）的遗传方式有显性、中间型、不完全显性和超显性几种。

Hladni等（2003）研究还发现，基因的加性效应在单株叶片数和株高的遗传中起非常重要的作用，而基因的非加性效应在单株总叶面积的遗传中起主要作用（当考虑全部的F_1代和F_2代时）。单株叶片数和株高的平均显性度$(H_1/D)^{1/2}$小于1，表明其遗传方式为不完全显性。而单株总叶面积的平均显性度大于1，表明其遗传方式为超显性。

1.1.1 茎秆、叶片和叶柄的性状

根据Škaloud和Kovačik（1978）、Miller和Fick（1997）、Gavrilova和Anisimova（2003）、Škorić（2010）的研究结果，表1.1综述了向日葵中控制茎秆、花盘、叶片和叶柄表型的基因及其遗传方式。

表1.1 控制向日葵茎秆、花盘、叶片和叶柄性状的遗传因子

性状	基因代码	参考文献
丛生茎秆	f	Stoenescu, 1974
带斑痕茎秆	sc_1、sc_2	Kovačik and Škaloud, 1978
软茎秆上斑点	s_0	Kovačik and Škaloud, 1978
毛状体长度	单基因，长是隐性遗传	Harada and Miller, 1982
毛状体硬度	单基因，直立是显性遗传	Harada and Miller, 1982
毛状体粗糙度	两个基因互补，粗大是显性遗传	Harada and Miller, 1982
毛状体密度	两个基因，稀疏是显性遗传	Harada and Miller, 1982
勺状叶片	sp	Luczkiewicz, 1975
卷曲型叶片	cu	Clement and Diehl, 1968; Luczkiewicz, 1975
皱缩型叶片	cn	Luczkiewicz, 1975
亮褐色叶表面	bt	Škaloud and Kovačik, 1978
黄色斑点	st	Demurin and Tolmachev, 1986
叶鞘上深色斑点	sh_1、sh_2、sh_3	Škaloud and Kovačik, 1978
叶脉凸起	vs	Škaloud and Kovačik, 1978
叶缘锯齿状	Cr_1、Cr_2、Cr_3、Cr_4	Škaloud and Kovačik, 1978
叶绿素缺失突变	cha	Leclercq, 1968; Škorić, 1988
黄色突变型	$chax$	Škaloud and Kovačik, 1978

续表

性状	基因代码	参考文献
白化	chaa	Škaloud and Kovačik, 1978
叶绿素缺乏突变	chl	Leclercq, 1968
黄绿色	chll	Lyashenko and Vilor, 1969
失绿	chlch	Lyashenko and Vilor, 1969
褪绿叶片颜色	cch	Škaloud and Kovačik, 1978
叶片绿色	Cg_1、Cg_2、Cg_3、Cg_4	Luczkiewicz, 1975；Škaloud and Kovačik, 1978
植株顶端叶片呈黄色	y	Hockett and Knowles, 1970
放射状的小管状花	fl	Hockett and Knowles, 1970
多子叶	cm_1、cm_2	Škaloud and Kovačik, 1978
细长叶柄	两个基因互作	Luczkiewicz, 1975
短叶柄	Ps_1、Ps_2	Vrânceanu et al., 1988
茎与叶柄的连接	Pj_1、Pj_2	Bochkovoy, 1977; Bochkarev, 1991
叶柄分裂	sl_1、sl_2、sl_3	Škaloud and Kovačik, 1978
直立型叶片	er_1	Luczkiewicz, 1975; Bochkovoy, 1977
直立型叶片	Er_2	Demurin and Tolmachev, 1986; Bochkarev, 1991
茎随叶片生长	dl	Demurin and Tolmachev, 1986
花盘倾角0°~45°	Hba	Škaloud and Kovačik, 1990
花盘倾角45°~90°	Hbb	Škaloud and Kovačik, 1990
花盘倾角90°~135°	Hbc	Škaloud and Kovačik, 1990
花盘倾角135°~180°	Hbd	Škaloud and Kovačik, 1990
矮秆茎	sht_1、sht_2、sht_3	Gavrilova and Yesaev, 1998
半矮茎	sd_1、sd_2、sd_3	Gavrilova and Yesaev, 1998
叶片斑点	st_1、st_2、st_3、st_4	Škaloud and Kovačik, 1980, 1992
垂直叶位	ul_1	Miller, 1992
叶脉密集	vd_1	Škorić et al., 1989
叶脉密集	vd_2	Demurin and Tolmachev, 1986
多叶卷曲	wm_1、wm_2、wm_3、wm_4	Škaloud and Kovačik, 1980
叶柄花青素颜色	Pc_1、Pc_2、Pc_3	Škaloud and Kovačik, 1980
叶柄花青素颜色	Ptla、Ptlb	Joshi et al., 1994
中脉花青素颜色	Ptla、Pmdb	Joshi et al., 1994
叶边缘花青素颜色	Ptla、Plma	Joshi et al., 1994
叶顶端花青素颜色	Ptla、Prfb	Joshi et al., 1994
叶、茎秆和胚轴的花青素颜色	T_1、T_2、Ha	Škaloud and Kovačik, 1978
叶片淡绿色	lgr-1	Rodriques et al., 1998
叶片直立且分枝紧凑	Er、b_1	Tolmacheva, 2007
叶片直立且分枝紧凑	er_2、b_1	Tolmacheva, 2007

续表

性状	基因代码	参考文献
植株矮小且叶片直立	er_1、dw	Tolmacheva, 2007
叶片黄绿色且直立	er_1、cch	Tolmacheva, 2007
叶片呈勺状且直立	er_1、sp	Tolmacheva, 2007
叶顶端分成两半且直立	er_1、slb_1、slb_2	Tolmacheva, 2007
种子表皮有条纹	S（显性）	Gundaev, 1971; Tikhonov et al., 1991
种子表皮着黑色素	m（隐性）	VNIIMK-Genetic Laboratory, 1988; Tikhonov et al., 1991
种子表皮着花青素	T（显性）	Leclercg, 1968; Fick, 1978
部分花序生殖器官的缺失	ch（隐性）	Brighman, 1979

资料来源：Škaloud and Kovačik, 1978; Tikhonov et al., 1991; Miller and Fick, 1997; Gavrilova and Anisimova, 2003

茎秆的特征对向日葵株型的影响很大，f基因是控制该性状的隐性基因（Stoenescu, 1974）。向日葵的花序是一种变形的球状花序（Miller and Fick, 1997）。

茎秆带斑痕的性状由两个隐性互补基因sc_1和sc_2控制（Škaloud and Kovačik, 1978）。F_2代该性状的分离比为13∶2∶1，意味着存在基因的显性上位和居中遗传的效应。

向日葵茎秆的表皮覆盖有毛状体（trichome），毛状体的数量、长度、密度、硬度和粗糙度都存在很大的差异（Harada and Miller, 1982）。野生向日葵茎秆上着生的软毛变异特别明显，其中 Helianthus argophyllus Torrey and Grey 植株茎秆上的软毛数量最多。Miller和Fick（1997）、Harada和Miller（1982）研究了向日葵栽培种与野生种 Helianthus argophyllus Torrey and Grey 杂交后其毛状体性状的遗传，发现在F_2代中，毛状体长度（短/长）的分离比为3∶1，毛状体硬度（直立/平展）的分离比为3∶1，毛状体粗糙度（粗大/细小）的分离比为9∶7，毛状体密度（稀疏/稠密）的分离比为15∶1。研究结果表明，毛状体性状属于简单遗传，但涉及多个基因。

1.1.2 株高

株高在向日葵产量形成中起着非常重要的作用（图1.1）。诸多研究者发现向日葵的籽粒产量与株高有显著的正相关关系（Škorić, 1975; Ivanov, 1980; Marinković, 1992; Suzer and Atakisi, 1993; Petakov, 1994; Punia and Gill, 1994; Patil et al., 1996; Doddamani et al., 1997; Adefris et al., 2000; Stanković, 2005）。

株高是培育向日葵理想株型的一个重要参数，因此了解F_1代该性状的遗传方式非常重要。诸多研究（Rao and Singh, 1977; Cecconi et al., 1987; Shekar et al., 2000; Hladni et al., 2005）发现，基因的加性效应在株高表现中起主要作用。而Dua和Yadova（1985）、Škorić等（2000）、Hladni等（2002）的研究表明，基因的非加性效应在该性状表现中起主要作用。Tyagi（1988）和Gangappa等（1997）的研究则认为，基因的加性效应和非加性效应在株高的遗传中同等重要。

Marinković和Škorić（1984）研究发现，株高的广义遗传力为0～83.9%，而Marinković等（1994）指出，株高的狭义遗传力、广义遗传力的平均值分别为52.0%、95.6%。

图1.1 大田试验中不同株高的向日葵品种

一些研究者也发现了向日葵株高的杂种优势。该性状杂种优势出现的频率比较高且效应大。Morozov（1947）、Schuster（1964）、Voljf和Dumancheva（1973）指出向日葵株高的正向杂种优势非常显著。然而，Chaudhary和Anand（1985）的研究则发现该性状的负向杂种优势值为-22.5%。

Škorić（1975）和Marinković（1980）发现，根据不同的杂交组合，向日葵株高的遗传方式是不完全显性、显性或超显性。Hladni等（2001）的研究指出，超显性遗传是株高最主要的遗传方式，其次是不完全显性遗传和显性遗传。

Rao和Singh（1977）、Cecconi等（1987）、Shekar等（2000）、Marinković等（2000）及Hladni等（2005）在各自的研究中均发现，基因的加性效应在株高的遗传中起主要作用。然而，Marinković（1982）、Dua和Yadova（1985）、Škorić等（2000）、Joksimović等（2000）、Hladni等（2002）及Hladni（2007）研究指出，遗传方差（genetic variance）中的非加性效应在该性状的遗传中起主要作用。在Tyagi（1988）和Gangappa等（1997）的研究中，基因的加性效应和非加性效应在该性状的遗传变异中同等重要。

Alba和Greko（1978）、Giriraj等（1979）及Hladni等（2004）的研究表明，向日葵株高与籽粒的产量呈正相关关系，而Alba等（1979）则认为，株高与籽粒的产量呈负相关关系。

Miller和Fick（1997）将株高的遗传归结为数量遗传。Kovačik（1960）则认为F_1代的株高取决于所选用杂交亲本的株高。某些研究者还指出，株高高的亲本在杂交中占主导地位（Grozev，1963；Pustovoit，1966；Clement and Dichel，1968）。然而，Vulpe（1967）、Zhdanov（1970）和Georgieva-Todorova（1969）的研究却发现株高低的亲本在杂交中更有优势。由于所用的遗传材料不同，上述不同的研究结果也在意料之中。

Hladni（1999）通过对6个自交系进行杂交来研究株型的遗传方式，所用自交系中最低的（NS-NDF）株高为45～60cm，最高的（NS-K）为120～140cm。F_1代和F_2代株高遗传效应分析结果表明，株高遗传变异中的加性效应（D）大于显性效应（H_1和H_2）。当F值为正值时，表明显性基因的效应大于隐性基因，该结果也从后代中显性基因（u）和隐性基因（v）的出现频率得到了进一步的证实。当$H_2/4H_1$大于0.25时，表明双亲中显性基因和隐性基因并非均匀分布。显性基因与隐性基因的比值（K_d/K_r）大于1，表明显性基因多于隐性基因。两代（F_1代和F_2代）的平均显性度（H_1/D）$^{1/2}$小于1，表明株高的遗传方式为不完全显性遗传。最后，计算得到株高的狭义遗传力为78%。

Anajeva（1936）、Morozov（1947）、Habura（1958）、Schuster（1964）、Putt（1965）、Leclercq（1968）、Velkov（1970）、Voljf和Dumancheva（1973）的研究结果表明，向日葵株高的遗传方式为超显性遗传，而根据不同的杂交组合结果，Škorić（1975）和Marinković（1980）发现上述性状的遗传方式有不完全显性、显性或超显性3种。向日葵栽培种和野生种进行杂交，株高的遗传方式表现为野生种的不完全显性和显性（Heiser, 1969；Bohorova, 1977；Whelan, 1978；Georgijeva, 1979；Dozet, 1990；Atlagić, 1991；Gungappa et al., 1997）。

Šećerov-Fišer（1994）对观赏向日葵株高的遗传方式进行研究，发现在F_1代和F_2代中，该性状受基因的非加性效应控制，其遗传方式为显性或超显性。

Putt（1965）、Velkov（1977）和Marinković（1981）的研究指出，向日葵株高的遗传方式受基因的非加性效应控制，而Kovačik和Škaloud（1990）及Gangappa等（1997）的研究指出，该性状的遗传由基因的加性效应和非加性效应共同控制。另外，Rao和Singh（1977）的研究还指出，在株高的遗传中，基因的加性效应要比非加性效应更重要。

俄罗斯的研究者在降低向日葵株高、增加其茎粗方面做了许多的工作。研究表明，通过降低株高、增加茎粗能够减少向日葵的倒伏，进而增加产量的稳定性。

从1946年开始，Veydelevskaya育种站（VNIIMK）就开始选育矮化的向日葵品种（Zhdanov, 1964）。该研究所选育出的第一个矮化向日葵品种是Chernyanka 66，并于1960年开始用于商业化的生产。Zhdanov于1950年开始在Don试验站（VNIIMK）进行大规模育种，目的是选育矮化的向日葵品种。1950～1963年，Zhdanov培育出很多向日葵新品系，随后又选育出一些矮化的向日葵品种。

Kovačik等（1976）提出了一个有趣的假设（图1.2），即6个具有加性效应的基因中每增加一个基因的显性表达，最终可以使向日葵株高增加40cm。尽管该假设尚未被证实，但是Kovačik等也在向日葵矮化基因方面做了很多的工作。

Berretta de Bergen和Miller（1984, 1985）用两个含有矮化基因的品种（DDR78和GR8）与自交系HA 89和RHA 274进行杂交。通过对亲本、F_1代、F_2代，以及与两个亲本回交获得的F_1BC_1代进行遗传分析，得出了矮化基因是通过加性效应降低向日葵株高的结论。

Miller和Hammond（1991）用3种不同来源的矮化向日葵材料：DDR（德国东部）、Donsky和Donskoi 47（由Zhdanov在Rostov-on-Don培育），以及常用的自交系HA 89来研究如何降低向日葵的株高。上述4个品种间相互杂交获得F_1代和F_2代，运用加性-显性-上位性遗传模型评价了控制株高基因的遗传方式。结果显示，加性效应的变化范围为48%～71%，显性效应的变化范围为3%～16%，上位效应仅在一个杂交组合中出现。

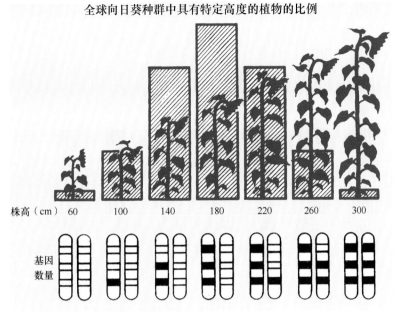

图1.2 关于株高多因子假设的简图（Kovačik et al., 1976）

Miller和Fick（1997）、Vrânceanu（1974）、Fick（1978）、Berretta de Bergen和Miller（1984，1985）研究发现，一个隐性基因控制向日葵植株的矮化。

最近，诸多研究者鉴定出了新的向日葵矮化的基因。Cecconi等（2002）研究发现了新的矮化植株的突变体，证明了矮化性状是由隐性单基因控制的，该基因被命名为dw_1。

Mishra和Roy（2003）利用矮化的向日葵群体，通过对全同胞家系和半同胞家系进行回归与组内相关分析来比较矮化基因的遗传力。结果表明，全同胞家系和半同胞家系在回归分析中的遗传力均低于组内相关分析获得的结果。

Vassilevska-Ivanova和Tcekova（2005）用向日葵栽培种和 H. argophyllus 进行杂交，数代之后，获得了一个矮化自交系并将其命名为HA-ARG-1。然而，他们并没有指出向日葵矮化基因的遗传方式。

Jagodeesan等（2008）用γ射线处理Morden品种获得了一个矮化的突变体，该突变体的株高为35cm，生育期为65天。其后代性状分离的结果表明，该矮化突变体的表型也是由隐性单基因控制的。

Gavrilova和Anisimova（2003）用8个VIR的矮化向日葵自交系对向日葵矮化基因的遗传进行了大量研究。主要利用自交系相互杂交，以及与Peredovik品种进行杂交，对获得的F_1代、F_2代及一系列的正反交组合进行了研究。结果发现，根据矮化植株的遗传特性，所选用的自交系可以明显地分成3类。第一类包括自交系VIR 272和VIR 434，矮化性状由两个隐性基因 i 和 dw 控制，i 和 dw 基因的互作方式为隐性上位。广义上讲，这种遗传方式会缩短节间长度，增加节间数量并延长作物的生育期。第二类遗传方式至少是由3对隐性等位基因的加性互作效应控制的，这3对隐性等位基因分别是sht_1、sht_2和sht_3。自交系VIR 319和自交系VIR 328的遗传属于该类型。半矮化的自交系VIR 253、VIR 500、VIR 501和VIR 648株高的遗传属于第三类遗传方式。该遗传方式至少由3个 sd 基因的多基因效应控制，属于不完全显性遗传。第二类和第三类遗传方式的基因具有缩短节间长度和减少节间数量的功能。

1.1.3 叶片

向日葵叶片的数量、大小及形状受到一些特殊基因的调控，环境因素会显著影响这些性状的表达（图1.3）。

图1.3 不同基因型向日葵叶片的形状、大小、颜色和边缘宽度

叶片的主要功能是进行光合作用，植物的营养物质主要来源于叶面。叶片是进行光合作用的主要场所，叶面积的大小直接影响光合作用的产物（干物质总量和籽粒产量）。向日葵光合作用的过程非常复杂，其效率不仅取决于叶面积的大小，还受叶片功能及光合作用时间、叶片光合产物的数量与营养物质向籽粒转移速率的影响。向日葵叶

片的光合潜力（photosynthetic potential）或叶面积持续期（leaf area duration，LAD）取决于叶片数量、叶面积大小、叶片形成的数量和叶片形成需要的时间。最常用的描述作物产量的指标有光合净同化率（net assimilation rate，NAR）、叶面积指数（leaf area index，LAI）和作物生长速率（crop growth rate，CGR）。向日葵叶片的总叶面积在盛花期达到最高值。从遗传角度来讲，叶片的总叶面积大小取决于叶片的大小和单株叶片数，因此，了解叶面积的遗传方式非常重要。

Vasiljević（1980）的研究结果表明，向日葵自交系的单株叶面积为2505～5713cm^2，杂交种的单株叶面积的变化幅度较大，为5496～11 081cm^2。叶面积在杂交组合中呈现出正向的杂种优势，变化范围为10%～184%。在Hladni（1999）的研究中，F$_1$代和F$_2$代叶片数量的遗传有中间型、不完全显性、显性和超显性4种方式。在所有的杂交组合中，F$_1$代单株总叶面积（cm^2/株）的遗传属于超显性遗传，F$_2$代则主要为显性遗传。

向日葵叶片锯齿状的程度也有所不同，从无锯齿到高度的锯齿状。该性状由4个显性基因Cr_1、Cr_2、Cr_3和Cr_4控制。在Škaloud和Kovačik（1978）的研究中，F$_2$代叶片高度锯齿和轻度锯齿的性状分离比为50∶14。Škaloud和Kovačik指出，Cr_4对Cr_1、Cr_2和Cr_3表现为隐性上位。无锯齿状的叶片是由Cr_4基因调控的。

基于Gundaev（1971）的研究结果，Miller和Fick（1997）指出，叶片边缘明显的锯齿状相对于常见的小锯齿状为显性遗传。

Gavrilova和Anisimova（2003）对叶片数量及其变异进行了研究，发现自交系VIR 340的叶片属于平展叶，并且容易破裂；还发现自交系VIR 151和VIR 445的叶片可以弯曲成船形，自交系VIR 249的叶片可以弯曲成水杯形。这与文献中提到的向日葵叶片可以弯曲成勺状的描述非常相似。在保加利亚的自交系k-2239中发现了叶片开裂的突变体，该突变体的叶片会提早干枯并且呈现破裂的外观。此外，突变体叶片的中脉和侧脉变厚并且叶片皱缩坚硬。VIR 130的叶片高度皱缩并具有突出的叶脉，来自罗马尼亚的LD 2676、VIR 253的叶片部分皱缩。向日葵自交系叶片的大小存在显著不同，自交系VIR 100的叶片大小为长7～10cm、宽4～6cm，来自保加利亚的自交系k-2240的叶片长可以达到35cm，宽15～18cm。自交系VIR 415的叶片是圆形的，自交系VIR 140的叶片边缘比较平展，自交系VIR 283的叶片尖端易磨损。来自罗马尼亚的自交系k-2906，其叶片呈漏斗形，沿着叶片基部逐渐过渡到叶柄。

Gavrilova和Anisimova（2003）也注意到，有关向日葵叶片形状和大小的遗传方式的研究由于上述性状在F$_2$代中的分离鉴定比较困难而受到阻碍。叶片具有突出叶脉的性状由两个隐性基因vd_1和vd_2控制（Škorić et al.，1989），而伞状叶脉由隐性单基因vs控制（Demurin and Tolmachev，1986）。Gavrilova等（2000）通过叶片不对称的自交系VIR和正常叶片的品种Peredovik进行杂交来研究叶片的遗传方式。发现F$_1$代正常叶片为显性遗传，而F$_2$代叶片中正常叶片与不对称叶片的分离比为26∶21。这意味着正常叶片是两个显性基因（As_1和As_2）互补作用的结果，因此，缺失As_1或As_2基因，或者两个基因均缺失，后代植株均会出现叶片不对称的现象，其分离比为9∶7。通过对自交系VIR 501（叶片皱缩）和自交系VIR 648（正常叶片）进行正反交也获得了同样的结果。F$_1$代叶片皱缩为显性遗传，正交F$_2$代的性状分离比为84∶57，而反交后代的性状分离比为108∶95。上述这两种结果均大致符合9∶7的分离比，表明叶片皱缩性状是两个显性基因互补作用的结果。

Kovačik等（1976）用正常叶片的雄性不育系（$Ms\ Sp$）与叶片呈勺状的雄性不育系（$ms\ sp$）进行杂交获得了有趣的结果。当Sp为隐性基因（sp）时可以作为雄性不育的标记基因。Sp基因和ms基因不连锁，但是具有一定的交互作用。叶片呈勺状的表型是Sp基因隐性表达的结果。

Gavrilova和Anisimova（2003）指出，多数向日葵栽培种的叶片是绿色的。例如，自交系VIR 340的叶片呈生菜绿色，而自交系VIR 343和VIR 155的叶片呈浅绿色。所有向日葵基因型的嫩叶均呈黄绿色，但是在个体发育的过程中，叶片会由黄绿色变成浅绿色。自交系VIR 253、VIR 300和VIR 648的叶片呈深绿色。他们还指出，向日葵叶片颜色的多样性往往和叶片的蜡质程度、叶毛多少及叶片皱缩程度有一定的相关性。

Škaloud和Kovačik（1978）发现，通常情况下，叶片上的斑点是不会遗传给后代的。

向日葵叶片所有绿色的深浅是由4个基因Cg_1、Cg_2、Cg_3和Cg_4控制的。叶片常规绿色是Cg_1和Cg_2基因相互作用的结果，而深绿色是Cg_3和Cg_4基因相互作用的结果，并且Cg_4会抑制Cg_3的表达。叶片灰绿色是Cg_4基因调控的结果。叶片的浅绿色是隐性性状，F_2代叶片的绿色和浅绿色性状的分离比为12：2.75（Luczkiewicz，1975；Škaloud and Kovačik，1978）。

在Gavrilova和Anisimova（2003）的研究中，杂交后代几乎出现向日葵叶片的各种绿色（常规绿色、深绿色、浅绿色、黄绿色、生菜绿色），只有灰绿色除外。Gavrilova和Anisimova（2003）指出，控制叶片颜色性状的全部基因已经被鉴定出来，控制不同绿色的基因被命名为Gr_1、Gr_2、Gr_3和Gr_4（生菜绿色）。Gavrilova和Anisimova（2003）发现自交系VIR 501（叶片浅绿色）和自交系VIR 648（叶片深绿色）杂交后，F_1代叶片的颜色呈现常规绿色。F_1代正反交后，F_2代性状分离比为27（绿色）：24（深绿色）：12（浅绿色）：1（黄绿色），表明叶片的颜色由3个基因控制。常规绿色是3个显性基因共同作用的结果；3个显性基因中的任意两个基因表达，叶片会呈深绿色；当只有1个显性基因表达时，叶片呈浅绿色。当3对基因均为隐性纯合子时，叶片呈黄绿色。

Kovačik和Škaloud（1980）鉴定出一个隐性基因bt，该基因的表达能够使叶片表面呈现出有光泽的褐色，但是他们未能解释该基因的遗传方式。

作为叶片颜色遗传研究的一部分，Gavrilova和Anisimova（2003）使用自交系VIR 328（绿色的叶片）和自交系VIR 253（有光泽的橄榄绿色的叶片）进行杂交，F_2代叶片呈现黄色或棕黄色，但是未能确定该性状的遗传方式，他们也无法解释为什么作物顶端叶片会保持绿色直到成熟，而下部叶片在生长发育过程中会变黄。随着植株的成熟，花盘基部、茎秆上部和苞叶均由绿变黄，颜色变浅。在向日葵自交系的收集过程中，VIR 129和VIR 343就表现出上述性状。Hockett和Knowles（1970）也同样观察到这种现象，并发现该性状由隐性单基因y控制，该基因的表达会导致植物顶端叶片呈黄色。

由于调控几个不同性状的基因是连锁的，有时很难只单独考虑一个性状。因此，应该在整体水平上描述花青素的遗传方式。

3个显性基因T_1、T_2和Ha调控向日葵茎秆、叶片和胚轴花青素的遗传，其中Ha基因调控胚轴的颜色。F_2代胚轴花青素的分离比如下：45（红色）：19（绿色）、3（红色）：1（绿色且胚轴红色）、3（绿色且胚轴红色）：1（绿色）、45（红色）：3（绿色且胚轴红色）：16（绿色）。

Ha、T_1和T_2基因具有互补性。Ha基因缺失，茎秆的红色不会出现。而T基因与Ms_1基因紧密连锁，连锁值为1%（Leclercq，1968；Škaloud and Kovačik，1978）。

Joshi等（1994）发现向日葵的叶柄、中脉顶端及叶片的花青素是由两个显性基因协同控制的，F_2代的性状分离比为9∶7。他还发现了一个控制花青素的主效基因$Ptla$，该基因在另外一个基因存在时能够在叶片的特定部位产生花青素。例如，$Ptlb$、$Pmdb$和$Plma$分别在叶柄、中脉和叶片边缘或顶端调控花青素的形成。

Gavrilova和Anisimova（2003）用自交系VIR 648（叶片沿中脉卷曲）和VIR 501（正常叶片）进行正反交后发现，F_1代叶片沿中脉卷曲。在F_2代中，正交后代的性状分离比为80（卷曲叶片）∶60（正常叶片），反交后代的性状分离比为124（卷曲叶片）∶79（正常叶片）。尽管在这样的特殊情况下，显性等位基因的互补作用会导致叶片的卷曲，但该分离比仍然可以被看作两个基因调控的结果。有趣的是，自交系VIR 648与叶片正常的向日葵品种Peredovik进行杂交，上述性状的出现则由隐性单基因控制，因为F_1代植株的叶片全部正常，而F_2代有34株叶片正常，14株叶片卷曲，符合3∶1的分离比。有可能F_2代群体太小不能充分解释该性状的复杂遗传方式。两个自交系进行杂交后，通常F_2代有100～200株后代，但是自交系VIR 648和向日葵品种Peredovik杂交后，F_2代很难有足够大的群体。

根据Škaloud和Kovačik（1978）的研究，叶鞘上深色的斑点属于隐性遗传。该性状由3个隐性基因（Sh_1、Sh_2和Sh_3）控制，F_2代的性状分离比为57∶7。其中，Sh_1基因对Sh_2和Sh_3有隐性上位作用，Sh_2和Sh_3之间存在基因的互补作用。

多叶卷曲也属于隐性遗传。该性状的表达受5个基因（wm_1、wm_2、wm_3、wm_4和wm_5）的控制。就wm_1基因而言，F_2代的性状分离比为3∶1。wm_2～wm_5基因属于寡基因修饰基因，各基因在F_2代中的性状分离比分别为12∶3∶1、12∶3∶1、1∶2∶1和3∶1。wm_1基因对wm_2和wm_3有显性上位作用，wm_1和wm_2基因对wm_4有不完全显性上位作用。wm_5基因与裂叶的性状有关（Škaloud and Kovačik，1978）。

1.1.4 叶片数

叶片是作物进行光合作用的主要场所，对植物营养和获得高产起重要作用。不同品种或杂交种的叶片数不同，同一品种不同植株的叶片数也不尽相同（图1.4）。向日葵自交系的叶片数为21～32，杂交种的叶片数为23～33（Marinković，1981；Marinković and Škorić，1984）。不同基因型、不同年份，以及不同的基因型在不同的年份单株叶片数也呈现出显著差异（Nedeljković et al.，1992；Dijanović，2003；Stanković，2005）。

与品种相比，向日葵的自交系和杂交种由于遗传基础较为狭窄，叶片数的变异系数也比较小（Marinković et al.，2003）。

向日葵产量的形成不仅受叶片总数的影响，还受单株绿叶数的影响，特别是在生育后期（从开花到生理成熟），这种影响非常明显。对向日葵来说，保证开花期绿叶总数尽可能多是非常重要的，因为叶片总数多则叶面积指数大。向日葵上部的叶片应当保持活力直到籽粒在生理上达到成熟（Stanković，2005）。

图1.4 单株叶片数多的向日葵植株（左）和单株叶片数少的向日葵植株（右）

向日葵单株叶片数的广义遗传力为0.96%～94.4%（Marinković and Škorić，1984；Hladni，1999），单株叶片数的狭义遗传力为52%（Hladni et al.，2000）。

单株叶片数与叶片的大小共同决定叶面积大小，因此研究向日葵叶片数的遗传非常重要（Marinković et al.，2003）。诸多研究者对向日葵F_1代叶片数的遗传方式进行了研究。Luczkiewicz（1975）用叶片数分别为13和22的两个自交系进行杂交后，发现叶片数的遗传属于中间型。基于F_2代的性状分离研究结果，向日葵的叶片数由两对独立遗传的等位基因控制。

Hladni 等（2000，2003）对6个不同自交系的完全双列杂交进行研究，发现基因的加性效应在单株叶片数的遗传中起重要作用，还发现该性状的平均显性度$(H_1/D)^{1/2}$小于1，表明存在不完全显性遗传。

Kovačik（1960）的研究结果显示，叶片数的遗传方式属于中间型，主要受基因加性效应的影响，而Nedeljković等（1992）和Kumar等（1998）指出，该性状的遗传主要受非加性效应的影响，主要包括不完全显性、显性和超显性遗传。Naik等（1999）发现，叶片数的遗传受显性基因控制。Morozov（1947）、Sindagi等（1980）、Marinković（1982）、Moutous和Roath（1985）、Chaudhary和Anand（1985）指出，叶片数的遗传属于显性和超显性遗传。

Hladni（2007）的研究结果表明，利用新的遗传变异，结合配合力及遗传变异组成的分析，发现遗传变异中的非加性效应在单株叶片数的遗传中起主要作用。通过对F_1代单株叶片数GCA/SCA值（0.40；0.26）进行分析，进一步确定了上述结果的可靠性。同时，Hladni（2007）研究还发现母本自交系对单株叶片数的遗传贡献最大。

单株总叶片数和籽粒产量存在显著的正相关关系（Chaudhary and Anand，1993；Satisha，1995；El-Hosary et al.，1999；Nirmala et al.，2000；Chikkadevaiah et al.，2002；Dagustu，2002）。

单株总叶片数也直接影响籽粒的产量（Razi et al.，1999；Nirmala et al.，2000）。

1.1.5 叶面积

叶面积是向日葵获得高产和高含油量的重要性状之一。向日葵叶面积随着株高的增加而增加，向日葵杂交种的叶面积指数应当不低于2.5m²/m²土地面积（Kovačik and Škaloud，1990）。目前的向日葵杂交种，叶面积指数通常为3～6m²/m²土地面积。叶面积取决于叶片数和叶片大小。叶面积是高度可变的，受基因型和一系列环境因素的调控（图1.5）。向日葵自交系和杂交种叶面积的变化程度很高（Marinković，1981；Vasiljević，1981；Joksimović *et al.*，1997；Stanković，2005）。

图1.5　不同基因型向日葵的叶片大小不同

叶面积的持续期会影响籽粒灌浆的持续时间，对单株籽粒产量及单位面积上的籽粒产量有显著影响（Merrien，1986；Merrien *et al.*，1992）。叶面积指数是指植物叶片总面积占土地面积的比例。为了尽快获得最大的叶面积指数并且维持这一指标，应当加快向日葵的生长发育进程，特别是生长发育前期的进程。

向日葵自交系和杂交种的最小叶面积指数分别为2.5m²/m²土地面积和3～4m²/m²土地面积（Kovačik and Škaloud，1990）。Merrien（1986）的研究表明，随着种植密度的增加，叶面积指数会相应增加。单株最大叶面积取决于种植密度，变化范围为4000～7000cm²。茎秆上部和中部叶片的叶面积占单株叶总面积的60%～80%。

F_1代杂交种单株最大叶面积应为6000～7000cm²（Škorić，1989）。

叶面积的增长速度及叶面积的持续期取决于基因型、生长环境及两者的交互作用。由于叶面积是由单株叶片数和叶片大小决定的，因此了解叶面积的遗传方式非常必要。

Ćupina和Vasiljević（1974）认为，向日葵F_1代杂交种叶片大小及结构的遗传方式为中间型、显性和超显性遗传。

Hladni（2007）在第一年的研究中发现，单株叶片总面积的遗传方式为中间型、高亲本（叶面积大的亲本）显性和超显性遗传。第二年的研究则发现该性状的遗传方式为中间型、低亲本（叶面积小的亲本）显性、高亲本（叶面积大的亲本）显性和超显性遗传。

Marinković（1981）研究认为，F_1代叶面积的遗传方式有不完全显性和超显性遗传，表明非加性效应在该性状的遗传中起主要作用。在同一研究中，还调查了15个F_1代杂交种叶面积的遗传，其中13个杂交种的叶面积表现出了杂种优势。

Cecconi和Baldini（1991）还发现，单株叶面积的遗传方式为不完全显性。

考虑F_1代和F_2代所有组合，Hladni（2007）认为基因非加性效应在单株总叶面积的遗传中起主要作用。平均显性度$(H_1/D)^{1/2}$小于1，表明该性状属于超显性遗传。

Bath等（2000）的研究表明，遗传变异中的非加性效应在叶面积的遗传中起主要作用。诸多研究者也得出了相同的结果，叶面积属于高亲本显性和超显性遗传（Marinković，1980；Škorić，1985；Chaudhary and Anand，1985；Kovačik and Škaloud，1990；Joksimović et al.，1997；Hladni et al.，2003）。

Naik等（1999）在研究单株总叶面积的遗传方式时发现了基因的加性效应起主要作用。

Hladni等（2004）在对向日葵籽粒产量和产量构成因素的遗传方式的研究中指出，两年试验中总的叶面积与籽粒产量呈正相关关系（F_1=0.349，F_2=0.3198）。Joksimović等（1997）对8个遗传距离很远的自交系和15个杂交种进行研究时发现，叶面积与籽粒产量（r = 0.807）、油脂产量（r = 0.770）的相关性很高。

研究发现，叶面积与籽粒产量呈显著的正相关关系（Merrien et al.，1982；Lakshmanrao et al.，1985；Joksimović et al.，1997）。Rawson等（1980）的研究也得出了同样的结果，即叶面积与籽粒产量的相关系数为0.86。而Joksimović等（1999）研究指出，总的叶面积和油脂产量呈负相关关系。

1.1.6 叶节点

Kovačik等（1976）对向日葵靠近地面的许多节点上叶片的布局进行了研究，发现向日葵茎秆的每个节点上通常有两片相对的叶片，而在突变体中，每个节点上有3片或4片叶。单个节点上有多于两片叶的性状是单基因隐性遗传，F_2代的性状分离比为3∶1，以每个节点有两片叶为多数。每个节点上除了正常发育的两片叶，修饰基因可能引起一些变异。只有一片叶的顶端开裂属于轻度变异。变异的另一个极端是叶片和叶柄全部裂开，成为两个独立的叶片。如果一片叶分裂成两片，则产生3片叶的节点，当一个节点上的两片叶都分裂成两片时，则产生4片叶的节点。在叶片分裂的两种极端模式间存在多种过渡模式。茎秆的节点上，叶位的表型由不同的基因及基因的交互作用控制（Kovačik et al.，1976，图1.6）。多子叶的性状及其遗传受两个隐性基因Cm_1和Cm_2的控制（Škaloud and Kovačik，1978），F_2代性状分离比为12∶3，以每个节点两片叶的着生方式为主。

1.1.7 叶柄和叶柄倾角

向日葵植株的一般形态结构主要取决于叶柄的形状和长度。Gavrilova和Anisimova（2003）根据叶柄的长度、颜色及叶柄与茎秆的相对位置对向日葵叶柄进行了基本的分类（图1.7）。

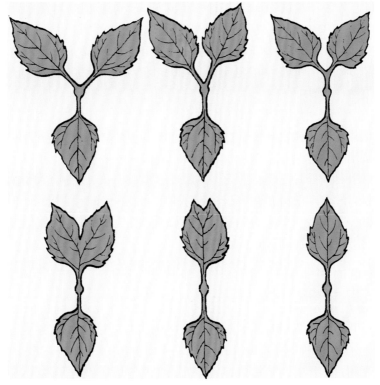

图1.6　5个突变的叶节点和一个正常的叶节点（右下）（Kovačik et al., 1976）

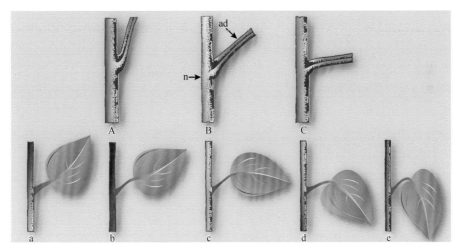

图1.7　叶柄倾角（Frank，1999）
A.30°，B.45°，C.90°；n.节点，ad.叶柄近轴的位置（上部位置）；
下部位置代表叶片倾向叶柄：a.高度直立，b.直立，c.中间型，d.向下，e.高度向下

最早研究向日葵叶柄遗传的是Luczkiewicz（1975），他指出向日葵叶柄直立的性状是由隐性单基因（er）控制的。短花瓣是由两个显性基因（Ps_1和Ps_2）控制的，F_2代的性状分离比为9∶7；茎和叶柄的连接由两个隐性基因控制，F_2代的性状分离比为13∶3。Demurin和Tolmachev（1986）研究发现，自交系VIR 671极度短缩的叶柄是由显性单基因（Er_2）控制的，dl基因控制叶柄上叶片的生长发育。

Vrânceanu等（1988）从Orizont品种中得到了一个短叶柄的自交系。该自交系与另一个正常的自交系杂交，F_2代性状分离的结果表明，短的叶柄长度由两个显性互补基因（Ps_1和Ps_2）控制。Škorić（1988）将向日葵栽培种和 Helianthus mollis Lam.进行杂交，从自交后代中也获得了一个短叶柄的自交系。Kalaidzhyan等（2009）通过诱变获得了叶柄非常短的新突变体。

叶柄分裂是隐性遗传，该性状由3个基因（sl_1、sl_2和sl_3）控制。F_2代的性状分离比为58:6。3个基因中sl_1对sl_2和sl_3有很强的隐性上位作用。而sl_2和sl_3又具有互补作用，和下位基因sl_3一起呈现出中间型遗传（Škaloud and Kovačik，1978）。

垂直叶位（叶柄及叶片与茎秆平行）由隐性单基因（ul_1）控制（Miller，1992）。

有花青素的叶柄属于显性遗传，受3个基因（Pc_1、Pc_2和Pc_3）控制。F_2代的性状分离比为36:18:10，并且Pc_1、Pc_2和Pc_3基因之间有互补作用。Pc_1和Pc_2基因之间存在不完全复显性上位遗传（Škaloud and Kovačik，1978）。

然而，Joshi等（1994）指出，叶柄花青素的出现是主效基因 Ptla 和 Ptlb 共同作用的结果。

Tolmacheva（2007）通过对叶片直立的（紧凑型）和叶片正常的向日葵自交系进行杂交，研究了叶片直立在不同向日葵自交系中的遗传方式，得出如下结论。

正常叶片的自交系与直立型叶片的自交系（K 561、KG 27、KG 102、BK 268、L 1390）杂交所得的F_1代中，叶片的直立属于隐性遗传。叶片正常的自交系与3个叶片直立的自交系SL 2399、K 549和L 1389进行杂交的结果表明，直立型叶片的遗传方式有不完全显性、显性和超显性3种。在正反交后代中叶片的着生方式没有表现出母本效应。

在自交系SL 2399和K 549中，F_2代短柄直立型叶片由显性基因Er控制，而在自交系K 561和K 527中，F_2代短柄直立型叶片由隐性基因er_2控制。自交系BK 268、K 5102和L 1390的叶片属于长柄紧凑型，并且该性状由隐性基因er_1控制。

基因间的交互作用表现为Er对er_1、er_2显性上位，er_2对er_1隐性上位，F_2代的性状分离比分别为12:3:1和9:3:4。

叶柄直立的性状是独立遗传的，与以下5种叶片形态性状的遗传没有关联：分枝紧凑、叶片有凹度、叶片呈黄绿色、短茎、叶片顶端分成两半。

在F_2代中有10种叶片的性状是基因重组的结果：①短柄直立叶、正常叶及分枝紧凑（基因型为$er_2er_2b_1b_1$）；②植株矮小、叶柄长、叶片正常（基因型为$dwdwer_1er_1$）；③植株矮小、叶柄长且直立、分枝紧凑（基因型为$dwdwer_1er_1b_1b_1$）；④植株矮小、叶柄长且直立、分枝紧凑、叶片为黄绿色（基因型为$dwdwer_1er_1b_1b_1cchcch$）；⑤植株矮小、叶柄长且直立、叶片为黄绿色（基因型为$dwdwer_1er_1cchcch$）；⑥叶柄长且直立、叶片正常、叶片顶端分成两半（基因型为$er_1er_1slb_1slb_1slb_2slb_2$）；⑦叶柄长且直立、叶片为黄绿色、叶片顶端分成两半（基因型为$er_1er_1cchcchslb_1slb_1slb_2slb_2$）；⑧叶片直立、叶柄短并且没有分枝（基因型为$ErErB_1B_1$）；⑨叶柄长且直立、叶片有凹度且为黄绿色（基因型为$er_1er_1spspcchcch$）；⑩叶柄长且直立、叶片有凹度（基因型为er_1er_1spsp）。

叶片顶端开裂性状的分离比为15:1，表明slb_1和slb_2有上位互作效应。在F_2代中，er_1、slb_1和slb_2基因均参与性状的分离，聚合的3个基因分离后有4种表型，分离比为45:3:15:1。

Tolmacheva（2007）发现，F_2代直立型叶片与其他形态学性状连锁遗传，产生多种遗传方式，具体如下：①显性直立叶和紧凑型分枝（自交系KG 49），Er和b_1基因的分离比为9∶3∶3∶1；②隐性直立叶和紧凑型分枝（自交系K 561和BK 409），er_2和b_1的分离比为9∶3∶3∶1；③隐性直立叶和矮秆茎（自交系KG 102和45/303），er_1和dw的分离比为9∶3∶3∶1；④隐性直立叶和矮秆茎（自交系KG 102和RHA 356），er_1和dw的分离比为9∶3∶3∶1；⑤隐性直立叶和黄绿色叶片（自交系KG 102），er_1和chh的分离比为9∶3∶3∶1；⑥隐性直立叶和叶片有凹面（自交系KG 102和K 1587），er_1和sp的分离比为9∶3∶3∶1；⑦隐性直立叶和与叶片顶端分成两半（自交系KG 102和C1 2290），er_1、slb_1和slb_2的分离比为45∶3∶15∶1。

Tolmacheva（2007）也发现，显性直立叶的自交系SL 2399和KG 49与正常叶位的自交系进行杂交，F_2代显性直立叶与正常叶的分离比为3∶1。

1.2 分　　枝

向日葵分枝的性状具有非常高的形态变异。分枝有很多类型，分枝有长有短，有多有少，有茎基部的，有茎顶端的，也有整个茎秆上均有分枝的（Sandu et al.，1996）。

野生向日葵分枝性状是由显性基因控制的，向日葵栽培种分枝性状通常是由隐性基因控制的（Kovačik et al.，1976；Sandu et al.，1996；Miller and Fick，1997）。

Kovačik等（1976）研究了向日葵主要分枝性状的遗传方式。分枝型和非分枝型向日葵（单个花盘）（图1.8）进行杂交，F_2代性状分离比为15∶1，有利于野生分枝型的形成；分离比为3∶1，有利于标准分枝型的形成。当上述品种与野生分枝型的品种进行杂交时，性状分离比为15∶1，有利于获得无分枝的向日葵，并且有分枝的向日葵主茎上的花盘比分枝上的花盘要大。

Putt（1940）发现Br基因控制向日葵整个茎秆上的分枝，其遗传方式为显性遗传。之后，Hockett和Knowles（1970）发现另外两个控制向日葵分枝的显性基因Br_2和Br_3。Br_2基因单独作用时，向日葵表现为茎秆顶端分枝，当Br_2和Br_3协同作用时，则整个茎秆均出现分枝。Fernández-Martínez和Knowles（1982）用野生分枝型与无分枝的向日葵栽培种进行杂交，遗传分析结果表明，整个茎秆分枝的性状由两个互补的显性基因控制。Kovačik和Škaloud（1980）认为，顶端分枝由显性单基因Br（3∶1）控制，野生分枝型由两个显性基因（15∶1）控制，上述基因也被标记为Br。上述研究者还利用一系列遗传材料对向日葵分枝基因的显性遗传方式进行了研究。

Kovačik和Škaloud（1990）确定了两个显性互补基因Br_1和Br_2的存在。两个基因同时存在时，向日葵的茎秆会有长的分枝。然而，只有一个基因存在时，整个茎秆都会有分枝，但是分枝较短。

Gavrilova和Anisimova（2003）研究了一种特殊的分枝型，该类型主茎的两侧各有一个侧生的分枝（图1.8中的e类型）。自交系VIR 130就属于这种特殊的分枝型。有3个分枝的向日葵与没有分枝的向日葵进行杂交，分枝性状在F_1代中呈现显性遗传，F_2代的性状分离比为63∶1。结果表明，分枝性状由3个显性基因控制，这3个显性基因分别被命名为Br_4、Br_5和Br_6。上述结论通过正反交组合得到了进一步的确认。然而，在这之前，Nenov

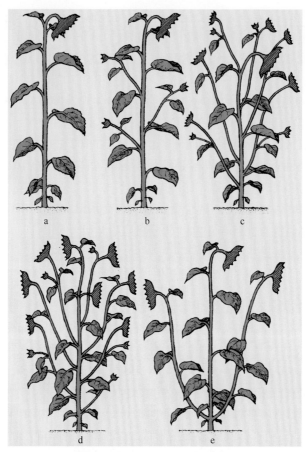

图1.8 向日葵分枝的基本类型（Kovačik et al., 1976）

a.无分枝；b.标准分枝型；c.有一个大的中央花盘的野生分枝型；d.没有大的中央花盘的野生分枝型；e.3个分枝的类型

和Tsvetkova（1994）获得了与上述结果不同的研究结果。他们研究了一个相似的不育系，发现分枝性状是由隐性基因控制的。上述研究结果不同的原因是他们所选用的遗传材料不同。

Putt（1964）首次发现了一种具有隐性分枝的个体，而向日葵的大量分枝由一个单基因（b_1）控制。几年后，Hockett和Knowles（1970）鉴定出另外两个隐性基因（b_2和b_3），当b_2和b_3均为纯合子时，整个植株将出现分枝。然而，当b_2和b_3中只有一对基因纯合时，植株将出现顶端分枝。Kovačik等（1976）研究了只有一个分枝花盘（单盘型）的向日葵，发现该分枝类型由两对隐性基因控制，F_2代的性状分离比为15∶1，但没有细分这两个基因，而是统一命名为"b"基因。随后，Kovačik和Škaloud（1990）鉴定出了控制分枝的有互补作用的两对隐性基因，单盘型和分枝型的比例为9∶7。

Nenov和Tsvetkova（1997）研究了两种分枝类型的遗传模式：A类（整个茎秆均有分枝）、B类（茎秆只有3个分枝），结果表明这两种分枝类型均由不同的隐性基因控制。

Sandu等（1996）利用不同的恢复系研究了8种不同类型隐性分枝的遗传方式。恢复系相互杂交后，F_1代和F_2代分离出3~7种不同的分枝表型，预示着不同基因的数量决定着后代分枝的类型（3、4或7）。选用不同隐性分枝类型的向日葵进行杂交，F_1代出现新的分枝类型，该类型分枝的数量、长度、角度和分枝位置均属于中间型。研究者还对F_2代表型进行了分析，结果表明，分枝基因位于同一染色体不同位点，而且是由多基因控制的。还有研究者对分枝特性进行了研究，结果表明调控分枝性状的基因非常复杂。分枝性状由多个微效基因的加性效应所控制。

Sandu等（1998）用7个有隐性分枝的恢复系与一个正常分枝的向日葵进行杂交，结果表明，7种不同的分枝类型分别由7对等位基因$b_1 \sim b_7$控制。

过去的10～15年，植物育种家开发了大量不同类型的隐性分枝材料用于向日葵育种。众所周知，向日葵育种家用恢复系与隐性分枝的向日葵杂交来获取理想的杂交种。创建不同种类隐性分枝的向日葵自交系对全世界向日葵资源的收藏具有很大价值。研究者可以利用上述自交系来确定不同分枝类型的遗传方式。另外一件重要的事情是对所有具有分枝的遗传资源确立一个通用的编码系统，不论是显性还是隐性的性状，从而可以避免在文献资料中的混用。

多数研究者对向日葵分枝的特殊类型——Y形分枝进行了研究（图1.9）。Brigham和Keith Young（1980）对Y形分枝的向日葵进行研究发现，F_2代的性状分离比为57∶7，表明该性状可能由3对隐性基因控制。基于这个分离比，只有两对基因是隐性的，另外一对基因是异位显性时才会符合该分离比。Liu和Leclercq（1988）对Y形分枝向日葵的研究指出，该性状受温度和其他环境因素的影响。Gavrilova和Anisimova（2003）也提到存在Y形分枝向日葵，但是没有指出该分枝性状的遗传方式。

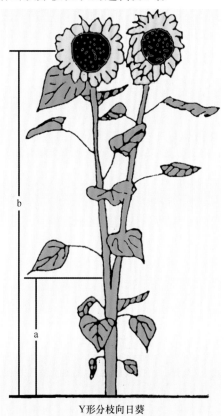

图1.9　Y形分枝向日葵的模式图（Liu and Leclercq，1998）

分子标记技术在遗传学研究中的应用使得在分子水平上研究向日葵分枝性状的调控机制成为可能。例如，Rojas-Barros等（2008）采用目标区域扩增多态性（target region amplification polymorphism，TRAP）和混合分组分析法（bulked segregant analysis，BSA）对非分枝型自交系（HA 234）与分枝型自交系（RHA 271）杂交的229个F$_2$代植株进行鉴定，鉴定出了和b_1基因座紧密连锁的15个TRAP标记。大田试验中无分枝型和分枝型向日葵见图1.10。

图1.10　大田试验中无分枝型和分枝型向日葵

Tang等（2006）利用重组自交系（recombinant inbred line，RIL）在顶端分枝（B）、植物黑色素（phytomelanin pigment）（P）和植物皮下色素（hypodermal pigment）（Hyp）基因座的分离群体中得到了一定的结果。他们发现24个数量性状基因座与B、P和Hyp高度紧密连锁，并且部分或全部由B、P和Hyp的多效性引起。

1.3　苞　　叶

苞叶是向日葵花盘边缘的变态叶。向日葵苞叶的数量、颜色、大小、形状、顶端伸长、着生位置，以及在花盘边缘分布型的遗传变异很大（图1.11）（Schuster，1993）。Rawson（1980）指出，苞叶能够进行光合作用，特别是在籽粒形成期，其光合作用的能力相当于叶面积为50cm^{2}的叶片的光合作用，苞叶可以为籽粒的灌浆提供40%的碳水化合物。苞叶对籽粒产量的贡献为5%，相当于茎秆上10片低位叶对籽粒产量的贡献（Weisheng，1991）。

遗憾的是，研究者并没有对F$_1$代和F$_2$代苞叶的遗传方式进行充分的研究，因此控制该性状的基因数量尚不清楚。

不同基因型向日葵的苞叶数量不同，单株向日葵苞叶的数量为40～80片（Schuster，1993）。

向日葵单个自交系苞叶的平均数量为54.33～66.58片，F$_1$代、F$_2$代苞叶的平均数量分别为63.42～76.25片和57.98～73.36片（Jocić and Škorić，1996）。向日葵的F$_1$代和F$_2$代苞叶数量的遗传受显性基因H_1和H_2的调控，加性效应对该性状遗传的影响较小。F$_1$代和F$_2$代的F系数均为正值，表明相比隐性基因，显性基因在该性状的遗传中占有一定的优势。平均显性度$(H_1/D)^{1/2}$大于1，说明超显性遗传存在于所有的杂交组合中。F$_1$代和F$_2$代中苞叶数量遗传的$H_2/4H_1$值表明，显性基因和隐性基因在亲本中的分布是不均等的。根据研究结

图1.11　不同基因型向日葵苞叶的大小、形状和分布

果，研究者认为在自交系RHA RFYR-576和CMS-81中，控制苞叶数量遗传的显性基因多于隐性基因，然而，在自交系RHA PH-BC-113和KIZ中，苞叶数量的遗传方式正好相反。

Jocić和Škorić（1996）的研究发现，不同的向日葵自交系苞叶的长度也不同，大多为4.0~8.0cm。F_1代苞叶的长度为5.64~10.1cm，F_2代苞叶的长度为5.0~8.4cm。

Jocić和Škorić（1996）还发现，自交系苞叶的宽度也不同，大多为1.9~2.6cm。F_1代苞叶的宽度为2.23~3.32cm，F_2代苞叶的宽度为2.2~3.0cm。

根据Jocić和Škorić（1996）的研究结果，在F_1代和F_2代中，苞叶长度和宽度的遗传也受显性基因H_1和H_2调控，且加性效应较小。F_1代和F_2代苞叶长度和宽度的F值为负数，表明调控上述性状的隐性基因多于显性基因。平均显性度$(H_1/D)^{1/2}$大于1，表示超显性遗传存在于所有的杂交组合中。F_1代和F_2代中，苞叶长度和宽度遗传的$H_2/4H_1$表明了调控苞叶长度和宽度的显性基因与隐性基因在亲本中的分布是不对称的。显性基因总数与隐性基因总数的比值（K_d/K_r）小于1，表明调控苞叶长度和宽度的隐性基因比显性基因更占优势。苞叶长度和宽度的广义遗传力与狭义遗传力（H_a^2和H_b^2）均很高。基于一定的研究结果，Jocić和Škorić（1996）还指出，向日葵的基因型CMS-81、KIZ和RHA PH-BC-113中，调控苞叶宽度的显性基因多于隐性基因，然而，在RHA RFYR-576和RHA PHBC-113中，则是隐性基因多于显性基因。基因型RHA RFYR-576和CMS-81中调控苞叶长度的模式亦是如此。

Miller和Fick（1997）、Hagen和Hanzel（1992）的研究结果表明，调控苞叶长度的基因多于两个，并且上位性基因效应可能会影响该性状的遗传。

Deveraja和Shanker（2005）的研究还发现，苞叶顶端的紫色是由两对显性基因*Ptla*和*Ptlb*控制的。

1.4 向日葵植物器官叶绿素的缺乏

在向日葵幼苗中检测出许多调控叶绿素合成的等位基因的突变（Kovačik *et al.*, 1976）。该突变体表型的共同点是叶绿素缺乏。基于叶绿素缺乏的程度可以划分为6种突变体表型：白化（albino）、黄化（xantha）、浅绿（virescens）、失绿（chlorina）、黄绿（lutescens）和花斑（maculata）（图1.12）。与正常的表型相比，每一个突变体所突变的基因都是隐性的，并且F_2代的性状分离比为3（正常）：1（突变）。多数突变体都是致死型的，植株迟早会死亡。

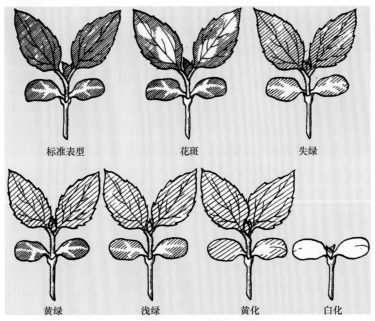

图1.12　向日葵叶绿素突变体（复等位现象）（Kovačik *et al.*, 1976）
浓密阴影表示浅绿色；轻度阴影表示黄色；无阴影表示白色

Škorić（1988）将控制叶绿素缺乏的隐性基因定名为*cha*，而Leclercq（1968）将控制叶绿素缺乏的隐性基因命名为*chl*。根据自己及他人的研究结果（Lyashenko and Vilor, 1969），Škaloud和Kovačik（1978）鉴定出了下列调控叶绿素形成的隐性基因：黄化基因*chax*、白化基因*chaa*、黄绿基因*chll*、失绿基因*chlch*、褪绿基因*cch*，也明确了上述等位基因间的相互关系。

有斑点的杂色型（variegata）叶片（黄绿、由隐性基因调控的棕绿性状）由4个基因（st_1、st_2、st_3和st_4）协同控制。F_2代的性状分离比为13（标准）：3（花斑）和55（标准）：9（黑紫色）。浅紫色是st_2基因被st_1基因抑制的结果，黑紫色是st_1抑制st_3和st_4协同作用的结果（Škaloud and Kovačik，1978）。Kovačik和Škaloud（1980）更进一步发现了调控叶绿素基因之间存在下述关系：$chll > chlch$，$cha > chax > chao$。

Rodriguez等（1998）在研究向日葵叶片颜色时发现了一株叶绿素缺乏的突变体（图1.13）。将突变体与叶色正常的植株进行杂交后，分析F_1代、F_2代及BC_1F_1代的表型，结果表明叶绿素缺乏由隐性单基因控制，并且将该基因标记为$lgr-1$（light green-1）。

图1.13　诺维萨德大田作物和蔬菜研究所（IFVC）收集的向日葵叶绿素突变体

1.5　花盘的特性及倾斜度

为了获得单位面积上高的籽粒产量，密植条件要求向日葵株高的基因型要有一定的竞争力，单个花盘的粒数超过1500粒对获得高产是至关重要的。为了达到这一目标，在向日葵自交系的选育过程中，应着重于增加每个花盘小花的数量。然而在杂交种中，这一目标往往是通过提高杂种优势来实现的。花盘的大小和形状对于能否获得高产也是非常关键的（Joksimović et al.，2000）。

向日葵的花盘应当中等大小且薄，直径为20～25cm，花盘表皮应当坚硬（Škorić，1980）。Miller和Fick（1997）指出，花盘的直径或大小受环境的影响比较显著，特别是向日葵的种植密度、土壤水分和土壤肥力对花盘大小的影响非常明显。他们还从遗传学角度对有关向日葵花盘特征的文献进行了综述。Fick（1978）得出的结论是，与向日葵多数其他农艺性状相比，遗传因素对花盘直径的影响较小。

向日葵花盘过大会降低籽粒的产量（g/花盘）、增加种壳的重量、增加空壳比例，并降低籽粒的含油量（Škorić et al., 1989）。

Joksimović等（2000）和Hladni等（2004）发现，向日葵花盘直径的遗传有倾向于优势亲本的显性和超显性遗传两种方式。Schuster（1964）、Kovačik和Škaloud（1971）的研究表明，花盘直径的遗传属于超显性遗传。到目前为止，有关向日葵花盘直径的遗传方式的研究结果不一致。Gangpappa等（1997）、Kovačik和Škaloud（1972）、Ashok等（2000）的研究表明，基因的加性效应对花盘直径的遗传有显著影响。然而，Joksimović等（2000）、Hladni等（2004）、Parameswari等（2004）的研究指出，基因的非加性效应对该性状的遗传影响更大。

Hladni（2007）认为花盘直径的遗传属于显性和超显性遗传。该性状在F_1代的杂种优势非常明显（Schuster, 1964；Kovačik and Škaloud, 1973；Voljf and Dumancheva, 1973）。花盘直径的最大杂种优势指数为160%（Schuster, 1964）、129%（Škorić, 1975）、116%（Voljf and Dumancheva, 1973）。花盘直径的杂种优势指数比亲本平均值高19.0%～51.6%，比优势亲本高7.8%～36.3%（Hladni et al., 2005）。Schuster（1964）的研究结果表明，花盘直径的遗传力比较低，仅为0.15（h^2）。他还指出，花盘直径在亲本自交系和杂交种F_1代间无显著的正相关关系，表明不能仅靠亲本决定子代花盘的大小。此外，花盘的形状比花盘的大小更为重要。Morozov（1947）认为，对向日葵籽粒的产量而言，花盘形状比花盘大小更为重要。一个薄而平的中等大小的花盘，符合种子高产且优质的主要预期指标。因为这种盘型保障了维管束在花盘中的均匀分布，并保证了维管束和种子的连接。花盘形状是决定单个花序上花的数量、花盘中心空壳数量的重要因素。Miller和Fick（1997）、Hagen和Hanzel（1992）指出，花盘形状直接影响花托的厚度，凹形花盘的花托较大、较厚，通常有一个凹形的或角状的表面。Anashchenko等（1975）研究发现，花盘的一半弯曲及畸形是花盘的隐性性状，该性状出现与一般配合力高的自交系有显著相关性。Gavrilova和Anisimova（2003）研究了带有同样性状的自交系VIR 130花盘的遗传模式，结果表明该性状由隐性单基因控制。

花盘扁化（簇生）的性状由3对隐性等位基因mhf_1、mhf_2和mhf_3的互补作用进行调控（Kovačik and Škaloud, 1980）。

向日葵花盘缺少部分繁殖组织是由单一隐性基因（ch）调控的（Tikhonov et al., 1991；Brigham, 1979）。

向日葵从授粉到成熟，根据花盘的倾斜角可以将花盘划分成4类（0°～45°、45°～90°、90°～135°及135°～180°）（图1.14）。Kovačik和Škaloud（1980）的研究指出，花盘倾斜角在0°～180°的变化是受4对基因（Hba、Hbb、Hbc和Hbd）的加性效应控制的，每个倾斜角由3对等位基因调控。这表明向日葵花盘的倾斜角共由12个基因的加性效应调控，每个基因可以使花盘倾斜15°（表1.2）。

Miller和Fick（1997）指出，不同的向日葵花盘的颈长（花盘与茎秆之间的距离）也显著不同，有的可达50cm（Škorić未发表的研究中颈长可达1m）。Miller和Fick（1997）提到了Foley和Hanzel（1986）用短颈向日葵与长颈向日葵进行杂交，F_1代为长颈，表明该性状的遗传属于显性遗传。

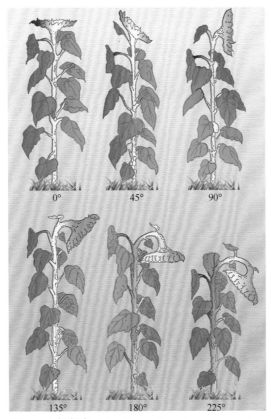

图1.14 成熟期的花盘倾斜角（*Sunflower Descriptors, AGPG: IBPGR/85/84*）

表 1.2 向日葵花盘倾斜角的遗传及其与相关基因关系的研究（Kovačik and Škaloud，1990）

倾斜程度	0°~45°	45°~90°	90°~135°	135°~180°
调控	Hba_1	Hbb_1	Hbc_1	Hbd_1
	Hba_2	Hbb_2	Hbc_2	Hbd_2
	Hba_3	Hbb_3	Hbc_3	Hbd_3
	加性效应 →			

Miller和Fick（1997）也提到了Hanzel（1992）的研究工作，根据他们的结果，如果选择下述的农艺性状则可以部分减少鸟类的危害：宽的苞叶；花盘为水平面向（花盘倾斜90°）；凹的花盘形状；花盘与茎秆之间相对较长的距离。而有关向日葵上述性状遗传方式的研究较少。

1.5.1 花盘直径

花盘大小是影响向日葵单株籽粒产量及单位面积产量的重要因素。它取决于基因型、环境因素及基因型与环境因素的交互作用。花盘大小受遗传因素的影响比其他农艺性状受遗传因素的影响小（Fick，1978）（图1.15）。

图1.15　开花期和成熟期不同基因型向日葵的花盘直径

向日葵花盘直径大于最佳直径往往会降低籽粒产量（g/花盘），提高种壳的百分比，增加空壳的数量，降低籽粒中的含油量（Škorić et al.，1989）。

Joksimović等（2000）和Hladni等（2004）发现，花盘直径的遗传属于显性和高亲本超显性（high-parent overdominance）遗传。Schuster（1964）、Kovačik和Škaloud（1971）、Marinković（1984）指出，向日葵花盘的直径表现为超显性遗传。Hladni（2007）研究发现，花盘直径的遗传在7个杂交的向日葵F_1代属于高亲本超显性遗传。在随后两年的研究中也发现，32个F_1代组合花盘的直径均表现出正向的杂种优势效应。

野生向日葵与栽培向日葵进行杂交，花盘直径的遗传偏向于野生种，呈现不完全显性和显性遗传两种方式（Atlagić，1991）。

有关向日葵花盘直径的遗传方式，不同的研究者得出的结果不同。例如，Pathak（1974）指出，花盘直径的广义遗传力为21.9%～42%。然而，Marinković和Škorić（1984）的研究表明，该性状的遗传力高达64%，Alvarez等（1996）研究发现，花盘直径的广义遗传力为62.3%。Stanković（2005）也得到了类似的结果。

Kovačik和Škaloud（1972）、Marinković和Škorić（1990）、Ashok等（2000）认为，在花盘直径的遗传中基因的加性效应比非加性效应更明显，然而，Marinković（1984）、Joksimović等（2000）、Hladni等（2003，2004）、Parameswari等（2000）的研究得出了相反的结果。此外，Hladni（2007）指出，基因的非加性效应在花盘直径的遗传中起主要作用。而向日葵杂交种F_1代的一般配合力与特殊配合力的比值小于1，进一步验证了上述结果。由于显性效应的值比加性效应大，因此，在花盘直径的遗传过程中，等位基因间和等位基因内的交互作用比基因的加性效应更为重要。

向日葵花盘直径与单株籽粒产量存在显著的正相关关系（Škorić，1975；Chaudhary and Anand，1993；Punia and Gill，1994；Hladni et al.，2001；Chikkadevaiah et al.，2002；Nehru et al.，2003）。Hladni等（2003）指出，花盘直径与籽粒产量呈显著的正相关关系（相关系数为0.621）。Marinković（1992）和Petakov（1994）的研究也得出了类似的结果。

Green（1980）、Sarno等（1992）、Nirmala等（2000）认为，花盘直径和籽粒产量有直接的正相关关系，然而，Škorić（1974）、Fick和Zimmer（1974a）、Hladni等（2004）却指出，花盘直径和籽粒产量为负相关关系。Ahmad等（1991）更进一步的研究表明，花盘直径间接影响籽粒产量。

Hladni（2007）连续两年的实验结果表明，A自交系对花盘直径表型的平均贡献率最大（66.9%），而恢复系及自交系与恢复系的交互作用对花盘直径表型的平均贡献率较小（分别为7.9%和5.2%）。

1.6　倒　　伏

控制向日葵倒伏的遗传因素很多，并且取决于很多性状，包括株高（X_1）、茎秆强度、花盘大小（X_2）及根系体积（X_3）（Kovačik et al.，1976；Miller and Fick，1997）。Kovačik等（1976）用GT表示向日葵的倒伏程度。植株直立的最适条件用矩形棱柱的最大体积表示（图1.16）。倾斜的植株容易倒伏，矩形棱柱的体积会出现小幅度的减小。同样程度的花盘的减小，特别是根系体积的减小将显著降低矩形棱柱的体积，表明花盘大小与根系体积的大小及向日葵的倒伏有明显的关系。

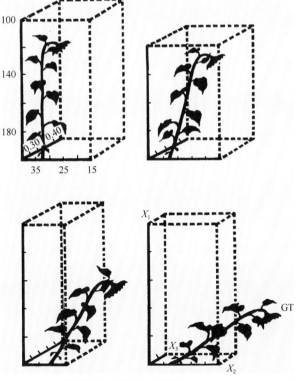

图1.16　向日葵倒伏复杂性的示意图（Kovačik et al.，1976）

Kovačik等（1997）利用槽图使人们能够直观地在数值上了解影响植株倒伏的复杂因素，将株高（X_1）、茎秆强度、花盘大小（X_2）及根系体积（X_3）的相关系数定义为r。不是利用直接计算的数值，而是利用各性状在图中的相关系数p值来表示各个性状与倒伏的关系（图1.17）。

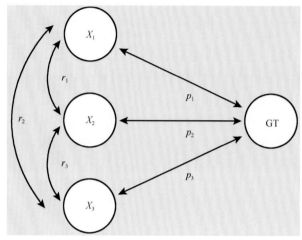

图1.17　向日葵倒伏程度的计算方法（Kovačik *et al*.，1976，引自Weber，1972）

以实例说明，下面是倒伏程度和株高（X_1）相关性的计算方法。计算公式如下：

$$R \times 1\ GT = p_1 + r_1 p_2 + r_2 p_3 \tag{1-1}$$

因此，相关系数等于棱柱相关系数之和。

在倒伏性状的遗传方面，Vrânceanu和Stoenescu（1971b）指出，通常在F_1代中该性状表现为中间型遗传。他们还指出，倒伏性状由多个基因控制，并且这些基因之间存在一定的加性效应。

1.7　种子大小和颜色

1.7.1　种子大小

在向日葵栽培种的基因型中种子大小存在大量的变异。向日葵种子的厚度、长度和宽度是决定种子大小的指标。种子大小一般用千粒重和容重来表示。遗憾的是，有关种子大小遗传的研究并不多，文献相对较少。

花粉受精后籽粒开始发育，并且会持续14～16天。这是向日葵植株生长最重要的时期。该时期决定向日葵的单盘粒数、成熟种子的大小、粒重及籽粒容重。该时期籽粒生长发育越好，油在贮藏组织中积累得会越多，成熟期籽粒的含油量也会越高（Djakov，1969）。

向日葵籽粒大小取决于籽粒生长发育的整个过程，直到籽粒开始灌浆（Djakov，1980）。该时期也决定了花盘籽粒的总粒数，因为生长在头状花絮中央的籽粒相对于边缘的籽粒生长滞后6～10天。由于花盘中央部位的籽粒和边缘发育早的籽粒会争夺营养，从而导致出现胚胎发育时的败育现象。

针对向日葵籽粒大小的育种策略应谨记籽粒大小与单株粒数呈显著的负相关关系，因为粒数越多，单个籽粒的可利用资源就越少（Djakov，1982）。籽粒的粒数与籽粒大小的回归分析呈双曲线，两者呈负相关关系。

Morozov（1947）、Plachek和Stebut（1915）根据籽粒大小将向日葵籽粒分成3类：油用型（长7~13mm，宽4~7mm）、干果型（长11~23mm，宽7.5~12mm）和中间型（长11~15mm，宽7.5~10mm）。在这3种类型中，籽粒长度（7~23mm）和宽度（4~12mm）的变化很大。

Djakov（1982）的研究表明，在进行大籽粒向日葵品种的选育过程中，向日葵籽粒大小的高遗传力不等于能够很容易地成功选育出高产的品种。Djakov的研究还表明，单盘粒数和单株籽粒的大小显著负相关。

Robinson（1974）认为，研究籽粒大小的先决条件是果壳的大小与籽仁的大小应该有显著的相关性。

Marinković和Škorić（1987）认为，基因的加性效应在籽粒长度和宽度的遗传中起主要作用，而非加性效应在籽粒厚度的遗传中起主要作用。

籽粒的厚度与产量呈正相关关系，籽粒的长度与厚度直接影响向日葵的产量，籽粒的宽度与产量呈负相关关系（Stoyanova and Porisova，1982）。籽粒的含油量与籽粒的宽度呈负相关关系，而与籽粒的厚度呈正相关关系（Marinković and Škorić，1988）。Zali和Samadi（1978）认为籽粒的大小与籽粒的含油量不存在负相关关系。

Jocić（1996）详细研究了籽粒大小的遗传后发现，所有杂交组合籽粒厚度的遗传都属于不完全显性（图1.18）。广义遗传力的数值表明，基因和环境因素对籽粒大小的贡献率大致相近。基因的加性效应和非加性效应对籽粒厚度的遗传都很重要，但基因的加性

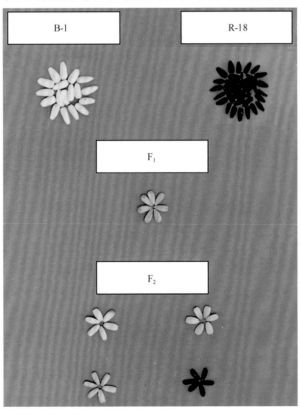

图1.18　B-1和R-18杂交种籽粒大小的遗传（Jocić，1996）

效应比非加性效应对籽粒厚度的影响更大。遗传变异分量和回归分析结果均表明，基因的加性效应在籽粒宽度的遗传中起主要作用。

但上述研究结果不被Marinković和Škorić（1987）认可，他们认为，基因的非加性效应在籽粒厚度的遗传中起主要作用，这与上述研究结果不一致，其可能是由于两个研究团队所选用的遗传材料不同。

在F_1代、F_2代和F_1BC_1代，籽粒宽度均是不完全显性遗传（Jocić，1996），其遗传力相当高。一般配合力（GCA）和特殊配合力（SCA）的值差异显著，表明基因的加性效应及非加性效应在籽粒宽度的遗传中均起作用。然而，GCA/SCA值表明基因的加性效应起主要作用。回归分析及遗传变异分析结果也进一步验证了上述结果。Marinković和Škorić（1987）也指出，基因的加性效应在籽粒宽度的遗传中起主要作用。

Jocić（1996）根据F_1代和F_2代测试的结果，认为籽粒长度的遗传主要是偏向于高亲本显性遗传。广义遗传力较高，表明籽粒长度是一个可高度遗传的性状。双列杂交配合力的方差分析结果表明，在F_1代、F_2代和$BC_{1,2}$代籽粒长度遗传中，一般配合力和特殊配合力差异显著。基因的加性效应及非加性效应在向日葵籽粒长度的遗传中均起作用。GCA/SCA值在所有研究的后代中都很高，因此基因的加性效应起主要作用。回归分析及遗传变异分析结果进一步验证了上述结果。

籽粒长度与单株籽粒产量呈显著的正相关关系，与籽粒含油量呈显著的负相关关系，因此，增加籽粒长度可提高单株籽粒产量（Marinković and Škorić，1988）。

1.7.2 种子颜色

向日葵种子颜色由种子外壳的三层结构中是否产生色素决定。外壳的每一层壳组织都可以独立产生色素。每一层上是否产生色素及每一层中多种色素的组合决定了种子的颜色（Putt，1940）。

种子颜色的形成始于开花后第4天，该时期第一个开花区的果皮变黑。这可以通过在这一层结构中的厚壁组织和木栓质组织之间形成植物黑色素进行解释。开花后12~13天，其他的色素和条纹也开始出现。

表皮可以没有色素或者形成棕黑色或黑色的条纹。条纹的宽度可以从很窄到很宽。Putt（1940）发现了一个表皮完全是黑色的基因型，该类型非常罕见，可能这种黑色素和使得表皮表现为黑色条纹的色素不同。向日葵种子呈现条纹状的颜色是由表皮色素分配不均匀引起的，该性状相对于单一色素性状表现为显性遗传（Fick，1978）。相反，Putt（1940）指出，相对于有条纹的性状，种壳缺少条纹的性状表现为显性遗传。

多数向日葵种子呈纯黑色或黑白条纹（Gavrilova and Anisimova，2003）。向日葵自交系的种子有白色、黑色，偶尔还有灰色、深紫色、深橙色及米黄色（图1.19）。

向日葵种子颜色的遗传方式相对较复杂，因为3个皮层中会有大量的色素组合（Fick，1978）。

当3个皮层均没有色素时种子呈现白色（Leclercq，1979）。Demurin和Tolmachev（1986）、Fick（1978）也有和上面相似的报道。Demurin和Tolmachev（1986）发现种壳为白色的亲本与含有植物黑色素的亲本杂交后的种子呈现灰色；黑色种子与含有色素层

图1.19 不同基因型向日葵种子的不同颜色

的种子杂交后种子表现为深黑色；含有色素层的种子与混合色的种子杂交后会使种子呈现煤黑色，并且种子会有蓝色光泽。而植物黑色素的形成由显性互补基因Th_1和Th_2控制。

Leclercq（1979）认为向日葵种子的白色对深棕色、黑色和条纹表现为显性，并且种子白色性状由显性单基因（Gb）控制。Jocić和Škorić（1996）的研究也得出了同样的结果，即种子的白色对其他颜色表现为显性，而白色由显性基因控制。

Saciperov（1914）认为整个植株包括种子花青素的沉积由显性单基因（T）控制。Leclercq（1968）发现了另一个控制该性状的基因Tf，而Tf与T是独立进行遗传的。

Mosjidis（1982）认为种子表皮的黑色条纹是3个显性基因S_1、S_2和S_3共同作用的结果。

Jocić（1996）对种子颜色的研究也有重要的发现，他认为向日葵种壳上的条纹对纯色为显性，黑色对棕色为显性。研究者还建立了种壳上条纹的显性遗传顺序：白底黑条纹＞黑底白条纹＞黑底灰条纹＞棕底白条纹＞灰底白条纹。种壳表皮基色遗传的优势顺序和种壳颜色遗传的顺序是一致的。有的品种种壳的条纹至少由两个独立的基因控制，取决于其亲本的遗传组成，F_2代的性状分离比为3∶1、15∶1或9∶7。

Mosjidis（1982）和Cecconi等（1988）也报道了一些有趣的结果，他们认为基因I抑制种壳表皮色素的出现，当显性基因I缺失时，条纹状的色素由3个基因的加性效应共同控制。

1.8 向日葵的花形及花色的遗传

向日葵花盘周边不育的舌状花通常为黄色、橙色、深橙色、柠檬黄或有花青素的柠檬黄（图1.20，图1.21）。花盘上可育的管状花颜色不同，且具有所有正常花的结构（发育良好的雄性和雌性器官）。Fick（1976）、Gavrilova和Anisimova（2003）的研究分别提供了一个系列的基因型，代表着向日葵植株不同颜色的花。

图1.20 栽培向日葵不同基因型的舌状花的大小、排列方式及颜色

有关向日葵舌状花和管状花的大小、形状及颜色遗传方式的研究很多。Miller和Fick（1997）综述了前人的研究结果。针对同一性状的遗传方式，不同研究者的研究结果也不同，这与所用研究材料的遗传背景不同有关。

Cockerell（1912）最早研究了向日葵花色的遗传，通过将橙色花和黄色花的向日葵进行杂交获得了红色花，这一花色由显性单基因控制（Miller and Fick，1997）。Plachek（1930）也指出，向日葵的小管状花也由单基因控制。

图1.21　不同基因型观赏向日葵舌状花的大小、排列方式及颜色

橙色舌状花由隐性单基因（l或lo）控制（Leclercq，1968），而Stoenescu（1974）指出柠檬色及近白色的舌状花也由隐性单基因控制。黄色舌状花的向日葵与橙色舌状花的向日葵进行杂交，F_1代的舌状花表现为黄色。黄色由基因L控制，而橙色由基因ll控制（Kovačik et al.，1976）（图1.22，图1.23）。向日葵舌状花表现为黄色和橙色的要多于硫黄色。

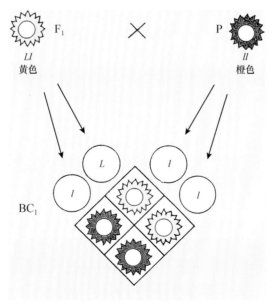

图1.22　向日葵舌状花颜色的遗传（Kovačik et al.，1976）

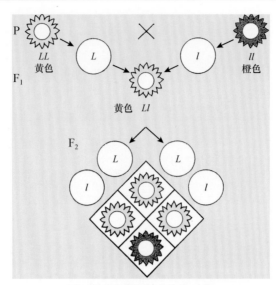

图1.23 F₁代与橙色亲本回交

Škaloud和Kovačik（1975）、Kovačik等（1976）通过将显性的黄色舌状花和隐性黄色管状花的向日葵与隐性的硫黄色舌状花和显性花青素色的管状花的向日葵进行杂交，研究了舌状花和管状花颜色的遗传方式。结果表明，F₁代为黄色舌状花和花青素小花，F₂代花的颜色表现为4种类型（黄色舌状花+花青素小花：黄色舌状花+黄色小花：硫黄色舌状花+花青素小花：硫黄色舌状花+黄色小花），其分离比为9:3:3:1。上述分离比表明，控制硫黄色和花青素色的基因间存在紧密连锁，也就是说，控制上述性状的基因存在于同一染色体上，且在后代中会连锁遗传。

Kovačik等（1976）通过将黄色舌状花和小花不育的向日葵与橙色舌状花和小花可育的向日葵进行杂交，研究了另外两个连锁性状（舌状花的颜色和小花的育性）的遗传。F₁代表现为黄色舌状花及可育的小花，也就是说，上述连锁的性状是由双杂合子控制的。F₂代4种表型的分离比为9:3:3:1，其中两种表型与亲本一致，另外两种表型包括新的性状组合。将F₁代植株及有橙色舌状花与不育小花的植株进行回交，后代性状分离比为1:1:1:1，表明控制亲本性状的基因在不同的染色体上（图1.24）。

Fambrini等（2007）注意到向日葵管状的舌状花（*turf*）突变体的表型特点是舌状花两侧对称的花冠突变为几乎放射状的管状花冠，从而能够很好地区分可育的雄蕊和卵细胞。研究者还发现自花授粉的野生型恢复系分离成正常和突变体表型的比例符合单基因遗传的3:1分离比，表明隔代遗传受单基因的影响。

Škaloud和Kovačik（1974）报道，黄色、橙色及柠檬色舌状花的遗传均由单基因控制。根据Leclercq（1968）的报道，橙色舌状花由隐性基因*l*控制，柠檬色舌状花由基因*la*控制，*la*基因对*L*基因表现为上位效应。Fick（1976）指出，显性基因*L*和*La*连锁，舌状花表现为黄色，*ll*和*La*连锁表现为橙色，而*Ll-lala*和*ll-lala*连锁表现为柠檬黄色。他们也发现了黄色、橙色及柠檬色舌状花的向日葵进行杂交，黄色对橙色为显性，并且柠檬色对黄色和橙色表现出上位效应。Tolmachov（1998）鉴定出了2个变种，其舌状花是由隐性单基因控制的，在自交系VA 1和VA 2中，舌状花表现为淡黄色，由*ly*基因控制。在自交系

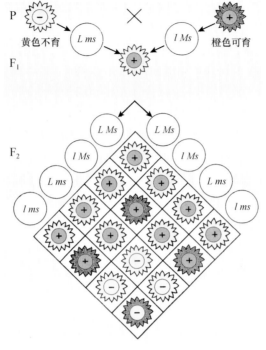

图1.24 两个独立性状遗传的杂交分析
+表示可育；-表示不育

GK-13中，舌状花为杏黄色，由 ap 基因控制。Fick（1976）通过黄色×橙色、橙色×柠檬色向日葵杂交，得出了F_2代舌状花的颜色是由单基因控制的结论。黄色×柠檬色向日葵杂交的结果表明，该性状由两个基因的交互作用控制，F_2代舌状花的分离比为9（黄色）：3（橙色）：4（柠檬色）（Fick，1976）。该分离比改变了双基因杂交种9：3：3：1的分离比，该分离比是两个基因互作的结果。Gavrilova等（2000）也得出了同样的结果，黄色舌状花的自交系VIR 546和铃状舌状花的自交系VIR 536进行杂交，F_1代的舌状花为黄色，F_2代的性状分离比为3：1，从而有利于黄色舌状花的形成，这表明铃状舌状花由隐性单基因控制。

Fick（1976）利用红色花的向日葵与黄色花的向日葵进行杂交，得出的结论是红色花由两个基因互作的上位效应控制。该作者也同时利用红色花的向日葵与橙色花的向日葵及柠檬色花的向日葵进行杂交，确定了红色舌状花性状的遗传为单基因遗传。

Šećerov-Fišer和Škorić（1988）用红色舌状花的向日葵与柠檬色舌状花的向日葵进行杂交，通过调查F_2代花的颜色发现红色由显性单基因控制，且对柠檬色为显性。更进一步的研究结果表明，将黄色×红色向日葵及橙色×红色向日葵进行杂交，F_2代的分离比均为9：7，表明红色的舌状花由两个独立且互补的显性基因控制。研究者还发现，所有的利用红色亲本进行的杂交中，后代舌状花的红色由两个基因控制，而柠檬色由单基因控制。

Škaloud和Kovačik（1974）认为向日葵舌状花黄色对橙黄色和硫黄色为显性，而橙黄色对硫黄色为显性。黄色舌状花及橙色舌状花与黄色管状花连锁遗传，而调控硫黄色舌状花的基因与管状花的花青素基因能够连锁遗传。Fick（1976）认为盘花的舌状花对正常花为显性，F_2代的性状分离比表明该性状至少由两个基因控制。Škaloud和Kovačik也认为管状花和盘花的花青素分别由隐性单基因和显性单基因控制。

在总结前人研究结果的基础上，Stoenescu（1974）指出，盘花的花青素由显性单基因控制，而这也为Fick（1976）所认可。Fick（1976）利用3个杂交组合进行研究后也发现，控制红花与花青素的基因可能存在连锁或基因的多效性。Gutierres等（2009）对 *Helianthus petiolaris* 盘花花青素的遗传方式进行研究后发现，这种花青素由两对互补的基因控制，并且这两对基因在基因座上均表现为显性且独立遗传。根据Macheček（1980）的研究，由 *LL* 基因控制的黄色舌状花对由 *ll* 基因控制的硫黄色舌状花为显性。橙色的花色取决于显性 *Lo* 等位基因的存在，*Lo* 基因只有在等位基因 *L* 存在时才能够表达。显性等位基因 *I* 会抑制橙色的产生。橙色舌状花的表现必须有基因型 *LLiiLoLo* 的存在。基因型为 *LLiILoLo*、*LLIIlolo* 和 *LLiilolo* 的舌状花表现为黄色，基因型为 *llIILoLo*、*llIIlolo*、*lliiLoLo* 和 *lliilolo* 的舌状花表现为硫黄色。

Kovačik和Škaloud（1981）研究控制向日葵花色的连锁基因时有了新的发现。当研究黄色、白黄色、橘黄色花色的遗传时，Kovačik和Škaloud发现控制这3个性状的等位基因在同一基因座上，这与Fick（1976）的研究结果相悖。在研究红色舌状花时，Kovačik和Škaloud发现花瓣的黄色、白黄色、橙黄色可能由两个基因控制。上述结果在所研究基因型的直接杂交中不会出现，只有在与红花向日葵的间接杂交中才会出现。上述结果可以解释如下：白黄色（aab_2b_2CC）和黄色（$aaBBcc$）向日葵进行杂交，F_1代表现为一致的黄色，F_2代黄色和白黄色的分离比为12∶4。这一结果为下面的研究提供了证据：第一，基于Fick（1976）的研究结果，两个基因以Bb_2基因簇的方式进行遗传可以理解为单个基因；第二，白黄色和黄色杂交不能证明基因 *B* 和基因 *C* 间的交互作用，因为12∶4的分离比不能与单基因杂交种3∶1的分离比进行区分。只有与基因型为 *ABC*（表型为红色）的向日葵进行杂交后，才可能有基因 *C* 的出现，才可能有基因 *B* 和 *C* 的交互作用。类似的，橙黄色（aab_1b_1CC）和黄色（$aaBBcc$）向日葵杂交，F_1代黄色的基因型为$aaBb_1Cc$，F_2代的性状分离比为12∶4，显然，该性状属于单基因遗传。白黄色（aab_2b_2CC）和橙黄色（aab_1b_1CC）向日葵杂交，F_1代为橙黄色（aab_1b_2CC），F_2代的性状分离比为3∶1，因此该性状也属于单基因遗传。前人关于非红色的舌状花的研究表明，等位基因 *L*、*Lo*、*la* 与 *B*、b_1、b_2 均位于染色体的同一位置。基因 *C* 可能也参与调控性状的表现，与基因 *L* 的重叠作用共同决定花的黄色，而在非红色表型分析中却找不到它的存在。除此之外，基因 *C* 不与基因 *L* 连锁，也不与基因 *T* 连锁。基因 *C* 与基因 *L* 和基因 *T* 连锁的两种情况间接表明，基因 *C* 参与简单性状的复杂遗传，用两个选择的基因型进行杂交分析的方法还不能鉴定该性状的遗传背景。

Gavrilova和Anisimova（2003）通过对自交系VIR 531和自交系VIR 546进行杂交，研究了舌状花基色的遗传方式。F_1代舌状花基色为深紫色；F_2代性状发生了分离，表明深紫色的舌状花由显性单基因控制，与由隐性基因控制的黄色舌状花正好相反。两个自交系杂交后代中也有性状连锁的表型出现。基色为深紫色的舌状花，柱头也是深紫色，基色为黄色的舌状花，柱头也是黄色。

根据Luczkiewicz（1975）的研究，柱头颜色由3个非特异性基因 *A*、*B* 和 *C* 决定，当存在基因 *A* 和 *B* 或 *C* 时柱头表现为花青素色。

Joshi等（1994）对向日葵基因的多效性进行研究后发现，多效基因$Ptla$可能会调控产生一种通用的酶，不同基因调控的生化途径必须要有该酶的存在。根据他们的结论，红色/紫色舌状花由互补基因$Ptla$和$Prfb$控制。同时，4对等位基因（$Ptla$、$Pstb$、$Pstc$和$Psta$）参与柱头颜色的遗传。这与Luczkiewicz（1975）发现柱头颜色的遗传方式由单等位基因控制的研究结果相悖。

Demurin和Tolmachev（1986）报道了深紫色柱头由显性单基因控制，F_2代深紫色和黄色的分离比为3:1，还发现调控深紫色柱头与柠檬色舌状花的基因存在紧密的连锁。

Gavrilova和Anisimova（2003）将自交系VIR 531（植株所有器官均为重花青素色）和自交系VIR 546（无花青素色）进行杂交，得出花青素性状由两个基因控制的结论。159株F_2代个体具有不同程度的花青素，13株无花青素，性状分离比为15:1（$\chi^2=0.50$）。F_1代均为花青素型，但每个营养器官的花青素程度均与VIR 531有所不同。因此，杂合度不能像显性杂合子一样在后代个体中保证有相同程度的花青素。此外，在自交系VIR 531和自交系VIR 546的杂交种中，F_1代的柱头均为紫色，F_2代有138株为紫色柱头，21株柱头的边缘为红色，13株为黄色柱头。

Gavrilova和Anisimova（2003）用自交系VIR 130（紫色柱头）和自交系VIR 130-1（柱头边缘红色）进行杂交后发现，F_1代紫色柱头由显性单基因控制。

Demurin和Tolmachev（1986）指出，舌状花的花青素由单基因控制，而显性基因T控制整个植株的花青素，当舌状花花青素基因T不存在时就会出现单基因分离现象。Demurin和Tolmachev通过研究还发现，舌状花的花青素由3个显性基因控制。基因T与基因G互补会形成舌状花的花青素。基因T与基因Tl互补会形成果皮的花青素。

Škaloud和Kovačik（1978）结合自己的研究与其他人的研究结果得出如下结论：短管状花由隐性单基因F_1控制，它与Ms_2基因连锁。Škaloud和Kovačik还发现，长的管状花由隐性单基因Ft_1和Ft_2控制，后代性状分离比为13:3，有利于形成正常的基因型；同时也观察到表型被抑制的基因型。Fick（1976）研究了两个短管状花的基因型（CRR-011-1-11和MR 10）及一个长管状花的基因型（8455-10）。Škaloud和Kovačik（1978）总结其他人和自己的研究结果，发现舌状花的缺失是3个隐性基因（Fd_1、Fd_2和Fd_3）及其相互作用的结果。Luczkiewicz（1975）引用Miller和Fick（1997）的结果，得出舌状花的长度由两个独立的显性互补基因控制，短的花瓣对正常的、长的花瓣有隐性上位作用。Škaloud和Kovačik（1978）结合自己的研究与Stoenescu（1974）的研究结果得出，花药的颜色由3个显性基因（Ag_1、Ag_2和Ag_3）控制。F_2代的性状分离比为60:3:1，Ag_2和Ag_3基因对Ag_1基因表现为显性，Ag_1基因控制棕色花药的形成；Ag_2和Ag_3基因有叠加效应。黄色花药的遗传由隐性单基因控制（Stoenescu，1974）。Luczkiewicz（1975）指出，向日葵花药的颜色由4个基因调控，4个基因调控着花药不同色调的棕色和黑色，这与Škaloud（1978）的研究结果有所不同。

Plachek（1930）通过突变体成功自交后发现，白色花粉由隐性单基因w控制。自交系VIR 531（柠檬黄色花粉）和自交系VIR 545（黄色花粉）进行杂交，F_1代均为黄色花粉，F_2代黄色和柠檬黄色花粉的分离比为3:1（Gavrilova and Anisimova，2003）。控制黄色花粉的隐性基因被命名为pol。Stoenescu（1974）指出，黄色花粉由显性单基因控制，而Qiao等（1996）指出，白色花粉由一对隐性单基因控制。Wang Sh和Wang C（1996）指出，银色花粉由两个隐性且独立遗传的基因控制，并且这两个基因与调控淡黄色的舌状花基因紧密连锁。

Luckiewicz（1975）指出，菊花型舌状花的遗传由显性单基因控制。然而，Fick（1976）指出，菊花型舌状花的遗传是显性的，并且至少有两个基因的参与。在Fick的研究中，F_1代均为菊花型舌状花，F_2代（共46个植株）1株正常，2株属于中间型，剩余的均为菊花型舌状花。Škaloud和Kovačik（1978）的研究表明，菊花型舌状花由两个基因（Bf_1和Bf_2）控制，F_2代的性状分离比为3:6:7。基因Bf_1和Bf_2互补，而两个Bf_1基因同时出现会形成不完全的菊花型舌状花。

1.9　籽粒产量和含油量的遗传及其遗传组分

籽粒产量是一个复杂的性状，受很多性状的影响，这些性状可以单独也可以共同影响籽粒产量。籽粒产量是由多基因调控的。向日葵籽粒产量受基因型和生长发育期所处环境的共同影响。

向日葵育种的主要目标是获得尽可能高的单位面积的籽粒产量和籽粒的含油率，因为产油量多少与籽粒含油量及籽粒产量密切相关。

单位面积籽粒产量是一个复杂的性状，因此确定与产量相关的性状非常重要。这些在向日葵生长期间从形态上易于评估的性状，能够方便育种家间接选择单位面积高含油量的优良组合（Škorić et al.，2002）。在产量的定义中，Merrien等（1992）提出，籽粒产量由3个主要部分组成，即单位面积株数、单位面积籽粒的数量及粒重。然而事实上，除了以上3个因素，籽粒产量还会受到很多性状的影响。

从广义上讲，Evans（1981）指出，从遗传学角度提高产量的关键在于增大库容量，使籽粒在与其他器官竞争时能够争夺更多的营养。该竞争特性取决于器官的相对大小，其与提供营养的源器官的相对距离，以及其与连接源库器官维管束的相对方向及容量。

增大库容量应当与最适的株高和叶片的结构保持相对平衡。增大库容量，也就是增加穗粒重、穗粒数、穗数等，这是提高作物产量的重要方法（Borojević，1992）。

1.9.1　单株籽粒产量

针对单株籽粒产量的遗传方式及该性状杂种优势表现的研究很多。Miller和Fick（1997）指出，基因的加性效应和非加性效应对控制向日葵籽粒产量具有重要的作用。不同研究者的研究结果存在显著不同，其主要原因是研究中所用的遗传材料不同。

Jocić（2003）用加性-显性模型和6个参数模型研究了单株籽粒产量的遗传方式并确定了单株籽粒产量遗传方式是加性、显性和双基因上位性遗传。研究结果还表明，基因的显性效应对单株籽粒产量的影响明显大于基因的加性效应。这与其他研究者（Kovačik and Škaloud，1972；Shrinivasa，1981；Marinković，1984；Pathak et al.，1985；Mihaljčević，1989；Joksimović，1992；Marinković，1993；Lande et al.，1997；Bajaj et al.，1997；Rather et al.，1998；Kumar et al.，1998；Goksoy et al.，2000；Cecconi et al.，2000；Škorić et al.，2000；Stanković，2005）的研究结果一致。他们的研究还指出，遗传效应中的非加性分量对向日葵单株籽粒产量的作用更大。

Gaffori和Farrokhi（2008）通过研究得出，向日葵籽粒产量主要由显性效应控制。Hladni（2007）最新的研究指出，遗传变异的非加性分量对单株籽粒产量的遗传影响很大，预示着特殊配合力的效应很强，这一结果可以通过F_1代的一般配合力和特殊配合力的比值小于1的结果得到进一步证实。Farrokhi等（2008a）的研究也得出了相同的结果，F_1代一般配合力和特殊配合力的比值小于1，表明遗传变异的非加性分量（显性和上位性）对籽粒产量遗传变异的影响大于加性分量。

Manjunath和Goud（1982）通过对25个向日葵杂交种进行研究，发现单个遗传效应对籽粒产量遗传的重要性排序如下（逐渐减小）：显性、显性×显性、加性×加性、加性×显性和加性。

在Miller等（1980）的研究中，上位效应对向日葵籽粒产量的调控作用很小，而显性遗传起主要作用，显性优势度为0.62，表明该性状主要为不完全显性遗传。

上位性遗传效应在单株籽粒产量的遗传中也发挥着重要作用（Panchabhaye *et al.*，1998）。在El-Hity（1992）的研究中，基因的上位效应比加性效应相对更重要，但是比基因的显性效应的作用要小。El-Hity的研究还表明，在单株籽粒产量的遗传中，两个基因的上位效应大于显性×显性上位效应。相反的，Gangappa等（1997）指出，在单株籽粒产量的遗传中，基因的显性效应和显性×显性上位效应远比加性效应和两个基因的上位效应重要。

Jocić（2003）的研究表明，只有3个杂交组合在单株籽粒产量的遗传研究中没有发现基因的上位效应，在剩余的杂交组合中，单株籽粒产量的遗传中基因的上位效应比加性效应作用更大，但低于基因的显性效应。谈到双基因的上位性时，显性基因上位最为重要，当有显性基因存在时，双显性上位效应在所有组合中都存在。在3个不同的杂交组合中，基因的显性和加性效应的交互作用显著影响单株籽粒产量。加性×加性上位效应只在两个组合中表现得非常重要，但是在基因型CMS-77和KIZ中，加性×加性上位效应比其他任何遗传学效应都要重要。

当谈到单株籽粒产量的遗传时，El-Hitty（1992）和Panchabhaye等（1998）均得出如下结果，基因的上位效应比加性效应更加重要，但是通常比基因的显性效应作用要小。此外，El-Hitty和Panchabhaye等还指出，显性基因间的上位效应更加重要，这与Manjunath和Goud（1982）及Gangappa等（1997）的研究结果一致。7个杂交组合中，5个组合表现出一定的上位效应，并且存在着显著的显性×显性交互作用。在所有组合中，显性×显性基因间的上位效应的估算值与显性基因效应不符，即表现出一定的重复上位效应。重复上位效应不利于性状的遗传，因为这种遗传方式会降低显性基因的效应，导致单株籽粒产量的降低（Jocić，2003）。

诸多的研究者指出，当谈到籽粒产量时，一般配合力比特殊配合力更为重要，这表明遗传变异中的加性分量比非加性分量更重要（Putt，1966；Sudhakar *et al.*，1984；Singh *et al.*，1989；Petakov；1992；Miller，1980；Marinković *et al.*，2000；Ashok *et al.*，2000；Sheker *et al.*，2000；Hladni *et al.*，2002）。

然而，Qingyu等（2002）指出，在籽粒产量的遗传变异中，加性分量和非加性分量同等重要。

诸多研究者报道了籽粒产量（单位面积和单株）的杂种优势。基于一系列的研究结果（Morozov，1947；Habura，1958；Schuster，1964；Vrânceanu and Stoenescu，1969；Škorić，1975；Marinković，1984；Kumar et al.，1998），Marinković（1989）得出，向日葵籽粒产量的中亲本和高亲本杂种优势为26%~60%。在Hladni等（2003）的研究中，向日葵籽粒产量的中亲本杂种优势为43.3%~92.3%。不同研究者对向日葵籽粒产量的高亲本杂种优势的研究结果也不同，杂种优势值分别为22.0%~118.4%（Joksimović et al.，2001）、278.0%（Singh et al.，2002）、35.0%~85.7%（Hladni et al.，2003）和129.3%~412.0%（Jocić，2003）。在Hladni等（2006）的研究中，单株籽粒产量的杂种优势值在所有杂交组合中表现得很高，相对于中亲值，杂种优势值为108.8%~274.3%；相对于高亲值，杂种优势值为54.8%~223.2%。

1.9.2　管状花的数量

向日葵是异花授粉的虫媒植物，属于头状花序。向日葵的花有两种类型：管状花（可育）和舌状花（不育）。舌状花长在花盘的四周，是花的一种变态，用来吸引昆虫传粉。管状花生长在舌状花里面整个头状花序上（Morozov，1947）（图1.25）。

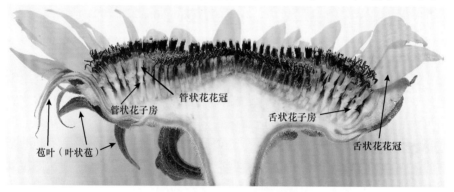

图1.25　向日葵花盘的横截面
舌状花和管状花的区别很明显：舌状花沿着花盘的周边排列；而管状花填充满舌状花以外的整个花盘

向日葵栽培种的管状花在数量上存在着很大的遗传变异。向日葵品种Gigant-VNIIMK的管状花数量最多，可达8000多个。油用向日葵管状花的数量多数为600~1200个，有的可以达到3000个（Ćupina and Sakač，1989）。Morozov（1947）指出，管状花最终的数量在向日葵发育到5~7对真叶时已经确定，也就是说，早熟的杂交种管状花最终的数量在向日葵发育到3~5对真叶时已经确定，而晚熟的杂交种管状花最终的数量在向日葵发育到7~9对真叶时已经确定。在Marc和Palmer（1978）及Palmer和Steer（1985）的研究中，管状花最终的数量在向日葵出现5~6对真叶时已经确定，即播种后28~38天，温度在28℃左右。因此在向日葵生长发育的早期，应当根据作物的需求配套适宜的农艺措施，以利于最大地发挥管状花数量的遗传潜能。在向日葵生长发育后期，环境因素对管状花数量的影响很小（Sagden et al.，1979）。

在向日葵单盘管状花数量的遗传中，大多数研究表明杂种优势和偏向于高亲本的显性遗传是主要的遗传方式（Marinković，1984；Marinković and Škorić，1990；Joksimović et al.，1995）。Piquemal（1968）和Miklič（1996）指出，和亲本自交系相比，杂交种的管状花数量较多，而Burlov等（1982）也发现，该性状的表达受很多遗传因素的影响。

Marinković（1984）的研究表明，遗传变异的加性分量在管状花数量的遗传中起重要作用，而Marinković和Škorić（1990）及Joksimović等（1995）的研究却得出了相反的结果，即遗传变异的非加性分量在管状花数量的遗传中起重要作用。

Jocić（2003）非常详细地研究了向日葵单盘管状花数量的遗传。发现5个F_1代杂交组合管状花数量是通过正向的超显性方式进行遗传的，杂种优势值为20.24%～40.62%。此外，3个杂交组合表现出中间型遗传，1个组合为高亲本显性遗传。在所有杂交组合中，基因的加性效应均很明显，但是其估算值显著低于基因的显性效应和双基因的上位效应。研究还发现，当基因的显性效应显著时，它们对管状花数量的影响最大。最重要的是，双基因的上位效应是显性基因的交互作用，再加上基因的重复上位效应的结果。基因的显性和加性效应的交互作用在4个组合的F_1代中表现出很高的负效应。显而易见，基因加性效应的交互作用在管状花数量的遗传中发挥的作用最小（图1.26）。

图1.26　向日葵单盘粒数取决于形成的管状花的数量

1.9.3　结实率及单盘粒数

向日葵的高产不仅需要大量的管状花（图1.27），还需要管状花的受精及最大程度的种子结实。结实率，也就是可育程度，取决于配子形成、授粉及胚胎的发生。上述过程均受遗传因素的控制并且受环境影响显著，这使得结实率成为一个很复杂的性状（Jocić，2003）。Burlov等（1982）指出，向日葵的结实率受很多遗传因素的控制。

图1.27　向日葵的高产需要很多单盘的管状花

Fick和Zimmer（1974a）对向日葵不同的自交系、恢复系、杂交种及品种的结实率进行研究，发现自交结实率低的基因型通过一些传粉媒介从其他基因型上进行传粉也可以获得很高的结实率。

花粉可以通过风和昆虫从一株植物传到另一株植物上。Ćupina和Sakač（1989）认为，在农业生产过程中，不断地施用农药会降低自然界传粉昆虫的数量。而这些昆虫的活动会使向日葵授粉水平提高10%～20%，在极干旱地区会提高30%～40%。

Segala等（1980）指出，向日葵自花授粉的受精程度与其自身的相容性具有非常高的相关性。该现象在向日葵上很常见，并且在一些向日葵种群和品种中也普遍存在（Fick，1978）。向日葵属的野生种多数自交不育。在Serieys（1987）的研究中，31个一年生种和8个多年生种经过自花授粉，受精水平仅仅为0～2%。

Marinković（1984）研究发现，向日葵结实率的遗传方式有中间型、不完全显性、显性和杂种优势。Joksimović（1992）和Joksimović等（1995）的研究还发现，向日葵结实率的遗传方式有显性和超显性两种。Lande等（1998）也发现了该性状为超显性遗传。

Jocić（2003）得出如下的结论：向日葵结实率的遗传方式有高亲本显性和正向超显性两种。在他的研究中，F_1代结实率的杂种优势值很高，为36.7%～56.3%。Hladni（2007）在他两年的研究中也发现，向日葵的结实率均表现出一定的杂种优势。

Saranga等（1996）发现，向日葵花盘外围及中间的饱满籽粒占75%～80%，花盘中央的饱满的籽粒占50%～55%。花盘大小及源库的关系均对籽粒的饱满度没有影响。

Joksimović（1992）和Joksimović等（1995）的研究表明，基因的加性效应和非加性效应在结实率的遗传中起重要作用，但遗传变异中的非加性分量更为重要。而Marinković（1984）的研究却得出了相反的结果，即遗传变异中的加性分量对结实率的遗传影响更大。

Jocić（2003）指出，在结实率极低的4个具有共同亲本的F_1代组合中，基因的加性效应对结实率的影响非常显著。此外，基因的显性效应在6个F_1代组合中也非常显著，而且表现出极其显著的结实率遗传效应。

Holtom等（1995）指出，基因的显性效应对结实率的遗传有重要作用，而上位效应对结实率的遗传不起作用。然而，在Gangappa等（1997）的研究中，结实率的遗传中出现了双基因的上位性。最重要的遗传效应是显性及显性×显性交互作用再加上重复上位性。尽管基因的加性效应不显著，但是加性×加性交互作用非常显著。

Jocić（2003）通过研究发现，只有2个F_1代组合没有出现上位效应。双基因上位效应的估算值比基因的加性效应的估算值大，但比基因显性效应的估算值小。同一研究还发现，3个F_1代组合有加性×显性交互作用，5个F_1代组合有加性×加性上位效应，2个组合有显性和重复上位性的交互作用。在结实率的遗传中，加性基因与显性基因间的双基因上位效应非常重要。高水平的上位性也对结实率有显著影响。

向日葵单盘粒数由管状花数量、自交亲和程度、对传粉媒介的吸引力及开花和授粉期的环境因素所决定（Škorić and Dozet，1992）。

Škorić（1974）、Marinković（1987）、El-Hosary等（1999）及Taklewold等（2000）的研究表明，粒数和籽粒产量呈显著正相关。相反的，在Merrien等（1982）的研究中，单盘粒数对产量表现为直接的负向作用。Hladni等（2006）指出，单盘粒数的中亲杂种优势值为69.6%～203.7%，高亲杂种优势值为47.6%～183.3%。Hladni（2007）的研究指出，在两年的试验中，F_1代所有组合的单盘粒数的遗传均表现出正向的杂种优势。

Ghaffari和Farrokhi（2008）研究指出，单盘粒数由基因的加性和显性效应控制，而Sindagi等（1979）指出，基因的加性效应在单盘粒数的遗传中贡献很大。Kovačik和Škaloud（1972）、Rao和Singh（1977）、Marinković（1980，1984）、Kumar等（1998）、Goksoy等（2000）的研究却得出了相反的结果，即遗传变异的非加性分量在单盘粒数的遗传中起重要作用。Hladni（2007）也指出，基因的非加性效应在该性状的遗传中起重要作用。在连续两年的研究中，研究者得出了一般配合力与特殊配合力的比值均小于1的结果，进一步验证了上述结论。

诸多研究者证实了单盘粒数与籽粒产量呈正相关关系（Kovačik and Škaloud，1973；Shabana，1974；Alba *et al*.，1979），单盘粒数与千粒重也呈正相关关系（Marinković，1987）。花盘直径与单盘粒数也呈现出显著的正相关关系（Hladni *et al*.，2006）。

Hladni（2007）指出，恢复系对单盘粒数的贡献大于雌性亲本，而自交系×恢复系的交互作用在单盘粒数的遗传中作用较小。

1.9.4 千粒重

向日葵的籽粒产量，特别是籽粒大小对产量的提高很重要（Pustovoit，1966）。增加千粒重对提高向日葵产量是很重要的。Morozov（1970）指出，千粒重每增加1g会使每公顷的产量增加40kg。

诸多研究者还发现，向日葵的千粒重取决于基因型和环境因素。例如，在Jocić（2003）的研究中，不同基因型向日葵的千粒重为21～104g。

尽管在向日葵千粒重的遗传中出现了完全显性和正向杂种优势，但是千粒重主要的遗传方式仍然为部分显性。

Morozov（1947）、Putt（1966）、Marinković和Škorić（1985）的研究表明，千粒重的遗传具有一定的杂种优势，而Joksimović等（2004）的研究发现，千粒重的遗传有杂种优势和高亲本显性遗传两种方式。

Stanković（2005）发现千粒重的遗传力非常高（h^2 = 0.961）。研究还发现千粒重遗传力的最低水平为h^2 = 0.605，这表明该性状具有极好的遗传稳定性。

在食用向日葵基因型中，F_1代千粒重最常见的遗传方式为中间型（Fick，1978）。Gorbachenko（1979）研究还发现，千粒重的遗传有中间型和高亲本显性遗传两种方式。

Hladni（2007）在第一年的研究中发现，F_1代千粒重的遗传主要为中间型遗传，其次是不完全显性和高亲本显性遗传。第二年的结果与第一年的相似，不同的是没有出现中间型遗传。两年的研究中均有超显性遗传的出现，但这种概率非常小。

在Marinković（1984）的研究中，千粒重的遗传方式有显性和超显性两种。而Marinković和Škorić（1985）的研究表明，该性状在大多数（73.3%）杂交组合中的遗传方式为超显性，也有中间型和高亲本显性遗传。诸多研究也表明千粒重的遗传具有杂种优势（Putt，1966；El-Hity，1992；Lande *et al*.，1998；Rather *et al*.，1998；Naik *et al*.，1999）。

遗传变异中的非加性分量在千粒重的遗传中非常重要（Kovačik and Škaloud，1972；Marinković and Škorić，1985；Kumar *et al*.，1998；Sassikumar *et al*.，1999；Goksoy *et al*.，2000，2002，2004；Joksimović，2004；Ashok *et al*.，2000；Hladni，2007）。然

而，Putt（1966）、Rao和Singh（1977）、Sindagi等（1979）、Marinković（1984）、Marinković等（2000）、Laureti和Gatto（2001）、Farrokhi等（2008b）的研究表明，遗传变异中的加性分量似乎更为重要。Gafori和Farrokhi（2008）指出，千粒重的遗传由基因的加性和显性效应共同调控。

有关基因的上位效应对千粒重遗传的影响有着不同的研究结果。在Holtom等（1995）的研究中，只有基因的显性效应对千粒重的遗传起重要作用，没有上位效应的出现。相反，在Panchabhaye等（1998）的研究中，基因的上位效应对千粒重的遗传起重要作用。El-Hity（1992）指出，基因的加性、显性和上位效应在千粒重的遗传中均起作用，但显性效应对千粒重的影响最大，其次为上位效应，最后为加性效应。El-Hity还指出，在双基因上位效应中，加性×显性和显性×显性的交互作用，以及重复上位效应特别重要。而Manjunath和Goud（1982）认为，显性×显性交互作用和基因的显性效应对千粒重遗传的影响最大，其次是加性×显性交互作用和加性效应，加性×加性上位效应影响最小。

在Jocić（2003）的研究中，所有杂交组合的千粒重遗传均表现出一定的上位性。同一研究还表明，双基因上位性的估算值大于基因加性效应的估算值，但是小于基因显性效应的估算值。在双基因上位性中，加性×显性上位性和显性×显性上位性至关重要，而加性×加性上位性对千粒重遗传的影响最小；5个杂交组合中均表现出一定的重复上位性。Manjunath和Goud（1982）、El-Hity（1992）、Gangappa等（1997）也发现上位效应对千粒重遗传的影响非常显著。

1.10 花蜜量及其对传粉媒介的吸引力

向日葵是异花授粉作物，需要有虫媒才能进行授粉，特别是在利用细胞质雄性不育进行杂交种种子的生产中。

蜜蜂是最常见的向日葵传粉昆虫（图1.28），还有其他重要的昆虫也可作为传粉者。在印度，Vaish等（1978）鉴定出31种昆虫是最常见也是最重要的向日葵传粉者，其中17种是膜翅目昆虫，10种是双翅目昆虫，4种是鳞翅目昆虫。

图1.28　蜜蜂是最常见的向日葵传粉昆虫

Miklič（1996）指出，欧洲蜜蜂是一年生向日葵最重要的传粉昆虫，其次是食蚜蝇科的昆虫、大黄蜂，以及不是很重要传粉媒介的蝴蝶。最近，美国的研究者研究了蓝色果园蜜蜂和切叶蜂在向日葵授粉中的作用。

蜜蜂的访花数量和行为习性受风、降雨、温度、相对湿度等气象因素的影响很大。Anon（1950）指出，干燥的天气下每朵花的花蜜量少，因此，蜜蜂需要花费更多的时间停留在每个向日葵花盘上采蜜，并且减少了返回蜂房的频率，这样每次飞行就能够接触到更多的植株。在印度，Vaish等（1978）研究认为，温度与蜜蜂访花数量呈显著正相关，而相对湿度与蜜蜂访花数量呈负相关。

研究还表明，蜜蜂在一天中拜访向日葵花盘的频率不同。Free（1964）指出，蜜蜂访花高峰期在9:00～10:00和16:00，该时间段主要是收集花蜜的蜜蜂，10:00及17:00为收集花粉的蜜蜂，15:00主要是访问花外蜜腺的蜜蜂。Bedascarrasbure等（1988）研究发现，蜜蜂访问向日葵花盘的高峰在10:00～11:00，另一个较小的高峰在下午。相反，Bailez等（1988a）研究认为，蜜蜂访问向日葵花盘的高峰在下午。Miklič（1996）指出，蜜蜂访问一年生向日葵花盘的高峰期在9:00～11:00，之后逐渐减少，直到13:00访问量最少。随后，下午的访问量又开始缓慢回升。

不同基因型向日葵的花蜜量和花粉量不同，并且受到环境因素的影响（Škorić，1988）。在标准农业环境下，每公顷向日葵最多可以产生40kg花蜜和80kg花粉。

不同向日葵品种的花蜜量显著不同（Miller and Fick，1997）。Sammataro等（1985）指出，不同基因型的向日葵，访花的蜜蜂数量也显著不同，特别是在细胞质雄性不育系中。传粉昆虫的觅食具有明显的选择性，特别是对昆虫没有吸引力的细胞质雄性不育系与具有高吸引力的RHA自交系杂交后会明显降低籽粒的产量。蜜腺位于雌蕊基部，最有吸引力的基因型是有一大圈蜜腺且蜜腺上有大量气孔的基因型（Sammataro et al.，1985）。

Golubović等（1992）指出，有一个大的蜜腺环很重要，并且该蜜腺环和花蜜的产量呈正相关。同时研究者还发现，蜜蜂对不同基因型向日葵花盘的到访频率不同，其原因是不同基因型的花蜜产量，即产蜜值（melliferous value）不同。Balana等（1992）也指出，蜜蜂访花数量直接受向日葵基因型的产蜜值，即花蜜体积和质量的影响。相反，Fonta（1980）提出，蜜蜂访花数量仅受花蜜质量的影响，不受花蜜体积的影响。在McGregor（1976）的研究中，雄蕊分化期分泌的花蜜会增多，蜜蜂访花数量也会增加。Vear等（1990）指出，不同基因型向日葵花蜜的干物质含量为46%～76%，果糖含量高达52%；在剩余的干物质中，葡萄糖含量高达50%，蔗糖含量为0～5%。每个小花分泌的花蜜量为0.04×10^{-6}～0.32×10^{-6}L，并且高花蜜量的遗传不存在杂种优势。在Sammatoro等（1984）的研究中，花蜜质量对蜜蜂访花数量没有影响，并且超过40%的小花不分泌花蜜。Montilla等（1988）的研究进一步证明了上述结果，该研究发现，花蜜对蜜蜂访花数量没有显著影响，且花蜜量与产量的相关性也很低。研究者还发现，每个小花分泌的花蜜量为0.1×10^{-6}～0.8×10^{-6}L，且花蜜量的遗传不属于显性遗传。植物花蜜量低则含糖量高，反之亦然。Merfert（1961）的研究也得出了同样的结果。Sammataro等（1985）的研究表明，蜜腺性状是可遗传的，并且可能通过育种改变对蜜蜂的相对吸引力。

在Vear等（1990）的研究中，每个小花的花蜜量和花粉量在不同植物间的遗传效应不同，并且受基因型和亲本的影响显著。Sammatoro等（1984）指出，花蜜量与自交可育性呈正相关关系，而Vrânceanu等（1985）的研究却得出了相反的结果（图1.29）。

图1.29 通过在玻璃毛细管中收集花蜜来确定花蜜的产量（Sakač et al., 2008）

Miklič（1996）指出，向日葵杂交种对蜜蜂的吸引力比其亲本自交系要高，该性状表现出优势亲本的正向杂种优势（图1.30）。Miklič通过研究还发现，可育系比不育系对蜜蜂更具有吸引力，这直接关系到向日葵花粉量产生的多少。在Miklič（1996）的研究中，杂交种的花粉量比其亲本的多。花粉量大能够吸引更多的蜜蜂访花，特别是吸引更多的大黄蜂。向日葵花粉量大对隔离箱中昆虫的授粉也有积极影响，但对开放授粉的植物没有显著影响。

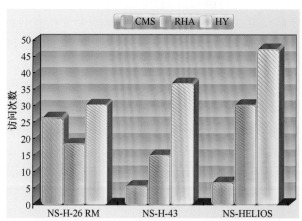

图1.30 蜜蜂对向日葵亲本及其杂交种的访问次数（Miklič，1996）

CMS表示雄性不育系，RHA表示恢复系，HY表示杂交种

花粉的数量及质量均影响向日葵对传粉昆虫（蜜蜂）的吸引力，Miklič（1996）的研究进一步证明了上述结果，该研究中使用的向日葵基因型花粉含糖量为10%，多数为葡萄糖和蔗糖，也有果糖、木糖和阿拉伯糖，但不是在所有基因型中均出现如此高的含糖量。花粉含糖量的增加，特别是葡萄糖和蔗糖的增加，对蜜蜂及大黄蜂的访花数量有显著影响。

Shein等（1980）研究还发现，蜜蜂访花频率在可育与不育株系间没有差别，并且花粉对蜜蜂的吸引力也不重要。这与多数研究者的研究结果相悖（Draine et al., 1982）。Petrov等（1982）在测量了花粉的重量后，得出每个花盘的花粉重量为0.317～0.488g，并且每个小花约有2000粒花粉，研究表明只要有足够数量的昆虫，所有基因型的花粉量足够用于授粉。自交系相比最初的亲本系花粉数量减少了12.5%，并且干燥的环境对花粉的产生有负向影响。而Vear等（1990）指出，单个小花的花粉不止上述的数量（根据基因型不同，花粉数为28 000~40 000粒），并且花粉量与花蜜的产生没有相关性。

一些研究者认为，向日葵的气味是吸引蜜蜂的原始信号，对蜜蜂有重要的吸引作用。已有的研究结果表明，某些萜类化合物是影响向日葵香味的重要因素。使用具有不同气味的假花测试蜜蜂的行为时发现，吸引蜜蜂的是香味的极性部分，即所谓的C部分，其在提取物总量中的占比不到2.5%，主要为单萜酮、醇类及其酯类、酚类和倍半萜醇类（Etievant *et al.*，1984；Pham-Deleque *et al.*，1986）。

花蜜的可及性也很重要，这主要取决于小花的结构，特别是花冠的长短。根据Balana等（1992）的研究，蜜蜂用来采集花蜜的吸器可长达6.46mm，本研究所用基因型向日葵的花冠长度为4.8~5.5mm（或更长），蜜蜂会优先选择花冠短的向日葵，且到访频率最高。Bailez等（1988）强调了花冠长度对向日葵授粉的重要性，并指出花冠长度与蜜蜂访花频率呈负相关关系（相关系数为-0.65）。除此之外，蜜蜂访花频率与柱头颜色的相关性很低（相关系数为-0.10）。Montilla等（1988）也强调了短花冠对蜜蜂访花及授粉效率的重要性。此外，Montilla等还指出，花冠长度的增加不利于昆虫授粉，因为虽然花冠变长了，但是蜜蜂仍然可以在没有授粉的情况下获得花蜜。Golubović等（1992）的研究结果支持了上述结论，认为花冠长度对授粉很重要，但是在蜜蜂访花的情况下，花柱的长度更为重要。Shein等（1980）指出，短花冠的杂交种对蜜蜂最具有吸引力，且该性状与蜜蜂访花量呈显著的负相关关系（相关系数为-0.81）。Shein等（1980）的研究还表明，蜜蜂访花频率与柱头颜色呈显著的负相关关系（相关系数为-0.68），这是因为蜜蜂不喜欢暗色柱头，据称这与花冠的成熟度及花蜜的缺乏有关。另外，Sammatoro等（1984）用吸收和反射紫外光来研究花冠的颜色，发现花冠颜色对向日葵吸引蜜蜂没有显著影响。

Miklič（1996）对不同花冠长度的向日葵基因型进行了研究，发现花冠长度对昆虫访花没有显著影响，因为在向日葵对访花昆虫的影响方面，很多其他因素比花冠长度的影响更大。然而，在向日葵的不育系中，花冠长度对传粉者的访问量具有负向影响（通过在不同基因型间进行比较），这种现象没有因花粉的存在而被掩盖。Shein等（1980）的研究还表明，大黄蜂对杂交种的访花频率最高，对亲本不育系的访花频率最低，并且访花频率从早上开始在一天中稳定增加。

Miklič（1996）指出，食蚜蝇科的昆虫访问向日葵的频率不同。访问不育系的频率最高，恢复系最低，揭示了花粉的存在对昆虫访花频率有负向影响。

1.11 自交不亲和与自交可育性

向日葵是高度异化授粉物种，但是也允许一定程度的自花授粉。Miller和Fick（1997）研究发现，自交不亲和性和自交可育性的程度取决于遗传因素、环境条件及花的形态结构。Heiser（1954）指出，相当多的向日葵野生种是完全自交不亲和的。Frankela和Galuna（1977）研究发现，自交不亲和现象是正常的配子不能通过自花或自体授粉而结实。这与不育性有一定的区别，不育性是由于染色体异常或生理差异阻碍了胚胎的发育。

Miller和Fick（1997）指出，自交不亲和与自交可育的遗传学研究可以大致分成两类，即自交不亲和系统的研究，以及自交可育性遗传调控的研究。

事实上，自交亲和性能够使一定比例的向日葵形成自交系和杂交种。根据Morozov（1947）的研究，向日葵受精时对花粉的选择有极大的差别。向日葵的卵细胞只有与母本的花粉结合后才可以受精。Putt（1943）、Ustinova（1951）、Habura（1957）共同认为，有外源花粉时，向日葵受精的效率比自身花粉的效率要高。落在柱头上的外源花粉的萌发速度相当快，其穿透花柱的速度是自身花粉的两倍，因此短期内就可以完成受精。他们还发现，外源花粉的混合物几乎从落在柱头上就开始萌发，并且在1h内便可完成受精过程；而自身花粉落在柱头上20min后才开始萌发，需要2h才能完成受精过程。

Habura（1957）通过研究发现了向日葵孢子体不亲和性的证据并进行了相关报道，花粉和柱头之间的亲和性至少受两个等位基因位点及生理因素的共同影响。Fernández-Martínez和Knowles（1978）研究了向日葵野生种的自交不亲和性，发现亲和能力在回交组合中是不同的，预示存在着孢子体的不亲和性。根据他们的研究结果，推测这一性状由5～7个S等位基因控制。Ivanov（1975）检测了花粉和雌蕊之间的自交不亲和性，认为自交不亲和性的区域位于柱头表面。研究者同样指出自交不亲和性是不完全的，有时会允许一定程度的自花授粉。同样，Xanthopoulos（1991）也发现了种子的结实率和花粉粒萌发进入柱头比例的共线性关系，表明当自交不亲和性出现时，柱头的表面会有花粉粒的存在。在向日葵中，特定的基因除了能够控制自交不亲和性，还会导致雄蕊先熟表型的出现。出现这种表型的原因是雄蕊比同一管状花上的雌蕊先成熟，进而会抑制同一朵花自花授粉现象的发生。Vrânceanu等（1978）认为花粉粒的大小、数量和花粉的萌发率在自交亲和与自交不亲和的基因型上没有显著差异。

根据George等（1980）的研究，自发受精率（auto-fertility）=自花授粉受精率（套袋后不用手触摸）/异花授粉受精率×100，而自体受精率（self-fertility）=人为控制条件下的自花授粉（套袋后用手触摸）受精率/异花授粉受精率×100。

许多研究者对自发受精率和自体受精率的遗传机制进行了研究。Luciano等（1965）在对自交不亲和的遗传效应进行研究时发现其存在显性和可能的超显性效应（自发受精率的负向杂种优势），同时还发现自交亲和性遗传存在超显性效应（正向杂种优势）、自交不亲和性受环境因素的影响很大。Luciano等还认为显性和上位作用在该性状的遗传中具有非常重要的作用。

杂交种的自发受精率的水平取决于选用亲本的自发受精率的水平，二者呈显著的正相关关系（$r = 0.66$），研究表明为了获得具有高自发受精率的杂交种，增加对自交系该性状的选择压力是很有必要的（Soare and Vrânceanu，1996）。在Soare（1996）的研究中，杂交种的自发受精率的遗传主要受显性因子的正向调控。在该性状的遗传中，尽管在某些杂交组合中显性效应和非等位基因的互作效应具有非常重要的作用，但基因的加性效应是显著的。向日葵的自发受精率是一种复杂的受多基因调控的性状，控制该性状的基因为5～12个。

Jocić（2003）对自发受精率的遗传模式进行了研究，发现6个F_1代杂交组合表现为低亲本显性遗传，2个为中间型遗传，2个为高亲本显性遗传。基因的加性效应对该性状的遗传具有最重要的作用，因为在10个杂交种中，9个杂交种存在基因的加性效应。基因的显性效应在5个杂交组合中呈极显著的负效应。此外，在3个杂交组合（CMS-77×KIZ、

CMS-77×R-17和R-17×KIZ）中，上述这些遗传效应的估算值要比其他遗传效应的估算值高。

Jocić（2003）也曾报道，在R-15×R-17和R-15×CMS-77的杂交组合中，自发受精率的遗传不存在上位效应。在其他的杂交组合中，两个基因上位效应的估算值高于基因的加性效应。在两个基因的上位效应中，基因的加性和显性效应之间的上位效应较为重要，而加性×加性和显性×显性之间的上位效应是相等的，而且相对不重要。在一些组合中，3个或者更多个基因间的上位作用调控自发受精率。

Kovačik和Škaloud（1996）的研究结果表明，自体受精率的遗传受多基因控制。他们的研究还发现该性状的遗传呈现不完全显性（自体受精率是正向效应，自发受精率是负向效应）和中间型两种。这些研究者也建议杂交种的两个亲本应该具有高的自体受精率，因为只有这样才可以确保杂交种在花期气候条件不利的情况下有高的授粉率。

Vrânceanu等（1978）的研究表明，无论是从表观还是遗传角度进行分析，自体受精率都是一个复杂的性状。他们也发现在F_1代中，不完全显性是该性状最普遍的遗传方式。他们在杂交过程中发现28%的组合为中间型遗传，15%为完全显性遗传，6%为超显性遗传。Burlov和Krutko（1986）还发现同一朵花的自交结实和同一花盘上的花进行互交结实的程度是不同的。同一花盘上的花进行互交结实性状的遗传有中间型和不完全显性两种，而自花授粉获得高的种子结实率是受隐性基因调控的。Fick（1978）也得出高水平的自体受精率多数是由许多隐性基因控制的，这意味着为了培育高自体受精率的杂交种，需要双亲均具有高水平的自体受精率。Olivieri等（1988）的研究表明，自体受精率的遗传有加性效应的存在，表明对该性状进行选择能够获得成功，同时在他们选用的一些杂交组合中，也存在着上位效应。

在Jocić（2003）的研究中，3个杂交种自体受精率的遗传表现为负向超显性，3个杂交种表现出低亲本显性遗传，2个为中间型遗传，2个为高亲本显性遗传。所有的杂种优势估算值均为负数，其中6个组合的杂种优势非常显著，变化范围为24.33%～97.63%。同一研究还发现，基因的加性效应对自体受精率的影响在所有的遗传效应研究中是最高的，因为8个杂交组合中基因的加性效应均很显著。基因的显性效应在4个杂交组合中表现得极为显著。2个杂交组合中，基因的显性效应的值与加性效应的值相当或低于基因的加性效应的值，然而，另外2个组合中基因的显性效应有最高的估算值。

Miller和Fick（1997）还指出，一些形态学性状会影响自体受精率的高低。他们引用Segala等（1980）的研究结果，发现不同基因型向日葵产生的花粉量不同。这些不同可以用花粉形成指数或压碎花粉囊后花粉粒的数量进行量化。自体受精率的表型也受管状花其他形态特征的影响。

1.12 种子和种仁的特性

1.12.1 含油量

向日葵的瘦果由种仁和种壳组成。这两种成分的特殊价值取决于向日葵的基因型和环境因素。

Bedov（1985，1986）指出在诺维萨德开展的向日葵育种项目中所培育的恢复系材料的含油量为27%～64%。而研究者所选用的带有隐性分枝基因恢复系籽粒含油量很高，通常超过50%。

Nikolić-Vig等（1971）发现Peredovik品种的籽粒含油量为36%～55%，平均为48.1%。同样的，VNIIMK 8931品种的籽粒含油量为36%～56%，平均为48.7%。Nikolić-Vig等（1971）认为籽粒中油的累积量不仅取决于品种的遗传潜力，而且在很大程度上与特定年份的气候因素有关。

根据Miller和Fick（1997）的研究，向日葵籽粒种壳的重量取决于基因型，其变化范围为100～600g/kg。而目前向日葵品种籽仁的含油量通常为260～720g/kg。

Djakov（1972）认为向日葵的籽粒含油量随着单位面积种仁产量的增加而不断增加。也就是说，通过不断增加具有积累油分能力的种仁细胞的数量能够增加籽粒含油量。

由于籽粒含油量被作为衡量一个向日葵品种优良与否的主要指标，因此，向日葵品种的变异不仅与含油量本身有关，还与种子千粒重和产量有关。Djakov（1969）和Shinska（1970）发现，一个品种高的含油量主要取决于高的种仁产量而非高的含油量。Shinska（1970）也发现，高的含油量伴随着向日葵籽粒低的空壳率。

之前有关向日葵籽粒含油量遗传的研究报道有很多，结果也不尽相同。Shuster（1964）、Fernández-Martínez等（1979）、Areco等（1985）研究发现，籽粒含油量属于低亲显性遗传。然而，Fick（1975）、Kovačik和Škaloud（1972）、Marinković（1984）却认为这一性状的遗传是高亲本显性遗传。另外，Morozov（1947）、Shuster（1964）、Stoyanova（1971）、Stoyanova等（1975）、Volf和Dumancheva（1973）、Gill和Punia（1996）研究发现，籽粒含油量的遗传为超亲显性遗传，具有较高的平均值。Shuster（1964）、Škorić（1975）、Joksimović（1992）、Škorić等（2000）、Ortis等（2005）也曾报道过向日葵籽粒含油量具有一定的杂种优势。

Putt（1966）发现向日葵籽粒含油量的一般配合力（GCA）高于特殊配合力（SCA），加性效应在遗传变异中的占比远比非加性效应要大。Bedov（1985）的研究也有类似的发现，在F_1代组合中，加性效应对籽粒含油量遗传的贡献最大。

对不同籽粒含油量的自交系进行双列杂交，Škorić（1976）总结出在F_1代中，该性状主要为部分显性或完全显性遗传。GCA与SCA的比值表明，在F_1代籽粒含油量的遗传分析中，加性效应是非加性效应的11.2倍。回归分析也表明，该性状的加性效应比非加性效应显著。品系Sm-3、A-9434-2和A-3497-2的籽粒含油量主要由显性基因控制。而品系CR-2和SR-1大量的隐性基因控制籽粒含油量。

Joksimović（1992）报道，供试的所有组合的F_1代的籽粒含油量均表现出较强的杂种优势，表明不同的亲本在籽粒含油量方面具有较高水平的遗传多样性。

其他的研究结果也表明，籽粒含油量具有不同的遗传特性。Bhat等（2001）通过对向日葵品系×测验系杂交后代进行分析，得出基因的非加性效应对籽粒含油量的遗传起着主导作用。Škorić等（2000）分析了20个新的恢复系和5个A测验系，以及它们的100个杂交组合的遗传变异的组成，结果表明，向日葵的籽粒含油量受基因的加性效应和非加性效应控制。当GCA/SCA值小于1时，非加性效应起更大作用。

Burli等（2002）认为加性效应和非加性效应对籽粒含油量的遗传同等重要。他们在研究中发现亲本对籽粒含油量的贡献非常显著，由此得出这一性状由基因的加性效应和非加性效应共同控制。

基因的加性效应在籽粒含油量遗传中的作用已经被Fick（1975）、Miller等（1980）、Ortegon-Morales等（1992）、Sindagi等（1996）、Rojas和Fernández-Martínez（1998），以及Ashok等（2000）报道过。然而，Schuster（1964）、Kovačik和Škaloud（1972）、Škorić等（2000）、Parameswari等（2004）和Hladni等（2006）也报道了基因非加性效应对籽粒含油量的影响。

Hussain等（2000）发现，一些生长快、早开花、茎秆矮小、花盘较小、籽粒较重的杂交组合，其籽粒含油量也会显著增加。

Kovačik和Škaloud（1990）发现，当把籽粒含油量高的品系作为亲本时，其后代的籽粒含油量表现为不完全显性遗传。

根据Stoyanova等（1971）的研究结果，籽粒含油量的杂种优势大都表现为高于亲本平均值的5%。Schuster（1964）观察到，在所测试的杂交组合中，18%的杂交组合籽粒含油量有明显的杂种优势。同样Schuster还发现，F_1代的籽粒含油量不仅与母本，也与父本呈显著的正相关关系。Stoyanova等（1975）报道，亲本的籽粒含油量和杂交种的籽粒含油量具有显著的正相关关系（$r = 0.71$）。Miller等（1982）进行了多重回归分析，结果表明，杂交种的籽粒含油量有50.5%的变异来源于母本。

1.12.2 脂肪酸的组成

常规的向日葵油中不饱和脂肪酸所占比例为90%左右（图1.31）。其中，最丰富的是油酸（C18:1，16%~19%）和亚油酸（C18:2，68%~72%），其次为软脂酸（C16:0，约6%）和硬脂酸（C18:0，5%左右）。标准的向日葵油也包含少量的肉豆蔻（C14:0）、肉豆蔻油（C14:1）、棕榈油（C16:1）、花生油（C20:0）、二十二碳烷酸（C22:0）和一些其他类型的脂肪酸（Škorić，1978，1982；Ivanov et al.，1988；Friedt et al.，1994）。

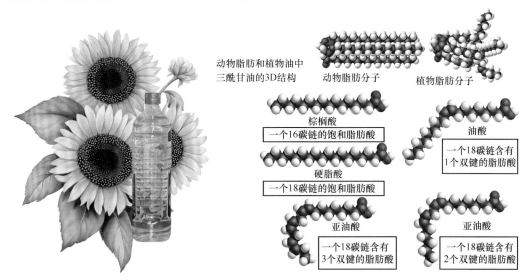

图1.31　向日葵油的质量主要取决于脂肪酸的主要成分三酰甘油

Škorić等（1978a）对向日葵油中含有不同脂肪酸组成成分的品系进行了一系列的双列杂交，得出F_1代脂肪酸的遗传变异很大，存在着超显性、显性、中间型，以及杂种劣势的遗传效应。遗传变异中基因的显性效应对油酸和亚油酸的遗传较为重要。

Škorić等（1978b）通过研究还发现，在向日葵油中某些脂肪酸的含量之间具有不同的相关性。例如，C18:0和C20:0之间、C16:0和C18:2之间均具有显著的正相关关系，而在油酸和亚油酸之间存在着显著的负相关关系。

1.12.3 油酸和亚油酸

文献中所报道的涉及高油酸含量的不同遗传模式主要来源于对Pervenets突变体的研究。

最初的研究表明高油酸含量由单一显性基因（*Ol*）控制（Urie，1984），或由单一不完全显性基因控制（Fick，1984）。然而，后续的研究结果表明该性状的遗传更为复杂。另外，Urie（1985）还报道了除显性*Ol*基因外，还存在基因的修饰和*Ol*基因的逆转现象。一些学者对*Ol*基因和修饰基因的表达进行了研究。例如，Miller等（1987）检测到一个*ML*基因座对*Ol*基因起修饰作用。当纯合的隐性基因*ml*和显性的*Ol*基因共同存在时，就会使得高油酸基因超量表达。

然而，在F_1、F_2及BC_1F_1的后代中，Fernández-Martínez等（1989）发现高油酸含量由3个显性互补基因Ol_1、Ol_2和Ol_3协同控制。也有研究表明，油酸含量居中的向日葵种子其分离后代中也会出现高油酸的个体。

Pérez-Vich等（2002a）的研究结果表明，F_2代中高油酸和低中油酸个体出现3种不同的分离模式（1:3、7:9和37:27），表明油酸的含量受到3个互补基因（Ol_1、Ol_2和Ol_3）的控制。

对高油酸品系（HA OL9）和正常含量的油酸品系（HA 89）进行杂交所产生的F_1、F_2和BC_1F_1代在可控条件（生长箱）下进行试验，Velasco等（2000）发现高油酸由5个显性基因Ol_1、Ol_2、Ol_3、Ol_4和Ol_5控制。Ol_1Ol_1、$Ol_1ol_1Ol_2Ol_2$和$Ol_1ol_1Ol_2ol_2$的基因型表现为高油酸，而ol_1ol_2基因型表现为低油酸。研究者推测$Ol_1ol_1ol_1lo_2$基因型是否表现为低、中、高的油酸含量往往取决于Ol_3、Ol_4或者Ol_5基因的存在与否，但这一假设仍需进一步验证。

Demurin等通过长期对向日葵高油酸含量的遗传模式进行研究得出了一些有趣的结果。例如，Demurin和Škorić（1996）检测到在不同的遗传背景下，*Ol*基因杂合子的外显率在0~100%变化。对于*Ol*基因，21个F_1代中杂合体的平均比例为66%，而3个F_2代中杂合体的平均比例为57%。而这种不完全显性是由自交系的遗传因子决定的，进而造成了表型的逆转（phenotypic reversion）。

Demurin等（2000）对4个不同油酸水平的自交系进行了测试。对高含油量×递增的油酸含量、高油酸×低油酸含量的杂交组合进行测试，发现油酸含量由复等位基因（multiple allelism）调控。一个基因的3个等位基因——显性基因*Ol*、隐性基因ol_1及隐性基因*ol*，会分别导致出现高油酸、油酸递增及低油酸的纯合体。

Demurin（2003）对在VNIIMK开展的有关油酸的研究结果进行了回顾，除了之前已经发表过的*Ol*和*tph*基因，还发现中间型油酸的遗传是由隐性基因ol_1控制的。

Demurin等（2004）通过对96份种质资源和两个高油酸测试系（CMS-HO）的杂

交F_1代进行研究，发现在57%的杂交组合中Ol突变体表现为显性效应，38%的组合中Ol突变体为不完全显性遗传，3%的组合中表现为隐性遗传。将带有两个抑制子的基因型（K1587-2和VIR 721-3）和两个高油酸品系VK580 Ol、LG26 Ol进行杂交，与VK 580 Ol杂交的F_1代单粒种子表现出中间或低油酸水平，而大部分普通种子的油酸含量为50%～70%。

Demurin等（2008）在7个不同油酸水平的品种之间做了杂交且得到了有趣的结果。LG 27品系子叶油中油酸的含量比胚芽油中油酸的含量要高。VK 876×LG 28及VK 876×K 824获得的杂合$Olol$ F_1代中油酸含量的分布范围很广。F_1代种子中有一半具有高的油酸含量（76%～91%），而另一半表现为中间型的油酸含量（46%～76%）。F_1代个体中油酸含量异常的变化很可能是正常品系中Ol基因突变的结果。

Vares等（2000）用7个高油酸品系和3个高亚油酸品系进行杂交也得到了一些有趣的结果。研究发现，油的含量和油酸的含量受父本与母本的影响显著。而且母本效应对后代个体的含油量起决定性作用。母本效应对籽粒千粒重具有显著影响也曾经被报道过。Vares等（2002）认为高油酸的显性效应似乎与遗传背景有关。亚油酸品系83HR4表现出对油酸含量的抑制作用，能够抵消Pervenets突变体对油酸含量造成的影响。当上述相同品系与高油酸品系进行杂交时，油酸的含量表现为显著的负向母本效应。

基于以上所有研究及Fernández-Martínez等（2004）的研究，在向日葵研究领域有一点共识，即Ol是控制向日葵高油酸的一个主效基因。高油酸是一个高度复杂的性状，它的表现不仅与Ol基因的表达有关，而且与一系列的修饰基因有关。这些修饰基因的准确数量和作用仍需要在分子水平上进行更多的研究。

遗憾的是，到目前为止有关高亚油酸的遗传研究非常少。IIristova和Georgieva-Todorova（1975）曾在他们的研究中涉及这个问题。他们认为，高亚油酸的表达在有些杂交组合中为显性遗传，但在其他一些组合中可能是中间型或隐性遗传。Ermakov和Popova（1994）的研究结果表明，由于酸性物质受环境因素的影响极大，对这一性状的研究变得更困难。Simpson等（1987）指出，高亚油酸含量由一个具有母本效应的部分隐性基因控制。由于该性状受基因型和环境的共同影响，目前有关高亚油酸的遗传研究并没有获得足够的实验数据。

1.12.4 饱和脂肪酸

大量研究者对向日葵F_1代和F_2代中饱和脂肪酸的遗传模式有过报道。例如，Ivanov等（1988）发现，在突变体系275 HP中，高软脂酸的遗传为部分隐性，且由配子体所决定。Ivanov等的研究结果表明低软脂酸的遗传为部分显性，并且基因的加性效应对高软脂酸遗传的贡献很大。Pérez-Vich等（1998a）对软脂酸突变体CAS-5进行了研究，发现软脂酸受3个独立的基因座$P1$、$P2$和$P3$协同控制，其低软脂酸特性表现为部分显性遗传，且不受母本的影响。他们同样发现高软脂酸的基因型受隐性纯合体基因座$P1$（$p1p1$）、$P2$（$p2p2$）或$P3$（$p3p3$）控制。他们也发现BSD-2-691这个曾被用于获得诱发突变体的品系具有$p2$和$p3$等位基因，但只是等位基因$p1$发生了突变。Pérez-Vich等（2002a）在对突变体CAS-12的研究中也提到过类似的高软脂酸的遗传。然而Nikolova和Ivanov（1992）通过研究发现，在一些杂交组合中高软脂酸或低软脂酸的遗传均表现为部分显性。

Miller和Vick（1999）发现，突变体RHA-274-LP-1中低软脂酸往往受单基因控制，且存在一定的加性效应。按照Vick等（2004）的研究结果，在低饱和脂肪酸基因型（RS_1和RS_2）中，不止有一个基因控制低水平的软脂酸和硬脂酸含量。

Garces等（2000）对两个高软脂酸突变体（CAS-5和CAS-12）进行了测试，发现两个突变体中的高软脂酸含量是由于较低的KAS Ⅱ活性和较高的硫酯酶活性共同作用于棕榈酰-酰基蛋白（16:0-ACP）。通过该研究又发现了3个新的脂肪酸，即棕榈酸（C16:1Δ9）、硬脂酸（C18:1Δ11）和异油酸（C16:2Δ9Δ12）。

Vick等（2002）对884种基因型向日葵的饱和脂肪酸含量进行了测试。在PI 250542基因型中，他们发现饱和脂肪酸含量显著降低。把它和NMS HA 89进行杂交并进行单粒或半粒种子分析，发现在自交3代的后代中获得了饱和脂肪酸含量降低的品系（RS_1和RS_2）。这两个品系与高饱和脂肪酸品系HA 821进行杂交，与RS_1和RS_2相比，F_1代种子中饱和脂肪酸含量有不同程度的增加，且均高于HA 821品系中饱和脂肪酸的含量，这表明饱和脂肪酸含量的降低是部分显性效应的结果。

Miller和Vick（1999）早期的一项研究表明低硬脂酸受单基因（*fas1*）控制并存在加性效应。他们认为在突变体RHA-274-LS-2中还存在两个修饰基因*fas2*和*fas3*。

然而，在对向日葵硬脂酸含量的研究中，Pérez-Vich等（1999b）和Pérez-Vich等（2006）发现了一个高硬脂酸突变体CAS-3品系，高硬脂酸含量受两个不同位点（*Es1*和*Es2*）上的两个等位基因（*es1*和*es2*）控制，且低水平的硬脂酸为部分显性遗传。还应该注意到，*Es1*位点对硬脂酸含量的遗传效应比*Es2*要强，但这两个位点对该性状的表达均表现为一定的加性效应。

Pérez-Vich等（2006）将高硬脂酸CAS-14品系和常规的含油品系（P21）进行了杂交并对其F_1、F_2、F_3、BC_1F_1和BC_1F_2代进行了分析。结果表明，高硬脂酸含量受隐性单基因控制，命名为*Es3*。进一步分析表明，*Es3*和*Ms*位点之间存在相斥性的连锁，而*Ms*位点使得植株具有细胞核雄性不育（NMS）的特性。将品系CAS-3和CAS-14进行杂交，结果表明，这两个品系的高硬脂酸等位基因位于不同的基因座上。

Pérez-Vich等（2002b）测定了品系CAS-3（高硬脂酸突变体）、CAS-4（中硬脂酸含量）、常规品系HA 89、原始亲本RDF-1-532，以及它们之间的杂交组合的硬脂酸含量，发现控制低硬脂酸的基因对中硬脂酸表现为部分显性，反过来，中硬脂酸基因对高硬脂酸基因表现为部分显性。后代分离个体测定结果表明，杂交组合HA 89×CAS-4中有两个基因位点在发挥作用。然而杂交组合RDF-1-532×CAS-4和CAS-3×CAS-4可以用一个基因位点来解释。同样的研究也表明CAS-4品系的中硬脂酸受等位基因*Es1*和*Es2*控制。CAS-4品系中*Es2*位点上的等位基因与CAS-3（*es2 es2*）的相同，另外，在*Es1*位点上的等位基因与CAS-3中的等位基因有所不同，分别标记为$es1^b es1^b$。依据这些结论，CAS-4可以被标记为$es1^b es1^b es2 es2$。应该注意到，原始品系RDF-1-532中含有*es2*基因，在CAS-3和CAS-4品系中*Es1*分别突变为*es1*和$es1^b$。

1.12.5 分子研究

在最近10～15年，在分子水平上对油的品质进行研究取得了很大的进展。Fernández-Martínez等（2004）利用数量性状基因座（QTL）分析、候选基因的研究方法对向日葵籽粒油中脂肪酸修饰的分子基础进行了研究。结果发现许多参与种子脂肪生物合成途径的关键酶基因已经被克隆并进行了多态性研究。

Kabbaj等（1996a，1996b）在分子水平上研究不同品系向日葵油的品质，他们认为品系CANP3中的信使RNA（mRNA）的积累和品系HOC是不同的。Δ9mRNA在HOC中的累积比在CANP3中的高，而Δ12mRNA在HOC中积累却比在CANP3中的明显减少。

Dehmer和Friedt（1998）最初发现两个与Ol_1基因紧密连锁的RAPD标记之后，不同研究者也相继报道了一些重要的研究结果。

例如，Lacombe和Berville（2000）研究了正常的和高油酸的向日葵油中脱氢酶转录本的积累，得出在低油酸和高油酸的胚中Δ9-脱氢酶的转录本没有显著差异。然而，Δ12-脱氢酶的转录本呈现出显著差异。在油脂储存的关键时期，籽粒中高油酸的表型与Δ12-脱氢酶转录本积累的减少有一定的相关性。

Lagravere等（2000）对新的高油酸杂交种的油分和脂肪酸的积累进行了分析，结果表明，Δ12-脱氢酶的转录和油酸的累积没有相关性。他们的研究结果也表明从授粉的第一天开始直到籽粒成熟，高油酸基因型之间亚油酸的含量存在明显的差异。

然而，Lacombe等（2001，2002a，2002b）在研究Pervenets突变体时发现高油酸（HOAC）受两个独立的基因位点控制，一个是oleHOS位点，另一个是FAD 2-1位点。其他位点上的等位基因可能会通过抑制oleHOS等位基因进而影响HOAC的性状。

对于高油酸性状，Lacombe等（2000）已经确定了Δ12-脱氢酶RFLP标记的存在。在LO（低油酸）Δ12-脱氢酶基因的纯合体中，油酸的平均含量为50.7%（15.5%~61.3%）。然而在HO（高油酸）Δ12-脱氢酶基因的纯合体中，油酸的平均含量为90.6%（85.2%~91.9%）。Δ12-脱氢酶基因杂合体中HO/LO的油酸平均含量为83.7%（67.5%~91.3%）。油酸的分离比为1∶2∶1，预示着显性等位基因控制着籽粒中油酸含量的高低。

Lacombe等（2008）通过对Pervenets突变体在分子水平上进行研究发现，该突变体是微粒体油酸脱氢酶（microsomal oleate desaturase，MOD）基因的重复所致。Lacombe等认为基因的重复会导致正常的MOD基因的沉默，从而使得该基因的mRNA不断积累。在Pervenets突变体中检测到MOD siRNA，证实了存在基因沉默的机制。有关这一遗传现象的更多详细解释可以在Lacombe等（2009）的研究中得到证实。他们的研究结果表明该等位基因由两部分组成。第一部分是该基因在HO和LO基因型中均出现，同时包含正常的OD基因；而第二部分只在HO基因型中存在，且带有重复的OD基因。mRNA在LO和HO基因型的籽粒中积累是由于突变基因为显性遗传，能够导致OD基因的mRNA的下调。

Hongtrakul等（1998b）的研究表明，Ol_1基因和OLD基因（FAD 2-1）共分离，且该基因在HO基因型中的表达很弱，但是在油含量正常基因型中的表达很强。

Pérez-Vich等（2000b）建立了基于DNA的高硬脂酸的分子标记。运用RFLP和AFLP分子标记，他们在高C18:0品系（CAS-3），正常的及低硬脂酸的C18:0（HA 89）品系杂交的F_2代中，定位了一个主效QTL，它和调控硬脂酸含量的SAD基因共定位在向日葵的第1连锁群中。

Hongtrakul等（1998a）在向日葵种子中首次发现了高表达的两个脂肪酰基载体蛋白（acyl carrier protein，ACP）脱氢酶基因（$SAD6$和$SAD17$）。

Pérez-Vich等（2000a）在高硬脂酸（C18:0）和硬脂酸正常的品系HA 89杂交后代的分离群体中利用RFLP和AFLP分子标记建立了一个遗传连锁图谱。控制硬脂酸含量的主效QTL位于第1连锁群，它解释了F_2代中86%的表型变异。同时，利用Δ9-硬脂酸脱氢酶（U 91340）基因探针检测到的主效位点和位于第1连锁群的硬脂酸的QTL位点相吻合。脂肪酸B族的硫酯酶基因（AF 036565）也被定位在染色体上，但是没有发现它与上述标记以及硬脂酸水平存在关联。

Pérez-Vich等（2000a）利用分子标记对高硬脂酸品系CAS-3和高油酸品系HAOL-9的杂交F_2代群体进行了研究。结果表明，控制硬脂酸数量性状的主效QTL被定位在第1和14连锁群中，并且以Δ9-硬脂酸脱氢酶（U 91340）和Δ12-油酸脱氢酶（U 91340）基因为探针检测到的主效QTL位点与第1和14连锁群上的硬脂酸及油酸的QTL峰的位置相吻合。这些结果清晰地表明基因的突变导致CAS-3和HAOL-9种子中油酸与硬脂酸含量的升高。

除Hongtrakul等（1998a）的研究以外，Tang等（2002）也观察到了*SAD6*和*SAD17*基因对高硬脂酸表型的重要性。

1.12.6　环境效应

Fernández-Martínez等（2004）研究认为，向日葵籽粒油的质量受少数基因控制，与数量性状如油的含量相比，油的质量受环境因素影响较小。然而，大量的文献普遍认为脂肪酸的组成成分随着纬度、日照长度、温度和太阳光谱的变化而变化。越靠近赤道地区，籽粒中油酸的水平越高，亚油酸含量却下降。许多研究者也强调了环境温度在油酸性状表达中的重要性。

Sobrano等（2003）曾提出了油酸的3种遗传模式，这些遗传模式成功地被用来评价温度、纬度、经度、海拔对种子油酸含量的影响。Izguierdo等（2006）基于他们在常规向日葵杂交种中的研究结果也提出了籽粒中的脂肪酸成分对于环境温度响应的模型。

Bouniols和Mondies（2000）认为可用水状况和气候条件对种子产量、籽粒中油的含量及脂肪酸组成都有影响。另外，在籽粒灌浆期缺水一般会促使棕榈酸和硬脂酸含量的增加。籽粒油脂中不饱和脂肪酸含量对环境变化的反应非常明显，特别是环境温度的变化对油脂中油酸和亚油酸的比值影响较大。

Triboi-Blonded等（2000）在对不同的高油酸自交系和杂交种进行测试时，发现一些品系在不同的温度条件下亚油酸含量趋于稳定，而另一些品系在同样的温度条件下亚油酸含量却表现出一定程度的不稳定性。这种脂肪酸含量的不稳定性极可能受到高油酸和高亚油酸基因型中相关基因的控制。

Santalla等（2000）测试了向日葵籽粒和籽仁在不同温度（25～90℃）条件下的稳定性，发现和籽粒油相反，籽仁油在所有的处理及温度条件下，自由脂肪酸的水平较低，但是也表现出温度的变化会导致较高水平的氧化反应、毒素含量的升高。这些结果表明向日葵种壳的厚度决定了籽粒干燥过程中的处理温度和干燥时间，从而影响油的品质。

Robertson等（1978）发现籽粒中的含油率和脂肪酸的含量与向日葵的品种、种植年份、种植地块的地理位置均有关系。他们认为油中的亚油酸含量和生长期间的最低温度呈显著的正相关关系（$r = 0.87$），而环境温度和油脂中的棕榈酸（$r = -0.71$）、硬脂酸（$r = -0.57$）、亚油酸（$r = -0.83$）之间呈显著的负相关关系。

Lagravere等（2000）发现在籽粒的成熟期亚油酸的积累取决于环境温度持续的时间而不是总的积温（持续温度的天数）。同时在分子水平上，Δ9-脱氢酶和Δ12-脱氢酶基因的mRNA的积累似乎仅仅由温度的持续时间决定，而不是由开花后的环境温度决定。

Aguero等（2000）在阿根廷的不同地区测试了高油酸杂交种（HO和正常品系）的表型，认为高油酸品种在其他的一些农艺性状上表现出不同水平的稳定性。

Baldini等（2000）报道了不同水分利用水平对常规和高油酸品种中脂肪酸成分的影响。结果表明，水分条件不断变化，能够使得油酸含量显著增加5%。

在Uhart等（2000）的研究中，高油酸杂交种与高亚油酸杂交种中籽粒和油的产量及其稳定性是非常相似的，这表明向日葵育种者在尝试减少两类杂交种之间的性状差异上已经获得成功。Aguero等（2000）在高油酸杂交种的研究中也得到了类似的结果。

1.12.7 生育酚

生育酚是一类脂溶性的抗氧化物，对保障向日葵油的营养和品质是至关重要的（Velasco *et al.*，2002）。在体外抗氧化特性方面，4种天然生育酚（α-生育酚、β-生育酚、δ-生育酚、γ-生育酚）和细胞内它们的相似物（维生素E）截然不同（Vera-Ruiz *et al.*，2006）。

Demurin等（1988，1993）鉴定出与生育酚相关的非连锁的两个非等位基因Tph_1和Tph_2。通过大量筛选和自交，Demurin等运用半粒种子技术第一次发现天然突变的隐性等位基因——tph_1、tph_2和$tph_1 tph_2$。在向日葵品系LG-15中，研究者发现tph_1基因的表达能够使油脂中α-生育酚和β-生育酚的含量均达到50%。然而tph_2基因的表达却使得α-生育酚和β-生育酚的含量分别为5%和95%。γ-生育酚是在品系LG-17中被发现的。在向日葵品系LG-24中发现了tph_1和tph_2基因，其表达使得α-生育酚、β-生育酚及δ-生育酚的含量分别达到8%、84%和8%。tph_2基因的突变对tph_1具有上位作用，从而导致了δ-生育酚的形成（表1.3，表1.4）。

表1.3 具有不同生育酚组成的向日葵天然突变体（Demurin，1993）

品系	基因型	不同类型生育酚比例（%）			
		α	β	γ	δ
普通油品系	$Tph_1 Tph_2$	95	3	2	0
LG-15	$tph_1 tph_1$	50	50	0	0
LG-17	$tph_2 tph_2$	5	0	95	0
LG-24	$tph_1 tph_2$	8	0	84	8

表1.4 近等基因系中脂肪酸和生育酚的水平

基因型	脂肪酸含量（%）					油脂中生育酚含量（mg/kg）			
	C16:0	C18:0	C18:1	C18:2	C18:2	α	β	γ	δ
VK-66	4.0	3.2	24.9	65.7	840	30	<5	—	870
VK-66-tph_1	4.4	2.6	34.8	57.1	470	350	<5	—	820
VK-66-$tph_1 tph_2$	4.1	3.3	27.4	64.6	60	50	360	550	1020
VK-66-ol_1	2.6	0.8	88.4	6.2	900	30	<5	极少量	930

续表

基因型	脂肪酸含量（%）					油脂中生育酚含量（mg/kg）			
	C16:0	C18:0	C18:1	C18:2	C18:2	α	β	γ	δ
VK-66-tph_1-ol_1	2.6	2.3	85.4	7.6	490	330	10	—	830
VK-66-tph_2-ol_1	3.3	4.1	68.3	21.6	670	30	150	20	870
VK-66-ol-tph_1	2.7	2.5	86.8	5.6	480	260	10	—	750
VK-66-ol-tph_2	2.8	2.9	85.1	7.3	870	30	20	极少量	920

注："—"表示未检测到

Tang等（2006）的研究表明，已知有3个基因位点（m = tph_1、g = tph_2和d）能够调控向日葵籽粒中α-生育酚的合成。

Velasco和Fernández-Martínez（2003）在952个向日葵新品系和一个已有的Peredovik群体中研究了生育酚含量的变化，发现了两个令人感兴趣的品系。一个是T589，它的β-生育酚在全部生育酚中占比为30.4%~48.5%；另一个是T2100品系，其具有很高的γ-生育酚含量，占比为87.9%~93.9%。遗传分析结果表明，这两个品系与正常生育酚含量的基因型杂交后，后代中生育酚含量均表现为部分隐性遗传。两个品系中这一性状均受单位点等位基因的控制。

除了发现T589（β-生育酚在全部生育酚中的占比超过了30%）和T2100（γ-生育酚在全部生育酚中的占比超过了85%）这两个品系，Velasco等（2004a）通过化学诱变剂获得了高γ-生育酚含量的新品系。新突变品系IAST-1和IAST-540籽粒中含有超过85%的γ-生育酚。Velasco等认为在选育期间，γ-生育酚不同的遗传模式预示着在IAST-1和IAST-540品系间γ-生育酚的浓度不断递增是受到了一定的遗传因素的调控。同时，T589和IAST-1之间的重组产生了意想不到的超亲分离现象，表现为β-生育酚和γ-生育酚含量的递增（分别达到全部生育酚的77%和68%）。

使用化学方法诱变（甲基磺酸乙酯溶液），Velasco等（2004b，2004c，2004d）在M_3分离后代中得到了高γ-生育酚含量的品系，使得γ-生育酚的含量从0%增长至85%，该现象是当时在诱变过程中从来没有观察到的。在随后的世代（$M_{4:5}$）中，Velasco等又鉴定出一个IAST-1突变体，它具有能够形成高而稳定γ-生育酚含量（>90%）的特性。这个突变体和T589（中等水平的β-生育酚含量）进行杂交后分离出具有高水平δ-生育酚含量的品系。

Velasco等（2004e）对野生向日葵资源中的生育酚含量及成分进行了研究，发现H. maximiliani生育酚的含量最高（673mg/kg种子）。在一个H. debilis群体中发现β-生育酚含量有所增加（11.8%），然而所有其他野生种群的β-生育酚含量都有所降低（<6.5%）。在一个H. exilis群体（7.4%）、2个H. nutalii群体（11.0%和14.6%）的籽粒中也发现了β-生育酚含量的增加，而该研究中其余群体中γ-生育酚含量（<2%）是降低的。

Demurin等（2004）使用TLC模型将西班牙向日葵新品系T589（β-生育酚含量处于中间水平）、T2100（γ-生育酚含量高）与Demurin（1993）发现的带有tph_1和tph_2基因的品系进行了比较，发现新的β-生育酚含量居中的突变体中调控基因和tph_1是等位的，而新的高γ-生育酚含量突变体中调控基因和tph_2是等位基因。

García-Moreno 等（2008）报道了一些高γ-生育酚含量的育种资源。所有资源的这一性状受隐性等位基因 Tph_2 位点控制。普通品系T2100和IAST-1的杂交F₂代会产生不同的结果。对于HA 89×T2100，$F_{1:2}$代的分离比为3:1，证明隐性等位基因 tph_2 有表达。当HA 89和IAST-1杂交时，$F_{1:2}$代的分离比为13:3（<80%:>90%），表明$F_{1:2}$代种子的γ-生育酚含量处于中间水平（5%~80%）。在T2100×IAST-1杂交组合的$F_{1:2}$代中也观察到γ-生育酚含量居中的现象。这些实验结果证实了修饰基因的存在，它和等位基因 tph_2 共同作用从而使得γ-生育酚含量居于中等水平。

Demurin等（2006a）对 Imr、Ol、tph_1 和 tph_2 几个基因进行了研究。他们把HA 425（$Imr\ Imr$）和VK876（Ol、tph_1 和 tph_2）进行杂交，并分析它们的F₂代和F₃代。得出 Imr 基因（抗除草剂咪唑啉酮的基因）在油酸突变体（Ol）、高β-生育酚含量（tph_1）和高γ-生育酚含量突变体中为独立遗传。

Demurin等（2006b）研究了在生长季节不同温度范围（从28℃/18℃到30℃/26℃）下 tph_1、tph_2 和 $tph_1\ tph_2$ 的表达，研究结果表明，tph_1 突变体中的α-生育酚含量随温度变化从39%增加到48%。常规基因型（α-生育酚含量>97%）和 tph_2 突变体（γ-生育酚含量为98%）的α-生育酚含量在所研究的两种温度范围内保持稳定水平。遗传背景被认为是导致突变体中 tph_2 稳定表达的最主要的因素。

1.12.8 在分子水平上对生育酚遗传的研究

近几年一些研究者已经在这一领域做了大量研究。其中，García-Moreno等（2006）对向日葵的高γ-生育酚含量从遗传和分子水平进行了分析，确定了4个不同来源的品系含有高水平的γ-生育酚（>850g/kg）。先前的研究结果表明，在品系LG-17和T2100中这一特性受到 Tph_2 位点隐性等位基因的控制。上述研究者将T2100和LG-17、IAST-1、IAST-540进行杂交，通过分析它们的F₁代和F₂代，得出 tph_2 在4个品系中均存在的结论。研究者在分析了IAST-540和CAS-12（普通生育酚类型）杂交F₂代群体后，得出了低γ-生育酚含量和高γ-生育酚含量的分离比为3:1。运用混合分组法，研究者在第8连锁群中鉴定出与 Tph_2 紧密连锁的两个SSR标记。利用更多的SSR标记，研究者建立了一个更大的遗传连锁群，并将 Tph_2 定位在标记0RS312（近端3.6cM）和ORS599（远端1.9cM）之间。

Vera-Ruiz等（2006）计划利用分子标记（SSRs）建立了一个基于 Tph_1 基因的遗传连锁图谱，该基因控制向日葵籽粒中β-生育酚的含量。使用高效液相色谱（HPLC）对CAS-12×T589杂交的103份F₂后代和67份F₃后代的表型进行分析，结果表明 Tph_1 基因被定位在1号连锁群的顶端，并且与分子标记ORS1093、ORS222和ORS598共分离。

Tang等（2006）鉴定并从向日葵中分离了两个与2-甲基-6-植基-1,4-苯醌/2-甲基-6-植基-1,4-苯醌甲基转移酶（2-methyl-6-phytyl-1,4-benzoquinol/2-methyl-6-phytyl-1,4-benzoquinol methyltransferase，简写为 $MPBQ/MSBQ$-MT）基因同源的基因（MT-1和MT-2）。研究还发现 m 位点基因对 d 位点表现出上位性遗传，但是 d 位点对独立的 m^+m^+ 和 m^+m 个体没有影响，却显著增加 mm 个体中β-生育酚的百分比。

Hass等（2006）从向日葵中分离和鉴定了 y-TMT 的两个同源基因（y-TMT-1和TMT-2），它们被定位在第8连锁群且与 g 位点共分离。很明显，Hass等发现向日葵油中新的生育酚类型的出现是3个非等位基因对甲基转移酶突变体基因的上位作用造成的。

1.12.9 蛋白质含量

向日葵籽粒的成熟伴随着脂质的合成和大量含氮物质的合成并最终形成蛋白质。这些蛋白质的特点是无催化功能、具有高比例的谷氨酸和天冬氨酸，而这些氨基酸是胚胎生长的氮源，被一层膜包住并存在于液泡中，最后成为蛋白体（Gavrilova and Anisimova，2003）。

Bedov和Škorić（1981）鉴定出相当数目的品系籽粒中蛋白质的含量比普通品系和杂交种高得多（25%～29%）。这些品系在农艺性状上也具有较高的一般配合力。除含有高蛋白外，这些自交系中的必需氨基酸的含量差别也很大。

Škorić等（1978）研究发现，不同的基因型之间，籽粒中蛋白质的含量和蛋白质组成（清蛋白、球蛋白、谷蛋白等组分）存在显著差异。被检测的基因型中清蛋白的变化最大。

Bedov（1982）研究发现，在向日葵自交系中，籽粒中蛋白质的含量表现出显著差异，同时认为这一性状的表达受环境因素影响很大。在这一实验中，总的氨基酸含量（除了甲硫氨酸）随着蛋白质含量的增加而增加。

在Stanojević等（1992）的研究中，来源于Kolos品系的籽粒蛋白质含量变化最大（CV=18.15%）。此外，从西班牙筛选出的品系，籽粒中油和蛋白质含量之间具有显著的负相关性。

在Dijanović等（2004）的研究中，对3个地点连续两年实验材料的籽粒中蛋白质含量进行方差分析发现，在不同基因型、不同地点、不同年份及相互作用中（地点×年份）籽粒中蛋白质的含量存在显著差异。考虑到参数的稳定性，Dijanović等认为这一性状最稳定的品系是自交3年的品系D4441。

Stanković（2005）发现籽粒中蛋白质的含量随年份和生长的变化而发生显著改变。Jovanović（1995）研究了向日葵的许多性状，发现籽粒中蛋白质含量的变异系数最低。

Stoyanova和Ivanov（1975）对籽粒中蛋白质含量不同的品系杂交种F_1代籽粒中蛋白质含量进行了遗传分析，发现其遗传模式为中亲偏向于低值亲本。

在Bedov（1985）的研究中，被测品种籽粒中油含量和蛋白质含量具有不同的一般配合力与特殊配合力。加性效应控制油含量的遗传，而非加性效应控制蛋白质含量的遗传。就蛋白质含量的特殊配合力而言，在F_1代中中间型遗传是最常见的遗传形式，而超显性遗传实际上不存在（Bedov，1985）。对于籽粒中油含量具有较高一般配合力的品系，其蛋白质含量的一般配合力较低。唯一的例外是品系L-11，它的两个性状都有较高的一般配合力。

Rojas等（2000）在两个不同的环境中如西班牙的科尔多瓦（Cordoba）和塞尔维亚的诺维萨德（Novi Sad）对6个自交系做了双列杂交并得到了一些重要的结论。油和蛋白质含量的一般配合力与特殊配合力显著不同。一般而言，一般配合力远比特殊配合力重要。然而对于籽粒中的油分和蛋白质而言，在诺维萨德试验点，特殊配合力远比一般配合力更重要。同时，蛋白质含量最低的品系表现出最低的一般配合力，表明如果双亲品系有高的蛋白质含量，有可能育出具有较高蛋白质含量的杂交种。

Ivanov和Stoyanova（1978）、Bedov（1985）及Stanojević等（1992）均发现在向日葵籽粒的含油量和蛋白质含量之间存在显著的负相关关系。然而，Stanojević等（1992）发现了一个特例，两个具有低含油量特性的品系，籽粒中的含油量和蛋白质含量之间呈现微弱的正相关。

Jovanović（1995）调查了S_6代向日葵的品系，发现籽粒中油和蛋白质的含量呈现弱的正相关，同时籽粒中蛋白质含量和种仁的大小也呈现出弱的正相关关系。调查报告中也提到籽粒中蛋白质含量和种壳率也表现出弱的负相关关系。

1.13 蛋白质组成的遗传特性

Ivanov（1975）发现不同基因型向日葵中氨基酸的组分存在显著差异。Ćupina和Sakač（1989）认为不同基因型向日葵之间种子的总氨基酸含量变化显著。上述研究的结果也表明不同基因型之间必需氨基酸，如苏氨酸、缬氨酸、甲硫氨酸、异亮氨酸、赖氨酸也存在显著差异。Gavrilova和Anisimova（2003）注意到向日葵种子中的蛋白质组分的两个主要成分是11S球蛋白（向日葵蛋白）和水溶性的2S白蛋白，2S白蛋白可以溶解在某些盐溶液里。这两个蛋白质组分在分子量、氨基酸组成、物理和化学性质方面各不相同。

1.13.1 向日葵蛋白质含量的遗传

根据Gavrilova和Anisimova（2003）的研究，向日葵蛋白是相对分子质量（M_r）为305 000的寡聚蛋白，由大量的亚基组成。每个亚基由酸性的多肽通过二硫键结合起来。许多亚基和多肽已被鉴定为组成向日葵蛋白的主要成分，分别命名为A（相对分子质量约为56 000）、B（相对分子质量约为55 000）和C（相对分子质量约为52 000）。Anisimova（1999）研究了VIR种质中向日葵蛋白的变化，发现有3个基因位点$HelA$、$HelB$和$HelC$控制蛋白质的合成。在每个位点中鉴定了具有多态性的等位基因（图1.32，表1.5）。在VIR

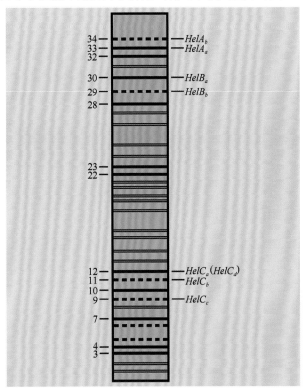

图1.32　一个未清洗的甲基橙制备的电泳谱示意图（Gavrilova and Anisimova，2003）

各成分的位置标记如下：连续线表示标准型的主要成分；虚线表示可变多肽；
双线表示次要成分（分析中略去）；各成分编码在图的左边，而位点名称在图的右边

130和CM 144杂交组合中，位点*HelB*和*HelC*表现为连锁遗传，重组频率为21.8%。相对于位点*HelB*和*HelC*，*HelA*是独立遗传的。

表 1.5　编码向日葵种子蛋白质成分的基因位点（Gavrilova and Anisimova，2003）

基因座	多肽	等位基因	
		正常体	突变体
HelA	亚基 A 相对分子质量约为 56 000	*HelAa*	*HelAb*
HelB	亚基 B 相对分子质量约为 55 000	*HelBa*	*HelBb*
HelC	亚基 C 相对分子质量约为 52 000	*HelCa*	*HelCc*、*HelCb*、*HelCd*
SFA8	富含甲硫氨酸的白蛋白 *SFA8* 相对分子质量约为 10 000	*SFA8n*	*SFA8v*

对大量向日葵种质资源进行分析，Gavrilova和Anisimova（2003）认为向日葵中最普遍的多态性是在亚基A酸性多肽33和34位置的突变（相对分子质量约为38 500）、亚基B酸性多肽29和30位置的突变（相对分子质量约为37 500），以及低分子质量亚基C在9、11、12位置的突变。

Gavrilova和Anisimova（2003）进一步分析了一些杂交种的F_1代和F_2代并获得了一些重要发现。两个具有不同向日葵蛋白多肽成分的自交系杂交后，在F_1代中观察到两个亲本性状的共显性遗传。将向日葵蛋白9和12位点有突变的不同品系杂交后，后代的表型可以分为三大类，分离比为1∶2∶1，预示着在同一位点存在两个共显性等位基因。

Gavrilova和Anisimova（2003）用不同的杂交组合对*HelB*、*HelC*、*Tlm*、*SFA8*和*6Pgd1*基因位点的协同遗传进行了研究，结果表明，在VIR 104和VIR 369杂交的F_2代中，*HelC*和*Tlm*基因可以表达；在VIR 130×CM 44的F_2代中，*HelB*、*HelC*和*Vs*基因能够表达。在VIR 130 × VIR 104的F_2代中也获得了有趣的结果，有的个体中检测到*HelB*、*HelC*和*SFA8*表达，而有的个体有*SFA8*和*Vs*的表达。在（VIR 130×VIR 104）×VIR 130的回交群体中，*HelB*、*HelC*和*6Pgd1*均可以表达。

Gavrilova和Anisimova（2003）的研究结果表明，在两个不同杂交组合的F_2代中，重组频率不超过24%，（VIR 130×VIR 104）×VIR 130回交群体中的重组频率为19%，表明两个基因都出现在单一分离群中（表1.5）。

1.13.2　2S 白蛋白的组成及遗传

Gavrilova和Anisimova（2003）等投入了很多精力对种子中2S白蛋白的含量、表达和遗传方式进行了研究。根据他们的研究结果，水溶性的2S白蛋白是向日葵种子蛋白的一种单链多肽（相对分子质量为10 000~18 000）的混合体，大多具有分子内二硫键。向日葵水溶性蛋白质结构的显著特征是有大量的富含硫的氨基酸——甲硫氨酸和胱氨酸。所以，2S白蛋白中包含两种富含硫的蛋白质SFA7和SFA8（相对分子质量约为10 000），二者的氨基酸组成成分几乎相同。

最近，两个2S白蛋白的同源基因已经被克隆，编码富含甲硫氨酸白蛋白（SFA8），同时也确定了其核苷酸序列。另外，*HaG5*基因是一个小的多基因家族成员，该家族至少包含2个不同的基因。

Gavrilova和Anisimova（2003）研究了2S白蛋白组分中一个单一多肽N端15个氨基酸残基的功能。根据他们的分析，向日葵2S白蛋白的N端可以分为3类：富含甲硫氨酸的SFA7和SFA8、*HaG5*基因的N端及C端产生的多倍体，以及多肽N端的氨基酸组分。在VIR 130品系（具有可变的SFA8）和VIR 104品系（正常的SFA）的杂交F$_1$代种子中，两种蛋白质的突变体被证实呈现共显性遗传。通过对杂交F$_2$代进行分析，发现正常型的SFA和易突变的SFA受单个等位基因调控。相对于*HelB*和*HelC*基因，*SFA8*基因表现为独立遗传。

在种子蛋白的多肽中，低分子量蛋白质组分具有重要的意义，它是蛋白水解酶的抑制剂。一般来说，这些组分在种子中以水溶性形式存在，积累的量相对较少。然而它们对昆虫和病原微生物的蛋白水解酶具有强烈的抑制作用。在向日葵种子中已经发现两种蛋白水解酶抑制剂，即胰蛋白酶抑制剂（trypsin inhibitor，TI）和具有双重功能的胰蛋白酶/枯草杆菌蛋白酶（trypsine/subtelisin）抑制剂。

在VIR 670×VIR 648杂交组合的F$_2$代群体中，下面的3个基因位点遗传出现分离：*T/Sla*、*T/Slb*和*T/Slc*。随后的分析表明，这3个基因位点被定位在染色体上的同一连锁群中。

Gavrilova和Anisimova（2003）测试了研究材料中调控存储蛋白基因（*HelB*、*HelC*、*SFA8*）位点，以及调控同工酶（isoferments）和一系列形态性状的其他6个基因位点的协同遗传。以下的基因位点在F$_2$代和F$_n$代中表现为独立分离：*HelB-Est1*（酯酶）、*HelB-Gpi1*（磷酸葡糖异构酶）、*HelB-GPgd1*（6-磷酸葡糖酸脱氢酶）、*HelC-GPgd1*、*HelB-SFA8*、*HelC-SFA8*、*HelB-SFA8*、*HelB-Vs*（叶脉数量增加）、*HelC-Vs*、*SFA8-Vs*、*HelB-Ep*（表皮出现条纹色素）、*HelB-P*（果皮出现黑色素层）。

1.14　向日葵的雄性不育

雄性不育植株偶尔出现在自花授粉和异花授粉的群体中。不育性可能是染色体的畸变、基因作用或细胞质的影响，从而导致花粉、胚囊、胚胎和胚乳败育或发育受阻。雄性不育就是基因突变、细胞质因子或二者的互作导致的雄性配子功能的丧失。尽管不育植株在自然种群中是有害的，但它们对于遗传研究非常有意义，并且被证明对植物育种非常有用（Allard，1960）。

Anashchenko（1967，1968）对雄性不育的研究历史做了全面的概述。Anashchenko（1967）认为使用0.005%的赤霉酸溶液可以导致向日葵雄性不育。Anashchenko（1968）于1965年在向日葵的12份种质资源和13份自交系中发现了不育株。在24份基因型中，不育性的遗传受某些基因控制，只有一份不育系是核-质互作导致的。Anashchenko同样观察到雌雄同株植物的雌蕊先熟（protogyny）现象，即未见有雄蕊，只有柱头开花。

根据Anashchenko（1974）的观点，向日葵雄性不育（图1.33）的研究可以分为3个阶段。第一阶段为1920~1950年，包括偶然发现的不育株和对它们的描述。第二阶段大约开始于1950年，1968年或1969年结束，其特点是不同的研究者对雄性不育类型进行了大量深入研究。在此期间，大量的雄性不育的遗传资源在不同的国家被发现。同时，通过使用多种化学物质，使人工诱导雄性不育成为可能。在这一阶段研究者对雄性不育的遗传模式也进行了详细的研究。第三阶段从Leclercq（1968）在*H. petiolaris*×Armavirski 9345种间杂交后代中获得细胞质雄性不育资源开始延续至今。

图1.33　向日葵雄性不育

1.15　细胞核雄性不育

　　Gundaev（1965）和Anashchenko（1968a）同时报道了由Kupcov（1934）第一次获得的向日葵雄性不育株。他们认为，Kupcov于1929年发现了雄性不育资源，并确定了雄性不育性是受隐性单基因控制的。据Anashchenko（1972）报道，1924年，Zukowski在VIR植物标本材料中发现了向日葵雄性不育株，并把这些不育材料保存在第比利斯植物公园中。

　　基于形态、生理和细胞胚胎的特征，Voljf（1966，1968）将雄性不育性分为两种类型。第一种类型是雄蕊发育正常，但是花药在成熟时不开裂，且花粉粒小。第二种类型为花药完全退化，花粉大多数是不育的，这种类型出现的频率较低。Necaeva（1966）、Kinman和Putt（1968）也曾提出了类似的划分标准。

　　Gundaev（1965）在VNIIMK 8883、Jenisej、VNIIMK 8931、Peredovik、Armavirec和Sotorovskij品种中发现了多种雄性不育资源。在分析了这些雄性不育株的F_1代和F_2代后，他们发现多数情况下雄性不育与细胞核雄性不育（NMS）有关，其不育性受一个隐性基因控制。迄今为止已经发现了很多这种类型的雄性不育资源，也被许多研究者报道过，如Putt和Heiser（1966）、Voljf（1966，1968）、Necaeva（1966）、Kinman和Putt（1968）、Vrânceanu（1969）、Anashchenko（1968，1969）、Pogorletskiy（1972）、Burlov（1972），以及其他的一些研究者。Voljf（1966）和Anashchenko（1968）分别报道了共有32种和24种不同类型的雄性不育基因型。

　　研究发现，在同样的向日葵品种中，导致雄性不育的隐性基因可能是不同的。例如，Vrânceanu（1970）从VNIIMK 8931品种中确定了3个能够单独调控雄性不育的基因（ms_1、ms_4和ms_5）。

　　也有一些作者如Gundaev（1965，1966，1968）、Voljf（1966，1968）、Putt和Heiser（1966）、Kinman和Putt（1968）、Anashchenko（1969）、Vrânceanu（1989，1970）、

Kovačik（1971），以及Pogorletskiy和Burlov（1971）报道了向日葵核不育受两个隐性基因控制。

Stoyanova（1970）从来源于Smena和Donskoi 695的自交系中发现3个核不育资源，并且受两个隐性基因控制。通过F_2代分析，确认了两个基因之间存在上位效应。

最有意义和具有实际应用价值的是由Leclercq（1966）、Vrânceanu和Stoenescu（1969）、Kovačik（1971）、Burlov（1972）和Škorić（1975）等鉴定出来的向日葵核不育资源（图1.34）。这一特定的雄性不育性受隐性基因 *ms* 控制，且与调控幼苗绿色的基因（*t*基因）紧密连锁，这一连锁现象使向日葵单杂交种的生产成为可能。通过株系内的持续授粉可以保持雄性不育（图1.35）。一个具有双隐性的调控雄性不育和绿色幼苗（*tms tms*）基因的植株，与另一个是双杂合的带有花青素（anthocyanin）色素和雄性可育的基因（*TMs tms*）的植株杂交，其杂交后代中将会出现50%的个体呈现雄性不育和绿色幼苗，50%的个体呈现雄性可育和花青素色的幼苗（图1.36）。

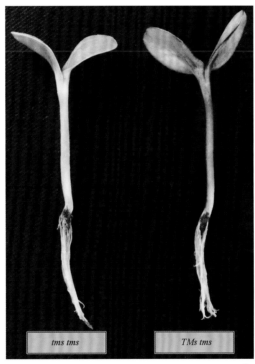

图1.34　雄性不育幼苗（左边）和雄性可育植株（右边）（Škorić，1975）

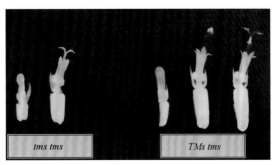

图1.35　雄性不育和雄性可育植株盘花之间开花的生物学差异（Škorić，1975）

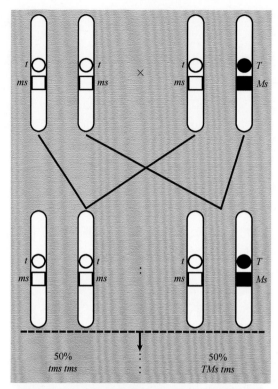

图1.36 雄性不育（*ms*）和花青素T连锁群图谱（Škorić，1975）

Vrânceanu等（1978）在AS-110T品系中发现ms_1基因控制核雄性不育。研究者通过细胞学分析得出，幼苗绿色的雄性不育株（$tt\ ms_1ms_1$）的一对染色体的形态和幼苗为花青色的雄性可育株（$Tt\ Ms_1ms_1$）的染色体有非常明显的区别。

Putt和Heiser（1966）研究了许多雄性不育资源（Morden-MS、Bloomington-MS、HA-55-MS、Peredovik-21-MS，以及其他资源）的遗传模式，发现Morden-MS受隐性单基因（ms_1）控制，Bloomington-MS受两个隐性基因（ms_2和ms_3）控制。通过对上述两个材料进行杂交并分析其F$_2$代和F$_3$代，发现其中一个Bloomington雄性不育基因（ms_2或者ms_3）相对于Morden-MS基因（ms_1）是等位和显性的。就HA-55-MS而言，其雄性不育性受1个显性基因和2个（或3个）隐性基因调控。在Peredovik-21中，研究者也发现雄性不育性受2个纯合隐性基因和1个显性基因控制。

Vrânceanu等（1970）发现10个雄性不育资源。通过双列杂交，发现5个不同的单基因导致了向日葵的雄性不育。Pogorletskiy（1972）也得到相似的结果。

Kovačik等（1976）将黄花雄性不育和橙花雄性可育的植株进行杂交并对上述两对性状进行调查，发现其F$_2$代有4种不同的表型，其分离比为9∶3∶3∶1。两种表型和亲本相同，而另外两种表型是性状的重新组合。

Kovačik等（1976）对导致雄性不育的不同基因进行了研究，发现某些ms基因之间有相互作用。当品系ms_1ms_2和Ms_1Ms_2进行杂交后，F$_1$代是可育的，F$_2$代的分离比为15（可育）∶1（不育），这是双因子互作的结果。当ms_1或者ms_2和ms_3或者ms_4出现在一个基因型中，而主效Ms基因（Ms_1或者Ms_2）出现任何一个时，雄性不育就会发生。在F$_2$代中，育性的分离比为13（可育）：3（不育），这种互作称为抑制效应。同样还发现$ms_3 ms_4 \times Ms_3 Ms_4$的杂交会导致互补基因的表达，$F_1$代都是可育的，而$F_2$代表现出分离比为9（可育）：7（不育）。

Jan和Rutger（1988）使用诱变剂丝裂霉素C和链霉素得到了7个核不育的诱变系，随后发现它们的雄性不育受4个隐性基因$ms_6 \sim ms_9$控制。后来又在品系B11A3和P-21VR1中发现了ms_{10}和ms_{11}基因。所有雄性不育的品系均受隐性单基因控制（Jan，1992）。

Kovačik和Škaloud（1990）对不同的ms基因进行了研究，发现在F_2代中有几种不同的分离模式。如果只有一个ms_1基因出现，则分离比为3（可育）：1（不可育）。当出现2个ms基因时，则分离中出现互作效应。$ms_3 ms_4$的分离比为9（可育）：7（不可育），$ms_1 ms_2$的分离比为15（可育）：1（不可育）。当3个ms基因出现时，F_2代的分离比为42（可育）：22（不育）（$ms_3 ms_4 ms_1$）和56（可育）：8（不育）（$ms_1 ms_2 ms_3$）。当涉及4个ms基因（$ms_1 ms_2 ms_3 ms_4$）时，F_2代的分离比为215（可育）：41（不育）。

1.16 细胞质雄性不育

根据Anashchenko等（1974）的研究，Schtubbe（1958）首次在向日葵中发现了细胞质雄性不育（CMS）现象（图1.37）。不久，Gundaev（1961，1966）和Voljf（1966）也报道了向日葵的一些CMS资源。可惜的是，这些资源不能保证与可育系杂交时有100%的不育性，因此未能在实际中得到应用。

图1.37 向日葵细胞质雄性不育性
a. 不育系；b. 保持系

向日葵杂种优势利用的两大突破中第一个是CMS资源（编码PET1）的发现，这是Leclercq（1968）在种间杂交种（*H. petiolaris*×Armavirski 9345）中发现的；另一个是Kinman（1970）在T66006-2-1中找到了向日葵的育性恢复基因。此后不久，Anashchenko等（1974）利用栽培种和*H. annuus lenticularis*的种间杂交找到了新的CMS资源，并命名为ANL1。根据FAO工作组报告（《新的CMS资源的鉴定、研究和在育种中的利用》）（Serieys，1999；Serieys and Christov，2005），自从Leclercq（1968）第一次发现PET1后，已经鉴定出了向日葵72个不同的CMS资源（表1.6）。在此基础上，Feng和Jan（2008）在*H. giganteus* (1934)和NMS HA 89的杂交组合中鉴定出了新的CMS资源，并根据FAO的命名法命名为CMS GIG2。据我们所知，向日葵CMS资源总数已经达到73份。大多数的CMS资源是由Christov（保加利亚）、Serieys（法国）和Jan（美国）发现的。

表1.6 目前已知向日葵细胞质雄性不育资源信息汇总（Serieys and Christov，2005）

	常见的名称	来源品种	登记编码	报道文献	FAO编码
1	KOUBAN	H. annuus lenticularis		Anashchenko, 1974	ANL1
2	INDIANA1	H. annuus lenticularis		Heiser, 1982	ANL2
3	VIR 126	H. lenticularis		Anashchenko, 1974	ANL3
4	397	H. annuus（野生）	INRA-397	Serieys, 1984	ANN1
5	517	H. annuus（野生）	INRA-517	Serieys, 1984	ANN2
6	519	H. annuus（野生）	INRA-519	Serieys, 1984	ANN3
7	521	H. annuus（野生）	INRA-521	Serieys, 1984	ANN4
8	NS-ANN-81	H. annuus（野生）		Marinković, 1986	ANN5
9	NS-ANN-2	H. annuus（野生）		Škorić, 1987	ANN6
10		H. annuus（野生）	PI 413024	Jan, 1988	ANN7
11		H. annuus（野生）	PI 413043	Jan, 1988	ANN8
12		H. annuus（野生）	PI 413158	Jan, 1994	ANN9
13	FUNDULEA	H. annuus texanus		Vrânceanu, 1986	ANT1
14	AN-67	H. annuus	E-067	Christov, 1992	ANN10
15	AN-58	H. annuus	E-058	Christov, 1994	ANN11
16	AN-2-91	H. annuus	E-002	Christov, 1991	ANN12
17	AN-2-92	H. annuus	E-002	Christov, 1992	ANN13
18		H. annuus	PI 432513	Jan, 1995	ANN14
19	CMS-G	H. annuus	v. Gigant	Christov, 1993	ANN15
20	CMS-DP	H. annuus	p. DP-108	Christov, 1993	ANN16
21	CMS-VL	H. annuus	p. 638/4	Christov, 1993	ANN17
22		H. annuus	GT-E-126	Nikolova, 1999	ANN18
23		H. annuus	ANN-2101	Marinković, 1998	ANN19
24		H. annuus	ANN2108	Marinković, 1998	ANN20
25		H. annuus	ANN-2112	Marinković, 1998	ANN21
26		H. annuus	ANN-2141	Marinković, 1998	ANN22
27	HEMUS	H. annuus	Cms H	Christov, 1993	MUT1
28	PEREDOVIK	H. annuus	Cms P-UZ	Christov, 1993	MUT2
29	STADION	H. annuus	Cms S	Christov, 1993	MUT3
30	PEREDOVIK	H. annuus	Cms P-11	Christov, 1993	MUT4
31	PEREDOVIK	H. annuus	Cms P-92	Christov, 1996	MUT5
32	VORONEZHSKIY	H. annuus	Cms VO 481	Christov, 2002	MUT6
33	HA 89	H. annuus	45-1	Jan, 1988	MUT7
34	HA 89	H. annuus	139-1	Jan, 1988	MUT8
35	HA 89	H. annuus	491-1	Jan, 1988	MUT9
36	HA 89	H. annuus	515-1	Jan, 1988	MUT10
37	HA 89	H. annuus	555-1	Jan, 1988	MUT11
38	HA 89	H. annuus	3149	Jan, 1988	MUT12
39	PEREDOVICK	H. annuus	Cms P450Gy	Christov, 2004	MUT13
40	ANOMALUS	H. anomalus	INRA-525	Serieys, 1990	ANO1
41	AGROPHYLLUS	H. argophyllus	E-006	Christov, 1990	ARG1
42	AGROPHYLLUS	H. argophyllus	E-007	Christov, 1990	ARG2
43	AGROPHYLLUS	H. argophyllus	E-006	Christov, 1985	ARG3

续表

	常见的名称	来源品种	登记编码	报道文献	FAO 编码
44	ARG3-M-1	*H. argophyllus*	E-006	Christov, 2000	ARG3-M1
45	AGROPHYLLUS	*H. argophyllus*	E-006	Christov, 1998	ARG4
46	BOLANDERI	*H. bolanderi*	INRA-225	Serieys, 1984	BOL1
47	DV-10	*H. debilis*	E-010	Christov, 1994	DEB1
48	EXILIS	*H. exilis*	INRA-130	Serieys, 1987	EXI1
49	EXI2	*H. exilis*	INRA-331	Serieys, 1994	EXI2
50	CMG2	*H. giganteus*		Whelan, 1981	GIG1
51	HIRSUTUS	*H. hirsutus*	HIR-29	Chris.Cherb., 2004	HIR1
52	CMG3	*H. maximiliani*		Whelan, 1980	MAX1
53		*H. maximiliani*		Jan, 1994	MAX2
54	MOLLIS	*H. mollis*	INRA-286	Serieys, 1999	MOL1
55	NEGLECTUS	*H. neglectus*	INRA-201	Serieys, 1994	NEG1
56	CANESCENS	*H. niveus canescens*	INRA-197	Serieys, 1987	NIC1
57	FALLAX	*H. petiolaris fallax*	INRA-200	Serieys, 1984	PEF1
58	PET/PET	*H. petiolaris petiolaris*	INRA-737	Serieys, 1994	PEP1
59	CLASSICAL CMS	*H. petiolaris* Nutt		Leclercq, 1969	PET1
60	CMG1	*H. petiolaris* Nutt		Whelan, 1980	PET2
61	PETIOLARIS BIS	*H. petiolaris* Nutt		Leclercq, 1983	PET3
62	PET-34	*H. petiolaris*	E-034	Christov, 1991	PET4
63		*H. petiolaris*	PET-2208	Marinković, 1998	PET5
64	PRAECOX pop.	*H. praecox*	PRA-1827	Marinković, 1998	PRA1
65	PRIH-27	*H. praecox hirtus*	E-027	Christov, 1990	PRH1
66	PRAECOX	*H. praecox praecox*	INRA-678	Serieys, 1994	PRP1
67	PPR-28	*H. praecox praecox*	GT-E-028	Nikolova, 1999	PRP2
68	RUN-29	*H. praecox runyoni*	E-029	Christov, 1989	PRR1
69	RESINOSUS 234	*H. resinosus*	PI 835864	Rodriguez, 1995	RES1
70	VULPE	*H. rigidus*		Vulpe, 1972	RIG1
71	RIG-M-28	*H. rigidus*	M-028	Christov, 1991	RIG2
72	STRUMOSUS	*H. strumosus*	STRUM-56	Christov, 1997	STR1

大部分目前鉴定出的CMS资源是通过种间杂交获得的。这些资源最初在野生（或栽培）向日葵群体中被发现或者在诱变处理（X射线、超声波、化学试剂）的后代中被鉴定出来。

Miller和Fick（1997）对已发现的CMS资源做了概述，发现它们的遗传方式各不相同，各自都有相应的育性恢复基因（*Rf*）。

截至2004年，Serieys和Christov（2005）报道了来源于向日葵属17个不同种的CMS资源，其中大多数（63份）属于一年生组群。其余10个起源于多年生向日葵的不同组群，即*H. rigidus*、*H. maximiliani*、*H. giganteus*、*H. mollis*、*H. resinosus*和*H. strumosus*。最多的（39份）CMS资源是从一年生野生种中得到的，其中26份是自然突变、13份是通过人工诱变获得的。

1.17 雄性不育的恢复

研究者在发现CMS资源的同时也在寻找有效的育性恢复基因。到目前为止，已经发现了针对24种[如果把Jan（1997）发现的从MUT 7到MUT 12列为单独的突变，则为29种]不同的CMS资源的 *Rf*（育性恢复）基因。大量的工作被用于寻找PET1的恢复基因，因为这是迄今为止使用最广泛的向日葵杂交种的CMS资源（表1.7）。

表1.7 向日葵细胞质雄性不育资源及相应的育性恢复基因

FAO 编码	育性恢复基因	参考文献
ANL1	Two complementary dominant genes	Leclercq, 1984; FAO report, 1991
	Single dominant gene	Kukash, 1984
	Two complementary genes	Anashchenko and Duca, 1985b
	Three independent and complementary genes	Anashchenko and Duca, 1985b
ANL2	Two complementary dominant *Rf* genes	FAO report, 1991
ANT1	Single or two dominant complementary *Rf* genes	Iouras, 1991, 1994, 1997
ANO1	Single dominant *Rf* genes	Serieys, 1994
ANN2	One *Rf* dominant gene + modifiers	Jan, 1994, 2000
	One dominant gene	Jan, 1991
ANN3	One dominant gene	Jan, 1991
	One or two complementary dominant genes +modifiers	Jan, 1994, 2000
ANN14	Single dominant *Rf* gene	Jan, 1997
Arg3-M1	Two dominant *Rf* genes	Christov, 2002
BOL1	Complex two independent dominant *Rf* genes explain many segregations	Serieys, 1991（FAO report）
EXI1	Two dominant *Rf* genes	Serieys, 1987, 1994
GIG1	One dominant *Rf* genes	Kural and Miler, 1992
MAX1	Two complementary genes	Kural and Miler, 1992
	One dominant (Rf_1) gene	Kural and Miler, 1992
MAX2	Single dominant genes	Jan, 1997
MUT+to12	Single dominant *Rf* gene	Jan, 1997
NEG1	One dominant *Rf* gene	Serieys, 1994
PET1	One or two complementary dominant genes	Kinman, 1970；Fick and Zimmer, 1974a
	Single dominant gene	Enns *et al.*, 1970
	Single dominant (Rf_2) gene	Vranceanu and Stoenescu, 1971
	Single dominant (Msc_1) gene	Leclercq, 1971
	Single dominant (Rf_2) gene	Kinman, 1970；Fick and Zimmer, 1974b
	Two complementary (Rf_1, Rf_2) genes	Fick and Zimmer, 1974a
	Two complementary dominant genes necessary (four genes)	Dominguez-Gimenez and Fick, 1975
	Two complementary dominant genes	Vranceanu and Stoenescu, 1978
	Three complementary genes	Vranceanu and Stoenescu, 1978
	Two cumulative nonallelic genes	Vranceanu and Stoenescu, 1978
	Single dominant gene	Artemenko, 1987
	Single dominant gene	Anashchenko and Duca, 1985a
	Two duplicate dominant genes	Anashchenko and Duca, 1985a
	Two complementary genes	Anashchenko and Duca, 1985a
PET2	One dominant *f* gene	FAO report, 1991
	Two dominant genes	Kural and Miler, 1992
	Two complementary genes	Whelan, 1980
PEF1	Two complementary genes	Miler, 1996
	Two or three complementary genes	Serieys, 1987, 1991
PEP1	Two independent complementary *Rf* genes	Serieys, 1994
PRP1	One dominant *Rf* gene	Serieys, 1994
RIG1	Two complementary genes	Jan *et al.*, 1994
RIG1, RIGx	Two complementary dominant genes	Jan, 1994

资料来源：Miller and Fick，1997；Serieys and Christov，2005

Kinman（1970）在品系T660006-2-1中发现PET1的一个单显性育性恢复基因（Rf_1）。很多研究者从大量遗传资源中都鉴定出CMS PET1的育性恢复基因（图1.38）。Enns等（1970）及Vrânceanu和Stoenescu（1971）均发现了一个单显性育性恢复基因，并标注为Rf_2。Kinman（1970）、Fick和Zimmer（1974b）也得到了同样的结果。Leclercq（1971）将他发现的单显性基因命名为Msc_1。Anashchenko和Duca（1985a）及Artemenko（1987）也发现了CMS PET1的单显性育性恢复基因。Fick和Zimmer（1974a）、Dominguez-Gimenez和Fick（1975）、Vrânceanu和Stoenescu（1978），以及Anashchenko和Duca（1985a）鉴定出CMS PET1的两个互补育性恢复基因（Rf_1Rf_2）。Vrânceanu和Stoenescu（1978）发现了PET1的两个具有加性效应的非等位基因，而Anashchenko和Duca（1985a）发现了针对同一CMS资源的两个重复的显性基因。Vrânceanu和Stoenescu（1978）报道了PET1的3个互补基因。

图1.38 分枝的向日葵恢复系

在1991年FAO的报告中首次提及CMS PET2的一个显性育性恢复基因。Kural和Miller（1992）报道针对同一CMS资源发现了两个显性基因，而Whelan（1980）发现了两个互补基因。

就CMS ANL1而言，Kukosh（1984）鉴定出它的单显性育性恢复基因。然而Leclercq（1984）、Anashchenko和Duca（1985b）发现了它的两个互补基因，Duca等也鉴定出针对CMS ANL1的3个独立的互补基因。

在1991年的FAO报告中提到了CMS ANL2的两个互补显性Rf基因。

Iouras（1991，1994，1997）报道，他已经发现针对CMS ANT1的一个或两个互补显性Rf基因，而Serieys（1994）找到了针对CMS ANO1的单显性Rf基因。

Jan（1991）发现了一个能够恢复CMS ANN2育性的显性基因。之后，Jan（1994，2000）利用一套不同的向日葵材料，鉴定出针对同一个雄性不育材料的单显性Rf基因及其修饰基因。对于CMS ANN3，Jan（1994，2000）在其研究中发现了1个或2个互补显性基因及其修饰基因。针对同一个雄性不育材料，Jan（1991）发现了一个显性Rf基因。

Jan（1997）发现了针对CMS ANN14的单显性恢复基因。

Serieys（1991）指出CMS BOL1的育性恢复很复杂，同时也发现两个独立显性Rf基因，并发现其存在不同的分离模式。

Christov（2002）发现了CMS ARG3-M1的两个显性Rf基因。而Serieys（1987，1994）鉴定出EXT1的两个互补显性Rf基因。

Kural和Miller（1992）发现CMS GIG1的育性恢复受一个显性基因控制。Feng和Jan（2008）发现了CMS GIG2一个新的显性恢复基因（Rf_4）。

在对CMS MAX1的育性恢复研究中，Kural和Miller（1992）从RHA 274种质资源中鉴定出一个显性基因，而在另一个遗传资源中发现了两个互补基因。

根据Jan（1997）的研究，CMS MAX2的育性恢复受显性单基因控制。

Jan（1997）通过诱变得到了针对新的CMS资源的$MUT7$和$MUT12$，证明了一个显性基因足够恢复育性。

Serieys（1994）针对CMS NEG1鉴定出了一个单显性Rf基因。

Miller（1996）发现了两个互补基因能够恢复PET1育性，而Serieys（1987，1991）针对同一不育资源发现了2个或者3个独立互补显性基因。

Serieys（1994）发现了恢复PEP1育性的两个独立互补基因和恢复PRP1育性的一个显性Rf基因。

Jan等（1994）鉴定了恢复RIG1育性的两个互补基因，而Jan（1994）发现两个显性互补基因能够恢复RIG1和RIGX育性。后期Jan等（2002）的研究也证实了这一结果。

1.18 细胞质雄性不育资源和育性恢复基因分子水平的研究

为使人们更好地了解众多cms的遗传机制和迄今发现的与它们相对应的育性恢复基因，在分子水平上进行研究是必要的。

德国科学家在向日葵cms和育性恢复基因研究方面做出了较大贡献。Horn（2006）认为cms和相应的育性恢复基因为研究线粒体在花粉发育中的作用，以及细胞核与线粒体的互作提供了有趣的课题。Horn等（1996）的研究表明，含有PET1的向日葵雄性不育株在$atpA$基因的3′端有一个新的可读框（orfH522），其编码一个16kDa的蛋白质。他们通过对线粒体DNA进行研究，认为能够表达16kDa蛋白质的10种cms细胞质在$atpA$位点上有相同的基因排列顺序，同样还发现MAX1细胞质有一个orfH522的相关序列，但是该序列不能编码16kDa蛋白质。

Hahn和Friedt（1994）报道，MAX1细胞质中线粒体DNA和PET1线粒体DNA的orfH522有93%的同源序列。另外，在PET1线粒体基因组及MAX1的核基因组中并没有检测到orfH522相关序列的转录。

Isaacs等（2004）在F_2代群体中筛选了PET1的RAPD遗传标记，发现利用引物OPAM 06-1800扩增的特异条带可以区分可育亲本和不育亲本及它们的近等基因池。

Kohler等（1991）推测由orfH522编码的多肽分子量为19.6kDa或14.5kDa。另外，在两个可读框中，orfH708和orfH873出现在可育系的重排区，但没有检测到其转录本。

Zetsche等（1993）发现，在PET1的细胞质中，*orf*H708的序列中插入了一个5kb的片段。

Horn（2002）利用DNA印迹对28个CMS材料及它们B系同源材料的线粒体DNA进行了研究，发现上述材料的细胞质遗传的相似性为0.3～1。在该研究中，利用UPGMA聚类分析可以从29种细胞质中区分出10种不同的线粒体类型。

Leipner和Horn（2002）发现不同向日葵材料的呼吸作用有相当大的差异，但与具有活力的花粉数量没有明显的关联。他们同时也发现，细胞色素氧化酶（cytochrome oxidase）及其替代物在CMS材料和保持系之间没有区别。

Horn（2002）对28个CMS材料和*H. annuus*的细胞质可育材料进行了研究，发现这些起源不同的细胞质有很多相似之处，而这些特点从它们的系谱中是看不出来的。只在ANT1（*atp6*基因）、MAX1（*atp6*、*orf*H522、*orf*H508）和PRR1（COXⅡ）中观察到特异的条带。在不同的线粒体基因型中只有4个出现了特异的杂交信号：ANN4/ANN5有*atp6*和*orf*H708的特征条带；PEF1/PEP1/EXI1/BOL1有*atp6*和COXⅡ的特征条带；PET2/GIG1有*atp9*的特征条带。PET1类的细胞质则均有*orf*H522、*orf*H708及cob的条带（除了ANO1）。

根据Carrere等（2008）的报道，新建立的向日葵基因网站（Helia Gene）为比对大量的基因簇和它们相应的肽链提供了研究平台。

Kusterer等（2004）利用F_2代群体发现带有育性恢复基因的连锁群包含43个分子标记，并覆盖染色体上191.9cM。E32M36_155和E44M70_275与育性恢复因子的遗传距离分别为0.7cM和0.1cM。两个随机扩增多态性标记OPK 13_454和OPY 10_740成功地被转换成特定序列扩增标记（SCAR）HRG01和HRG02。

PET1细胞质的育性恢复基因Rf_1能够降低育性恢复杂交种花药中*atpA*和*orf*H522基因的共表达水平。多聚腺苷酸化在线粒体核糖核酸酶降解mRNA过程中发挥着重要的作用。向日葵的两个育性恢复基因中的一个可能调控*atpA-orf*H522多聚腺苷酸的共转录（Gagliardi and Leaver，1999）。

Kusterer等（2004）对一个杂交组合（RHA 325-CMS × HA 342）的F_2代群体中的PET1进行了研究，将不同的分子标记定位在Rf_1基因周围的1.1cM处。在远端，OP_K13_454标记被定位于距离Rf_1 0.9cM处，标记E32M36-155R被定位于距离Rf_1 0.7cM处。在近端，标记E44M70-275A、E42M76-125A和E33M61-136R与育性恢复基因（Rf_1）的遗传距离分别为0.1cM、0.2cM和0.3cM。

Horn等（2002）利用pBeloBAC11载体构建了恢复系325人工细菌染色体库，利用Hin d Ⅲ的DNA指纹图谱构建了包含有育性恢复基因Rf_1的重叠群（conting）。

Hamrit等（2008）依据之前的研究结果构建了一个围绕Rf_1基因的区间连锁图，其中包括35个扩增片段长度多态性（amplified fragment length polymorphism，AFLP）标记、7个随机扩增多态性DNA（randomly amplified polymorphic DNA，RAPD）标记和一个简单重复序列（simple sequence repeat，SSR）标记。该研究者还鉴定了一些阳性的BAC克隆，并利用指纹图谱构建了一个围绕Rf_1基因的重叠群。

在Abratti等（2008）的研究中，没有检测到抗性基因（*Pl8*）和育性恢复之间的关系，表明RHA 340品系中的育性恢复因子和Rf_1不同。利用集群分离法和微卫星（microsatellite）标记在第7连锁群检测到和该基因连锁的分子标记，且利用作图群体定位了该基因。

利用SSR分子标记和RFLP来源的序列靶位点（STS）标记，Rf_4基因被定位在第3连锁群中，与SSR分子标记ORS 1114的遗传距离为0.9cM（Feng and Jan，2008）。

1.19　向日葵病害

病害是限制所有向日葵种植地区产量的一个因素。全球不同地区的重要病害各有不同，在很大程度上取决于当地的环境条件。一些病害可以对世界上所有向日葵种植地区造成一定的经济损失（图1.39）。目前已知有30多种病原菌能够侵染向日葵，从而导致一定的经济损失。

图1.39　在所有向日葵种植区引起大量经济损失的向日葵病害

1.19.1　霜霉病

霜霉病是由真菌 *Plasmopara halstedii* (Farl.) Berlese et de Toni 引起的。根据Aćimović（1988）的研究，引起该病害的病原菌与向日葵霜霉菌（*Plasmopara helianthi* forma *helianthi* Novot 及 *Plasmopara helianthi* Novot）同名。在文献中通常用这些真菌来代表霜霉病的病原菌。霜霉病在向日葵生长的所有地区都有发生，尤其在播种早且土壤湿度高的年份容易发生。Aćimović（1988）指出，1945~1955年许多国家首次报道了这个病害的发生（图1.40）。

图1.40　向日葵霜霉病田间症状

在欧洲，Vrânceanu和Stoenescu（1970）在品系AD 66中第一次发现抗霜霉病1号生理小种的基因，命名为显性基因Pl_1。大约同一时间，Vear和Leclerq（1971）在品系HIR 34中鉴定出另一个欧洲生理小种的抗性基因。在美国，抗北美霜霉病2号生理小种基因在品系HA 61中首次被发现（Zimmer and Kinman，1972）。

直到1980年，全球霜霉病菌的生理小种的组成和分布一直很稳定。随后，在北美洲、欧洲和阿根廷相继出现新的病原菌生理小种（Miller，992）。在北美洲，3号、4号、6号和7号生理小种迅速传播（Gulya et al.，1991），在欧洲3号、4号和6号生理小种，在阿根廷3号和7号生理小种也快速蔓延（Gulya et al.，1991；Virányi and Maširević，1991）。

Vrânceanu等（1982）在品系RF-5566-74中鉴定出抗霜霉病基因Pl_5，这促使在罗马尼亚发现了病原菌新的生理小种。

Mille和Gulya（1991）通过对向日葵霜霉病进行研究，获得了一些重要结果。他们发现品系HA 335 和HA 336中含有Pl_6基因，品系HA 337-339中有Pl_7基因，RHA 340品系中有Pl_8基因。这3个基因能独立控制对1号、2号、3号、4号、5号、6号和7号生理小种的抗性，Pl_6、Pl_7和Pl_8基因是通过向日葵栽培种与野生种*H. annuus* L.、*H. argophyllus*和*H. praecox* ssp. *runyonii* Heiser种间杂交获得的（图1.41）。

图1.41　温室条件下新品种对霜霉病抗性评价的试验

Gulya等（1991）在品系RHA 274中鉴定出能够抵抗6号生理小种的抗性基因，称为Pl_9。García（1991）和Gulya等（1991）发现恢复系RHA 274和RHA 325中也存在能够抗7号生理小种的抗性基因Pl_{10}。RHA 274品系兼具对1号和2号生理小种的抗性。

许多在向日葵野生种中发现Pl基因的文章已经发表。Burlov和Artemenko（1983）在栽培向日葵和*H. tuberosus*种间杂交材料中发现了Pl_3基因（与Pl_2是等位基因），同时，Vear（1974）、Pustovoit和Krokhin（1977）也分别鉴定出了抗性基因Pl_4和Pl_5。

通过对4个野生向日葵种质（PI 413047、PI 413131、PI 413157和PI 413161）对霜霉病的抗性进行评价，Tan等（1991）发现了另一个能够抵抗4号生理小种的抗性资源。在这些资源中还发现了Pl_6基因（标记为Pl_{4a1-4}），与先前鉴定的抗性基因Pl_6是非等位的，可以被认为是另一种新的遗传变异。

Jan等（1991）在野生向日葵种质（PI 413087和PI 413078）中鉴定出能够抗霜霉病菌2号生理小种（Pl_2基因）的资源。在等位性研究中，PI 413087中出现的Pl_2基因与早期鉴定出的抗性基因不同。因此，这个新的基因（命名为Pl_{2a1}）可以认为是新的遗传变异的结果。

Molinero-Ruiz等（2002a）分析了品系RHA 274、HA 61与CMS HA 89和HA 89株系分别进行杂交的BC_1代及F_2代群体中抗、感植株的比例，发现每个抗性品系中有两个显性基因能够抵抗生理小种330的侵染，其中一个基因（A）对另外一个基因（B）有上位作用，纯合隐性等位基因bb对纯合体aa有上位作用。具有$aabb$基因型的植物表现为抗性。在向日葵自交系RHA 325中抗生理小种330受两个互补基因控制，其中一个显性基因存在于CMS HA 89中。

Molinero-Ruiz等（2002b）研究了西班牙1994~2000年向日葵霜霉病菌生理小种组成的变化，发现1号生理小种最为普遍，是中部地区的优势小种。另外，在西班牙南部地区，鉴定出4号、6号和7号生理小种。Molinero-Ruiz等在研究过程中也发现了一个新的霜霉病菌小种（10号生理小种）及8号生理小种。在此之前，在欧洲从来没有报道过霜霉病菌8号生理小种。

Molinero-Ruiz等（2003）在西班牙发现以下霜霉病菌生理小种：100、300、310、330、710、703、730和770。他们利用RHA 274和DM4品系去抵抗霜霉病菌生理小种310的侵染。利用这两个品系和CMS HA 89、HA 89进行杂交，在其分离后代中发现RHA 274和DM4品系存在抗生理小种703的显性基因。RHA 274品系中抗生理小种310的基因被命名为Pl_g，而在DM4品系中抗生理小种310和703的基因暂时被命名为Pl_v。

在欧洲，霜霉病菌生理小种的组成变化很快。例如，在匈牙利，至少出现了以下几个生理小种：100、300、700、730、310、710和330。此前，Walz和Viranyi（1996）也报道了他们国家只有3个霜霉病菌生理小种（1号、3号和4号生理小种）。

Shindrova（2000，2005，2006b，2010）对保加利亚霜霉病菌的进化进行了研究。1985~2000年，他发现在保加利亚只有2个霜霉病菌生理小种（1号和2号生理小种）。然而，2000~2003年，霜霉病菌生理小种的组成发生了变化，出现了生理小种100、300和700，而生理小种700是优势小种。2004~2006年，虽然生理小种700仍是优势小种，但另一个生理小种330也出现了。2004~2008年，除了先前发现的生理小种类型，又发现了另外2个生理小种类型（721和731），但生理小种700仍然是传播最广泛的优势小种。

在俄罗斯，通过对不同地区霜霉病菌的种群结构进行研究，Antonova等（2008a）发现在北部高加索地区生理小种330、710和730是最常见的，他们在这个地区还发现了生理小种100、300、310和700。

Rahim等（2002）研究了向日葵对1号、2号和3号生理小种（毒力表型100、300和700）的抗性遗传，发现RHA 266品系中只有抗1号生理小种的基因Pl_1。在对品系AMES 3235、RHA 274和PI 497250的研究中发现了双基因的抗性遗传模式。这些品系都含有Pl_1和Pl_{12}基因，且它们调控寄主对1号生理小种的抗性，Pl_2和Pl_{11}基因调控对2号生理小种的抗性。DM-2和PI 497938品系中的Pl_{12}（没有Pl_1）基因调控对1号生理小种的抗性，Pl_{12}（没有Pl_2）基因调控对2号生理小种的抗性，而Pl_5调控对3号生理小种的抗性。

用已知的带有抗病基因的亲本与一个感病的亲本进行杂交，Vear等（2003）研究了其F_2代的抗性分离，发现RHA 419品系对当时所有已知的霜霉病菌生理小种均有抗性。当RHA 419品系和感病亲本进行杂交时，发现一个显性基因能抗生理小种304和710。RHA

419和具有抗性基因Pl_5、Pl_6和Pl_8的品系进行杂交的后代对生理小种304、710和730都表现出抗性分离的现象。

研究者利用分子标记研究了向日葵霜霉病菌抗性遗传和病原菌的遗传变异，发现除了垂直抗性，水平抗性在向日葵抗病机制中也发挥着重要作用。因此，了解Pl基因的起源是非常重要的。

根据Vear等（2008a）的研究，所有抗霜霉病菌的基因都是从向日葵属的野生种中发现的。大多数抗性基因来源于野生种 H. annuus L.，而在野生种 H. argophyllus 中只发现了1个或2个这样的基因，而 H. tuberosus 中Pl基因的鉴定还没有完成。抗霜霉病菌的显性基因已经在其他几个一年生野生向日葵中得到。

Vear等（2007a）对用于工业加工的向日葵基因型进行了研究，发现它们中的 Pl 基因对霜霉病菌具有部分抗性。研究结果（表1.8）表明，这种抗性具有加性效应而且对生理小种710和703都具有抗性。

表1.8 法国发现的能够抵抗霜霉病菌不同生理小种侵染的 Pl 基因（Vear，2004）

群组	基因型	基因	生理小种											
			100	300	304, 2000	307	314	330, USA	700	703	704	710	714	304, 2002	330, sp.
a	RHA 265、RHA 266	Pl_1	R	S	S	S	S	S	S	S	S	S	S	S	S
	RHA 274	Pl_2	R	R	R	R	R	S	R	R	R	R	R	R	R
	PSC-8	Pl_2	R	R	R	R	R	R	S	S	S	S	S	S	R
	YVQ	Pl_7	S	S	S	S	S	R	R	R	R	R	R	R	R
	HA 335	Pl_6	R	R	S	S	S	R	R	R	R	R	R	R	R
	HA 337	Pl_7	R	R	R	R	R	R	R	R	R	R	R	R	R
	83-RM	Pl_7	R	R	R	R	S	R	R	R	R	R	R	R	R
b	XRQ、YSQ	Pl_5	R	R	R	R	R	R	R	R	R	R	R	R	R
	PM-17	Pl_2	R	R	R	R	R	R	R	R	R	R	R	R	S
	RHA 340	Pl_8	R	R	R	R	R	R	R	R	R	R	R	R	R
	803-1	$Pl_?$	R	R	R	R	R	R	R	R	R	R	R	R	R
	OPR-1	$Pl_?$	R	R	R	R	R	R	R	R	R	R	R	R	R
c	XA	Pl_4	R	R	R	S	R	S	S	S	S	S	S	S	S
	XK	Pl_{4-bis}	R	R	R	R	S	R	R	R	R	R	R	R	R
	QHP1	$Pl_?$	R	R	S	R	S	S	S	S	S	S	S	S	S
	PM13	$Pl_?$	R	R	S	R	R	R	R	R	R	R	R	R	R
	RHA 419	$Pl_?$	R	R	R	R	R	R	R	R	R	R	R	R	R

注：R= 抗，S= 感。a. 在 Gentzbittel 等（1999）基因图谱第 1 连锁群的一个组上；b. 在 Gentzbittel 等（1999）基因图谱第 6 连锁群的一个组上；c. 不在第 1 连锁群或第 6 连锁群

Vear等（2008b）对霜霉病菌抗性的数量遗传也相继开展了研究，在多态性重组自交系（RIL）中发现抗性基因具有加性效应。他们检测到两个非常重要的QTL位点，可以解释向日葵在田间对霜霉病菌抗性的42%，且这两个QTL被定位在第8和第10连锁群中，同

时也发现上述的QTL与已知的主要抗性基因群没有关系。

Roecker-Drevet等（1996）利用分子技术检测到HA 335品系中具有Pl_6位点。HA 335中出现的抗霜霉病菌基因与RHA 266中位于向日葵RFLP图谱第1连锁群上的Pl_1具有相同的RFLP连锁标记。因此，基因Pl_1和Pl_6可能是等位基因或紧密连锁。

在田间条件下已经证实存在针对霜霉病的水平抗性资源。Tourvieille de Labrouhe等（2004）在灌溉条件下筛选了向日葵栽培种，得出在抗霜霉病菌主效基因缺失的情况下向日葵会出现一系列反应。这些抗性反应被证明与病原菌的生理小种和环境条件无关。Tourvieille de Labrouhe等（2008）针对田间优势生理小种703、710开展了一项研究，发现在800个测试的自交系中，有50个品系对霜霉病菌呈现部分抗性（无生理小种特异性），它们带有的抗性基因和主效基因没有相关性。

Antonova等（2008b）利用22个RAPD标记位点筛选出13对能将生理小种300与其他生理小种区分开的引物。他们的研究结果表明，在Krasnodar地区的生理小种310、330、700、710和730不是起源于生理小种300。引物OPG06扩增的结果显示出，除了生理小种700和710，所有的生理小种均与一个长度为1125bp的片段的出现或缺失的多态性有关。

Delmotte等（2008）从法国霜霉病菌生理小种中鉴定出12个EST标记，运用单链构象多态性（single-strand conformation polymorphism, SSCP）检测到25个单核苷酸多态性（single nucleotide polymorphism，SNP）和5个插入/缺失（InDel）标记。根据这些标记，确定了法国霜霉病菌种群中的遗传变异。利用上述标记，第一次揭示了14个法国霜霉病菌生理小种的遗传关联性。

在向日葵抗霜霉病菌的研究中，一些生化技术的应用是很有帮助的。Komjati等（2004）利用基于核酸的不同技术研究了霜霉病菌亚群体的特征。在相同的群体中，检测到了两个同工酶GPI和PGM的基因多态性，而这两个同工酶在研究不同真菌的种中各有两个等位基因。Ban等（2004）发现免疫激活剂Bion 50 WG在寄主和病原菌的相互作用中能够有效抑制霜霉病菌的生长。这个诱导的抗性和寄主组织水平上的遗传抗性是相似的。Sere等（2008）应用生长箱评估向日葵对霜霉病菌的数量抗性，结果表明，子叶和真叶上孢子堆的直径必须在3～10mm才能得出可靠的田间和生长箱中结果的相关性。

1.19.2 菌核病

菌核病是由核盘菌侵染导致的植株枯萎和花盘的腐烂（盘腐），其病原菌[*Sclerotinia sclerotiorum* (Lib.) de Bary = *Sclerotinia libertiana* Fuckel.]是一种兼性寄生物，它能够危害许多植物，其中大部分为双子叶植物。它能够侵染64科中的383种植物，导致植物的各部分（根、茎、叶、叶柄和花盘）形成褐色的病斑。该病原菌在感病组织中能够快速扩展，通过分泌毒素和蛋白水解酶分解寄主的组织，使得寄主组织腐烂和植株死亡，进而导致籽粒产量和品质的降低（Aćimović，1998）。菌核病几乎在所有种植向日葵的国家均会发生，该病害是潮湿地区向日葵生产中的一个主要问题。当花期及后期环境湿度大且降水较多时，这一病害的发生尤为严重。

根据Škorić（1989）的研究，菌核病的症状主要有3种：根腐型、茎腐型和盘腐型（图1.42）。这些症状类型分别是由一系列不同的生化和遗传机制控制。向日葵自身会通过一系列生化反应来保护自身免受病原菌的侵害。寄主通过这些生化反应的产物来抑制病原菌分泌的主要致病因子草酸的积累。这种抑制作用是通过将草酸转变成盐或降解草酸而实现的。Kukin（1970）也指出通过改变环境pH和在感病组织中形成能够抑制酶活性的物质可降低病原菌分泌的果胶水解酶的活性。许多研究者已经对向日葵栽培种和野生种进行了抗菌核病水平的研究。最重要的研究是由Vear 和Tourvieille de Labrouhe（法国）及Castano（阿根廷）完成的，他们30多年来一直致力于研究菌核病抗性和改进病原菌接种方法。Vrânceanu等（1985）、Škorić（1988，1989，1992）、Dedio（1992）、Degener（1999）、Pereyra等（1992）、Gulya等（2008）、Vasić等（2004）、Paricsi等（2008）、Prats等（2003）和其他研究者也对向日葵抗菌核病的机制进行了报道。

图1.42 菌核病的不同症状类型
a、b. 盘腐；c、d. 茎腐；e、f. 根腐

Alvarez和Mararo（2008）对向日葵不同的基因型进行了抗菌核病水平的评价，根据抗茎腐型菌核病的程度把它们分成3组。每组内不同的基因型对菌核病的抗性水平显著不同。

Hahn（2000）认为在向日葵抗茎腐型菌核病研究中，以下3个参数尤其重要：病斑的长度、外表的症状和花盘的腐烂部位。

向日葵对菌核病的抗性本质上是非常复杂的（多基因的）。Pirvu等（1985）、Vrânceanu等（1981）认为向日葵成熟期的长短、生长发育的时间与其对茎腐型菌核病的抗性没有相关性。在抗性遗传中，基因的加性效应起主要作用。研究者发现S-77-999品系对菌核病有较高抗性，其茎秆表皮层对核盘菌呈现的物理抗性受一个隐性基因控制。Pirvu等（1985）报道了一些易感品系进行杂交后会产生对菌核病具有抗性的杂交种，其原因是这些基因型具有较好的特殊配合力。

Castano等（1993）通过接种7个向日葵自交系的不同部位研究了向日葵对菌核病的抗性。供试自交系对子囊孢子侵染花盘与子囊孢子侵染顶芽的反应是相互独立的。但是向日葵的根、叶和花盘对核盘菌侵染的反应具有一定的相关性。研究者还发现能够抵抗花盘上菌丝扩展的向日葵品系，相应的都有一个较短的生育期。

Baldini等（2004）在自然条件下通过人工接种菌丝体（接种于茎基部）和子囊孢子（接种于花盘），对R28（高抗品系）和9304（易感品系）杂交的F_2代群体的抗性进行了鉴定。此试验利用了3个不同的参数，即接种时间、开花的速度和生理成熟期。结果表明，向日葵有两种不同的抗病机制，即阻止病菌穿透寄主组织和阻止菌丝在花序中扩展。

为了评估向日葵花盘对菌核病的抗性，Van Becelaere和Miller（2004）评估了涉及6个母本和6个父本杂交组合的一般配合力与特殊配合力。结果表明，一般配合力在各处理的平方和中所占比例要大于特殊配合力，这说明在向日葵对盘腐型菌核病的抗性遗传中基因的加性效应比非加性效应相对更重要。

Godoy等（2005）在3个地点对一系列向日葵的杂交组合进行了测试，得出基因型与基因×环境交互作用能够显著影响菌核病的发病率和病级，其中基因型的影响要比基因×环境交互作用的影响更为重要。

向日葵对菌核病抗性的多基因遗传的特性要求育种者要充分利用合适的育种技术，如轮回表型选择（recurrent phenotype selection）或者系谱法。例如，Vear和Tourvieille de Labrouhe（1985）通过轮回表型选择提高了向日葵对菌核病的抗性。Vear等（2007b）对1978年选育的一个向日葵恢复系群体进行了15个周期的轮回选择。轮回第12个周期后，子囊孢子的潜伏时间增加了两倍，而病原菌的潜伏期与侵染周期的关系可以用一个回归曲线来表示，表明寄主的抗性水平还可以进一步提高。Vear等（2000）认为利用系谱选择法培育对盘腐型菌核病具有抗性的品种是合理的。因为向日葵对菌核病的抗性由多基因控制，目前还没有呈现完全抗性的育种材料。Miller（1996）认为这需要用某种方法增加特殊目的群体的抗性，而轮回表型选择是一种可行的方法。Škorić（1989）认为，向日葵对3种不同类型菌核病的抗性基因，可以在向日葵栽培种及一些野生种的群体中找到，但是需要使用合适的育种方法来提高向日葵的抗性。

Russi等（2004）发现他们所研究的不同杂交种对盘腐型菌核病的抗性存在显著差异。环境对杂交种的抗性没有显著影响的结果预示着相同的杂交种在不同地区有相似的抗性表现。一般配合力对父本和母本的影响比较显著。但是，父本由于具有高的变异能力而变得更为重要。

Van Becelaere等（2004）发现母本的一般配合力比父本的相对要高，这表明研究中所使用的母本材料对杂交种的发病率和严重度影响更大。很明显，抗盘腐型菌核病的母本材料中的抗性变异要比父本多。Van Becelaere等发现针对菌核病的抗性遗传中一般配合力更为重要，预示着在自交系选育的开始阶段就应该对抗性进行鉴定。但由于特殊配合力也很重要，因此也应该对杂交种本身进行抗性鉴定。Mestries等（1996）也证明了对菌核病抗性的筛选应该在早代进行。通过对抗性基因型GH和感病基因型PAC2杂交F_2代、F_3代与F_4代进行抗性鉴定，研究者发现F_2代及其F_3代和F_3代及其F_4代之间在叶片和花盘的抗性方面均有显著的相关性。

Degener等（2006）使用不同参数及其相关性测定了向日葵对菌核病的抗性。他们发现利用叶柄进行抗性评价的遗传性最高，但是叶柄与叶长的关联阻碍了它作为划分抗性水平的指标。茎秆上的病斑可以很好地评价向日葵对茎腐型菌核病的抗性，在菌核病抗性的评估上可以作为一个可靠的指标。这个指标表现出高的遗传力（$h^2=0.59$）。在人工接种和自然发病的情况下，该指标可常用于评估向日葵对菌核病的抗性水平。

Castano等（2001）利用菌丝体和子囊孢子进行接种，用6个不同的参数评价了两个基因型不同的向日葵自交系的杂交组合和它们的F_1代、F_2代及其回交后代的抗性遗传，发现除了基因平均效应，加性效应在向日葵对菌丝体抗性的遗传上发挥着最重要的作用。

Castano和Giussani（2009）证明了菌核病的发病率和核盘菌的相对接种时间是评价向日葵对菌核病部分抗性的主要指标。

Hahn（2002）使用带有菌丝体的小米粒进行人工接种，在15个保持系和30个恢复系中进行了连续4年的试验，发现病斑长度和花盘腐烂的遗传力为中等水平（$h^2>0.70$），而开花时间的遗传力相对较高（$h^2=0.92$）。两个抗盘腐型菌核病的表型相关性为中等水平（$r=0.72$，$P<0.01$），而开花时间和抗性之间没有相关性。

离体实验是筛选向日葵对菌核病抗性的一个常用方法。Vasić等（1999）测试了从植物不同部位分离出的原生质体对不同浓度草酸（它是核盘菌产生的一种致病毒素）的反应，发现不同的基因型和同一基因型的不同植物器官对草酸的反应存在显著差异。从 *H. maximiliani* 中分离的原生质体比从向日葵栽培种中分离的原生质体对草酸表现出更高的抗性水平。

Henn等（1997）选用8个不同向日葵品种的营养体进行无性繁殖，在离体条件下评价了其对菌核病的抗性，发现 *H. maximiliani* Schrader表现出最高的抗性水平，而在 *H. nuttallii* T、G及 *H. giganteus* L.中观察到耐病性的特征。

Drumeva等（2008）通过诱导愈伤组织开展了菌核病的抗性试验，从而使得鉴定出高抗到中等抗性水平的基因型成为可能。他们发现DH-R-116和DH-R-128品系对菌核病具有高的抗性水平。

Tahmasebi-Enferadi等（2000）试验了两种人工接种的方法，一种是菌丝体接种，另一种是培养菌丝体的滤液接种。研究发现，相同的基因型对这两种接种方法的反应是一致的。AC 4122和R 28品系被证明对菌核病的耐性水平最高。这两种接种方法均可以使发病植株中的草酸含量增加。

近年来，分子标记在探究向日葵对菌核病抗性的研究中已经变得越来越重要。Bert等（2002）在对菌核病和拟茎点霉抗性的研究中找到了分布在几个不同连锁群中的15个数量性状基因座，确定抗性由多基因调控。

Vear等（2008c）用重组自交系研究了向日葵头状花对盘腐型菌核病的抗性；利用RFLP和SSR标记，发现每个性状由2个或3个QTL控制，每个QTL能解释8%～15%的表型变异。

Baldini等（2004）认为当使用SSR标记来检测向日葵对菌核病的抗性时，必须仔细选择SSR引物以得到可靠的结果。Ronicke等（2005）研究发现，25种向日葵自交系对菌核病的抗性是不同的。

1.19.3 拟茎点溃疡

拟茎点溃疡（*Diaporthe/Phomopsis helianthi* Munt.-Cvet. *et al.*）首次导致向日葵的经济损失是在南斯拉夫和罗马尼亚，之后不久在全世界向日葵种植地区均有报道（图1.43）。

图1.43　向日葵拟茎点溃疡的田间症状

Vrânceanu等（1983）第一次报道了向日葵对拟茎点霉的抗性，他认为这种抗性受几个部分显性基因控制，并且与持绿性状呈正相关关系。Vrânceanu等（1990，1992）对向日葵自交系的双列杂交种和它们的分离后代进行了研究，认为向日葵对拟茎点霉的抗性遗传受部分显性基因控制，且加性效应最为普遍。

根据Škorić（1985）的研究，向日葵对拟茎点霉的抗性遗传呈部分显性且受到两个或更多的互补基因控制。Škorić也发现向日葵抗拟茎点霉的水平与抗球壳孢菌[*Macrophomina phaseoli* (Maubl.)]和茎点霉菌（*Phoma macdonaldii* Boerema）的水平呈正相关关系。

Dozet等（1992）对*H. tuberosus*和向日葵栽培种的杂交组合进行胚胎培养，在离体条件下获得了抗拟茎点霉的植株。Griveau等（1992）的研究也证实了在向日葵野生种中抗拟茎点霉基因的存在，他认为NS-H-45、DM 2，以及*H. argophyllus*、*H. debilis*、*H. petiolaris* ssp. *fallax*和*H. exilis*几个种的后代均对拟茎点霉表现出一定的耐病性，至少和对照杂交种Agrisol的耐病性相同。

Vear等（1997）连续3年研究了具有不同抗性水平的10个向日葵自交系和它们的F_1代

对拟茎点霉的抗性，也得到了一些重要发现。他们得出在半自然发病的条件下，杂交种的抗性受加性基因控制，但是在两个亲本之间观察不到明显的互作效应。人工接种后，自交系和杂交种的抗性水平没有一定的相关性。偶尔利用感病亲本配置的杂交种也会表现出令人满意的耐病性，这促使我们要检测亲本的一般配合力。叶片上 *Diaporthe helianthi* 菌丝扩展速度的测定结果与自然发病条件下的结果显著相关。

Degener等（1999）研究了在自然和人工接种状态下，向日葵叶片和茎秆对拟茎点霉的抗性，发现二者之间的抗性没有相关性。这两个部位对拟茎点霉的抗性受基因加性效应控制。Degener等（1999）使用采自法国和南斯拉夫的菌株（利用菌丝体进行测试）对16个自交系中的叶片与茎秆对拟茎点霉的抗性做了试验。他们发现这两部分组织对该菌的抗性没有关联，表明各自的抗性是独立遗传的。茎秆上的病斑是评估茎秆抗性最合适的指标。

Deglene等（2000）在田间条件下对13个自交系及其42个杂交种对拟茎点霉的抗性进行了调查，发现在自然发病条件下，向日葵对病害的抗性主要受加性基因控制，也有一些部分受显性基因的影响。

Langar等（2000）在田间对232个重组自交系[HA 89（易感）× LR4-17（抗性）]及其 F_1 代、F_2 代和 F_3 代对拟茎点霉的抗性做了测试。F_2 代和 F_3 代衍生出的后代对拟茎点霉的抗性出现了一定的分离，表明该性状的遗传比较复杂。通过对232份重组自交系进行人工叶片接种，坏死病斑的统计结果表明，叶片的抗性受一个主效基因的影响，至少两个复合因子会影响叶柄和茎秆组织对病菌的抗性水平。

Besnard等（1997）将一个易感品系和一个 *H. argophyllus* 来源的品系进行了杂交，利用34个RAPD引物，对203个 F_3 代个体进行了分析。结果表明，至少两个外源片段的渗入和来源于向日葵的一些有利因素提高了向日葵栽培种对拟茎点霉的抗性水平。

Langer等（2004）在半自然发病条件下和在叶片上人工接种菌丝体条件下检测了杂交组合HA 89 × LR4的重组自交系对拟茎点霉的抗性水平。利用复合区间作图（composite interval mapping）在覆盖2169cM的分子图谱上检测到了针对拟茎点霉的抗性QTL。同时发现至少8条染色体上有针对拟茎点霉的抗性QTL。利用复合区间作图法鉴定的3个显著的QTL能够影响叶片上病斑的扩展速度。

使用某种化学方法也可以使得向日葵获得对拟茎点霉的抗性。例如，Begundov等（2008）利用生物源的诱抗剂和植物生长调节剂钠长石（albite）及锆石（zircon）增强了向日葵对拟茎点霉的抗性水平，使产量增加。

1.19.4 锈病

向日葵锈病（*Puccinia helianthi* Schw.）（图1.44）在北美洲、澳大利亚和阿根廷造成了一定的经济损失，在其他向日葵种植地区也有该病害的发生。Putt和Sackston（1963）第一次鉴定出针对向日葵锈病生理小种的抗性资源。他们报道在品系953-102、MC69和CM90中发现抗锈病1号和2号生理小种的显性基因 R_1（表1.9）。另外，在品系953-88和MC29中发现抗北美1号和3号生理小种的基因 R_2。根据Miller和Fick（1997）的研究，在品系CM403-4中鉴定出 R_3 基因，这是在加拿大曼尼托巴省的Morden中发现的。

图1.44 向日葵锈病为害叶片症状

表1.9 不同基因型向日葵对锈病北美生理小种的抗性反应（Lambrides and Miller，1994）

鉴定系	基因	北美生理小种				
		1	2	3	4	6
S37-388		S	S	S	S	S
HA 89		S	S	S	S	S
CMS HA 89		S	S	S	S	S
CM90RR		R	R	S	S	S
MC69	R_1	R	R	S	S	S
MC29（美国）	R_2	R	S	R	S	S
MC29（澳大利亚）	R_2	R	S	R	S	R
HA-R1	R_4	R	R	R	R	R
HA-R2	R_5	R	R	R	R	R
HA-R3	R_4	R	R	R	R	R
HA-R4	R_4	R	R	R	R	R
HA-R5	R_4	R	R	R	R	R
P386	Pu_6	R	R	R	R	S

注：S=感，R=抗

Miller等（1988）在品系HA-R1、HA-R3、HA-R4、HA-R5和647-1的F_1后代中发现了R_4基因，它控制对向日葵锈病北美4号生理小种的抗性。另外，与其他品系不同，当品系HA-R2和另一个抗源进行杂交后，F_2代中的分离比为15（抗性）：1（不抗），表明该品系中有R_5基因。上述研究使用的品系都来源于阿根廷。

Rashid（1991）分析了1988～1990年加拿大向日葵锈病生理小种组成的变化，得出3号（能够克服R_1抗性）和4号生理小种（能够克服R_1和R_2的抗性）是当时的优势小种。此外，也发现了一些不同于3号和4号生理小种的新的小种，它们能够克服抗性基因R_3和R_4。

这些新的生理小种在加拿大也非常重要。

Yang等（1989）在阿根廷的P 386品系中发现了一个新基因，将其命名为Pu_6（表1.9）。这个基因和R_1、R_2、R_4和R_5基因是非等位基因，可以抗5个向日葵锈病的生理小种（1～5号）。Lambrides和Miller（1994）在一个澳大利亚的品系中鉴定出一个抗6号生理小种的基因，这个单基因被标记为R_{10}。

Quresh和Jan（1992）使用分子标记发现PI 413037基因型中包含4个连锁的抗锈病基因。在遗传连锁图谱中被标记为R_6、R_7、R_8和R_9（抗1、2、3和4号生理小种），它们在染色体上的排序为R_8-R_9-R_6-R_7。

Quresh等（1993a）对来源于向日葵3个野生种（*H. annuus* L.、*H. argophyllus* Torrey and Gray、*H. petiolaris* Nutt.）的78份种质资源和HA 89品系进行了杂交试验。发现PI 413118×HA 89和PI 413175 × HA 89的F_1代能够抗锈病的所有生理小种，而PI 413023×HA 89的F_1代能够抗3号和4号生理小种（比例为3∶1）。

Quresh和Jan（1993b）测试了6份向日葵野生种质资源对锈病的抗性，结果表明，6份种质中的5份具有抗锈病的基因，与品系HA-R4中发现的结果不同。第6份种质PI 413118具有与HA-R4相同的抗性基因。Quresh和Jan利用测交发现每份种质资源中都具有针对特定生理小种的抗性基因。

Gulya和Viranyi（1994）收集了在美国科罗拉多州、新墨西哥州、堪萨斯州西部、德克萨斯州北部及西部的向日葵栽培种和野生种的锈病样本。除了所有已知的生理小种（1、2、3和4号），在样本中还鉴定出17个新生理小种类型。试验所用的9个不同品系对新发现的毒力最强的生理小种均感病。

Antonelli（1985）和Senetiner等（1985）研究了向日葵对阿根廷的一个锈病菌株（克隆340）的抗性，发现品系MP 557、MP 555和LC 74/75-20620对该菌株具有抗性，而这一性状受显性单基因控制。Antonelli和Senetiner也在品系Pergamino 71-538中发现了显性基因Ph_{2a}与隐性基因ph_3。在品系LC 74/75-20620中发现了隐性基因ph_1，在品系MP557、MP555中发现了显性基因Ph_2。显性基因Ph_2与Ph_{2a}为等位基因，而ph_3是隐性基因。

阿根廷向日葵锈病生理小种的组成相对稳定。Huguet等（2008）报道，2006～2007年，在阿根廷中部曾出现向日葵锈病小种，向日葵杂交种不仅对查科（Chaco）和圣达菲（Santa Fe）北部地区的生理小种有抗性，也对中部的生理小种具有抗性，表明两地病菌的生理小种类型相同。

Vicente和Zazzerini（1997）使用来源于加拿大和美国的一套生理小种的鉴别寄主在莫桑比克鉴定出4种锈病的生理小种。

Gulya等（2000）使用混合的北美生理小种对128份野生向日葵种质材料进行了抗锈病水平的鉴定，发现来源于德克萨斯州南部的一些种质资源中抗锈病植株的比例较高（38%），而来自西北太平洋区的种质材料中抗病植株的比例最低（0.2%）。在堪萨斯州和德克萨斯州收集的向日葵种质材料抗锈病株率为50%或者更高。

Sendal等（2006）认为锈病是澳大利亚向日葵上最严重的病害，该病原菌并非来自当地。根据Kong等（1999）的研究，在最近30年中，澳大利亚向日葵种植地区锈菌的生理小种发生了巨大变化。Kochmann和Goulter（1984）第一次观察到锈病生理小种的变化是在1981年，即在R_1基因被引入商业杂交种10年之后。多达78个生理小种被鉴定，另有25

个假定的生理小种（Kong等，未出版资料）。根据Sendal等（2006）的研究，用于鉴定不同生理小种的鉴别寄主的数量和监控程度在此期间都有所增加。

Sendal等（2006）对澳大利亚25年间锈病生理小种的组成进行了详细分析，他们以来自全球76份锈病菌为模板，利用11对不同的RAPD引物构建了锈菌的系统进化树（dendrogram）。通过聚类分析（cluster analysis）鉴定出3个主要的菌株类群（A、B和C）。这3个类群进一步被细分为8个聚类群（CL1～CL8）。Sendal等也强调重组、突变和基因漂移对锈菌进化的影响。他们的研究结果将有助于利用R基因的聚合来防治向日葵锈病。Sendal等同样提出Helianthus annuus L.中聚合了潜在的持久抗性基因（R）。目前，共有8个可能的组合，包括MC29/HA-R2（鉴别品系的组合）、抗性基因$R_2 + R_5$；MC/P1、$R_2 + R_{4i}$的组合等。

其他一些方法也被用于向日葵抗锈病的研究中。Prats等（2007）研究了3种不同基因型的向日葵品种AMES 18925、AMES 3442（部分抗性）和Hysun33（易感品种）对锈病的抗性。对部分抗性品系和易感品系进行显微镜观察，发现不同的基因型之间存在一定的抗性差异。锈病孢子萌发和附着胞形成受损的现象只能在抗性品系中观察到。

1.19.5 黄萎病

向日葵黄萎病（图1.45）是由黑白轮枝菌（*Verticillium albo-atrum* Retb.）、大丽轮枝菌（*Verticillium dahliae* Kleb.）和没有被详细描述过的其他两种轮枝菌引起的（Aćimović，1998）。黄萎病给美国和中国的向日葵生产造成了巨大的经济损失。黄萎病在其他的一些向日葵种植地区也时有发生。

图1.45　向日葵黄萎病田间症状

有关向日葵抗黄萎病的遗传大多集中在大丽轮枝菌上。Putt（1964）是北美洲第一位从事向日葵黄萎病抗性研究的人，他确定了这一性状受显性单基因控制，该基因被命名为V_1。在品系CM144中鉴定出了V_1基因。后来，Fick和Zimmer（1974a）在品系HA 89、HA 124和P-21VR1中研究了抗黄萎病基因的遗传模式。他们都认为这一性状受显性基因V_a控制，但V_1和V_a之间的关系还没有确定。

Hoes等（1973）对46份向日葵野生种质资源（6份野生*H. annuus*资源来自加拿大的曼

尼托巴省和萨斯喀彻温省，34份野生 H. annuus 资源和4份 H. petiolaris 资源来自美国）进行了研究。在抗病野生种和感病自交系配置的杂交组合的F_1代、F_2代和F_3代中发现了抗黄萎病的植株。

Pustovoit和Krokhin（1978）利用种间杂交[栽培向日葵×菊芋（H. tuberosus）]的材料研究了抗黄萎病的性状遗传，发现该性状大多受两个隐性基因或者两个互补显性基因（Vt_1和Vt_2）控制，其中一个基因型的抗性受3个隐性基因控制。

Bertero和Vazquez（1982）在阿根廷发现了新的轮枝菌种群或生理小种。品系HA 89易感黄萎病，表明该生理小种和在北美洲发现的生理小种不同。

Miller和Gulya（1985）登记了4个食用向日葵种质（HA 312、HA 313、HA 314和HA 315），增加了抗黄萎病的新的遗传变异。

Escade等（2000）主张如果想要在栽培向日葵中检测稳定的黄萎病抗性，就需要先用多次比较分析法（BG）去选择，再用制图分析法（GA）比较品系发病程度的平均值和环境的差异，进行第二次选择。之后还需要利用不同基因型向日葵的相对发病程度的标准差（SDRDI）进行评价。

Gonzales等（2008）检测了689份向日葵种质资源对黄萎病的抗性水平，发现来源于改良群体自交系的抗性植株比例比来源于不同起源的自交系杂交群体的抗性植株所占比例要高。常规种与外来种杂交获得的自交系比单独两个亲本的抗性要好。

1.19.6 炭腐病

向日葵炭腐病（图1.46）是由真菌 *Macrophomina phaseolina* (Tassi) Goild 引起的，它也被称为 *Macrophomina phaseoli* (Maubl.) Ashby、*Rhizoctonia bataticola* (Taub.) Butler、*Sclerotinium bataticola* Taub. 和 *Botryodiplodia phaseoli* (Maubl.) Thir.（Aćimović，1988）。炭腐病几乎发生在所有种植向日葵的地区，在干旱和半干旱条件下造成严重的经济损失。目前，人们对炭腐病菌的遗传和抗源只有部分了解。

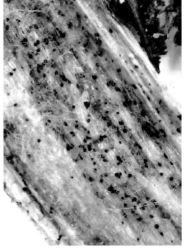

图1.46 向日葵炭腐病田间症状

第一次提到对壳球孢菌（*Macrophomina* sp.）的抗性是在Orellana（1970）的研究中。Orellana在田间试验条件下对不同基因型的向日葵品种的抗性做了测试，得出了成熟期和炭腐病抗性之间呈正相关关系的结论。早熟基因型高感炭腐病，而晚熟品种的抗病水平很高。Mihaljčević（1980）的研究结果也证实了这一结论。

Pustovoit和Gubin（1974）在种间杂交的高世代（VNIIMK 8931×*H. tuberosus*的F_{15}代）中发现了对壳球孢菌的抗源。人工接种后，Pustovoit和Gubin发现有62个品系对炭腐病呈现高抗水平。Mihaljčević（1980）通过近交在种间杂交（栽培向日葵×*H. tuberosus*）的后代中筛选出了高抗品系。

Mihaljčević（1980）在塞尔维亚、马其顿和伊朗做了一系列实验。使用3种不同的接种方法对自交系和它们的杂交种进行测试。Mihaljčević认为壳球孢菌受许多基因的控制（加性效应）。在塞尔维亚的自交系S-31、S-59、S-60和其他一些品系中也发现了具有高抗水平的材料。从来源于阿根廷的自交系PehuanINTA和Ciro中也得到了对壳球孢菌呈现高水平抗性的材料。

Škorić（1989，1992，2004）的研究表明，抗炭腐病、抗拟茎点霉、滞绿性状之间存在一定的正相关关系。

1.19.7 黑斑病

向日葵链格孢菌（*Alternaria helianthi* Tub. et Nish.）是引起向日葵黑斑病（图1.47）的病原菌。该病原菌的异名为*Helminthosporium helianthi* Hansf.、*Alternaria leucanthemi* Nelen et Vasiljeva、*Embellisia helianthi*（Hansf.）Pidoplichko（Aćimović，1998）。

图1.47　向日葵黑斑病发病叶片

尽管黑斑病可以在世界上任何种植向日葵的地区发生，但很多国家的研究者很少注意到这个病害。印度已经对向日葵黑斑病的抗性遗传进行了长时间的研究，该病害曾经造成当地向日葵产量的巨大经济损失。

Morris和Yang（1983）首先研究了野生向日葵对黑斑病的抗性。他们测试了一些向日葵野生种对黑斑病的抗性，发现只有4个种对病原菌呈现中度抗性，而其他的都感病。

Sujatha等（1997）对向日葵黑斑病的抗性研究做出了很大贡献，并在向日葵属的7个野生种中发现了抗源。

Siddique Mirza和Hoes（1996）测试了20个向日葵杂交种和几个自由授粉品系对黑斑病的抗性，结果表明只有杂交品系Suncross 25-3具有较高的抗性，其他的基因型都被鉴定为易感品系，5个杂交种对黑斑病呈现轻微的抗性。

Ravikumar（2000）认为在花粉期进行选择可以提高后代对黑斑病的抗性水平，在这一时期也能够选择耐病性亲本。通过多代的循环选择可显著提高抗性选择的效果。Shobha和Ravikumar（2007）也得到了类似的结果，他们指出，将针对 *A. helianthi* 的配子体选择和常规的孢子体选择结合起来可以作为提高群体部分抗性的一种有效方法。

Kong等（2004）鉴定出两个高抗黑斑病的恢复系。恢复系和感病基因型配置的杂交组合的抗性比中亲的抗性要高。

Sujatha和Prabakaran（2006）发现通过菊芋（*H. tuberosus*）种间杂交种的花药培养获得的植株中有68.5%对链格孢菌表现出抗性，而来源于 *H. resinosus* 的种间杂交只有24.3%表现出抗性。

Murthy等（2005）使用γ射线得到的突变体具有很高的抗黑斑病的水平。利用分子标记（随机引物和扩增的DNA片段）对突变体（M_3代）进行分析，发现等位基因 *OPC5-B*、*OPC5-K*、*OPC5-J*、*OPA12-D*、*OPA15-A* 与 *A. helianthi* 的抗性紧密相关。

Madhavi等（2005）利用生化方法分析了6个向日葵野生种对黑斑病的抗性水平。通过聚丙烯酰胺凝胶电泳（PAGE）对防御相关酶的活性进行分析后发现，向日葵对黑斑病的抗性和几丁质酶（chitinase）及多酚氧化酶（polyphenol oxidase）的活性呈正相关关系，而与过氧化物酶（peroxidase）的活性呈负相关关系。

1.19.8　黑茎病

引起向日葵黑茎病（图1.48）的病原菌是茎点霉（*Phoma macdonaldii* Boerema，异名为 *Phoma oleracea* var. *helianthituberosi* Sacc.）（Aćimović，1998）。

在过去的10～15年，向日葵黑茎病在全球的传播速度非常快。有时它会引起向日葵早期的萎蔫，造成籽粒产量和含油量的下降。

到目前为止，研究者发现向日葵对黑茎病菌的抗性受多基因控制（基因的加性效应）。

Fayzalla（1978）研究了在自然和人工接种条件下，不同基因型的向日葵对 *Phoma macdonaldii* 的抗性反应，结果表明，茎部和叶柄的发病程度要比叶片和花盘严重。在野生种 *H. maximilliani*、*H. argophyllus*、*H. tuberosus*、*H. rigidus* 和 *H. petiolaris* 中发现了对黑茎病呈现高水平抗性的材料。

Roustaee等（2001）在幼苗期对10个向日葵自交系及其25个杂交种进行黑茎病菌人工接种。自交系中的一般配合力和F_1代的特殊配合力都是极显著的。根据对一般配合力的评估结果，研究者认为自交系AS 617A、AS 618A和AS 614R对黑茎病呈现出部分抗性。

Darvishzadeh等（2007a）用7个黑茎病菌的菌株对不同基因型向日葵的抗性进行研究，结果表明，不同基因型、不同菌株，以及二者之间互作产生的抗性水平显著不同。两个基因型对一系列菌株呈现出非小种特异性的部分抗性。在分子水平上，研究者也发现小种特异的及非特异的抗性QTL（Darvishzadeh *et al.*，2007b）。

图1.48 向日葵黑茎病田间症状

Abou Al Fadil（2007）利用从叶鞘和根茎分离到的 *Phoma macdonaldii* 菌株对5个对黑茎病具有不同抗性水平的基因型以及它们的一套双列杂交种进行了测试，结果表明，供试材料对从叶鞘和根茎分离到病原菌抗性的GCA和SCA效应是非常显著的，预示着这两种遗传效应对向日葵抗黑茎病非常重要。4份菌株中有3份菌株的一般配合力与特殊配合力的比值比另外一个菌株要高，表明针对这3份菌株抗性遗传的加性效应比非加性效应更重要。

Alignan等（2006）建立了包括1000个预测与抗性有关的初级代谢途径基因的cDNA芯片，主要用来鉴定与黑茎病部分抗性有关的基因。研究者利用该芯片鉴定出38个基因，在不同基因型上，不同处理和不同处理时间点上表达水平不同。

Bert等（2004）和Abou Al Fadil等（2006）用比较遗传分析方法研究了向日葵对黑茎病抗性的数量遗传，并定位了对黑茎病呈现部分抗性的QTL。

1.19.9 其他病害

还有许多病害能够对向日葵造成潜在的经济损失，然而针对这些病害的抗性还没有进行研究。

白粉病（*Erysiphe cichoracerum* D.C.）被认为是向日葵的一种重要病害，但对该病害还没有进行深入的研究。Saliman等（1982）研究了野生向日葵对白粉病的抗性，发现有3个一年生向日葵种（*H. bolanderi*、*H. debilis* ssp. *silvestris*和*H. praecox* ssp. *praecox*）和14个多年生野生种对该病原菌有一定的抗性。

Jan和Chandler（1985）将野生种*Helianthus debilis* ssp. *debilis*作为白粉病的抗源。他们将野生种与向日葵的两个栽培种Peredovik（开放授粉类型）和品系P21进行杂交，在F_1代和回交后代中发现对白粉病的抗性属于不完全显性遗传。

白锈病是由真菌*Albugo tragopogonis* (D.C.) S. F. Grey引起的。有关向日葵对白锈病抗性的研究非常少。Van der Merwe和Greyling（1996）在南非利用双列杂交分析法研究了向日葵对白锈病的抗性，发现一般配合力是抗白锈病最重要的成分（加性效应）。Gulya等（2000）在南非连续3年评估了美国农业部保存的向日葵种质资源［1168 PI（引种号）和100个自交系］对白锈病的抗性，发现83%的PI材料易感病。只有基因型Ames-3430和VIR 107（俄罗斯）几乎对叶片、茎秆、叶柄、苞叶和花盘的病斑完全免疫。

向日葵枯萎病是由镰刀菌属真菌引起的。Aćimović（1998）在向日葵上发现了该属10个不同的种。Antonova等（2004）在俄罗斯向日葵上发现了镰刀菌属的两个种，即*F. oxysporum* var. *orthoceras*和*F. sporotrichiella* var. *sporotrichioides*。由后一个种引起的减产幅度要比前一个种大。这两个病原菌的不同的种都严重影响向日葵植株的发育，进而影响其主要的农艺性状，特别是导致籽粒中含油量的下降。使用两种不同的人工接种方法，一种是在实验室进行幼苗接种，另一种是在大田里进行土壤接种，Goncharov等（2004）发现在向日葵F_3代及SC和TWC的杂交种中存在对镰刀菌属真菌不同程度的抗性。

1.20 列　　当

列当（*Orobanche cumana* Wallr.）是被子植物，它寄生在向日葵根部（图1.49），对全球向日葵生产造成了巨大的经济损失。19世纪90年代在俄罗斯的萨拉托夫区首次发现了列当（Morozov，1947）。据Morozov（1947）报道，第一个抗生理小种A的向日葵品种Saratovskij 169是由Plachek（1918）育成的。生理小种B是1926年在俄罗斯的罗斯托夫地区发现的。1930年，Zhdanov育成了许多抗生理小种B的向日葵品系（Morozov，1947）。随后，在俄罗斯的VNIIMK研究所育成了许多抗列当生理小种B的品系，其中最重要的是Peredovik和VNIIMK 8931（Pustovoit，1966）。

Burlov和Kostyuk（1976）、Pogorletskiy和Geshele（1976）认为向日葵对列当的抗性受单个显性基因（*Or*）控制。

在摩尔达维亚（现为摩尔多瓦），Sharova（1968）鉴定出一种新的列当生理小种，而且证明抗生理小种A和B的向日葵品系均对此小种敏感。

图1.49 列当是一种寄生在向日葵根部的被子植物

Vrânceanu（1980）在罗马尼亚对列当生理小种的组成进行了研究。他使用一套含有不同抗性基因（Or_1、Or_2、Or_3、Or_4和Or_5）的鉴别寄主鉴定出了列当的5个生理小种（A、B、C、D和E）。这一套鉴别寄主对上述的5个生理小种的抗性具有累加性。另一个新的生理小种F出现在罗马尼亚。Pacureanu-Joita等（1998）在上述研究结果的基础上又发现了向日葵品系LC-1093具有抗性基因Or_6，能够抵抗新的生理小种F（表1.10）。

表1.10 罗马尼亚不同地区列当生理小种的鉴定

鉴定品系	抗性基因	向日葵植株对列当生理小种的反应											
		自然侵染（Constanta, 1997）						人工接种（Fundulea, 1997）					
		A	B	C	D	E	F	A	B	C	D	E	F
LC-1093	Or_6	R	R	R	R	R	R	R	R	R	R	R	R
P-1380-2	Or_5	R	R	R	R	R	S	R	R	R	R	R	S
S-1358	Or_4	R	R	R	S	S	S	R	R	R	R	S	S
Record	Or_3	R	R	R	S	S	S	R	R	R	S	S	S
Jdanov	Or_2	R	R	S	S	S	S	R	R	S	S	S	S
Krulik	Or_1	R	S	S	S	S	S	R	S	S	S	S	S
AD-66		S	S	S	S	S	S	S	S	S	S	S	S

注：R=抗；S=感

抗列当生理小种A、B、C和D的基因是在俄罗斯、乌克兰和罗马尼亚培育的向日葵品种中鉴定出来的，而抗生理小种E、F、G和随后发现的新的生理小种的基因都是在向日葵属的某些种中发现的。Christov等（1992，1998，2009）、Škorić（1988，1989，1992）、Jan等（2000，2002）、Jan和Fernández-Martínez（2002）、Fernández-Martínez等（2000，2007）、Ruso等（1996）、Sukno等（1998）、Melero-Vara等（2000），以及

Dozet等（2000）一直致力于研究和鉴定野生向日葵资源中的抗列当基因。

西班牙向日葵列当生理小种的组成会经常发生变化。Dominguez等（1996）报道了栽培向日葵中Or基因存在的频率很低，而Sukno等（1999）发现对生理小种E的抗性受显性单基因控制。稍早之前，Dominguez（1996）对不同批次的向日葵种质资源进行了研究，发现对生理小种E的抗性受两个显性基因控制。有关针对生理小种F抗性基因的遗传模式研究结果也有所不同。Pérez-Vich等（2002）在种间杂交种（栽培向日葵× $H.$ $diverticus$和 $H.$ $grosserratus$）的分离后代中进行了试验，得出对生理小种F的抗性受两个位点上的隐性基因控制（品系P-96和Ki-534）。Ki-534品系中这个隐性基因也抗生理小种E。利用抗性种质×感病种质配置的组合及其F_2代、F_3代和BC_1F_1代研究了抗性的遗传模式，发现抗性的遗传大多数是双显性上位（分离比为1：15和1：3）和显-隐性上位作用（分离比为3：13和1：1）。

利用抗生理小种F的品系（JI）和易感品系的杂交种，以及由此产生的F_2代、F_3代和BC_1F_1代群体，Velasco等（2007）得到的抗性分离比为3：1、13：3和15：1（R+MR：S），表明Or_6等位基因遗传是不完全显性的，同时另外一个抗列当基因Or_7的表达也受环境因素的影响。

在罗马尼亚、俄罗斯、土耳其和乌克兰出现了一个或多个新的生理小种，且不受Or_6基因的控制，继而引发了针对这个新的小种的一系列抗性遗传的研究。Pacureanu-Joita等（2008，2009）将抗性品系AO-548和易感品系AD-66进行杂交，在它们分离出的F_2代和BC_1F_1代中得到的抗性分离比分别为15：1和3：1，表明在品系AO-548中对最新的列当生理小种的抗性受两个独立的显性基因控制。

土耳其位于欧洲大陆的地区（Eastern Thrace），因为列当小种的组成频繁变化而被大家熟知。正如Bulbul等（1991）的报道，1983~1990年生理小种E为优势小种。在那之后，生理小种F取而代之并在一段时间内成为主要的小种类型，直到Kaya等（2004）报道新出现的生理小种不受基因Or_6的控制。Kaya等（2009）宣称在土耳其发现了能够抗新的列当生理小种或种群的向日葵资源。

保加利亚列当生理小种组成的频繁变化也非常具有代表性。Petrov（1970）报道了保加利亚新出现的列当生理小种不受Or_2基因控制，而Shindrova（2006a）观察到列当生理小种的组成已经发生了改变，在该国出现了生理小种D、E和F。

俄罗斯列当小种的组成也在频繁发生变化，Antonova等（2009）和Goncharov（2009）已经鉴定出不受Or_6基因控制的列当种群。

在塞尔维亚，根据Škorić和Jocić（2005）的研究，生理小种E是主要的列当生理小种。

分子标记技术的发展使得向日葵研究工作者能够研究列当种群的多样性，并且开始鉴定出一些特异小种的分子标记基因。在西班牙，Melero-Vera等（1996）首次利用分子标记（RAPD）研究了列当生理小种的特性。Lu等（1999）、Tang等（2003）、Iouras等（2004）和Marquez-Lema等（2008）使用不同的分子标记鉴定了生理小种E。特别是Pérez-Vich等（2004）鉴定出了生理小种E的5个数量性状标记基因和生理小种F的6个数量性状标记基因，它们被定位于列当染色体上17个连锁群中的第7连锁群。Pérez-Vich等同样也认为向日葵的列当抗性不仅受主效基因控制，也受非小种特异性的数量基因控制。Joel（2004）的发现也很重要，他强调了分子标记在向日葵抗列当研究中的重要性。

有关向日葵对列当抗性的其他方面研究，包括生理水平、生化水平、机械障碍和其他抗性机制已经开展了相当长的时间。Morozov（1947）指出，根系的pH在向日葵抗列当机制中很重要。他引用了Rihter（1924）的结论，认为向日葵根系的低pH导致其对列当敏感。依据Morozov（1947）的报道，关于过氧化物酶活性和向日葵抗列当或感列当之间的关系最初是由Suhorukov（1930）进行研究的。Antonova（1978）、Antonova和Ter Borg（1996）详细研究了过氧化物酶活性在向日葵抗列当过程中的重要性。同时，Panchenko和Antonova（1975）的研究结果表明，向日葵植株的自我保护反应包括受伤害寄主细胞中木质素（及其前体）的积累导致吸器失去从寄主体内吸取水分和营养的能力。

以上结果也与寄主根系细胞壁的机械障碍以及它们在向日葵抗列当过程中所发挥的作用有关（Pustovoit，1966；Honeges et al.，2008）。Labrousse等（2000，2001，2004）讨论了向日葵抗列当的不同机制，同时指出向日葵一共存在3种不同类型的抗列当机制。

依据Morozov（1947）的报道，Barcinskiy（1932，1935）首先在向日葵根细胞中发现了能够刺激列当种子萌发和幼苗生长的物质。这些萌发刺激物的存在已经被Wegmann（1998）、Alonso（1998）、Matusova等（2004）和Honiges等（2008）的研究结果所证实。在目前所发现的众多刺激物中，广为人知的是内脂（strigol）、高粱乳糖（sorgolactine）、列当醇（orobanchol）和人工合成刺激物GR24。Matusova等（2004）的研究证实列当种子对GR24在短时间内很敏感，但是很快会进入二次休眠阶段。低浓度刺激物和萌发抑制剂可以作为寄主抗列当水平的指标。Wegmann（1986，2004）和Wegmann等（1991）着重强调了植保素（phytoalexin）作为抗性因子的重要性，而Sauerborn等（2002）强调了苯并噻二唑（benzothiadiazole，BTH）在抗列当过程中的重要性。

可以引入抗咪唑啉酮（imidazolinone，IMI）除草剂的基因来防控列当。因为喷洒这些化学物质可以抑制列当的寄生（Škorić and Pacureanu，2010）。

1.21　抗除草剂

1996年首次在美国堪萨斯州的大豆田里发现对咪唑啉酮除草剂具有抗性的野生向日葵（*Helianthus annuus* L.）。在此之前该地块曾连续7年喷洒了除草剂（Al-Khatil et al.，1998）。Alonso等（1998）首次报道了在向日葵育种过程中，将抗除草剂基因转入向日葵栽培种的最大优点在于杂草控制的广谱性（能够控制超过40种阔叶杂草和20种针叶杂草），当然也包括高效地控制列当的危害。随后，USDA-ARS（NDSU）研究组很快就把抗咪唑啉酮除草剂基因转入向日葵栽培种中，而且向公众推出了群体IMISUN-1和IMISUN-2（图1.50）。西班牙（Alonso et al.，1998）、塞尔维亚（Malidža et al.，2000；Jocić et al.，2001）和阿根廷的一些私人企业（Bruniard and Miller，2001）也进行了同样的研究。

向日葵中咪唑啉酮（IMI）除草剂抗性由两个基因通过半显性的方式进行调控。Imr_1基因控制抗性，当主效基因存在时，Imr_2就成为一个修饰基因。另外，Malidža等（2000）和Jocić等（2001）又报道了咪唑啉酮除草剂的抗性受部分显性单基因控制。咪唑啉酮除草剂抗性遗传模式不同的原因是野生向日葵的原始群体中有多个位点的突变。

咪唑啉酮调控主要抑制调控缬氨酸、亮氨酸和异亮氨酸合成的乙酰乳酸合成酶（ALS）[也称乙酰羟酸合成酶（AHAS）]的活性。在许多向日葵中，对咪唑啉酮耐受

图1.50 抗除草剂向日葵对咪唑啉酮的抗性
两个向日葵杂交种的试验小区：一个抗咪唑啉酮（a），另一个不抗咪唑啉酮（b）

的植株中AHAS及其编码基因都发生了改变（Sala et al., 2008）。

Sala等（2008）通过使用甲磺酸乙酯对种子进行诱变处理并利用咪唑烟酸除草剂进行选择，鉴定出了咪唑啉酮（IMI）除草剂抗性基因——*CHLA-PLUS*。通过对其F_1代、F_2代和BC_1F_1代进行遗传分析，发现在CIILA-PLUS类型中咪唑啉酮（IMI）除草剂抗性受部分显性单基因控制。Sala等利用*AHASL1*基因的SSR标记，得出突变的*CHLA-PLUS*与*Imr*₁不同，但二者均是*AHASL1*位点上等位基因变异的结果。

1.22 抗 旱 性

向日葵主要器官（根、茎、叶、花盘）的特殊结构使得向日葵可以成功地被种植在半干旱环境中，并且相比其他田间作物具有较强的耐受非生物胁迫的能力。在向日葵对非生物胁迫的抗性育种中，抗旱育种已经取得了巨大成功（Škorić, 2009）。

Miller和Fick（1997）的研究结果表明，向日葵抗旱性是一个相对复杂的性状，由能够影响叶片和根系发育的一些因素控制，并受许多植物生理方面的因素影响。

Panković（1996）的研究表明，在持续干旱条件下向日葵的叶面积缩小，个别叶片的重量增加。这种适应性确保在干旱胁迫条件下叶片光合与蒸腾比值的增加，从而实现干旱条件下水分的高效利用。

Škorić（1992）指出大约有30个参数可以用于评估不同基因型向日葵的抗旱性，而这些参数中最多的是生理参数（图1.51）。

Merrien等（1982）指出，在干旱条件下，叶面积指数（LAI）和叶面积持续期（LAD）都与籽粒产量高度相关。

Chimenti等（2004）观察到向日葵在花期之后的抗旱性归因于渗透适应，其通过提高水分吸收，来减小干旱对籽粒数量和大小、叶面积持续期的影响。

Petrović等（1992）在水分胁迫和作物正常生长条件下研究了8个自交系及其F_1代杂交种的硝酸还原酶活性（NRA）、脯氨酸含量、蒸腾作用强度和相对含水量（RWC）的遗传方式，以及正常生长条件下的作物产量，结果表明，由于性状和供试组合的不同，上述生理参数的遗传模式在中间型、显性和超显性之间不断变换。个别性状的基因型和表型的回归系数变异较大广义遗传值也比较高，表明和大多数性状的研究结果相似，相比

图1.51　两种不同抗旱性的NS杂交种在完全控制条件下抗旱性的生理学研究

环境因子的贡献率，遗传变异的贡献率会更大。

Kamali和Miller（1982）指出，向日葵的抗旱遗传基于对高渗透胁迫的耐受性，符合部分显性和超显性的遗传模式。另外，抗热性基本上符合非等位基因的互作模式且叠加了部分显性效应。

Alza等（1990）对向日葵冠层温度的研究表明，在调控冠层温度方面，加性效应比非加性效应更重要。

Gomez-Sanchez等（1999）研究了向日葵与抗旱有关的性状的遗传及变异。他们的结论是对于那些影响生殖生长的性状，如茎干重、全株干重和花盘重，加性效应比显性效应更为重要。相反，对于花开和花谢的时间、生理成熟期、繁殖指数、植株高度、叶片干重和籽粒产量等性状，显性效应更为重要。

根据Škorić（1992）的研究，滞绿现象是一个重要的抗旱指标（图1.52），其同时与对壳球孢属（*Macrophomina*）、拟茎点霉属（*Phomopsis*）和茎点霉属（*Phoma*）的抗性显著相关。Vrânceanu（2000）也得出了类似的结果。

图1.52　滞绿现象是抗旱性的一个重要指标

Cukadar-Olmedo和Miller（1997）利用2个保持系（HA 234和HA 290）、2个恢复系（RHA 377和RHA 274），以及它们的F_1代、F_2代和回交后代，研究了向日葵滞绿基因的遗传模式。茎秆颜色的改变可作为滞绿性状的评判标准。世代平均数的分析结果表明，加性效应是滞绿基因遗传方差的主要来源，如在RHA 377 × RHA 274杂交组合中为91%，HA 234 × HA 290组合中为97%。除了加性和显性效应，加性×显性互作的上位作用对恢复系的变异也有显著贡献。

在短期和长期干旱胁迫条件下，Panković（1996）研究了杂交种NS-H-43、NS-H-26-RM的滞绿现象。他认为在田间条件下，NS-H-43杂交种具有高效的光合作用，在干旱条件下，杂交种叶片中光合产量与高比例的水溶性蛋白（特别是RUBISCO）有关，并导致植物有较强的耐旱性。这些结果表明滞绿现象是抗旱性的一个指标。

Lin和Baird（2003）在分子水平比较了抗旱或抗盐胁迫下基因表达的不同。在5个干旱胁迫的cDNA和12个盐胁迫的cDNA中，通过定量反转录聚合酶链反应（RT-PCR）确定了13个受干旱胁迫或盐胁迫差异表达的基因，一些基因对两种胁迫都有反应，其他的基因只是在不同的胁迫条件下或不同的组织中特异表达。

野生向日葵资源往往被认为是抗旱基因的来源。在这些野生资源中，使用最广泛的是 *H. argophyllus*，通过种间杂交育成了新的向日葵种质资源。其他的几个野生向日葵种也在研究之列。

Griveau等（1996）对种间杂交种进行了研究，发现通过几次杂交循环，源于 *Helianthus argophyllus* 的种质资源对向日葵的抗旱育种具有很大的价值。Argrec由于稳定的产量而得到关注。

Menichincheri等（1996）以野生向日葵为基础，对种间杂交种抗旱参数的稳定性进行了研究，认为花盘直径、叶面积指数、叶面积持续期、籽粒含油率和籽粒产量是最稳定的参数。杂交组合887×PNMR 6.5和HA 89×Baracca具有最稳定的籽粒产量和含油率。

Gomez-Sanchez等（1996）比较了在灌溉和干旱条件下种间杂交种的表现，使用主成分分析法（principal component analysis）鉴别出7个在干旱条件下能够被诱导的形态生理性状。这个研究表明性状的适应性可以作为一种抗旱机制，使得它们和产量有直接或间接的关联。干旱条件下，能够适应干旱条件的基因型往往是由于具有上述不同的生理性状。

Vannozzi等（1996）研究了种间杂交种的抗旱性，方差分析表明，被研究性状之间的显著差异与试验地点、土壤湿度水平及基因型有关。

Harada和Miller（1982）利用HA 89和 *H. argophyllus* 的杂交组合及其F_1代、F_2代和BC_1代群体（加上2个亲本）研究了表皮毛的性状（长度、密度、刚度、粗糙度），结果表明，表皮毛的性状为独立遗传，且受一个或两个隐性基因控制。另一个结论是加性遗传效应能够解释上述性状绝大部分的遗传变异。研究者同样指出，叶片上表皮毛的密度和类型是非常重要的性状，它们使得植株能够抵抗干旱。

参 考 文 献

Abdul-Gafoor, C.H., Patil, S.A. and Ravikumar, R.I., 2000. Influence of diverse cytoplasmic male sterile sources on yield and yield components in Sunflower. *In*: Proc. 15th Intl. Sunflower Conf. Vol. 2: E42-46. Toulouse, France, June 12-15. Intl. Sunflower Assoc. Paris, France.

Abou Al Fadil, T., Dechamp-Guillaume, G., Darvishzadeh, R. and Sarrafi, A., 2007. Genetic control of partial resistance to 'collar' and 'root' isolates of *Phoma macdonaldii* in Sunflower. Eur. J. Plant Pathol. 117: 341-346.

Abou Al Fadil, T. Poormohammad Kiani, S., Dechamp-Guillaume, G., Gentzbittel, L. and Sarrafi, A., 2006. QTL mapping of partial resistance to Phoma basal stem and root necrosis in Sunflower (*Helianthus annuus* L.). Plant Sci. 172: 815-823.

Abratti, G., Bazzalo, M.E. and Leon, A., 2008. Mapping a novel fertility restoration gene in Sunflower. *In*: Proc. 17th Intl. Sunflower Conf. Vol. 2: 617-622. Cordoba, Spain. June 8-12. Intl. Sunflower Assoc. Paris, France.

Aćimović, M., 1998. Diseases of Sunflower. IFVC (Institute of Field and Vegetable Crops, Novi Sad), Feljton, Novi Sad, pp. 1-717. (In Serbian)

Adams, R.P., Seiler, G.J., 1984. Whole-plant Utilization of Sunflower. Biomass 4: 69-80.

Aguero, M.E., Lugues, J., Peryra, V.R. and Aguirrezabal, L.A.N., 2000. Stability of high oleic Sunflower hybrids for grain yield and oleic acid contents in the Sunflower sowing region in Argentina. *In*: Proc.15th Intl. Sunflower Conf. Vol. 2: A85-A90. Toulouse, France. June 12-15. Intl. Sunflower Assoc. Paris, France.

Ahmad, A., Rana, M., Sidiaqui, S.U.H., 1991. Sunflower seed yield as influenced by some agronomic and seed characters. Euphytica 56: 137-142.

Akhtouch, B., Muñoz-Ruz, J., Melero-Vara, J., Fernández-Martínez, J.M. and Dominguez, J.M. and Dominguez, J., 2002. Inheritance of resistance to race F of broomrape (*Orobanche cumana* Wallr.) in Sunflower lines of different origin. Plant Breeding 121(3): 266-268.

Akihisa, T., Yakusawa, K., Oinuma, H., Kasahara, Y., Yamanouchi, S., Takido, M., Kumaki, K., Tamura, T., 1996. Triterpene alcohols from the flowers of compositae and their anti-inflammatory effects. Phytochemistry 43(6): 1255-1260.

Alba, E., Benvenuti, A., Tuberosa, R., Vannozzi, G.P., 1979. A path coefficient analysis of some yield components in Sunflower. Helia 2: 25-30.

Alba, E., Greco, I., 1978. An analysis association factors influencing seed yield in Sunflower (*Helianthus annuus* L.). The Sunf. Newsletter 2(3): 13-15. NSA, Bismarck.

Alignan, M., Hewezi, T., Petitprez, M., Dechamp-Guillaume, G. and Gentzbittel, L., 2006. A cDNA microarray approach to decipher Sunflower (*Helianthus annuus* L.) responses to the necrotrophic fungus *Phoma macdonaldii*. New Phytol. 170: 523-536.

Al-Khatib, K., Baumgartner, J.M.R., Peterson, D.E. and Currie, R.S., 1998. Imazethapyr resistance in common Sunflower (*Helianthus annuus* L.). Weed Sci. 46: 403-407.

Al-Khatib, K., Miller, J.F., 2000. Registration of four genetic stocks of Sunflower resistant to imidazolinone herbicides. Crop Sci. 40: 869-870.

Allard, R.W., 1960. Principles of Plant Breeding. John Wiley and Sons, Inc. New York-Chichester-Brisbane-Toronto-Singapore, pp. 1-485.

Alonso, L.C., 1998. Resistance to *Orobanche* and resistance breeding: A review. *In*: K. Wergman, L.J. Musselman and D.M. Joel (Eds.). Current problems of *Orobanche* research. *In*: Proc. 4th Int. Symp. *Orobanche*. Albena, Bulgaria, 23-26 September 1998, pp. 233-237.

Alonso, L.C., Fernandez-Escobar, J., Lopez, G., Rodriguez-Ojeda, M. and Sallago, F., 1996. New highly virulent Sunflower broomrape (*Orobanche cernua* Loefl.) pathotype in Spain. *In*: M. Moreno, J. Cubero, D. Berner, D. Joel, L. Musselman and C. Parker (Eds). Advances in Parasitic Plant Research. *In*: Proc. 6th Int. Symp. Parasitic Weeds. Cordoba, Spain, April 16-18, pp. 639-644.

Alonso, L.C., Rodriguez-Ojeda, M.I., Fernandez-Escobar, J. and Lopez-Ruiz-Calero, J., 1988. Chemical control of broomrape (*Orobanche cernua* Leofl.) in Sunflower (*Helianthus annuus* L.) resistant to imazethapyr herbicide. Helia 21(29): 45-54.

Alvarez, D., Marraro, F., 2008. Caracterizacion de la resistencia genetica a podredumbre basal en girasol causada por *Sclerotinia sclerotiorum* en Argentina. *In*: Proc. 17th Intl. Sunflower Conf. Vol. 1:131-136. Cordoba, Spain, June 8-12. Intl. Sunflower Assoc. Paris, France.

Alvarez, M. del P., Mancuso, N. and Frutos, E., 1996. Genetic divergence among open-pollinated populations of Sunflower (*Helianthus annuus* L.). *In*: Proc. of 14th Inter. Sunf. Conf. Vol. I: Beijing/Shenyang, China, 230-236. Intl. Sunflower Assoc. Paris, France.

Alza, J.D., Fereres, E. and Fernández-Martínez, J.M., 1990. Inheritance of canopy temperature in Sunflower. *In*: Proc. of Sunflower Research Workshop. NSA, Bismarck, ND, USA. January 8-9, pp. 16-18.

Anashchenko, A.V., 1967. Chemical castration of Sunflower. Dokladi VASHNIL Moscow, (2): 17-18. (In Russian)

Anashchenko, A.V., 1968a. Modified male sterility of Sunflower. Agricultural Biology (Moscow) No. 4. (In Russian)

Anashchenko, A.V., 1968b. Citoplasmic inheritance of protogyny in Sunflower. Dokladi VASHNIL Moscow, (6): 14-16. (In Russian)

Anashchenko, A.V., 1969a. Genetics of male sterility of Sunflower. Announcement I-Inheritance of the characteristics of male sterility during sib-mating and identification of the factors which cause male sterility. Genetics (Moscow) 5(2): 12-22. (In Russian)

Anashchenko, A.V., 1969b. Genetics of male sterility of Sunflower. Announcement II-Verification of double control of male sterility. Genetics (Moscow) 5(3): 13-19. (In Russian)

Anashchenko, A.V., 1969c. Genetics of male sterility of Sunflower. Announcement III-Production of sterile types from Sunflower cultivars. Genetics (Moscow) 5(4): 13-19. (In Russian)

Anashchenko, A.V., 1969d. Genetics of male sterility of Sunflower. Announcement IV-Citoplasmic type of male sterility. Genetics (Moscow) 5(10): 54-61. (In Russian)

Anashchenko, A.V., 1971. Characteristics of growth and development of Sunflower in the presence of chemical castration. Breeding and Seed Production (2): 36-38. (In Russian)

Anashchenko, A.V., 1972a. Citoplasmic types of male sterility of Sunflower. *In*: Selection and seed production of crops based on genetics, 2nd Symposium, Book of Abstracts: Moscow (31.01-05.02.72). p. 10. (In Russian)

Anashchenko, A.V., 1972b. Examination of male sterility of Sunflower. Works in the field of applied botany, genetics and selection. 4(3): 120-131. (In Russian)

Anashchenko, A.V., 1974. Cytoplasmatic forms of male sterility in Sunflower. Dokladi-VASHNIL (4): 11-12.

Anashchenko, A.V., 1976. *Helianthus annuus* L. Classification inside species and genetic resources. *In*: Proc. 7th Intl. Sunflower Conf., Krasnodar, Russia, 27 June–3 July 1976. Intl. Sunflower Assoc., Paris, France, Vol. 1: 208-209. (In Russian)

Anashchenko, A.V., Duca, M.V., 1985. Phenotype exertion of *Rf* gene of Sunflower and some results about the nature of plants with partial restoration. Scientific bulletin of VIR, facs. 154, p.3-7. (In Russian)

Anashchenko, A.V., Duka, M.V., 1986. Study of the genetic system of CMS-*Rf* in Sunflower (*Helianthus annuus* L.). IV Identification of the *Rf* genes from different sources of fertility restoration. Genetika 22: 64-68.

Anashchenko, A.V., Gavrilyuk, I.P., 1979. Immunochemical analysis of the species *Helianthus*. Dokladi-VASHNIL 10: 17-20. (In Russian)

Anashchenko, A.V., Kukosh, M.V., 1984. The level of sterility restoration in Sunflower hybrids depending on the type of CMS and external factors. Dokladi-VASHNIL 9: 9-11. (In Russian)

Anashchenko, A.V., Mileeva, T.V. and Rojkova, V.T., 1974. Sources of male sterility in Sunflower. Trudî Prikl. Bot., Genet., Selek. 3: 242-254.

Anashchenko, A.V., Platonov, V.N., 1988. Evaluation of Sunflower collection according to its resistance to diseases and head decay. Tehničeskie kulturi (1): 16-18. (In Russian)

Anashchenko, A.V., Rozkova, T.V., Mileeva, T.V., 1976. Collection of Sunflower with the function of breeding. *In*: Proc. 7th Intl. Sunflower Conf., Krasnodar, Russia, 27 June–3 July 1976. Intl. Sunflower Assoc., Paris, France, Vol. 1: 205-208. (In Russian)

Anashchenko, A.V., Vilichki, F.K., 1985. Improvement of the combining ability of parental lines of Sunflower hybrids. pp. 10-13. (In Russian)

Anonymous, 1950. Bees and Sunflowers. Overseas Food Corporation Report for 1949-50, Appendix 5, Part 2: 105-109.

Antonelli, E.F., 1985. Variabilidad de la poblacion patogena de *Puccinia helianthi* Schw. en la Argentina. *In*: Proc. 11th Intl. Sunflower Conf. Vol. 1: 591-596. Mar del Plata, Argentina, March 10-13. Intl. Sunflower Assoc. Paris, France.

Antonova, T.S., 1978. Development of broomrape (*O. cumana* Wallr.) haustoria in roots of resistant and susceptible forms of Sunflower. Bot. J. 7: 1025-1029.

Antonova, T.S., 1996. The role of peroxidase in the resistance of Sunflower against *Orobanche cumana* in Russia. Weed Res. 36: 113-121.

Antonova, T.S., Araslanova, N.M., Guchetl, S.Z., Tchelustnikova, T.A., Ramazanova, S.A. and Trembak, E.N., 2009. Virulence of Sunflower broomrape (*Orobanche cumana* Wallr.) in some regions of Northern Caucasus. Helia 32(51): 101-110.

Antonova, T.S., Araslanova, N.M., Saukova, S.L., Klippert, Yu.V. and Bochkaryov, N.I., 2004. Pathological changes in Sunflower infected by *Fusarium* species of different pathologenicity. *In*: Proc. 16th Intl. Sunflower Conf. Vol. 1: 79-84. Fargo, ND, USA, August 29–September 2. Intl. Sunflower Assoc. Paris, France.

Antonova, T.S., Iwebor, M.M. and Araslanova, N., 2008. Races of *Plasmopara halstedii* on Sunflower in separate agrocenosises of Adigeya Republic, Krasnodar and Rostov regions in Russia. *In*: Proc. 17th Intl. Sunflower Conf. Vol. 1: 85-90. Cordoba, Spain, June 8-12. Intl. Sunflower Assoc. Paris, France.

Antonova, T.S., Ter Borg, S.J., 1996. The role of peroxidase in the resistance of Sunflower against *Orobanche cumana* in Russia. Weed Res. 36: 113-121.

Areco, C.M., Alvarez, D. and Ljubic, A., 1985. Diallel analysis of grain yield and oil content in six Sunflower cultivars. *In*: Proc. 11th Intl. Sunflower Conf. Vol. 1: 755-759. Mar del Plata, Argentina, March 10-13. Intl. Sunflower Assoc. Toowoomba, Australia.

Ashok, S., Mohamed-Sheriff, N. and Narayanan, S.L., 2000. Combining ability studies in Sunflower (*Helianthus annuus* L.). Crop. Res. (Hisar) 20(3): 457-462.

Azpiros, H.S., Vincourt, P., Serieys, H. and Gallois, A., 1987. *In vitro* immature embryo culture for accelerating the breeding cycle of Sunflower lines and its morphovegetative effects. Helia (10): 35-38.

Baichum, D., Honglin, S., Xuejing, L.Tingrui, L., Haiyan, Y. and Xinghuan, W., 1996. Indentification races Sunflower broomrape in the principal Sunflower production area of Jilin Province. *In*: Proc. 14th Intl. Sunflower Conf. Vol. 2: 684-687. Beijing/Shenyang, China, June 12-20. 1996. Intl. Sunflower Assoc. Paris, France.

Bailez, O.E., Bedascarrasbure, E., 1988a. Evaluacion de la preferencia de las abejas por lineas androesteriles de girasol. *In*: Proc. 12th Intl. Sunflower Conf. Vol. I: 429-436. Novi Sad, Yugoslavia, July 25-29. Intl. Sunflower Assoc. Paris, France.

Bailez, O.E., Bedascarrasbure, E., 1988b. Distribucion de las abejas (*Apis mellifera* L.) en un cultivo androesteril de girasol. *In*: Proc. 12th Intl. Sunflower Conf. Vol. I: 429-436. Novi Sad, Yugoslavia, July 25-29. Intl. Sunflower Assoc. Paris, France.

Bajaj, R.K., Aujla, K.K., Chalal, G.S., 1997. Combining ability studies in Sunflower (*Helianthus annuus* L.). Crop Improvement 24(1): 50-54.

Balana, I., Vrânceanu, A.V., 1992. Melliferous value of Sunflower hybrids (*Helianthus annuus* L.) in Romania. *In*: Proc. 13th Intl. Sunflower Conf. Vol. I: 52-56. Pisa, Italy, September 7-11. Intl. Sunflower Assoc. Paris, France.

Baldini, M., Cecconi, F., Megale, P. and Vannozzi, G.P., 1991. Genetic analysis of fatty acid composition and quantitave yield in a high oleic Sunflower population. Helia 14(15): 101-106.

Baldini, M., Giovanardi, R. and Vannozzi, G.P., 2000. Effects of different water availability on fatty acid composition oil in standard and high oleic Sunflower hybrids. *In*: Proc. 15th Intl. Sunflower Conf. Vol. 1: A79-A84. Toulouse, France, June 12-15. Intl. Sunflower Assoc. Paris, France.

Baldini, M., Vischi, M., Turi, M., Di Bernardo, N., Rarancius, S., Echeverria, M., Castano, F., Vannozzi, G.P. and Olivieri, A.M., 2004. Evaluation of genetic variability for *Sclerotinia sclerotiorum* Lib. de Bary resistance in the F_2 population from a cross-breeding susceptible and resistant Sunflower. Helia 27(40): 159-170.

Ban, R., Virany, F., Nagy, S. and Korosi, K., 2004. Investigations of the induced resistance to *Plasmopara halstedii*. *In*: Proc. 16th Intl. Sunflower Conf. Vol. 1: 89-92. Fargo, ND, USA, August 29–September 2. Intl. Sunflower Assoc. Paris, France.

Bedascarrasbure, E., Bailez, O.E., 1988. Pollen foraging by honeybees pollinating Sunflower. *In*: Proc. 12th Intl. Sunflower Conf. Vol. I: 438-439. Novi Sad, Yugoslavia, July 25-29. Intl. Sunflower Assoc. Paris, France.

Bedov, S., 1982. Variability in protein and amino acid contents in different Sunflower inbreds. *In*: Proc. 10th Intl. Sunflower Conf. pp. 218-220. Surfers Paradise, Australia, March 14-18. Int. Sunflower Assoc. Paris, France.

Bedov, S., 1985. A study of combining ability for oil and protein contents in seed of different Sunflower inbreds. *In*: Proc. 11th Intl. Sunflower Conf. Vol. 2: 675-682. Mar del Plata, March 10-13, Argentina. Intl. Sunflower Assoc. Toowoomba, Australia.

Bedov, S., 1986. Variability of oil content in newly-made restorer lines. Giving advice about the improvement of oil production in Yugoslavia. Belgrade, pp. 81-87. (In Serbian)

Bedov, S., Škorić, D., 1981. Possibilities of increasing protein content in Sunflower. EUCARPIA-Oil and Protein Crops Section. Symposium: VURV-Ruzyne, October 26-30.

Beg, A., Aslam, M., Pirvu, N. and Alam-Khan, N., 1987. Self-compatibility in different Sunflower genotypes in Pakistan. Helia (10): 39-41.

Begunov, I.I., Piven, V.T., Podvarko, A.T., Ismailov, V.Y. and Gulya, T., 2008. *Phomopsis* control in Sunflower using products of biogenic origin. *In*: Proc. 17th Intl. Sunflower Conf. Vol. 1: 69-72. Cordoba, Spain, June 8-12. Intl. Sunflower Assoc. Paris, France.

Berretta de Berger, A. and Miller, J.F., 1984. Genetic study of two sources of reduced height in Sunflower. *In*: Proc. of 6th Sunflower Res. Workshop, Bismarck, ND (USA), 1 Feb. 1984. Natl. Sunflower Assoc. Bismarck, ND, pp. 11-12.

Berretta de Berger, A. and Miller, J.F., 1985. Estudio genetico de seis fuentes de estatura reducida de planta en girasol. *In*: Proc. of 11th Int. Sunflower Conf., Mar del Plata, Argentina, 10-13 Mar. 1985. Int. Sunflower Assoc. Paris, France, pp. 651-657.

Berry, S.T., Leon, A.J., Challis, P., Livini, C., Jones, R., Hanfrey, C.C., Griffiths, S. and Roberts, A., 1996. Construction of a high density, composite RFLP linkage map for cultivated Sunflower (*Helianthus annuus* L.). *In*: Proc. 14th Int. Sunflower Conference, 2-20 June 1996, Beijing, China. Vol. 2. International Sunflower Association, Paris. pp. 1155-1160.

Bert, P.F., Jokan, I.G., Serre, F., Jounan, I., Tourvieille de Labrouhe, D., Nicolas, P. and Vear, F., 2004. Comparative genetic analysis of quantitative traits in Sunflower (*Helianthus annuus* L.). 1. QTL involved in resistance to *Sclerotinia sclerotiorum* and *Diaporthe helianthi*. Theor. Appl. Genet. 109: 865-874.

Bert, P.F., Jouan, I., Tourvieille de Labrouhe, D., Serre, F., Nicolas, P. and Vear, F., 2002. Comparative genetic analysis of quantitative traits in Sunflower (*Helianthus annuus* L.). 1. QTL involved in resistance to *Sclerotinia sclerotiorum* and *Diaporthe helianthi*. Theor. Appl. Genet. 105(6-7): 985-993.

Bertero, A.B. and Vazquez, A.N., 1982. A new race of *Verticillum dahliae* Kleb. *In*: Proc. 10th Intl. Sunflower Conf. pp. 177-178. Surfers Paradise, Australia, March 14-18. Intl. Sunflower Assoc. Paris, France. Toowoomba Old, Australia.

Berville, A. and Lacombe, S., 2000. Problems and goals in studying oil composition variation in Sunflower. *In*: Proc. 15th Intl. Sunflower Conf. Vol. 1: PL. D-16-25. Toulouse, France, June 12-15. Intl. Sunflower Assoc. Paris, France.

Besnard, G., Griveau, Y., Quillet, M.C., Serieys, H., Lambert, P., Vares, D., Berville, A., 1997. Specifying the introgressed regions from *H. argophyllus* in cultivated Sunflower (*Helianthus annuus* L.) to mark *Phomopsis* resistance genes. Theor. Appl. Genet. 94: 131-138.

Bhat, J.S., Giriraj, K., Singh, R.D., 2001a. Analysis of combining ability in Sunflower. New Botanist 27(1-4): 37-43.

Bhat, J.S., Giriraj, K., Singh, R.D., 2001b. Characterization of Sunflower genotypes for yield and confectionery characteristics. New Botanist 28(1-4): 97-101.

Borojević, S., 1992. Methods and principles of plant breeding. Ed. Naučna knjiga, Belgrade, pp.1-386. (In Serbian)

Bouniols, P.G. and Mondies, M., 2000. Effect of cultural conditions on yield, oil content and fatty acid composition of Sunflower kernel. *In*: Proc. 15th Intl. Sunflower Conf. Vol. 1: A61-A66. Toulouse, France. Intl. Sunflower Assoc. Paris, France.

Brigham, R.D. and Keith Young, J., 1980. Inheritance y-branched character in Sunflower (*Helianthus annuus* L.) and implications in breeding. IX Conferencia Intl. del Girasol. Tomo I: 343-347. Torremolinos-Malaga, Espana, 8-13 de Junio. Intl. Sunflower Assoc. Toowoomba, Australia.

Bruniard, J.M. and Miller, J.F., 2001. Inheritance of imidazolinone-herbicide resistance in Sunflower. Helia 24(35): 11-16.

Bulbul, A., Salihoglu, M., Sari, C. and Aydin, A., 1991. Determination of broomrape (*Orobanche cumana* Wallr.) races of Sunflower in the Thrace region of Turkey. Helia 14(15): 21-26.

Burli, A.V. and Jadhav, M.G., 2002. Heterosis and nature of gene effects for oil content and seed filling in Sunflower. J. Maharashatra Agric. Univ. 26(3): 326-327.

Burlov, V.V., 1972. On possibilities of using heterosis in Sunflower breeding. Genetics VIII (11): 13-20, Moscow. (In Russian)

Burlov, V.V., Artemenko, Y.P., 1983a. Penetrace and identification Sunflower genes for downy mildew (*Plasmopara helianthi* L.) resistance in Sunflower. Soviet Genetics 19: 641-645.

Burlov, V.V., Artemenko, Y.P., 1983b. Resistance and virulence germplasm in the evolutionarily associated pair of Sunflower (*Helianthus annuus* L.) and broomrape (*Orobanche cumana* Wallr.) Genetica 19: 659-664. (In Russian)

Burlov, V.V., Kostyuk, S.V., 1976. Development of counterparts restoring pollen fertility (*Rf*) and resistant to broomrape (*Orobanche cumana* Wallr.). *In*: Proc. 7th Intl. Sunflower Conf. Vol. 1: 322-326. Krasnodar, USSR, June 27 to July 3. Intl. Sunflower Assoc. Toowoomba, Australia.

Carrere, S., Gouzy, J., Langlade, N., Gamas, P. and Vincourt, P., 2008. Helia gene, a bioinformatics portal for *Helianthus* sp. genomics. *In*: Proc. 17th Intl. Sunflower Conf. Vol. 2: 611-616. Cordoba, Spain, June 8-12. Intl. Sunflower Assoc. Paris, France.

Castaño, F., Giussani, M.A., 2009. Effectiveness of components of partial resistance in assessing white rot of Sunflower head. Helia 32(50): 59-68.

Castaño, F., Vear, F. and Tourvieille de Labrouhe, D., 1992. Relations between the reactions of Sunflower genotypes to tests of resistance to root and leaf attacks by *Sclerotinia sclerotiorum* (Lib.) de Bary. *In*: Proc. 13th Intl. Sunflower Conf. Vol. 2: 1011-1022. Pisa, Italy, September 7-11. Intl. Sunflower Assoc. Paris, France.

Castaño, F., Vear, F. and Tourvielle de Labrouhe, D., 1993. Resistance of Sunflower inbred lines to various forms of attack by *Sclerotinia sclerotiorum* and relations with some morphological characters. Euphytica 68(1-2): 85-98.

Castaño, F., Vear, F. and Tourvieille de Labrouhe, D., 2001. The genetics of resistance in Sunflower capitula to *Sclerotinia sclerotiorum* measured by mycelium infections combined with ascospore tests. Euphytica 122: 373-380.

Cecconi, F., Baldini, M., 1991. Genetic analysis of some physiological characters in relation to plant development of a Sunflower (*Helianthus annuus* L.) diallel cross. Helia 14: 93-100.

Cecconi, F., Gaetani, M., Lenzi, C. and Durante, M., 2002. The Sunflower dwarf mutant *dw.1*: effects of gibberelic acid treatment. Helia 28(36): 161-166.

Cecconi, F., Gaetani, M., Srebrenich, R., Luciani, N., 2000. Diallel analysis in Sunflower (*Helianthus annuus* L.) genetic and phenotypic correlations for some agronomical and physiological characters. *In*: Proc. 15th Intl. Sunflower Conf. Tome II: E1-6, 12-15 June, 2000, Toulouse, France.

Cecconi, F., Pugliesi, C. and Baroncelli, S., 1988. Chimeras formation and capitulum development in Sunflower (*Helianthus annuus* L.). Genetica Agraria 42: 67-68.

Cecconi, F., Pugliesi, C., Baroncelli, S., Rocca, M., 1987. Genetic analisys for some agronomical characters of a Sunflower (*Helianthus annuus* L.) diallel cross. Helia 10: 21-27.

Chaudhary, S.K., Anand, I.J., 1985. Heterosis for seeds yield traits in Sunflower (*Helianthus annuus* L.). Genetika 17: 35-42.

Chaudhary, S.K., Anand, I.J., 1993. Correlation and path-coefficient analysis in F_1 and F_2 generations in Sunflower (*Helianthus annuus* L.). Int. J. Trop. Agric. 11(3): 204-208.

Chikkadevaiah, Sujatha, H.L., Nandini, 2002. Correlation and path analysis in Sunflower. Helia 25(37): 109-118.

Chimenti, C., Giuliano, J. and Hall, A., 2004. Osmotic adjustment its effects on yield maintenance und drought in Sunflower. *In*: Proc. 16th Intl. Sunflower Conf. Vol. 1: 261-266. Fargo, ND, USA, August 29-September 2. Intl. Sunflower Assoc. Paris, France.

Christov, M., 1990. A new source of cytoplasmic male sterility in Sunflower originating from *Helianthus argophyllus*. Helia 13(13): 55-61.

Christov, M., 1992a. New sources of male sterility and opportunities for their utilization in Sunflower hybrid breeding. Helia 15(16): 41-48.

Christov, M., 1992b. Species of *Helianthus* and *Tithonia* sources of *Rf* genes for CMS in Sunflower. *In*: Proc. 13th Inter. Sunflower

Conf., Pisa, Italy. Vol. II: 1356-1361.

Christov, M., 1993. Sources of cytoplasmic male sterility produced at IWS Dobroudja. Biotechnol. and Biotechnol. Eq. 7(4): 132-135.

Christov, M., 1994a. Some results from the work concerning the evaluation of new CMS sources from wild *Helianthus* species. FAO Technical Meeting on Sunflower, Montpellier, France, June 20-23. pp. 12.

Christov, M., 1994b. Gamma ray and ultrasound induced male sterility in Sunflower. Mutation Breeding Newsletter, IAEA, Vienna, 41: 15-16.

Christov, M., 1997. FAO Working Group: "Identification, study and utilization in breeding programs of new CMS sources". Report on 1995-1996 activities. Giessen, Germany, March 20-23, 1997. pp. 13.

Christov, M., Butchvarova, R. and Hristova-Cherbadzhi, M., 2009. Wild species of *Helianthus* L.-sources of resistance to the parasite *Orobanche cumana* Wallr. Helia 32(51): 65-74.

Christov, M., Shindrova, P. and Encheva, V., 1992. Phytopathological characterization of wild species in the genus *Helianthus* in view of their use in breeding for resistance. Genetics and Breeding 25(1): 45-51.

Christov, M., Shindrova, P., Encheva, V., Bacharova, R. and Christova, M., 1998. New Sunflower forms resistant to broomrape. *In*: Wegmann, K., Musselman, L.J. and Joel, D.M. (Eds.), Current Problems of *Orobanche* Research. *In*: Proc. 4th Intl. Workshop on *Orobanche* Research. Albena, Bulgaria, September 23-26, pp. 317-319.

Christov, M., Shindrova, P., Encheva, V., Velkov, V., Nikolova, L., Piskov, A., Petrov, P. and Nikolova, V., 1996. Development of fertility restorer lines originating from interspecific hybrids of genus *Helianthus*. Helia 24: 65-72.

Cukadar-Olmedo, B., Miller, J.F., 1997b. Inheritance stay green trait in Sunflower. Crop. Sci. 37: 150-153.

Cukadar-Olmedo, B., Miller, J.F. and Hammond, J.J., 1997a. Combining ability stay green trait and seed moisture content in Sunflower. Crop. Sci. 37: 378-382.

Ćupina, T., Sakač, Z., 1989. Sunflower morphology, anatomy, biology of flowering and pollination. *In*: Sunflower, Nolit, Belgrade, pp. 55-75.

Ćupina, T., Vasiljević, Lj., 1974. Examination of the inheritance of size and structure of photosynthetic apparatus of Sunflower. IV Congress of Biologists in Yugoslavia, Sarajevo.

Dagustu, N., 2002. Correlations and path coefficient analysis of seed yield components in Sunflower (*Helianthus annuus* L.). Turkish J. Field Crops 7(1): 15-19.

Dalgalarrondo, M., Raymond, J. and Azanza, J.L., 1984. Sunflower seed proteins: characterization and submit composition globulin fraction. J. Exp. Botany. 35: 1618-1628.

Darwishzadeh, R., Dechamp-Guillaume, G., Hewezi, T. and Sarrafi, A., 2007a. Genotype-isolate interaction for resistance to black stem in Sunflower (*Helianthus annuus* L.). Plant Pathol. 56: 654-660.

Darwishzadeh, R., Kiani, S.P., Dechamp-Guillaume, G., Gentzbittel, L. and Sarrafi, A., 2007b. Quantitative trait loci associated with isolate non-specific and isolate non-specific partial resistance to *Phoma macdonaldii* in Sunflower. Plant Pathol. 56: 855-861.

Davidyan, G.G., Anashchenko, A.V., 1972. Implementation of gibberellic acid in the selection and seed production of technical and oil cultivars. Second Symposium-Selection and seed production based on genetics. Abstract: p. 60. Moscow (31.01.-05.02.72.). (In Russian)

Dedio, W., 1992. Variability among cultivated Sunflower genotypes to *Sclerotinia* head rot. Canadian Plant Disease Survey 72(1): 13-16.

Degener, J., Melchinger, A.E. and Hahn, V., 1999a. Inheritance of resistance to *Phomopsis* in Sunflower study of leaf and stem resistance after artificial and natural infection. Helia 22(31): 105-116.

Degener, J., Melchinger, A.E. and Hahn, V., 1999b. Optimal allocation of resources in evaluating current Sunflower inbred lines for resistance to *Sclerotinia*. Plant Breeding 118(2): 157-160.

Degener, J., Melchinger, A.E. and Hahn, V., 1999c. Resistance in the leaf and stem of Sunflower after infection with two isolates of *Phomopsis*. Plant Breeding 118(5): 405-410.

Degener, J., Melchinger, A.E., Gumber, R.K. and Hahn, V., 2006. Breeding for *Sclerotinia* resistance in Sunflower: A modified screening test and assessment of genetic variation in current germplasm. Plant Breeding 117(4): 367-372.

Deglene, L., Alibert, G., Lesigne, P., Tourvieille de Labrouhe, D., 2000. Controle genetique de la resistance du tournesol a *Phomopsis helianthi*. *In*: Proc. 15th Intl. Sunflower Conf. Vol. 2: L25-L30. Toulouse, France, June 12-15. Intl. Sunflower Assoc. Paris, France.

Dehmer, K.J. and Friedt, W., 1998. Development of molecular markers for high oleic acid content in Sunflower. Ind. Crops Prod. 7: 311-315.

Delmotte, F., Girese, X., Richard-Cervera, S., Vear, F., Tourvieille, J., Walser, P., Tourvieille de Labrouhe, D., 2008. EST-derived markers highlight genetic relationship among *Plasmopara halstedii* French races. *In*: Proc. 17th Intl. Sunflower Conf. Vol. 1: 187-192. Cordoba, Spain, June 8-12. Intl. Sunflower Assoc. Paris, France.

Demurin, Ya., 1988. Genetic analysis of the content of tocopherol in Sunflower seed. Avtoreferat for M.Sc. thesis. VIR-Leningrad, pp. 1-12. (In Russian)

Demurin, Ya., 1993. Genetic variability of tocopherol composition in Sunflower seeds. Helia 16(18): 59-62.

Demurin, Ya., 2003. Up-to-date results on biochemical genetics of Sunflower in VNIIMK. Helia 26(38): 137-142.

Demurin, Ya., Borisenko, D. and Bochkarov, N., 2008. Homo-and heterozygous longitudinal gradient of oleic acid content in Sunflower seeds. *In*: Proc. 17th Intl. Sunflower Conf. 2: 535-538. Cordoba, Spain, June 8-12. Intl. Sunflower Assoc. Paris, France.

Demurin, Ya., Škorić, D., 1996. Unstable expression of oil gene for high oleic acid content in Sunflower seeds. *In*: Proc. 14th Intl. Sunflower Conf. Vol. 1: 156-161. Beijing/Shenyang, China, June 12-20, Intl. Sunflower Assoc. Paris, France.

Demurin, Ya., Škorić, D., Vörösbaranyi, I. and Jocić, S., 2000. Inheritance of increased oleic acid content in Sunflower seed oil. Helia 23(32): 87-92.

Demurin, Ya., Tolmachev, B., 1986. Inheritance of some marker traits of Sunflower. Bopr. prikl. fiziol. i gen. masl. kultur. Krasnodar. pp. 14-19. (In Russian)

Demurin, Ya.N., Borisenko, O.M., Peretyagina, T.M. and Perstenyeva, A.A., 2006a. Gene linkage test for *imr* with *ol*, *tph1* and *tph2* mutations in Sunflower. Helia 29(44): 41-46.

Demurin, Ya.N., Efimenko, S.G. and Borisenko, O.M., 2004b. A screening for suppressor genotypes on a high oleic mutation in Sunflower. *In*: Proc. 16th Intl. Sunflower Conf. 2: 779-782. Fargo, ND, USA, August 29–September 2. Intl. Sunflower Assoc. Paris, France.

Demurin, Ya.N., Efimenko, S.G. and Peretyagina, T.M., 2004a. Genetic identification of tocopherol mutations in Sunflower. Helia 27(40): 113-116.

Demurin, Ya.N., Efimenko, S.G. and Peretyagina, T.M., 2006b. Expressivity of tocopherol mutations in Sunflower. Helia 29(45): 55-62.

Deveraja, T.V. and Shanker, G., 2005. Pleiotropic gene and its influence on stem, petiole and bract tip pigmentation in Sunflower (*Helianthus annuus* L.). Helia 28(43): 107-112.

Dijanović, D., Kraljević-Balalić, M., Stanković, V. and Mihajlović, I., 2004. Stability parameters of oil and protein content in protein Sunflower lines. *In*: Proc. 16th Intl. Sunflower Conf. Vol. 2: 573-579. Fargo, ND, USA, August 29–September 2. Intl. Sunflower Assoc. Paris, France.

Dijanović, D., Stanković, V., Stanojević, D., Mihajlović, I., 2004. Phenotype variability of seed yield and yield components of inbred lines of Sunflower. Conference Proceedings 45. Oil Industry Counseling, 34-35. (In Serbian)

Djakov, A.B., 1969a. Harakter svjazi meždu nasledstvennim varirovaniem urožaev semjan i masla u podsolnečnika. Dokladi Akademii Seljskohozjajstvenih nauk. (10): 12-14. (In Russian)

Djakov, A.B., 1969b. Classifying Sunflower plants in breeding for oil content. Selekcija i semenovodstvo (Breeding and seed production) (5): 31-35. (In Russian)

Djakov, A.B., 1972. On high oil content of seeds and the prospective of Sunflower breeding. Seljskohasjastvenaja biologia. Tom IX, (5): 678-686. (In Russian)

Djakov, A.B., 1986. Connected variability of the complex of traits in the process of Sunflower breeding. Seljskohozjanstvenaya biologia. (1): 77-84. (In Russian)

Doddamani, I.K., Patil, S.A., Ravikumar, R.L., 1997. Relationship of autogamy and self-fertility with seed and yield components in Sunflower (*Helianthus annuus* L.). Helia 20(26): 95-102.

Dominguez, J., 1996. R-41, a Sunflower restorer line, carrying two genes for resistance against a highly virulent Spanish population of *Orobanche cernua*. Plant Breed. 115: 203-204.

Dominguez, J., Melero-Vara, J.M., Ruso, J., Miller, J. and Fernández-Martínez, J.M., 1996. Screening for resistance to broomrape (*Orobanche cernua*) in cultivated Sunflower. Plant Breeding 115: 201-202.

Dominguez-Gimenez, J. and Fick, G.N., 1975. Fertility restoration of male-sterile cytoplasm in wild Sunflowers. Crop Sci. 15: 724-726.

Dominguez-Gimenez, Y. and Fernández-Martínez, J.M., 1987. Evaluation of inbred testers in Sunflower hybrid breeding. Helia (10): 10-19.

Dozet, B., Atlagić, J. and Škorić, D., 1992. Sources of resistance to *Diaporthe/Phomopsis helianthi* Munt-Cvet. *et al*. and their use in Sunflower breeding applying the *in vitro* embryo culture. *In*: Proc. 13th Intl. Sunflower Conf. Vol. 2: 1449-1454. Intl. Sunflower Assoc. Italy, September 7-12. Intl. Sunflower Assoc. Paris, France.

Dozet, B., Škorić, D. and Jovanović, D., 2000. Sunflower breeding for resistance to broomrape (*Orobanche cumana* Wallr.). *In*: Proc. 15th Intl. Sunflower Conf. Vol. 2: J20-25. Toulouse, France, June 12-15, 2000. Intl. Sunflower Assoc. Paris, France.

Draine, D., Macpherson, R., White, K., 1982. Pollination studies in hybrid Sunflower seed production. *In*: Proc. 10th Intl. Sunflower

Conf. Surfers Paradise, Australia, March 14-18. Intl. Sunflower Assoc. Toowoomba, Australia, pp. 95-100.

Drumeva, M., Nenova, N. and Kiyakov, I., 2008. Study on an *in vitro* screening test for resistance to *Sclerotinia sclerotiorum* in Sunflower. *In*: Proc. 17th Intl. Sunflower Conf. Vol. 1: 181-186. Cordoba, Spain, June 8-12. Intl. Sunflower Assoc. Paris, France.

Dua, P.R., Yadova, P.T., 1985. Genetics of yield and its components in Sunflower (*Helianthus annuus* L.). *In*: Proc. of 11th Int. Sunf. Conf., Mar del Plata, Argentina, 627-632.

Ebrahimi, A., Maury, P., Berger, M., Shariati, F., Grien, P. and Sarroffi, A., 2008. Genetic improvement of oil quality in Sunflower mutants under water stressed conditions. *In*: Proc. 17th Intl. Sunflower Conf. Vol. 2: 509-512. Cordoba, Spain, June 8-12. Intl. Sunflower Assoc. Paris, France.

El-Hity, M.A.H., 1988. Some aspects of inheritance seed oil content in Sunflower (*Helianthus annuus* L.). *In*: Proc. of 12th Inter. Sunflower Conf. Vol. II, Novi Sad, Yugoslavia, 471. Intl. Sunflower Assoc. Paris, France.

El-Hity, M.A.H., 1992. Genetically analysis of some agronomic characters in Sunflower (*Helianthus annuus* L.). *In*: Proc. of 13th Inter. Sunf. Conf., Pisa, Italy, pp. 1118-1128. Intl. Sunflower Assoc. Paris, France.

El-Hosary, A., El-Ahmar, B., El-Kasaby, A.E., 1999. Assoaciation studies in Sunflower. Helia 22: 561-567.

Enns, H., Dorrell, D.C., Hoes, J.A. and Chubb, W.O., 1970. Sunflower research, a progress reports. *In*: Proc. of the 4th Inter. Sunf. Conf., Memphis, USA, Tn. 23-25 June, Int. Sunflower Assoc., Paris, France, pp. 162-167.

Ermakov, A.I. and Popova, E.V., 1974. Variations resulting from crosses in the ratio of fatty acid in oil of Sunflower seeds. Tr. Prik. Bot. Genet. Sel. 53: 255-261.

Escande, A., Pereyra, V. and Quiroz, F., 2000. Stability of Sunflower resistance to *Verticillium wilt*. *In*: Proc. 15th Intl. Sunflower Conf., Vol. 2: K102-K107. Toulouse, France, June 12-15. Intl. Sunflower Assoc. Paris, France.

Etievant, P.X., Azar, M., Pham-Delegue, M., Masson, C.J., 1984. Isolation and identification of volatile constitutents of Sunflowers (*Helianthus annuus* L.). J. Agric. Food Chem. 32(3): 503-509.

Evans, L.T., 1981. Yield improvement in wheat: empirical or analytical. Wheat Sci.-Today and tomorrow. Cambridge Univ. Press pp. 203-210.

Fambrini, H. and Pugliesi, C., 1996. Inheritance of a *Chlorina-apicalis* mutant of Sunflower. Helia 19(25): 29-34.

Fambrini, M., Michelotti, V. and Pugliesi, C., 2007. The unstable tubular ray flower allele of Sunflower: inheritance reversion to wild-type. Plant Breeding 126(5): 548-550.

Farrokhi, E., Alizadeh, B. and Ghaffari, M., 2008b. General combining ability analysis in Sunflower maintainer lines using line × tester crosses. *In*: Proc. 17th Intl. Sunflower Conf. Vol. 2: 571-574. Cordoba, Spain, June 8-12. Intl. Sunflower Assoc. Paris, France.

Farrokhi, E., Khodabandeh, A. and Ghaffari, M., 2008a. Studies on general and specific combining abilities in Sunflower. *In*: Proc. 17th Intl. Sunflower Conf. Vol. 2: 561-566. Cordoba, Spain, June 8-12. Intl. Sunflower Assoc. Paris, France.

Fayzalla, E-S.A., 1978. Studies on the biology, epidemiology and control of *Phoma macdonaldii* Boerema of Sunflower. Ph.D. thesis, University of Novi Sad, Faculty of Agriculture, pp. 1-111.

Feng, J. and Jan, C.C., 2008a. Identification of a new CMS cytoplasm and localization of its fertility restoration gene in Sunflower. *In*: Proc. 17th Intl. Sunflower Conf. Vol. 2: 583-587. Cordoba, Spain, June 8-12. Intl. Sunflower Assoc. Paris, France.

Feng, J. and Jan, C.C., 2008b. Introgression and molecular tagging of Rf_4, a new male fertility restoration gene from wild Sunflower *Helianthus maximiliani* L. Theor. Appl. Genet. 117: 241-249.

Fernández-Escobar, J., Rodrigues-Ojeda, M.I. and Alonso, L.C., 2008. Distribution and dissemination of Sunflower broomrape (*Orobanche cumana* Wallr.) race F in Southern Spain. *In*: Proc. 17th Intl. Sunflower Conf. Vol. 1: 231-237. Cordoba, Spain, June 8-12, 2008. Intl. Sunflower Assoc. Paris, France.

Fernández-Escobar, J., Rodriguez-Ojeda, M.I., Fernández-Martínez, J.M. and Alonso, L.C., 2009. Sunflower broomrape (*Orobanche cumana* Wallr.) in Castilla-Loleon, a tradidionaly non-broomrape infested area in Northern Spain. Helia 32(51): 57-64.

Fernández-Martínez, J.M. and Dominguez, J., 2002. Inheritance of resistance to race F of broomrape (*Orobanche cumana* Wallr.) in Sunflower lines of different origin. Plant Breeding 121(3): 266-268.

Fernández-Martínez, J.M. and Knowless, P.F., 1982. Genética de la polifloria en el girasol silvestre (*Helianthus annuus* L.). Anal. Instit. Nacionol Invest. Agrarias Ser. Agricola 17: 25-30.

Fernández-Martínez, J.M., Dominguez, J., Pérez-Vich, B. and Velasco, L., 2009. Current research strategies for Sunflower broomrape control in Spain. Helia 32(51): 47-56.

Fernández-Martínez, J.M., Domingues, J., Velasco, L. and Pérez-Vich, B., 2007. Update on breeding for resistance to Sunflower broomrape. EUCARPIA-Oil and Protein Crops Section Meeting—resent status and future needs in breeding oil and protein crops. (Book of Abstracts). Budapest, October 7-10. 2007. Hungary, pp. 32-34.

Fernández-Martínez, J.M., Dominguez-Gimenez, J. and Jimenez-Ramirez, A., 1988. Breeding for high content of oleic acid in Sunflower (*Helianthus annuus* L.) oil. Helia (11): 11-15.

Fernández-Martínez, J.M., Jimenez, A., Dominguez, J., Garcia, J.M., Garces, R. and Mancha, M., 1989. Genetic analysis high oleic acid content in cultivated Sunflower (*Helianthus annuus* L.). Euphytica 41(1-2): 39-51.

Fernández-Martínez, J.M., Knowles, F.P., 1978. Inheritance of self-incompability in wild Sunflower. *In*: Proc. of 8th Inter. Sunflower Conf., Minneapolis, Minnesota, USA, pp. 484-489.

Fernández-Martínez, J.M., Marquez, F. and Ortíz, J., 1979. Genética del contenido en aceite de la semilla de girasol (*H. annuus* L.). Comunicaciones Inst. National de Investigaciones Agrarias, Serie Producción Vegetal, 10: 93-100.

Fernández-Martínez, J.M., Melero-Vara, J., Muñoz-Ruz, J., Ruso, J. and Dominguez, J., 2000. Selection of Wild and Cultivated Sunflower for Resistance to a New Broomrape Race that Overcomes Resistance *Or5* Gene. Crop. Sci. 40: 550-555.

Fernández-Martínez, J.M., Velasco, L. and Pérez-Vich, B., 2004a. Progress in the genetic modification of Sunflower oil quality. *In*: Proc.16th Intl. Sunflower Conf. Vol. 1: 1-14. Fargo, ND, USA, August 29–September 2. Intl. Sunflower Assoc. Paris, France.

Fernández-Martínez, J.M., Velasco, L. and Pérez-Vich, B., 2004b. Progress in the genetic modification of Sunflower oil quality. *In*: Proc. 16th Intl. Sunflower Conf. Vol. 1: 1-15. Fargo, ND, USA, August 29- September 2. Intl. Sunflower Assoc. Paris, France.

Fick, G.N., 1975. Heritability of oil content in Sunflower (*Helianthus annuus* L.). Crop. Sci. 15: 77-78.

Fick, G.N., 1976. Genetics of floral color and morphology in Sunflowers. The Journal of Heredity 67: 227-230.

Fick, G.N., 1978a Breeding and Genetics. Sunflower Sci. and Technology. Madison, Wisconsin, pp. 280-338.

Fick, G.N., 1978b. Selection for self-fertility and oil percentage in development of Sunflower hybrids. *In*: Proc. of 8th Inter. Sunflower Conf., Minneapolis, Minnesota, USA, pp. 418-422. Intl. Sunflower Assoc. Toowoomba. Australia.

Fick, G.N., 1978c. Sunflower breeding and genetics. *In*: J.F. Carter (Ed.). Sunf. Sci. Technol., Chapter 19: 279-337.

Fick, G.N., 1984. Inheritance of high oleic acid in Sunflower. *In*: Proc. 6th Sunflower Research Workshop Natl. Sunflower Assoc. Bismarck, USA, p. 9.

Fick, G.N., Zimmer, D.E., 1974a. Fertility restoration in confectionary Sunflowers. Crop Sci. 14(4): 603-604.

Fick, G.N., Zimmer, D.E., 1974b. Monogenic resistance to *Verticillium* wilt in Sunflowers. Crop Sci.14: 895-896.

Foley, B.J. and Hanzel, J.J., 1986. Inheritance of morphological traits conferring bird resistance/tolerance to Sunflower. *In*: Proc. 9th Sunflower Res. Workshop, Aberdeen, SD, 10 Dec. Natl. Sunflower Assoc. Bismarck, ND, USA, P. 2.

Fonta, C., Pham-Delegue, M.H., Marilleau, R., Doaulth, Ph., Masson, C., 1980. Relations entre le comportement de butinage d *Apis mellifica* L. et *Bombus terrestris* et la composition glucidique dus nectars de tournesol. V. Symp. Int. Sur la Pollinisation, Versailles, Les coloques de INRA, (21): 39-50.

Frank, J., 1999. A napraforgo biologiaja, termesztese. Mezo-Gazda, Budapest, Hungary, pp. 1-422. (In Hungarian)

Frank, J., Barnabas, B., Gal, E., Farkas, J., 1981. Storage of Sunflower pollen. Helia (4): 39-42.

Frankel, R., Galun, E., 1977. Pollination Mechanisms, Reproduction and Plant Breeding. Springer-Verlag, New York.

Free, J.B., 1964. The behaviour of honeybees on Sunflowers (*Helianthus annuus* L.). Jour. Appl. Ecol. 1(1): 19-27.

Friedt, W., Ganssmann, M. and Korell, M., 1994. Improvement of Sunflower oil quality. *In*: Proc. EUCARPIA-Section Oil and Protein Crops. Symposium on Breeding of Oil and Protein Crops. Albena, Bulgaria, September 22-24, pp. 1-29.

Gagliardi, D. and Leaver, C.J., 1999. Polyadenylation accelerates the degradation mitochondrial mRNA associated with cytoplasmic male sterility in Sunflower. EMBO J. 18: 3757-3766.

Gangappa, E., Channakrishnaiah, K.M., Harini, M.S., Ramesh, S., 1997a. Studies on combing ability in Sunflower (*Helianthus annuus* L.). Helia 20(27): 73-84.

Gangappa, E., Channakrishnaiah, K.M., Thakur, C., Ramesh, S., 1997b. Genetic architecture of yield and its attributes in Sunflower (*Helianthus annuus* L.). Helia 20(27): 85-94.

Gange, G., Roeckel-Drevet, P., Grezes-Besset, B., Shindrova, P., Ivanov, P., Blanchard, P., Lu, Y.H., Nicolas, P. and Vear, F., 2000. The inheritance of resistance to *Orobanche cumana* Wallr. in Sunflower. *In*: Proc. 15th Intl. Sunflower Conf. Vol. 2: J1-6a. Toulouse, France, June12-15, Intl. Sunflower Assoc. Paris, France.

Garces, R., Alvarez-Ortega, R., Cantisan, S. and Martinez-Force, E., 2000. Biochemical control of high palmitic acid biosynthesis. *In*: Proc. 15th Intl. Sunflower Conf. Vol. 1: A-7-A-12. Toulouse, France, June 12-15. Intl. Sunflower Assoc. Paris, France.

García, G.M., 1991. Race distribution and genetics of resistance to downy mildew. M.Sc. Thesis, pp. 1-108. North Dakota State University, Fargo, ND.

García-Moreno, M.J., Fernández-Martínez, J.M., Pérez-Vich, B. and Velasco, L., 2008. A modifying gene affecting gamma-tocopherol content in Sunflower. *In*: Proc. 17th Intl. Sunflower Conf. Vol. 2: 601-604. Cordoba, Spain, June 8-12. Intl. Sunflower Assoc. Paris, France.

García-Moreno, M.J., Vera-Ruiz, E.M., Fernández-Martínez, J.M., Velasco, L., and Pérez-Vich, B., 2006. Genetic and molecular analysis of high gamma-tocopherol content in Sunflower. Crop Sci. 46: 2015-2021.

Gavrilova, V.A. and Anisinova, I.N., 2003. Sunflower. RAAS. VIR. Sanct Petersburg. pp. 1-202. (In Russian)

Gavrilova, V.A., Esaev, A.L. and Martinova, N.N., 2000. Genetic collection of Sunflower. Materials used at the meeting VOGIS. SPG: 98.99. (In Russian)

Gentzbittel, L., Vear, F., Zhang, Y.X., Berville, A., Nicolas, P., 1995. Development of a consensus linkage RFLP map of cultivated Sunflower (*Helianthus annuus* L.). Theor. Appl. Genet. 90: 1079-1086.

George, L.D., Shein, E.S., Knowles, F.P., 1980. Compatibility, autogamy and enviromental effect on seed set in selected Sunflower hybrids and their inbred parents. *In*: Proc. of 9th Inter. Sunflower Conf., Torremolinos-Malaga, Espana, pp. 140-146. Intl. Sunflower Assoc. Toowoomba, Australia.

Ghaffari, M. and Farrokhi, E., 2008. Principal component analysis as a reflector of combining abilities. *In*: Proc. 17th Intl. Sunflower Conf. Vol. 2: 499-504. Cordoba, Spain, June 8-12. Intl. Sunflower Assoc. Paris, France.

Gill, H.S. and Punia, M.S., 1996. Expression of heterosis in single, double and three-way cross hybrids of Sunflower (*Helianthus annuus* L.). Helia 19(25): 111-118.

Giraraj, K., Vidyashankar, T.S., Venkataram, M.N., Seetharam, S., 1979. Path coefficient analysis of seed yield in Sunflower. The Sunf. Newsletter 3: 10-12.

Godoy, M., Castaño, F., Re, J. and Rodriguez, R., 2005. *Sclerotinia* resistance in Sunflower: I. Genotypic variations of hybrids in three enviroments of Argentina. Euphytica 145(1-2): 147-154.

Goksoy, A.T., Turan, Z.M., 2004. Combining abilities of certain characters and estimation of hybrids vigour in Sunflower (*Helianthus annuus* L.). Acta Agronomica Hungarica, 52(4): 361-368.

Goksoy, A.T., Turkec, A., Turan, Z.M., 2000. Heterosis and combining ability in Sunflower (*Helianthus annuus* L.). Indian J. Agric. Sci. 70(8): 525.

Goksoy, A.T., Turkec, A., Turan, Z.M., 2002. Quantitative inheritance in Sunflower (*Helianthus annuus* L.). Helia 25(37): 131-140.

Golubović, M., Balana, I., Stanojević, D., 1992. Mellifera values of Sunflower cultivars and hybrids. Giving advice about the improvement of oil production in Yugoslavia: 34-40. Belgrade. (In Serbian)

Gomez-Sanchez, D., Baldini, M., Aguilera-Charles, D. and Vannozzi, G.P., 1999. Genetic variances and heritability of Sunflower traits associated with drought tolerance. Helia 22(31): 23-34.

Gomez-Sanchez, D., Vannozzi, G.P., Enferadi, S.T., Menichincheri, M., Vedove, G.D., 1996. Stability parameters in drought resistance Sunflower lines derived from interspecific crosses. ISA-Symposium II: Drought Tolerance in Sunflower. Beijing. P.R. China, June 14, pp. 61-72. Intl. Sunflower Assoc. Paris, France.

Goncharov, S.V., 2009. Sunflower breeding for resistance to the new broomrape race in the Krasnodar region of Russia. Helia 32(51): 75-80.

Goncharov, S.V., Saukova, S.L. and Antonova, T.S., 2004. Hybrid Sunflower breeding for resistance to *Fusarium*. *In:* Proc. 16th Intl. Sunflower Conf. Vol. 1: 85-88. Fargo, ND, USA, August 29-September 2. Intl. Sunflower Assoc. Paris, France.

Gonzales, J., Mancuso, N., Luduena, P. and Ivanovich, A., 2008. Verticilos en germoplasma de girasol. *In*: Proc. 17th Intl. Sunflower Conf. Vol. 1: 73-76. Cordoba, Spain, June 8-12. Intl. Sunflower Assoc. Paris, France.

Gorbachenko, F.I., 1979. Manifestation of heibrasis of low and high types of Sunflower. Vestu. s.h. nauki.8: 35-40. (In Russian)

Gotor, A.A., Berger, M., Labalette, F., Centis, S., Dayde, J. and Calmon, A., 2008. Estimation of breeding potential for tocopherols and phytosterols in Sunflower. *In*: Proc. of the 17th Intl. Sunflower Conf. Vol. 2: 555-560. Cordoba, Spain, June 8-12. Intl. Sunflower Assoc. Paris, France.

Green, V.E., 1980. Correlation and path coefficient analysis components of yield in Sunflower cultivars (*Helianthus annuus* L.). *In*: Proc. of 9th Inter. Sunf. Conf., Tooremolinos, Spain, 3, 10-12. Intl. Assoc. Toowoomba, Australia.

Grezes-Besset, B., 1994. Evaluation de la resistance du tournesol a l'*Orobanche*. Rustica Progran Genetique. Protocoleno No.: E-16. Version (1): 1-7.

Griveau, Y., Bellhassen, E., 1992. Resistance evaluation of interspecific and cultivated progenies of Sunflower infected by *Diaporthe helianthi*. *In*: Proc. 13th Intl. Sunflower Conf. Vol. 2: 1054-1058. Pisa, Italy, September 7-12. Intl. Sunflower Assoc. Paris, France.

Griveau, Y., Serieys, H., Cleomene, J., Belhassen, E., 1996. Yield evalution of Sunflower genetic resources in relation to water supply. ISA-Symposium II: Drought Tolerance in Sunflower. Beijing. P.R. China, June 14, pp. 79-85. Intl. Sunflower Assoc. Paris, France.

Griveau, Y., Vear, F., Tersac, M. and Vincourt, P., 2000. Combining abilities of Sunflower gene pools from crosses between populations and inbred lines. *In*: Proc. 15th Intl. Sunflower Conf. Vol. 2: E7-12. Tolouse, France, June 12-15. Intl. Sunflower Assoc. Paris, France.

Gulya, T.J., Kong, G. and Brothers, M., 2000b. Rust resistance in wild *Helianthus annuus* L. and variation by geographic origin. *In*: Proc. 15th Intl. Sunflower Conf. Vol. 2: 138-142. Toulouse, France, June 12-15. Intl. Sunflower Assoc. Paris, France.

Gulya, T.J., Miller, J.F., Virany, F. and Sackston, W.E., 1991b. Proposed internationally standardized methods for race identification of *Plasmopara halstedii*. Helia 14(15): 11-20.

Gulya, T.J., Radi, S. and Balbyshev, N., 2008. Large scale field evaluations for *Sclerotinia* stalk rot resistance in cultivated Sunflower.

In: Proc. 17th Intl. Sunflower Conf. Vol. 1: 175-180. Spain, June 8-12. Intl. Sunflower Assoc. Paris, France.

Gulya, T.J., Sackston, W.E., Viranyi, F., Maširević, S. and Rashid, K.Y., 1991a. New races Sunflower downy mildew pathogen (*Plasmopara halstedii*) in Europe and North and South America. J. Phytopath. 132: 303-311.

Gulya, T.J., Van Wyk, P.S. and Viljoen, A., 2000a. Resistance to white rust (*Albugo tragopogonis*) and evidence of multiple genes. *In*: Proc. 15th Intl. Sunflower Conf. Vol. 2: J26-J30. Toulouse, France, June 12-15. Intl. Sunflower Assoc, Paris.

Gulya, T.J., Virany, F., 1994. Virulent new races of Sunflower rust (*Puccinia helianthi*) from the southern Great Plains.

Gundaev, A.I., 1965. Line-hybridization method in the selection of Sunflower. Vestnik SHN. (3): 124-129. Moscow. (In Russian)

Gundaev, A.I., 1966. Occurrence of male sterility during the cross-line hybridization of Sunflower. Using citoplasmic male sterility for plant breeding: 433-441, Kiev. (In Russian)

Gundaev, A.I., 1968. Manifestation of the effects of heterosis on Sunflower and production of hybrid sees based on male sterility. Heterozis kod Field Crops: 358-367, Lenjingrad. (In Russian)

Gundaev, A.I., 1971. Basic principles of Sunflower selection. *In*: Genetic principles of plant selection. Nauka, Moscow. pp. 417-465.

Gutierrez, A., Delucchi, C. and Poverene, M., 2009. Inheritance of disc flower color in *Helianthus petiolaris*. Helia 32(50): 51-58.

Habura, E.C.H., 1957. Parasiteritat bei Sonnenblumen. Pflanzenzuchtung 37: 280-298.

Habura, E.C.H., 1958. Heterosis in Ertragsmerkmalen bei der Sonnenblume. Der Zuechter 28: 285-287.

Hagen, M.M. and Hanzel, J.J., 1992. Inheritance of hybrid resistant trait in Sunflower. *In*: Proc. 14th Sunflower Res. Workshop. Fargo, ND, January 16-17. Natl. Sunflower Assoc. Bismarck, ND. USA, pp. 4-5.

Hahn, V., 2000. Resistance to *Sclerotinia* head rot in Sunflower after artificial infection with inoculated millet seed. *In*: Proc. 15th Intl. Sunflower Conf. Vol. 2: K19-K22. Toulouse, France, June 12-15. Intl. Sunflower Assoc. Paris, France.

Hahn, V., 2002. Genetic variation for resistance to *Sclerotinia* head rot in Sunflower inbred lines. Field Crops Research 77: 153-159.

Hahn, V. and Friedt, W., 1994. Molecular analysis of CMS-inducing MAX1 cytoplasm in Sunflower. Theor. Appl. Genet. 89: 379-385.

Hamrit, S., Kusterer, B., Friedt, W. and Horn, R., 2008. Verification of positive BAC clones near the Rf_1 gene restoring pollen fertility in the presence PET1 cytoplasm in Sunflower (*Helianthus annuus* L.) and direct isolation of BAC ends. *In*: Proc. 17th Intl. Sunflower Conf. Vol. 2: 623-628. Cordoba, Spain, June 8-12. Intl. Sunflower Assoc. Paris, France.

Hanzel, J.J., 1992. Development of bird-resistant Sunflower. *In*: Proc. 13th Intl. Sunflower Conf., Piza, Italy, September 7-11. Intl. Sunflower Assoc. Paris, France, pp. 1059-1064.

Harada, W.S. and Miller, J.F., 1982. Inheritance of trichome characteristics in Sunflower, *Helianthus* spp. *In*: Proc. 10th Intl. Sunflower Conf.: 233-235. Surfers Paradise, Australia, March 14-18. Intl. Sunflower Assoc. Toowoomba, Australia.

Hass, C.G., Tang, S., Leonard, S., Traber, M.G., Miller, J.M. and Knapp, S.J., 2006. Three non-allelic epistatically interacting methyl-transferase mutations produce novel tocopherol (vitamin E) profiles in Sunflower. Theor. Appl. Genet. 113: 767-782.

Henn, H.D., Steiner, U., Wingender, R. and Schnabl, H., 1997. Wild type Sunflower clones: Source for resistance against *Sclerotinia sclerotiorum* (Lib.) de Barry stem infection. Angew. Bot. 71: 5-9.

Hermelin, T., Daskalov, S., Micke, A., Stoenescu, F. and Iuoraş, M., 1987. Chimerism in M_1 plants of Sunflower and its significance for mutation breeding. Helia (10): 29-33.

Hladni, N., 1999. The inheritance of Sunflower plant architecture (*Helianthus annuus* L.) in F_1 and F_2 generation. M.Sc. Thesis. Faculty of Agriculture, University of Novi Sad, pp. 1-70. (In Serbian)

Hladni, N., 2007. Combining abilities and mode of inheritance of yield and yield components in Sunflower (*Helianthus annuus* L.). Ph.D. Thesis, Faculty of Agriculture, University of Novi Sad. pp. 1-104. (In Serbian)

Hladni, N., Jocić, S., Miklič, V., Kraljević-Balalić, M. and Škorić, D., 2008b. Gene effects and combining abilities of Sunflower morphophysiological traits. *In*: Proc. 17th Intl. Sunflower Conf. Vol. 2: 545-550. Cordoba, Spain, June 8-12. Intl. Sunflower Assoc. Paris, France.

Hladni, N., Škorić, D. and Kraljević-Balalić, M., 2003. Genetic variance of Sunflower yield components (*Helianthus annuus* L.). Genetica 35: 1-9.

Hladni, N., Škorić, D. and Kraljević-Balalić, M., 2008a. Line×tester analysis of morphophysiological traits and their correlations with seed yield and oil content in Sunflower (*Helianthus annuus* L.). Genetica 40(2): 135-144.

Hladni, N., Škorić, D., Kraljević-Balalić, M. and Jocić, S., 2004b. Line × tester analysis for plant height and head diametar in Sunflower (*Helianthus annuus* L.). *In*: Proc. 16th Intl. Sunflower Conf. Vol. 2: 497-502. Fargo, ND, USA, August 29-September 2. Intl. Sunflower Assoc. Paris, France.

Hladni, N., Škorić, D., Kraljević-Balalić, M., 2001. Interdependence of Sunflower yield and its components. Conference Proceedings from the 1st International Symposium "Food in the 21st century", Subotica, Serbia and Montenegro, 162-167. (In Serbian)

Hladni, N., Škorić, D., Kraljević-Balalić, M., 2002a. Influence of genes on seed yield of Sunflower (*Helianthus annuus* L.). Expert Conference of the agronomists from Republika Srpska with international participation- valuation of the resources for food production in Republika Srpska, Teslić, Republika Srpska, 45. (In Serbian)

Hladni, N., Škorić, D., Kraljević-Balalić, M., 2002b. Components of phenotype variability for seed yield per plant of Sunflower. Conference Proceedings from 43rd Counseling on oil production, Budva, 43: 31-36. (In Serbian)

Hladni, N., Škorić, D., Kraljević-Balalić, M., 2002c. Components of variance of morphological traits (*Helianthus annuus* L.). Conference Proceedings from 41st Counseling on oil production, 39-45. (In Serbian)

Hladni, N., Škorić, D., Kraljević-Balalić, M., 2004c. The mode of plant height and head diameter inheritance (*Helianthus annuus* L.). Selection and seed production 10: 43-50.

Hladni, N., Škorić, D., Kraljević-Balalić, M., 2005. Influence of genes on plant height (*Helianthus annuus* L.). Agroznanje, Banja Luka, Republika Srpska, VI 2: 73-81. (In Serbian)

Hladni, N., Škorić, D., Kraljević-Balalić, M., 2006. Influence of heterosis on agronomically important Sunflower traits. Conference Proceedings from 47th Counseling on oil production, Herceg Novi, 47: 41-49. (In Serbian)

Hladni, N., Škorić, D., Kraljević-Balalić, M., Ivanović, M., Sakač, Z. and Jovanović, D., 2004a. Correlation of yield components and seed yield per plant in Sunflower (*Helianthus annuus* L.). *In*: Proc. 16th Intl. Sunflower Conf. Vol. 2: 491-496. Fargo, ND, USA, August 29-September 2. Intl. Sunflower Assoc. Paris, France.

Hockett, E.A. and Knowless, P.F., 1970. Inheritance of branching in Sunflowers (*Helianthus annuus* L.). Crop. Sci. 10: 432-436.

Hoes, J.A., Putt, E.D. and Enns, H., 1973. Resistance to *Verticilium* wilt in collections of wild *Helianthus* wilt in North America. Phytopathology 63: 1517-1520.

Holtom, M.J., Pooni, H.S., Rawlinson, C.J., Barnes, B.W., 1995. The genetic control of maturity and seed characters in Sunflower crosses. J. Agric. Sci. 125(1): 69-78.

Hongtrakul, V., Slabaugh, M.B. and Knapp, S., 1998a. DFLP, SSCP and SSR markers for Δ-9-stearol-acyl carrier protein desaturases strongly expressed in developing seeds of Sunflower: intron lengths are polymorphic among elite inbred lines. Mol. Breed. 4: 195-203.

Hongtrakul, V., Slabaugh, M.B. and Knapp, S., 1998b. A seed specific Δ-12 oleate desaturase gene is duplicated, rearranged and weakly expressed in high oleic acid Sunflower lines. Crop Sci. 38: 1245-1249.

Honiges, A., Wegmann, K. and Ardelean, A., 2008. *Orobanche* resistance in Sunflower. Helia 31(49):1-12.

Horn, R., 2002. Molecular diversity of male sterility inducing and male-fertile cytoplasms in the genus *Helianthus*. Theor. Appl. Genet. 104: 562-570.

Horn, R., 2006. Recombination: Cytoplasmic male sterility and fertility restoration in higher plants. Progress in Botany 67: 32-52.

Horn, R., Friedt, W., 1999. CMS sources in Sunflower: different origin but same mechanism. Theor. Appl. Genet. 98: 195-201.

Horn, R., Hustedt, J.E.G., Horstmeyer, A., Hahnen, J., Zetsche, K. and Friedt, W., 1996. The CMS-associated 16 kDa protein encoded by orfH522 in the PET1 cytoplasm is also present in other male-sterile cytoplasms of Sunflower. Plant Molecular Biology 30: 523-538.

Horn, R., Köhler, R.H. and Zetsche, K., 1991. A mitohondrial 16 kDa protein is associated with cytoplasmatic male sterility in Sunflower. Plant Mol. Biol. 7: 29-36.

Horn, R., Kusterer, B., Lazarescu, E., Prufe, M., Ozdemir, N. and Friedt, W., 2002. Molecular diversity of CMS sources and fertility restoration in the genus *Helianthus*. Helia 25(36): 29-40.

Horn, R., Prüfe, M., Brahm, L. and Friedt, W., 1998. Genomkartierung und Genisolation bei der Sonnenblume. (Genome mapping and gene isolation in Sunflower). Vortr. Pflanzenzüchtg. 43: 171-184.

Horvath, Z., 1983. The role fly *Phytomyza orobanchia* Kalt. (*Diptera*; *Agromyzidae*) in reducing parasitic of the phanerogam populations *Orobanche* genus in Hungary. P. Int. Integr. Plant Prot. 4: 81-86. July 4-9, Budapest.

Hristova, A. and Georgieva-Todorova, Y., 1975. A study fatty acid composition and protein content in the seeds of *Helianthus annuus*, *Helianthus scaberrimus* and their F_1 hybrids. C.R. Acad. Agric. G. Dimitrov 8: 55-58. Sofia, Bulgaria.

Hugues, N., Pérez-Fernandez, J. and Quiroz, F., 2008. *Puccinia helianthi* Schw., infecciones en hibridos comerciales en Argentina y su evolucion durante dos decadas. *In*: Proc. 17th Intl. Sunflower Conf. Vol. 1: 215-218. Cordoba, Spain, June 8-12. Intl. Sunflower Assoc. Paris, France.

Hussian, T., Pooni, H.S. and Philimon-Banda, M.H., 2000. The nature of seed oil content variation in a large set of Sunflower test crosses. J. Genetics and Breeding 54(3): 207-211.

Isaacs, S.M., Muralidharan, V. and Manivannan, N., 2004. Identification of RAPD markers linked to a fertility restorer gene for PET1 cytoplasm of Sunflower (*Helianthus annuus* L.). *In*: Proc. 16th Intl. Sunflower Conf. Vol. 2: 673-678. Fargo, ND, USA. August 29-September 2. Intl. Sunflower Assoc. Paris, France.

Iuoraş, M., 1996. A possible useful restorer gene for ANT1-CMS (Fundulea-1) source in Sunflower. *In:* Proc. 18th Sunfl. Res. Workshop, January 11-12, Fargo, ND, USA. Pp. 162-163.

Iuoraş, M., Stanciu, D., Ciuca, M., Nastase, D. and Geronzi, F., 2004. Preliminary studies related to the use of marker assisted selection for resistance to *Orobanche cumana* Wallr. in Sunflower. Romanian Agricultural Research 21: 33-37.

Iuoraş, M., Vrăceanu, A.V. and Berville, A., 1992. Cytoplasm-nucleus relationships in the CMS pollen fertility restoration in Fundulea -1(ANT-1) CMS of Sunflower. *In*: Proc. 13th Int. Sunflower Conf., Pisa, Italy, September 7-11. Int. Sunflower Assoc., Paris, France. Vol. 2: 1072-1077.

Iuoraş, M., Vrăceanu, A.V., Sandu, I., Craiciu, D.S. and Soare, G., 1994. Pollen fertility restoration in Sunflower CMS-ANT (Fundulea-1). *In*: Proceedings of the EUCARPIA Symposium on breeding of oil and protein crops, 22-24 Sept., Albena, Bulgaria, pp. 152-157.

Iuoraş, M., Vrăceanu, A.V., Stoenesscu, F.M., 1989. Cercetări privind restaurarea fertilității polenului de floarea-soarelui la sursa de androsterilitate citoplasmatică Fundulea 1. Analele I.C.C.P.T. Fundulea Vol. LVII: 41-46.

Ivanov, I.G., 1975. Study on compatibility and incompability display in crossing selfed Sunflower lines. Rasteievodni Nauki 12(9): 36-40.

Ivanov, P., 1975a. Variation protein, lysine and chlorogenic acid content in some Sunflower inbred lines. Rastenievod. Nauki 10: 23-27.

Ivanov, P. and Ivanov, I., 1985. Sunflower mutant line with a high content of palmistic acid. Genetica i Selektsia 18(2): 123-128. (In Bulgarian)

Ivanov, P., Petakov, D., Nikolova, V. and Pentchev, E., 1988. Sunflower breeding for high palmitic acid content in the oil. *In:* Proc. 12th Intl. Sunflower Conf. Vol. 2: 463-465. Novi Sad, Yugoslavia, July 25-29. Intl. Sunflower Assoc. Paris, France.

Ivanov, P., Stoyanova, Y., 1980. Studies on the genotypic and fenotypic variability correlations in Sunflower (*Helianthus annuus* L.). 9th Intl. Sunflower Conf. Tooremolinos-Espana, 336-342.

Izguierdo, N.G., Aguirrezabal, L.A.N. Andrade, F.H. and Cantarero, M.G., 2006. Modeling the response of fatty acid composition to temperature in a traditional Sunflower hybrid. Agronomy Journal 98: 451- 461.

Jabbar Miah, M.A. and Sackston, W.E., 1970. Genetics of pathogenicity in Sunflower rust. Phytoprotection 51(1): 17-35.

Jagadeesan, S., Kandasamy, G., Manivannan, N. and Muralidharan, V., 2008. A valuable Sunflower dwarf mutant. Helia 31(49): 79-82.

Jan, C.C., 1990. In search of cytoplasmic male sterility and fertility restoration genes in wild *Helianthus* species. *In:* Proc. Sunflower Res. Workshop, NSA, January 8-9, Fargo, ND. pp. 3-5.

Jan, C.C., 1991. Cytoplasmic male sterility and fertility restoration of two wild *Helianthus annuus* accessions. Agronomy Abstract, ASA, Madison, WI. pp. 100.

Jan, C.C., 1992. Inheritanace and Alleism of Mitomycin C- and Streptomycin-Induced Recessive Genes for Male Sterility in Cultivated Sunflower. Crop Sci. 32(2): 317-320.

Jan, C.C., 1994. Isolation of new CMS sources and their fertility restoration. *In*: FAO Technical Meeting on Sunflower. Report on 1991-1993 activities, Montpellier, France, June 20-23. pp. 14-21.

Jan, C.C., 1997. Identification, study and utilization in breeding programs of new CMS sources. Report FAO Working Group 1995-1996, Giessen, Germany, March 20-23, 1997. pp. 8-12.

Jan, C.C., 1999. FAO-Report of the WG "Identification, study and utilization in breeding programs of new CMS sources". (Report for 1995-1996 and 1997-1998). Helia 22 (Special issue): 92-96.

Jan, C.C., 2000. Cytoplasmic Male Sterility in Two Wild *Helianthus annuus* L. Accessions and Their Fertility Restoration. Crop. Sci. 40: 1535-1538.

Jan, C.C., Chandler, J.M., 1985. Transfer of Powdery Mildew Resistance from *Helianthus debilis* Nutt. to Cultivated Sunflower. Crop Sci. 25: 664-666.

Jan, C.C., Chandler, J.M., Vick, B.A., Hammond, J.J. and Miller, J.F., 1988c. Effect of Wild *Helianthus* Cytoplasms on Agronomic and Oil Characteristics of Cultivated Sunflower (*Helianthus annuus* L.). Plant Breeding.

Jan, C.C., Chandler, J.M., Wagner, S.A., 1988b. Induced tetraploidy and trismoic production of *Helinathus annuus* L. Genome 30: 647-651.

Jan, C.C., Fernández-Martínez, J.M., 2002b. Interspecific hybridization, gene transfer and the development of resistance to the broomrape race F in Spain. Helia 25(36): 123-136.

Jan, C.C., Fernández-Martínez, J.M., Ruso, J. and Munoz-Ruz, J., 2002a. Registration of Four Sunflower Germplasms with Resistance to *Orobanche cumana* Race F. Crop Sci. 42: 2217-2218.

Jan, C.C., Ruso, J.A., Munoz-Ruz, J. and Fernández-Martínez, J.M., 2000. Resistance of Sunflower (*Helianthus*) perennial species, interspecific amphiploides and backcross progeny to broomrape *(O. cumana* Wallr.) races. *In*: Proc. 15th Intl. Sunflower Conf. Vol. 2: J14-19. Toulouse, France, June 12-15. Intl. Sunflower Assoc. Paris, France.

Jan, C.C., Rutger, J.N., 1988a. Mitomycin C-and streptomycin-induced male sterility in cultivated Sunflower. Crop. Sci. 28: 792-795.

Jan, C.C., Seiler, G.J., 2007. Sunflower Genetic Resources, Chromosome Engineering and Crop Improvement–Oilseed Crops. CRC Press, Taylor and Francis Group, Boca Raton-London-New York (Edited by Ram J. Singh), Chapters, 4: 103-165.

Jan, C.C., Tan, A.S. and Gulya, T.J., 1991. Genetics of downy mildew race 2 resistance derived from two wild *Helianthus annuus* L. accessions. *In*: Proc. 13th Sunflower Research Workshop. Fargo, ND, January 10-11. Natl. Sunflower Association. Bismarck, ND, pp. 125.

Jan, C.C., Zhang, T.X., Miller, J.F. and Fick, G.N., 1994. Fertility restoration and utilization of a male-sterile *H. rigidus* cytoplasm. *In*: Proc. 16th Sunfower Res. Workshop, NSA, Jan. 13-14, Fargo, ND. pp. 70-71.

Jan, C.C., Zhang, T.X., Miller, J.F. and Fick, G.N., 2002c. Inheritance of Fertility Restoration for Two Cytoplasmic Male Sterility Sources of *Helianthus pauciflorus (rigidus)* Nutt. Crop Sci. 42(6): 1873-1875.

Jocić, S., 1996. The inheritance of seed size and colour in F_1 and F_2 generation some Sunflower inbred lines. M.Sc. thesis, University of Novi Sad, Faculty of Agriculture, pp. 1-85. (In Serbian)

Jocić, S., 2002. Inheritance of Yield Components in Sunflower (*Helianthus annuus* L.). Ph.D. thesis, pp. 1-84. (In Serbian)

Jocić, S. and Škorić, D., 1996. The components of genetic variability for bract length, width and number in Sunflower (*Helianthus annuus* L.). *In*: Proc. 14th Int. Sunflower Conf., Beijing/Shenyang, China, June 12-20. Int. Sunflower Assoc., Paris, France. Vol. 1: 168-173.

Jocić, S. and Škorić, D., 1998. The components of genetic variability for seed size in Sunflower. *In*: Proc. 2nd Balkan Symposium on Field Crops. 1: 383-385. Novi Sad, Yugoslavia, June 16-20. 1998.

Jocić, S. and Škorić, D., 2004. Inheritance of some yield components in Sunflower. *In*: Proc. 16th Intl. Sunflower Conf. Vol. 2: 503-510. Fargo, ND, USA, August 29–September 2. Intl. Sunflower Assoc. Paris, France.

Jocić, S., Miklič, V., Malidža, G., Hladni, N. and Gvozdenović, S., 2008. New Sunflower hybrids tolerant of Tribenuron-Methyl. *In*: Proc. 17th Intl. Sunflower Conf. Vol. 2: 505-508. June 8-12. Cordoba, Spain. Intl. Sunflower Assoc. Paris, France.

Jocić, S., Škorić, D. and Malidža, G., 2001. Sunflower breeding for resistance to herbicides. Conference Proceedings-IFVC. 35: 223-233. (In Serbian)

Jocić, S., Škorić, D., Lečić, N. and Molnar, I., 2000. Development of inbred lines of Sunflower with various oil qualities. *In*: Proc. 15th Intl. Sunflower Conf. Vol. 1: A43-A48. Toulouse, France, June 12-15. Intl. Sunflower Assoc. Paris, France.

Joel, D., Benharrat, H., Portnay, V.H., Thalouarn, P., 1998. Molecular Markers for *Orobanche* species–New Approches and their Potential Uses. *In*: Proc. Fourth Intl. Workshop on *Orobanche* Research, September 23-26. Albena, Bulgaria, pp. 117.

Joel, D.M., Portnoy, V.H. and Katzir, N., 2004. New methods for the study, control and diagnosis of *Orobanche* (Broomrape) –a Serious Pest in Sunflower Field. COST-849. Workshop: Breeding for resistance *Orobanche* sp. Bucharest, November 4-6, 2004.

Joksimović, J., 1992. Evaluation of combining abillities in some inbred Sunflower lines. Ph.D. thesis, University of Novi Sad, Faculty of Agriculture. pp. 1-157. (In Serbian)

Joksimović, J., Atlagić, J., Škorić, D., 1999. Path Sunflower coefficient analysis of some oil yield components in Sunflower (*Helianthus annuus* L.). Helia 22(31): 35-42.

Joksimović, J., Atlagić, J., Škorić, D., 2000a. Influence of genes and combining abilities on head diameter of some inbred lines of Sunflower. Selection and seed production 1-2: 45-49.

Joksimović, J., Atlagić, J., Škorić, D., Miklič, V., 1997a. Pollination and seed yield of some inbred lines of Sunflower in spatial isolation. Selection and seed production 4(1-2): 147-154.

Joksimović, J., Marinković, R., Mihaljčević, M., 1995. Genetic control of the number of flowers and percentage of pollination of Sunflower (*Helianthus annuus* L.). Selection and seed production 2(1): 71-74. (In Serbian)

Joksimović, J., Marinković, R., Mihaljčević, M., 1997b. Influence of leaf area to seed and oil yield of F_1 Sunflower hybrids (*Helianthus annuus* L.). Production and processing of oil crops. Budva, 38: 509-516. (In Serbian)

Joksimović, J., Mihaljčević, M., Škorić, D. and Atlagić, J., 2000b. Gene effect and combining ability for plant stature and harvest index in Sunflower. *In*: Proc. 15th Intl. Sunflower Conf. Vol. 2: E47-52. Toulouse, France, June 12-15. Intl. Sunflower Assoc. Paris, France.

Joshi, S., Basavalingarppa, S., Giriray, K., 1994. Pleiotrapy in Sunflower *Helianthus annuus* L. Helia 17(20): 1-6.

Jovanović, D., 1995. Variability of protein content and some seed yield components at self-fertilization Sunflower lines. M.Sc. Thesis, University of Novi Sad, Faculty of Agriculture. pp. 1-84. (In Serbian)

Kabbaj, A., Vervoort, V., Abbott, A.G., Tersac, M. and Berville, A., 1996a. Expression d'une stearate et d'une oleate desaturases chez le tournesol normal et a* haute teneur en acide oleique, clonage de fragments genomiques et variabilite chez quelques *Helianthus*. OCL 3: 452-458.

Kabbaj, A., Vervoort, V., Abbott, A.G., Tersac, M. and Berville, A., 1996b. Polymorphism in *Helianthus* and expression of stearate, oleate and linoleate desaturase genes in Sunflower with normal and high oleic contents. Helia 19(25): 1-18.

Kalaidzhyan, A.A., Neshadim, N.N., Osipyan, V.O. and Škorić, D., 2009. Kuban Sunflower – Gift to the world. Monograph, Russian Academy of Agriculture, Kuban State Agrarian University. Krasnodar, Russia. pp. 1-498. (In Russian)

Kamali, V. and Miller, J.F., 1982. The inheritance of drought tolerance in Sunflower. *In*: Proc. 10th Intl. Sunflower Conf., Surfers

Paradise, Australia, 14-18 Mar 1982. Intl. Sunflower Assoc., Paris, France. pp. 228-231.

Kandil, A.A. and El-Mohandes, S.I., 1988. Head diameter of Sunflower as an indicator for seed yield. Helia (11): 21-23.

Kaya, Y., Evci, G., Peckan, V., Gucer, T. and Yilmaz, M.I., 2009. Evaluation of broomrape resistance in Sunflower hybrids. Helia 32(51): 161-169.

Kaya, Y., Evci, G., Pekcan, V. and Gucer, T., 2004. Determining new broomrape-infested areas, resistant lines and hybrids in Trakya region of Turkey. Helia 27(40): 211-218.

Kesteloot, J.A., Heursel, J., Pauwels, F.M., 1985. Estimation heritability and genetic variation in Sunflower (*Helianthus annus* L.). Helia (8): 17-24.

Kinman, M.L., 1970. New developments in the USDA and state experiment station Sunflower breeding programs. *In*: Proc. 4th Int. Sunflower Conf., Memphis, USA, June 23-25. pp. 181-183.

Kinman, M.L. and Putt, D., 1966. Sources and preliminary results on inheritance of male sterility in Sunflower. *In*: Proc. of 2nd Inter. Sunflower Conf., Morden, Manitoba. pp. 75-81.

Kirichenko, V.V. and Popov, V.N., 2000. Genetics of isozymes and analysis of linkage and morphological loci in Sunflower (*Helianthus annuus* L.). Helia 23(33): 65-76.

Kochman, J.K. and Goulter, K.C., 1984. The occurrence of a second race or rust (*Puccinia helianthi*) in Sunflower crops in eastern Australia. Australasian Plant Pathology 13: 3-4.

Köhler, R.H., Horn, R., Lössl, A., Zetsche, K., 1991. Cytoplasmic male sterility in Sunflower is correlated with the co-transcription of a new open reading frame with the *atpA* gene. Mol. Gen. Genet 227: 369-376.

Komjati, H., Bakony, J. and Virany, F., 2004. Isoenzyme analysis: A tool for characterizing subpopulations of *Plasmopaara halstedii*. *In*: Proc. 16th Intl. Sunflower Conf. Vol. 1: 93-98. Fargo, ND, USA, August 29–September 2. Intl. Sunflower Assoc. Paris, France.

Kong, G.A., Goulter, K.C., Kochman, J.K. and Thompson, S.M., 1999. Evolution of *Puccinia helianthi*/pathotypes Australia. Australasian Plant Pathology 28: 320-332.

Kong, G.A., Mitchell, H.M. and Kochman, J.K., 2004. Inheritance of resistance to *Alternaria* blight in Sunflower restorer lines. *In*: Proc. 16th Intl. Sunflower Conf. Vol. 1: 147-154. Fargo, ND, USA, August 29–September 2. Intl. Sunflower Assoc. Paris, France.

Kovačik, A. and Kryzanek, R., 1969d. Biological and biochemical analysis of sterile and fertile pollen Sunflower. Genetika Šlechteni 5(XLII). (3): 179-184. (In Czech)

Kovačik, A. and Skalaska, R., 1969a. The influence pericarp after acute gamma irradiaton of achenes radiosensibillity of Sunflowers. Genetika Šlechteni 5(XLII). 4: 271-276. (In Czech)

Kovačik, A. and Škaloud, V., 1972. Combining ability and prediction of heterosis in Sunflower (*Helianthus annuus* L.). Scientia Agric. Bohemoslovaca. Praha, XX. 4: 263-273. (In Czech)

Kovačik, A. and Škaloud, V., 1974. The influence of inbreeding and sib crossing on the characters of productivity in Sunflower (*Helianthus annuus* L.). *In*: Proc. 6th Intl. Sunflower Conf. Bucharest, Romania, July 22-24. pp. 435-438. Intl. Sunflower Assoc. Toowoomba, Australia.

Kovačik, A. and Škaloud, V., 1977. Manifestation of heterosis for different traits in interline Sunflower hybrids. Geterozis Kulturnih Rasteniz, Varna, pp. 41.

Kovačik, A. and Škaloud, V., 1978. Contribution to defining the inheritance of earliness in Sunflower and the method of its exploitation in breeding. pp. 437-440. *In*: Proc. 8th Int. Sunflower Conf., Minneapolis, MN, 23-27 July, 1978. Int. Sunflower Assoc. Paris, France.

Kovačik, A. and Škaloud, V., 1980. Collection of Sunflower marker genes available for genetic studies. Helia (3): 27-28.

Kovačik, A. and Škaloud, V., 1982. Evaluation of gene linkage and its use in the determination heredity of traits in Sunflower. Helia (5): 35-40.

Kovačik, A. and Škaloud, V., 1986. Oil yield of Sunflower as a graphic model value of a complex character. Helia (9): 27-31.

Kovačik, A. and Škaloud, V., 1990. Results of inheritance evaluation of agronomically important traits in Sunflower. Helia 13(13): 41-46.

Kovačik, A. and Skalska, R., 1968. The influence of moisture in Sunflower seeds on the reaction to acute gamma radiation (Co^{60}). Genetika Šlechteni 4(XLI). 2: 109-114. (In Czech)

Kovačik, A. and Skalska, R., 1969. Preliminary tests on the effect of acute gamma radiation of Co^{60} on Sunflower plants. Genetika Šlechteni 5(XLII). 1: 23-28. (In Czech)

Kovačik, A. and Skalska, R., 1969b. The effect of exposure from the acute gamma radiation Co^{60} to the sowing achenes on the initial development and growth Sunflower. Genetika Šlechteni. 5(XLII). (2): 115-119. (In Czech)

Kovačik, A., 1959a. The influence of intervarietal hybridization on the phenological properties of Sunflower crosses in F_1 and F_2 generations. Polnohospodarstvo VI (4): 491-512. (In Czech)

Kovačik, A., 1959b. The influence intervarietal hybridization on the length and width of stoma and on the diameter of pollen grains with F_1 and F_2 Sunflower crosses. Polnohospodarstvo VI (5): 661-680. (In Czech)

Kovačik, A., 1959c. Contribution to the influence of intervarietal hybridization on the yield, percentage of husks and oil content of Sunflower in the F_1 and F_2 generation. Polnohospodarstvo VI (6): 823. (In Czech)

Kovačik, A., 1960a. The influence of inter varietal hybridization on morphological characters of Sunflower crosses in F_1 and F_2 generations. Rostlinna vyroba 6 (XXXIII). 4: 447-466. (In Czech)

Kovačik, A., 1960b. The effect of intervarietal hybridization on methodological properties of F_1 and F_2 generation Sunflower. Zbornik československe akademie zemedelskychved, Praha, 4: 447-466.

Kovačik, A., 1969c. The influence light spectrum on the ontogenesis Sunflower. Genetika Šlechteni 5(XLII). (2): 89-98. (In Czech)

Kovačik, A., 1970. Influence of colchicine on the morphologic and caryologic changes Sunflower. Genetika Šlechteni 6(XLIII). (2): 103-110. (In Czech)

Kovačik, A., 1971. Sunflower genetics and its application in Sunflower selection in Czechoslovakia. Genetica Šlechteni 7: 28-34.

Kovačik, A., Apltauerova, M., Bartoš, P., Škaloud, V., Toma, Škova, D., 1976. Current implementation of genetics in plant breeding. Statni zemedelske nakladatelstvi. Praha. pp. 1-182. (In Czech)

Kovačik, A., Jiraček, V., Kryzanek, R., 1972. Biological and biochemical effects of irradiation on living systems. Genetika Šlechteni 8(XLV), (4): 1-14. (In Czech)

Kovačik, A., Kryzanek, R., Jiraček, V., 1971. Effect duration storage of irradiated achenes on the metabolism of phosphorus in Sunflower plants. Scientia agricultural Bohemoslovaca, Praha, 3(XX). 4: 281-288. (In German)

Kovačik, A., Škaloud, V. and Vlckova, V., 1980. Evaluation of relation between the yield components in hybrid Sunflower breeding. pp. 362-368. In: Proc. 9th Int. Sunf. Conf., Torremolinos, Spain, 8-13 June, 1980. Intl. Sunflower Assoc. Paris, France.

Kovačik, A., Škaloud, V. and Vlčkova, V., 1988. Variability of Sunflower oil yields in Europe as influenced by cultivar oil content. Helia (11): 25-28.

Kovačik, A., Škaloud, V., 1973. The polen sterility in Sunflower (H. annuus L.). Genetika a Šlechteni, Praha, 9(3): 173-180.

Kovačik, A., Škaloud, V., 1992. Study on inheritance of agronomically important traits of Sunflower. In: Proc. 13th Intl. Sunflower Conf. Vol. II: 1099-1106. 7-11 September, 1992. Pisa (Italy). Intl. Sunflower Assoc. Paris, France.

Kovačik, A., Škaloud, V., 1996. Evaluation of self-fertility in Sunflower lines. Genet. Slecht. 32: 265-274.

Kovačik, A., Skalska, R., Kryzanek, R., 1970. The effect of acute Co^{60} gamma radiation on the development, growth and biochemical process dynamics in Sunflower. Genetika Šlechteni 6(XLIII). (1): 11-24. (In Czech)

Kovačik, A., Škaloud, V., 1971. Sunflower genetics and its application in Sunflower selection. Genetika Šlechteni, Praha, 7: 59-66.

Kukin, V.F., 1970. Pathogenesis of white rot in Sunflower. Nauchnie trudi-VSGI. Vipusk 9: 253-260. Odessa. (In Russian)

Kukosh, M.V., 1984. Identification of gene Rf_2 restoring male fertility in F_1 Sunflower hybrids obtained on the basis of CMSz type. Sel. Nauk Im. 6: 44-46.

Kumar, A.A., Ganesh, M., Janila, P., 1998. Combining ability analysis for yield contributing characters in Sunflower (*Helianthus annuus* L.). Ann. Agric. Res. 19: 437-440.

Kural, A. and Miller, J.F., 1992. The inheritance of male fertility restoration of the PET2, GIG1 and MAXY Sunflower cytoplasmatic male sterile sources. In: Proc. 13th Int. Sunflower Conf., Pisa, Italy, September 7-11. Int. Sunflower Assoc., Paris, France. Vol. 2: 1107-1112.

Kusterer, B., Friedt, W., Lazarescu, E., Prufe, M., Ozdemir, N., Tzigos, S. and Horn, R., 2004. Map-based cloning strategy for isolating the restorer gene Rf_1 PET1 cytoplasm in Sunflower (*Helianthus annuus* L.). Helia 27(40): 1-14.

Kusterer, B., Horn, R. and Friedt, W., 2005. Molecular mapping of fertility restoration locus Rf_1 in Sunflower and development of diagnostic markers for the restorer gene. Euphytica 143: 35-42.

Kusterer, B., Prufe, M., Lazarescu, E., Ozdemir, N., Friedt, W. and Horn, R., 2002. Mapping a restorer gene Rf_1 in Sunflower (*Helianthus annuus* L.). Helia 25(36): 41-46.

Labrousse, P., Arnaud, M.C., Griveau, Y., Fer, A. and Thalourn, P., 2004. Analysis of resistance criteria of Sunflower recombined inbred lines against *Orobanche cumana* Wallr. Crop Protection (23): 407-413.

Labrousse, P., Arnaud, M.C., Serieyes, H., Berville, A. and Thalouarm, P., 2001. Several Mechanisms are involved in Resistance of *Helianthus* to *Orobanche cumana* Wallr. Annals of Botany 88: 859-868.

Labrousse, P., Arnaud, M.C., Veronesi, C., Serieys, H., Berville, A. and Thalouarn, P., 2000. Mecanismes de resistance du tournesol a *Orobanche cumana* Wallr. In: Proc. 15th Intl. Sunflower Conf. Vol. 2: J7-J13. Toulouse, France, June 12-15, 2000. Intl. Sunflower Assoc. Paris, France.

Lacombe, S. and Berville, A., 2000. Analysis of desaturase transcript accumulation in normal and in high oleic oil Sunflower development seed. In: Proc. 15th Intl. Sunflower Conference. Vol. 1: A1-A6. Tolouse, France, June 12-15. Intl. Sunflower Assoc. Paris, France.

Lacombe, S. and Berville, A., 2001a. A dominant mutation for high oleic acid content in Sunflower (*Helianthus annuus* L.) seed oil id genetically linked to a single olate-desaturase RFLP locus. Mol. Breed. 8: 129-137.

Lacombe, S., Abott, A.G. and Berville, A., 2002c. Repeats of an oleate desaturase region cause silencing of the normal gene explaining the high oleic Pervenets Sunflower mutant. Helia 25(36): 95-104.

Lacombe, S., Guillot, H., Kaan, F., Millet, C., Berville, A., 2000. Genetic and molecular characterization of high oleic content of Sunflower oil in Pervenets. *In*: Proc. 15th Intl. Sunflower Conf. Vol. 1: A13-A18. Toulouse, France, June 12-15. Intl. Sunflower Assoc. Paris, France.

Lacombe, S., Kaan, F., Leger, S. and Berville, A., 2001b. An oleate desaturase and a suppressor loci direct high oleic acid content of Sunflower (*Helianthus annuus* L.) oil in the Pervenets mutant. C.R. Acad. Sci. (Paris). 324: 1-7.

Lacombe, S., Leger, S., Kaan, F. and Berville, A., 2002a. Inheritance of oleic acid content in F_2 and a population of recombinant inbred lines segregation for the high oleic trait in Sunflower. Helia 25(36): 85-94.

Lacombe, S., Leger, S., Kaan, F. and Berville, A., 2002b. Genetic, molecular and expression features Pervenets mutant leading to high oleic acid content of seed oil in Sunflower. OCL 9: 17-23.

Lacombe, S., Souyris, I. and Berville, A., 2008. The Pervenets mutation in Sunflower knocks out the wild microsomal oleate desaturase gene and leads to high oleic acid content in the seed oil. *In*: Proc. 17th Intl. Sunflower Conf. Vol. 2: 525-530. Cordoba, Spain. June 8-12. Intl. Sunflower Assoc. Paris, France.

Lacombe, S., Souyris, I. and Berville, A., 2009. An insertion of oleate desaturase homologous sequence silences via RNA the functional gene leading to high oleic acid content in Sunflower seed oil. Mol. Genet. Genomics 281: 43-54.

Lagravere, T., Champolivier, L., Lacombe, S., Kleiber, D., Berville, A. and Dayde, J., 2000a. Effects of temperature variations on fatty acid composition in oleic Sunflower oil (*Helianthus annuus* L.) hybrids. *In*: Proc. 15th Intl. Sunflower Conf. Vol. 1: A73-A78. Toulouse, France. June 12-15. Intl. Sunflower Assoc. Paris, France.

Lagravere, T., Lacombe, S., Surel, O., Keiber, D., Berville, A. and Dayde, J., 2000b. Oil composition and accumulation of fatty acids in new oleic Sunflower (*Helianthus annuus* L.) hybrids. *In*: Proc. 15th Intl. Sunflower Conf. Vol. 1: 25-30. Toulouse, France, June 12-15 Intl. Sunflower Assoc. Paris, France.

Lakshmanrao, N.G., Shambulingappa, K.G., Kusumakumari, P., 1985. Studies on path-coefficient analysis in Sunflower. *In*: Proc. of 11th Inter. Sunf. Conf., Mar del Plata, Argentina, 733-735. Intl. Sunflower Assoc. Paris, France.

Lambrides, C.J. and Miller, J.F., 1994. Inheritance of Rust Resistance in a Source of MC29 Sunflower Germplasm. Crop Sci. 34: 1225-1230.

Lande, S.S., Narkhede, M.N., Weginwar, D.G., Patel, M.C., Golhar, S.R., 1998. Heterotic studies in Sunflower (*Helianthus annuus* L.). Ann. of Plant Physiol. 12(1): 15-18.

Lande, S.S., Weginwar, D.G., Patel, M.C., Limbore, A.R., 1997. Gene action, combining ability in relation to heterosis in Sunflower (*Helianthus annuus* L.) through line × tester analysis. J. Soils and Crops 7(2): 205-207.

Langar, K., Griveau, Y., Serieys, H. and Berville, A., 2000. Genetic analysis of *Phomopsis* (*Diaporthe helianthi* Munt-Cvet. *et al.*) disease resistance in cultivated Sunflower (*Helianthus annuus* L.). *In*: Proc. 15th Intl. Sunflower Conf. Vol. 2: K90-K95. Toulouse, France, June 12-15 Intl. Sunflower Assoc. Paris, France.

Langar, K., Griveau, Y., Serieys, H., Kaan, F. and Berville, A., 2004. Mapping components of resistance to *Phomopsis* (*Diaporthe helianthi*) in a population of Sunflower recombinant inbred lines. *In*: Proc. 16th Intl. Sunflower Conf. Vol. 2: 643-650. Fargo, ND, USA, August 29-September 2. Intl. Sunflower Assoc. Paris, France.

Laureti D., Del Gatto A., 2001. General and specific combining ability in Sunflower (*Helianthus annuus* L.). Helia 24(34): 1-16.

Laver, H.K., Reynolds, S.J., Moneger, F. and Leaver, C.J., 1991. Mitochondrial genome organization and expression associated with cytoplasmic male sterility in Sunflower (*Helianthus annuus* L.). Plant J. 1: 185-193.

Leclercq, P., 1966. Une sterilite utilisable pour la production d'hybrides simples de tournesol. Ann. Amelior. Plantes 16(2): 135-144.

Leclercq, P., 1968a. Inheritance of some qualitative characters in Sunflowers. Ann. Amelior. Pl. 18: 307-315.

Leclercq, P., 1968b. Amelioration du tournesol. INRA-Station d'Amelioration des Plantes de Clermont-Ferrand. Rapport d'activite 1964-1967. pp. 6-20.

Leclercq, P., 1969. Une sterilite male cytoplasmique chez le tournesol. Ann. Amelior. Plantes 19(2): 99-106.

Leclercq, P., 1971. La Sterilite male cytoplasmique du tournesol. I Premieres etudes sur la restauration de la fertilite. Ann. Amel. Plant. 21(1): 45-54.

Leclercq, P., 1979. Inheritance of white seed character in Sunflower (*Helianthus annuus* L.). Ann. Amelior. Plant. 29: 107-110.

Leclercq, P., 1988. Restaurateurs et mainteneurs de 8 sterilite male cytoplasmiques chez le tournesol. *In*: Variabilite genetique cytoplasmique et sterilite male cytoplasmique, Berville, A. (Ed.), Les colloques de l'INRA, April 22-23, 1987. pp. 75-81.

Leipner, J. and Horn, R., 2002. Nuclear and cytoplasmic differences in the mitochondrial respiration and protein expression of CMS and maintainer lines of Sunflower. Euphytica 123: 411-419.

Leon, A.J. andrade, F.H. and Lee, M., 2003. Genetic analysis of seed-oil concentration across generations and environments in Sunflower Crop. Sci. 43: 135-140.

Liu, G.S. and Leclecg, P., 1988. The expression y-branched character in Sunflower (*Helianthus annuus* L.). *In*: Proc. 12th International Sunflower Association. Vol. II: pp. 443-448. Novi Sad, Yugoslavia, 25-29. July. Intl. Sunflower Assoc. Paris, France.

Liu, X. and Baird, Wm.V., 2003. Differential expression of genes regulated in response to drought or salinity stress in Sunflower. Crop. Sci. 43: 678-687.

Lu, Y.H., Gagne, G., Grezes-Besset, B. and Blanchard, P., 1999. Integration of molecular linkage group containing the broomrape resistance gene Or5 into an RFLP map in Sunflower. Genome 42: 453-456. Odessa.

Luciano, A., Kinman, L.M., Smith, D.J., 1965. Heritability of self-incompatibility in the Sunflower (*Helianthus annuus* L.). Crop Sci. 5: 529-532.

Luczkiewicz, T., 1975. Inheritance of some characters and properties in Sunflower (*Helianthus annuus* L.) Genetic Polonica Nr.16: 167-184.

Macario, V.C., Evangelina, S.P., Ramirez, L.L. and Javier, E., 2000. Calidad fisiologica y su relacion la composicion quimica en semileas de girasol (*Helianthus annuus* L.). *In*: Proc. 15th Intl. Sunflower Conf. Vol. 1: A.103-A.108. Toulouse, France, June 12-15. Intl. Sunflower Assoc. Paris, France.

Machaček, Č., 1980. Study of the Inheritance Colour of Ligulate flowers in *Helianthus annuus* L. Sbor. UVTIZ-Genet. a Slecht. 16(1): 15-19. (In Czech).

Madhavi, K.J., Sujatha, M., Raja Ram Reddy, D. and Rao, Ch., 2005. Biochemical characterization of resistance against *Alternaria helianthi* in cultivated and wild Sunflower. Helia 28(43): 13-24.

Malidža, G., Škorić, D. and Jocić, S., 2000. Imidazolinone-resistant Sunflower (*Helianthus annuus* L.): Inheritance of resistance and response towards selected sulfonylurea herbicide. *In*: Proc. 15th Intl. Sunflower Conf. Vol. 2: O43-O47. Toulouse, France, June 12-15. Intl. Sunflower Assoc. Paris, France.

Malidža, G., Škorić, D. and Jocić, S., 2002. The possibility of using wild Sunflowers resistance to imidazolinones. Acta Herbologica 11(1-2): 43-52. (In Serbian)

Manivannan, N., Muralidharan, V. and Ravindirakumar, M., 2004. Association between parent and progeny performance and their relevance in heterosis breeding of Sunflower. *In*: Proc. 16th Intl. Sunflower Conf. Vol. 2: 581-584. Fargo, ND, USA, August 29-September 2. Intl. Sunflower Assoc. Paris, France.

Manjunath, A., Goud, J.V., 1982. Epistatic gene action in Sunflower–a caution to Sunflower genetics and breeders. *In*: Proc. of 10th Inter. Sunflower Conf., Surfers Paradise, Australia, pp. 249-251. Intl. Sunflower Assoc. Toowoomba, Australia.

Marc, J., Palmer, J.H., 1978. A sequence of stages in flower development in the Sunflower. *In*: Proc. of 8th Inter. Sunflower Conf., Minneapolis, Minnesota, USA, pp. 130-137. Intl. Sunflower Assoc. Toowoomba, Australia.

Marinković, R. and Škorić, D., 1984. Examination of heritability of certain quantitative traits of Sunflower (*H. annuus* L.). Oil Production 1: 161-167. (In Serbian)

Marinković, R. and Škorić, D., 1987. Examination of inheritance of certain quantitative traits of seed in oleic cross-breeding of Sunflower lines (*Helianthus annuus* L.). Archives of Agricultural Sciences 48: 213-221. (In Serbian)

Marinković, R. and Škorić, D., 1998. Association of oil content in seed with other characters in the Sunflower (*Helianthus annuus* L.). Uljarstvo 25(2): 107-111. (In Serbian)

Marinković, R., 1980. Inheritance of leaf area in the F_1 generation and components of genetic variability. Archives of Agricultural Sciencies 41(143): 385-392. (In Serbian)

Marinković, R., 1981. Inheritance of leaf area, colour and plant height in diallel cross-breeding of inbred lines of Sunflower. M.Sc. thesis, University of Novi Sad, Faculty of Agriculture, Novi Sad. (In Serbian)

Marinković, R., 1984. The mode of inheritance of seed yields and some yield components by cross-breeding different inbred lines of Sunflower. Ph.D. thesis, University of Novi Sad, Faculty of Agriculture, Novi Sad.

Marinković, R., 1992. Path-coefficient analysis of some yields components of Sunflower (*Helianthus annuus* L.). Euphytica 60: 201-205.

Marinković, R., Dozet, B., Crnobarac, J., 1994. Dialel analysis of stem diametar and leaf petiole length in Sunflower (*Helianthus annuus* L.). J. Sci. Agric. Res. 55(197): 3-9.

Marinković, R., Škorić, D., 1985. Inheritance of 1000-seed weight and weight in hectoliters of F_1 generation of Sunflower and components of genetic variability. Work Proceedings IFVC-Novi Sad, 14-15: 62-72. (In Serbian)

Marinković, R., Škorić, D., 1990. Inheritance of head diameter and number of flowers per head by cross-breeding various inbred lines of Sunflower (*Helianthus annuus* L.). Oil Production 1-2: 22-27. (In Serbian)

Marinković, R., Škorić, D., Dozet, B. and Jovanović, D., 2000. Line×tester analysis of combining ability in Sunflower (*Helianthus annuus* L.). *In*: Proc. 15th Intl. Sunflower Conf. Vol. 2: E30-E35. Toulouse, France, June 12-15. Intl. Sunflower Assoc. Paris, France.

Marquez-Lema, A., Delavault, Ph., Letousey, P., Hu, J. and Pérez-Vich, B., 2008. Candidate gene analysis and identification or TRAP and SSR markers linked to the *Or5* gene, which confers Sunflower resistance to race E of broomrape (*Orobanche cumana* Wallr.). *In*: Proc. 17th Intl. Sunflower Conf. Vol. 2: 661-666. Cordoba, Spain, June 8-12. Intl. Sunflower Assoc. Paris, France.

Matusova, R. Tom van Mourik and Bouwmeester, J., 2004. Changes in the sensitivity of parasitic seeds to germination stimuli. Seed Sci. Research. 14: 335-344.

Mc Gregor, S.E., 1976. Insect pollination of cultivated crop plants. USDA Agric. Handb. 496. Government Printing Office, Washington, D.C., 345-350.

Melero-Vara, J.M., Dominguez, J. and Fernández-Martínez, J.M., 2000. Update of Sunflower broomrape situation in Spain: Racial status and Sunflower breeding for resistance. Helia 23(33): 45-56.

Melero-Vara, J.M., Garcia-Pedrajas, M.D., Pérez-Artes, E. and Jimenez-Diaz, R.M., 1996. Pathogenic and molecular characterization of populations of *Orobanche cernua* Loefl. from Sunflowers in Spain. *In*: Proc. 14th Intl. Sunflower Conf. Vol. 2: 677-684. Beijing / Shenyang, China, June 12-20, 1996. Intl. Sunflower Assoc. Paris, France.

Menichincheri, M., Vannozzi, G.P., Gomez-Sanchez, D., 1996. Study of stability parameters for drought resistance in Sunflower hybrids derived from interspecific crosses. ISA-Symposium II: Drought Tolerance in Sunflower. Beijing, P.R. China, June 14. pp. 72-79. Intl. Sunflower Assoc. Paris, France.

Merfert, V., 1961. Empty seeds and emptiness of husk of Sunflower. Agrobiology 128(2): 199-205. (In Russian)

Merrien, A., 1986. Cahier tehniqe CETIOM tournesol-phisiologie. Ed. Cetiom 1-47.

Merrien, A., 1992b. Some aspect of Sunflower crop physiology. *In*: Proc. of 13th Intl. Sunflower Conf., Pisa, Italy, 1, Vol. 1: 481-498. Intl. Sunflower Assoc. Paris, France.

Merrien, A., Blanchet, R., Gelfi, N., Rellier, J.P. and Rollier, M., 1982. Pathways of yield elaboration in Sunflower under various water stresses. *In*: Proc. 10th Intl. Sunflower Conf. Surfers Paradise, Australia, March 14-18. Vol. I: 11-14. Intl. Sunflower Assoc. Paris, France.

Merrien, A., Champolivier, L., 1992a. Applications of ethephon on Sunflower to prevent lodging. *In*: Proc. of 13th Inter. Sunf. Conf., Pisa, Italy, pp. 593-596. Intl. Sunflower Assoc. Paris, France.

Mestries, E., Vear, F. and Tourvieille de Labrouhe, D., 1996. Resistance of Sunflowers to Extension of *Sclerotinia sclerotiorum* Mycelium on Ion Leaves and Capitula. *In*: Proc. ISA-Symposium I: Disease Tolerance in Sunflower: 50-55. Beijing. China. June 13. Intl. Sunflower Assoc. Paris, France.

Mezzarobba, A., Laffont, J.L., D'Hautefluille, J.L., Dominguez, G.S., Schmidt, H.J. and Thirthamallappa, S., 2000. Heterosis groups in Sunflower. *In*: Proc. 15th Intl. Sunflower Conf. Vol. 2: E13-17. Toulouse, France, June 12-15. Intl. Sunflower Assoc. Paris, France.

Michelmore, R.W., Paran, I., Kesseli, V., 1991. Identification of markers linked to disease-resistance genes by bulked segregant analysis: a rapid method to detect markers in specific genomic regions by using segregating populations. *In*: Proc. Nutl. Acad. Sci. USA. 38: 9828-9832.

Mihaljčević, M., 1980. Finding the source of resistance to *Sclerotium bataticola* Taub. for inbred lines and Sunflower hybrids. M.Sc. thesis. University of Novi Sad, Faculty of Agriculture, Novi Sad, pp.1-59. (In Serbian)

Mihaljčević, M., 1989. Deformations of vegetative and generative parts in Sunflower. (Effect of Genetic, Agrotehnical and Ecological Factors). Zbornik radova, Institute of Field and Vegetable Crops, Sveska 16: 307-319. (In Serbian)

Miklič, V., 1996. Effect of various genotypes and climate factors on visiting of honey bees and other pollinizers and Sunflower fertilization. M.Sc. thesis, University of Novi Sad, Faculty of Agriculture, Novi Sad, pp.1-94. (In Serbian)

Mileeva, T.V., Anashchenko, A.V., 1976. Reliable source of *cms* and *Rf* genes. *In*: Proc. VII Intl. Sunflower Conf. Vol. I: 182-184. 27 June-3 July,1976. Krasnodar (USSR). Intl. Sunflower Assoc. Toowoomba, Australia. (In Russian)

Miller, J.F. and Al-Khatib, K., 2000. Development of herbicide resistant germplasm in Sunflower. Vol. 2: 37-41. June 12-15, Toulouse, France. Intl. Sunflower Assoc. Paris, France.

Miller, J.F. and Al-Khatib, K., 2002. Registration of imidazolinone herbicide-resistant Sunflower maintainer (HA 425) and fertility restorer (RHA 426 and RHA 427) germplasms. Crop Sci. 42: 988-989.

Miller, J.F. and Al-Khatib, K., 2004. Registration of two oilseed Sunflower genetic stocks, SURES-1 and SURES-2, resistant to tribenuron herbicide. Crop Sci. 44: 1037-1058.

Miller, J.F. and Fick, G.N., 1997. The genetics of Sunflower. Sunflower Technology and Production. Schneiter, A.A. (Ed.) Agronomy, American Society of Agronomy, Inc., CSSA, SSSA. Inc. Madison, Wisconsin, USA. pp. 441-496.

Miller, J.F. and Gulya, T.J., 1985. Registration of four *Verticillium* wilt resistant Sunflower germplasm lines. Crop Sci. 2: 718.

Miller, J.F. and Gulya, T.J., 1991. Inheritance of resistance to Race 4 of downy mildew derived from interspecific crosses in Sunflower.

Crop Sci. 31: 40-43.

Miller, J.F. and Gulya, T.Y., 1984. Sources and inheritance of resistance to race 3 downy mildew in Sunflower. Helia 7: 17-20.

Miller, J.F. and Hammond, J.J., 1991. Inheritance of reduced height in Sunflower. Euphytica 53: 131-136.

Miller, J.F. and Vick, B.A., 1999. Inheritance of reduced stearic and palmitic acid content in Sunflower seed oil. Crop. Sci. 39: 364-367.

Miller, J.F. and Vick, B.A., 2001. Registration of four high linoleic Sunflower germplasms. Crop Sci. 41: 602.

Miller, J.F., 1992. Update on inheritance of Sunflower charateristics. *In*: Proc. 13th Intl. Sunflower Conf. Vol. 2: 905-945. Intl. Sunflower Assoc. Italy, September 7-11. Intl. Sunflower Assoc. Paris, France.

Miller, J.F., 1996. Development of Sunflower germplasm with resistance to *Sclerotinia stalk* rot. *In*: Proc. ISA-Symposium I: Disease Tolerance in Sunflower: 56-63. Beijing, China, June 13. Intl. Sunflower Assoc. Paris, France.

Miller, J.F., Fick, G.N. and Roath, W.W., 1982. Relationships among traits of inbreds and hybrids of Sunflower. *In*: Proc. 10th Int. Sunflower Conf., March 14-18, Surfers Paradise, Australia. Int. Sunflower Assoc. Toowoomba, Australia. pp. 238-241.

Miller, J.F., Hammond, J.J., Roath, W.W., 1980. Comparison of inbred *vs.* single cross testers and estimation of genetic effects in Sunflower. Crop. Sci. 20: 703-706.

Miller, J.F., Rodriguez, R.H. and Gulya, T.J., 1988. Evaluation of genetic materials for inheritance to Race 4 rust in Sunflower. *In*: Proc. 12th Intl. Sunflower Conf. Vol. 2: 361-365. Novi Sad, Yugoslavia, July 25-29. Intl. Sunflower Assoc. Paris, France.

Miller, J.F., Zimmerman, D.C. and Vick, B.A., 1987. Genetic control of high oleic acid content in Sunflower oil. Crop Sci. 27: 923-926.

Mishra, D.K. and Roy, D., 2003. Heritability estimates in dwarf population of Sunflower (*Helianthus annuus* L.). Helia 26(39): 37-42.

Molinero-Ruiz, M.L., Dominguez, J. and Melero-Vara, J.M., 2002b. Races of isolates of *Plasmopara halstedii* from Spain and studies on their virulence. Plant Disease 86(7): 736-740.

Molinero-Ruiz, M.L., Melero-Vara, J.M. and Dominguez, J., 2002a. Inheritance of resistance to race 330 of *Plasmopara halstedii* in three Sunflower lines. Plant Breeding 121: 61-65.

Molinero-Ruiz, M.L., Melero-Vara, J.M. and Dominguez, J., 2003. Inheritance of resistance to two races of Sunflower downy mildew *Plasmopara halstedii* in two *Helianthus annuus* L. lines. Euphytica 131(1): 47-51.

Montilla, F., Gomez-Arnau, J., Duhigg, P., 1988. Bee-attractiveness and self-compability of some inbred lines and their hybrids. *In*: Proc. 12th Intl. Sunflower Conf. Vol. I: 423-429. Novi Sad, Yugoslavia, July 25-29. Intl. Sunflower Assoc. Paris, France.

Morozov, V.K., 1947. Sunflower breeding in USSR. Pishchepromizdat, Moscow, pp. 1-274. (In Russian)

Morozov, V.K., 1963. Diallelnie skreśćivanija i rezultati primenenija ih v podsolnečnika. Rukopis. (In Russian)

Morris, J.B. and Yang, S.M., 1983. Reaction of *Helianthus* species to *Alternaria helianthi*. Plant Disease 67(5): 539-540.

Mosjidis, J.A., 1982. Inheritance of color in the pericarp and corolla disc florets in Sunflower. J. Heredity 73: 461-464.

Moutous, J.E., Roath, W.W., 1985. Genetica de altura de planta en girasol (*Helianthus annuus* L.). *In*: Proc. 11th Inter. Sunf. Conf., Mar del Plata, Argentina, 633-638.

Mouzeyar, S., Philippon, J., Vear, F. and Tourvieille de Labrouhe, D., 1992. Genetical studies of resistance to downy mildew (*Plasmopara halstedii* Novot.) in Sunflower. *In*: Proc. 13th Intl. Sunflower Conf. Vol. 2: 1162-1167. Intl. Sunflower Assoc. Italy, September 7-11. Intl. Sunflower Assoc. Paris, France.

Muralidharudu, Y., Ravishankar, G., Hebbara, M., Patil, S.G., 1999. Genotypic variation in Sunflower (*Helianthus annuus* L.) for salt tolerance. Indian Journal of Agricultural Sci. 69(5): 362-365.

Murthy, U.K., Lyngdoh, I.E., Gopalakrishna, T., Shivanna, M.B. and Prasad, D.T., 2005. Assessments of heritability of *Alternaria helianthi* resistance trait in Sunflower using molecular markers. Helia 28(43): 33-42.

Naik, V.R., Hiremath, S.R., Giriraj, K., 1999. Gene action in Sunflower. Karnataka J. Agric. Sci. 12: 43-47.

Nechaeva, T.A., 1966. Male sterility of Sunflower. Genetic, breeding and seed production issues. (7):59-62. Kiev. (In Russian)

Nedeljković, S., Stanojević, D., Jovanović, D., 1992. Inheritance of leaf number and dynamics of disappearance of physiological activity of inbred lines and F_1 hybrids of Sunflower. Production and processing of oil cultivars 33: 57-62. (In Serbian)

Nehru, S.D., Manjunath, A., 2003. Correlation and path analysis in Sunflower (*Helianthus annuus* L.). Karnataka J. Agric. Sci. 16(1): 39-43.

Nenov, N., Tsetsovka, F., 1994. Study of inheritance of two different types of branching in Sunflower (*Heliantus annuus* L.). Helia 17(21): 19-22.

Nikolić-Vig, V., Škorić, D. and Bedov, S., 1971. Variability of oil and husk percentage in Sunflower seed of varietal populations of Peredovik and VNIIMK 8931 and their heritability. Contemporary agriculture, Novi Sad. 3: 23-32. (In Serbian)

Nikolova, V. and Ivanov, P., 1992. Inheritance of fatty acid, composition of oil in some Sunflower lines. Helia 15(16): 35-40.

Nirmala, V.S., Gopalan, A., Sassikumar, D., 2000. Correlation and path-coefficient analysis in Sunflower (*Helianthus annuus* L.). Madras Agric. J. 86(4/6): 269-272.

Olivieri, M.A., Lucchin, M., Parrini, P., 1988. Self-sterility and incomptability in Sunflower. *In*: Proc. of 12th Inter. Sunflower Conf.,

Novi Sad, Yugoslavia, pp. 339-343. Intl. Sunflower Assoc. Paris, France.

Orellana, R.G., 1970. The response of Sunflower genotypes to natural infection by *Macrophomina phaseoli*. Plant Disease Reporter 54(10): 891-893.

Ortegon-Morales, A.S., Escobedo-Mendoza, A. and Quilanton-Villarreal, L., 1992. Combinig ability analysis for agronomic traits in Sunflower (*Helianthus annuus* L.) lines and comparison among parent lines and hybrids. *In:* Proc. 13th Intl. Sunflower Conf. Vol. 2: 1178-1193. Intl. Sunflower Assoc. Italy, September 7-11. Intl. Sunflower Assoc. Paris, France.

Ortis, L., Nestares, G., Frutos, E. and Machado, N., 2005. Combining ability analysis for agronomic traits in Sunflower (*Helianthus annuus* L.). Helia 28(43): 125-134.

Özdemir, N., Horn, R., Friedt, W., 2002. Isolation of HMW DNA from Sunflower (*Helianthus annuus* L.) for BAC cloning. Plant Mol. Biol. Rep. 20: 239-250.

Özdemir, N., Horn, R., Friedt, W., 2004. Construction and characterization of a BAC library for Sunflower (*Helianthus annuus* L.). Euphytica 138(2): 177-183.

Pacueranu-Joita, M., Raranciue, S., Procopovici, E., Sava, E. and Nastase, D., 2008. The impact of new races of broomrape (*Orobanche cumana* Wallr.) parasite in Sunflower crop in Romania. *In*: Proc. 17th Intl. Sunflower Conf. Vol. 1: 225-231. Cordoba, Spain, June 8-12, 2008. Intl. Sunflower Assoc. Paris, France.

Pacueranu-Joita, M., Raranciue, S., Sava, E., Stanciu, D. and Nastase, D., 2009. Virulence and aggressiveness of Sunflower broomrape (*Orobanche cumana* Wallr.) populations in Romania. Helia 32(51): 119-126.

Pacueranu-Joita, M., Veronesi, C., Raranciuc, S. and Stanciu, D., 2004. Parasite-host interaction of *Orobanche cumana* Wallr. with *Helianthus annuus* L. *In*: Proc. 16th Intl. Sunflower Conf. Vol. 1: 171-177. Fargo, ND, USA, August 29-September 2, 2004. Intl. Sunflower Assoc. Paris, France.

Pãcureanu-Joita, M., Vrânceanu, A.V., Soare, G., Marinescu, A. and Sandu, I., 1998. The evaluation of the parasite-host interaction system (*Helianthus annuus* L.) - (*Orobanche cumana* Wallr). in Romania. *In*: Proc. 2nd Balkan Symposium on Field Crops. 1: 153-157. Novi Sad, Yugoslavia, June 16-20, 1998.

Palmer, J.H., Steer, B.T., 1985. Use of generative area and other inflorescence characters to predict floret and seed numbers in the Sunflower. *In*: Proc. of 11th Inter. Sunflower Conf., Mar del Plata, Argentina, pp. 1-6. Intl. Sunflower Assoc. Paris, France.

Panchabhaye, P.M., Weginwar, D.G., Golhar, S.R., Pande, M.K., 1998. Detection of epistasis by using simplified triple test cross analysis in Sunflower (*Helianthus annuus* L.). Ann. Plant Physiol. 12(2): 156-158.

Panchenko, A.Y. and Antonova, T.S., 1975b. Protective reaction of resistant forms of Sunflower to new races of broomrape. Sbornik-VNIIMK, Krasnodar, pp. 5-9. (In Russian)

Panchenko, A.Y., 1975a. Early diagnosis of broomrape resistance in breeding and improving seed production. Vestnik-S.H.N. (2): 107-115. (In Russian)

Panković D., Kevresan S., Plesničar M., Sakač Z., Ćupina T., 1997. The effect of water deficit on ribulose-1,5-bisphosphate carboxylase/oxygenase and photosynthesis in Sunflower leaves. *In*: Jevtić, S. and Pekić, S., (eds.). Drought and Plant Production (Proceedings), Agricultural Research Institute "SERBIA", Beograd. Vol. 1: 365-371.

Panković, D., 1996. Photosynthesis in leaves of Sunflower (*Helianthus annuus* L.) in water deficit. Ph.D. thesis, University of Belgrade, Faculty of Biology, pp. 1-94. (In Serbian)

Parasmewari, C., Muralidharan, V., Subbalakshmi, B., Manivannam, N., 2004. Genetic analysis yield and important traits in Sunflower (*Helianthus annuus* L.). Hybrids. J. Oilseeds Res. 21(1): 168-170.

Paricsi, S., Tar, M. and Nagyne-Kutni, R., 2008. Study of resistance to *Sclerotinia* head disease in Sunflower genotypes. *In*: Proc. 17th Intl. Sunflower Conf. Vol. 1: 211-214. Cordoba, Spain, June 8-12. Intl. Sunflower Assoc. Paris, France.

Pataky, Sz., 1992. Fitomelan vizsgalata a naprafogo kaszathejaban 1-13 sorszamu mintakon. A Bacsalmasi Naproforgo-termelesi Rendszer (BNR) megbizasabol vegzett szakertoi munka (kezirat). Jozsef Attila Tanszek, Szeged. (In Hungarian)

Pathak, A.R., Singh, B., Kukadia, M.V., 1985. Genetic architecture of yield and economic characters in Sunflower. Oilseeds J. 15(1): 14-18.

Pathak, R.S., 1974. Yield components in Sunflower. *In*: Proc. 6th Inter. Sunf. Conf., Bucharest, Romania, Intl. Sunflower Assoc. Toowoomba, Australia. pp. 271-281.

Patil, B.R., Rudraradhya, M., Vijayakumar, C.H.M., Basappa, H. and Kulkarni, R.S., 1996. Correlation and path analysis in Sunflower. Jour. Oilseed Res. 13(2): 157-161.

Peretjagina, T.M., 2007. Genetic detection of mutations with respect to tocopherol content in Sunflower seed. M.Sc.-thesis (Autoreport). State University of Cuba, Krasnodar, Russia, pp. 1-21. (In Russian)

Pereyra, V.R., Sala, C.A. and Bazzalo, M.E., 1992. A comparison between Argentine and French Sunflower hybrid varieties for their resistance to head rot caused by *Sclerotinia sclerotiorum* (Lib.) de Bary. *In*: Proc. of the 13th Intl. Sunflower Conf. Vol. 2: 1199-1204.

Intl. Sunflower Assoc. Italy, September 7-11. Intl. Sunflower Assoc. Paris, France.

Pérez, C., Mansais, Y., Berville, A. and Heizman, P., 1986. Molecular approach of cytoplasmic male sterility in Sunflower. Helia (9): 17-20.

Pérez-Vich, B., Akhtouch, B., Knapp, S.J., Leon, A.J., Velasco, L., Fernández-Martínez, J.M., Berry, S.T., 2004c. Quantitative trait loci for broomrape (*Orobanche cumana* Wallr.) resistance in Sunflower. Theor. Appl. Genet. 109: 92-102.

Pérez-Vich, B., Akhtouch, B., Munoz-Ruz, J., Fernández-Martínez, J.M. and Jan, C.C., 2002d. Inheritance of resistance to a highly virulent race F of *Orobanche cumana* Wallr. in a Sunflower line derived from interspecific amphiploids. Helia 25(36) :137-144.

Pérez-Vich, B., Fernandez, J., Garces, R. and Fernández-Martínez, J.M., 1999a. Inheritance of high palmitic acid content in the seed oil of Sunflower mutant CAS-5. Theor. Appl. Genet. 99: 496-501.

Pérez-Vich, B., Fernández-Martínez, J.M., Grondona, M., Berry, S.T., 2002c. Stearoyl-ACP and oleoyl-PC desaturase genes cosegregate with quantitative trait loci underlying stearic and oleic acid mutant phenotypes in Sunflower. Theor. Appl. Genet. 104: 338-349.

Pérez-Vich, B., Fernández-Martínez, J.M., Leon, A. Knapp, S.J. and Berry, S.T., 2004b. Mapping minor QTL for increased stearic acid content in Sunflower seed oil. Mol. Breed. 13(4): 313-322.

Pérez-Vich, B., Fernández-Martínez, J.M., Munoz-Ruz, J., Knapp, S.J. and Berry, S.T., 2000a. Progress in the development of DNA-based markers for high stearic acid content in Sunflower. *In*: Proc. 15th Intl. Sunflower Conf. Vol. 1: A49-A54. Toulouse, France. Intl. Sunflower Assoc. Paris, France.

Pérez-Vich, B., Garces, R. and Fernández-Martínez, J.M., 1999b. Genetic control of high stearic acid content in the seed oil of Sunflower mutant CAS-3. Theor. Appl. Genet. 99: 663-669.

Pérez-Vich, B., Graces, R. and Fernández-Martínez, J.M., 2000b. Genetic characterization of Sunflower mutants with high content of saturated fatty acids in seed oil. Helia 23(33): 77-84.

Pérez-Vich, B., Graces, R. and Fernández-Martínez, J.M., 2000c. Genetic relationships between loci controlling the high stearic and the high oleic traits in Sunflower. Crop Sci. 40: 990-995.

Pérez-Vich, B., Graces, R. and Fernández-Martínez, J.M., 2000d. Epistatic interaction among loci controlling the palmitic and the stearic acid levels in the seed oil of Sunflower. Theor. Appl. Genet. 100: 105-111.

Pérez-Vich, B., Graces, R. and Fernández-Martínez, J.M., 2002a. Inheritance of high palmitic acid and its relationship with high oleic acid content in the Sunflower mutant CAS 12. Plant Breed. 121: 49-56.

Pérez-Vich, B., Graces, R. and Fernández-Martínez, J.M.,, 2002b. Inheritance of medium stearic acid content in the seed oil of Sunflower mutant CAS-4. Crop Sci. 42: 1806-1811.

Pérez-Vich, B., Munoz-Ruz, J. and Fernández-Martínez, J.M., 2004a. Developing mid-stearic acid Sunflower lines from a high stearic acid mutant. Crop Sci. 44: 70-75.

Pérez-Vich, B., Velasco, L., Munoz-Ruz, J. and Fernández-Martínez, J.M., 2006. Inheritance of high stearic acid content in the Sunflower mutant CAS-14. Crop Sci. 46: 22-29.

Petakov, D., 1992a. Application of Griffing's methods in determination of combining ability of Sunflower self-polinated lines. *In*: Proc. of 13th Inter. Sunflower Conf., Pisa, Italy, pp. 1205-1210. Intl. Sunflower Assoc. Paris, France.

Petakov, D., 1992b. Oil content in different types of Sunflower hybrids. Helia 15(16): 29-34.

Petakov, D., 1994. Correlation and heritability of some quantitative characters in Sunflower diallel crosses. EUCARPIA-Symposium on breeding of oil and protein crops, Albena, Bulgaria, 162-164.

Petrov, D., 1970. New physiological species *Orobanche cumana* Wall. roth in our country. Plant protection in service of agriculture, Sofia, pp. 37-48. (In Bulgarian)

Petrov, P., 1992. Use of heterosis in Sunflower in Bulgaria. *In*: Proc. of 13th Inter. Sunf. Conf., Pisa, Italy, Vol 2: 1216-1226. Intl. Sunflower Assoc. Paris, France.

Petrov, P.D. and Stojanova, J., 1982. Pollen productivity in inbred lines of Sunflower, mother lines and restorers. Zemlenievdi nauki. XIX. (3): 53-56 (In Bulgarian)

Petrović, M., Kastori, R., Kraljević-Balalić, M., Petrović, N. and Škorić, D., 1992. Inheritance of physiological traits for water status in Sunflower. Genetika 24(1): 19-26.

Pham-Delegue, M.H., Masson, C., Etievant, P., Azar, M., 1986. Selective olfactory choices of the honeybee among Sunflower aromas. Journal of Chemical Ecology 12(3): 781-793.

Piquemal, G., 1968. Recherches sur la structure du rendement en grains du tournesol (*H. annuus* L.). variations, correlations et heritabiles de ses composantes. Ann. Amelior. Des Plantes 18(4): 423-446.

Pirani, V., 1981. Analysis of correlations among quantitative traits of Sunflower seeds. Helia (4): 17-21.

Pirvu, N., Vranceanu, A.V. and Stoenescu, F., 1985. Genetic mechanisms of Sunflower resistance to white rot (*Sclerotinia sclerotiorum* Lib. de Barry). Z. Pflanzenzuchutun 95: 157-163.

Plachek, E.M., 1930. Processes of shaping Sunflower organs under the influence of hybridization of inbreeding. Collection of papers from the state conference about genetics, breeding, seed production and farming. 1.T2. (In Russian)

Plesničar M., Sakač Z., Panković D., Ćupina T., 1995. Responses of photosynthesis and carbohydrate accumulation in Sunflower leaves to short-term water stress. Helia 18(22): 25-36.

Pogorletskiy, B.K. and Burlov, V.V., 1971. Inheritance of male sterility of Sunflower. Genetics 7(8): 59-68. Moscow. (In Russian)

Pogorletskiy, B.K. and Geshele, E.E., 1976. Resistance Sunflowers to broomrape, downy mildew and rust. *In*: Proc. 7th Intl. Sunflower Conf. Vol. 1: 238-243. Krasnodar, USSR, June 27 to July 3. Intl. Sunflower Assoc. Toowoomba, Australia.

Pogorletskiy, B.K., 1972. Identification of genes which are a precondition of male sterility of Sunflower. Genetica 7(3): 30-34. Moscow. (In Russian)

Prats, E., Bazzalo, M.E., Leon, A. and Jorrin, J.V., 2003. Accumulation of soluble phenolic compounds in Sunflower capitula correlated with resistance to *Sclerotinia sclerotiorum.* Euphytica 132(3): 321-329.

Prats, E., Liames, M.J., Jorrin, J. and Rubiales, D., 2007. Constitutive Coumarin Accumulation on Sunflower Leaf Surface Prevents Rust Germ Tube Growth and Appressorium Differentiation. Crop Sci. 47: 1119-1124.

Punnia, M.S., Gill, H.S., 1994. Correlations and path coefficient analysis for seed yield traits in Sunflower (*Helianthus annuus* L.). Helia 17(20): 7-11.

Punnia, M.S., Gill, H.S., 1995. Correlation and path coefficient analysis for seed yield traits in Sunflower (*Helianthus annuus* L.). Plant Breeding Abs. 65: 915.

Pustovoit, G.V. and Gubin, I.A., 1974. Results and prospects in Sunflower breeding for group immunity by using the interspecific hybridization method. *In*: Proc. 6th Intl. Sunflower Conf. pp. 373-382. Buchurest, Romania, July 22-24. Int. Sunflower Assoc. Toowoomba, Australia.

Pustovoit, G.V. and Krokhin, E.J., 1978. The inheritance of resistance to major pathogens in interspecific Sunflower hybrids. Zbornik VNIIMK, Pests and diseaseas of oil crops, pp. 40-44. Krasnodar, USSR. (In Russian)

Pustovoit, G.V. and Krokhin, E.K., 1977. Inheritance of resistance in interspecific hybrids of Sunflower to downy mildew. Skh. Biol. 12: 231-236. (In Russian)

Pustovoit, G.V., 1966a. Selection, seed production and some agrotechnical issues of Sunflower (Chosen papers). Kolos, Moscow, pp. 1-368. (In Russian)

Pustovoit, G.V., 1966b. Distant interspecific hybridization of Sunflowers. *In*: Proc. 2nd Int. Sunflower Conf., Morden, Manitoba, Canada, 17-18 Aug. 1966. Int. Sunflower Assoc. Toowoomba, Australia, pp. 82-101.

Pustovoit, G.V., 1975. Selection of Sunflower with the criteria of mass immune system by using the method of interspecies hybridization of Sunflower. Kolos, Moscow, pp. 164-210. (In Russian)

Pustovoit, G.V., Ilatovsky, V.P. and Slyusav, E.L., 1976. Results and prospects of Sunflower breeding for group immunity by interspecific hybridization method. *In*: Proc. 7th Int. Sunflower Conf., Krasnodar, USSR. 27 June- 3 July, 1976. Int. Sunflower Assoc. Paris, France, pp. 193-204.

Pustovoit, G.V., Malysheva, A.G. and Shvetsova, V.P., 1974. Biochemical characteristics of Sunflower interspecific Sunflower hybrids and their initial forms. Skh. Biol. 9: 844-848. (In Russian)

Putt, E.D. and Heiser, Ch., 1966. Male Sterility and Partial Male Sterility in Sunflower. Crop Sci. 6: 165-168.

Putt, E.D. and Sackson, W.E., 1963. Studies on Sunflower rust IV. Two genes R1 and R2 for resistance in the host. Can. J. Plant Sci. 43: 490-496.

Putt, E.D., 1940. Observations on morphological characters and flowering processes in the Sunflower (*Helianthus annuus* L.). Sci. Agric. 21: 689-702.

Putt, E.D., 1941. Investigations of breeding technique for the Sunflower (*Helianthus annuus* L.). Sci. Agric. 21: 689-702.

Putt, E.D., 1943. Association of seed yield and oil content with other characters in the Sunflower. Sci. Agric. 23(7): 377-383.

Putt, E.D., 1964a. Recessive branching in Sunflowers. Crop Sci. 4: 444-445.

Putt, E.D., 1964b. Breeding behavior of resistance to leaf mottle or *Verticillium* wilt in Sunflowers. Crop Sci. 4: 177-179.

Putt, E.D., 1966. Heterosis, combining ability and predicted synthetics from a diallel cross in Sunflowers (*Helianthus annuus* L.). Can. J. Plant Sci. 46: 59-67.

Putt, E.D., Craig, B.M. and Carson, R.B., 1969. Variation in composition of Sunflower oil from composite samples and single seeds of varieties and inbred lines. J. Am. Oil Chem. Soc. 46: 126-129.

Qingyu, W., Yu Feng, J., Xin Sheng, Z., 2002. Selection for oil Sunflower hybrids with yield and low husk content by exploiting the complementation of combining ability of two characters. Chinese J. Oil Crop Sci. 24(3): 33-36.

Quresh, Z. and Jan, C.C., 1992. Linkage and allelic relationships of recently identified resistance genes to prevailing Sunflower rust race. *In:* Proc. Sunflower Research Workshop, pp. 55-56. National Sunflower Association, Bismarck, ND, USA.

Quresh, Z. and Jan, C.C., 1993b. Allelic relationships among genes for resistance to Sunflower rust. Crop Sci. 33: 235-238.

Quresh, Z., Jan, C.C. and Gulya, T.J., 1993a. Resistance to Sunflower rust and its inheritance in wild Sunflower species. Plant Breeding 110: 297-306.

Quresh, Z., Jan, C.C. and Gulya, T.J., 2006. Resistance to Sunflower rust and its inheritance in wild Sunflower species. Plant Breeding 110(4): 297-306.

Radwan, O., Mouzeyar, S., Venisse, J.S., Nicolas, P. and Bouzidi, M.F., 2004. Expression of a Sunflower CC-NBC-LRR RGA and defence-related genes during an incopatible interaction with *Plasmopara halstedii*. *In*: Proc. 16th Interaction Sunflower Conf. Vol. 1: 195-200. Fargo, ND, USA, August 29-September 2. Intl. Sunflower Assoc. Paris, France.

Rahim, M., Jan, C.C. and Gulya, T.J., 2002. Inheritance of resistance to Sunflower downy mildew races 1, 2 and 3 in cultivated Sunflower. Plant Breeding 121: 57-60.

Rao, N.M., Singh, B., 1977. Inheritance of some quantitative characters in Sunflower (*Helianthus annuus* L.). Pak. J. Res. 2: 144-146.

Rashid, K.Y., 1991. Incidence and virulence of *Puccinia helianthi* on Sunflower in western Canada during 1998-1990. Canadian Journal of Plant Pathology 13: 356-360.

Rather, A.G., Sandha, G.S., Bajaj, R.K., Narinder, K., 1998. Genetic analysis for oil yield and its components in Sunflower (*Helianthus annuus* L.). Crop Improvement 25(2): 226-228.

Ravi Rana, Sheoran, R.K., Rakesh Kumar, Gill, H.S., 2004. Combining ability analysis in Sunflower (*Helianthus annuus* L.). Natl. J. Plant Imporvement 6(2): 89-93.

Ravikumar, R.L., 2000. Pollen selection and progeny evaualtion for *Alternaria* leaf blight resistance in Sunflower (*Helianthus annuus* L.) *In*: Proc. 15th Intl. Sunflower Conf. Vol. 2: K114-L1. Toulouse, France, June 12-15. Intl. Sunflower Assoc. Paris, France.

Rawson, H.M. and Constable, G.A., 1980. Carbon production of Sunflower cultivars in field and controlled enviroments. Aust. J. Plant. Physiol. 7: 555-573.

Razi, H., Assad, M.T., 1999. Comparison of selection criteria in normal and limited irrigation in Sunflower. Euphytica 105: 83-90.

Robertson, J.A., Morrison, W.H. and Wilson, R.L., 1978. Effect of Sunflower hybrid or variety and planting location on oil content and fatty acid composition. *In*: Proc. 8th Intl. Sunflower Conf. pp. 524-532. Minneapollis, USA, July 23-27. Intl. Sunflower Assoc. Toowoomba, Australia.

Robinson, R.G., 1974. Sunflower performance relative to size and weight achenes planted. Crop. Science 14: 616-618.

Rodriguez, R.H., Salaberry, M.T. and Echeverria, M.M., 1998. Inheritance of chlorophyll deficiency in Sunflower. Helia 21(29): 109-114.

Rodriguez-Ojeda, M.I., Fernandez-Escobar, J. and Alonso, L.C., 2001. Sunflower inbred line (KI-374) carryng two recessive genes for resistance against a highly virulent Spanish population of *Orobanche cernua* Loefl. race F. *In*: Proc. 17th Int. Parasitic Weed Symposium, June 5-8. Nantes, France, pp. 208-211.

Roeckel-Drevet, P., Gange, G., Mouzeryar, S., Gentzbittel, L., Philippon, J., Nicolas, P., Tourvieille de Labrouhe, D. and Vear, F., 1996. Collocation of downy mildew (*Plasmopara halstedii*) resistance genes in Sunflower (*Helianthus annuus* L.). Euphytica 91(2): 225-228.

Rojas, P. and Fernández-Martínez, J.M., 1998. Combining ability of oil and protein among six Sunflower lines. *In*: Proc. EUCARPIA-International Symposium on Breeding of Protein and Oil Crops. Pontevedra, Spain, pp. 117-118.

Rojas, P., Škorić, D. and Fernández-Martínez, J.M., 2000. Combining ability for oil and protein kernel contents of Sunflower inbreds in two different enviroments. *In*: Proc. 15th Intl. Sunflower Conf. Vol. 2: E18-22. Toulouse, France, June 12-15. Intl. Sunflower Assoc. Paris, France.

Rojas-Barros, P., Hu, J. and Jan, C.C., 2008. Molecular mapping of an apicol branching gene of cultivated Sunflower (*Helianthus annuus* L.). Theor. Appl. Genet. 117: 19-28.

Ronicke, S., Hahn, V. and Friedt, W., 2005. Resistance to *Sclerotinia sclerotiorum* of high oleic Sunflower inbred lines. Plant Breeding 124(4): 376-381.

Roustall, A., Barrault, G., Dechamp-Guillaume, G., Lesigne, P. and Sarrafi, A., 2001. Inheritance of partial resistance to black stem (*Phoma macdonaldii*) in Sunflower. Plant Pathology 49(3): 396-401.

Ruso, J., Sukno, S., Domingenes-Gimenez, J., Melero-Vara, J.M. and Fernández-Martínez, J.M., 1996. Screening of wild *Helianthus* species and derival lines for resistance to several population of Orobanche cernua. Plant Dis. 80: 1165-1169.

Russi, D., Castano, F., Re, J., Rodrigues, R. and Sequeira, C., 2004. New considerations for white rot genetic resistance. *In*: Proc. of the 16th Intl. Sunflower Conf. Vol. 2: 609-614. Fargo, ND, USA, August 29-September 2. Intl. Sunflower Assoc. Paris, France.

Saciperov, F.A., 1914. Field experiments and observations of Sunflower. Tam. že. (9): 543. (In Russian)

Sadros, V.O., Villalobos, F.J., 1994. Physiological characteristics related to yield improvement in Sunflower (*Helianthus annuus* L.). *In*: Slafer, G.A. (ed.). Genetic improvement of field crops. Marcel Dckker, New York. pp. 287-320.

Sakač, Z., Terzić, S., Miklič, V., 2008. The appropriate technique for collecting and measuring the amount of floral nectar in Sunflower (*Helianthus annus* L.). *In*: L. Velasco [ed.], Proc 17th Intl. Sunflower Conf., Cordoba, Spain, 8-12 June 2008. Intl. Sunflower Assoc., Paris, France. Vol. 1: 265-267.

Sala, C.A., Bulos, M. and Echarte, A.M., 2008. Genetic Analysis of an Induced Mutation Conferring Imidazolinone Resistance in Sunflower. Crop Sci. 48: 1817-1822.

Salem, A.E., Badr, A.E, Hasan, G. and Mohammad, A.G., 1983. Inheritance of oil percent in Sunflower seeds. Helia (6): 13-16.

Saliman, M., Yang, S.M. and Wilson, L., 1982. Reaction of *Helianthus* species to *Erysiphe cichoracearum*. Plant Disease 66(7): 572-573.

Sammataro, D., flottum, P.K., Ericson, E.H., 1984. Factors contributing to honeybee preferences in Sunflower varieties. *In:* Proc. Sunflower Research Workshop, February 20-21.

Sammataro, D., Garment, M.B. and Erickson, E.N., 1985. Anatomical features of the Sunflower floret. Helia (8): 25-31.

Sandu, I., Pacureanu-Joita, M. and Marinescu, A., 1998. Genetic control of branching types in Sunflower (*Helianthus annuus* L.) *In*: Proc. 2nd Balkan Symposium on Field Crops. 1: 357-359. Novi Sad, Yugoslavia, June 16-20.

Sandu, I., Vranceanu, A.V., Craiciu, D.S., Balana, I. and Pacueranu, M., 1996. Inheritance of branching types in Sunflower. *In*: Proc. 14th Intl. Sunflower Conf. Tom I: 140-144. Beijing-Shenyang, China, 12-20 June. Intl. Sunflower Assoc. Paris, France.

Santalla, E.M., Quiroga, O.E. and Gely, M.C., 2000. Effect of Sunflower seed drying on some quality parameters seed and oil. Proc. 15th Intl. Sunflower Conf. Vol. 1: A.97-A.102. Toulouse, France, Juny 12-15. Intl. Sunflower Assoc. Paris, France.

Saranga, Y., Horcicka, P. and Wolf, S., 1996. Effect of source-sink relationship on yield of confection Sunflower (*Helianthus annuus* L.). Helia 19(24): 29-38.

Sassikumar, D., Gopalan, A., Thirumugan, T., 1999. Combining ability analysis in Sunflower (*Helianthus annuus* L.). Trop. Agric Res. 11: 134-142.

Satisha, 1995. Evaluation of Sunflower (*Helianthus annuus* L.) germplasm for yield and yield components. M.Sc. Thesis, Univ. Agric. Sci., Bangalore, India, 93.

Sauerborn, J., Buschman, H., Ghiasvand-Ghiasi, K. and Kogel, K.H., 2002. Benzothiadiazole Activates Resistance in Sunflower (*Helianthus annuus* L.) to the Root-Parasitic Weed *Orobanche cumana*. Phytopathology 92(1): 59-64.

Schuster, W. and Kubler, I., 1983. Possibilities of increasing the genetic variability of Sunflower due to seed quality composition. Helia (6): 5-12.

Schuster, W., 1964. Inzuct und Heterosis bei der Sonnenblume (*Helianthus annuus* L.). Wilhelm Schmidtz Verlag Giessen, pp. 1-135.

Schuster, W.H., 1993. Die Zuchtung der sonnenblume (*Helianthus annuus* L.). Paul Parey Scientific Publichers-Berlin and Hamburg, pp. 1-187.

Schwenke, K.D., Schultz, M. and Linow, K.J., 1975. Isolierung und characterisierung des 11S globulins aus sonnenblumensamen (*Helianthus annuus* L.). Nahrung. B.19(9/10): 817-822.

Secerov-Fiser, V. and Škorić, D., 1988. Inheritance of flower color and morphology in ornamental Sunflower. *In*: Proc. 12th Intl. Sunflower Conf. Vol. II: 442. Novi Sad, July 25-29, Yugoslavia. ISA, Paris. Intl. Sunflower Assoc. Paris, France.

Segala, A., Segala, M., Piquemal, G., 1980. Rechercers en vue d'ameliorer le degree d'utogamie des cultivars de tournesol. I L' autogamie et l'autocompabilite pollique. Ann. Amelior. Plantes 30: 151-159.

Seiler, G.J. and Brothers, M.E., 2000. Comparision of oil quality characteristics of achenes from original and regenerated populations of wild Sunflower species. *In*: Proc. 15th Intl. Sunflower Conf. Vol. 1: A43-A42. Toulouse, France, June 12-15. Intl. Sunflower Assoc. Paris, France.

Sendall, B.C., Kong, G.A., Goulter, K.C., Aitken, E.A.B., Thompson, S.M., Mitchell, J.H.M., Kochman, J.K., Lawson, W, Shate, T. and Gulya, T.J., 2006. Diversity in the Sunflower: *Puccinia helianthi* pathosystem in Australia. Australasian Plant Pathology 35: 657-670.

Senetinner, A.C., Atonelli, E.F. and Luduena, P.M., 1985. Analisis genetico de la resistancia a *Puccinia helianthi* Schw. de cuatro lineas de girasol. *In*: Proc. 11th Intl. Sunflower Conf. Vol. 1: 597-602. Mer del Plata, Argentina, March 10-13. Intl. Sunflower Assoc. Paris, France.

Serieys, H. and Christov, M., 2005. FAO Working Group: identification, study and utilization in breeding programs of new CMS sources. Progress Report 1999-2004. Technical Meeting, Novi Sad, Serbia, July 17-20. FAO, Rome, Italy. pp. 1-80.

Serieys, H. and Vincourt, P., 1987. Characterization of some new cytoplasmic male sterility sources from *Helianthus* genus. Helia (10): 9-13.

Serieys, H., 1987. Genetic evaluation of *Helianthus* wild species and their use in breeding programs. FAO Subnetwork 1984-1986, Progress Report 8.

Serieys, H., 1991. Note on the codification of Sunflower *cms* sources, in the FAO Sunflower research subnetwork. *In*: Proc. FAO 1990

Sunflower Subnetwork Progress Rep., 13-15 May, Pisa, Italy, pp. (VI): 9-13.

Serieys, H., 1994. Report on the past activities of the FAO Working Group: identification study and utilization in breeding programs of new CMS sources, for the period 1991-1993. Helia 17(21): 93-102.

Serieys, H., 1996. Identification, study and utilization in breeding programs of new CMS sources. FAO Progress Report (1991-1994). Helia 19(special issue): 144-160.

Serieys, H., 1999. Identification, study and utilization in breeding programs of new CMS sources. FAO Progress Report (1996-1999). Helia (special issue): 71-84.

Serieys, H., Griveau, Y., Kaan, F., Berville, A., 2000. Reciprocal cross and cytoplasmic effect on agronomic traits measured on alloplasmic hybrids of Sunflower (*Helianthus annuus* L.). *In*: Proc. 15th Intl. Sunflower Conf. Vol. 2: E36-E41. Toulouse, France, June 12-15. Intl. Sunflower Assoc. Paris, France.

Serre, F., Walser, P., Roche, S., Vear, F and Tourvieille de Labrouhe, D., 2008. Research on growth chamber test to measure quantitative resistance to Sunflower downy mildew. *In*: Proc. 17th Intl. Sunflower Conf. Vol. 1: 109-114. Cordoba, Spain. Intl. Sunflower Assoc. Paris, France.

Shabana, M.R.A., 1974. Genetic variability yield components of oil in different Sunflower varieties and inbred lines. Ph.D. Thesis, University of Novi Sad. pp. 1-129.

Sharova, P.G., 1968. Sunflower breeding for resistance to virulent races of broomrape. Seljskoehozjajstvo Moldaviji. No. 5. (In Russian)

Shein, S.E., Sargent, S.J., Miko, J., 1980. An evaluation of differential attractiveness of Sunflower genotypes to honey bees. *In*: Proc. 9th Intl. Sunflower Conf. Tomo I: 216-221. Torremolinos-Malaga, Spain, Juny 8-13. Intl. Sunflower Assoc. Paris, France.

Shekar, G,C., Jayaramaiah, H., Virupakshappa, K. and Jagadeesh, B.N., 1998. Combining ability of high oleic acid in Sunflower. Helia 21(28): 7-14.

Shindrova, P., 2000. Distribution and race composition of down mildew (*Plasmopara halstedii* Farl. Berlese et de Toni) in Bulgaria. Helia 23(33): 25-32.

Shindrova, P., 2005a. New nomenclature of downy mildew races in Sunflower (*Plasmopara halstedii* Farl. Berlese et de Toni). Helia 28(42): 57-64.

Shindrova, P., 2006a. Broomrape (*Orobanche cumana* Wallr.) in Bulgaria- distribution and race composition. Helia 29(44): 111-120.

Shindrova, P., 2006b. Downy mildew (*Plasmopara halstedii* Farl. Berlese et de Tony)-Distribution and race composition during 2004-2006. 70th Anniversary of Plant Protection Institute and Annual Balkan Week of Plant Health. Plant Protection Institute Kostinbrod, Bulgaria, May 28-31. Book of Abstracts p. 22.

Shindrova, P., 2010. Investigation on the race composition of downy mildew (*Plasmopara halstedii* Farl. Berlese et de Toni) in Bulgaria during 2007-2008. Helia 33(52): 19-24.

Shinska, J.V., 1969. The results of an evaluation of some varieties of a world collection of Sunflower. Ved. *In*: Proc. vysk. ustav rastlin, vyrob. piest'an. 1969. 7: 15-31 (c.f. Pl. Bred. Abst. 40(3): 748).

Shobha Rani, T. and Ravikumar, R.L., 2007. Genetic Enchacement of Resistance to Alternaria Leaf Blight in Sunflower through Cyclic Gametophytic and Sporophytic Selections. Crop Sci. 47: 529-534.

Shurupov, V.G., Belevztev, D.N., Gorbachenko, F.I. and Karamishev, V.G., 2004. Dostizheniya Donskoy opitnoy stancii po maslichnim kulturam, immeni L.A. Zhdanova (1924-2004) (Achievements of Donska experimental station of oil crops, called Zhdanov, LA, during the period (1924-2004). Rostov on Don, pp. 1-250. (In Russian)

Siddique Mirza, M. and Hoes, J.A., 1996. Screening for resistance in Sunflower against *Alternaria helianthi*. Helia 19(24): 87-92.

Simpson, B.W., McLeod, C.M. and George, D.L., 1989. Selection for high linoleic acid content in Sunflower (*Helianthus annuus* L.). Aust. J. Exp. Agric. 29: 233-239.

Sindagi, S.S., Patil, P.N.A. and Govindaraju, T.A., 1996. Evaluation of Sunflower (*Helianthus annuus* L.) inbreds by inbred×tester cross and incorporation of CMS character in the lines having high combining ability to develop superior hybrids. *In*: Proc. 14th Intl. Sunflower Conf. Vol. 1: 212-217. Beijing/Shenyang, P.R. China, June 12-20. Intl. Sunflower Assoc. Paris, France.

Singh, S.B., Labana, K.S., Virk, D.S., 1989. Decection of epistatic, additive and dominant variation in Sunflower. Indian J. Genet. Pl. Breed. 47(3): 243-247.

Škaloud, V. and Kovačik, A., 1974. Inheritance of some heteromorphic characters in Sunflowers (*Helianthus annuus* L.). *In*: Proc. 6th Inter. Sunflower Conf. Bucharest, Romania. pp. 291-295.

Škaloud, V. and Kovačik, A., 1975. Inheritance of certain little known morphological traits of Sunflower cultivars in the form of a phenotype (*Helianthus annuus* L.). Scientis Agricultural Bohemoslovakia. Tom 7(XXIV). Nr 1: 11-17. (In Russian)

Škaloud, V. and Kovačik, A., 1978. Survey on inheritance of Sunflower characters which are conditioned by a small number of genes. *In*: Proc. 8th Intl. Sunflower Conf. Minneapolis, Minesota, USA, July 23-27. pp. 490-497. Intl. Sunflower Assoc. Toowoomba,

Australia.

Škaloud, V., Kovačik, A., 1996. Evaluation of self- fertility in Sunflower lines. Genet. a Šlecht. 32(4): 265-274.

Škorić, D. and Jocić, S., 2004. Achievements of Sunflower breeding at the IFVC in Novi Sad. *In*: Proc. of the 16th International Sunflower Conference. Fargo, ND, USA, August 29-September 2. Int. Sunflower Assoc. Paris, France. Vol. 2: 451-458.

Škorić, D. and Jocić, S., 2005. Broomrape (*Orobanche cumana* Wallr.) and its possible control by genetic and chemical means. Production and Processing of Oil seeds. *In*: Proc. 46th Oil Industry Conf. Petrovac na moru, June 6-10, 2005. pp. 9-21. (In Serbian)

Škorić, D. and Marinković, R., 1990. Current state in breeding and problems of Sunflower production. Production and Processing of Oil seeds. *In*: Proc. 31st Oil Industry Conf. Herceg Novi, pp. 1-15. (In Serbian)

Škorić, D. and Pacureanu-Joita, M., 2011. Possibilities for increasing Sunflower resistance to broomrape (*Orobanche cumana* Wallr.). Journal of Agricultural Science and Technology B1. pp. 151-162.

Škorić, D. and Rajčan, I., 1992. Breeding for Sclerotinia tolerance in Sunflower. *In*: Proc. 13th Intl. Sunflower Conf. Vol. 2: 1257-1262. Intl. Sunflower Assoc. Italy, September 7-11. Intl. Sunflower Assoc. Paris, France.

Škorić, D., 1975. Possibilities of using heterosis based on male sterility of Sunflower. Ph.D. thesis. University of Novi Sad, Agriculture Faculty, pp. 1-148. (In Serbian)

Škorić, D., 1976. The way of inheritance of oil content in the seeds in F_1 generation and the components of genetic variability. *In:* Proc. 7th Intl. Sunflower Conf. Vol. 1: 151-155. Krasnodar, USSR, June 27–July 3. Intl. Sunflower Assoc. Toowoomba, Australia.

Škorić, D., 1980. Desired model of hybrid Sunflower and the newly developed NS-hybrids. Helia (3): 19-24.

Škorić, D., 1985a. Sunflower breeding for resistance to *Diaporthe/Phomopsis helianthi*. Helia (8): 21-24.

Škorić, D., 1985b. Mode of inheritance of LAI in F_1 generation of different Sunflower inbreds. *In*: Proc. 11th Intl. Sunflower Conf. Vol. 1: 675-682. Mar del Plata, Argentina, March 10-13. Intl. Sunflower Assoc. Toowoomba, Australia.

Škorić, D., 1988. Sunflower breeding. Uljarstvo (Oil production), 25(1): 1-90.

Škorić, D., 1989. Sunflower breeding. *In*: Polak, V. (ed.), Sunflower-Monograph, Nolit, Beograd, 1989. Pp. 285-393. (In Serbian)

Škorić, D., 1992. Achievements and future directions of Sunflower breeding. Field Crops Research 30: 231-270.

Škorić, D., 2009. Sunflower breeding for resistance to abiotic stresses. Helia 32(50): 1-16.

Škorić, D., Bedov, S. and Konstatinov, K., 1978a. Studies of oil and protein contents and compositions in genetically divergent Sunflower genotypes. *In*: Proc. 8th Intl. Sunflower Conf. pp. 516-523. Minneapolis, USA, July 23-27. Intl. Sunflower Assoc. Toowoomba, Australia.

Škorić, D., Jocić, S. and Molnar, I., 2000. General (GCA) and specific (SCA) combining abilities in Sunflower. *In*: Proc. 15th Int. Sunflower Conf., Toulouse, France, June 12-15. Int. Sunflower Assoc., Paris, France. Vol. 2: E23-29.

Škorić, D., Jocić, S., Jovanović, D., Hladni, N., Marinković, R., Atlagić, J., Panković, D., Vasić, D., Miladinović, F., Gvozdenović, S., Terzić, S., Sakač, Z., 2006. Achievements of Sunflower Breeding. Zbornik radova-IFVC, NS. Book 42: 131-171. (In Serbian)

Škorić, D., Mihaljčević, M., Jocić, S., Marinković, R., Dozet, B., Atlagić, J. and Hladni, N., 1996. New results in Sunflower breeding. Production and Processing of Oil seeds. *In*: Proc. 37st Oil Industry Conf. Budva, pp. 18-25. (In Serbian)

Škorić, D., Vörösbaranyi, I. and Bedov, S., 1982. Variability in the composition of higher fatty acids in oil of Sunflower inbreds with different oil contents in seed. *In*: Proc. 10th Intl. Sunflower Conf. pp. 215-218. Surfers Paradise, Australia, March 14-18. Intl. Sunflower Assoc. Toowoomba, Australia.

Škorić, D., Vörösbaranyi, I., Ćupina, T. and Marinković, R., 1978b. Inheritance of fatty acid composition in F_1 generation of Sunflowers. *In*: Proc. 8th Intl. Sunflower Conf. pp. 472-479. Minneapolis, USA, July 23-27. Intl. Sunflower Assoc. Toowoomba, Australia.

Soare, G., 1996. Cercetari privind conditionarea genetica a fenomenului de autofertilitate la floarea-soarelui. Rezumat al tezei pentru obtinerea titlului de doctor in agronomie. Academia de stiinte agricole si silvice Gheorghe Ionescu Sisesti, Bucuresti. (In Romanian)

Soare, G., Vranceanu, V.A., 1996. Inheritance of self-fertility in Sunflower. *In*: Proc. of 14th Inter. Sunf. Conf., Beijing/Shenyang, China, 1, pp. 134-140. Intl. Sunflower Assoc. Paris, France.

Sobrino, E., Tarques, A.M. and Cruz-Diaz, M., 2003. Modeling the oleic acid content in Sunflower oil. Agronomy Journal 95: 329-334.

Stanković, V., 2005. Phenotypic and correlations of morphophysiological traits and yield components of protein Sunflower (*Helianthus annuus* L.). M.Sc. Thesis, University of Novi Sad, Faculty of Agriculture. pp. 1-68. (In Serbian)

Stanojević, D., Nedeljković, S. and Jovanović, D., 1992. Oil and protein concetration in seed of diverse high-protein inbred lines of Sunflower. *In*: Proc. 13th Intl. Sunflower Conf. Vol. 2: 1263-1268. Intl. Sunflower Assoc. Pisa, Italy, September 7-11. Intl. Sunflower Assoc. Paris, France.

Steer, B.T., Hocking, P.J., Low, A., 1988. Dry Matter, Minerals and Carbohydrates in the Capitulum of Sunflower (*Helianthus annuus* L.): Effects of Competition between Seeds and Defoliation. Field Crops Research 18: 71-85.

Stipanović, R.D., O'Brien, D.H., Rogers, C.E., Haulon, K.D., 1980. Natural Rubber from Sunflower. J. Agric. Food Chem. 28: 1322-

1323.

Stipanović, R.D., Seiler, G.J., Rogers, C.E., 1982. Natural Rubber from Sunflower. Agric. Food Chem. 30(3): 611-613.

Stoenescu, F., 1974. Chapter VI. Genetics. *In:* Vranceanu, A.V. (Ed.), Floarea-Soarelui, Editura Academici Republicii Socialiste Romania, Bucharest. pp. 93-120. (In Romanian)

Stoyanova, Y. and Ivanov, P., 1975. Inheritance of oil and protein content in first hybrid progeny of Sunflower. Rastenievud. Nauk 12(9): 30-35. (In Bulgarian)

Stoyanova, Y., 1970. On the inheritance of male sterility in certain sources of this character in Sunflower. Genetics and Plant Breeding 3(6): 451-495. Sofia, (In Bulgarian)

Stoyanova, Y., Ivanov, P. and Georgiev, Y., 1971. Inheritance of certain Sunflower traits in the F_1 generation. Sofia. (1): 3-14. (In Bulgarian)

Sudhakar, D., Seetharam, A., Sindai, S.S., 1984. Analysis of combining ability in Sunflower. Oilseeds Journal 1: 157-166, Minneapolis, USA, July 22-27. Intl. Sunflower Assoc. Toowoomba, Australia.

Sujatha, M. and Prabakaran, A.J., 2006. Ploidy manipulation and introgression of resistance to *Alternaria helianthi* from wild hexaploid *Helianthus* species to cultivated Sunflower (*H. annuus* L.) aided by another culture. Euphytica 152: 201-215.

Sujatha, M., Prakabaran, A.J. and Chattopadhyay, C., 1997. Reaction of wild Sunflowers and certain interspecific hybrids to *Alternaria helianthi*. Helia 20(27): 15-24.

Sukno, S., Jan, C.C., Melero-Vara, J.M. and Fernández-Martínez, J.M., 1998. Reproductive behavour and broomrape resistance in interspecific hybrids of Sunflower. Plant Breeding 117: 279-285.

Sukno, S., Melero-Vara, J.H. and Fernández-Martínez, J.M., 1999. Inheritance of Resistance to *Orobanche cernua* Loefl. in Six Sunflower lines. Crop Sci 39: 674-678.

Suzer, S. and Atakisi, I., 1993. Yield components of Sunflower hybrids of different height. Helia 16(18): 35-40.

Tahmasebi-Enferadi, S., Turi, M., Baldini, M. and Vannnozzi, G.P., 2000. Comparison between artificial inoculation and culture filtrate of *Sclerotinia sclerotiorum* (Lib.) de Bary treatments on nine Sunflower genotypes. *In*: Proc. 15th Intl. Sunflower Conf. Vol. 2: K23-K28. Toulouse, France, June 12-15. Intl. Sunflower Assoc. Paris, France.

Takhtadzhian, A.L., 1970. Proishozhdenie i rasseleniye cvetkovyh rasteniy, (Flowering Plants: Origin And Dispersal), Publisher: Nauka, Moskva, USSR, pp. 1-146. (in Russian)

Taklewold, A., Jayaramaiah, H., Jagadeesh, B.N., 2000. Correlations and path analysis of physio-morphological characters of Sunflower (*Helianthus annuus* L.) as related to breeding method. Helia 23(32): 105-114.

Tan, A.S., Jan, C.C. and Gulya, T.J., 1991. Genetic analysis of resistance to Race 4 of Sunflower downy mildew from wild Sunflower (*Helianthus annuus* L.). *In*: Proc. 13th Sunflower Research Workshop. Fargo, ND, January 10-11. Natl. Sunflower Associaton. Bismarck, ND. pp.123-124

Tan, A.S., Jan, C.C. and Gulya, T.J., 1992. Inheritance of Resistance to Race 4 of Sunflower Downy Mildew in Wild Sunflower Accessions. Crop. Sci. 32: 949-952.

Tang, S., Hass, C.G. and Knapp, S.J., 2006a. Ty3/*gypsy*-like retrotransposon knockout of a 2-methyl-6-phytil-1,4-benzoguinone methyltransferase is non-lethal, uncovers a cryptic paralogous mutation and produces novel tocopherol (vitamin E) profiles in Sunflower. Theor. Appl Genet. 113: 783-799.

Tang, S., Heesacker, A., Kishore, V.K., Fernandez, A., Sadik, E.S., Cole, G. and Knapp, S.J., 2003a. Genetic Mapping Or_5 Gene for Resistance to *Orobanche* Race E in Sunflower. Crop Sci. 43: 1021-1028.

Tang, S., Kishore, V.K., Knnap, S.J., 2003. PCR-multiplexes for a genome-wide framework of simple sequence repeat marker loci in cultivated Sunflower. Theor. Appl. Genet. 107: 6-19.

Tang, S., Leon, A., Bridges, W.C. and Knapp, S.J., 2006b. Quantitative Trait Loci for Genetically Correlated Seed Traits are Tightly Linked to Branching and Pericarp Pigment Loci in Sunflower. Crop. Sci. 46: 721-734.

Tanimu, B. and Ado, S.C., 1988. Relationships among yield components in forty populations of Sunflower. Helia (11): 21-23.

Tehmine Anjum, Ruksana Bajwa, 2005. A bioactive annuionone from Sunflower leaves. Phytochemistry 66: 1919-1921.

Teklewold, A., Jayaramaiah, H., Jagadeesh, B.N., 2000. Correlations and path analysis of physio-morphological characters of Sunflower (*Helianthus annuus* L.) as related to breeding method. Helia 23(32): 105-114.

Terbea, M. and Vranceanu, A.V., 1988. Ecological studies on Sunflower root system. Helia (11): 29-33.

Terbea, M., 1979. An indirect test for estimating Sunflower drought tolerance. Helia (2): 31-33.

Thierry, L., Champalivier, L., Lacombe, S., Kleiber, D., Berville, A. and Dayde, J., 2000. Effects of temperature variations on fatty acid composition in oleic Sunflower oil (*Helianthus annuus* L.) hybrids. *In*: Proc. 15th Intl. Sunflower Conf. Vol. 1: A73-A78. Toulouse, France, June 12-15. Intl. Sunflower Assoc. Paris, France.

Tikhonov, O.I., Bochkarev, N.I., Dyakov, A.B., 1991. Sunflower biology, plant breeding and growing technology. VASKHNIL,

Moscow, Agropromizdat. pp. 1-268. (In Russian)

Tolmachev, B.B., 1998. Inheritance and assistance of genes in anticianid pigmentation of Sunflower florets. Nauk.-Tehn. Bjul. Ukrajina, UAAH.N. 3: 75-81. (In Russian)

Tolmacheva, N.N., 2007. Production of genetic collection of Sunflower with an erective type of leaves. M.Sc.-thesis. (Autoreferat). State University of Cuban. Krasnodar, Russia. pp. 1-22. (In Russian)

Tourvieille de Labrouhe, D., Serre, F., Walser, P., Philippon, J., Vear, F., Tardin, M.C. Andre, T., Castellanet, P., Chatre, S., Castes, M., Jouve, P., Madeuf, J.L., Mezzarobba, A., Plegades, J., Pauchet, I., Mestries, E., Penaud, A., Pinochet, X., Serieys, H. and Griveau, Y., 2004b. Partial, non-specific resistance to downy mildew in cultivated Sunflower lines. In: Proc. 16th Intl. Sunflower Conf. Vol. 1: 105-110. Fargo, ND, USA, August 29–September 2. Intl. Sunflower Assoc. Paris, France.

Tourvieille de Labrouhe, D., Serre, F., Walser, P., Roche, S. and Vear, F., 2008. Quantitative resistance to downy mildew (*Plasmopara halstedii*) in Sunflower (*Helianthus annuus*). Euphytica 164: 433-444.

Tourvieille de Labrouhe, D., Vear, F. and Achbani, El.H., 1992. Attack of Sunflower terminal buds by *Sclerotinia sclerotiorum*, symptoms and resistance. In: Proc. 13th Intl. Sunflower Conf. Vol. 1: 859-864. Intl. Sunflower Assoc. Italy, September 7-11. Intl. Sunflower Assoc. Paris, France.

Tourvieille de Labrouhe, D., Walster, P., Mestries, E., Gillot, L., Penaud, A., Tardin, M.C. and Pauchet, I., 2004a. Sunflower dow-ny mil-dew resistance gene pyramiding, alternational and mixture: first results comparing the effects of different varietal structures on changes in the pathogen. In: Proc. 16th Intl. Sunflower Conf. Vol. 1: 111-116. Fargo, ND, USA. August 29-September 2. Intl. Sunflower Assoc. Paris, France.

Triboi-Blondel, A.M., Bonnemoy, B., Falcimagne, R., Martignac, M., Messaoud, J., Phillipon, J. and Vear, F., 2000. The effect of temperature from flowering to maturity on seed composition of high oleic Sunflower inbreds and mid oleic hybrids. In: Proc. 15th Intl. Sunflower Conf. Vol. 1: A67-A72. Toulouse, France. Intl. Sunflower Assoc. Paris, France.

Tuberosa, R., Paradisi, U. and Mannini, P., 1985. Stomal density in Sunflower (*Helianthus annuus* L.). Helia (8): 33-36.

Tyagi, A.P., 1988. Combining ability analysis for yield components and maturity traits in Sunflower (*H. annuus* L.). In: Proc. of 12th Inter. Sunf. Conf., Novi Sad, Yugoslavia, 489-493. Intl. Sunflower Assoc. Paris, France.

Uhart, S., Frugone, M., Pozzi, G., Correa, R. and Simonella, C., 2000. Rendimiento yestabilidad de rendimiento en hibridos de girasol linoleicos y alto oleicos: II efecto de factores combinados o del ambiente. In: Proc. Intl. Sunflower Conf. Vol. 1: A.91-A.96. Toulouse, June 12-15, France. Intl. Sunflower Assoc. Paris, France.

Urie, A.L., 1984. Inheritance of very high oleic acid content in Sunflower. In: Proc. 6th Sunflower Res. Workshop. Natl. Sunflower Assooc., Bismarck, USA. pp. 9-10.

Urie, A.L., 1985. Inheritance of high oleic acid in Sunflower. Crop. Sci. 25: 986-989.

Ustinova, E.I., 1951. The embryologic analysis of Sunflower ovary by pollination with mixed pollen. Agrobiologie 3: 56-58. (In Bulgarian)

Vaish, O.P., Agrawal, S.C., Joshi, M.J., 1978. Frequency of insect visitors for pollen foraging on Sunflower. In: Proc. 8th Intl. Sunflower Conf., Minneapolis, MN, 23-27 July 1978. Intl. Sunflower Assoc., Paris, France. pp. 148-157.

Van Becelaere, G. and Miller, J.F., 2004. Combining Ability for Resistance to Sclerotinia Head Rot in Sunflower. Crop. Sci. 44: 1542-1545.

Van Becelaere, G., 2003. Methods of inoculation and inheritance of resistance to *Sclerotinia* head Rot in Sunflower. Ph.D. Thesis, pp.1-81. North Dakota State University of Agriculture and Applied Sci. Fargo, ND, USA.

Van der Merwe, P.J.A. and Greyling, B.C., 1996. Resistance to *Albugo tragopogonis* in Sunflower. In: Proc. ISA Symposium I: Disease Tolerance in Sunflower. pp: 106-111. Beijing, China, June 13. Intl. Sunflower Assoc. Paris, France.

Van Wyk, P.S., Viljoen, A. and Jooste, W.J., 1999. Head and seed infection of Sunflower by *Albugo tragopogonis*. Helia 22(31): 117-124.

Vannozzi, G.P., Menichincheri, M., Gomez-Sanchez, D., 1996. Evaluation of experimental Sunflower hybrids derived from interspecific crosses for drought tolerance. ISA-Symposium II: Drought Tolerance in Sunflower. Beijing, P.R. China, June 14, 1996. pp. 85-97.

Vanozzi, G.P. and Paolini, R., 1984. Pollen fertility restoration as differently controlled among *Helianthus* species. Helia (7): 21-22.

Vares, D., Cleomene, J., Lacombe, S., Griveau, Y., Berville, A. and Kaan, F., 2000. Triacylglyceride composition in F_1 seed using factorial and diallel crosses between Sunflower lines. In: Proc. 15th Intl. Sunflower Conf. Vol. 1: A-19-A24. Toulouse, France, June 12-15. Intl. Sunflower Assoc. Paris, France.

Vares, D., Lacombe, S., Griveau, Y., Berville, A. and Kaan, F., 2002. Inheritance of reduced saturated fatty acid content in Sunflower oil. Helia 25(36): 113-122.

Vasić, D., Alibert, G. and Škorić, D., 1999. *In vitro* screening of suflower for resistance to *Sclerotinia sclerotiorum* (Lib.) de Bary. Helia

22(31): 95-104.

Vasić, D., Marinković, R., Miladinović, F., Jocić, S., Škorić, D., 2004. Gene actions affecting Sunflower resistance to *Sclerotinia sclerotiorum* measured by *sclerotinia* infections of roots, stems and capitula. *In*: Proc. 16th Intl. Sunflower Conf. Vol. 2: 603-608. Fargo, ND, USA, August 29-September 2. Intl. Sunflower Assoc. Paris, France.

Vasiljević, L.J., 1980. The significance of photosynthetic activity of leaves and intensity of translocation of photo assimilators in the process of forming inbred-line yield and Sunflower hybrids. Ph.D. Thesis. University of Novi Sad, Faculty of Agriculture. (In Serbian)

Vasiljević, L.J., 1981. The significance of photosynthetic activity of leaves and intensity of translocation of photo assimilators in the process of forming inbred-line yield and Sunflower hybrids. Agricultural archives, Belgrade, 42(146): 183-218. (In Serbian)

Vassilevska-Ivanova, R. and Tcekova, Z., 2005. Agronomic characteristics of a dwarf germplasm Sunflower line. Helia 28(42): 51-56.

Vear, F. and Leclerg, P., 1971. Deux nouveax genes de resistance au mildino du tournesol. Ann. Amelior. Plant. 21: 251-255.

Vear, F., Garreyn, M. and Tourvieille de Labrouhe, D., 1997. Inheritance of resistance to phomopsis (*Diaporthe helianthi*) in Sunflower. Plant Breeding 116: 277-281.

Vear, F. and Tourvieille de Labrouhe, D., 1985. Resistance to *Sclerotinia sclerotiorum* in Sunflowers. *In*: Proc. 11th Intl. Sunflower Conf. Vol. 1: 357-362. Mar de Plata, March 10-13, Argentina. Intl. Sunflower Assoc. Paris, France.

Vear, F., 2004. Breeding for durable resistance to the main diseases of Sunflower. *In*: Proc. 16th Intl. Sunflower Conf. Vol. 1: 15-28. Fargo, ND, USA, August 29-September 2. Intl. Sunflower Assoc. Paris, France.

Vear, F., Jouan-Dufournel, I., Bert, P.F., Serre, F., Cambon, F., Pont, C., Walser, P., Roche, S., Tourvieille de Labrouhe, D. and Vincourt, P., 2008c. QTL for capitulum resistance to *Sclerotinia sclerotiorum* in Sunflower. *In*: Proc. 17th Intl. Sunflower Conf. Vol. 2: 605-610. Cordoba, Spain. Angew. Bot. 71: 5-9.

Vear, F., Pham-Delegue, M., Tourvieille de Labrouhe, D., Marilleau, R., Loybier, Y., le Metayer, M., Douault, P., Philippon, J.P., 1990. Genetical studies of nectar and pollen production in Sunflower. Agronomie 10: 219-231.

Vear, F., Serieys, H., Petit, A., Serre, F., Boudon, J.P., Roche, S., Walser, P. and Tourvieille de Labrouhe, D., 2008a. Origins of major genes for dawny mildew resistance in Sunflower. *In*: Proc. 17th Intl. Sunflower Conf. Vol. 1: 125-130. Cordoba, Spain, June 8-12. Intl. Sunflower Assoc. Paris, France.

Vear, F., Serre, F., Jouan-Duforneal, I., Bert, P.F., Roche, S., Walser, P., Tourvieille de Labrouhe, D. and Vincourt, P., 2008b. Inheritance of quantitive resistance to downy mildew (*Plasmopara halstedii*) in Sunflower (*Helianthus annuus* L.). Euphytica 164: 561-570.

Vear, F., Serre, F., Roche, S., Walser, P. and Tourvieille de Labrouhe, D., 2007a. Recent research on downy mildew resistance useful for breeding industrial-use Sunflowers. Helia 30(46): 45-54.

Vear, F., Serre, F., Roche, S., Walser, P. and Tourvieille de Labrouhe, D., 2007b. Improvement of *Slerotinia sclerotiorum* head rot resistance in Sunflower by reccurent selection of a restorer population. Helia 30(46): 1-12.

Vear, F., Serre, F., Walser, P., Bonz, H., Joubert, G. and Tourvieille de Labrouhe, D., 2000. Pedigree selection for Sunflower capitulum resistance to *Sclerotinia sclerotiorum*. *In*: Proc. 15th Intl. Sunflower Conf. Vol. 2: K42-K47. Toulouse, France, June 12-15. Intl. Sunflower Assoc. Paris, France.

Vear, F., Tourvieille de Labrouhe, D. and Miller, J.F., 2003. Inheritance wide-range downy mildew resistance in the Sunflower line RHA 419. Helia 26(39): 19-24.

Velasco, L, Pérez-Vich, B. and Fernández-Martínez, J.M. and Dominguez-Gimenez, J., 2004d. Novel variation for tocopherol profile in Sunflower. *In*: Proc. 16th Intl. Sunflower Conf.. Vol. 2: 793-798. Fargo, ND, USA, August 29–September 2. Intl. Sunflower Assoc. Paris, France.

Velasco, L. and Fernández-Martínez, J.M., 2003. Indentification and genetic characterization of new sources of beta and gamma tocopherol in Sunflower germoplasm. Helia 26(38): 17-24.

Velasco, L., Dominguez, J. and Fernández-Martínez, J.M., 2004b. Registration of T589 and T2100 Sunflower germplasms with modified tocopherol profiles. Crop Sci. 44: 361-362.

Velasco, L., Fernández-Martínez, J.M, Garcia-Luiz, R. and Dominguez, J., 2002. Genetic and enviromental variation for tocopherol content and composition in Sunflower commercial hybrids. J. Agric. Sci. 139: 425-429.

Velasco, L., Pérez-Vich, B. and Fernández-Martínez, J.M., 1999. Non-destructive screening for oleic and linoleic acid in single Sunflower achenes by near-infrared reflectance spectroscopy (NIRS). Crop Sci. 39: 219-222.

Velasco, L., Pérez-Vich, B. and Fernández-Martínez, J.M., 2000. Inheritance of oleic acid content. under controlled enviroment. *In*: Proc. 15th Intl. Sunflower Conf., Toulouse, France. Int. Sunflower Assoc. Paris, France. p. I, A31-A36.

Velasco, L., Pérez-Vich, B. and Fernández-Martínez, J.M., 2004a. Development of Sunflower germplasm with high delta-tocopherol content. Helia 27(40): 99-106.

Velasco, L., Pérez-Vich, B. and Fernández-Martínez, J.M., 2004c. Novel variation for tocopherol profile in Sunflower created by mutagenesis and recombination. Plant Breed. 123(5): 490-492. DOI: 10.1111/j.1439-0523.2004.01012.x

Velasco, L., Pérez-Vich, B. and Fernández-Martínez, J.M., 2004e. Evaluation of wild Sunflower species for tocopherol content and composition. Helia 27(40): 107-112.

Velasco, L., Pérez-Vich, B. and Fernández-Martínez, J.M., 2004f. Use of near-infrared reflectance spectroscopy for selecting for high stearic acid concetration in single Sunflower seeds. Crop Sci. 44: 93-97.

Velasco, L., Pérez-Vich, B., Jan, C.C. and Fernández-Martínez, J.M., 2007. Inheritance of resistance to broomrape (*Orobanche cumana* Wallr.) race F in a Sunflower line derived from wild Sunflower species. Plant Breeding 126: 67-71.

Venkov, V. and Shindrova, P., 2000. Durable resistance to broomrape (*Orobanche cumana* Wallr.) in Sunflower. Helia 23(33): 39-44.

Venkov, V., Shindrova, P., 1998. Development of Sunflower Form with Partial Resistance to *Orobanche cumana* Wallr. By Seed Treatment with N: trisomethlurea (NMU). *In*: Proc. Fourth Intl. Workshop on *Orobanche* Research, September 23-26. Albene, Bulgaria. pp. 301-305.

Vera-Ruiz, E.M., Fernández-Martínez, J.M., 2006. Genetic mapping *Tph1* gene controlling beta-tocopherol accumulation in Sunflower seeds. Molecular Breeding 17: 291-296.

Vicente, P.A. and Zazzerini, A., 1997. Identification of Sunflower rust (*Puccinia helianthi*) physiological races in Mozambique. Helia 20(27): 25-30.

Vick, B.A. and Miller, J., 1996. Utilization of mutagens for fatty acid alteration in Sunflower. *In:* Proc. 18th Sunflower Research Workshop. Natl. Sunflower Assoc., Bismarck, ND, USA. pp. 11-17.

Vick, B.A., Jan, C.C. and Miller, J., 2003. Inheritance of the reduced saturated fatty acid trait in Sunflower seed. *In*: Proc. 25th Sunflower Research Workshop. Natl. Sunflower Assoc., Bismarck, Fargo, ND, USA, January 16-17. http://www.Sunflowernsa.com/uploads/research/81/81.PDF

Vick, B.A., Jan, C.C. and Miller, J.F., 2002. Inheritance of reduced saturated fatty acid content in Sunflower oil. Helia 25(36): 113-122.

Vick, B.A., Jan, C.C. and Miller, J.F., 2004. Two-year study on the inheritance of reduced saturated fatty acid content in Sunflower seed. Helia 27(41): 25-40.

Viranyi, F. and Maširević, S., 1991. Pathogenic races of Sunflower downy mildew in Europe present state, problems and prospects. Helia 14(15): 7-10.

Viranyi, F., 2008. Research progress in Sunflower diseases and their managment. *In:* Proc. 17th Intl. Sunflower Conf. Vol. 1: 1-13. Cordoba, Spain, June 8-12. Intl. Sunflower Assoc. Paris, France.

Voinescu, A. and Vranceanu, A.V., 1980. The effect of head peduncle breakage on seed set in Sunflower. Helia (3): 29-31.

Voljf, V., Dumancheva, P., 1973. Pojavlenije geterozisa u gibridov pervogo pokolonenija podsolnečnika. Geterozis kulturnih rastenij. Varna, Rez. 40.

Voljf, V.G., 1966. Occurrence of male sterility in Sunflower breeding. Plant breeding by using citoplasmic male sterility. Kiev. pp. 423-433. (In Russian)

Voljf, V.G., 1968. Heterosis in Sunflower and citoplasmic male sterility. Leningrad. pp. 348-357. (In Russian)

Vrabceanu, A.V., Pirvu, N., Stoenescu, F.M. and Pacueranu, M., 1986b. Some aspects interaction *Helianthus annuus* L./*Orobanche cumana* Wall. and its implications in Sunflower breeding. *In*: S.J. ter Borg (ed.). *In*: Proc. Workshop on Biology and Control of *Orobanche*. Agric. Center Wageningen, The Netherlands. 13-17 January. pp. 181-189. Agric. Center, Wageningen, The Netherlands.

Vranceanu, A.V. and Stoenescu, F., 1970. Imunitate la mana florii-soarelui, conditionata manogenic. Probleme Agricole 2: 34-40. (In Romanian)

Vranceanu, A.V. and Stoenescu, F.M., 1969b. Sterilitatea mascula la floarea-soarelui si perspectiva utilizarii ei in producerea semintelor hibride. Analele I.C.C.P.T. 35: 559-571. (In Romanian)

Vranceanu, A.V. and Stoenescu, F.M., 1971b. Aspecte genetice privind rezistenta la cadere a floarea-soarelui. Analele I.C.C.P.T. 37: 183-190. (In Romanian)

Vranceanu, A.V. Staicu, S. and Stoenescu, F.M., 1978c. Cytogenetic investigations in connecting with the gene *ms1* in Sunflower. *In:* Proc. 8th Intl. Sunflower Conf. Minneapolis, Minnesota, USA, July 23-27. pp. 497-501. Int. Sunflower Assoc. Toowoomba, Australia.

Vranceanu, A.V., 1967. Ereditatea surselor de androsterilitate la floarea-soarelui. Probl. Agric. 12: 4-11.

Vranceanu, A.V., 1970. Advances in Sunflower breeding in Romania. *In:* Proc. 4th Int. Sunflower Conf., Memphis, TN. 23-25 June, 1970. pp. 136-148. Int. Sunflower Assoc. Paris, France.

Vranceanu, A.V., 1974. Sunflower Academy of Romania Socialist Republic. pp. 1-332. (In Romanian)

Vranceanu, A.V., 2000. Floarea-soarelui hibrida. Editura Ceres., Bucuresti. pp. 1-1147. (In Romanian)

Vranceanu, A.V., Craiciu, D., Soare, G., Pacureanu, M., Voinescu, G. and Sandu, I., 1992a. Sunflower genetic resistance to *Phomopsis helianthi* attack. *In*: Proc. 13th Int. Sunf. Conf., Pisa, Italy, 7-11 Sep. 1992. Vol. 2: 1301-1306. Intl. Sunflower Assoc. Paris, France.

Vranceanu, A.V., Craiciu, D.S., Soare, G., Pacureanu, M., Voinescu, G. and Sandu, I., 1994. Sunflower genetic resistance to *Phomopsis helianthi* (Munt-Cvet. *et al.*). Rom. Ag. Res. 1: 19-11. Buchurest.

Vranceanu, A.V., Csep, N., Pirvu, N. and Stoenescu, F.M., 1983. Genetic variability of Sunflower reaction to the attack of *Phomopsis helianthi*. Helia 6: 23-25.

Vranceanu, A.V., Iuoras, M. and Stoenescu, F., 1988b. Genetic study of short petiol trait and its use in Sunflower breeding. *In*: Proc. 12th Intl. Conf. Novi Sad, July 25-29, Yugoslavia. pp. 429-434. Int. Sunflower Assoc. Paris, France.

Vranceanu, A.V., Iuoras, M. and Stoenescu, F.M., 1986a. A contribution to the diversification CMS sources in Sunflower. Helia 9: 21-25.

Vranceanu, A.V., Iuoras, M. and Stoenescu, F.M., 1988a. Genetic study of short petiole trait and its use in Sunflower breeding. *In:* Proc. 12th Int. Sunf. Conf., Novi Sad, Yugoslavia, 25-29 July, 1988. pp. 429-434. Int. Sunflower Assoc. Paris, France.

Vranceanu, A.V., Pirvu, N. and Stoenescu, F.M., 1981a. New Sunflower downy mildew resistance genes and their managment. Helia 4: 23-27.

Vranceanu, A.V., Pirvu, N., Stoenescu, F.M. and Iliescu, H., 1981b. Genetic aspects resistance of Sunflowers to *Sclerotinia sclerotiorum*. Analele I.C.C.P.T. 48: 45-53. (In Romanian)

Vranceanu, A.V., Pirvu, N., Stoenescu, F.M. and Iliescu, H., 1982. The interaction *Helianthus annuus* L.- *Plasmopara helianthi* Novot. and strategy of *Pl* genes utilization. An. ICCPT. Vol. L: 81-89. (In Romanian)

Vranceanu, A.V., Pirvu, N., Stoenescu, F.M. and Iliescu, H., 1984. A study in Sunflowers genetic variability in resistance to *Sclerotinia sclerotiorum*. Analele I.C.C.P.T. 51: 27-35.

Vranceanu, A.V., Stoenescu, F.M. and Scarlat, A., 1978a. The influence of different genetic and environmental factors on pollen self-compatibility in Sunflower. *In*: Proc. of 8th Int. Sunflower Conf., Minneapolis, MN. 23-27 July, 1978. pp. 453-465. Int. Sunf. Assoc. Paris, France.

Vranceanu, A.V., Stoenescu, F.M., Iouras, M., 1985. A correlation between self-fertility and the melliferous index in Sunflower. *In:* Proc. 11th Int. Sunflower Conf. Mar del Plata, Argentina, 10-13 March, 1985. pp. 697-702. Int. Sunflower Assoc. Paris, France.

Vranceanu, A.V., Tudor, V.A., Stoenescu, F.M. and Pirvu, N., 1980. Virulence groups of *Orobanche cumana* Wallr., differential hosts and resistance sources and genes in Sunflower. *In*: Proc. 9th Int. Sunflower Conf. Torremolinos, Spain, 8-13 June, 1980. pp. 74-82. Int. Sunf. Assoc. Paris, France.

Vranceanu, V., Stoenescu, F., 1969a. Hibrizii simpli de floarea soarelui o perspecitiva apropiata pentru producties. Probleme agricole, Bucharest, 10: 21-32. (In Romanian)

Vranceanu, V.A. and Stoenescu, F.M., 1971a. Pollen fertility restorer gene from cultivated Sunflower (*Helianthus annuus* L.). Euphytica 20: 536-541.

Vranceanu, V.A. and Stoenescu, F.M., 1978b. Genes for pollen fertility restoration in Sunflowers. Euphytica 27: 617-627.

Vulpe, V., 1972. Surse de androsterilitate la floara soarelni. Analele I.C.C.P.T. 38: 273-277.

Walcz, I. and Virany, F., 1996. Resistance of Sunflower to downy mildew races 1, 3 and 4. Helia 19(24): 93-98.

Wang, S. and Wang, C., 1996. Study on genetic character of Sunflower silver pollen grain. *In*: Proc. 14th Int. Sunflower Conf., Beijing/Shenyang, China, June 12-20. Int. Sunflower Assoc., Paris, France. Vol. 1: 174-177.

Wegmann, K, von Elert, E., Harloff, H-J., Stadler, M., 1991. Tolerance and resistance to *Orobanche*. *In:* K. Wegmann and L.J. Musselman (eds.). Progress in *Orobanche* Research. pp. 318-321.

Wegmann, K., 1986. Biochemistry of osmoregulation in *Orobanche* resistance. *In*: S.J. ter Borg (eds.). Proceedings of a Workshop on Biology and Control of *Orobanche*. Wageningen, pp. 107-113.

Wegmann, K., 1998. Progress in *Orobanche* research during the past decade. *In*: Proc. of the Fourth Intl. Workshop on *Orobanche* Research. September 23-26, Albena, Bulgaria. pp. 13-17.

Wegmann, K., 2004. The search for inhibitors exoenzymes *Orobanche* radicle. COST 849 Meeting. Naples, Italy.

Weisheng, D., 1991. Effect bracteal leaf on yield of grain in Sunflower. Helia 14(14): 73-78.

Whelan, E.D.P. and Dedio, W., 1980. Registration of Sunflower germplasm, composite crosses CMG-1, CMG-2 and CMG-3. Crop Sci. 20: 832.

Whelan, E.D.P., 1980. A new source of cytoplasmic male sterility in Sunflower. Euphytica 29: 33-46.

Whelan, E.D.P., 1981. Cytoplasmic male sterility in *Helianthus giganteus* L.× *H. annuus* L. interspecific hybrids. Crop Sci. 21: 855-858.

Xanthopoulos, F.P., 1991. Seed set and pollen tube growth in Sunflower styles. Helia 14(14): 69-72.

Yang, S.M., Dowler, W.M. and Luciano, A., 1989. Gene Pu_6: New gene in Sunflower for resistance to *Puccinia helianthi*. Phytopathology 79(4): 474-477.

Zali, A.A. and Samadi, Y.B., 1978. Association of seed yield and seed oil content with other plant seed characteristics in *Helianthus annuus* L. *In*: Proc. 8th Intl. Sunflower Conf. Minneapolis, Minnesota, USA, July 23-27. pp. 164-171. Intl. Sunflower Assoc.

Toowoomba, Australia.

Zetsche, K, Horn, R., 1993. Molecular analysis of cytoplasmic male sterility in Sunflower. *In*: Brennicke, A., Kuck, U. (eds). Plant Mitochondria. pp. 419-422. Springer-Verlag, Weinheim/New York, NY.

Zhang, J., Wang, L., Zhao, A., Liu, H., Jan, C.C., Qi, D. and Liu, G., 2009. Morphological and cytological study in a new type of cytoplasmic male-sterile line CMS-GIG 2 in Sunflower (*Helianthus annuus* L.) Plant Breeding. (Published Online)

Zhdanov, D.A., 1963. Abstracts-directions of Sunflower breeding at Rostov on Don experimental station of VNIIMK. Maslichnie culturi, Moscow, (Trudi 1912-1962): 37-56. (In Russian)

Zhdanov, L.A., 1964. On selection of Sunflower to low plant height. Dokladi VASHNIL. pp. 7-12. (In Russian)

Zhdanov, L.A., 1975. Sunflower selection on experimental station on the river Don. 14(14): 73-78.

Zhou, W.J., Yoneyama, K., Takeuchi, Y., Iso, S., Rungmekarat, S., Chae, S.H., Sato, D. and Joel, D.M., 2004. *In vitro* infection of host roots by differentiated calli parasitic plant *Orobanche*. Journal of Experimental Botany 55(398): 899-907.

Zimmer, D.E. and Kinman, M.L., 1972. Downy mildew resistance in cultivated Sunflower and its inheritance. Crop Sci. 12: 749-751.

第 2 章 向日葵育种

Dragan Škorić

Serbian Academy of Sciences and Arts, Belgrade, Knez Mihailova St. 35, Republic of Serbia

大约2000年前，北美洲的奥扎克族印第安人开始尝试驯化向日葵。考古发掘的单头向日葵具有和现代栽培品种相似的特征（Fick，1978；Miller，1987）。

2.1 向日葵育种原理和方法

2.1.1 向日葵育种简史

自从16世纪向日葵被带到欧洲后，很长一段时间，向日葵只是种在花坛和植物园内作为观赏植物。向日葵作为油料作物的最早记载可追溯到1818年的俄国。向日葵作为油料作物在俄国的大规模种植始于19世纪30年代。

向日葵品种的选育工作与它成为一种油料作物是同时开始的。大约在19世纪末期，俄国不同地区的农民开始自行选育向日葵品种，目的是改良已有向日葵群体。根据Morozov（1947）和Veselovskiy（1885）的记载，农民尤其是萨拉托夫（Saratov）和沃罗涅日（Voronezh）地区的农民系统性地开展了对已有向日葵品种产量性状的改良工作，选育出了很多地方性的农家种。当时，最常用的育种方法是大量选择最好的花盘和单个植株。向日葵第一个被关注的性状是早熟性，因为早熟品种更适合越冬储藏。

1912年，库格里克（Kruglik）植物育种实验站进行的向日葵品种研发，标志着向日葵科学育种工作的开始。哈尔科夫（Kharkov）和萨拉托夫（Saratov）育种站也于同年开始进行向日葵品种的选育工作。应用于向日葵育种的第一种方法是从已有地方品种群体中针对特定的性状进行群体和个体的选择。第一个阶段的选育获得了几个向日葵品种。俄罗斯育成的第一个重要向日葵品种是Saratovski 169。该品种在俄罗斯大量种植，种植面积曾超过100万hm^2。

20世纪20年代，俄罗斯成立了几个大规模的向日葵育种中心，分别位于克拉斯诺达尔（Krasnodar）、罗斯托夫（Rostov-on-Don）、哈尔科夫（Kharkov）、敖德萨（Odessa）、阿尔马维尔（Armavir）和萨拉托夫（Saratov）。

在V. S. Pustovoit的带领下，育种家开发了一种新的育种方法来选育高产的品种，在整个选育周期内利用了个体选择和保纯繁殖技术。这个育种策略也被其他向日葵育种家如Zhdanov、Shcherbina等采用。使用这种育种方法，向日葵籽粒的含油率从36%增加到52%，抗列当、锈病、向日葵螟等性状被聚合到向日葵品种中。俄罗斯高产的向日葵品种Peredovik、Armavirski 3497、Mayak、VNIIMK 8931、VNIIMK 6540、Smena和其他品种推动油用向日葵传播到世界各地。

根据Bertero de Romano和Vasquez（2003）的记载，20世纪初俄罗斯移民将向日葵带到阿根廷。他们报道，1929~1930年，布宜诺斯艾利斯省的向日葵种植面积达到

4500hm^2，1931年，布宜诺斯艾利斯省的Lana Previsioni实验站开始进行向日葵育种工作。

根据Fick和Miller（1997）的记载，Cockerell（1912，1915）在向日葵的发源地——北美洲首次开展了向日葵的遗传研究。同时，美国、加拿大也开始对青贮型向日葵品种进行改良研究（Wiley，1921；Kirk，1924）。

根据Fick和Miller的报道，北美洲的向日葵育种于1937年由加拿大农业部在萨斯喀彻温（Saskatchewan）开始（Putt，1940），1950年在美国德克萨斯实验站也开始了向日葵育种工作。在同一时期，美国明尼苏达州、加利福尼亚州的农业实验站也开展了相似的育种工作（图2.1）。

图2.1　向日葵育种试验地
a. 向日葵常规种；b. 向日葵杂交种

20世纪60年代，俄罗斯开始对高产高油向日葵品种进行培育，欧洲其他国家（罗马尼亚、保加利亚、塞尔维亚、匈牙利、法国等）向日葵育种工作也相继展开。这些国家的育种中心在短时间内育成了大量的新品种。例如，罗马尼亚的Record、Orizont，塞尔维亚诺维萨德的20、61和317，匈牙利的GK-70，以及保加利亚的一些品种。Luciano和Dawreny（1967）在报告中指出，阿根廷也培育出了一组新的向日葵品种，如Guayacan INTA、Cordobex INTA、INTA Manfredi、Impira INTA、Klein等。

Galina Pustovoit（1963，1975）在育种过程中引入了种间杂交技术，将向日葵育种工作向前推进了一步。他将野生六倍体菊芋（*Helianthus tuberosus*）和栽培向日葵VNIIMK 8931进行了杂交。

经过长期努力，几个新的向日葵品种，如Yubilejniy 60、Progress、Novinka、October

等诞生了（Pustovoit et al., 1976, 1978）。世界各地的育种家成功地将这些品种应用到向日葵自交系和杂交种的繁育之中，特别是在抗病基因的鉴定分离方面。

20世纪初，杂种优势开始广泛应用于玉米的选育中。向日葵自交和杂种优势的研究也同时展开。Morozov（1947）指出，Plachek（1915）在萨拉托夫（Saratov）实验站首次进行了向日葵自交试验，并于20世纪30年代发表了关于配合力对自交影响的研究成果。Morozov（1947）也报道了他本人所做的自交系双列杂交的成果。他虽然配置了高产的杂交组合，但是不能应用到实际生产中，原因是向日葵是两性花，不可能进行大规模的杂交种生产。

20世纪后半叶，许多育种工作者开始对向日葵自交和杂种优势遗传进行研究。Habura（1958）、Schuster（1964）、Gundaev（1965）、Putt（1962，1966）、Popov等（1965）、Voljf（1968）、Leclercq（1966）、Vrânceanu和Stoenescu（1969）、Anashchenko（1972）、Škaloud和Kovačik（1973）、Velkov和Stoyanova（1973）、Škorić（1975）等育种工作者取得了显著的成果。

由于向日葵是两性花，育种工作者尝试使用赤霉酸溶液进行化学去雄，利用雌蕊先成熟、部分细胞质雄性不育等方法，旨在解决杂种优势的应用问题。但是，以上方法均未能解决大规模杂交种制种的问题。

Leclercq（1966）、Vrânceanu和Stoenescu（1969）、Kovačik（1971）、Burlov（1972）和Škorić（1975）发现了一个最引人注目及有用的核雄性不育材料，其中核不育基因和种苗颜色基因紧密连锁（花青素标记）。在这些材料中，雄性不育性由一个隐性基因控制。这个隐性基因和单交向日葵杂交种的绿色基因紧密连锁。雄性不育系通过连续不断地行间授粉得以保持和扩繁。将双杂合花青素雄性可育株（$TMs\ tms$）的花粉给双隐性绿色雄性不育株（$tms\ tms$）授粉，可得到50%绿色雄性不育株和50%花青素雄性可育株。

由于去除含有花青素可育株的费用高昂，这些核雄性不育材料在向日葵杂交种制种过程中只发挥了短暂的作用。具有这种雄性不育性的杂交种在法国、罗马尼亚和塞尔维亚得到了推广并商业化种植了3~4年。

发现稳定的细胞质雄性不育基因（cms）后，杂种优势开始在向日葵制种过程中得到实际应用。Leclercq（1969）在栽培向日葵和野生向日葵 Helianthus petiolaris 的种间杂交中发现了稳定的细胞质雄性不育材料，这个发现满足了生产杂交种的第一个条件。Kinman（1970）从T66006-2-1中获得了恢复系（基因），并命名为RHA 265和RHA 266。这个发现满足了生产杂交种的第二个条件。大约在同一时间，其他育种工作者——Leclercq（1971）、Enns（1972）、Vrânceanu和Stoenescu（1971）也发现了恢复基因。向日葵育种史上一个重要的时刻是Fick和Zimmer（1974）育成了第一批带有隐性分枝基因的恢复系，如RHA 273、RHA 274等。

自从第一个不育系（Leclercq，1969）和第一个恢复系（Kinman，1970）问世以来，世界不同地区的向日葵育种中心（有公立的，也有私立的）如雨后春笋般涌现出来，这些育种中心的建立标志着向日葵在世界上许多国家已经成为了重要的油料作物。

这里应该提到的是，在Leclercq（1969）发现第一个细胞质雄性不育材料（PET1）后，育种家相继发现了70多个细胞质雄性不育材料，以及与它们相匹配的恢复系基因。

尽管如此，PET1仍然是世界上大多数向日葵育种中心主要使用的不育系，因为该材料具有非常稳定的不育性。

2.2 育种目标

为了能够确定向日葵杂交种的最佳育种目标，育种工作者需要具备一定的遗传和育种知识。另外，现代育种工作者还应该掌握足够的生物学相关学科的知识，如植物病理学、昆虫学、植物生理学、农艺学、土壤科学、生物化学及新兴的分子生物学和统计学。此外，成功的育种工作还离不开育种家与其他学科研究人员的合作（Sharma，1994）。

不同育种项目的育种目标不同，但是，总体来说，高产和高油是两大重点目标（Fick and Miller，1997）。有关高含油率，Djakov（1969）的研究结果表明，育种选择的目标应该是籽仁含油率高的基因型——这样可以获得单位面积内较高的产油量。产量是一个复杂的性状，为了获得高产品种，必须改良向日葵一系列特征特性，如收获指数、库容量、抗生物和非生物逆境胁迫的能力、早熟性、适应性等（Škorić，1988，1989，1992）。经济产量是收获指数和生物产量的结合，对此，建议参考Kirichenko（2005）的研究结果：大多数杂交种都具有高产、性状稳定和高水平遗传的稳定性。

对于特殊的市场需求，育种目标可能会有所不同（Fick and Miller，1997；Škorić，1989）。对于食葵品种，大籽粒和籽仁、高籽仁率、籽仁大小均匀、瘦果形状和颜色等都是重要的育种目标（Fick，1978；Fick and Miller，1997）。Jovanovič（2001）、Chakrapani等（1998）和Škorić等（2006）得出结论：对于食葵品种，除了以上提到的特性，高蛋白质（>25%）和必要的籽粒脂肪酸含量、种子含油率低于40%、油质稳定性高（高油酸基因型：HO）等也是重要的育种指标。食葵的两个最重要的性状——易扒仁性和货架寿命也是需要进一步改良的重要性状。

近期，将从野生向日葵中获得的抗除草剂（咪唑啉酮和磺酰脲类）基因导入育种材料已成为油葵和食葵育种的首要目标。

检测能够改变油品质的自然突变基因并将其导入高产的向日葵品种中，是一个进一步需要考虑的育种目标。传统的向日葵品种和杂交种都含有油酸，而新的突变体同时具有高含量的油酸、棕榈酸和硬脂酸。培育带有改良生育酚（α-生育酚、β-生育酚、γ-生育酚、δ-生育酚）的高油酸杂交种是一个重要的育种目标，因为这种特性可以使向日葵油的货架寿命比传统向日葵油延长14倍（Demurin，1993；Škorić et al.，1996）。高硬脂酸含量也很重要，它能够降低人造黄油生产和食用油烹调中的氢化（hydrogenation）程度（Lühs and Friedt，1992）。

为满足特殊农业生态条件的需求而培育特殊的向日葵品种也是向日葵育种的一个重要目标。Škorić（1980）针对南斯拉夫的气候条件设计了一个杂交种的类型。确定理想株型时不应该忽略或忽视向日葵的生理学参数。所以，Ćupina和Sakač（1989）确定了NS向日葵杂交种的生理模型：干物质产量至少达到$12t/hm^2$，其中茎秆重5t、叶片重2t、根茎重1t、籽粒和葵盘重5t；花盘上至少有1500个管状花；叶面积持续期（LAD）达到90天；现蕾前，叶面积指数（leaf area index，LAI）达到$3m^2/m^2$，这个值在花期应该更高；从现蕾到开花，光照的利用率达到2.23%；花期至生理成熟期，由于籽粒油分的大量合成，导致叶片中叶面积和光合作用的最大化；蛋白质的动态合成取决于茎秆和叶片上存储的氮的含量；结实过程持续时间尽可能长；根系要发达，能够有效地吸收土壤中的水分和矿物质；根系面积至少$0.3m^2$/株。

整体来说，对于所有类型的向日葵品种，主要的育种目标是提高产量和油的品质；而对食用向日葵而言，主要的育种目标为提高蛋白质的品质及筛选其他适用于非食品行业进行加工的性状。换句话说，最终目标是使向日葵的经济产出达到最高，同时还必须考虑生产投入的成本，并且尽量减少对环境造成的负面影响。

2.3 种质资源

为了实现育种目标，必须要有足够多的遗传变异，如适合的遗传资源。

具有代表性的可以利用的向日葵种质资源包括栽培向日葵和野生向日葵（图2.2）。栽培向日葵种质资源可以分为以下几组。

图2.2 育种过程的主要构成

a.向日葵新杂交种试验地；b.育种圃；c.野生向日葵资源收集

（1）本地族群/地方品种

本地族群/地方品种是指未经过系统方法或专门的育种程序而自然进化的原始品种或群体。本地族群是遗传变异的载体，适合本地土壤类型、气候条件和其他因素。本地族群，特别是那些具有广泛适应性和对特定病害具有抗性的本地族群是许多优良基因的来源。

（2）淘汰品种

淘汰品种是指通过育种程序育成，但是因为被更有生产潜力的品种所取代而不能继续商业化的品种。它们具有一定的优良基因，有时候在育种过程中可以利用这些基因来解决向日葵生产过程中存在的问题。

（3）生产中的品种

这些品种在育种项目中容易被利用，也是种质资源收集的重要组成部分。它们具有丰富的基因资源，具有高产、品质好、抗病等特性。它们可以被引入其他地区，通过品种试验后进入商业化生产。

（4）育种品系

育种品系是指在育种项目中选育出的品系或群体，包括纯合系、诱发突变产生的品系、种间杂交获得的品系、通过新兴的生物技术创造的品系和转基因品系。

（5）混系品种

以前培育的混系品种可以在育种项目中作为基础材料被利用。例如，混系品种CM303是包括HA 89在内的几个著名的自交系形成的基础育种材料。Miller（1987）提到，选育新的遗传变异时，有可能通过表型的循环选择法获得新的混系品种。培育混系品种的关键是要将开放授粉品种和许多根据特定的特征或特性（对某些病害的抗性、农艺性状等）而选择的基因型进行杂交，从而获得一个新的开放授粉的群体。

（6）综合品种

世界各地育种中心收集的资源中都有已经育成的综合品种，其可以作为培育新自交系的基础材料。综合品种是指由一些具有高配合力的植株相互杂交而成的群体。这些植株的配合力是通过它们和一个测试种杂交后得到的。通过基因型轮回选择而实现对群体的改良。综合品种通过开放授粉得以保存。根据Miller（1987）报道，利用综合品种培育出的自交系在杂交组合中表现出高的配合力。

（7）向日葵属的野生种质资源

向日葵有大量的野生近缘种。野生向日葵通常具有一些抗生物逆境胁迫（病害和虫害）的基因、耐非生物逆境胁迫（干旱、低温、土壤盐碱化、某些除草剂等）的基因，以及调控高品质如蛋白质和油合成的基因。通过种间杂交，它们成功地被用于获得雄性不育系和恢复系。同时，还可以通过增加遗传变异来提高籽粒产量的杂种优势。使用野生向日葵进行育种将在单独章节中详细描述。

2.3.1 世界种质资源

世界上有几个重要的向日葵种质资源库，它们能够为育种工作者提供向日葵种质资源，这些资源带有的遗传变异可以帮助他们完成各自的育种目标。就栽培向日葵来说，最大的种质资源库位于俄罗斯圣彼得堡的全俄瓦维洛夫作物科学研究所（VIR）。就规模和重要性来说，第二大种质资源库是位于美国艾奥瓦州Ames的美国农业部国家植物种质资源库——植物引种站。

对于野生向日葵资源，美国艾奥瓦州Ames的种质资源库无疑是最大、最重要的。其他著名的野生向日葵种质资源库包括塞尔维亚的诺维萨德大田作物和蔬菜研究所（IFVC）、位于法国蒙彼利埃（Montpellier）的INRA、位于阿根廷佩尔加米诺（Pergamino）的INTA、位于西班牙科尔多瓦（Cordoba）的INTA及位于俄罗斯圣彼得堡的VIR。

就栽培向日葵种质资源而言，主要的种质资源库包括位于乌克兰Kharkov和Yurjevo的大田作物研究所、塞尔维亚的诺维萨德大田作物和蔬菜研究所（IFVC）、位于俄罗斯克拉斯诺达尔（Krasnodar）的VNIIMK、位于罗马尼亚Fundulea的国家大田作物研究所、位于保加利亚General Toševo的国家大田作物研究所和其他一些研究所。

2.3.2 遗传侵蚀

20世纪后半叶向日葵种植面积和产量快速增长，这一切要归功于俄罗斯高产向日葵品种的研发和基于细胞质雄性不育系而育成的高产杂交种。但同时也出现了栽培向日葵和野生向日葵遗传变异减少的现象。而野生向日葵遗传变异的减少完全是由人为因素造成的。

建立热力发电厂、公路、铁路和工业园区，建设居民区，以及北美洲一些地区可耕地面积的增加，都导致了野生向日葵种质资源的遗传侵蚀。

另外，育种工作者经常大量淘汰在某个阶段不具备当时所需要的农艺价值的基因型，或者在配置杂交组合的过程中淘汰一些组合，两者都会减少栽培向日葵的遗传变异，导致遗传侵蚀。

此外，在一个地区收集的向日葵基因型（品种、品系、杂交种）在其他试验地区出现不适应当地生长环境的现象也会经常发生。这样，收集样本的遗传变异减少，导致遗传漂变和选择压力的发生。而遗传漂变和选择压力的发生也会导致遗传侵蚀。

基于以上原因，向日葵育种工作者不应该将精力全部放在眼前的育种目标上，而是应该尽力在培育新品种的同时保护、维护和改良向日葵种质资源。

2.4 向日葵杂交种理想株型的选育

过去三四十年间，世界范围内向日葵的育种取得了卓越成效。对向日葵遗传变异的研究已经深入到分子水平，尤其是育种过程中分子标记的应用。为了培育适应特定农业生态条件下最佳的向日葵理想株型（图2.3），育种家应该对遗传学和育种学的知识有透彻的理解，熟悉目标环境的主要特征、特性，以及向日葵对当地生态条件的适应性。应用生物统计学方法结合遗传学可以极大地加快预设杂交种模型的研发速度，因为它能为

图2.3 培育向日葵植株的理想株型

向日葵的增产提供有效的育种策略。针对产量已经得到提升的育种项目，可以通过遗传学来改良有潜力的品种中存在的特殊缺陷，如提高抗生物和非生物逆境胁迫能力、改良油的品质、改进油的成分或者导入抗某些除草剂的基因，以及增加适应性等。

不建议在一个育种周期内试图改良大量的性状（基因）。将目标集中在主要的特性上是改良和稳定向日葵产量的一个最佳途径。为了获得预设的理想株型，育种工作者应该熟悉可利用的种质资源，并清楚地知道种质资源中所含有的各种不同基因。

很多育种工作者从事向日葵常规种和杂交种模型的开发工作。Morozov（1971）报道，选育高产品种就是要选育健全的植株，这些植株具有良好的生长习性、高效的光合作用、高水平的抗性、高产潜力、对各种环境的适应性高，以及能够忍耐高密度种植（图2.4）。

图2.4　提升向日葵根系的竞争力以增加种植密度（Djakov，1974，1978，1980，1982）

为明确向日葵杂交种的理想株型，育种工作者应该熟悉向日葵植株在农业生态群落中的表现。

农业生态群落不是植株的简单集合，而是植株在生长期内根据一些遗传原理表现出来的竞争因素间持续交互作用的结果。植株生长过程中，在种植密度最佳的条件下，植株生理行为会发生一些实质性的变化。在一系列不同的环境条件下，湿度、养分和光照条件决定植株根与叶的生长速度。当植株和相邻植株的根系、叶片有接触时，它们开始争夺有限的可利用资源。竞争迫使植株发挥最大的潜力以获得光照、水分和养分。在这种情况下所表现出来资源分布和植物实际的需求不一致，而和环境提供的可利用资源一致（Djakov，1974）。

掌握高产的生理遗传学基础对向日葵育种家建立一个高效光合的模型，从而增加向日葵植株干物质产量是至关重要的（Sharma，1994）。

建议育种工作者在建立向日葵杂交种模型时，参考Kirichenko（2005）的研究结果：杂交种模型性状的函数空间包括5个定性的不同区域：适应性的标准，亲本性状的低值和杂交种不成比例的杂种优势高值，亲本性状的高值和杂交种杂种优势的高值，亲本性状的高值和杂交种不成比例的杂种优势低值，亲本性状的低值和杂交种杂种优势的低值。

基于细胞质雄性不育的杂种优势不仅通过单杂交偶尔也会通过两系杂交而实现。杂交种的遗传力较常规种狭窄，因此，育种家要为每个农业生态区培育不同类型的向日葵杂交种（图2.5）（Škorić，1989）。

20世纪上半叶，在为高产向日葵品种的开发和利用方面做出最大贡献的是俄罗斯育种家Pustovoit和Jolanov。他们育成的品种除了具有高产和高含油率两个性状外，还成功导入了抗向日葵螟基因（加厚种壳的保护层）、抗锈病基因、抗列当基因和抗其他病害的基因（Škorić，1980）。

图2.5　利用野生向日葵改良栽培向日葵的理想株型

由Leclercq（1969）发现的第一个细胞质雄性不育系资源，以及Kinman（1970）推出的带有育性恢复基因（RG）的资源，推动了杂种优势在向日葵生产上的应用。此后不久，法国（Leclercq），美国（Kinman、Fick、Zimmer和Miller），罗马尼亚（Vrânceanu和Stoenescu），南斯拉夫（Škorić），以及其他国家（Škorić，1980）也开展了向日葵杂交种和向日葵杂交种模型的研究。

Škorić（1980，1988，1989，1992）开创了针对南斯拉夫和其他地区农业生态环境的向日葵杂交种模型研究的先河。他设计了杂交种模型的框架，列举了可以被导入的能够调控向日葵理想株型中的基因、影响产量和产油量的条件，以及基因型对环境的要求。

自从Škorić（1980，1988，1989，1992）设计出杂交种模型后，向日葵遗传和育种知识也得到了显著的扩充。目前，油用基因型（杂交种）的模型应该包括以下理想的基因。

2.4.1 向日葵的基因型

1）成熟期基因：极早熟（少于80天），早熟（80～90天），中早熟（90～100天），中晚熟（100～115天），晚熟（115～130天）。

2）株高基因：侏儒型（80～90cm），半侏儒型（90～100cm），中矮（100～120cm），中型（120～140cm），中高型（140～160cm），高型（160～190cm）。

3）叶面积基因：高产杂交种为每株叶面积6000～7000cm^2。

4）增加管状花数量的基因（1500～2000个/株）。

5）抗病基因：针对如向日葵霜霉病（*Plasmopara halstedii*）、向日葵茎溃疡病（*Diaporthe/Phomopsis helianthi*）、向日葵锈病（*Puccinia helianthi*）、向日葵菌核病（*Sclerotinia sclerotiorum*）、向日葵黄萎病（*Verticillium dahliae*和*V. albo-atrum*）、向日葵黑茎病（*Phoma macdonaldi*）、向日葵炭腐病（*Macrophomina phaseoli*）、向日葵灰霉病（*Botrytis cinerea*）、向日葵白锈病（*Albugo tragopogis*）、向日葵根霉型盘腐（*Rhizopus* spp.）、向日葵白粉病（*Erysiphe cichoracearum*）、向日葵褐斑病（*Septoria helianthi*）、向日葵枯萎病（*Fusarium* spp.）等的抗病基因。

6）抗列当（*Orobanche cumana* Wallr.）基因。

7）抗向日葵螟和其他害虫的基因。

8）抗病毒基因。

9）抗细菌基因。

10）短头花盘倾斜基因。

11）抗旱和抗高温基因。

12）长叶面积持续期（LAD）和持绿性基因。

13）叶片净同化率（NAR）基因。

14）籽粒营养有效转移和分配基因（高含油率和高蛋白质）。

15）油和蛋白质品质基因。

16）高收获指数基因，抗（耐）某些除草剂（咪唑啉酮和磺脲类除草剂）基因。

17）适应性广泛的基因。

18）籽粒饱满和高容重基因。

19）不同生育期的基因。

关于食用向日葵杂交种理想株型，除了以上基因，还应该考虑一些特殊的基因，如籽粒大小、重量和颜色基因，最大籽仁率基因，高蛋白质含量和品质基因，易扒仁基因，籽粒耐储藏基因。

2.4.2 产量构成的直接要素

油用向日葵最重要的目标是单位面积的高产和高产油量。以下这些性状是产量构成要素中的一部分。

1）单位面积（hm^2）的株数：最优株数是55 000～75 000株/hm^2，取决于成熟期和茎秆上叶片的位置。

2）单株种子数1500～2000粒。

3）千粒重：油用型为80g，食用型为120～150g。

4）容重：油用型为50～55kg/L，食用型为90kg/L。

5）低皮壳率：油用型低于25%，食用型低于35%。

6）籽粒含油率：油用型为50%～55%，食用型低于35%。

油用向日葵的目标产油量是3000kg/hm^2；而食用向日葵的目标产量是4000kg/hm^2。

我们应该记住育种目标不可能经过一个育种世代就实现，一般需要经过3～4个世代的选育。

2.4.3 环境

设计向日葵杂交种理想株型时，育种工作者需要知道育种目标种植地区的环境特征，如土壤类型，向日葵生育期，平均、最低和最高温度（每10天和每30天），年度降雨量及其分布等。育种工作者尤其应该了解该地区向日葵种植的最佳管理方式。另外，育种工作者应尽可能明确该地区存在的向日葵种植的限制因素。

2.5 育种目标——选择最重要的性状

田间选择是选育高产、适应性广的杂交种过程中的一个重要环节。在选择过程中，最大的影响来自表观遗传系统对生态环境的适应性反应，或者是对种植区域环境的动态反应（Kirichenko，2005）。另外，了解本地实际情况、熟悉基因的遗传方式能够使育种工作者在设计配置杂交组合的过程中将期望的性状整合在同一个基因型中。

一般而言，没有最理想化的常规种或杂交种，但是我们应该尽可能使用一些育种家公认的育种模式。如果在一个育种目标中包含大量的目标性状，那是难以实现的。所以有必要确定哪些性状是最重要的，并针对这些性状进行育种。对向日葵而言，那就是要针对理想性状进行育种。

2.5.1 产量和产量构成要素

产量是一个由多基因控制的复杂性状，而这些基因又显著受到环境因素的影响。由于产量是所有育种工作者关注的重点育种目标，大量的研究都是围绕着向日葵产量性状的遗传而进行的。然而，这些研究还没有获得完全一致的结果。但是所有的研究者都认为基因的加性和非加性遗传效应在产量性状的遗传中起着重要作用。

Škorić（1989）的研究结果表明，最终影响每公顷向日葵产量或产油量的主要因素包括种植密度、单株籽粒数、容重、千粒重、高籽仁率和籽粒中的高含油率。

如果以上提到的各要素的值能够达到理想水平，那么就可以实现3000kg/hm^{2}以上的产量目标。为了实现育种目标，在培育自交系的过程中要针对这些要素进行选择。另外，有必要熟悉这些性状杂种优势的表现形式、各要素间的相关性，目的就是育成带有目标性状的向日葵杂交种（Škorić，1989）。

现有的遗传变异可以培育出高产（6000kg/hm^2）和高含油率（大于55%）的杂交种。但是，在大规模商业化生产中，向日葵产量仅为1500～3000kg/hm^2。实现向日葵的高产受到很多因素的限制。如果没有这些限制因素，那产量可以稳定在4000kg/hm^{2}以上。

Djakov和Dragavcev（1975）提到：植株的竞争能力在产量形成过程中发挥着非常重要的作用。如果在一个农业生态群落内单株产量的潜力只发挥10%~20%，而50%的表型变异是由竞争造成的遗传和生态上的差异，就会使得育种家很难根据表型来确定基因型，从而导致选择效率的降低。他们还指出，除了地面以上植株的各部位，根系甚至整个植株在产量的提高上都起着至关重要的作用。

2.5.2　自交结实

向日葵是明显的开放授粉植物，因此，来自其他植株花粉的萌发率要高于来自自身花粉的萌发率（图2.6）。在自交系生产过程中应该注意这个性状，因为亲本的自交结实力和F_1代杂交种存在一定的相关性。

图2.6　具有不同花粉量的向日葵基因型
a. 花粉量少；b. 花粉量多

通过研究向日葵不同基因型（父本、母本、杂交种）在孢子体和配子体阶段花粉的竞争力，Goud和Giriraj（1999）得出如下结论：在配子体水平亲本花粉的变异有所不同。这一现象主要体现在一些亲本花粉的孢子体时期以及F_1代杂交种具有高的自交结实率上。

种子的结实率是植株营养生长和配子体的发育、授粉、受精及胚胎形成等各种因素聚合的结果。所有这些过程都受基因型和环境因素的影响，因此，自交结实这个性状非常复杂，在基因和环境互作的过程中往往很难找到一些有关结实率问题的答案（Škorić, 1989）。

有关自交结实的遗传基础和遗传类型在第1章已作阐述。

2.5.3　自交不亲和性

自交不亲和性是和自交结实相反的生理现象（图2.7）。Habura（1957）的研究结果表明，常规种中存在孢子体不亲和的现象，尽管上述现象由*pha*基因调控，但是*pha*基因与一些生理因素的互作也是上述现象出现的原因。

如果我们对一个自交系感兴趣但是这个自交系又存在着自交不亲和性，该如何解决这个问题？针对这种情况，Merfert（1961）进行了研究，结果表明，向日葵花盘中间的不结实和小籽粒是由于未能获得足够的营养物质或营养物质缺乏。他建议在育种过程中在开花前去除边缘的花蕾来解决这一问题。

图2.7 自交结实力高的基因型（a和b）和自交亲和力低的基因型（c和d）

2.5.4 单盘粒数和籽粒大小

向日葵单盘粒数和管状花的数量有直接的相关性。可以非常肯定地说，管状花数量或者形成的籽粒数量是产量的直接构成要素。

Morozov（1947）的研究结果表明，不同向日葵品种的管状花数量不同。有些品种的管状花数最高可以超过10 000个。大多数情况下为600～1200个，少数达到3000～4000个。另外，Palmer和Steer（1985）的研究结果表明，常规种单盘管状花的数量取决于基因型和植株生长前期的条件，以及管状花形成前和形成过程中的生长环境。

Palmer和Steer（1985）指出，管状花表型和基因型的变异取决于花期第5～8阶段获取营养物质的能力。这个能力影响第5阶段形成的管状花行数，以及影响第6～8阶段每行管状花的数量。这表明花盘籽粒数量可以根据花盘表面每日的生长量或者花的行数和每行管状花的数量来决定，每行管状花的数量可以依据下面的公式进行计算。

$$每行管状花数量 = [a(0.67 \times f)] + [a'(0.33 \times f)] \tag{2-1}$$

式中，f 为每行管状花数量；a 为花盘上管状花行数；a' 为Fibonaci范围中的最小数。

要想获得高产，单单依靠较多的管状花数量和高耐密性还远远不够，管状花的最大受精量和结实率也是必要条件。

根据Morozov（1947）的研究结果，向日葵是典型的异花授粉植物，所以结实过程中对花粉的受精具有选择性。卵细胞只接受来自另一株具有特定优良生物学特性亲本的花粉，从而有利于其后代的生长发育。产量和籽粒数量及籽粒大小具有显著的相关性。Kovačik和Škaloud（1937）证实了产量和单株籽粒数量之间具有显著的正相关关系。Putt（1943）和Shabana（1974）也得到了同样的结论。

Djakov（1982）的研究结果表明，单株籽粒数量和籽粒大小呈负相关关系。在根据籽粒数量和大小进行品种选育时应该考虑这一研究结果。Djakov的研究结果进一步表明，向日葵籽粒数量和籽粒大小的同时改变会导致某些组织生理功能的丧失。在这种情况下，有些基因型能够产生很多种子，但是每粒种子很小；因此，籽粒数量和籽粒大小呈现回归双曲线，二者具有一定的负相关性。

Fick（1978）指出，籽粒长度（6～25mm）和宽度（3～13mm）往往有显著差异。油用向日葵籽粒的千粒重为40～100g，食用向日葵籽粒的千粒重可以超过100g。

迄今为止，研究人员得出了如下结论，单盘粒数是非常重要的性状，在培育自交系的过程中需要更多地关注这一性状。在测定配合力时，要挑选那些单盘粒数表现出杂种优势的组合，但是，前提条件是自交系的单盘粒数要多。

挑选大的向日葵籽粒、增加籽粒的千粒重和容重都会对向日葵的产量有显著影响。

籽粒大小、形状和颜色对食葵杂交种的选育来说尤为重要。市场需求决定了食葵的育种方向。例如，中国、土耳其和其他一些国家都需要籽粒长度在2cm以上的食葵品种。另外，东欧市场（如俄罗斯和乌克兰）需要大的黑色籽粒和高籽仁率的品种。在北美洲，除了籽粒大小，另外一个重要的特征是易扒仁性，目的是将籽仁用在食品加工行业中。

2.5.5 粗化层

粗化层是种子果皮最重要的结构（图2.8）。粗化层的存在对于抵抗某些害虫是非常重要的。向日葵瘦果果皮内的粗化层可以有效地减少向日葵螟幼虫对瘦果造成的伤害而导致的产量降低（Rogers and Kreitner，1983）。

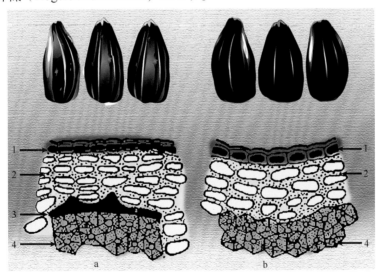

图2.8 果皮的横截面
a.有粗化层的果皮；b.没有粗化层的果皮。1.表皮层；2.保护层；3.粗化层；4.厚壁组织

Bedov和Škorić（1989）的研究结果表明，在选择抗向日葵螟和其他害虫的品种时，除了在果皮内形成粗化层，粗化层的一些质量性状如粗化层形成时间、厚度、在整个果皮的表面分布及其他参数也是很重要的，因为利用粗化层的有无不能完全预测其对向日葵瘦果的保护能力。他们还得出结论，在抗性和非抗性品系进行杂交的过程中，有时F_1代

呈现出完全的抗性，有时又呈现出部分抗性。这些结论对于进行杂交种生产的育种工作者来说是非常重要的。

Stafford等（1984）研究了向日葵瘦果的果皮对机械刺伤的抗性，结果表明果皮的抗刺破能力和瘦果的龄期存在正向的线性关系。

2.6 育种目标——理想株型

株高，花盘的大小、叶片形状和位置，叶片数、叶片大小及叶片在花盘上的持续时间和位置等性状对于设计向日葵最佳株型都有很重要的作用（Škorić，1989）。

2.6.1 株高和花盘直径

许多研究者已经明确了杂种优势对向日葵株高和花盘直径的影响。这种影响非常显著（Škorić，1989）。如果只是单独考虑一个性状（株高）而不考虑其他决定向日葵植株形态的因素，要实现理想株型的育种目标是非常困难的。Hladni等（2004a）利用通径系数进行分析，认为株高、总叶面积和叶柄长度决定了单株产量的高低。

Putt（1943）的研究结果表明，株高和产量之间呈现正相关性。Schuster（1964）和Škorić（1975）也得出了相似的结论。Schuster（1964）认为群体材料和母本的株高与F_1代杂交种的株高具有极显著的相关性。如果这种情况属实，则在选育亲本时就应该特别考虑株高这个性状。

Hladni等（2004b）认为，非加性遗传效应在株高和花盘大小的遗传上起着主要作用，这可以用一般配合力和特殊配合力的比值来进行解释。在F_1代，株高的GCA/SCA值为0.57，花盘大小的GCA/SCA值为0.08。另外，Hladni等还得出结论，即母本对株高的贡献率是79.98%，而对花盘大小的贡献率是55.56%。

大多数已经进入生产阶段的杂交种的株高为150～180cm。为了达到这个育种目标，在选育自交系的过程中有必要将株高考虑进去。Stoyanova等（1975）的研究表明亲本的实际株高应该比F_1代杂交种的目标株高矮40cm。

有许多育种工作者支持半矮生和矮生杂交种的选育。俄罗斯育种家Zhdanov（1964）是第一批选育矮秆品种的育种家之一。他认为将高秆、高油、抗列当品种和侏儒品种杂交后能得到10个矮秆品种。另外，Zhdanov（1972）发表了多年针对选育向日葵矮秆基因型的研究结果。他育成了向日葵品种Donskoy-low，其是一个富含矮秆基因的种质资源。

Rodin（1976）也进行了矮秆品种的选育。他指出用高秆和矮秆亲本（来源于德国）杂交后，得到的F_2代具有矮秆性状和高产能力。

另外，Süzer和Atakisi（1993）认为，株高和种植密度对产量有很大的影响。根据他们的研究结果，半侏儒杂交种在高种植密度条件下比常规种产量提高18.8%。这些结果表明，矮秆杂交种通常可以保证在单位面积内有较多的植株，从而能够获得高产。

2.6.2 花盘大小、形状和倾斜度

具有竞争力的基因型在种植密度大的条件下单盘粒数可以达到1500粒。这对提高单位面积产量是非常重要的。花盘大小和形状对于实现这一目标也非常重要。

向日葵杂交种的花盘直径通常为20~30cm，而且形状各异（图2.9）。从育种角度来看，在成熟阶段最常见的花盘形状是薄的平盘状，其花盘中心的授粉率非常高（图2.10）。

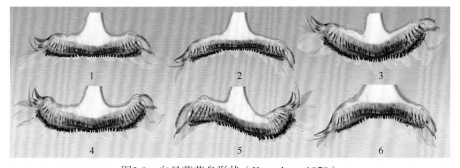

图2.9　向日葵花盘形状（Knowles，1978）
1. 平盘；2. 凹形盘；3. 凸形盘；4. 花盘向上弯曲，会导致积水；
5. 不规则形状的花盘；6. 喇叭形状的花盘，通常会向里凹，带有大量长形叶柄

图2.10　不同形状的花盘
a. 正常花盘形状；b~f. 不理想的花盘形状

可以肯定的是，花盘倾斜度（图2.11）对某些向日葵杂交种有很大影响。我们知道一些向日葵花盘病害（白腐病和灰腐病）与茎上花盘的位置密切相关。众所周知，向日葵的茎秆在开花后会弯曲，花盘没入叶冠层中，从而使得花盘更容易感染不同类型的病菌。杂交种的理想株型应该是茎秆的上部非常强壮有力，从而保证花盘的倾斜度为135°~180°（图2.11~图2.13）。

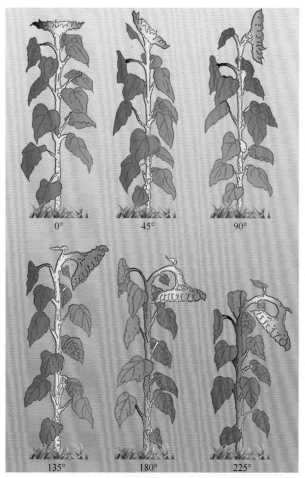

图2.11　花盘倾斜度不同的向日葵

图2.12 不同倾斜度的花盘

a. 理想的花盘倾斜度;b~h. 不理想的花盘倾斜度;i. 成熟的不理想的花盘倾斜度

图2.13 光照对向日葵花盘的影响

a. 结实过程中未受到光照的不利影响;b. 结实过程中受到光照的不利影响

2.6.3 向日葵杂交种光合器官的结构

与早期的常规种相比,培育矮秆杂交种并且配套合理的密植栽培技术,能够显著增加每公顷的植株数量。现在有一个倾向是,种植密度超过70 000株/hm²时,就需要改变叶面积的大小。

应该在尽可能短的时间内使得亲本和杂交种的叶面积最大化,并且尽可能延长最大叶面积持续期(LAD)。植物或作物叶片的纵向和横向排列,或者它们和光照强度及光照时间的相互关系,预示着一天内叶片不同部位的生理和生化过程不同。大多数弱光照条件下(早晨和傍晚)的光合作用是由顶部叶片完成的。太阳在地平面以上(白天),中部叶片负责大部分的光合作用。因此,应该对叶片在植株上的纵向和横向排列方式进行调整,从而使其吸收尽可能多的太阳光,有效地利用空气中的二氧化碳,以及提供充足的气流通道。植株叶片应该是皱褶的、水平向下的(Ćupina and Vasiljević,1974)。每个植株最大的叶面积应该是6000~7000cm²。杂交种应该含有能够有效进行净同化率(NAR)的基因,并同时具有较强的、高效的光合作用,以及向籽粒输送同化物的能力(Škorić,1980)。

Lopez等(2008)检测了1930~1995年在阿根廷创制的3个常规种和5个杂交种的某些生理参数,得出如下结论:作物组织的非结构性碳水化合物的含量与花期茎秆的生物量、茎秆非结构性碳水化合物在花期的累积,以及栽培种在花期后非结构性碳水化合物累积的特异性有关。

考虑到单株叶片数量和叶片大小决定植株叶片的同化面积,因此,了解F_1代叶片数量的遗传是非常重要的。Morozov(1947)得出结论:F_1代杂交组合比亲本的叶片数量要多。

籽粒重也应该是未来品种改良的焦点。这需要考虑灌浆期向日葵具有高的同化能力、管状花形成阶段的营养和形态等限制因素对后期籽粒生长可能会造成一定的影响（Pereira et al., 2000）。

Hladni等（2003）研究了所有组合的F_1代及F_2代后指出，加性效应对单株叶片数量和株高的影响比较显著，而非加性效应对单株叶面积的影响更显著。

Hladni等（2004a）还指出，根据F_1代和F_2代的决定系数（$R^2=0.73$），在单株种子产量总变异中，叶柄角度、叶柄长度、单株叶片数量、单株叶面积、株高和花盘直径等性状的变异占单株种子产量总变异的73%，而其余的27%在研究中未涉及。

除了单株叶片数量和单株光合作用面积，还有一个重要的参数是叶面积指数（LAI）。Škorić（1985）对这个性状的遗传进行了深入研究。

Hladni等（2008a）指出，叶柄长度（PI）和单株叶总面积（TLA）的一般配合力（GCA）和特殊配合力（SCA）都比较高。非加性效应在这两种性状的遗传中起着重要作用。叶片的活力、寿命与植株对病原菌，尤其是叶斑病及引起叶片、茎秆枯死的病原菌的抗性密切相关。因此，必须要培育具有广谱抗性的向日葵杂交种。

育种工作者还要提高收获指数，因为已有的常规种和杂交种的收获指数只有0.20～0.30。提高收获指数能极大地增加产量的稳定性。

收获指数的提高可以通过矮化株高来实现。株高的矮化可以提升植株的抗倒伏能力，另外，增加种植密度，再结合合理的施肥，可达到提高向日葵产量的目的（图2.14）（Škorić and Marinković, 1981）。

图2.14 培育抗倒伏品种
a. 抗倒伏杂交种；b. 易倒伏杂交种

Škorić和Marinković还指出，收获指数提高到0.4～0.5是有可能的。

Marinković认为收获指数的改变伴随着叶柄长度的缩短，能够促使向日葵产量的增加。叶柄长度的缩短可以通过和 H. mollis 进行种间杂交而导入其相关的性状基因而实现，也可以通过诱发突变来达到目的。另外一个提高种植密度的方法是培育茎秆上叶片呈现直立或半直立状态的杂交种。

谈论植株结构的改变和增加收获指数的重要性时，Djakov（1982）的研究结果也不容忽视。

Djakov花费了很多时间来研究如何提高收获指数。他的研究结果表明，生殖器官和营养器官之间相关性的提高可以通过改变整个植株体内的激素水平而实现。这也能导致最大化地利用库源关系来提高植株对不同损害的敏感程度。在没有过多施用氮肥的情况下，只能通过更好地利用有限的资源来增加产量。这也就是为何高产基因型的籽粒中含有更多的非氮类储藏物质，从而导致了籽粒中存储物质和活性蛋白质之间比例的变化。向日葵大量性状改变的同时，生物产量、蛋白质含量、含油率和其他成分的含量也相应地发生了改变。这种综合性状的提高一般认为是不断选择的结果，是可以被预测的。在许多情况下，这些性状数量的增加往往会增加育种过程中选择的难度。

2.7 产油量和含油率

提高单位面积的产油量是选育油用向日葵品种的主要目标。产油量受很多性状和环境因素的影响。环境因素在油分的形成时期尤为重要。含油率取决于日平均气温和灌浆阶段的可用水分，以及灌浆的持续时间。如果日平均气温不超过25℃，土壤可用水分充足，且灌浆期无病虫害影响，籽粒就会积累更多的油分（Škorić，1988，1989）。

20世纪上半叶，育成高油向日葵品种的俄罗斯育种家Pustovoit（来自Krasnodar）和Zhdanov（来自Rostov-on-Don）对提高向日葵籽粒的含油率做出了巨大的贡献。Pustovoit（1966）记载了籽粒含油率不断提高的过程：从1912年的32%、1916年的33%、1926年的35%、1936年的43.2%到1938年的50.7%。俄罗斯育种家育成的高油常规种肯定了向日葵是一种油料作物。这些常规种在后续的高油向日葵育种工作中被大量应用。

向日葵育种史上一个重要的里程碑是核磁共振仪的发明，利用它能够对少量样本（单个籽粒或几个籽粒）的含油率进行无损检测。这种方法对自交系的选育非常重要，尤其是在自交早期对含油率高的品系进行选育。Arezzo等（1982）的研究结果也支持以上结论。他们从隔离的群体中选择高含油率的植株时，用核磁共振（NMR）来确定挑选出来样本的含油率，获得了20%的选择指数。

选育高油品种时可以参考Djakov（1969）的研究结果。他认为选择的重点应该是增加单株（或每公顷）籽粒产量的同时尝试着增加籽粒的含油率。Djakov相信这是获得理想育种目标（单位面积高产油量）最简便的方法。

成功繁育出高油自交系后，还要测定这些品系的一般配合力和特殊配合力，以此来判断油的产出率（如含油率）和杂种优势。Schuster（1964）是利用上述程序进行育种的开创者。他发现在18%被测试的杂交组合中，籽粒含油率呈现出明显的杂种优势。除了Schuster（1964），其他一些研究人员也相继报道了杂种优势对籽粒含油率的影响（Habura，1958；Putt，1966；Gundaev，1965，1966，1968；Popov et al.，1965；Stoyanova et al.，1975；Škorić，1975；Joksimović，1992；Škorić et al.，2000；Ortis et al.，2005）。

通过对从12个不同群体中选出的母本进行测定，Shein（1978）得出了如下结论：不同品系间的一般配合力有显著差异，这种差异在S_0代就可以从测试的全部性状中表现出来（产量、含油率和产油量）。

育种工作者一定要知道配置F_1代杂交种所选用亲本的含油率、含油率与单位面积产油量的关系，以及含油率与杂交种其他性状的相关性。Hladni等（2010）的研究结果表明，单盘籽粒数对杂交种的含油率至关重要。他们还发现，向日葵籽粒的含油率、单盘籽粒重和千粒重之间有显著的正相关关系。

Schuster（1964）也是最先对F_1代杂交种含油率的遗传以及亲本在这个性状上所起的作用进行研究的育种工作者之一。他得到的母本、父本遗传力的值分别是0.66和0.33。Schuster也验证了1993年的试验结果。Schuster（1964）还发现母本和F_1代杂交种的籽粒含油率之间呈显著正相关关系（$r=0.367^{***}$）。

Miller等（1982）通过多重回归分析发现F_1代杂交种籽粒含油率50.5%的变异来自母本中这个性状的变异。Stoyanova等（1975）的研究结果表明，亲本与其杂交种的籽粒含油率呈显著正相关关系（$r=0.71$）。这个发现预示着选育自交系时，两个亲本都应该有高的籽粒含油率。

根据Škorić（1989）的研究结果，籽粒最大的含油率不应该超过55%。如果超过这个阈值，瘦果果皮率就会显著下降。低瘦果果皮率可能对向日葵种子长时间储藏过程中油的品质造成负向影响。同时，籽粒也容易受到各种虫害的危害。

Fick和Miller（1998）曾经提及Gundaev（1966）的研究结果：在品种选育过程中，籽粒含油率增加2/3是由于果皮率的下降，而1/3是由于籽仁含油率的增加。相反，Škorić（1974）基于简单相关系数、偏相关系数、多重相关系数、回归系数和回归方程分析的结果，认为籽粒的单位产量和含油率对单位面积向日葵的产油量有很大影响。

高油品系、不同的群体、杂交种、突变品系、特殊基因库、合成品种及其他遗传资源都被成功地应用于高含油率品种的选育。关于提高含油率所采用的育种方法，轮回选育被证明是卓有成效的。在一些情况下，当育种目标不只是针对提高含油率这一性状时，可通过高油品系间的基因聚合杂交实现多性状的育种目标。Pustovoit的保纯繁殖法目前仍然被认为是选育高油品种的一种有效方法。例如，Nazarov（2004）的研究表明，Voronežskiy 638、VNIIMK 8883和Radnik仍然是含油率最高的向日葵品种，含油率分别为55.1%、54.7%和54.3%。

每位向日葵育种工作者都应谨记含油率是一个数量性状（Fick，1978；Škorić，1989）。

单位面积产油量是油用向日葵杂交种生产力的一个主要指标，根据Djakov（1986）的研究，向日葵的产油量可以用下面这个数学公式来计算。

$$W = a(x - b) \tag{2-2}$$

式中，W为产油量（g/株或kg/hm^2）；x为干籽粒或籽仁产量（g/株或kg/hm^2）；b为粗蛋白质的产量（g/株或kg/hm^2）；a为籽粒中的油量和籽粒非氮物质的比例。

与籽仁产量相比，参数a和b有非常小的变异，因此，在油用型基因型中实现产油量和籽仁产量之间的正相关是有可能的（$r=0.990$）。

2.8 育种目标——油的品质

含有亚油酸的向日葵油是品质最好的植物油之一。除了亚油酸（C18:2），向日葵油还含有一定比例的油酸（C18:1）、棕榈酸（C16:0）和硬脂酸（C18:0）及其他几个可检测到的脂肪酸。向日葵油可直接用于食物及食品行业，是众多食物产品的主要原料。

同时，向日葵油也是非食品行业的宝贵原材料。

Friedt等（1994）指出向日葵油被广泛应用到一系列工业行业，如照明用油、肥皂、化妆品、医药、食品乳化剂、润滑油、染料中干燥和半干燥油、清漆、服装、塑料和尼龙、合成橡胶、皮革行业的加脂剂、饲料和生化柴油。Lühs和Friedt（1994b）的研究结果表明，向日葵油的应用潜力还没有被充分挖掘出来。

脂肪酸组成成分与个体发育过程中物质的转换能力有关，主要表现在脂肪酸组成成分和种子成熟过程中油酸及亚油酸的生物合成的量呈一定的反比例关系（Kirichenko，2005）。

除了遗传因素，脂肪酸的组成成分受环境因素影响也很大，尤其是气温。

Kirichenko（2005）发现，油酸和亚油酸含量与灌浆期气温之间呈显著正相关关系。

Nikolova和Ivanov（1992）得出了如下结论，F_1代油品质的遗传是由胚芽基因型和母本基因型共同决定的。这就保证了每一个组合中基因的表达水平是不同的。

相反，Kirichenko（2005）发现向日葵籽粒中脂肪酸的构成主要由胚芽基因型，而不是由母本基因型决定。这表明在同一花盘上的籽粒可以被分成不同种类的表型。因此，相比普通籽粒的样本，对特定来源的籽粒进行遗传分析能够提供更全面的遗传信息。

通过对众多的含油率为22%~57%的自交系进行研究，Škorić等（1982）发现脂肪酸的含量也大不相同。另外，环境因素导致自交系间和自交系内脂肪酸含量的变化。只有少数自交系脂肪酸的含量没有受到环境因素的影响。

分析不同遗传来源自交系的脂肪酸成分，Škorić等（1986）发现油的品质在被测自交系之间存在显著差异。

研究人员曾经尝试通过育种选择来延长向日葵油的储藏时间。在这种背景下，研究人员进行了一系列的遗传和生化研究来确定脂肪酸与生育酚的组成。考虑到向日葵生育酚家族抗氧化能力的不稳定性，育种工作者需要研究生育酚的遗传规律，从而寻找一些能够改变生育酚组成的基因，以提高向日葵油的氧化稳定性。

向日葵油的品质可以用诱发突变和自发突变的方式来进行改良。Soldatov（1976）在提升向日葵油的品质方面做出了巨大的贡献。他用硫酸二甲酯处理品种VNIIMK 8931，得到了高油酸（80%）突变体。他用这些突变体育成了常规种Pervenets。世界各地的育种工作者把这个品种作为繁育高油酸品种的育种资源。利用X射线和γ射线对种子进行处理可以用来培育高油酸的基因型C16:0和C16:1，而利用化学诱变也可以培育高油酸基因型C18:0和C18:2（Friedt et al.，1994）。这些诱发的突变体为改良向日葵油的品质，如脂肪酸的组成和比例提供了可能性。

Fernández-Martínez等（2007）研究发现，除了标准类型的向日葵油，也有可能通过突变体来产生其他类型的向日葵油，如低饱和脂肪酸油（17%）、高棕榈酸油（>25%）、高硬脂酸油（>25%）、高油酸油（>85%）、高亚油酸油（>75%）及其他不同脂肪酸构成的向日葵油。

Kirichenko（2005）提醒育种工作者，在选育具有最高含量的单一脂肪酸的杂交种时会遇到一些问题，因为向日葵在进化的过程中遗留了一些遗传障碍，这些遗传障碍是不可逾越的。食品行业已经对高油酸的向日葵油表示出强烈的兴趣。在过去的10年间，世界各地已经成功育成油酸含量为80%~90%的高油酸向日葵杂交种。由于高油酸含量受不同的基因控制，这些材料应该被育种家用于选育受1个、2个或3个显性基因控制的高油酸品种，而避免使用带有隐性修饰基因的育种材料。

在分子水平上研究F_1代和F_2代脂肪酸的遗传并将其应用在实际育种工作中是可行的。分子水平的研究结果表明，在一个高油酸突变体内Δ12-脱氢酶的活性和限制性片段长度多态性（RFLP）呈显著的正相关关系（Lacombe and Berville，2000，2001）。Hongtrakul等（1998a，1998b）、Pérez-Vich等（2002a，2002b，2002c）、Tang（2002），以及Lühs和Friedt（1994）等在分子水平上对向日葵脂肪酸的组成成分做过详细研究，认为在采用分子标记辅助育种来改善向日葵油的品质时，一定要设计出最佳的育种方案。

通过其他的方法也可以改变向日葵脂肪酸的组成。例如，Downes和Tonnet（1992）发现成熟植株籽粒中亚油酸含量和4℃下种子的发芽率有关。基于这个研究结果，他们从亚油酸含量只有40%的群体中获得了亚油酸含量为70%～80%的育种材料。

当我们讨论脂肪酸组成成分改变的向日葵杂交种时，安全的说法是，育种家已经完成了开发高油酸杂交种方面的工作。在世界不同向日葵育种中心已经育成大量的高油酸向日葵品种。有些杂交种的油酸含量已经超过95%。高油酸杂交种种植面积小，主要是由于榨油过程中榨油设备的清洗和维护等技术问题。高油酸向日葵籽粒应该供给小型（家庭）油厂进行加工。在美国，食品工业开始选用中等含量油酸杂交种（NuSun）的籽粒，油酸的含量为65%～75%。

著名的育种中心已经研发出高油酸向日葵种质资源，并正在探索其商业化。刚刚开始针对油的品质进行高油酸品系选育的育种中心可以选用常规种Pervenets（Soldatov，1976）作为基础育种材料（Fernández-Mártinez et al.，1993），Miller和Vick（1996）选育的M-4229及Škorić（1996）选育的几个高油酸品系已经用于商业化生产。

Fernández-Mártinez等（1988）和Vrânceanu等（1995）已经明确了将高油酸基因导入优良向日葵品系的育种程序，见图2.15。

高油酸基因、高硬脂酸基因或者高棕榈酸基因都可以通过同样的方法导入传统的优良品系内。为了创造能够改变油品质的遗传变异，从事育种和遗传研究的工作者应该继续使用诱变的方法。

当繁育特殊用途的向日葵杂交种时，突变系275HP（Varov et al.，1988），CAS-5（Osario et al.，1995）、CAS-12（Fernández-Mártinez et al.，1997），品系HP（Demurin，2003）和CAS-37（Salas et al.，2004）也许可以作为培育高棕榈酸杂交种的育种资源。LP-1（Miller and Vick，1999）可以作为低棕榈酸杂交种的育种资源。

CAS-3（Osario et al.，1995）和CAD-14（Fernandez-Moya et al.，2002）可以作为选育高硬脂酸（C18：0）含量的育种材料。CAS-4、CAS-8（Osario et al.，1995）、CAS-19和CAS-20（Perez-Vick et al.，2004a）可作为选育中等硬脂酸含量品种的育种材料。LS-1和LS-2（Miller and Vick，1999）可被用来选育低硬脂酸含量的向日葵品种。

一些食品行业的厂商正在寻找含有低饱和脂肪酸含量的食用油。为了满足这个需求，可以将RS1和RS2（Vick et al.，2002）作为育种材料。

检测籽粒中油的含量和品质应该使用合适的方法，特别是应该使用对油的成分和品质无损坏的检测方法，这可以保护被检测的育种材料，使其能作为进一步的育种材料被利用。

Biskupek-Korell和Moschner（2006）认为近红外光谱仪（NIRS）适用于精确测量籽粒中蛋白质含量、含油率及脂肪酸的组成。

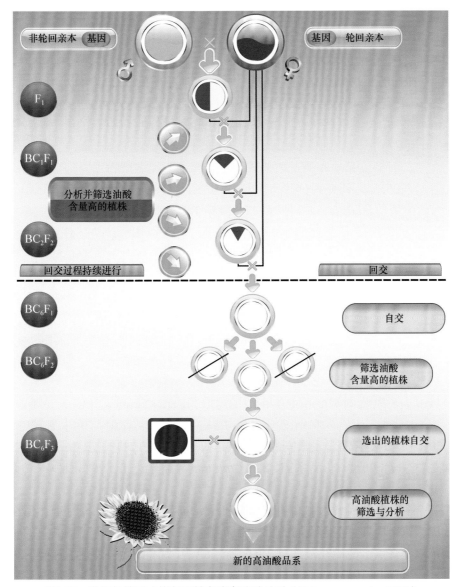

图2.15 常规保持系或恢复系转育成高油酸品系（Vrânceanu et al., 1995）

Velasco等（2004）应用近红外光谱仪从突变体CAS14的单个带皮瘦果中选育出了高硬脂酸的品种。对2510个去皮瘦果进行分析，结果表明，硬脂酸$r^2=0.80$，交叉校准的标准误差（SECV）和校准差（SD）的比值是0.45；油酸$r^2=0.89$，SECV/SD=0.34；亚油酸$r^2=0.91$，SECV/SD=0.30。然后他们应用校准公式分析了8109个去皮瘦果，旨在获得高硬脂酸的育种材料。研究人员通过气液色谱法（GLC），用"半粒种子"法分析了上述材料的503个未脱皮瘦果，结果表明，近红外光谱仪和气液色谱法的测定结果相近，硬脂酸$r^2=0.83$，油酸$r^2=0.92$，亚油酸$r^2=0.93$。这些结果表明近红外光谱仪可以用来在单粒种子水平上进行主要脂肪酸的无损坏检测。

向日葵油的另外一个主要成分是生育酚。

天然生育酚有4种同分异构型：α-生育酚（5,7,8-trimethyltocol）、β-生育酚（5,8-dimethyltocol)、γ-生育酚（7,8-dimethyltocol）和 δ-生育酚（8-methyltocol）。常规向日葵品种主要含有α-生育酚（95%）、少量的β-生育酚（3%）和γ-生育酚（2%）。

向日葵籽粒生育酚的累积是通过不同于三酰甘油生物合成路径的独立合成路径进行的。根据Friedt等（1994）的研究结果，向日葵油品质的改变也可以通过改变较少的生育酚的成分来实现。例如，像维生素E这样的天然抗氧化剂可以用来防止油的氧化（Haumann，1990）。这些天然抗氧化剂具有抗氧化特性和明确的维生素E的生物学功能（Juillet，1975）。

另一个和向日葵油品质相关的重要成果是获得了不同类型和不同生育酚含量的突变体（Demurin，1993）。研究人员在品种LG-15中发现了隐性基因tph_1，该基因使得α-生育酚和β-生育酚比例均为50%；在品种LG-17中发现了隐性基因tph_2，使得α-生育酚和γ-生育酚所占比例变为5%和95%。而在品种LG-24中发现了隐性基因tph_1tph_2，使得α-生育酚的比例为8%，γ-生育酚为84%，δ-生育酚为8%。

当以增加或改变生育酚的类型为育种目标时，Fernández-Mártinez等（2004）的研究结果表明选育含有75% β-生育酚、95% γ-生育酚和65% δ-生育酚的向日葵基因型是有可能的。

Velasco等（2004b）育成了品系TS89和T2100，TS89含有30%的β-生育酚，而T2100含有85%的γ-生育酚。Velasco等（2004c）也声称IAST-540和IAST-1中γ-生育酚的含量很高，IAST-4中δ-生育酚的含量大于65%，而IAST-5含有高于75%的β-生育酚。

通过检测向日葵不同突变系中生育酚的组成，Peretyagina（2007）发现VK 571、VK 678、VK 66（tph_1）和西班牙品系T589中的α-生育酚与β-生育酚含量相同（50%∶50%）。α-生育酚含量最高的突变系是西班牙品系T2110，其含有100%的α-生育酚，其次是LG-17（90%）。品系VK 878（tph_1tph_2）含有α、β、γ和δ四种不同类型的生育酚。

如果一个向日葵基因型含有高油酸基因和一个tph_1、tph_2或tph_1tph_2基因，那么就会产生协同效应，这个向日葵基因型油的货架寿命就会延长。Karlovic等（1997）的研究结果充分证实了以上观点。他们在最近育成的几个NS基因型向日葵中发现了这样的组合。在100℃条件下测试油的还原力（Rancimat试验），发现传统向日葵油（亚油酸类型）能储存8h，高油酸类型能储存33h，而高油酸+β-生育酚的向日葵油可以储存152h。这些结果为育种工作者研发全新类型向日葵油品种提供了可能性。新型的向日葵油不仅有新的用途，还可以用于食品产品、医药、化妆品及其他行业（生物柴油）中。

Škorić等（1996，1999，2006，2007，2008）的研究表明，将高油酸基因和不同生育酚基因聚合在同一组优良向日葵品系中（Ol + tph_1、Ol tph_1tph_1），可以开发出用于生产不同类型向日葵油的杂交种。

为了确定未来新型向日葵油的参数，遗传学家、育种家、生理学家和食品行业的代表应该与医学家、营养学家及其他领域的专家共同解决将来利用向日葵油所面临的众多问题。向日葵的籽仁和它的新型油的品质可能是未来一系列向日葵加工高端产品的基础，如快餐、巧克力、饼干、沙拉酱、特殊类型的面包等。这些都对人类具有保健作用，同时，还可将上述产品纳入用于预防心血管疾病的食谱中（Škorić et al., 2008）。

根据迄今所取得的研究成果，Škorić等（2006，2008）得出了如下结论——研发含有以下油成分的向日葵杂交种是可行的：常规油的杂交种、高油酸（Ol）（>90%油酸）、高油酸（$Ol + tph_1$）、高油酸（$Ol + tph_2$）、高油酸（$Ol + tph_1tph_2$）、高亚油酸（>80%亚油酸）、高棕榈酸（>30%棕榈酸）；中间型的杂交种含有以上基因的不同组合。

Friedt等（1994）的研究结果表明，改良脂肪酸的向日葵育种项目在杂交种的选育上可以有3个方向：高油酸和低饱和脂肪酸的组合、高亚油酸和低饱和脂肪酸（<6%）的组合，以及高饱和脂肪酸基因型。

Demurin在克拉斯诺达尔的VNIIMK所创制的近等基因系可以作为培育不同油质类型的品系和杂交种的原始育种材料（表2.1）。

表 2.1 VK-66 的 7 个近等基因系中油成分的构成（Demurin et al., 1996）

编号	突变基因	生育酚含量（HPLC）（mg/kg）				脂肪酸含量（%）			
		α-生育酚	β-生育酚	γ-生育酚	δ-生育酚	16:0	18:0	18:1	18:2
1	野生型	1764	50	—	—	6	5	26	63
2	tph_1	533	380	—	—	6	4	33	57
3	tph_2	1030	42	180	6	6	5	24	65
4	tph_1、tph_2	306	212	263	227	6	4	32	58
5	Ol	1440	42	12	—	4	4	86	6
6	Ol、tph_1	836	417	6	5	4	3	87	6

注："—"表示未检测到

在通过改良脂肪酸和生育酚的构成来提升油品质的向日葵育种过程中，选用合适的后代筛选程序是非常重要的。考虑到脂肪酸的决定因素，Fernández-Mártinez等（2004）指出，使用半籽粒技术进行无损分析单个籽粒中脂肪酸的组成可以加速品系的繁育速度。这个方法最初应用于油菜育种。Demurin等（1996）使用无损方法分析了单个籽粒中生育酚的构成。以近红外光谱仪代替传统光谱仪也极大加速了上述育种的速度。Sato等（1995）成功应用这个方法检测了单个籽粒中亚油酸的含量。Velasco等（1999，2004a）使用该方法检测了单个籽粒中油酸、亚油酸和硬脂酸的构成。

Gotal等（2007）使用近红外光谱仪测量向日葵油中生育酚的构成，结果表明近红外光谱仪可以用来区分生育酚含量不同的基因型，从而可以在近红外光谱仪饱和曲线中加入更多生育酚的数据。

2.9 育种目标——提高蛋白质含量和品质

除了食用油，向日葵籽粒也富含蛋白质。油用向日葵籽粒中的蛋白质含量通常为16%~19%。向日葵基因型的籽粒蛋白质的含量变化很大，这是一个由许多基因以及这些基因和环境因素共同作用所调控的性状。Stanojević和Dijanović（2003）的研究表明籽粒蛋白质含量和含油率之间有负相关性。

目前，人类对向日葵籽粒蛋白质在食物中的利用表现出极大的兴趣，特别是在食品工业中，这种关注非常强烈。

当育种目标为提高籽粒蛋白质的含量时，我们应该注意两种不同类型的杂交种：油用和食用向日葵杂交种。这两种不同类型向日葵杂交种的选育方法也不同。另外，还应该指出，食用向日葵的遗传变异比油用向日葵的遗传变异要少得多，这将会影响实现育种目标所需要的时间。

Dubljenskoja和Maleševa（1963）、Bedova（1982）明确了不同基因型向日葵（品种和品系）之间籽粒蛋白质含量表现出极大的差异。

当以增加油用向日葵籽粒蛋白质含量为育种目标进行品种选育时，我们应该考虑Pustovoit和Djakov（1971，1972）的研究结果，在选育过程中提高每公顷向日葵籽粒油的产量并不会使蛋白质的产量减少，仅仅是籽粒蛋白质的含量降低了。他们的另一个结论是，在选育高蛋白质的向日葵品种时，选择的标准应该是提高每公顷向日葵籽粒蛋白质的产量及含油率，而不是增加籽粒中蛋白质的含量。

在选育食用向日葵品种的过程中，蛋白质的选择应该集中在表型上，即除了增加蛋白质的含量，也应该增加每公顷向日葵籽仁的产量，但是在上述条件下籽粒的含油率会下降。根据以往的研究结果，食用向日葵籽粒最佳含油率应该为30%~36%，而籽粒中蛋白质最佳含量为30%。

增加油用向日葵和食用向日葵品种蛋白质的产量有几种不同的方法。原始材料的遗传变异对于两种不同类型的杂交种都是至关重要的。为了获得必要的遗传变异以及提升这些性状的价值，一定要选用合适的育种方法。为了提高籽粒蛋白质的含量和籽粒的产量，在育种过程中可以使用轮回选择法和人为合成的方法。不论是哪种方法，原始材料的选择都是最重要的。

通过对52种不同基因型的向日葵进行研究，Chakrapani等（1998）得出如下结论：对于食用向日葵品种，重要的参数是低含油率、低种皮率、高百粒重、高百粒籽仁重和具有高产的潜力。

食用向日葵的市场需求各不相同。例如，在中国、印度、土耳其和其他一些国家，消费者喜欢籽粒长度大于2cm的品种。在这种需求下，培育高籽仁率的品种是非常困难的。除了保证每公顷籽仁的高产，还需要保证其他各参数的稳定性，这对于保证籽仁的质量和口感是非常重要的。为了实现这个目标，果皮中的粗化层是一个非常必要的性状，它可以防止虫害的取食，特别是能预防向日葵螟取食对籽仁造成的损害。对于食用向日葵品种，另一个预期的目标是导入高油酸、β-生育酚和γ-生育酚的基因，以延长籽粒和籽仁的储藏时间。

根据Škorić等（1978）的研究结果，被检测的向日葵基因型除了籽粒中蛋白质的含量不同，品质构成（白蛋白、球蛋白、谷朊粉和乙醇的比例）也有差异。被检测的向日葵基因型在白蛋白（albumin）的含量上呈现出显著差异。

Bedova（1982）认为，除了甲硫氨酸（methionine），其他氨基酸的含量都会随着蛋白质含量的增加而增加。Bedova和Škorić（1981）指出，在选育提高蛋白质含量的品种时，同时也应该考虑增加氨基酸包括赖氨酸（lysine）的含量。增加赖氨酸含量是向日葵育种的一个重要目标，但是一定要选用合适的育种方法，因为一种氨基酸含量的增加，会导致其他氨基酸含量相应地增加。也许可以尝试使用诱变的方式来增加赖氨酸的含量。

Fernández-Mártinez和Alba（1984）指出籽粒中白蛋白和球蛋白的比例可以作为选择

高品质蛋白质品种的一个指标。保障籽粒蛋白质质量的一个重要问题是如何去除绿原酸（chlorogenic acid）。

为增加每公顷向日葵籽粒中蛋白质含量和提高蛋白质的品质，引进分子生物学方法，尤其是利用分子标记进行辅助育种是非常必要的。

2.10 育种目标——早熟性

生育期（从出苗到成熟）是向日葵的一个重要性状，在某些地区它会成为限制向日葵种植的主要因素。根据生育期长短，向日葵杂交种可分为极早熟、早熟、中早熟、中熟、中晚熟和晚熟（图2.16）。向日葵育种工作者非常关注生育期这个性状。即使在创制常规种时，许多育种工作者也将早熟定为育种目标。想要选育早熟品种，就要知道熟期农艺性状的遗传方式。但是，一个关键的问题是早熟和产量参数之间往往存在着负相关关系（Tikhonov et al., 1991）。在20世纪20年代早期，向日葵育种工作者就开始关注生育期短的（少于85天）品种的选育。俄罗斯早熟品种有Jenisej、Kavkazec、Saljut，最近育成的Nadežnij、Foton、Rodnik、Mirnii也都是早熟品种。

在通过雄性不育系配置杂交种的过程中，早熟一直是一个备受关注的性状。Gundaev（1964）优先利用个体选择而不是群体选择的方法来选择早熟品种。他指出选择早熟品种需要改变植株在特定世代的结构以及生物和农艺性状（株高降低，每株叶片数减少，选择适应短日照的植株而使得其对光周期有不同的反应）。

图2.16　大田中早熟（右）和晚熟（左）的向日葵杂交种

Kovačik和Škaloud（1978）通过研究得出如下结论：相比突变育种，通过早熟品系间杂交可以更容易获得选育早熟品种所需的原始育种材料。通过对比分析F_1代和F_2代熟期的偏相关及一些相关系数的平均值能够鉴定出重组后代的熟期。一个非常便捷的鉴定熟期的方法是统计现蕾到花期开始的天数。目前，在杂交种中早熟基因型只占5%。

在早熟品种选育过程中，原始材料起着非常重要的作用。Gundaev（1964）得出结论：荒野森林的气候条件具有选择早熟性状的便利优势。在克拉斯诺达尔（Krasnodarskiy）地区，存在很多表型（生育期、株高、叶面积、花盘直径、籽粒大小、光周期反应）不同的向日葵群体。这些品种能够被成功地应用于早熟品种的选育。

Kovačik和Škaloud（1978）得出结论，北部地区理想向日葵基因型的典型特征是早熟性。在选育早熟品种的过程中，首要的是缩短从现蕾到开花的时间。在一个能够使得特定性状放大的环境条件下，获得营养生长器官合理分布的向日葵类型是非常重要的。

通过研究早熟性状遗传的生理和表型参数，Chervet等（1988）得出如下结论，早熟是一个和产量相似的性状，需要测定亲本的一般配合力来预测杂交种熟期的表现。

Gowda和Seetharam（2008）使用群体选择（两个周期）的方法进行品种的选育，并且育成了早熟（80~86天）和中熟（95~100天）品系。在S_1代，唯一可以被利用的表型是高含油率，而其他农艺性状并没有改变。

育种工作者的目标是育成生育期小于100天并且能够抵御生物和非生物胁迫的自交系与杂交种。

2.11 育种目标——吸引传粉媒介

向日葵是典型的开放授粉作物，其传粉媒介对受精和授粉以及籽粒的产量起着非常重要的作用。特别是在利用雄性不育系生产杂交种的过程中，传粉媒介的作用尤其重要。

向日葵开花期间，当地特有的蜜蜂如西方蜜蜂（Apis mellifera）是光顾向日葵植株最多的昆虫，其次为食蚜蝇科昆虫和大黄蜂（Bombus spp.），蝴蝶是很少光顾向日葵的昆虫（Miklič，1996）（图2.17，图2.18）。最近，美国比较关注果树壁峰（Osmia lingaria）在向日葵授粉过程中发挥的作用。

图2.17 传粉媒介（Miklič，1996）
a. 西方蜜蜂（Apis mellifera）；b. 食蚜蝇科昆虫；c. 大黄蜂（Bombus spp.）；d. 蝴蝶

气象因素，尤其是风、降雨量、气温、相对湿度和云层的改变，对于传粉媒介的到访次数和行为有很大的影响。

研究结果表明，蜜蜂到访后向日葵的受精或籽粒的产量将会增加2.2%，单盘籽粒的重量增加8.3g（Tikhonov et al.，1991）。

自交系吸引传粉媒介的一个重要因素是舌状花和管状花。研究证实，蜜蜂喜欢造访具有浅黄色舌状花和管状花的向日葵。一些野生向日葵具有调控这一性状的基因。

Sammataro等（1985a）详尽描述了蜜腺的超微结构，明确了蜜腺在向日葵受精和授粉过程中的重要性。他指出，和不吸引蜜蜂的向日葵的管状花相比，能够吸引蜜蜂的向

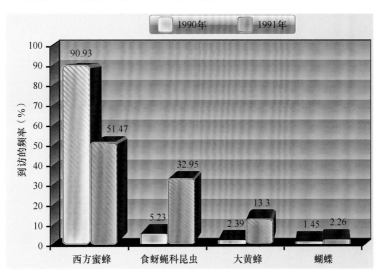

图2.18　不同传粉媒介采集花粉两年田间记录（Miklič，1996）

日葵的管状花有较多的蜜腺，并且蜜腺上有较多的气孔。向日葵花蜜的产量是吸引传粉昆虫（蜜蜂）到访的最根本原因，而花粉不是吸引蜜蜂到访的主要原因。

Sammataro等（1985b）在蜜蜂觅食偏好和蜜腺的大小、气孔的数量及位置之间建立了显著的相关性。

Vear等（1990）指出，花蜜中的糖分非常稳定，含有52%的果糖和48%的葡萄糖，偶尔有一点蔗糖。每个管状花花蜜的数量、干物质的比例及能量值在不同的基因型间存在显著差异。他们还指出，每个管状花花蜜量的遗传是受显性基因调控的。其他的研究者也取得了相似的研究成果。

Sammataro等（1985a）认为，向日葵花蜜的数量是一个可遗传的性状，可以通过育种手段来提高。

Tikhonov等（1991）的研究结果表明，每个小花花蜜中糖的含量为0.260～0.352mg。花蜜量并不是影响蜜蜂到访频率的原因。有一些向日葵品系的花蜜量很少，但是同样可以吸引很多的蜜蜂。这可能是由管状花的形态特征所决定的。如果从向日葵花盘上采不到花蜜，即使花蜜量很高的基因型，蜜蜂也很少到访。向日葵管状花的最佳长度是4.2mm。Miklič（1996）的研究结果在一定程度上支持了上述结论，他发现向日葵杂交种NS-HELIOS的母本有最长的花冠，但是蜜蜂却很少到访（图2.19，图1.30）。

育种工作者还注意到向日葵花盘上的授粉率增加到某一值后就不再继续增加。如果每小时40～50个蜜蜂到访，授粉率将超过80%。在一些情况下，尽管某些基因型的向日葵容易吸引传粉媒介，但是也不能保证授粉率的显著增加，这是由于受到了一些向日葵不同基因型生物性状的制约（Tikhonov et al.，1991）。

Sammataro等（1985b）指出，不同基因型向日葵的舌状花排列模式不同，从而极大地影响了传粉媒介的觅食活动。

Miklič（1996）的研究结果表明，亲本和它们的杂交种在吸引蜜蜂到访的能力方面有极大的差异（图1.30）。这也是授粉期间在自交系生产的早期世代和选育未来的亲本时要特别关注的。

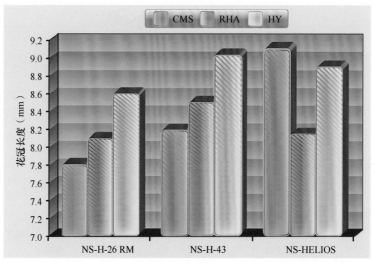

图2.19 杂交种及其两个亲本花冠的长度（Miklič，1996）

在实际育种操作过程中，育种工作者希望建立一个"传粉媒介吸引量一览表"，从而可以利用这个数量表对不同品系吸引传粉昆虫的能力进行分类。VNIIMK（Krasnodar）建立了依据向日葵品系吸引传粉昆虫的数量来评价所选择材料的量化表（表2.2）。

表2.2 向日葵品系吸引蜜蜂的数量表（Tikhonov et al.，1991）

单个花盘每小时到访的蜜蜂数量（个）	吸引能力
0～20	弱
21～50	中等
51～70	高
＞71	极高

除了向日葵品系和杂交种的生物学特征，环境因素对吸引传粉媒介也有重要的影响。

Miklič（1996）指出，通过对不同基因型向日葵进行检测，发现尽管花冠长度不同，但是由于一些环境因素对传粉媒介的影响，传粉昆虫到访量的差别并不显著。

向日葵花盘能够产生大量的芳香物质。高浓度的芳香物质对传粉昆虫的到访有负向影响作用。在逆境条件下，向日葵在花期会产生能够驱逐蜜蜂的有害芳香物质，同时还会分泌具有黏性的芳香物质粘住蜜蜂的翅膀，导致蜜蜂受伤或死亡。在育种过程中，应该淘汰有此类表现的基因型。

在向日葵花产生的芳香物质的研究方面，Pham-Dellegue等（1986）通过研究觅食者对向日葵花挥发成分的反应，发现只需要向日葵花中组成其芳香性的上百种成分中的一些简单成分，即"简单芳香模式"，就能够吸引蜜蜂。这个活性成分包括27种极性化合物，其中14种化合物已经被鉴定了出来。

育种工作者应该制订基于一些特定生物表型进行后代选择的标准。在这方面，俄罗斯克拉斯诺达尔（Krasnodar）的VNIIMK实验室已经确定了根据花冠长度选择自交系的方法。使用显微镜观测花冠长度，淘汰花冠长度超过4.2mm的向日葵品系。

2.12 向日葵抗生物胁迫育种

就向日葵生物胁迫而言，毫无疑问，由各种真菌引起的病害是向日葵生产中最为严重的问题。其次是向日葵的寄生性种子植物——列当。病毒和细菌引起的病害分别排在第三位和第四位。

2.12.1 向日葵病害

最初的向日葵栽培种的遗传变异很少，而且缺少一些能够用于提高向日葵不同农艺性状的基因，特别是一些抗性基因。

病害是世界各向日葵种植地区限制向日葵生产的一个重要因素。由于其环境条件的差异，主要的向日葵病害在不同的种植地区也不尽相同。有些向日葵病害几乎在所有的向日葵产区造成巨大的经济损失。到目前为止，已经分离鉴定出30余种可以侵染向日葵的病原菌，这些病原菌能够在生产上造成巨大的经济损失。向日葵育种家已经从野生向日葵种质资源中寻找到对一些病菌具有高抗或抗性的基因，把这些基因整合到栽培种中，可使其具有良好的抗性。

野生向日葵在向日葵抗病育种中的应用将在本书的其他章节进行阐述。

毫无疑问，许多病原菌生理小种的组成变化很快，特别是在过去的20年中。其中的原因有以下几种，如体细胞突变、有性生殖过程中双核基因的重组、体细胞遗传物质的交换、染色体外基因或细胞质基因的突变等（Sharma，1994）。

商业杂交种的生产也是病原菌生理小种组成变化的原因之一，和以前种植的遗传上异质的开放授粉的品种相比，向日葵杂交种在遗传上更为均质化。

为了能够成功地培育出向日葵抗病品种，育种家必须熟悉抗病育种的原理，掌握获得抗性基因的主要途径及方法，了解向日葵对某种病原菌抗性的稳定性，鉴别寄主（向日葵）、病原菌和环境之间的互作及抗性类型（水平抗性或垂直抗性）。最后，育种家还必须有能够利用的足够多的种质资源，选择一种育种方法，制定一套能够实现自己育种目标的育种策略。

向日葵抗病育种取得的成果可以划分为以下四类。

第一类包括得到具有能够抵抗某些向日葵病害如霜霉病（单轴霉菌 *Plasmopara halstedii*）、锈病（柄锈菌 *Puccinia helianthi*）、黄萎病（大丽轮枝菌 *Verticillium dahliae* 和黑白轮枝菌 *Verticillium albo-atrum*），以及白粉病（菊科白粉菌 *Erysiphe cichoracearum*）的育种材料。

第二类包括在田间条件下对某些向日葵病害如拟茎点溃疡（向日葵茎溃疡病菌 *Phomopris/Diaporthe*）、炭腐病（壳球孢菌 *Macrophomina phaseolina*）、白锈病（白锈菌 *Albugo eragopogonis*）和黑斑病（链格孢菌 *Alternaria* ssp.）具有高度耐病性的材料。

第三类包括对一些病害如黑茎病（茎点霉菌 *Phoma macdonaldii*）和菌核病（核盘菌 *Sclerotinia sclerotiorum*）具有中等耐病性的育种材料。

第四类包括针对花盘霉腐（根霉菌 *Rhizopus* ssp.）、灰霉病（灰葡萄孢 *Botrytis*

cinerea）和其他的病原菌引起的向日葵病害仅有部分耐性或抗性的育种材料（Škorić *et al.*，2006）。

Vear（2004）建议在未来的育种过程中尽可能获得水平抗性和垂直抗性相结合的品种。如果不行，也可以利用分子标记辅助育种结合具有加性效应的QTL进行抗病育种。

Mouzeyar（2000）认为已有的许多向日葵栽培种的遗传图谱构建已经完成，这将有可能克隆得到不同的抗病基因。

Galina Pustovoit（1978）对利用种间杂交（*H. tuberosus* × 栽培向日葵）获得的新品种Progress、October、Yubileyniy 60和Novinka进行了抗性评价。通过田间自然发病和人工接种，确定了新的栽培种具有一定的广谱抗性，能够同时抵抗霜霉病、锈病、炭腐病、黑茎病和列当。这些原始的栽培种可以被育种家利用作为亲本材料来培育对上述向日葵病害具有抗性的新品种。

Gulya等（1997）对不同病原菌的接种方法进行了详细描述，本书将对其他病害病原菌的接种方法进行介绍，从而增加对具有抗性的向日葵育种材料进行筛选的可能性。

2.12.1.1 霜霉病[downy mildew，*Plasmopara halstedii* (Farl.) Berl. et de Toni]

霜霉病在世界上以向日葵为主要作物的国家和地区均有发生，并且在雨水多的春季发生更为普遍（图2.20）。

图2.20 霜霉病菌（*Plasmopara halstedii*）侵染向日葵后的田间症状
左：发病的向日葵植株；右：叶片发病后的症状

在很长的一段时间里利用主效抗病基因来控制霜霉病的发生卓有成效。在这段时间里，向日葵霜霉病菌主要有两个生理小种即欧洲种和美洲种，其中欧洲种能被向日葵的主效基因Pl_1控制，美洲种则由Pl_2基因控制。然而，在过去的15年中，向日葵霜霉病菌出现了一些新的生理小种的变化。法国、匈牙利、美国、阿根廷及其他一些国家都报道了新的生理小种。

针对这些新的生理小种的抗性基因很快在野生种中被发现，并且很快被转入栽培向日葵中。同时，育种家也开发出了一套国际通用的向日葵霜霉病菌生理小种的鉴别系，用于鉴定不同地区霜霉病菌的生理小种类型。新的霜霉病菌生理小种的鉴别寄主也被纳入国际通用的鉴别寄主体系中，从而用于鉴定新出现的生理小种（Vear，2004）。

Tourvieille de Labrouhe（2000）提出了培育具有多重抗性的杂交种来控制向日葵霜霉病的育种策略。例如，一个亲本含有Pl_2基因，能够抵抗霜霉病菌生理小种100、300、310和330；另外一个亲本含有Pl_5基因，能够抵抗霜霉病菌生理小种100、300、310、700、703和710，它们的杂交种将对霜霉病菌的不同生理小种具有广谱抗性。

这一抗病育种策略已经被育种家证实是可行的（Tourvieille de Labrouhe et al., 2004b）。在选育杂交种中，世界各国的向日葵育种家，特别是法国的育种家，通过金字塔式的育种方法来聚集抗病基因（Pl）。目前，向日葵已经拥有一个包含了很多从野生向日葵中转入的Pl基因的种质资源库。需要提及的是，目前至少已经有28种野生向日葵中存在抗霜霉病菌的Pl基因（Škorić et al., 2006）。

向日葵霜霉病菌生理小种的动态变化，可以通过2011年世界各地鉴定出的至少18个霜霉病菌生理小种的结果来证实（100、300、304、307、314、330、700、703、704、710、711、714、717、721、730、731、770……）。

用于鉴定向日葵育种材料抗霜霉病水平的人工接种方法也在不断改进和提高（图2.21）。诸多的研究者如Gulya等（1991）、Gulya等（1998）、Jouffret等（2000）、Tourvieille de Labrouhe等（2000）、Molinaro-Dcmilly等（2004）及其他研究人员在这方面做了大量工作。

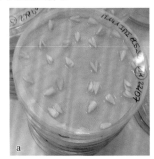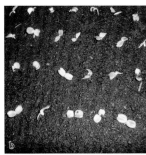

图2.21 在室内条件下对新的向日葵育种材料的抗霜霉病水平进行鉴定
a. 种子的萌发；b. 萌发的种子在混有霜霉病菌的基质中播种；c. 幼苗被霜霉病菌侵染

为了加快选择具有霜霉病抗性向日葵品种的进度，建议育种家使用含有Pl基因的品系，如RHA 340、RHA 419、RHA-803-1和其他的一些育种材料。

Tourvieille de Labrouhe等（2000b）的研究结果表明，除了主效基因，非小种特异性抗性（non-race-specific resistance）也对抗霜霉病菌具有一定的贡献。Tourvieille de Labrouhe等的结论是，在育种过程中应该考虑向日葵对霜霉病菌的部分抗性，这对获得持久抗性非常重要。这一建议很快被法国的育种家采纳。4年后，Tourvieille de Labrouhe等（2008）在分子水平上证实了向日葵对霜霉病菌的抗性是数量性状。他们的研究结果还表明，非小种特异性抗性的遗传和主效基因控制的抗性遗传是相互独立的。Vear等（2008）进一步的研究结果表明，非小种特异性抗性的遗传受加性效应控制。他们报道了两个调控抗性的QTL能够解释田间向日葵对霜霉病菌抗性的42%。QTL定位的结果表明，这两个调控抗性的QTL分别位于向日葵染色体的第8和第10连锁群。同时，他们认为这个数量性状的抗性和任何已知的主要抗性基因簇没有相关性（Vear et al., 2008）。

Tourvieille de Labrouhe等（2004b，2008）和Vear等（2008）认为，育种家应该开发

出一种利用分子标记同时选择非小种特异性抗性和主效基因抗性的育种策略。

目前一直沿用的育种策略是以具有抗性的栽培种或者野生种作为抗性基因的供体，通过多代回交（$BC_1 \sim BC_6$），不断进行抗性的鉴定和抗性植株的筛选，最终获得具有霜霉病抗性的优良的向日葵品系。

Vear等（2000）开发出了一种将抗性基因Pl通过不间断地回交逐渐导入优良的B品系中，并把它转变为细胞质雄性不育（CMS）形式的育种模式。同样，通过回交结合抗性筛选将Pl基因逐渐转入B品系和RF品系的育种模式也被世界各地的向日葵育种家采用。

Vear等（2000）还建立了利用回交选育创建CMS材料的育种策略，将Pl基因逐渐渗入优良的B品系中（图2.22）。在这里应该提及Vear等（2000）创建的利用回交选育和育种群体的CMS转化，同时结合分子水平的抗性筛选的育种策略，从而将Pl基因通过基因渐渗的方式导入优良的B品系中（图2.23）。这一育种方法能够显著缩短Pl基因导入向日葵优良品系的时间。

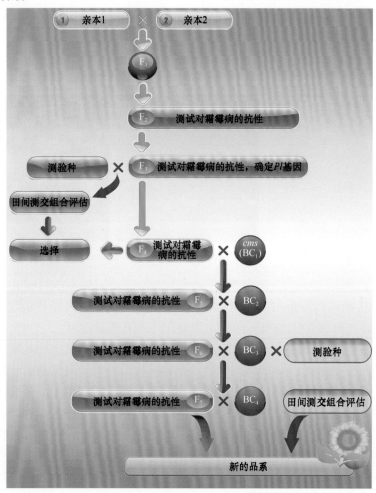

图2.22　在INRA Clermont-Ferrand 将Pl基因导入目标系的育种过程（Vear *et al.*, 2000）

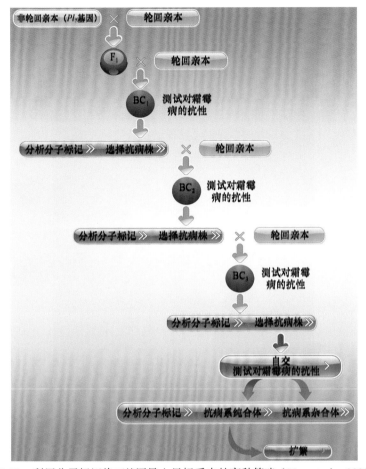

图2.23　利用分子标记将Pl基因导入目标系中的育种策略（Vear et al., 2000）

2.12.1.2　白腐病（或称菌核病）[white rot，*Sclerotinia sclerotiorum* (Lib) de Bary]

向日葵菌核病是气候潮湿地区或者夏季降雨多的年份经常发生的向日葵主要病害。其病原菌寄主范围比较广泛，能够侵染超过360种植物。正是由于其广泛的寄主，其变异程度较大，导致抗性筛选变得非常困难（Škorić，2004）。目前抗性筛选面临的最大问题是向日葵对菌核病3种不同症状类型（根腐、茎腐和盘腐，图2.24）的抗性机制各不相同（Škorić，1989）。依据Miller（1987）的研究结果，向日葵对菌核病的耐病性是一个非常复杂的性状，它通过很多基因的协同作用来提高寄主的耐病水平。

Škorić的研究结果表明，特殊配合力（specific combining ability，SCA）应该只能用在选育耐盘腐型症状的向日葵育种上。在某些情况下，两个耐病自交系杂交后会出现高感的杂交种，相反，两个感病的自交系配置的杂交种一代比任何一个亲本更耐菌核病。耐病亲本和感病亲本杂交后代的抗性水平介于两个亲本之间。

在过去10年间，有关向日葵病害研究的大多数文章集中在核盘菌引起的盘腐型菌核病上。有时不同研究者的研究结果大不相同，或者正好相反，这是非常正常的现象，因为这些实验是利用不同的遗传材料和不同的接种方法在不同的环境条件下进行的。

图2.24 向日葵菌核病的3种不同症状类型
a. 盘腐；b. 茎腐；c. 根腐

有很多已发表的文章专门研究了环境因子对向日葵菌核病发生的影响。下面就是其中的一些例证。

Prioletta和Bazzalo（1998）对向日葵茎腐型菌核病对产量性状因子的影响进行了研究，发现在两种不同的播期条件下，病原菌的数量和向日葵产量的降低存在显著的正相关性。在第三个播期，当环境条件特别适于病原菌的繁殖时，上述的相关性就不存在了。Prioletta和Bazzalo的结论是，寄主接种病原菌几天后，测量病斑长度可以作为一个直接且简单的抗性评价方法，而且所得到的结果和产量的降低在中度发病条件下也是有关联的。

病害的发病率和病情指数表明抗性遗传存在着显著的基因型效应及基因型和环境的互作（G×E）效应。相比基因型和环境互作（G×E）效应，基因型效应是一个更大的变异来源（Godoy et al., 2005）。

Pariesi等（2008）的研究结果表明，供试的向日葵杂交种对核盘菌引起的盘腐型症状的耐病性不同，他们还指出盛花期的温度和降雨对病害的发生至关重要。

自然发病条件下的观察结果表明，抗性遗传存在显著性差异，并且不同地点和不同年份的结果具有高度的可重复性（Tourvieille de Labrouhe et al., 1992）。

在向日葵的花盘上人工接种带有病原菌的小米粒，能够获得高的抗性遗传力的估计值（$h^2=0.74$）。而Hahn（2000）的研究结果表明，向日葵花盘在接种病原菌两周后腐烂部分的面积能够作为一个可靠的标准来筛选抗盘腐型菌核病的基因型。

Gulyas和Mesterhazy（1992）报道了通过比较茎基部人工接种和自然发病条件下病害发生情况的调查结果，发现两种抗性鉴定方法的鉴定结果具有显著的相关性，这也预示着牙签人工接种的方法非常适合用来鉴定不同基因型材料的抗菌核病水平。对杂交种进行抗性鉴定的结果却没有获得和上述结果一致的相关性。

Van Becelaere和Miller（2004）曾经试着用不同的接种方法来评价向日葵对盘腐型菌核病的抗性水平。他们的结果表明，最好的接种方法是在开花初期喷雾5mL的子囊孢子悬浮液，其中每毫升液体中包含5000个子囊孢子。悬浮液喷完后要立刻用棕色的纸袋将接种的向日葵花盘罩住。接种后35天开始进行发病情况的调查。

Serre等（2004）于1991~2003年研究了病害的严重程度和发病时间的关系，发现两个对照品种在发病株的比例和症状出现的时间上均存在一定的差异。Serre等还发现了侵染的程度和接种后环境的平均温度及降雨量之间没有相关性，但是灌溉对侵染后病害的发生时间具有一定的影响。Serre等还指出，延迟指数（和对照相比症状延迟出现的时间）可以作为量化供试材料抗菌核病水平的一个指标。

Henson和Gulya（2004）评估了大量的向日葵种质资源对盘腐型菌核病的抗性水平，得到的结论是一些基因型（包括油用向日葵和食用向日葵）在所有测试的年份中都比对照具有更高的抗性水平。

Castaño等（1992）研究了不同基因型向日葵的叶片和根系受到侵染后的反应，发现不同基因型的向日葵对根腐型和叶腐型菌核病的抗性水平显著不同。3次实验中有两次发现供试材料表现出的根腐型和叶腐型菌核病的抗性存在着显著的表型相关性。

Pereyra等（1992）发现不同的播期、不同的杂交种以及杂交种和播期的互作都能显著影响供试材料对菌核病的抗性。

Sala等（1996）发现植株的发病率和向日葵种子产量的降低（$r=0.76^{***}$）、损失率的增加（$r=0.67^{***}$），以及油酸水平（$r=0.58^{***}$）之间存在较高的正相关性。

不同的接种方法被用来鉴定向日葵育种材料对菌核病的耐病水平。下面是几种接种方法和相应的鉴定结果。

Baldini等（2002）利用4种不同的接种方法来评价向日葵对菌核病的抗性（茎基部的

侵染，将子囊孢子及草酸注射到花盘的背面等），发现自交系28R对根茎和花盘的侵染呈现出最高的抗病水平，并且该自交系也在草酸接种和核盘菌滤液接种实验中表现出最好的抗性水平，这也预示着该自交系对草酸具有专一抗性。

Peres等（2000）研发出了一种用于早期评价向日葵根系对菌核病抗性的方法。这种方法在温室中利用菌丝体进行接种。将感染核盘菌的大麦粒接种到具有4对真叶的向日葵根系上。向日葵的抗性评价则有两种标准，即接种25~45天出现的症状及发病植株的比例。这一接种方法得到的结果和田间接种的结果具有较好的相关性。

Hahn（2002）利用在小米粒上扩繁的核盘菌菌丝体通过人工接种的方法对15份向日葵的保持系和30份恢复系对盘腐型菌核病的抗性进行了鉴定，结果表明品系间存在显著的基因型差异，他同时也注意到保持系和恢复系的抗性级别平均值之间没有显著差异。

Degener等（2006）在3个不同的供试地点将核盘菌的菌丝体接种到85份向日葵自交系的叶片上（接种后利用塑料袋进行保湿），通过观察植株的抗性表现，证明这种方法能够用于选择耐病的基因型材料。接种茎秆后形成的病斑大小可作为评价向日葵对茎腐型菌核病抗性的一个指标，这一指标还被研究者作为一个可靠的表型来鉴定不同基因型向日葵对菌核病的抗性水平。

当讨论核盘菌侵染向日葵的3种不同方式时，获得对茎腐型菌核病具有高水平耐性的最佳方法是筛选抗虫基因型材料（Škorić，1989）。这些基因型的幼叶没有被害虫取食，因此这些植株能够免受核盘菌的侵染。

Giusseni等（2008）初步的研究结果表明，在核盘菌侵染花盘的过程中，个别Rf品系至少在某一个阶段有较明显的抗性反应。这些品系也具有理想的籽粒重量和含油量。因此，Giusseni等认为有可能获得对核盘菌呈现中等抗性水平，且籽粒重量和含油量高的向日葵杂交种。

Mancl和Shein（1982）发现从不同种寄主植物上分离获得的核盘菌菌株其致病力存在一定的差异。他们还发现从向日葵上分离到的核盘菌在实验室条件下不断的继代培养后其致病力比从向日葵上新近分离到的菌株会有所降低。

Castaňo等（1993）利用主成分分析法和t检验方法分析了抗病与感病群体接种病原菌后的病情指数平均值，发现将子囊孢子接种到自交系的花盘后其所表现出的抗性和将子囊孢子接种到其顶芽后的抗性没有相关性。

Gulya等（2008）将在小米粒上扩繁的核盘菌干燥后撒在向日葵幼苗的行间，4年的试验结果表明，向日葵供试材料对接种物的抗性水平没有显著差异。Peres（2000）在温室条件下开发出了一种相对快速且节省空间的早期评价向日葵对盘腐型菌核病抗性水平的接种方法。

Castaňo和Giusani（2009）利用接种后的发病株率和病菌相对潜伏时间来评价向日葵对菌核病的不完全抗性。

Schnabl等（2002）评价了利用生物技术方法进行抗菌核病育种的可行性，提出了对称和不对称体细胞杂交是最有效及可行的培育抗菌核病向日葵品种的替代技术。这一结论也在田间得到了验证。

Raducanu等（2000）通过离体和活体实验检测了9份杂交种与8份自交系对核盘菌培养液的抗性反应。结果表明，活体接种和向日葵籽粒的百粒重呈负相关关系，而供试的杂交种活体接种后其含油量显著降低。

Tahmasebi-Enferadi等（2000）用9份不同基因型的向日葵比较了常规接种和利用核盘菌培养液进行接种的效果而获得了有趣的结果。通过测定一些生长指标的降低程度（相比对照）来评价不同基因型的反应。叶面积和植物干重是用于筛选抗病基因型的最典型的性状。核盘菌的培养液接种和常规接种一样会在向日葵上诱发症状的出现，只是培养液接种后向日葵茎秆基部病斑直径会增加，预示着向日葵更容易受到核盘菌的侵染。

Prats-Perez等（2000）研究了酚类物质在向日葵花盘中的积累及其与耐菌核病水平的相关性，发现高耐菌核病品系的一些相关组成型基因高水平表达，从而促使酚类物质的积累，而在抗、感品种的苞叶中酚类物质积累水平的差异最为明显。而酚类物质的积累与植株病状出现具有相关性，其原因是酚类物质能够阻止病原菌的繁殖和蔓延。

Castano等（1992）利用高效液相色谱（HPLC）研究了自然发病条件下发病叶片（菌丝接种试验）中酚类物质的积累水平。他们共发现了19种酚类物质，而且这些物质都对核盘菌有显著的抑制作用。他们还发现核盘菌侵染后，所有基因型的向日葵叶片中酚类物质的含量都显著增加。

Prats等（2003）发现大多数抗性品系接种病原菌后，内源的和诱导的酚类物质均显著增加，且抗性品系具有较高水平的苯丙氨酸解氨酶活性。

Drumeva等（2008）利用体外愈伤组织诱导体系来评价向日葵抗菌核病的水平，发现这种抗性鉴定体系能够鉴定出对病原菌呈现中等抗性到高抗水平的育种材料。

Vasić等（1999）检测了利用向日葵植株不同部分制备的原生质体对草酸处理后呈现的反应，确定上述鉴定方法可以用于鉴定向日葵对菌核病的不同抗性水平。

Vear等（2004）研究了10个核盘菌菌株的毒性水平，发现这些菌株在人工培养基上的生长速度、菌核的产生数量及菌株的基因型都存在显著差异。他们认为目前可利用的向日葵基因型含有对菌核病的部分及非小种特异性抗性，并且这种抗性是持久的。

轮回选择和系谱法是培育抗菌核病品种最好的方法。

Vear等（2000）利用系谱法来筛选抗盘腐型菌核病的向日葵品种。他们利用子囊孢子液接种F_2代和F_4代群体的植株，用菌丝体接种F_3代群体的植株，结果表明，在F_3代群体中不同品系的抗性水平有很大差异，相对亲本，其抗性水平增加24%～61%。

Vear等（2007）利用1978年创建的向日葵恢复系群体进行了15次轮回选择并获得了令人满意的结果。在前面3次轮回选择中，研究者采用了菌丝体接种的方法，而在随后的轮回选择中采用了子囊孢子液接种的方法。在第4次轮回选择中，相比对照，叶片的发病面积减少了80%。在第12次轮回选择中，用子囊孢子液接种后病原菌的潜伏时间增加了一倍。简单回归分析的结果证明了轮回代数和病原菌潜伏时间的相关性，预示着未来通过轮回选择来增加向日葵耐菌核病的水平是可行的。

Vear等（2007）确认了轮回选择能够提高向日葵对菌核病的抗性水平。在研究中还发现在测试的第1代、第6代和第15代轮回群体中获得的向日葵杂交种田间自然发病株率降低了一半。由经过几个轮回杂交选出的最好的自交系所配置的杂交种对菌核病表现出最高的抗性水平。

如果想开发具有抗性的自交系，则Van Becelaere（2003）的研究结果值得关注。他发现母本的GCA效应大于父本。至少在他的研究中，母本的效应对杂交种抗性水平的影响较大。

Castaño等（2004）通过接种核盘菌的菌丝体，在正反交的后代中发现母本来源对抗性的影响较大。这一发现强调了选择适宜的母本自交系来配置杂交群体的重要性。

Sala等（1996）认为抗盘腐型菌核病向日葵的育种应该更多地选择能够提高抗性水平的基因型（主要考虑降低发病株率），而不是提高耐病性水平的基因型（主要考虑降低产量的损失）。

如果要培育出能够抗3种不同症状类型菌核病的向日葵品种，结合2或3种人工接种方法进行抗性鉴定是必要的（Castaño et al., 1993）。

Castaño等在2001年发表的文章中证实了他们以前的发现。他们最终选择了结合菌丝体和子囊孢子液接种的方法来鉴定相同植株的抗菌核病水平，并且证明了将这两种接种方法相结合进行抗性鉴定可以成功地筛选出抗菌核病的育种材料（Castaño et al., 2004）。

Degener等（1999）在3个不同地点对85份自交系的抗菌核病水平进行了鉴定，发现来源于油用向日葵种质资源库的NDBLOS呈现的抗性水平最高。同时，几个种间杂交种也表现出非常高的抗性水平。

NS-JM-65和NS-JM-64品系对根腐型菌核病表现出很高的耐病水平，NS-JM-70-2品系耐菌核病水平也令人满意。在野生资源中，*H. maximiliani*品系 No.1631对菌核病表现出高抗水平。

在30份向日葵杂交种及其亲本系的茎秆上人工接种病原菌后，它们表现出了复杂的（多基因的）抗性遗传模式。而S-77-999品系是一个例外，它只包含一个隐性的控制向日葵对茎腐型菌核病抗性的基因（Vrânceanu et al., 1981）。

Huang（1978）在田间和温室内同时进行了一个为期两年的菌核病的生物防治试验，利用重寄生菌*Coniothyrium minitans*、*Gliocladium catenulatum*和*Trichoderma viride*在田间与温室条件下进行试验。在温室内，3种重寄生菌都能够有效地破坏核盘菌所形成的菌核。在田间，也发现上述重寄生菌对核盘菌具有一定的防效（特别是*C. minitans*），但是效果并不显著。在过去的10年间，研究者已经在分子水平上简析了向日葵对核盘菌的抗性机制，特别是在分子标记辅助选择育种方面有一定的进展（Burt et al., 2002；Vear, 2004；Vear et al., 2008）。希望这些新的育种方法能够为向日葵育种家提供很大的帮助。这一部分内容将在本书其他章节进行详细阐述。

2.12.1.3　锈病（rust, *Puccinia helianthi* Schw.）

从全球分布来说，锈病是世界上第二大向日葵病害（图2.25），其在南美洲、北美洲、澳大利亚和非洲给向日葵造成了巨大的经济损失。据报道，锈病在亚洲的几个国家（中国、印度、伊朗、哈萨克斯坦和其他国家）也有发生，然而这些国家对向日葵锈病生理小种的组成还没有进行详细研究。幸运的，欧洲向日葵锈病生理小种的群体相当稳定，但令人遗憾的是，对锈菌群体的遗传还没有进行详尽研究，使得向日葵育种策略的制订变得非常困难。

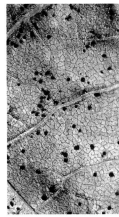

图2.25 向日葵锈病（*Puccinia helianthi* Schw.）是向日葵生产中的第二大病害

这一病害的典型症状是，初期在叶片背面出现褐色小疱，即病菌夏孢子堆，表面破裂后散出褐色粉末，即夏孢子；后期病部生出许多黑褐色的小疱，即病菌冬孢子堆，能够散出黑色粉末，即冬孢子

北美洲的一些国家对向日葵锈菌生理小种研究最多。Sackston（1962）确定了1号、2号、3号和4号生理小种是北美洲向日葵锈病主要的生理小种类型。随后，Yang（1986）鉴定出了5号生理小种，Lambrides和Miller（1992）鉴定出了6号生理小种。

在过去的时间里，一些特殊的年份，锈菌使向日葵的产量遭受了巨大损失。阿根廷的研究者针对向日葵锈病的生理小种开展了大量的研究工作。Antonelli（1985）发现了抗锈病基因Ph_1、Ph_2和Ph_{2a}，它们能够和Ph_3互作来调控向日葵对阿根廷生理小种340的抗性。

利用传统的鉴别寄主把3份来源于阿根廷的锈菌菌株鉴定为4号生理小种。这一生理小种出现在Junin地区，且在Macdonald学院的测试中被确认为是一个新的生理小种（Sackston *et al.*, 1985）。

Huguet等（2008）于1982~2008年对阿根廷锈病的发生和分布情况进行了研究，结果表明，抗病品种对锈病表现出稳定的抗性；同时还在阿根廷中部和南部的向日葵种植区发现了一个单一的锈菌致病型，这一发现和以前的研究结果恰恰相反。

可以肯定的是，北美洲地区存在4种以上的向日葵锈病生理小种类型。

Rashid（1991）于1988~1990年对加拿大西部向日葵锈菌生理小种的毒性进行了研究，发现了不同于3号和4号生理小种的新的小种，这个新的小种在含有抗性基因R_1和R_2的向日葵品种上具有一定的毒性，而且这个新的生理小种在锈菌群体中广泛分布。

在北美洲（美国和加拿大），研究者的重点集中在寻找抗锈病基因，以及在野生向日葵中寻找抗性资源上。Miller等（1988）测定了343份不同基因型向日葵对锈病的抗性，发现12份不同基因型向日葵能够抵抗4号生理小种；还发现品系HA-R1、HA-R3、HA-R4、HA-R35和647-1中的抗性基因R_4定位于染色体相同的位点上，而品系HA-R2的抗性位点定位于和R_4不同的位置，因此被命名为R_5。

Lambrides和Miller（1994）在品系MC 29（AUS）中发现了一个主效抗病基因，这个基因控制对北美洲1号、3号和6号生理小种的抗性，这一基因和抗性基因R_1和R_2相互独立且是非等位基因，因此被命名为R_{10}。

Quresh等（1993）及Quresh和Jan（1993）的研究结果表明，向日葵基因型PI 413118

和PI 413175都具有一个纯合的单一显性基因,能够对锈菌4种不同的生理小种兼具抗性。然而,PI 413023则有两个杂合的显性基因能够抵抗锈菌的1号和2号生理小种,而其具有的一个纯合基因型能够抵抗3号和4号生理小种。

向日葵锈病的研究在欧洲非常少。大多数研究工作都是在VNIIMK和Krasnodar这两个研究机构进行的。在锈菌不同接种方法的研究方面,Pustovoit和Slyusar(1978)的研究结果表明,在隔离的区域混合种植具有不同抗性基因的材料是最为有效的抗锈水平的鉴定方法。

在非洲,研究者只在莫桑比克(Mozambique)地区进行了锈菌生理小种的研究。利用从加拿大和美国获得的锈菌生理小种的鉴别寄主,Vicente和Zazzerini(1997)发现莫桑比克存在4号生理小种。

澳大利亚也对严重影响向日葵产量的锈病进行了深入的研究。

Kochman和Goulter(1985)提出了向日葵锈菌生理小种的鉴定体系。Kochman和Kong(1990)研究了如何减缓锈病症状的发展,以及利用抗性基因的聚合来控制向日葵锈病的发生。

Sendall等(2006)对澳大利亚向日葵锈病的变异程度及全球范围内搜集的锈菌资源的群体变化进行了研究,结果表明,澳大利亚锈菌菌株的变异程度比从其他国家采集的锈菌菌株要高。研究发现,相同致病型的锈菌菌株具有不同的遗传背景,这一发现支持了有关锈菌菌株毒力研究的结果,即锈菌群体在某一时间曾经有过有性重组过程。以前没有研究过的抗锈病基因的分子标记也被鉴定了出来。Sendall等(2006)提出了将不同的抗锈病基因聚合在一起的金字塔式的育种策略,然而在实际育种过程中要完成这一育种过程是非常困难的,因为至今还没有人对锈菌致病型多样性的机制进行过详细研究。

除了上述研究结果,Sendall等(2006)在分子水平上研究了澳大利亚向日葵锈菌(*Puccinia helianthi*)的致病性,形成了一套包含25份自交系的生理小种鉴定系统,并且用它们来鉴定候选的抗锈病基因。

除澳大利亚外,其他国家对锈病的研究在过去的10年间锐减。这一事实可以通过Virányi(2008)的调查结果得到证实,即2004~2007年仅有12篇有关锈病的文章发表,表明全球对向日葵锈病的研究兴趣大大降低。很明显这是由于人类在抗锈病基因型的培育及获得抗锈病向日葵栽培种方面已经取得了显著的成绩。

可以肯定地讲,目前已经有了非常丰富的未来可以用于向日葵抗锈病育种的资源。抗锈病基因已经从野生向日葵资源中转入栽培向日葵的优良品系中。这一结果是通过回交选育加上在回交群体中强制性筛选抗锈病表型而实现的。野生向日葵资源是一个非常丰富的抗锈病的基因池,非常适于用来鉴定抗锈病基因及控制新出现的锈菌生理小种。

关于人工接种,Gulya和Maširević(1995)提供了一个非常详尽的在温室条件和田间条件下锈菌的接种方法,可用于评价向日葵对锈病的抗性水平。他们同时将鉴别寄主分成3套:第一套包括 S-37-388、CM90RR和 MC29,第二套包括P-386、HA-R1和HA-R2,第三套包括 HA-R3、HA-R4和HA-R5。

评价向日葵育种材料对锈病抗性的最好方法是利用分子标记进行辅助筛选。Sendall等(2006)建议育种家利用DNA标记结合抗性表型在轮回群体中筛选对锈病呈现抗性的株系。

2.12.1.4 茎溃疡病（stem canker，*Phomopsis/Diaporthe helianthi*）

在过去的30年间，由拟茎点霉引起的向日葵茎溃疡病已经成为全球向日葵的一个毁灭性病害（图2.26）。该病害大面积发生的最早报道是在1980年，其使塞尔维亚和罗马尼亚的向日葵产量遭受了巨大的经济损失。随后，欧洲其他国家如法国、匈牙利、斯洛伐克、保加利亚、乌克兰、俄罗斯和意大利向日葵种植区也陆续报道有该病害的发生。在20世纪90年代早期，美国、加拿大、阿根廷、乌拉圭、澳大利亚、伊朗和一些其他国家也报道了该病害的发生。

图2.26　向日葵茎溃疡病（*Phomopsis/Diaporthe helianthi*）的症状
a. 发病叶片；b. 发病茎秆；c. 田间发病植株茎秆的倒伏

最早针对向日葵茎溃疡病进行抗病育种并取得显著成绩的是塞尔维亚和罗马尼亚。

1982年，Škorić在田间条件下从5000份自交系和2000份杂交种中仅筛选出4份品系对茎溃疡病具有抗性。其中，2份品系是通过种间杂交（向日葵栽培种×*H. tuberosus*）获得的，1份是通过*H. argophyllus*×Armavirski 9345配置组合获得的，而恢复系SNRF-69是从匈牙利的一个当地向日葵群体中筛选出来的。

Vrânceanu等（1983）通过大量的研究发现向日葵对茎溃疡病的抗性是一种水平抗性，这种抗性和植株常绿的特性有正相关关系。他们还报道了在所有的罗马尼亚杂交种中，品种Select对茎溃疡病呈现出最高的抗病水平。

Škorić（1985）发现3个母本系（Ha 22、HA 74和HA-BCPL）和恢复系SNRF-6对茎溃疡病表现出一定的田间抗性。这些材料中的抗性基因被转移到杂交种NS-H-43、NS-H-44和H-NS-45中。同时，Škorić（1985）还发现向日葵对茎溃疡病的抗性和其对炭腐病与黑茎病的抗性及向日葵的耐旱性呈正相关关系。

Vrânceanu等（1992）认为向日葵对茎溃疡病的抗性遗传有时由部分主效基因控制，但大多还是以加性效应为主。同时，他们还发现向日葵成熟期的茎秆常绿现象与其对茎溃疡病的抗性呈正相关关系。

Maširević（2000）评价了美国农业部（USDA）搜集的向日葵栽培种、联合国粮食及农业组织（FAO）试验的杂交种，以及诺维萨德（Novi Sad）的杂交种，发现诺维萨德的杂交种抗性水平最高。

另外，研究者已经成功开发出几种人工接种拟茎点霉的方法，并将其用于评价育种材料的抗性。Maširević（1995）建议的几种接种方法可以用于向日葵对茎溃疡病抗性水平鉴定的研究。

Androsova等（2008）对拟茎点霉的子囊孢子的形成和弹射进行了研究，其研究结果对育种材料的人工接种可能会有帮助。

Quaglia和Zazzerini（2007）证明了体外条件下能够利用向日葵愈伤组织对拟茎点霉菌培养滤液的反应来鉴定向日葵的抗病水平。

下面这些研究结果可以帮助育种家采用合适的育种策略来筛选抗茎溃疡病的育种材料。

Vear等（1997）的研究表明菌丝体接种的方法不能很好地区分高抗和中等抗性的基因型。因此，可以在F_3代和F_4代家系之前就剔除高感的个体，或者更好的是在半自然接种的条件下评价杂交种的抗性水平。

Degener等（1999）利用叶片和茎秆接种法评价了29份自交系与100份杂交种对茎溃疡病的抗性水平，发现叶片抗性和茎秆抗性之间没有相关性。他们还发现向日葵对茎溃疡病的抗性遗传往往受加性效应所控制。

就人工接种方法而言，叶柄接种的成功率往往高于叶片接种（平均接种率分别为78%和70%）；叶片接种和田间自然发病的相关性往往高于叶柄接种，但是两种菌丝体接种方法是可以互补的，能够用来分别测定不同的抗性指标（Viguie *et al.*，2000）。

Langer等（2000）利用LR4-17（抗）和HA 89（易感）进行回交获得了232份重组自交系（RIL）。通过抗性鉴定发现所有后代的抗性水平都低于亲本LR4-17。研究者通过对232份材料每个接种叶片上的病斑坏死速率进行评价，认为向日葵叶片对茎溃疡病的抗性由一个主效基因调控，并且至少2个复杂的因子会影响叶柄和茎秆对茎溃疡病的抗性。

Degener等（1999）的研究表明茎秆上病斑的大小是评价向日葵抵抗病原菌从叶柄扩展到茎秆上最好的抗性指标。

近期，也有大量的研究工作集中在针对茎溃疡病的分子标记辅助育种上。

通过在分子水平上对LR4-17（抗）和HA 89（感）重组自交系的抗性进行研究，Langer等（2004）得出了如下结论，即非连锁染色体片段携带的主效QTL能够调控向日葵的抗性水平，而叶片和茎秆的抗性可以通过分子标记辅助选择的育种方法将抗性基因进行聚合。

一些国家的研究机构和私人公司已经研发了对茎溃疡病具有抗性的丰富的种质资源。研究人员已经获得了野生向日葵资源，它们有利于增加种质资源的遗传变异，从而开发出了对茎溃疡病有抗性的杂交种。不同的育种中心已经各自研发出了转移抗茎溃疡病基因的育种策略和方法。

2.12.1.5 黄萎病（*Verticillum* wilt，*Verticillium dahliae* Kleb.）

除大丽轮枝菌（*Verticillium dahliae* Kleb.）之外，向日葵还可以被黑白轮枝菌（*Verticillium albo-atrum* R. et B.）和砖红轮枝菌（*Verticillium lateritium* Bertk.）侵染。在上述3种轮枝菌中，大丽轮枝菌是危害最严重的一种，也是世界范围内分布最广泛的一种病原菌。由它引起的向日葵黄萎病（图2.27）给美洲、欧洲、非洲北部、澳大利亚和亚洲一些国家向日葵的生产造成了严重的经济损失。

图2.27 向日葵黄萎病（*Verticillium dahliae* Kleb.）的田间症状
田间受到侵染的向日葵发病株（a）和抗黄萎病育种获得的耐病品种（b）

美国、加拿大和阿根廷在向日葵抗黄萎病育种方面已经做了大量工作。Putt（1964）发现了第一个抗黄萎病的资源。他的发现被Fick和Zimmer（1974）证实了。HA 89起源于俄罗斯的栽培种VNIIMK 8931并被发现对美国的生理小种具有抗性，而这一抗性遗传由单一主效基因控制。Bruni（1965）在阿根廷商业栽培种中也发生了向日葵黄萎病。1970年，他报道了在供试的19份向日葵品种中，俄罗斯品种VNIIMK 1646、VNIIMK 6540、VNIIMK 8931和Armavirskiy 9343对在阿根廷发生的黄萎病表现出抗性。

Bruniard等（1984）、Bertero Romano和Vasquez（1985）发现阿根廷的一个生理小种能够克服HA 89中的抗性基因V_1介导的抗性。

Bruniard等（1984）报道了他们开发出的V144、V99、V134和V196品种对阿根廷的大丽轮枝菌生理小种呈现出抗性。

Hoes等（1973）声称他们在野生种*H. annuus*和*H. petiolaris*的群体中发现了抗黄萎病的个体。在评价种间杂交种（向日葵栽培种×*H. tuberosus*）的抗性水平时，Galina Pustovoit和Krokhin（1978）发现了针对黄萎病不同的抗性遗传模式（由两个或3个隐性基因或者两个互补的显性基因调控抗性），多基因调控的抗性阻碍了育种家对抗性基因的开发和利用。

除了田间接种鉴定，Bertero de Romano（1999）提出了在温室条件下通过注射接种来鉴定向日葵育种材料的抗性水平。向日葵黄萎病的抗病育种在美国和阿根廷都具有长期的研究基础。Miller和Gulya（1985）报道了他们开发出了4个抗黄萎病的新品系（HA 132、HA 313、HA 314和HA 315）。在阿根廷已经获得了几个含有抗黄萎病基因的杂交种，其中在很长一段时间里杂交种Paraiso20表现出最高的抗性水平。

Exsande等（2000）在几个不同的试验地点评价了37份不同基因型的向日葵对黄萎病抗性的稳定性，基于不同的分析方法所获得的结果，Exsande等认为，为了筛选具有持久抗性的品种，应该利用多重比较的方法进行筛选，筛选应该基于不同基因型向日葵发病的严重度及环境的平均值进行；另外，除了计算基因型感病相对强度的标准差，还需要确定表型稳定的向日葵基因型。

Gonzales等（2007）对689份向日葵品系进行了抗黄萎病鉴定，他们在P_4群体中检测到了抗性的变异。同时，还发现群体自交和群体中不同株系杂交后，能够获得高比例的抗性植株。Gonzales等（2008）报道了通过自交、杂交和回交选育获得了89个自交系，其中32%的自交系对黄萎病表现出抗性。同时还发现对黄萎病表现抗性的品系对菌核病也呈现出极高的耐病性。

Gulya（2007）指出在2002年发现了大丽轮枝菌的一个新的生理小种，它能够克服油用和食用向日葵杂交种中单一显性抗性基因V_1调控的抗性。Gulya同时也发现俄罗斯品种VNIIMK 8883含有能够抵抗这个新的生理小种的抗性基因。

2.12.1.6 炭腐病［charcoal rot，*Macrophomina phaseolina* (Tassi.) Goild］

向日葵炭腐病的病原菌是*Macrophomina phaseolina* (Tassi.) Goild，*Sclerotium bataticola* Taub.、*Macrophomina phaseoli* (Maubl.) Ashby和*Rhizoctonia bataticola* (Taub.) Butler是其异名。

炭腐病在干旱地区给向日葵生产造成了一定的经济损失，是一种在世界向日葵种植地区分布很广的病害（图2.28）。

图2.28 向日葵炭腐病[*Macrophomina phaseolina* (Tassi.) Goild]
在世界各向日葵种植地区普遍发生，并且在干旱地区给向日葵生产造成了巨大的经济损失

很多研究者对炭腐病菌进行了研究。Iliescu（1999）发表了一篇详细的综述性文章，对该病害的症状、病原菌分类、病害的流行、病原菌致病机制及病害的防控进行了总结。据我们所知，Aćimović（1998）发表了一篇研究者公认的最为详细的介绍向日葵炭腐病的文章。

在意大利，由壳球孢菌[*Macrophomina phaseolina* (Tassi.) Goild]引起的炭腐病是一种最重要的向日葵病害（Zazzerini *et al.*，1985；Manici *et al.*，1992）。

Manici 等（1992）报道了炭腐病菌在意大利的不同气候环境下其致病力存在显著的差异，预示着该病原菌对寄主具有很强的适应性。

Chan和Sackston（1973）研究了炭腐病菌对寄主的穿透和入侵过程。Orelana（1970）首次研究了不同基因型的向日葵对炭腐病的抗性水平，结果表明，早熟基因型比晚熟基因型更容易发生炭腐病。

Galina Pustovoit和Gubin（1974）在VNIIMK 8931×*H. tuberosus*种间杂交种的F_{15}代群体中发现了抗炭腐病的单株。利用一种非常直接的接种方法（将病原菌的孢子悬浮液直接注射到花盘组织中）确定了62份向日葵单株对炭腐病具有完全抗性。

Mihaljčević（1978，1980）对炭腐病菌的接种方法进行了详细研究，结果表明，Hsi（1961）开发的接种法是测试的4种方法中效果最好的。Hsi（1961）最初开发出这种方法是用于接种高粱，随后，Mihaljčević将这一方法应用于向日葵的接种（Mihaljčević，1980）。最近几年，Walcz和Piszker（2004）也开发出了一种能够高效鉴定向日葵对炭腐病抗性的方法。

通过不同的接种方法，研究者发现来自诺维萨德的自交系S-31、S-59、S-60、S-1139、S-1140、S-1141、S-1142、S-1145、S-1146、S-1147、S-1148及NS-B-16在不同的试验地点皆对炭腐病表现出高的抗性水平（Mihaljčević，1980）。

Mihaljčević（1980）还发现来自阿根廷的品种Pehuan INTA、Ciro和Klein，以及来自VNIIMK的Krasnodar与 *H. tuberosus*配置的杂交品系GVP-1和GVP-2对炭腐病也呈现高抗水平。

Asad等（1992）在向日葵上采用牙签法接种来自巴基斯坦3个不同地区的菌株，确定只有品种953-102和1141-IMP对炭腐病呈现中等抗性水平。

Balz等（1988）连续两年对来自亲本Pergamino 3的69份半同胞系（half-sib）进行了抗性鉴定，结果表明，感病向日葵品种的各项经济性状指标都会降低。遗传分析的结果表明，对炭腐病具有耐病性的基因型可以通过间接表型筛选获得，如向日葵的茎秆在结构上具有抵抗病原菌入侵的机制。Škorić（1989，1992）认为持绿性的表型可以作为鉴定向日葵对炭腐病抗性的一个标记，前提是这种基因型应该具有高的自交结实能力。

Mihaljčević（1980）利用人工接种鉴定了大量的F_1杂交种（感病×抗性）的抗性水平，结果表明向日葵对炭腐病的抗性是由多基因控制的水平抗性。

Ahmad等（1991）利用8份炭腐病菌的菌株对13来源于国外的向日葵自交系的抗性水平进行了鉴定，结果表明，供试的向日葵自交系在农艺性状（花盘直径、花盘重量、每个花盘的籽粒数、籽粒的千粒重以及单位产量）上有非常显著的差别。自交系HA-R1和HA-R2对所有接种的炭腐病菌均呈现出抗性/耐病水平，而HA 822表现为感病。菌株MP9和MP21接种后还对花盘的重量造成了一定的影响。

Beg（1992）评价了来源于美国的80份向日葵自交系对炭腐病的抗性水平。在向日葵进入开花期时采用牙签法接种培养在PDA上的炭腐病菌，接种35天后（向日葵籽粒接近成熟时）将茎秆劈开观察髓部的发病情况，记录发病株率。结果表明，所有供试的自交系均感病，但是自交系HA 89、HA 224、HA 232、HA 288和HA-R1比其他自交系感病程度略轻一些。

2.12.1.7　黑斑病（*Alternaria* blight，*Alternaria helianthi* Tub. et Nish.）

Aćimović（1998）把*Helminthosporium helianthi* Hansf.、*Alternaria leucanthemi* Nelena et Vas.及 *Embellisia helianthi* (Hansf.)作为黑斑病菌的异名。他发现向日葵还可以被*Alternaria zinniae* Pape、*Alternaria alternata* (Fr.) Keiss（异名 *Alternaria tenuis* Ness.）和*Alternaria helianthinficiens* Simmons, Walcz et Roberts侵染。在上述病原菌中，*Alternaria helianthi*是向日葵黑斑病最常见的病原菌，也是在研究向日葵抗黑斑病中使用最多的病原菌。

黑斑病（图2.29）在世界各向日葵种植区均有发生。在过去的10年间，该病害在印度和巴西给向日葵生产带来了巨大的经济损失。Aćimović（1998）的研究结果表明，大多数向日葵品种对黑斑病没有抗性。

图2.29　向日葵黑斑病（*Alternaria helianthi* Tub. *et* Nish.）田间症状

Regine等（2008）的研究结果显示，巴西南部向日葵黑斑病的流行往往和该地区黑斑病菌生理小种及向日葵品种有关。黑斑病在12月种植的向日葵上发生最为严重，而在10月种植的向日葵上危害最轻。Dunienas等（1998）的调查结果表明，黑斑病给巴西向日葵造成了巨大的经济损失，特别是在潮湿多雨的地区。

Aćimović（1976）曾经在4年的时间里对1389份向日葵自交系田间抗黑斑病的水平进行了评价，结果只有6份自交系对黑斑病表现出令人满意的耐病性。

Lipps和Herr（1986）在3年的时间里对496个向日葵品种抗性进行了鉴定，发现只有8个供试品种对黑斑病表现出耐病性。Lipps和Herr在温室条件下对*H. tuberosus*的群体进行接种鉴定得到了不同的结果，发现*H. tuberosus*可以作为*Alternaria helianthi*的抗源材料。

Prabokaran和Sujatha（2000）评价了野生向日葵对黑斑病的抗性，并且试图寻找能够将抗性基因转入优良的向日葵栽培种的方法。

Madhavi等（2005a）在 *H. tuberosus*和*H. occidentalis*中发现了抗黑斑病的基因。

Ravikumar（1997）研究了*Alternaria helianthi*的毒素对向日葵花粉萌发的影响，以及不同基因型向日葵的花粉对该毒素的反应。结果表明，中等耐病性的向日葵品种，其花粉在有毒素存在情况下比高感向日葵品种花粉的萌发率要高，预示着孢子体（sporophyte）和配子体（gametophyte）与抗性具有一定的关联。

Madhavi等（2005b）注意到在培养基中添加野生抗性材料叶片的提取物对黑斑病菌菌丝体的生长具有一定的抑制效果，这和在野生材料上进行离体接种后的抗性反应相一致。

Shobha-Rani和Ravikumar（2006）在孢子体和配子体阶段进行1～2次轮回选择来提高向日葵对黑斑病的不完全抗性水平。配子体选择是将病原菌培养液的过滤液在授粉前1h喷施在柱头和花药上，盛花期15天后调查发病的病级（计算病情指数），在种子生理成熟期计算经济产量，以此来判断向日葵的抗性水平。他们认为，通过配子体选择来提高群体的抗性更有前途，因为通过花粉选择能够使育种家分辨出少量优良组合，而这在孢子体水平是很难被发现的。将配子体选择和传统的孢子体选择结合起来的抗病育种方法应该加以考虑，因为在群体改良的研究中可以在相对短的时间里得到高水平抗性的植株。

Morris等（1983）、Škorić（1988）、Miller（1992）、Guyatha等（1997）和Prabakaran等（2000）基于他们的研究结果，指出能够从野生向日葵资源中找到抗黑斑病的基因。

依照Škorić（1989）和Škorić等（2006）的研究结果，诺维萨德品系CMS-1-50、PR-ST-3和BCPL具有高耐黑斑病的水平，并且可以被高效地应用于抗黑斑病育种中。

Lamarque 和Kochman（1988）、Maširević（1995）建议的黑斑病菌接种方法应该推荐给育种家用来筛选抗黑斑病的育种材料。

2.12.1.8　黑茎病（*Phoma* black stem，*Phoma macdonaldii* Boerema）

依据Aćimović（1998）的报道，*Phoma oleracea* var. *helianthi-tuberosi* Sacc.是*Phoma macdonaldii* Boerema的异名。

由茎点霉属（*Phoma*）真菌引起的黑茎病在世界上一些国家扩展得非常快，它造成了向日葵植株的早衰（强迫成熟），最后导致向日葵整株死亡，从而给向日葵生产带来了逐年加重的经济损失（图2.30）。

图2.30　茎点霉（*Phoma macdonaldii* Boerema）在向日葵叶柄和茎秆交接处侵染后引起的黑茎病症状

Larfeil 等（2002）曾经报道，田间向日葵黑茎病发病株率达60%。他们在向日葵的4个不同发育阶段接种病原菌后发现，向日葵的发病情况与其生育阶段没有相关性。

Fayzalla（1978）详细鉴定了诺维萨德大量的向日葵栽培品种和一些野生向日葵对黑茎病的抗性。通过人工接种还没有发现对黑茎病表现耐病性的向日葵栽培种。而在野生资源中，*H. maximiliani*、*H. argophyllus*、*H. tuberosus*及*H. pauciflorus*对黑茎病表现出极高的耐病水平。Pustavoit和Skuropet（1978）于同一年份也得到了相似的结果，但是他们声称针对黑茎病的抗性基因存在于大量的野生种中，而不只是Fayzalla所鉴定的那几个野生资源。Škorić（1988）也得到了相似的结果。

在研究向日葵抗黑茎病方面，Darvishzadeh等（2007a）进行了一个试验，涉及不同基因型的向日葵和7个黑茎病菌菌株。他们发现不同基因型向日葵间、不同接种菌株间及二者间的互作均存在极显著差异。两个基因型呈现出菌株非特异性的部分抗性。这一结果被Alignan等（2006）在分子水平上对抗性QTL进行分析而得到了验证。同样在分子水平上，Alignan等（2006）鉴定出38个抗性基因，这些基因在不同的基因型、不同的处理和时间点有不同的表达水平。

Škorić（1989）的研究表明自交系CMS-1-50、PR-ST-3、PR-ST-28及HA 48对黑茎病表现出高度的耐病性。

Maširević（1995）开发出的接种方法也被推荐给向日葵育种家。但是为了加速育种进程，分子标记应该被用来筛选抗病的育种材料。

2.12.1.9　其他真菌病害

向日葵上还有很多真菌病害在不同地区和年份给向日葵生产带来经济损失。遗憾的是，针对这些病害的抗病育种研究还没有进行。

1. 枯萎病

Aćimović（1998）的研究结果表明，不同的镰刀菌属（*Fusarium*）真菌能够侵染向日葵，如*Fusarium solani*、*Fusarium solani* var. *minus*、*Fusarium oxysporum*、*Fusarium oxysporum* f. *helianthi*、*Fusarium moniliforme*（异名*Gibberella fujikuroi*）、*Fusarium equiseti*、*Fusarium tabacum*、*Fusarium culmorum*，以及镰刀菌属其他种（*Fusarium* sp.）和变种（*Fusarium* spp.）。

有关向日葵抗枯萎病研究的报道很少。在最早发表的文章中，Orelana（1973）在供试的59份向日葵自交系中发现了23份材料抗枯萎病。近几年，Gontcharov（2006）在实验室条件下利用单株选种，从3个双交组合及一个杂交组合（UV.680×o.p. cv. Leader）的F_3代群体中筛选出了抗枯萎病的植株。根据Mirza等（1995）的研究，由镰刀菌侵染所致的枯萎病在巴基斯坦有些地区的分布很广，但是抗枯萎病的研究还没有开始进行。

2. 灰霉病

向日葵遗传育种家忽视了对具有广谱寄主范围的灰葡萄孢（*Botrytis cinerea* Pers.）的研究，尽管它在某些地区给向日葵造成了一定的经济损失（图2.31）。

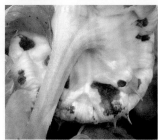

图2.31　灰葡萄孢侵染向日葵花盘后的症状

Prats（1970）首次发现了向日葵品种INRA 65-01具有对灰霉病的抗性。

Borlov和Artemenko（1980）发现向日葵品系Od-2625能够抗灰霉病。

Kostyak（1985）对1500份不同基因型的向日葵进行了抗性鉴定，没有发现对灰霉病具有抗性的基因型，只有几种基因型在自然条件下或者经过人工接种后表现为耐病性。

3. 干腐病

向日葵干腐病由根霉属真菌侵染所致，如 *Rhizopus arrhizus* Fisch.（异名 *Rhizopus nodosus* Namysl.）、*Rhizopus nigricans* Ehr.（异名 *Rhizopus stolonifer* Eh. et Fr.）和 *Rhizopus oryzea* Nent et Geer.（Aćimović, 1998）。

干腐病一般主要发生在干旱和高温地区，能导致产量的显著降低，特别是含油量的降低（图2.32）。

图2.32 根霉（*Rhizopus* spp.）引起的向日葵干腐病田间花盘（a）和整株（b）症状
干腐病能够造成向日葵产量的显著下降，特别是含油量的降低

有关向日葵抗干腐病的报道很少，Agrawat等（1978）做了开创性的工作。他通过人工接种研究了91个向日葵品种对干腐病的抗性，结果表明，只有克拉斯诺达尔的品种Armavirec、Armavirskiy 3497、EC50277和K-2217对干腐病具有抗性。

Yang等（1979）详细研究了向日葵对干腐病的抗性。Yang等（1980）发现在向日葵野生资源中存在对干腐病的抗性或耐性基因。Yang和Thomas（1981）还对在向日葵上接种干腐病菌的方法进行了比较研究。

4. 白锈病

依据Aćimović（1998）的鉴定结果，*Albugo tragopogonis* (Pers.) Schr.是白锈病菌的学名。白锈病（图2.33）在一些国家和地区已有报道，特别是在南美洲（阿根廷）、非洲（南非）、一些亚洲地区、俄罗斯及澳大利亚发生严重。

在阿根廷、澳大利亚及南非开展了有关向日葵抗白锈病的育种工作，并已经获得了一些高度耐病的杂交种。

5. 白粉病

在向日葵上能够引起白粉病的真菌有4种：*Erysiphe cichoracearum* DC、*Leveillula compositarum* Golow.、*Leveillula tarucia* (Lev.) Arn.和 *Sphaerotheca fuliginea* (Schlecht. ex Fr.) Poll.。其中，*Erysiphe cichoracearum* DC是世界各地向日葵上广泛分布的白粉病菌（图2.34）。

图2.33　向日葵白锈病的田间症状

图2.34　向日葵白粉病的田间症状

由于 *Erysiphe cichoracearum* DC分布广泛，因此，研究者针对该病害开展了很多抗病育种工作。Seymour（1929）首次从野生向日葵资源中鉴定出了抗白粉病的材料（Aćimović，1998）。之后很长一段时间，Shopov（1975）发现了具有高度耐病性的品系 No. 2073，而品系No. 1510则表现为免疫。

Mitov和Popov（1979）、Saliman等（1982），以及Pascasu和Iuoras（1987）研究了野生向日葵对白粉病的抗性，鉴定出了抗病及感病的育种材料。Jan和Chandler（1985）将*H. debilis* Nutt.中的抗病基因转入自交系P21中，遗传研究表明这个抗性基因的遗传模式为部分显性遗传。依据 Škorić未发表的研究结果，在几个自交系中，特别是来源于*H. tuberosus*的自交系，包含抗白粉病的基因。

Aćimović（1998）整理了一个能够侵染向日葵的真菌名单，这个名单应该引起植物病理学家、遗传学家和育种家的注意，名单如下：*Sclerotium rolfsii* Sacc.、*Ophiobolus fulgidus* (C. et P.) Sacc.、*Ophiobolus porphyrogonus* (Toda et Fr.) Sacc.、*Ophiobolus helianthi*

Ell.、*Sclerotinia minor* Jagger、*Phialophora asteris* (Dowson) Burge *et* Isaac、*Pleospora herbarum* (Pers. *et* Fr.) Rab.、*Pleospora diaportheoides* Ell. *et* Ev.、*Pleaspora richtophensis* (Rob) Ell. *et* Ev.、*Sordaria fimicola* Ces. *et* de Not.、*Phyllosticta helianthi* Ell. *et* Ev.、*Itersonilia perplexans* Derx.、*Drechslera helianthi* Ili.、*Epicoccum nigrum* Link.、*Epicoccum neglectum* Desm.、*Epicoccum purpurascens* Ehrenb.等。图2.35所示为向日葵褐斑病的田间症状。

图2.35　向日葵褐斑病的田间症状

2.12.2　病毒病

一些病毒能够侵染向日葵（图2.36，图2.37），然而能侵染向日葵的病毒种类却非常有限。大多数情况是这些病毒的主要寄主是其他作物，而向日葵仅仅是其第二寄主（Aćimović，1998）。Gulya等（1997）的研究结果表明，有以下几种病毒能够侵染向日葵：翠菊黄化病毒（aster yellow virus）、黄瓜花叶病毒（cucumber mosaic virus）、向日葵花叶病毒（sunflower mosaic virus）、向日葵环斑病毒（sunflower ringspot virus）、向

图2.36　向日葵病毒病的田间症状

a. 茎秆坏死；b. 幼芽坏死；c. 健康的和病毒（向日葵花叶病毒，SMV）侵染的向日葵植株

图2.37　向日葵病毒病的田间症状

a.试验小区中感病毒病的向日葵植株；b.试验小区中向日葵抗病毒病的鉴定（中间是感病品种，两边是耐病品种）

日葵黄色斑点病毒（sunflower yellow blotch virus）、叶片皱缩病毒（leaf crinkle virus）、烟草环斑病毒（tobacco ringspot virus）、烟草条斑病毒（tobacco streak virus）、番茄斑萎病毒（tomato spotted wilt virus）、马铃薯Y病毒（potyvirus）等。

Gulya等（2002）报道了黄瓜花叶病毒、烟草环斑病毒和向日葵花叶病毒能够侵染向日葵，特别是能够侵染一些野生向日葵。

任一种病毒在大多数向日葵种植区都存在。一般来讲，病毒病与其他真菌病害相比造成的经济损失较小。

对向日葵病毒病的研究力度最强且最深入的是阿根廷，向日葵病毒病在阿根廷经常发生且造成了一定的经济损失。

病毒一般通过昆虫进行传播，其中蚜虫是最为重要的传播载体。

据Srechari等（1992）报道，有3种蚜虫可以传播病毒，即*Aphis gossypii* Glove.、*Aphis cruccivora* Koch和*Rhopalosiphum maidis* (Fitch)，其中*A. gossypii*是众所周知的向日葵花叶病毒的传播载体。

在向日葵上发现的所有病毒中，向日葵褪绿环斑病毒（SuCMoV）是被研究最多的一种。研究者将大部分注意力集中在对病毒的致病力和形态学的研究上。Duhovny等（1998）在向日葵上发现了由向日葵褪绿环斑病毒侵染所致的黄色斑点。这些斑点后期可以连在一起，从而影响了有效的叶面积和叶片形态，最终导致植株生长迟缓，影响产量。

Lenardon等（2001）在阿根廷的几个地区发现了向日葵褪绿环斑病毒。通过在不同的向日葵杂交种上进行接种，他们得到了一些重要的结果。向日葵所有生长阶段都会受到病毒的侵染，与健康植株相比，被病毒侵染的植株株高（16%~39%）、茎秆直径（21%~51%）、花盘直径（27%~57%）、果实产量（58%~87%）、籽粒宽度（13%~15%）、籽粒长度（10%~16%）、千粒重（26%~28%）显著降低。

Lenardon（2008）发现向日葵褪绿环斑病毒不是通过籽粒而是通过蚜虫以非持久性方式进行传播的，一些杂草可以作为病毒的繁殖场所。

Lenardon等（2005）在温室条件下对232个向日葵品系进行人工接种，发现只有3个品系L33、L74和L52对向日葵褪绿环斑病毒呈现出部分抗性。在这3个品系中，L33的抗性水平最高。在温室及田间条件下对抗病及感病品系杂交后的F_2代群体进行抗病毒遗传分析，发现向日葵对病毒的抗性是由单基因*Rcmo-1*控制的。

Bazzalo等（2008）对含有和不含有*RCM-1*近等基因的向日葵杂交种对向日葵褪绿环斑病毒的抗性进行了评价，结果表明，所有的抗性杂交种只有很少的褪绿斑点；相反，在感病杂交种上均出现了严重的褪绿环斑。他们还发现向日葵杂交种受到病毒侵染后的表型参数在Venado Tuerto试验点比在Balcarce受到的影响更大。

近几年，在分子水平上对向日葵褪绿环斑病毒的研究也有很多。

Duhovny等（2000）对一种新的向日葵褪绿环斑病毒（SuCMoV）进行了分子鉴定。Aries等（2003）研究了SuCMoV对向日葵植株碳代谢的影响。

Arias等（2005）研究认为，增加抗氧化酶的活性能够干扰由活性氧（reactive oxygen species，ROS）的增加而导致的寄主防卫反应建立的信号通路。

Lenardon等（2005）将抗病毒基因*Rcmo-1*定位于第14连锁群的MS0022（5cM）和ORS-307（4cM）标记之间。

Mailo等（2008）在一个感病（20-016）和耐病（B-133）的材料上人工接种SuCMoV。提取植株发病叶片的总RNA并进行分子水平的研究，结果表明，接种病毒后，向日葵（包括敏感及抗性品系）基因的表达谱和未接种对照存在显著差异，并且在抗病材料中找到了88个差异表达的基因。

也有研究表明SuCMoV具有新的遗传变异。SuCMoV在阿根廷向日葵种植区分布广泛，Duhovny（2008）对其进行了大量研究。他分离到两个毒性株，即C（普通型）和RS（环斑型）株系。Mejerman等（2008）在阿根廷也鉴定出了一个和SuCMoV非常接近的马铃薯Y病毒菌株。分子水平的研究结果表明，这个新的病毒的CP基因（807nt）和从阿根廷分离到的SuCMoV的同源性为94.8%，与巴西SuCMoV-Zi的同源性为89.2%。

2.12.3 细菌病害

向日葵细菌病害（图2.38）主要由细菌所引起，在世界各个向日葵种植国家都有发生。除了向日葵，大部分细菌还可以侵染其他作物，向日葵往往是这些病原菌的第二寄主，很少是其主要寄主（Aćimović，1998）。

图2.38 由细菌侵染引起的向日葵细菌病害的田间症状

a. 病原菌为*Erwinia carotovora* pv. *carotovora* (Jones) Bergey；b. 病原菌为*Xanthomonas campestris* pv. *phaseoli* (Smith) Dye.；c. 病原菌为*Pythium aphanidermatum*（Edson）Fitzp.

在向日葵上分布广泛的细菌有根癌农杆菌[*Agrobacterium tumefaciens* (E. F. Sm. et Town.) Conn]、丁香假单胞杆菌烟草变种[（*Pseudomonas syringae* pv. *tabaci* (Wolf et Foster) Yang （异名*Pseudomonas tabaci* 和 *Bacterium tabacum* Wolf et Foster）]、野油菜黄单胞杆菌[*Xanthomonas campestris* pv. *phaseoli* (Smith) Dye.]、丁香假单胞杆菌向日葵变种[*Pseudomonas syringae* pv. *helianthi* (Kawamura) Dye, Wilkie *et* Young]、青枯假单胞杆菌[*Pseudomonas solanacearum* (Smith)]、胡萝卜软腐欧文氏杆菌胡萝卜亚种[*Erwinia carotovora* pv. *carotovora* (Jones) Bergey]等（Aćimović，1998）。

有关向日葵抗细菌病害的育种，只有很少的报道。

Nemeth和Walcz（1992）报道了在1984~1986年匈牙利向日葵上有胡萝卜软腐欧文氏杆菌（*Erwinia carotovora*）的侵染。在自然条件下对向日葵的自交系和商业种进行抗性试验，结果表明，不同向日葵材料对胡萝卜软腐欧氏杆菌的抗性存在显著差异。同时，发现可以在田间条件下对向日葵育种材料进行人工接种细菌。

2.12.4 向日葵抗列当育种

列当（*Orobanche cumana* Wallr.）（图2.39）给世界上一些向日葵生产国和生产地区造成了严重的经济损失，特别是中欧和东欧、西班牙、土耳其、以色列、伊朗、哈萨克斯坦和中国。已经确认澳大利亚也有向日葵列当的发生和危害。

向日葵育种家和列当已经斗争了近一个世纪，在这个游戏中，育种家和列当常常会更换胜者的位置。一旦育种家找到了能够抑制当前列当生理小种的抗源，列当会很快出现一个新的生理小种来克服向日葵的抗性。

Morozov（1947）和Kukin（1982）报道了1890年列当在俄罗斯萨拉托夫地区的发生。

图2.39 寄生性种子植物——列当（*Orobanche cumana* Wallr.）

2.12.4.1 列当种子的萌发和与寄主的接触

列当的种子非常小，千粒重通常为0.001g（图2.40）。列当的种子可以在土壤中存活约20年。列当种子能够在温度为20~25℃的潮湿土壤中萌发，其萌发会受到土壤pH和寄主根系分泌物（萌发刺激物）的影响。当列当种子萌发形成的芽管遇到寄主的根系后，芽管的顶端会迅速生长形成吸器，吸器会紧紧地贴在寄主根系上吸收营养。

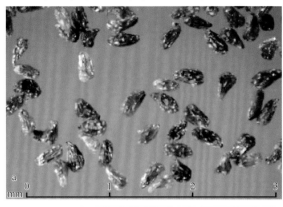

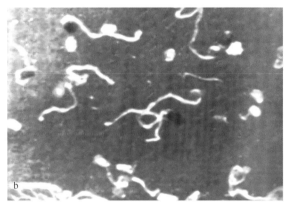

图2.40 列当的种子
a. 列当种子的形态；b. 列当种子的萌发

Panchenko（1975）对列当种子萌发、芽管机械入侵感列当向日葵基因型的根系，以及芽管在抗列当向日葵基因型的根内逐渐死亡的过程进行了详细描述（图2.41）。

列当在侵染抗、感基因型向日葵时，列当种子萌发形成的芽管能够穿过寄主根的皮层并形成初始的吸器结构（在列当种子萌发8天后形成）。随后，吸器穿透感病寄主根系的中柱细胞（木质部）（萌发14天后）。最后，列当的芽管在入侵抗病向日葵根系后逐渐死亡（Panchenko，1975）。

在感病基因型向日葵的根系上，附着胞会发育形成楔形的吸器结构。吸器能够穿过寄主根表皮和薄壁细胞到达形成层。在抗病基因型向日葵根系上，薄壁细胞和形成层间会有一层木质素的结构，可阻止列当芽管的侵入（Panchenko，1975；Panchenko and Antonova，1975；Antonova，1978）。

Castejon等（1991）证实了列当种子能够随着向日葵种子进行远距离传播，这给列当的防控带来了很大的困难。

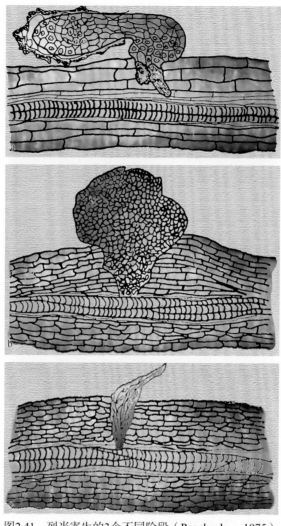

图2.41　列当寄生的3个不同阶段（Panchenko，1975）
a.种子萌发形成芽管以及芽管入侵皮层细胞；b.吸器的形成；c.列当幼芽在抗病向日葵品种根上寄生后死亡

2.12.4.2　向日葵抗列当机制

从已有的研究结果来看，向日葵抗列当的机制有很多种，大多数能够进行遗传。然而也有一些生理生化、结构抗性和其他类型的抗性机制。对向日葵育种家而言，抗性基因的遗传才是最重要的。考虑其他抗性机制时，可以列举几个例子。Morozov（1947）和Barnciskij（1932，1935）的研究结果表明，向日葵根系能够分泌一些物质（萌发刺激物）刺激列当种子的萌发，从而促进列当种子的出芽。

很多年后，Wegmann（1998）、Alonso（1998）、Matucova等（2004）和Honiges等（2008）建议可以通过筛选萌发刺激物分泌量低的向日葵基因型来进行抗列当育种。Wegmann（1986，1991，2004）指出向日葵植保素的含量是其抗性水平的一个重要生理指标。Sauerborn等（2002）认为苯并噻二唑（BTH）的含量在向日葵抗列当过程中发挥着非常重要的作用。

Labrousse等（2000，2001，2004）指出了向日葵存在着各种不同的抗列当机制，如机械屏障、降低促进列当种子萌发的萌发刺激物含量（对LR1品系），或推迟寄主细胞的坏死（开花前）（如92B6家系）。向日葵根系的低pH水平也预示着向日葵容易被列当侵染。同时，一些酶如蔗糖酶及过氧化物酶的活性也和向日葵抗列当水平有一定的相关性。

Fernández-Mártinez等（2008）通过对西班牙抗列当育种中抗性遗传进行分析，得到了下面的结论。大多数向日葵对列当的抗性是受主效基因调控的，但是数量性状抗性和上位效应也存在。另外，分子水平的研究结果表明，向日葵对生理小种E的抗性由主效QTL控制，而对生理小种F的抗性则由几个微效或者中等效果的QTL调控，从而在表型上影响每株向日葵上寄生列当的数量，因此，研究者认为向日葵对生理小种F的抗性是数量性状。

2.12.4.3 列当生理小种的变化

20世纪初期，列当在俄罗斯快速扩展和蔓延，给向日葵的生产造成了巨大的危害。第一个抗生理小种A的向日葵品种是Plaček（1918）培育的Saratovskij 169。随后，又出现了一些抗生理小种A的品种，如Kruglik A/41、Zelenka和Fuksinka。随着向日葵大面积种植的推广，新的列当生理小种B很快出现。Zhdanov（1926）在罗斯托夫培育了几个能够抗生理小种B的向日葵品种。1925～1960年，Pustovoit在位于克拉斯诺达尔的VNIIMK培育了高产且抗生理小种B的向日葵品种。

抗生理小种B的向日葵品种大面积种植好长一段时间后，尽管生理小种的组成已经发生了变化，但没有人提到新的生理小种的出现。这些抗列当品种被认为有可能同时包含抗其他类型生理小种的基因，如抗生理小种C和D的基因。

Petrov（1970）宣布在保加利亚发现了新的生理小种C，同时在罗马尼亚也宣布了它的出现。Vrânceanu等（1980）花费了很多精力鉴定列当的生理小种，以及寻找抗列当基因，他发现列当的5个生理小种——生理小种A（Or_1）、B（Or_2）、C（Or_3）、D（Or_4）和E（Or_5）都受主效基因调控。随后，Păcureanu-Joiţa等（1998）报道发现了生理小种F（Or_6）。

西班牙列当生理小种的组成存在一定的遗传变异和动态变化，生理小种E、F和G一直是西班牙的优势小种。Dominquez等（1996）、Sukno等（1999）、Rodriguez-Ojeda等（2001）、Akhtouch等（2002）、Pérez-Vich等（2002，2004）、Velasco等（2006）、Fernández-Mártinez等（2007）及其他的研究人员对上述几个主要的生理小种进行了大量研究。

土耳其列当生理小种的组成也呈现出一定的动态变化，目前已有8个生理小种，Bulbul等（1991）、Kaya等（2004，2009）在土耳其列当生理小种的鉴定方面做了非常大的贡献。

根据Shindrova（2006）的报道，保加利亚也出现了类似的生理小种组成的变化。

值得注意的是，在乌克兰、俄罗斯及摩尔多瓦，列当生理小种也发生同样的变化。Škorić和Jocić（2005）报道了塞尔维亚列当生理小种的发生和组成情况。

目前的事实是，在俄罗斯、乌克兰、摩尔多瓦、罗马尼亚、保加利亚、土耳其和西班牙存在七八个列当的生理小种。而针对新的生理小种鉴别寄主的缺乏使得世界各地对新的列当生理小种的鉴定变得非常困难（Škorić and Păcureanu-Joiţa，2011）。

2.12.4.4 向日葵抗列当资源

列当生理小种组成的动态变化使得育种家必须寻找新的抗列当生理小种的向日葵资源。俄罗斯、乌克兰和罗马尼亚的一些向日葵品种里面存在抗生理小种A、B、C和D的基因。Galina Pustovoit（1975，1976）通过种间杂交（Progres、Oktobar、Novinka、Jubilejnij-60和其他品种）并利用以前的品种创制了含有能够抵抗生理小种E和F的向日葵新品种。其中最著名的含有抗生理小种F基因的自交系是罗马尼亚的品系LC-1093（Păcureanu-Joiţa et al.，1998）。此外，西班牙的品系KI-534（Rodriguez-Ojeda et al.，2001）、J1（Pérez-Vich et al.，2002）及一些商业的杂交种也能够抵抗生理小种F。

目前，发现最多的列当生理小种的抗性基因来自野生向日葵。从已有的结果来看，有超过20个向日葵野生种含有抗列当的基因。下面是一些在利用野生抗性资源寻找抗列当基因方面做出贡献的育种家：Zhdanov Morozov（1947）、Galina Pustovoit（1975）、Škorić（1988，1989，1992）、Christov等（1992，1998，2009）、Jan等（2000，2002）、Jan和Fernández-Mártinez（2002）、Fernández-Mártinez等（2000，2007）、Ruso等（1996）、Sukno等（1998）、Melero-Vara等（2000）等。

最近，有4个育种群体（BR-1、BR-2、BR-3和BR-4）常被研究者利用。它们由野生种培育而成（Jan et al.，2002；Jan and Fernández-Mártinez，2002）。也有一些新的抗列当资源是通过种间杂交得到的（Christov et al.，2009）。

目前，向日葵育种家面临的问题是缺少足够的抗新的列当生理小种的育种资源，而这些含有Or_6基因的抗性品种在一些国家（如俄罗斯、乌克兰、摩尔多瓦、罗马尼亚、保加利亚和土耳其）已经不能控制新发现的生理小种了。

如果考虑新的列当生理小种，应该注意Păcureanu-Joiţa等（2008）的研究结果，他们发现恢复系A0-548能够抵抗最新的列当生理小种的寄生。

2.12.4.5 育种中抗列当水平的鉴定方法

为了实现育种目标并鉴定出抗列当的育种材料，向日葵育种家必须制订出一个育种方案，选择一种育种方法，获取必需的种质资源及鉴别寄主用于鉴定列当的生理小种类型，并选择合适的列当接种方法及利用分子标记技术（molecular marker technique）进行育种。为了保证育种项目的成功，最好的方法是用优良的自交系和含有Or基因的育种资源进行杂交，然后利用一些技术将抗性基因转入育种材料中，从而创建出新的遗传变异。在抗列当育种项目开始时，育种家需要知道种植新杂交种地区列当生理小种的类型。

Vrânceanu等（1980）确定了一套列当生理小种的鉴别寄主，可以用其来鉴定列当不同的生理小种。其中，AD-66是一个对照材料，对所有的列当生理小种呈现感病。另外，鉴别系（品种）Kruglik A41用于鉴定生理小种A，品种Jdanov-8281用于鉴定生理小种B，罗马尼亚的品种Record用来鉴定生理小种C，品系 S-1358 用来鉴定生理小种D，品系P-1380-2用于鉴定生理小种E。Păcureanu-Joiţa等（1998）确定了品系LC-1093，其用于鉴定生理小种F。然而，遗憾的是，目前还没有能够鉴别最新列当生理小种的鉴别寄主。

列当发生后，很多国家的向日葵育种家利用发生列当的地块来筛选抗列当的向日葵育种材料（图2.42）。这种方法的鉴定结果准确性不高。因为在自然条件下，列当在向日葵地块中分布不均匀，会导致出现很大的试验误差。将育种材料种植在和一定量的列当种子均匀混合的土壤中，利用这种方法来鉴定向日葵抗列当水平是较为可靠的。为了加速鉴定向日葵育种材料抗列当水平的进度，秋冬季可以在温室条件下将待鉴定的向日葵种子播种在装有混合了列当种子和土壤的容器中，从而对育种材料的抗列当水平进行鉴定（图2.43）。

图2.42　利用列当发生严重的地块鉴定向日葵育种材料的抗列当水平

图2.43　在温室内对向日葵的抗列当水平进行鉴定（Panchenko，1975）

Panchenko（1975）创建了一个在温室条件下鉴定向日葵育种材料抗列当水平的方法，这一方法能够同时鉴定大量的向日葵育种材料。这个方法需要准备好灭菌的基质（包括土、沙子或者蛭石），加入一定数量的列当种子后混匀，分装在花盆中。将要鉴定材料的种子播种在上面准备好的花盆中。种子发芽后3~4周就可以进行抗性评价（图2.44）。

Djakov和Panchenko（1984）对Panchenko创建的抗性鉴定方法进行了详细描述，包括一些重要的环节，如把沙子和土按照1∶1的比例混合后平铺在温室的苗床上，然后按照200mg列当种子/kg土壤的比例配制接种土，播种向日葵种子后进行合理施肥和灌溉，并控制温室的光照强度等。列当最适生长温度为26℃。满足上述几个重要条件后，列当种子萌发后23~25天，在感病品种上能够观察到列当在根系上的寄生。

图2.44 利用花盆鉴定向日葵的抗列当水平

1994年，Grezes-Besset开发出了利用装有沙子和珍珠岩混合物的塑料管快速鉴定向日葵抗列当水平的体系，从而使得在很小的空间中仅用3周时间就能够准确鉴定大量的向日葵品系（杂交种）的抗列当水平（图2.45）（Grezes-Besset，1994）。Labrousse等（2004）建立了利用水培法鉴定向日葵抗列当水平的体系，得到了令人满意的结果（图 2.46）。然而，最容易且最准确的鉴定育种材料抗列当水平的方法是分子标记（图2.47），如QTL、RFLP、RAPD、TRAP和SSR标记都可以用来鉴定向日葵的抗列当水平（Lu *et al*.，1999；Tang *et al*.，2003；Pérez-Vich *et al*.，2004；Iuoras *et al*.，2004；Marquez-Lema *et al*.，2008）。

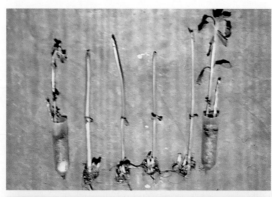

图2.45　在温室里利用塑料管鉴定向日葵的抗列当水平（Grezes-Besset，1994）

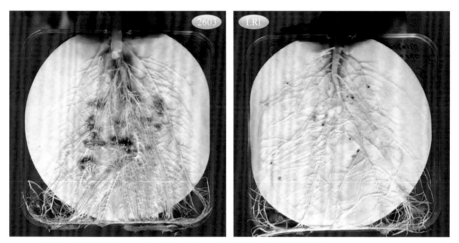

图2.46　一种新近开发的基于水培法室内鉴定向日葵抗列当水平的方法（Labrousse *et al.*，2004）

图2.47　利用分子标记筛选抗列当的向日葵育种材料

图示分子标记辅助选择（Iouras *et al.*，2004）。在向日葵抗列当育种过程中，下列分子标记被成功应用于辅助选择：RAPD标记有UBC 73、UBC 38、UBC 264、UBC 685、OP-A 17，SSR标记有ORS 1114、ORS 1036

2.12.4.6　向日葵抗列当育种方法

目前，向日葵育种家大多采用传统的育种方法来获得抗列当的品种。他们通过寻找抗列当资源（基因），然后不断地与优良品系（B和Rf）进行杂交，再在回交群体中筛选抗列当的单株。育种家还通过轮回选择的育种程序将Or基因转入优良的向日葵品系中。图2.48展示了Vrânceanu（2000）提出的一种抗列当育种策略。

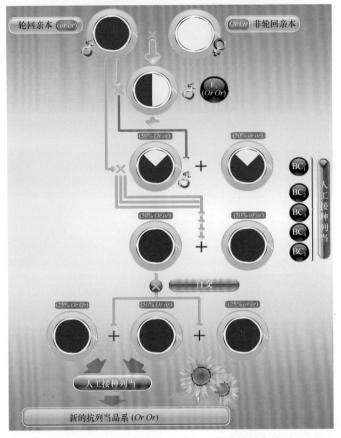

图2.48　将常规的品系B通过回交转育成抗列当向日葵品种的方法（Vrânceanu，2000）

利用种间杂交培育抗列当品种是向日葵抗列当育种的主要方法，其中野生向日葵作为抗列当基因的供体。在这些抗列当品种的选择过程中，诱导突变的方法用得很少，在后续的育种过程中可以考虑更多地采用这种育种方法。最好还可以考虑利用体细胞杂交的方法，因为它可以在短时间内获得最终结果（获得抗列当的基因型）。未来，向日葵育种家还应该坚持利用遗传转化的方法解决向日葵育种过程中的一些问题。

在向日葵抗列当育种过程中，育种家还应该利用分子标记技术辅助育种，快速地得到可靠的结果，从而加速向日葵抗列当育种的进程。

向日葵抗列当育种的途径之一是培育抗某些除草剂的杂交种，使得这些抗列当品种能够兼具抗除草剂的功能，从而在大面积栽培抗咪唑酮啉（IMI）向日葵杂交种过程中利用除草剂防除列当。抗IMI的向日葵杂交种在新的列当生理小种出现的向日葵种植地区将发挥非常重要的作用。

2.13 向日葵抗逆（非生物胁迫）育种

由于向日葵各组织（根、茎、叶片和花盘）的特殊结构，相比其他作物，其对各种非生物胁迫具有非常高的抗性（图2.49），使得向日葵能够在半干旱条件下的贫瘠土壤中生长（Škorić，2009）。

图2.49　向日葵抗逆（非生物胁迫）育种

非生物胁迫不仅决定了作物的地理和区域分布，也决定了有潜力的耕地是否能够用于作物栽培。通过估测，世界上24.2%的土地具有作为耕地的潜力，但是只有10.6%能用作耕地，其余的土地由于受到一种或多种非生物胁迫而不能被用作耕地（Singh，2000）。Singh还认为，干旱是向日葵主要的非生物胁迫因素，影响了世界上26%的可用耕地。矿物质过多所造成的毒害或者缺乏是位居第二的非生物胁迫，冻害位居第三。

2.13.1　向日葵抗旱育种

在众多的非生物胁迫因素中，干旱是限制对耕地利用的最主要的非生物因素，它影响了世界范围内超过1/3的耕地。当植物处于干旱胁迫条件下时，即使能够存活，其结实率、产量及产品的品质也都会受到影响（Monti，1986）。

Fick和Miller（1997）声称向日葵是一种对干旱呈现中抗水平的物种，它经常会被种植在炎热及半干旱地区。

大量文献明确了植物对干旱的三大类适应机制（即逃离、躲避和忍耐），以及这些机制的遗传基础与遗传变异。已经有几个有关抗旱性鉴定的参数及方法被研究者开发出来并应用到抗旱育种计划中。尽管在抗旱育种方面投入很多，但是抗旱育种仍然是一项非常困难的任务，主要是由于研究者缺乏对向日葵抗旱的生理学机制、遗传基础，以及恰当的抗旱性筛选技术的深入了解。

Singh（2000）认为界定影响植物抗旱性的因素是非常困难的，下面这些因素被认为是最重要的：降雨量、气温、相对湿度、地面的蒸发量、植物的蒸腾量、风力、空气的流动、土壤湿度及作物的生长状况等。

一般来讲，在植物生长的不同阶段土壤缺水会对向日葵产量产生不利影响。然而，干旱对向日葵影响的程度取决于向日葵生长所处的阶段。当向日葵在开花到成熟期遇到干旱条件时，其产量会大幅度降低。

在向日葵生长发育的不同阶段，不同基因型对于干旱的反应也是不同的。干旱条件下向日葵组织和细胞的失水会影响其很多的生理和生化过程。

土壤干旱限制了植物根系对水分的吸收及利用。高强度的蒸腾作用和高温会导致植株体内温度过高。植物应对干旱条件的保护性反应是增加细胞的持水能力。在干旱条件下，植物的呼吸作用强度增加。长时间干旱迫使植物降低对呼吸作用产生能量的利用效率。

2.13.1.1 抗旱育种资源

下面这些向日葵种质资源可以用于抗旱育种：地方品种、杂交种和栽培种、野生种，以及通过遗传转化获得的遗传材料（图2.50）。

图2.50 抗旱育种资源

a.在向日葵抗旱育种中使用的部分向日葵育种资源；b.常绿的向日葵基因型具有很好的抗旱能力

种植地方品种、杂交种及栽培种已经获得了很好的收益，但是这些结果不能保证在干旱胁迫条件下产量的稳定性。在利用野生种质资源提高向日葵抗旱性方面，已经获得了一些非常好的研究结果。未来期望能够更多地利用野生种质资源培育抗旱的向日葵品种。遗传工程在向日葵育种中使用得很少，但是期待在不久的将来会有所改进。

2.13.1.2 利用不同性状进行向日葵抗旱育种

Škorić（1992）提出有超过30个性状可以被用来研究抗旱性的遗传及向日葵抗旱育种，大多数性状是生理性状。最近，分子标记已经被证明在抗旱育种的表型筛选中是非常有效的。

为了在向日葵抗旱育种中实现期望的目标，必须深入了解向日葵抗旱性状与产量之间的相关性。然后，必须选择一种或几种性状，并开发出有效鉴定这些性状的方法。Miller（1987）提出了一种抗旱性鉴定方法，他认为进行抗旱性鉴定并把育种材料中一些能够提高抗旱性的生理性状整合到育种材料中是非常重要的。和植物抗旱有相关的性状包括根系的深度，根系对水分高效的吸收能力、对高渗透压的忍耐力，低蒸腾速率，以及高温胁迫下萎蔫植物的恢复能力。

尽管研究者已经做了大量努力来利用植物的各种抗旱性指标，但是有关向日葵抗旱性的遗传研究还是不够。植物的抗（耐）旱性是由一系列基因调控的。下面的一些生理指标常常被用来研究向日葵抗旱性的遗传：产量的稳定性，叶片的水势，叶片的卷曲，根的生长，根系木质部的直径、渗透调节能力，气孔的导度，脱落酸（ABA）的积累，叶冠层的温度，幼苗的生长和发育，幼苗受到胁迫后的恢复能力，生长胁迫，脯氨酸的积累等。

谈及向日葵对干旱胁迫的反应，Merrien和Champolivier（1996）的研究表明，在干旱条件下向日葵采用逃避策略（如调整播期及早熟性）对产量的影响要大于遗传效益（对产量的影响超过$1t/hm^2$，对遗传效益的影响为$0.1\sim0.2t/hm^2$）。Fick和Miller于1997年也发现了类似的结果，他们发现一种向日葵抗旱育种的策略是培育能在土壤水分成为限制因素之前完成开花和成熟的高产品种。

Fick和Miller（1997）通过一个动态的作物生长模拟模型研究了不同基因型向日葵的抗旱机制，结果表明，具有较早气孔关闭能力的基因型，在干旱的环境下有较高的产量。相比叶面积增加和早熟性状，这一性状对向日葵的抗旱能力更具有决定性。

相比晚熟的向日葵杂交种，早熟的杂交种通常具有较低的叶面积指数、总蒸腾量及产量潜力。然而，依据Škorić（1989）的研究结果，早熟的杂交种特别容易受到球壳孢菌（*Macrophomina*）的侵染，以至于其丧失了早熟性在干旱早期所发挥的优势。

一些育种家认为干旱逃避可以通过培育超早熟的向日葵杂交种或者通过调整向日葵播期（早播或晚播）来躲避干旱缺水的时间段。逃避脱水可以通过几种方法实现，如可筛选蒸发量少（省水型）的基因型或者利用强大的根系增加植株从土壤中吸收有效水分能力（水分消耗型）的基因型。

可以通过育种设计培育能够耐旱的向日葵品种，主要是从野生向日葵中转移特殊的耐旱基因。许多研究者已经利用*Helianthus argophyllus*作为基因供体。新的基于野生向日葵种质资源的耐旱新品种已经在一些向日葵育种中心被培育了出来。

Gomez等（1991）通过对向日葵耐旱性进行研究，得出了下面的结论，相比生育期短且能够逃避干旱的对照品种，中等及生育期长的向日葵品种在干旱条件下水分的消耗量较大，能够获得更多的干物质，具有高效的水分利用能力，对干旱响应快且籽粒产量也高。

这里必须提及Merrien和Champolivier（1996）的研究结果，他们认为在不缺水的条件下表现最好的杂交种在干旱条件下仍然表现最好。

Merrien等（1996）、Baldini等（1991，1996）、Nicco等（1996）、Griveau等（1996）、Menichincheri等（1996）、Parameswaren（1996）、Gomez-Sanchez等（1996）、Vannozzi等（1996）、Chimenti等（2004）对抗旱向日葵品种的不同形态及生理特性进行了研究。这些研究者获得了显著的研究成果，这些结果可能对向日葵育种家有所帮助。

Ravishankar等（1991）的研究结果表明，晚熟基因型比早熟基因型在干旱胁迫条件下具有更强的耐受性。把抗旱能力差异大的基因型材料种植在花盆中，研究发现叶面积的恢复速率可以作为向日葵对缺水胁迫反应的一个重要参数。

Petrović等（1992）的研究结果表明，硝酸还原酶的活性和游离脯氨酸的积累速率在植物缺水条件下急剧变化，可以作为不同基因型向日葵耐旱水平的评价参数。

基于几个生理参数的计算结果，Farokh和Daneshian（2004）认为当利用敏感指数（susceptibility index，SSI）作为评价抗旱性的指标时，两个向日葵基因型（cv. Mehr和一个三交种）具有最高的耐旱水平。然而，当利用耐胁迫指数（stress tolerance index，STI）进行计算时，cv. Mehr和另外一个三交种呈现出最强的耐旱性。

Fambrini等（1995）对向日葵的ABA缺失突变体 nondormant-1（nd-1）和wilty-1（w-1）进行了研究，结果表明，较低的内源ABA浓度以及在叶片和根系中合成植物激素能力的丧失是w-1对缺水胁迫高度敏感的主要原因。

Orta等（2002）测定了向日葵的作物水分胁迫指数（crop water stress index，CWSI），发现利用单个叶片单面温度计算的水分胁迫指数和气孔来评价抗旱性，叶面积指数（leaf area index，LAI）和根区有效水分均有显著的相关性。

Fulda等（2008）通过体外实验研究了人为模拟的干旱胁迫条件对向日葵幼苗形态和生理特性的影响。基于根系渗透物分析的结果，他们发现干旱胁迫导致了植株叶片中葡萄糖（25~30倍）、肌醇（20~30倍）、脯氨酸（10~20倍）、果糖（3~6倍），以及蔗糖（4~5倍）浓度的增加。

Petcu等（2008）研究了种植在土壤总持水量（total soil water capacity，TSWC）为70%的正常条件（对照）下和通过灌溉使得土壤持水量为40%的条件（胁迫处理）下5个向日葵杂交种幼苗的反应，发现水分胁迫能够导致向日葵叶柄长度、茎长度、叶绿素含量及产量的降低；同时5个杂交种的生长特性也有不同表现。

考虑到上述利用抗旱性的形态和生理指标研究向日葵抗旱（耐旱）性的结果，向日葵育种家必须决定在他们的育种项目中利用哪些参数，同时采用合适的育种方法快速实现他们的育种目标。

设计一个向日葵抗旱育种方案时，确定育种方向，如适应特殊的环境条件、适应变化的环境条件或者把抗旱和高产潜力结合起来也很重要。

基于Škorić（1989，1992）的研究结果，在抗旱育种过程中利用持绿表型进行抗旱性的鉴定已经取得了一定成果。在这里，我们必须提醒大家，在利用持绿表型作为抗旱选择的标准时，必须寻找具有高的自交亲和力的品系，否则会导致错误的表型选择。

持绿表型不仅能够用于抗旱性的筛选（图2.51），还可以用来筛选抗炭腐病的基因型，因为由大茎点霉菌引起的炭腐病是胁迫条件下极易发生的病害。因此，可以在抗旱性筛选的同时选择抗拟茎点溃疡的基因型，一些自交系如HA 48、HA 22、CMS-1-50、PH-BC-2-91、PR-ST-3、RHA-SES、RHA 583等，以及利用这些自交系配置的具有不同抗性机制的杂交种都可以证明上述结论。Vrânceanu（2000）也证实了可以利用持绿性状作为抗旱性的选择标准。

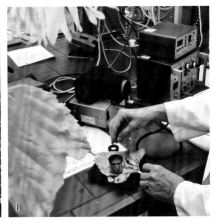

图2.51　对两个抗旱性不同的向日葵杂交种（杂交种NS-H-43，保持绿色和普通株系 NS-H-26）的生理参数进行研究证实了利用持绿表型可以对向日葵抗旱材料进行选择（Panković，1996）

　　Pankoviić（1996）比较了杂交种NS-H-43（具有持绿表型）和普通株系NS-H-26在干旱胁迫下的各项生理参数，证实了NS-H-43在田间条件下具有高效率的光合作用，干旱胁迫条件下NS-H-43叶片中光合作用产生的高光量子能够导致叶片中水溶性蛋白含量的增加，特别是调控植物良好的适应性及高度耐旱性的RUBISCO蛋白。因此，这一基于生理指标的研究结果证实了持绿性状作为选择向日葵抗旱能力指标的有效性。目前，已经有很多在分子水平上对抗旱性进行研究的课题。Belhassen等（1996）、Cellier 等（1996）是众多研究者中首先利用分子标记进行向日葵抗旱育种的先驱并且已经获得了显著的成果。在分子水平上进行向日葵抗旱育种应该集中在寻找含有向日葵抗旱基因的染色体片段、提供鉴定植株抗旱性的方法，以及利用该方法作为有效的工具对遗传育种材料进行育种操作上。为了实现这一目标，具有分子标记的遗传图谱，如同工酶和限制性片段长度多态性位点，可以作为有效的工具来鉴定对抗旱发挥作用的基因（Ottaviano，1986）。

2.13.2　向日葵耐盐、耐矿质元素缺乏和积累过多造成的毒害育种

　　无机盐也是向日葵非生物胁迫的一种，对全球耕地的利用造成一定的影响。盐胁迫是位于干旱胁迫之后的第二大非生物胁迫。这种胁迫可能表现在特殊矿物离子的缺乏或过多的积累以及在植物的根区积累了超量的可溶性的无机盐对向日葵造成的毒害（Singh，2000）。

2.13.2.1　向日葵耐盐育种

　　在很多国家向日葵种植在低盐或中等盐含量的土壤中。这些国家土壤的盐碱化成为向日葵生产中的限制因子。另外，我们还必须意识到，自然界中有好几个向日葵野生种生长在盐碱土壤中。这些野生种是向日葵耐盐基因的重要来源。在耐盐育种上，育种家应该利用有效的鉴定方法来筛选含有耐盐基因的野生种，同时采用有效的育种方法将这些耐盐基因转入优良的向日葵栽培种中。

　　为了成功地确定育种目标，育种家应该具有向日葵耐高盐胁迫机制方面的基础知识。

一些研究者已经在向日葵耐盐机制方面做了研究。Prakash等（1993）发现细胞膨压和向日葵的耐盐性没有相关性。脯氨酸的积累对向日葵的耐盐能力有较大的影响。由于愈伤组织的发育和种子的萌发及种子活力具有相关性，因此，前者可以作为一个可靠的耐盐性指标。

细胞膨压和脯氨酸含量与向日葵耐盐能力的关系似乎也遭到了质疑（Prakash et al.,1996）。Prakash等（1993）的研究结果表明，细胞膨压和盐胁迫没有相关性。另外，脯氨酸的积累似乎更多的是盐胁迫导致的结果。

Hussain和Rehmen（1993）声称耐盐的向日葵在幼嫩的叶片中维持低Na^+和高的K^+/Na^+值，并认为这是评价向日葵耐盐性的一个很好的指标。Prakash等（1996）也得到了相同的结果，他们发现在培养基中提高氯化钠的浓度能够增加Na^+和K^+的吸收，从而导致向日葵组织中保持较高的K^+/Na^+值。

向日葵的田间出苗率、出苗指数（emergence index）、茎秆长度及茎秆鲜重等都可以作为向日葵苗期耐盐性鉴定的指标（Hussain and Rehman，1997）。

Hussain和Rehman（1995）在盐胁迫（EC=10dS/m）与正常生长条件下（EC=2dS/m）研究了不同基因型向日葵幼苗的生长参数和产量，以及产量因素之间的相关性，结果表明，幼苗各项生长参数和产量在盐胁迫条件下的关系是非常复杂的。他们的结论是，在正常条件下生长的茎秆、鲜重及干重都比较高的自交系在盐胁迫条件下往往也能够高产。

Hebbara等（2003）研究了向日葵如何在盐胁迫条件下通过影响生理指标进而影响籽粒产量，他们的结果表明，在各项生理指标中，叶片的温度会随着土壤中盐浓度的增加而增高，而渗透势、气孔导度、蒸腾速率在所有的供试向日葵品种中都会随着土壤盐分的增加而降低。

Seiler（1992）声称有几个向日葵野生种生长在盐碱环境中，因此可能含有耐盐基因。

Chandler和Jan（1984）发现*Helianthus paradoxus*是提高向日葵耐盐性最好的育种材料。按照他们的结论，向日葵栽培种在NaCl浓度为250～400mmol/L时就会死亡，然而，*H. paradoxus*群体在NaCl浓度为1300mmol/L时仍然能够存活。后续的研究结果表明，这种耐盐性是一种显性性状，因此有利于育种家培育耐盐的向日葵。

很明显，利用*H. paradoxus*和其他一些向日葵野生种，育种家能够成功地培育出对盐胁迫呈现高抗水平的品种。当然，在选育过程中耐盐性的鉴定标准是非常重要的。这些鉴定标准可能是：细胞生存能力，种子萌发力，干物质积累量，叶片死亡或衰老，叶片离子浓度，叶片坏死，根系的生长，渗透调节能力等（Singh，2000）。

2.13.2.2　向日葵耐矿物离子匮乏和毒害育种

只有10种大量元素（C、O、H、N、P、K、S、Ca、Fe和Mg）和6种微量元素（B、Mn、Cu、Zn、Mo和Co）是向日葵正常生长和发育必需的。空气和水是C、O、H的主要来源。其他元素往往从土壤或肥料中获得，但它们被划分成了初级的、次级的及微量的营养元素（Ćupina and Sakač，1989）。已经有很多有关向日葵养分的书籍和文章，这些文献中明确了向日葵在不同类型土壤中正常生长和发育所需的大量与微量元素的最适浓度。

Sakač等（1991）对向日葵不同自交系中营养元素的多样性进行了研究，得出以下结论：向日葵在营养元素方面的遗传特异性不仅表现在营养元素的含量不同，还表现在这些营养元素会被转运到植物不同的组织和器官。

研究者通过实验观察了这些大量或微量元素的缺乏或者过量积累对向日葵产量及形态学性状的影响。

遗憾的是，世界上还没有任何一个针对向日葵耐矿物离子匮乏和矿物质过量积累造成毒害的育种项目。

2.13.3 向日葵耐热和耐寒育种

Singh（2000）对耐热和耐冷作了一个非常好的定义：每一个物种，尤其是一个特定的基因型，都有其正常生长发育的最适温度范围，这个特定的温度不仅取决于基因型，也和植物生长发育的阶段有关。当温度超过其最适的温度范围时，会对植物造成胁迫，如温度会干扰植物的正常生长。温度胁迫可以被划为三大类：热胁迫、低温胁迫和冷冻胁迫。

向日葵对高温具有高度的适应性。在高温下，向日葵加速其蒸腾作用从而使叶片维持相对低的温度。蒸腾速率的增加必须要有足够水分的供给，这需要植物具有长而发育良好的根系。因此，选择根系强大且根足够长的基因型是筛选耐高温胁迫向日葵品种的一个重要指标。

另外一个重要指标是植物能够忍受高强度的蒸腾作用。向日葵在花期常会遭遇到高温天气，育种家应该筛选能够产生大量花粉并且能够在高温天气下保持花粉活力的基因型。同时，雌蕊和柱头或花盘上的全部柱状花应该都能忍受高温胁迫，从而保证正常的授粉和结实。

另外一个筛选适应高温及土壤干旱基因型的指标是籽粒具有高的灌浆潜力和在胁迫条件下快速合成油脂的能力。

常绿这一性状也许可以用于向日葵的耐高温育种，因为它能够保证向日葵不被炭腐病菌侵染而维持正常的生长速度。归结到一点，向日葵育种家最重要的任务是选择最好的育种策略，选用最敏感的鉴定指标和利用适宜的种质资源来筛选耐高温及土壤干旱育种材料。耐高温育种一定要和耐旱性结合起来同时进行。

2.13.3.1 向日葵耐低温（耐寒）育种

当提及这一话题时，可以引用Singh（2000）的定义：在众多的环境条件下，作物的产量会受到低温的限制。当温度在冰点以上（>0℃）时，称为寒冷；冷冻是指温度低于冰点（<0℃）。

众所周知，低温能够显著增加向日葵细胞中原生质的黏度，抑制代谢的强度和蛋白质的降解。一个问题是在育种筛选过程中如何避免低温，并且挑选出高度耐低温胁迫的向日葵基因型。

对于向日葵，提高其发育早期，如种子萌发阶段、子叶出土及2~3片真叶阶段的耐寒性是非常重要的，这样能够保证向日葵的早播。同样，在向日葵成熟期提高其耐寒性能够在高海拔、寒冷地区如近南极和北极地区种植向日葵（图2.52）。耐寒资源应该从野生向日葵中去寻找，特别是那些生长在冬季条件非常残酷、春季非常寒冷的山区的向日葵（Škorić，2009）。

图2.52　增强向日葵成熟阶段耐寒性能够保证向日葵种植在高海拔及寒冷地区

Kalaidzhyan等（2007，2009）在向日葵耐寒育种中利用化学诱变（DMS诱变）获得了非常好的结果（图2.53）。他们通过在晚秋或早春种植，从55 000粒DMS处理的种子中筛选出了2000个突变后代。72个突变后代（3.6%）的499株植株在寒冷的冬季或低温（-20℃）条件下存活了下来。下面这些突变体对低温有最高的耐受性。

图2.53　一个耐低温的向日葵突变体（a）和冬季种植的具耐寒性的向日葵突变体（b）
（Kalaidzhyan *et al.*，2007，2009）

以M-1248（40-43的后代）为例，越冬存活率为63%。以M-1976（14-20的后代）为例，越冬存活率为58%。以M-2002（54-64的后代）为例，越冬存活率为52%。以cultivar Radnik（对照）为例，越冬存活率为100%。

为了得到更准确的结果，这些突变体应该在低温的生长箱内进行耐寒性测定。

Kalaidzhyan等（2007，2009）获得了一个独一无二的耐寒的种质资源，其可以用来培育冬天种植的以及耐低温的向日葵。然而，遗憾的是，世界各地向日葵遗传学家和育种家好像并没有注意到这些不同凡响的研究结果。

2.14 向日葵广泛适应性育种

适应性是指一种对生理的和生物环境变化适应的能力，这是所有多细胞生物的一个重要特性。植物的这个特性涉及一些调控植物生长、发育、形态多样性、表型变化的机制，这个特性还能够使植物具有重新调整发育过程顺序的能力（Kirichenko，2005）。

适应性强的向日葵在不同时间（年份和季节）和空间（地点和经纬度）的表现均十分稳定。表型的稳定是高度适应性最显著的标志（Sharma，1994）。

就向日葵的适应性来说，和其他作物一样，其对环境的反应体现在整个宏观系统上，并且体现在能够平衡向日葵植株重要生命活动的各个过程上。

如果没有充分了解育种材料的适应性和可塑性的遗传多样性，向日葵育种工作者就不能选育出能够完全适应主栽区域的杂交种。

Kirichenko（2005）的研究结果表明，一个品系的选择价值是各项重要的属性（籽粒产量、含油率、产油量）整合所呈现出的综合表现，如各种生理活动的强度及对环境变化的反应。

制订选育高适应性杂交种的策略时，向日葵育种工作者应该提前决定是否选育具有特殊适应性的杂交种。他们必须选择可以很好地适应恶劣环境的杂交种或者能适应所有环境的杂交种。就后者来说，他们可以培育一个具有广泛适应性的杂交种或者适应所有环境的杂交种。

每位育种工作者都有必要了解适应性的机制。在品种适应性选择过程中，一旦收集到足够多的遗传资料，育种工作者就可以开始对品系和杂交种进行多年、多地的适应性试验，决定表型和环境的互作类型，从而帮助育种家正确选择高产和适应性广的杂交种。当然，在适应性育种过程中选择适合的统计方法也是非常重要的。现在已经有很多可用的统计方法可供选择。在实际选择一些具有高产及广泛适应性潜力杂交种的过程中，一个重要的方面是植物自发性的适应环境的表观遗传，如植株生长地区环境的动态变化和连续的、高强度的生理环境的变化（Kirichenko，2005）。

Savchenko（2000）的研究结果表明，在环境改变的情况下，在适应性方面三交种比单交种更加稳定。然而，单交种的株高和熟期更加整齐一致。

Triboi等（2004）在两个地区对几个向日葵品系及其杂交种的产量与开花后叶片活力的相关性进行了连续两年的评估，结果表明，总叶面积、剩余叶面积和叶片氮含量是可以遗传的，并且总叶面积与叶片氮含量、剩余叶面积与叶片氮含量分别具有显著的正相关性，相关系数为0.41~0.75。他们得出的结论是环境因素对剩余叶面积的影响大于对总叶面积的影响。这些结论对于培育向日葵的优良品系可能会有帮助。

环境条件对于评估特殊配合力具有显著影响，而一般配合力的表现相对来说比较稳定。此外，不同的环境条件下非加性效应对单株籽粒产量和产油量的影响比加性效应会更大一些（Petakov，1996）。

在过去10年间，De la Vega等（2000）对向日葵品种的适应性做了广泛研究。De la Vega和Hall（2000）指出，环境-日收获指数（daily harvest index，DHI）标准矩阵的主成分分析结果表明，对环境的适应性能够将出油率高的不同向日葵基因型区分开来，预示着日收获指数对环境的动态反应是环境和基因型（G准矩）交互作用的结果。De la Vega

和Hall（2000）同时也指出日收获指数的持续时间和籽粒在花盘中央的生长时间之间存在微弱的正相关关系。

De la Vega等（2000）对产量构成因素的分析结果表明，不同的预测模型能够预测出不同的基因型。这也许有助于探究产量和环境交互作用的生理学基础。

De la Vega等（2000）在21种不同环境（N-亚热带气候环境，C-温带气候环境）下检测了10个杂交种的适应性。产油量的方差分析（ANOVA）结果表明，在总平方和中能够解释基因型和环境互作的比例要比总平方和中解释基因型（G）的比例高出3倍。同样在这个试验中，当光周期延长到15.5h时，基因型对温带气候环境的反应和正常光周期下相似，说明光周期可能是基因交互作用的一个重要因子。

De la Vega和Charman（2000a）使用一个重要的主成分（基因型、环境和特性）结构模型分析了多个环境下所进行试验的变异，得出如下结论：第一个环境成分能够解释变异的54%，解释了环境影响的普通模式，而籽粒的含油率和产油量呈显著的正相关关系；第二个环境成分能够解释变异的11%，与北部及中部环境得到的结果相反，基因型和环境的互作决定了籽粒的数量和产油量。

在阿根廷，通过研究空间和季节对向日葵产量的影响，发现能够解释向日葵产量的因素非常复杂。De la Vega和Chapman（2000b）的研究结果表明，基因型和环境互作分别能够解释全部产油量的83%（C地区）和86%（N地区）的变异。为了获得上述结果80%以上的重复性，同样的试验至少需要进行5年且每年在15个不同的地点进行。

De la Vega（2004）指出，作物种植区域的划分能够增加遗传方差（G_g^2），以及遗传方差和基因型×环境交互作用方差（G_{ge}^2）在小区域范围内的比例，但是这也表明供试材料的不同可能会导致基因型平均值预测的准确度降低。因此，将阿根廷向日葵种植区划分成北方亚区和中部亚区可能会在很大程度上提高亚区内遗传方差在全部遗传方差中的占比。

De la Vega（2004）的研究结果表明，亚区域的低回归系数（0.36）导致阿根廷中部和北部亚地区的相关性在直接反应中的占比分别为0.31和0.35。这些研究结果表明将阿根廷的向日葵种植区划分成中部亚区和北部亚区，培育出能够特异地适应两个大生态区的向日葵品种，可能会加大对育种材料适应性的选择程度。

De la Vega（2007b）对1983～2005年育成的49个杂交种在多地展开了适应性试验，结果表明，母本资源库在历经多年不同方式的选择后已经得到了改良。改良后的母本已经包含了各种决定出油率性状的组合。而父本的改良和决定出油率本身的遗传变异呈线性关系。

Balalić（2010）发现13个地区（2010年）和15个地区（2008年，2009年）种植的20个杂交种的稳定性排序存在显著不同。根据非稳定性参数$S_i^{(1)}$和$S_i^{(2)}$，杂交种Baća和Vranac在所有的种植地区是最稳定的。同时，Baća和Vranac在2008年与2009年都具有高的产油量。他还发现参数$S_i^{(1)} \sim S_i^{(2)}$在2008年、2009年与2010年几乎呈现完美的相关性，它们的数值在0.947（2010年）～0.989（2009年）区间变化。基于排序的非参数稳定性测量法可以被农艺师和育种工作者利用。

2.15　向日葵抗除草剂育种

在过去的10年时间里，抗（耐）咪唑啉酮（IMI）和一些磺酰脲类（SU）除草剂的向日葵育种已经取得了成效。

乙酰乳酸合成酶（acetolactate synthase，ALS），也称乙酰羟酸合成酶（acetohydroxyacid synthase，AHAS），是植物3个重要氨基酸（缬氨酸、亮氨酸、异亮氨酸）生物合成路径上的第一个关键酶。4种不同的除草剂可以抑制ALS的活性，从而使得除草剂发挥其应有的除草作用。最常见的除草剂就是IMI和SU。20世纪80年代以来，这两类除草剂被广泛使用，已经成为一种在多种作物上均可以使用的主要除草剂类型。抗（耐）除草剂品种能够使除草剂快速代谢从而成为失活态。对除草剂敏感的品种是因为缺少对除草剂的代谢解毒能力（Stoenescu，个人通信）。

ALS抑制型除草剂的优点：用量少、广谱性（阔叶草和窄叶杂草）、适用于多种作物等。其缺点有以下几个方面。①大剂量的使用和性状的遗传变异会导致其他种属杂草对此类除草剂产生抗性。②对除草剂的抗性可能不是由一个基因决定的，且基因的遗传也不是显性遗传。所以，父母本都应该具有对除草剂的抗性，从而使得杂交种能够达到商业种对除草剂抗性的要求（这样会增加育种的成本）。③因为交叉抗性，所以需要对除草剂的使用进行严格管理，从而确保其长期有效。交叉抗性是指植株可以利用同样的机制对不同种类的除草剂表现出抗性（Stoenescu，个人通信）。

2.15.1 研发抗咪唑啉酮除草剂的向日葵杂交种

1996年，在美国堪萨斯州的一块连续7年施用除草剂的大豆田中发现了抗IMI的野生向日葵。

根据Miller和AlKhalib（2000）的记载，USDA-ARS（NDSU）的研究团队将抗IMI除草剂基因导入向日葵常规种中并于1998年为研究者免费提供了"IMISUN"育种材料。同时，Alonso等（1998）、诺维萨德IFVC研究团队和阿根廷的几家私人育种公司将堪萨斯州野生向日葵H. annuus中的抗IMI除草剂基因导入他们选育的优良品系中，并育成首批抗IMI除草剂的向日葵杂交种。

Malidža等（2000）采用每年3代的育种方式（一代在大田、二代在温室）将从堪萨斯州野生向日葵中获得的抗IMI基因导入向日葵品系HA 26。他们指出这种除草剂的抗性由部分显性单基因控制。他们同时提到抗IMI的育种材料不抗（耐）一些SU类除草剂（氯磺隆、氟磺隆、玉嘧磺隆）。Alonso等（1998）是第一批将从堪萨斯州采集到的野生向日葵的抗除草剂基因导入栽培向日葵的育种工作者之一。这个抗咪唑乙烟酸类除草剂对向日葵列当的防除率达100%（图2.54）。

图2.54　温室内筛选抗IMI的向日葵品种

Bruniard和Miller（2001）通过利用F_2群体和测试杂交（test cross）群体研究了抗IMI除草剂基因的遗传方式，得出如下结论：对除草剂的抗性由两个基因控制，一个主要的基因（Imr_1）是半显性遗传，另外一个基因（Imr_2）会对Imr_1基因进行修饰。

只有自交系或杂交种中两个抗性基因都纯合时（$Imr_1\ Imr_1$、$Imr_2\ Imr_2$），向日葵对除草剂才具有抗性（Bruniard and Miller，2001）。

当利用回交世代培育抗（耐）IMI品种时，研究者给出如下建议：选择轮回亲本作为母本，F_1代或回交世代作为父本。然后将提供花粉的亲本（F_1代或回交世代）进行自交，以便在下一代得到纯合的基因型。这些自交后获得的纯合植株可以用来创建新的抗（耐）IMI的品系（从F_1代或者早期的回交后代获得）。

纯合植株对除草剂的抗性高于杂合植株，特别是在温室条件下。因此，需要使用不同浓度的除草剂在不损伤或杀死杂合植株的前提下来筛选和鉴定不同抗性的基因型。

喷洒除草剂15天后就可以依据表型区别植株的抗性水平：高抗、呈现轻度黄化的中抗型、呈现重度黄化的中间敏感型，以及植株死亡（除草剂高度敏感类型）（图2.55）。

图2.55　向日葵喷施甲氧咪草烟后的表现

施用后15天，应该观测到一些植株呈现黄色，说明这些植株不是完全抗甲氧咪草烟

培育抗IMI的向日葵（图2.56）时，建议按以下的除草剂施用剂量和方法来筛选育种材料。①杂合代（F_1代、BC代）大田中使用IMI除草剂的剂量是1.0kg/hm^2，而在温室内使用剂量是0.5kg/hm^2；②纯合代（$F_2\sim F_n$，$BC+F_2\sim F_n$）大田中使用的剂量是2.0kg/hm^2，温室内使用的剂量是1.0kg/hm^2（Stoenescu，个人通信）。

喷洒除草剂的最佳时间是向日葵3～5对真叶期。重要参数是除草剂的稀释倍数、喷洒速度（5km/h）和喷雾处理的均匀度（Malidža et al.，2000，2002）。

通过回交将堪萨斯州野生向日葵中的抗IMI基因或者抗IMI基因型中的相应基因导入保持系或恢复系，通过连续的除草剂抗性筛选，剔除对除草剂敏感及叶片黄化的植株。

Sala等（2008）通过诱变获得了一个新的抗IMI的育种资源——CLHA-PLUS。这个材料是通过EMS诱变结合对咪唑烟酸抗性的筛选获得的。Sala等（2008）还在分子水平上证实，CLHA-PLUS和Imr1品种的抗性机制不同，但两者都是AHASL1位点上等位基因的变异。

已有的实验表明，含有$CHLA$-$PLUS$基因的品种比$Imr_1\ Imr_2$更抗IMI。任何一家育种中心如果想要使用含有$CHLA$-$PLUS$基因的材料繁育向日葵新品种，都需要和BASF公司签署协议。同时，BASF公司将提供分子检测抗性基因的操作步骤（CLEARFIELD® Protocol SF30）。

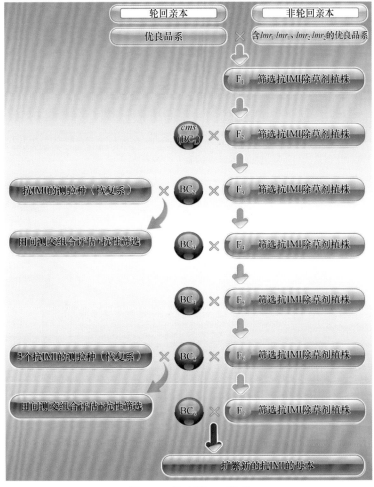

图2.56　培育抗IMI品系

最近建立的"CLEARFIELD®（BASF一个商标）向日葵品种的生产体系"为种植者提供了一项新的技术，能够确保很好地控制后期出现的广谱性杂草及阔叶草，同时保障种子公司或公益性科研机构的向日葵杂交种能有良好的表现。

BASF公司也建立了两个检测体系，这两个体系是用于检测并证明抗IMI的向日葵品种是CLEARFIELD®，主要是通过与全球和国家鉴定体系中标准的抗除草剂杂交种进行比较，从而确定其相对的抗除草剂水平。

Al-Khatib和Miller（2002）详尽地综述了使用抗IMI杂交种和IMI除草剂控制杂草的效果。

Malidža等（2000，2002）选用Pulsar 40（剂量1.2L/hm^2）在塞尔维亚做了广泛的杂草防控试验，并且获得了一些有趣的结果。研究发现，Pulsar 40 可以有效控制苘麻（*Abutilon theophrasti*）、反枝苋（*Amaranthus retroflexus*）、北美苋（*Amaranthus blitoides*）、豚草（*Ambrosia artemisiifolia*）、藜（*Chenopodium album*）、曼陀罗（*Datura stramonium*）、稗（*Echinochloa crusgalli*）、野荞麦（*Polygonum convolvulus*）、春蓼（*Polygonum persicaria*）、野芥（*Sinapis arvensis*）、龙葵（*Solanum nigrum*）、

苍耳（*Xanthium strumarium*）、金色狗尾草（*Setaria glauca*）、倒刺狗尾草（*Setaria verticillata*）和石茅（*Sorghum halepanse*），但是对野西瓜苗（*Hibiscus trionum*）和田旋花（*Convolvulus arvensis*）的防控效果不太好。甲氧咪草烟（Imazamox）在施用后的2～4周内可抑制多年生杂草（假高粱和大蓟）的生长，从而显著减小这些杂草对向日葵生长的影响。

在世界各地已经育成几个抗IMI的向日葵杂交种，尽管它们可以有效控制杂草和消灭向日葵列当，但是至今还没有进行大面积的商业化生产。应该由向日葵育种工作者、BASF公司的代表和农业经济学家一起来解释上述情况。

2.15.2 研发抗磺酰脲类（苯磺隆）除草剂的向日葵杂交种

在研发抗IMI向日葵品种的同时，育种工作者也在展开抗磺酰脲类（SU）苯磺隆的杂交种选育工作（图2.57）。截止到现在，已经发现两个抗性资源。

图2.57 通过大田试验筛选抗SU品系
a. 抗SU；b. 不抗SU

第一个材料是从发现抗IMI基因的堪萨斯州采集到的抗SU的野生向日葵 *Helianthus annuus* 繁衍而来。USDA-ARS（NDSU）的研究组将这个抗性基因导入了向日葵常规种，并于2001年公开了SURES自交系（Miller and Al-Khatib，2004）。

第二个材料是杜邦公司于20世纪90年代在人工诱变群体中发现的。杜邦公司和先锋公司于1998～2000年对这个突变材料进行了重新选择、提纯和检测。他们评价了几个突变体，发现SU7突变体能够抵抗有限的几种SU除草剂。

Jocić等（2008）的研究表明， SU除草剂抗性由显性单基因控制；他们已经将SURES-1和SURES-2群体中的抗性基因导入一些优良的向日葵品系并已经繁育出具有SU除草剂抗性的杂交种。

这些抗SU的基因也是通过回交并在所有回交后代中进行抗性筛选后导入优良向日葵品系中的，其育种程序和导入IMI抗性基因相似。

杜邦公司、先锋公司和诺维萨德（Novi Sad）的IFVC是最先将抗SU杂交种投放到市场上的。通过对大田商业种的观察，发现尽管SU抗性是由显性单基因控制的，但是父母本必须均携带抗SU基因。如果仅一个亲本中含有抗性基因，则会导致制种过程中出现如下的问题，即如何生产出具有100%抗性的杂交种。所以种植这样的杂交种，种植者会经常在大田中发现存在一定比例的不抗SU的植株。

2.16 育种方法

向日葵育种工作者使用多种育种方法以获得新的遗传变异或优良品系，通过测定其配合力而用于配置新的高产杂交种。根据育种目标选择适合的育种方法，也要考虑人员、设备、重要农艺性状的遗传特征、可利用的育种资源和其他因素。常用的育种方法包括系谱法、隔离区群体选育法（图2.58）、混合法、单粒传法、种间杂交法、回交法、聚合杂交育种法、分子标记辅助育种法和其他方法。

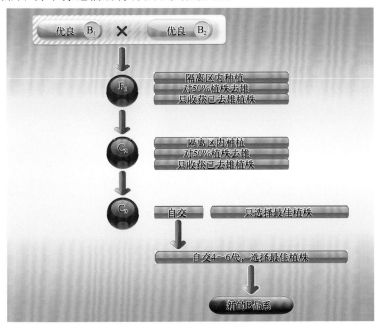

图2.58 增加向日葵遗传变异的方法之一是隔离区群体选育法
带有优良性状的品系可以作为基础育种材料

2.16.1 隔离区群体选育法

增加向日葵遗传变异的方法之一是在隔离群体内进行选育。使用带有目标性状的优良品系作为基础育种材料，如选用两个优良品系或更多品系（最多可用10个）进行杂交，从而获得杂交种一代（F_1）。秋季或冬季在温室内种植F_1代种子和人工去雄的母本植株。F_1代种子需要隔离种植（半径不小于2km）。在现蕾初期，利用赤霉素对50%的植株去雄，获得雄性不育母本株。通过田边放置的蜂箱中的蜜蜂进行授粉。在营养生长的末期，只收获去雄的母本株。收获的种子来年继续在隔离的条件下种植。使用同样的方法进行去雄和授粉，并且根据植株的表型和抗病性只收获中选植株的种子。这就完成了第二代选择。下一个生长季，将挑选的种子在隔离条件下（半径不小于2km）种植，开始进行第三代选择。50%植株人工去雄，花期通过传粉媒介进行授粉。在第三代（C_3）结束的时候，对雄性不育系的植株进行评价和选择。将中选植株的种子平均混合后，在下一个季节进行种植和筛选。新品系的选育和利用杂合子的特性应该从这个时刻（世代）开始进行。中选的品系要进行自交，只收获性状优良的植株种子。根据系谱法（植株/品系），每个自花授粉后挑选的植株将按照系谱法继续种植。经过6代连续的自交，在每个世代都根据表型和对主要病害的抗性水平筛选目标植株，目的只有一个，就是在这个世代结束时获得新的向日葵自交系。

2.16.2 单粒传法

根据Miller（1986）的描述，单粒传法和混合法相似，但也存在一些差异。使用这个方法需要选择两个优良的品系，或者几对优良品系。例如，选择一个带 Pl_8 基因的保持系 B_1和一个抗列当的保持系B_2（Or_6基因）。在保持系B_1开花的过程中，每天早晨（雄蕊开放前）对花药进行人工去雄以获得人工雄性不育植株。在保持系B_1开花的后期，将保持系B_2的花粉和人工去雄的保持系B_1杂交，获得杂交种一代（F_1）。

将F_1代种子在温室内、大田中种植，或者在冬季种植后进行自交授粉。

使用这个选择方法时，在F_2代、F_3代和F_4代要进行单株选择。从F_2代开始，每个世代都应该根据个体特征来选择。在这种情况下，只选择抗霜霉病（Pl_8）、抗列当（Or_6）和油酸含量高（>85%）的单株。为实现这个目标，筛选单株的抗病性（在温室内接种或使用分子标记进行鉴定）并测定油酸的含量（用气相色谱分析）是非常必要的。

在F_2代，对抗霜霉病、抗列当的水平和油酸含量进行评估后，将F_2的种子种植在大田中。这一代需要隔离种植或者至少要进行套袋，用混合花粉进行授粉。在无性生长的过程中，根据表型选择优良单株，生长结束后收获中选单株的种子。每株取2粒或3粒种子混合形成一个群体。

F_3代的种子在温室或大田进行隔离种植（冬季加代），根据单粒传法进行选择。通常可选出100~300粒种子，形成$F_{4:5}$代。这一代可以通过隔离种植或者自交授粉获得。中选的单株可以和优良品系的雄性不育系进行杂交，也就是开始进行回交，目的是通过转育获得雄性不育系。同时，在以后世代的自交选育过程中，需要继续回交4~6代，获得新的自交系和保持系。

根据Miller（1986）的研究结果，使用单粒传法进行育种可以快速将杂合体植株转育成纯合体。

2.16.3 混合法

向日葵育种工作者经常使用这个方法增加种质资源的多样性。Miller（1986）对此方法在向日葵育种上的应用做了详尽描述。使用混合法进行育种时，要选择两个保持系或者多对优良品系。一般在温室内获得杂交种一代（F_1），也可以在大田中获得F_1代。获得F_1代所用的优良品系应该具有不同的主要农艺性状，以及好的一般配合力和特殊配合力。

冬季加代种植F_2群体，将挑选出的植株进行自花授粉获得F_3代。在营养生长末期，通过评价植株的自交结实率、籽粒的含油率和油的品质（脂肪酸构成）以及对病虫害的抗性水平进行优良单株的选择。混合中选植株的种子是这个方法最具有代表性的环节。在大田种植F_3代，播种10行（每个初始的组合种20株）。开花前选择植株进行自花授粉。在营养生长末期，根据植株抗病虫害的能力、表型特征和自交结实能力选择优良单株。籽粒含油率和油品质的检测需要在实验室条件下进行（NMR和气相色谱法）。最后一个步骤是把各种符合标准的优良单株的种子混合形成一个混合群体。

在大田种植F_4群体。在开花前进行第一次选择，并进行自花授粉。从中选的植株中采集花粉和两个测验种进行杂交。所选择的测验种应该是核雄性不育的（*tmstms*），只有这样，测交才有意义。

在接下来的第5个世代，以优良的杂交种为对照，对测交种进行评价。同时，在大田种植$F_{4:5}$群体，对中选的植株进行自花授粉。从表现最好的植株上采集花粉和原始材料（*cms*）进行杂交，如果这个选择过程包括创建新的B品系，则需要开始回交转育并且转育成雄性不育系。在随后的世代继续进行回交，一直到回交5代或回交6代。

品系的最终选择在$F_{5:6}$代进行，选择中选植株进行自花授粉。同时，选择中选植株和测验种进行杂交，从而在预估产量的试验中测试其配合力（Miller，1986）。

2.16.4 聚合杂交育种法

聚合杂交育种法是增加向日葵栽培种遗传变异的一种重要方法。有一些育种工作者很喜欢使用这种育种方法。这一育种方法开始时要使用不同遗传背景和农艺性状的4个优良品系。例如，利用4个候选的品系：A（含有Or_7基因）、B（耐拟茎点溃疡）、C（含有Pl_8基因）和D（抗IMI）完成育种过程。首先，获得两个F_1杂交种（A×B）和（C×D）。之后，两个F_1杂交种互相杂交，将4个品系的基因聚合。聚合的F_1代种子进行自花授粉，通过几个世代的自交产生新的品系。在每个世代要对目标性状进行筛选，从而为后续进一步选择材料做准备。

虽然该育种方法的使用频率不高，但有时育种家也会用8个优良品系育种，如A（有Pl_8基因）、B（抗黄萎病基因）、C（抗锈病基因）、D（抗拟茎点溃疡基因）、E（耐炭腐病基因）、F（抗黑茎病基因）、G（抗非生物胁迫基因）和H（抗黑斑病基因）进行聚合杂交。首先要产生4个杂交种：F_{1a}（A×B）、F_{1b}（C×D）、F_{1c}（E×F）和F_{1d}（G×H）。在下一个世代，4个杂交种相互杂交：$F_{1a}×F_{1b}$（DC_1）和$F_{1c}×F_{1d}$（DC_2）。再将DC_1和DC_2杂交获得含有8个优良基因聚合的复合杂交种（图2.59）。在每一个世代，要对母本株进行人工去雄或者把杂交种当作母本每天早上进行人工去雄，从而获得雄性不育株。

对包含8个优良基因聚合的复合杂交种进行自花授粉，筛选以上提到的8个目标性状。人工接种病原菌和模拟逆境胁迫是一个非常复杂的过程并且是育种过程中必需的步骤。如果在育种过程中利用上述方法，除了具备优秀的育种团队、良好的实验室条件、温室和冬季加代的能力，还需要利用分子标记进行辅助选择。

经过至少5个世代的自交和目标性状筛选（包括病害和逆境）后才能获得新的带有复合抗性的保持系（B）与恢复系（Rf）。

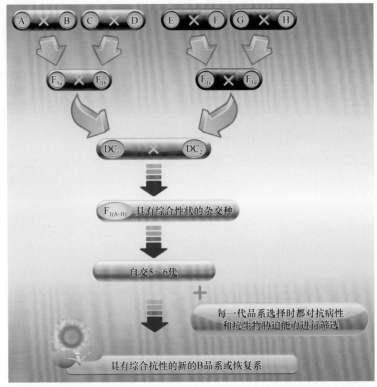

图2.59　使用聚合杂交育种法获得向日葵的新品系

2.16.5　系谱法

系谱选择法是指对分离群体中的单株进行选择，并且追踪中选单株的起源和系谱，其目的是获得纯合系（Borojević，1981）。向日葵育种过程中经常会使用系谱法。如果把一个群体作为初始的育种材料，则从F_2代或S_0代开始对具有目标性状的单株进行选择。

下文描述了系谱法在向日葵育种中的应用及新的恢复系、保持系的繁育。在这里，主要育种目标是创造新的抗列当（Or_6或Or_7）和耐盘腐型菌核病的保持系（图2.60）。同时希望育成对霜霉病具有抗性（Pl_8）、新的恢复系，并同时确保育成的品种在大田中能够抗霜霉病（图2.61）。这样将来育成的杂交种应该具有4种目标性状。

这种方法往往从选择配合力强并且基因优良的品系开始（图2.60）。在初始阶段，有两个优良的保持系，一个携带Or_6或Or_7抗列当基因，另外一个带有高耐盘腐型菌核病基因（Shr）。利用这两个优良保持系进行杂交。这个过程可以在大田或温室条件下进行。下一个季节，可以在温室或冬季基地进行加代。F_1代植株自花授粉后获得F_2代种子。每株上的F_2代种子大多数在田间要进行单株点播。根据表型选择理想的单株并进行自交。在生长后期要对单株的田间抗性进行鉴定。为了加快育种进程，冬季加代是必不可少的。中选单株的种子属于$F_{2:3}$后代，要在温室或者实验室（利用标记基因）进行抗列当和耐盘腐型菌核病的鉴定。冬季加代时中选单株的花粉被用来和雄性不育系杂交产生回交一代，将其转育成雄性不育系。$F_{3:4}$家系的最终选择要参考冬季加代所获得单株的抗列当、耐盘腐型菌核病的水平，以及其他的目标农艺性状。

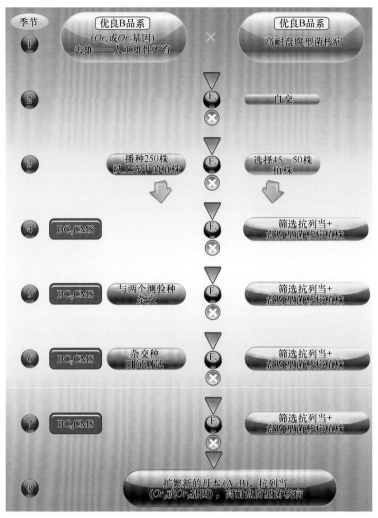

图2.60 育种项目中应用系谱选择法获得新的抗列当（Or_6和Or_7基因）并且高耐盘腐型菌核病的保持系

由$F_{3:4}$代种子播种后获得的第五代在大田中进行选择的过程与上述相同。选择出来的单株用于自交和利用其花粉来获得回交二代雄性不育系（BC_2-cms），并和两个NMS的测交种进行杂交。其目的是获得测交后代的种子。

在同一季节，可以在田间条件下鉴定一部分$F_{3:4}$代品系对列当、盘腐型菌核病和其他主要病害的抗性水平。根据$F_{3:4}$代的鉴定结果进行$F_{4:5}$代优良品系的选择。中选单株的种子在温室或实验室条件下用于检测抗列当和耐盘腐型菌核病的水平。

中选的$F_{4:5}$代品系下一季在大田种植，同时种植细胞质雄性不育回交二代（BC_2-cms）以生产雄性不育回交三代（BC_3-cms）。同时也种植测交种来估测其产量潜力（农业价值）。选择$F_{4:5}$代单株自交，同时，用它们的花粉来生产雄性不育的回交三代（BC_3-cms）种子。种子成熟后，选择$F_{4:5}$代的单株进行收获，同时收获雄性不育回交三代（BC_3-cms）种子。同时，收获测交种并对其进行抗性评估。秋季或者冬季，用$F_{4:5}$代的一些种子在温室或者实验室条件下检测其抗列当和耐盘腐型菌核病的水平。

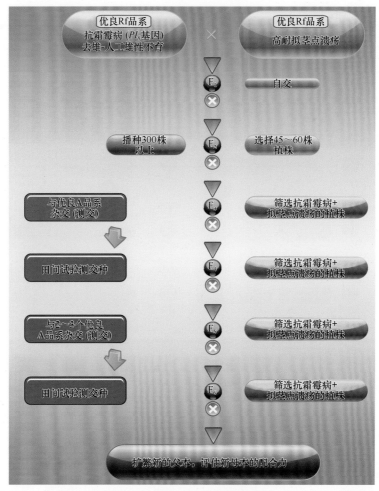

图2.61 育种项目中应用系谱选择法获得新的抗霜霉病（Pl_8基因）的恢复系

在第七个生长季，在田间对新的保持系（B品系）进行最终的选择。种植$F_{5:6}$代种子时，同时也种植回交三代（BC_3-cms）种子用于获得回交四代（BC_4-cms）。在这一世代，对抗病的株系进行最终的选择，并用它们进行自交，同时其花粉用来生产回交四代（BC_4-cms）种子。在生长季节末期，选择抗性最强的$F_{5:6}$代株系及回交4代（BC_4-cms）株系。利用这种方法获得新的A×B组合，并且还需要测定它们的一般配合力和特殊配合力。

在创制A×B组合的同时还可以创制新的抗霜霉病（Pl_8）及抗拟茎点溃疡的恢复系。图2.61详细描述了创建新的恢复系的程序及恢复系具有的特性。

新的具有抗列当（Or_6或Or_7）、抗拟茎点溃疡、耐盘腐型菌核病的杂交种要通过A×B组合和Rf品系配置组合后，在后代群体中进行抗性鉴定而获得。

类似的系谱法也可以用来繁育带有其他特性或目标性状的向日葵品种（图2.62，图2.63）。

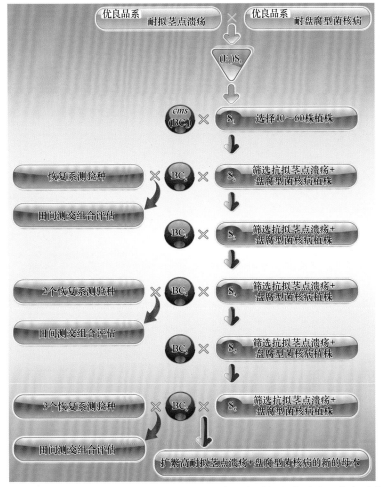

图2.62 育种项目中应用系谱选择法获得新的母本，高耐拟茎点溃疡和盘腐型菌核病

2.17 轮回选择

Fick和Miller（1997）认为轮回选择是一种在群体资源中增加目标性状的有效方法，这种方法增加了获得优良品系的机会。

Sharma（1994）提出了一个繁育具有高水平遗传改良特性的向日葵复合组群（composites）的方案（图2.64）。此外，轮回选择包括几个轮回世代，每个世代包括以下步骤：①筛选单株并进行自花授粉；②将中选的自花授粉单株的后代进行杂交；③将杂交收获的种子进行等量混合以生产新的群体；④从新的群体中繁育新的自交系。

育种工作者对自花授粉植物包括向日葵进行4种轮回选择：①表型轮回选择；②一般配合力的轮回选择；③特殊配合力的轮回选择；④相互轮回选择。

Fick和Miller（1997）指出，向日葵育种中常用的两种重要的轮回选择方法是表型轮回选择和基因型轮回选择。

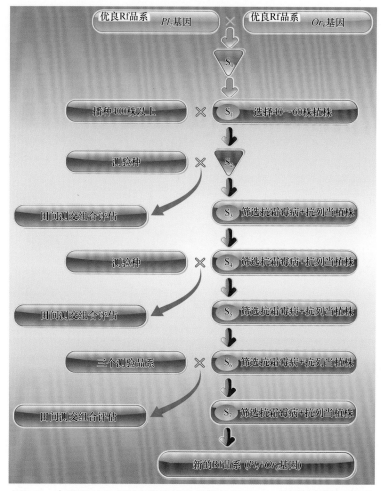

图2.63 育种项目中应用系谱选择法获得具有Pl_7+Or_6基因的新的Rf品系

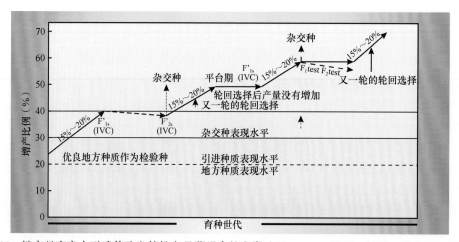

图2.64 繁育具有高水平遗传改良特性向日葵组合的方案（Dharwan，1965，1968；Sharma，1994）

2.17.1 表型轮回选择

这种选择方法包括从原始材料中选择植株并进一步进行自交两个步骤。选择带有目标性状的中选植株进行收获，然后下一个季节进行单行种植。在开花之前所有的植株可以通过套袋的方式进行隔离，开花阶段尽量多配置杂交组合。收获的杂交种的种子混合在一起，用于下一季的播种（完成了第一周期的选择）。

将第一代收获的种子进行播种，自花授粉后进入第二周期。同样选择带有目标性状的植株进行收获。下一年将中选植株的种子成行播种，开花时这些后代（家系）尽可能多地配置组合。成熟后根据目标性状选择植株，混合收获中选植株的种子。如果有必要，继续进行第三周期的选择。如果没必要，下一年种植混合后的种子，开始将带有目标性状的植株进行自交（经过5~6代的自花授粉），最终获得新的自交系。

有关向日葵轮回选择方法的详细介绍请见Miller（1987）。

表型轮回选择已经成功地应用在向日葵种群内数量性状的改良上（Miller，1987）。

表型轮回选择也应用在提高向日葵耐茎腐型和盘腐型菌核病水平上，并且获得了非常好的结果（Vear et al.，1984，1985，2007）。

Miller（1987）认为表型轮回选择也被成功地应用在向日葵种群内耐/抗不同向日葵虫害的改良上。Miller（1987）将"提高向日葵花盘对象鼻虫（*Smicronyx fulvus* Lec.和 *S. sordidus* Lec.）的抗性"作为表型轮回选择成功的例证。

经过3个世代的表型轮回选择，Fick和Rehder（1977）将两个育种群体的籽粒含油率提高了3%。Fick（1987）也证明了利用这个育种方法可以提高向日葵的产量。

Seneviante 等（2004）在表型轮回选择的第三周期（C_3）成功地筛选到具有高的植株自交结实和自花授粉能力的200个植株。种植这些中选单株可以使育种家评价植株的一系列形态和生物学特征以及计算它们的遗传力。高遗传力的性状包括产量、千粒重、50%开花所需的时间、成熟期、株高、花盘直径和籽粒含油率。一个新的改良群体可以用于一个新周期的选择，从而提高向日葵的产量，创建更优良的自交系。

Miller（1987）认为应用表型轮回选择可以提高向日葵对锈病、黑斑病、黄萎病和其他一些病害的抵抗能力。

Pustovoit和Borodin（1983）通过种间杂交（菊芋×常规向日葵）及表型轮回选择创造了高抗拟茎点溃疡的群体。他们认为，基于表型轮回选择的材料比普通群体的变异系数高1.5倍。新的种群不仅对炭腐病的抗性增强，而且其产量相关性状也得到了改良。

2.17.2 一般配合力的轮回选择

这个方法的特点是从第一年开始在原始材料中选择单株，中选单株自交的同时与挑选的杂合的测验种进行杂交。如果第一年在一个植株上不足以完成上述的自交和测交试验，那么搜集这个植株自交后的种子，并将部分种子用于第二年种植获得S_1代，然后将这些S_1代植株和测验种进行杂交。对与目标性状有重要关联的生长特性（大多数情况下是产量性状）要进行仔细鉴定，并选择最好的杂交后代（获得测交种）。这些后代不需要生产种子（因为它们进行开放授粉，生产出来的种子以后也用不到），但是要保留S_1代中剩余的种子，这是从最早的植株上通过自花授粉获得的。下一年，单行种植S_1代中自交产生的种子，利用这些后代尽可能多配置各种杂交组合。收获杂交种的种子进行混合，形成混合群体，在下一个世代进行种植，并在这个世代中继续自交并进行测交，从而用于下一轮的选择。

2.17.3 特殊配合力的轮回选择

这个方法和一般配合力的轮回选择方法的不同之处在于要有一个好而稳定的自交系作为测验种。为了获得雄性不育的测验种，要在现蕾期用0.005%赤霉酸溶液对测验种进行处理。遗憾的是，在一般配合力和特殊配合力的测定上，轮回选择法并没有得到充分的利用。

2.17.4 相互轮回选择（reciprocal recurrent selection）

这个方法需要两个群体，即群体A和群体B，并且进行自花授粉。与一般配合力的轮回选择过程一样，每个群体都使用轮回选择的方法。群体A的测验种是群体B，群体B的测验种是群体A。群体间要有一定的遗传差异，并且在上述群体中可以选择聚合的单交种或自交系。

相互轮回选择包括群内轮回选择，该育种方法被广泛地应用于向日葵育种上。Miller（1987）提到了美国Fargo研究团队开发的"相互全姊妹系选择"方法。在使用这个方法时，需要有两个品系：抗黄萎病的保持系和抗Ⅱ型拟茎点溃疡的恢复系。将每个品系的原始材料进行随机配对，从而产生两个有关联的群体。

全姊妹系是通过将从B品系群体中所挑选植株的花粉人工授粉到现蕾期使用0.005%赤霉酸人工去雄后的Rf品系群体的中心花盘上获得的。在进行杂交的同时，Rf品系的花盘将进行自花授粉，同时搜集并保存保持系的花粉。第二年通过随机区组设计，设置两个重复来测定姊妹系杂交种，选择商业化的品种作为对照。将最好的姊妹系杂交种（30%）进行自花授粉，收获的种子分成两部分，分别作为B品系和Rf品系用于下一年的轮回选择，目的是获得C_1群体。Miller和Hammond（1985）指出，Danjou和Piquemal（1986）通过研究建立了一个使用相互循环选择法创造向日葵新的保持系和恢复系的理论框架（图2.65）。

Miller和Hammond（1985）认为，相互全姊妹系选择法既可以有效改良基础育种材料，又可以用于选育具有高产潜力和一般配合力高的自交系所需要的育种材料。

2.18 突　变

向日葵栽培种可以通过突变来增加其遗传变异。根据Singh（2000）的研究结果，突变是生物体的某一个特性发生的可遗传的变化。突变也可以在没有人工干预的情况下自然发生，但是概率很低。人类可以使用不同的物理和化学诱变剂来创造突变。物理诱变包括X射、γ射线、β射线、热、高速中子、紫外线、红外线，还有一些物理方法也可用于诱变。向日葵上最常用的化学诱变剂包括甲磺酸乙酯（ethyl methanesulfonate，EMS）、硫酸二甲酯（dimethyl sulfate，DMS）、*N*-亚硝基-*N*-乙基脲（*N*-nitroso-*N*-ethylurea，NEU）、甲磺酸甲酯（methyl methanesulfonate，MMS），有时也会使用其他诱变剂进行诱变。Kovačik（1970）检测了不同浓度的秋水仙碱在向日葵上导致的变异。

Anashchenko（1977）发现，物理和化学诱变最重要的结果是创造了大量隐性基因和导致细胞质基因的突变，从而增加了向日葵的遗传变异。他还指出，就向日葵来说，化学诱变远比辐射诱变的效果要好。

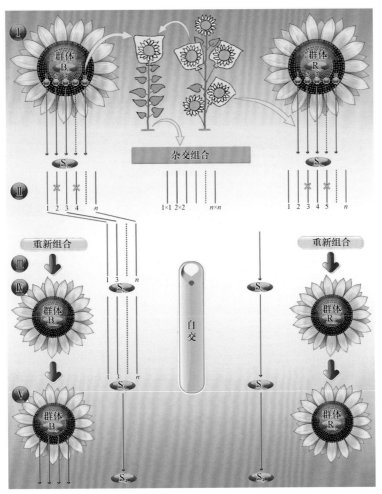

图2.65 相互轮回选择Rf和B品系（Miller and Hammond，1985；修改自Danjou and Piquemal，1986）

诱变剂导致的突变引起向日葵中许多不同性状，如向日葵形态学性状、油的品质性状、对除草剂抗性、耐低温和其他性状遗传上的改变。

很多研究人员使用诱变增加向日葵的遗传变异。在此只介绍其中的几个例子。

Kalaidzhyan等（2007）已经在向日葵育种上通过化学诱变获得了150个突变体，这些突变体在一个或两个性状上和野生型表现不同。基于这些突变体，他们创造了12个不同的向日葵突变体类型。

世界各地的文献资料表明，形态学性状是向日葵诱变的主要目标。Miller和Fick（1997）列出了一个由诱变导致向日葵形态学性状发生改变的名单。

Jambhulkar和Joshua（1999）用4种不同强度的γ射线处理了向日葵品种Surya。在这4种不同强度的处理中，200Gy产生出的突变体数量最多。在M_2代获得了27个形态各异的突变体，其中有一些具有新的表型，如叶脉变黄、茎秆的扁化、叶片皱缩、曲茎、锯齿状的舌状花、柱头外露及出现棕色斑点等。

Kalaidzyan等（2007，2009）的研究指出，用0.08%的NEU溶液处理向日葵种子获得了矮秆突变体M-1748、M-1595、M-1610，用0.05% NEU和0.05% DMS处理获得了半矮秆突变体M-951、M-1988和M-1904。

Christov和Nikolova（1996）研究了通过诱变（如γ射线、超声波和EMS）来增加向日葵的遗传变异。他们发现最强的诱变发生在M_2代和M_3代。同时也获得了农艺性状上有利的突变体，如矮化、早熟、叶面积增加、花盘和籽粒大小增加、自交结实率提高、千粒重增加、含油率提高、脂肪酸构成改变并获得了新的雄性不育系。

在不同时期用不同浓度的EMS和对甲基硝基亚硝基胍（NTG）处理向日葵的种子，Lofgren和Ramaraya Urs（1982）在M_2代和M_3代得到了早开花和高抗锈病的突变体。

Fambrini和Pugliesi（1996）获得了向日葵顶端失绿的突变体，表现为淡黄色子叶、第一对真叶绿色，随后顶叶变黄。这个性状由显性单基因（*ch-ap*）控制。

Kalaidzyan等（2007，2009）利用0.05% NEU溶液和0.05% DMS溶液浸泡向日葵种子18h后得到了一些突变体。其中，突变体M-1701的生育期短于45天，突变体M-180的生育期为56天，突变体M-1925、M-1718、M-1724的生育期为66天。

播种前用强度为5Gy的γ射线（^{137}Cs）处理未成熟的向日葵的胚，Encheva等（2002）获得了新的在株高、茎粗、花盘直茎、苞片长度、含油率和千粒重方面有显著变异的突变体。他们还指出，在形态和生化性状上呈现的显著变异是体细胞变异（R9）和辐射诱变（M9R9）导致的。

Jagadeesan等（2008）用不同强度的γ射线对两个不同基因型的向日葵（Morden和CO_4）进行了处理，得出如下结论：射线处理导致向日葵的发芽率及M_1代突变体存活率降低，M_2代株高、单株产量和含油率的平均值与变异程度也有所增加。

Todorova和Ivanov（1999）利用600Gy和900Gy强度的γ射线处理向日葵花粉来研究单性生殖的诱变，发现诱变效果最好的是Z-8-A品种。

单独使用0.01%和0.05%的NEU与DMS进行诱变，Kalaidzhyan等（2007，2009）得到了紧凑型的突变体M-1581、M-1624、M-1651、M-1652和948。另外，他们还得到了高油突变体（含油率56%~57%），大籽粒的突变体（千粒重125~160g）M-2156、M-1155和M-1183，一个短叶柄类型的突变体（M-2006）及白色花粉粒的突变体（M-1941）。

Christov（1996）用γ射线（150Gy ^{60}Co）处理VNIIMK 8931并且在M_1、M_2、M_3、M_4和M_5代选出了一些突变体，其中一个突变体M95-674的叶片和叶柄形态特征发生了变化。叶片呈现淡绿色、光亮，叶脉明显，叶的边缘呈锯齿状和倒齿状。叶柄在近叶片处形成一个结节。突变体M95-674可以用来繁育新的向日葵的理想株型。

Kalaidzhyan等（2007，2009）用0.05% NEU溶液浸泡向日葵种子18h后，得到了不同的向日葵突变体，其越冬成活的比例分别为63%（M-1248）、58%（M-1976）和52%（M-2002）。Kalaidzhyan等（2007）也提出他们通过化学诱变得到了耐低温的突变体（M-1700和M-1927）。

使用化学诱变在改善油的品质方面也取得了令人鼓舞的结果，如改善脂肪酸的组成（油酸、棕榈酸、硬脂酸和亚油酸）。

Soldatov（1976）获得的诱变突变体对向日葵育种具有非常重要的意义。他用0.5% DMS溶液处理栽培种VNIIMK 8931，在M_3代中得到了高油酸突变体。利用这个育种材料，他育成了高油酸品种Pervenets。现在很多育种中心都在使用这个品种来繁育高油酸的杂交种。

Freidt等（1994）评价了迄今所获得的向日葵突变体，其中包括脂肪酸组成改变的突变体。最近，Fernández-Mártinez等（2007）列举了利用突变体来改变向日葵油品质的研究进展。在这里，我们应该提到Ivanov等（1988）、Manche等（1994）、Schmidt（1990）和Cvjetić（2000）的贡献，他们创造了棕榈酸和硬脂酸含量高的向日葵突变体。

Velasco等（2008）在突变体育种方面做出的贡献需要单独列出。他用EMS溶液处理了4个Peredovik家系，在M_1代和M_2代获得了籽粒中棕榈酸含量高（5%~29%）的突变体。通过对M_3代和M_4代突变体进行遗传分析，发现新的突变体在遗传上与CAS-5基因不同。

值得一提的是抗或耐某些除草剂突变体的创制。

Berville等（1992）用不同剂量（100Gy、200Gy、300Gy和400Gy）γ射线和0.2% EMS处理F_1代向日葵杂交种的种子，得到了抗草甘膦（glyphosate）和治草醚（bifenox）的突变体。

Sala等（2008）得到了很值得我们关注的研究结果，他们使用EMS溶液进行诱变，获得了抗IMI的突变体。

很遗憾，诱变育种并没有在向日葵抗病性方面带来预期的结果。只是在抗黑斑病和抗列当方面有良好的效果。

De Oliveira等（2004）用γ射线（150Gy和165Gy）和EMS（$0.05mol/dm^3$）处理两个不同基因型的向日葵，在M_1、M_2、M_3和M_4代获得了高耐黑斑病的突变体。

Encheva等（2008）在恢复系147-R未成熟的受精胚胎放入培养基之前用超声波对其进行了处理，一些突变植株经过几代自交后产生的新的突变恢复系对列当具有一定的抗性。

既然物理或化学诱变仍然可以作为一种增加向日葵遗传变异的方法，那么就有必要增加诱变剂的数量和种类，以及诱变方法。对于向日葵育种工作者，扩展在这个领域的知识非常重要。在这里我们列举了一些向日葵诱变育种成功的案例。

Todorova等（2004）研究利用γ射线诱变使得向日葵的母本进行单性生殖，发现向日葵是否进行单性生殖与花粉的来源有关。

Arslan等（2001a）用10kR[①]、20kR、30kR、40kR和50kR剂量的γ射线处理品种EKIZ l的种子，发现了染色体异常的现象，包括单价染色体、多价染色体、终变期黏性化、细胞分裂迟缓和中后期黏着、细胞分裂后期和末期出现桥状结构且分裂滞后，以及分裂末期出现微核化。一般来说，随着辐射强度的增加，变异率也会增加。

随着诱变剂量的加大，M_0、M_1和M_2代有丝分裂指数（mitotic index，MI）会降低（Arslan et al.，1992b）。

Lyakh等（2005）用0.01%、0.1%和0.5%的EMS溶液对3个向日葵自交系成熟的种子与两个品系未成熟的种子分别浸泡处理6h及12h。在突变谱中观测到了明显的差异。未成熟种子的突变频率低于成熟种子的突变频率，而成熟种子的最高突变率为13.2%。叶绿素缺乏突变体占到一半，还出现了更多肉眼可见的表型突变体。

---

① $1R=2.58×10^{-4}C/kg$。

2.19 开放授粉品种（常规种）的繁育

开放授粉向日葵品种的培育在向日葵育种的早期阶段就已经开始。在这一领域，值得注意的成就集中在俄罗斯（Krasnodar、Rostov on Don、Odessa、Kharkov等）、罗马尼亚、保加利亚、匈牙利、塞尔维亚、阿根廷、美国和加拿大。目前，只有一些发展中国家还在继续种植常规种，因为这里的农民没有钱购买杂交种，而大量的育种技术主要应用在向日葵商业种的生产上。

Miller（1987）认为有几种方法可以用来繁育向日葵品种群体（OP）。这些方法均是基于群体内轮回选择来进行的。

Bertero de Romano和Vazquez（2003）对阿根廷公立和私立育种机构繁育向日葵品种群体（OP）的过程做了一个教科书式的描述。他们认为，20世纪初俄罗斯移民带到阿根廷的向日葵品种的遗传组成应该受到关注（表2.3），因为这些品种可以用来创建新的遗传变异，如利用这些品种可以培育新的自交系。

表 2.3　阿根廷向日葵品种的起源（Bertero de Romano and Vazquez，2003）

年份	品种名称	来源	育种者
1938	Selección Klein	本地群体	E. Klein
1939	La Previsión 8	从苏联引入	V. Brunnini
			B. Schelotto
1941	La Previsión 9	从苏联引入	V. Brunnini
			B. Schelotto
1942	Saratov Sel. Pergamino	Saratovsky	J. Etchecopar
			M. Illia
1953	Massaux	Pirovano-Buenos Aires Province当地群体	R. Massaux
1953	Selección Massaux E.M.	普通群体	R. Massaux
1960	Manfredi INTA	[（*Helianthus annuus* cv. Klein × *Helianthus annuus* cv. Saratov Sel. Perg. M. A.）× *Helianthus annuus* spp. *annuus*]	J. Baez
			T. Macola
			H. Bauer
1962	Impira INTA	(*Helianthus argophyllus* × Saratov Sel. Perg. M. A.)	J. Baez
			H. Bauer
1964	Guayacán INTA	[（Sunrise × 953-102-1-1-22-4）× Sel. Klein]	A. Luciano
			M. Davreux
			W. Kugler
1964	Ñandubay INTA	[（Saratov Sel. Perg. M. A. × Sel. Klein）× *Helianthus debilis* spp. *cucumerifolius*]	A. Luciano
			M. Davreux
			W. Kugler
1965	Cordobés INTA	[（*Helianthus annuus* cv. Saratov Sel. Perg. M. A. × *Helianthus annuus* cv. Sel. Klein）× *Helianthus annuus* spp. *annuus*]	J. Baez
			H. Bauer
1969	Pehuén INTA	{VNIIMK 6540^3× [CA3× (9-2-5-4 × M688-1)]} × [VNIIMK 8932^3× (Sunrise × 953-102-1-1-22-4)]	A. Luciano
			M. Davreux
1970	Norkinsol	VNIIMK 1646	F. Saura
1971	Riestra 70	VNIIMK 1646	J. San Martín
			J. Sequeira
			S. Espada
1972	Korkinsol 2	Norkinsol	F. Saura
			J. Dolinkue
1972	Negro Bellocq	VNIIMK 1646	N. Pereyras
1972	Forestal Cambá	Pehuen INTA	A. Luciano
1976	Teguá INTA	（Kruglik Sel. 10 × VNIIMK 6540）	H. Bauer
			C. Aerco
			D. Alvarez
1977	Klein Casares	（VNIIMK 6540× Sel. Klein）	E. Klein
			O. Klein

年份	品种名称	来源	育种者
1979	Guayacán 2 INTA	Guayacán INTA	M. Davreux
			P. Luduena
			A. de Romano
			C. Farizo
1980	Charata INTA	（Pozo Genético Rusos × Silvestres）	F. Tcach
		（Genetic pool Russian × Wilds）	M. Davrexu
1982	Aguaribay INTA	PGRK	M. Davrexu
1984	Calchín INTA	（Cordobés INTA × lenisei）	H. Bauer
			C. Areco
			D. Alvarez
1985	Caburé INTA	（PGRK × Mezcla Precoz × Comp.Pergamino 4）	F. Tcach
		（PGRK × Early Mix × Pergamino 4 Compound）	
1990	Antilcó	Compuesto Pergamino 4（Pergamino 4 Compound）	E. Ducós
			E. Ducós

Xanthopoulos（1990）使用混合选择法的蜂巢模型提高了常规种的产量并取得了显著成果。在没有竞争的条件下，种子产量提高了26%。在有竞争的条件下，产量相比对照只提高了8.2%。这些结果表明大空间（株距、行距增加）范围内进行的蜂巢状选择对提高种子产量是很有效的。

Shabana（1990，1991）在群体改良上做了大量努力。1990年，Shabana利用埃及农家种和最新育成的向日葵品种育成了几个现代的向日葵品种群体。他应用超亲分离的方法矮化株高，通过轮回选择的方法提高单株瘦果产量和含油率。经过一个世代的轮回选择，根据瘦果产量、籽粒含油率和产油量及种子的颜色，将合成群体分成6个亚群体，然后进行新一轮的轮回选择，以完成预期的育种目标。

混合选择法和Pustovoit保纯繁殖法经常用于品种群体的选育。

2.19.1 混合选择法

混合选择法是指利用表型在群体中选择单株的育种方法。将植株的种子混合后进行播种，从而形成新一代的群体用于选择新品种或者保持已有品种的纯度。

Borojević（1981）认为，混合选择法的效果取决于目标性状基因的作用、目标性状的遗传力、样本选择的数量，以及基因型和环境的互作。

混合选择法是向日葵育种中一种最古老的选择方法。Morozov（1947）报道，第一个向日葵农家种就是通过混合选择法选育出来的。20世纪20~30年代，在苏联通过混合选择法育成了几个向日葵的常规种（Fukcinka 3、Fukcinka 10、Pionir Sibiri、Skorospelij omskij）。Leciano和Davreuy（1967）的研究表明，在阿根廷，用混合选择法育成了Guayacan INTA、Cordobex INTA、INTA Manfredi、INTA Impira和许多其他的向日葵常规种。

Miller（1987）认为，混合选择法也曾被用于繁育抗向日葵螟、抗列当、籽粒含油率增加和早熟的向日葵品种。这个方法也曾被用于改良食用向日葵籽粒大小和颜色。

如果目标性状的基因具有加性效应，那么混合选择法是有效的。Arezzo等（1982）认为混合选择法可以有效地提高籽粒的含油率。在他们的研究中，利用籽粒含油率的回归系数计算出各个世代含油率增加（相比原始群体）的平均值为b=13.18%。

Miller（1987）的研究结果表明，混合选择法实际上是两种方法即表型选择和家系选择的合成。在实际操作中，表型选择集中在鉴定田间S_0代的中选单株，它们的种子混合后进行播种，后代不进行花粉控制。家系选择是根据目标性状的表现在S_0代进行选择。

Robles（1982）写道，经过几年的混合选择，他从同一个本地群体中育成了粒用型品种Tecmon-1和青贮型品种Tecmon-51。他也用同样的方法育成了Tecmon-2（抗向日葵螟）和Tecmon-3。

上述结果表明，混合选择法虽然在现代育种项目中应用得很少，但是仍然扮演着一定的角色。

Gundaev（1964）认为在提高育成品种的稳定性、淘汰品种群体中的不良单株时，应该优先使用混合选择法。

2.20 Pustovoit 保纯繁殖法

Pustovoit（1966）创建的方法是基于优良单株的个体选择，通过评估其后代表现及将表现最佳的后代进行杂交的一种育种方法。尽管利用这种方法选择的群体在逐渐变化，但是保留了下一个世代选择所需要的遗传变异。

根据Miller（1987）的研究，Pustovoit保纯繁育法实际上是半同胞轮回选择，测验种为群体本身。在每个世代的家系间和家系中进行选择。

获得品种群体的步骤如下：①选择优良单株；②第一年苗圃种植（株行圃）；③第二年苗圃种植（株系圃）；④苗圃中直接授粉（原种圃）；⑤鉴定和筛选试验；⑥品种委员会的官方试验（图2.66）。

2.20.1 选择优良单株

可以通过多种来源选择育种材料：常规种中的超优品系、有潜力的品系、种圃中最好的品系、知名品种间的杂交种、种间杂交种和其他任何可能对实现预期育种目标有帮助的材料（图2.66）。一个育种中心应该拥有1万～2万个选出的优良单株（来自所有的育种资源），这些单株材料具有籽粒大、授粉好且籽粒数为1500～2000粒的花盘。

选择育种材料时，应该注意同一来源育种材料的整齐度，包括株高，花盘大小、形状和倾斜度，籽粒排列、大小和颜色。选择优良单株时，尤其应该注意其对向日葵病虫害的抵抗能力。依据不同育种项目的育种目标，在单株选择的过程中还应该优先考虑一些其他的性状。

每个中选单株的种子要单独放置于纸袋中，贴上标签。袋子上要注明材料的来源以及取样的年份和地点。要分析每个中选单株的籽仁率、千粒重、粗化层和容重（如果有必要）。根据分析的结果，选择表现好的单株（具有低于25%的皮壳率）进行化学分析。关于化学分析，所有的种子都需要检测籽粒的含油率。目前都是使用没有破坏性的NMR检测籽粒的含油率，所以，检测过的种子可以在来年继续种植。一些育种中心还能够检测优良植株籽粒蛋白质的含量。

通过物理和化学分析后得到的优良单株将被种植在第一年的种植圃中。中选单株应该具备低皮壳率（<25%）、高含油率（>50%）和其他目标性状。

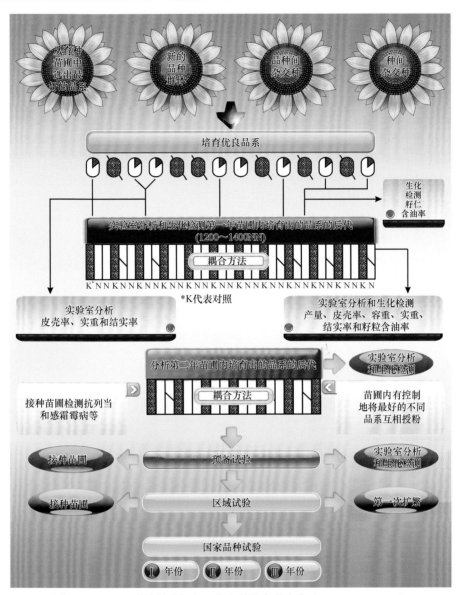

图2.66 基于基础材料进行向日葵育种的育种方案（Pustovoit，1966）

2.20.2 第一年苗圃种植

将保存的优良植株的种子来年播种建立第一年的种植圃，以当地最好的品种作为对照。每隔3行种植对照品种，对照中间的两行选择好的优良株系的种子进行播种。建议第一年种植圃中种植1200～1400个优良单株后代。

在生长季节对第一年种植圃中种植的每个植株的表型进行观察记录。重点是评估这些单株抵御病虫害的能力。在生长末期，测定每个优良品系的平均单株产量，并取样在冬季进行物理和化学分析。结果将有助于选择最好的品系。这些品系应该具有高籽仁率、高含油率、抗病性及其他优良特性。大约可选出200个最好的品系用于第二年的种植。

2.20.3 第二年苗圃种植

株系圃主要种植轮回选择开始时保存的种子及第一年种植圃中挑选出的株系,本地广泛种植的品种作为对照。除了在普通地块种植,上述材料还应该同时在病圃中种植,用来评价它们的抗病性。病圃是将向日葵发病植株的残体埋进土壤中建成的,这种病圃可以很好地鉴定育种材料的抗病性。

在株系圃观察株系在各个关键生育阶段的所有表型,在病圃中测定株系的抗病性。生长结束后,通过测量每行的产量进而评价单株产量。同时取样在冬季进行物理和化学分析。根据表型的观察、抗病性的评价、产量及物理和化学分析结果,选择最好的品系,将所挑选品系的种子种植在育种圃中进行直接授粉。

2.20.4 苗圃中直接授粉

将株行圃和株系圃中的中选单株的种子种植在此育种圃中进行直接授粉。将上面筛选到的优良植株也在该育种圃内进行种植。该育种圃的安全隔离距离为2km。采用随机试验设计,设置5~6个重复,确保每个品系都可以和其他品系进行杂交。在这个育种圃中进行直接授粉有利于好的品系进行杂交。实际上,这也增加了各个优良品系杂合的比例。

在生长季节对上述育种圃中用于授粉品系的表型进行观察,每个品系的单株要单独收获。收获后,对单株进行物理和化学分析。在每个品系中,只选择低皮壳率(<25%)和高含油率(>50%)的单株。将从每个株系中挑选出单株的种子进行混合,在来年进行预备试验。

2.20.5 鉴定和筛选试验

将从原种圃中选出的品系和当地主栽品种进行比较,重复3~5次。小区面积30m^2。预备试验通常在育种中心的试验地进行。同时,还要在病圃中检测有潜力品系的抗病性。根据选择品系在预备试验中的表现(产量和抗病性),挑选最好的品系继续进行小区试验。

与预备试验不同,小区试验要在几个不同的地点分别进行,可能要在全国主要的种植区域进行种植。小区试验会提供关于有潜力品系的更多信息,决定品种是否适宜在特定环境下进行种植。

根据品系在预备试验和小区试验中的表现,从原种圃中选出的有前景的品系(品种)用于申请参加品种委员会的区试。

2.20.6 品种委员会对有潜力品系进行比较试验

将具有良好产量潜力和抗病虫害能力的品系与对照品种进行比较。这种试验将在不同地区持续进行3年。

在品种进行登记的同时,可以开始进行制种。对于向日葵品种,制种是种子管理中的一项重要内容。如果制种管理得好,不仅保证了种子的质量,也改良了有潜力品种的重要特性。

品比试验的目的是评估有潜力品种的价值。在3年品比试验中,产量潜力和含油率显著高于对照品种且具有稳定的抗性水平的将被认证为一个新的品种,并且可以进入商业化生产。品种官方认证并没有意味着工作的结束。新的品种应该通过良好的种子管理来维持和不断进行改良。一个新品种的商业寿命往往取决于种子生产和加工部门的管理。

Pustovoit的育种方法在繁殖向日葵品种上取得的成效可以通过1940~1961年苏联商业种平均含油率的增加以及1946~1976年向日葵新品种中主要性状的改良得到证实,见表2.4。

表2.4 随着新品种不断投入到商业化的生产中,向日葵含油率持续提高(Pustovoit,1966)

试验地点	年份								含油率提高
	1940	1950	1956	1957	1958	1959	1960	1961	(1940~1961年)
苏联	28.5	30.4	34.9	35.2	37.2	38.2	39.8	40.4	11.85%
俄罗斯	28.5	30.5	35.0	35.2	37.4	38.2	39.4	39.6	11.14%
乌克兰	28.7	30.1	35.0	35.3	37.4	38.5	40.7	41.7	13.00%
摩尔达维亚(现摩尔多瓦)	28.5	29.8	34.6	35.8	36.4	37.7	39.9	42.5	14.00%

Pustovoit的方法在几个国家的育种项目上得到了应用并获得了一些新的向日葵品种,如罗马尼亚的Record和Orizont,南斯拉夫的Novi Sad 20、Novi Sad 61和Novi Sad 317,匈牙利的GK-70,以及保加利亚的几个品种。

高油品种以后的发展集中在两个方向:提高抗病虫害的能力及籽粒的含油率达到55%~60%(Anashchenko,1977)。

Djakov(1969,1972,1986)在他过去30年的工作中详细阐述了通过选择来提高向日葵籽粒中含油率的理论基础。Djakov发现高含油率品种和低含油率品种在胚芽生长的时间上并没有显著不同,而积累油的细胞的形成方面会有不同,高含油率品种积累油的细胞数量会高很多。

实验表明,提高高油品种的产油量在很大程度上($r=0.98$)取决于单位面积内籽仁产量。籽粒含油率和籽仁产量呈显著的相关关系($r=0.81$)。这表明在单位面积内选择籽仁产量增加的单株是获得高油品种或杂交种的一个重要的筛选指标。

Djakov(1986)得出结论,通过选择在特殊的和相对稳定的生长环境下具有强竞争能力的基因型,从而获得产量潜力高的品种。选择基因型时,重点不是选择具有增产潜力的单株,而是提高群体的单位面积产量。

Galina Pustovoit(1963,1975)把种间杂交(图2.67)纳入向日葵育种过程,这将育种进程向前推进了一大步。他将六倍体的菊芋(*H. tuberosus*)作为抗病基因的供体引入杂交过程。*H. tuberosus*和向日葵品种VNIIMK 8931成功进行杂交,需要解决F_1代($2n=68$)不育的问题。解决这一问题的办法是在减数分裂阶段将植株暴露在温度骤变的条件下(3~30℃)。温度骤变可以在白天25~30℃、晚上3~5℃条件下持续7~10天。置于温度骤变条件下的植株染色体数目会减少,这样可以得到$2n=34$条染色体的植株。这个植株可以和向日葵品种进行回交。回交两次后,可获得具有多种抗病性的植株。这些植株互交几代后,淘汰感病植株。得到的抗病植株要进行种子性状的检测和生化分析。符合前述条件的材料还要再进行抗病性的鉴定。抗病性好的植株可以进入下一年的扩繁。这就结束了第一世代的选择,选择出来的最好的品系按照G. Pustovoit的方法进入下一个轮回。

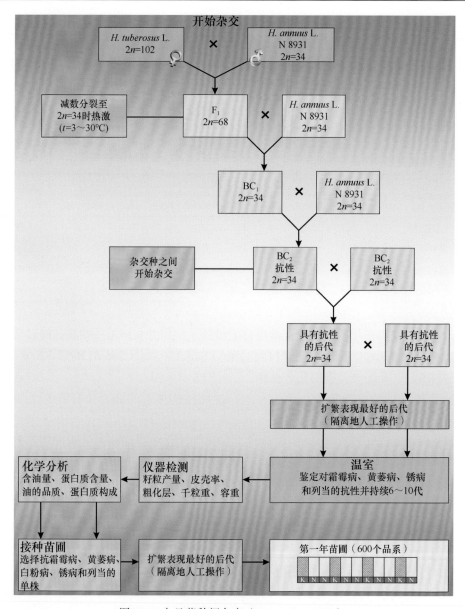

图2.67 向日葵种间杂交（Pustovoit，1975）

用这种方法已经育成几个向日葵的高油品种：Jubileyniy 60、Progress、Novinka、October和其他品种（Pustovoit et al.，1976，1978）。

这些品种极大地增加了栽培向日葵的遗传变异，至今仍然可以被用来繁育新的自交系。这些品种具有丰富的抗病基因。根据Pustovoit（1978）的研究结果，新的向日葵品种抗锈病、霜霉病、黄萎病、列当和其他病害。Miller和Gulya（1984）、Abdallah（1985）也证实，这些品种具有抗美国发现的霜霉病菌新生理小种的基因。

2.21　基于细胞质雄性不育系的杂交种繁育

杂种优势在向日葵生产上的实际利用远远落后于玉米和其他一些大田作物。作为一个异花授粉作物，向日葵雌雄同花的特点使得其必须在有细胞质雄性不育和恢复因子的前提下才能够利用杂种优势。

第一个雄性不育系资源是1969年Leclercq在利用向日葵野生种 *H. petiolaris* Nutt.和栽培种进行种间杂交时发现的。Kinman（1970）在T66006-2中发现有恢复育性的基因。这样就具备了生产杂交种和利用杂种优势的先决条件。

2.21.1　基于细胞质雄性不育系的杂种优势的利用方法

杂交种相比于常规种的主要优势是杂种优势（高作物产量的遗传潜力）。同样的优势也体现在提高向日葵的抗性水平上，目前世界上已育成的抗锈病、抗拟茎点溃疡、抗列当和抗其他一些病害的杂交种都是最好的例证。杂交种在株高、熟期上的一致性在极大程度上减少了收获过程中可能存在的损失，使得收获的种子具有相同的含水量，从而更有利于储藏（Škorić，1989）。

利用杂种优势可以生产以下杂交种：单交种（SC）、三系杂交种（TWC）和双交杂交种（DC）。实际上，育种工作者最关心单交种的繁育，很少繁育三系杂交种，双交杂交种的繁育更是极少数。

尽管已经发现了70多个新的细胞质雄性不育的材料，也发现了与之相匹配的恢复系，但向日葵育种工作者最常使用的不育系仍然是Leclercq（1969）发现的PET1，因为PET1的不育性持续时间长，而且很容易找到与之配对的恢复因子。

有许多重要因素决定着向日葵育种的方向和目的。向日葵育种最重要的目的是提高产量，增加品种的稳定性（适应性）、籽粒含油率和品质、收获指数、库容量，提高对有害生物的抗性水平，筛选早熟、健壮茎秆、具有理想株型、吸引传粉媒介、抗生物逆境、抗除草剂和其他一些因素的基因型（Škorić，1989）。

2.21.2　向日葵杂交育种程序

创造一个向日葵杂交种需要经过几个阶段。第一个阶段是从遗传背景不同的材料中获得自交系。获得自交系的过程包括两个阶段，即创建保持系（B）和恢复系（Rf），同时，筛选这些品系的抗病性、抗虫性、抗旱性、油的品质、抗除草剂能力及其他一些特性。在创建保持系的过程中，还有一个将它们转育成细胞质雄性不育系的过程（详见后文图2.70），而恢复系如果不是隐性多分枝类型的，还要转育成隐性多分枝类型（详见后文图2.71）。

在自交系创建的早期开始进行配合力的测定。首先，自交系和测验种杂交测定一般配合力，然后在育种末期测定其特殊配合力。

Kirichenko（2005）认为，育种过程中最重要的是要基于高产的各项指标进行选择，从而使得品系具有高产的能力，使得杂种优势在籽粒的产量上达到最大化。这需要创制不同于传统材料的基础育种材料，在生长、发育、形态建成和生物合成的各个过程均要有创新。利用突变、远缘杂交、生物技术及转基因技术进行育种在一定程度上也是可行的。

2.21.3　自交和杂种优势

以自交作为一种改良向日葵品种的方法最先起源于20世纪20年代。Morozov（1947）

提到Plaček在1915年最先利用自交对Saratov繁殖的细胞系进行了改良。他还列出了1921～1937年苏联进行自交的基因型数量。数量最多的年份是1935年，达到4724个品系。自交的过程中要检测自交系的诸多性状以及由自交而导致的一些性状的衰退。同时，也要测定新育成自交系的一般配合力。另外，Morozov（1947）也利用Schmidt的双列杂交法选育了向日葵的自交系。

Fick和Miller（1997）指出，早期向日葵育种工作者认为自交的主要优势在于可以繁育带有目标性状的自交系。

2.21.4 自交效应

Gundaev（1964）对由自交导致向日葵群体出现的一些隐性性状（白化病、粗化层缺失、雄性不育和其他不良的隐性性状）进行分析，从中找到了一些规律。同时，Morozov（1947）指出，俄罗斯研究人员于1930～1940年利用自交发现，自交本身会对向日葵的不同性状产生不良影响，其中最重要的是向日葵株高和产量的降低。

Schuster（1964）详细研究了自交对向日葵性状的影响。他于1948～1959年测试了自交对向日葵性状的影响，并且跟踪了相同材料在S_0～S_{12}代的表现，有了一些重要发现。自交能够影响籽粒产量，使籽粒产量降低，降低的百分比从S_0代的100%到S_{12}代的25%。自交对株高也有同样的负面影响，尤其是S_0～S_6代。这种负面影响也表现在花盘直径、籽仁率、含油率、花盘中间结实率及其他性状上。

Schuster（1964）研究了S_0～S_{12}代籽粒产量和其他性状的相关性，发现自交的各个世代中，籽粒产量与株高、花盘直径、籽粒含油率呈现正相关关系，与自交衰退的程度呈负相关关系（S_0代除外）（表2.5）。

表2.5 S_0～S_{12}代籽粒产量与其他性状间的相关系数（Schuster，1964）

自交代数	株高	花盘直径（cm）	单盘未授粉部分（cm）	籽仁率（%）	籽粒含油率（%）	从出苗到花期天数	自交衰退
S_0	0.544***	0.652***	0.284	−0.281	0.514**	−0.099	0.330*
S_1	0.410***	0.309***	0.092	−0.143	0.361***	−0.007	−0.252**
S_2	0.482***	0.418***	0.049	−0.115	0.310**	−0.289**	−0.218*
S_3	—	0.422***	−0.038	−0.105	0.212	−0.143	−0.196*
S_4	0.461***	0.249*	−0.069	−0.220	0.303*	−0.263*	−0.069
S_5	0.488***	0.435***	−0.102	−0.251*	0.317**	−0.092	−0.338***
S_6	0.466***	0.493***	−0.152	−0.041	0.582***	0.032	−0.444***
S_7	0.367***	0.366***	0.062	−0.089	−0.029	−0.001	−0.427***
S_8	0.269**	0.605***	−0.174	−0.015	0.409***	−0.248**	−0.325***
S_9	0.526***	0.580***	−0.286*	0.257	−0.072	0.046	−0.401**
S_{10}	0.193	0.668***	0.178	0.030	0.447*	−0.133	−0.185
S_{11}	0.558***	0.461***	0.330*	0.162	0.061	0.524***	−0.601***
S_{12}	0.277	0.385***	0.159	0.132	−0.195	0.032	−0.399*
合计	0.457***	0.443***	−0.018	−0.059	0.078*	−0.187***	−0.404***

注："—"表示未检测；* 表示在0.1水平相关性显著，** 表示在0.05水平相关性显著，*** 表示在0.01水平相关性显著

Kovačik 和 Škaloud（1974）发现自交首先导致籽粒产量和千粒重的降低。Kovačik 和 Škaloud（1975）又发现自交会引起向日葵多个性状的退化，他们还观察了单交种和 STB 杂交种 S_2 代、S_4 代的杂种优势（表2.6）。

表 2.6 自交衰退效应和明显的杂种优势（Kovačik and Škaloud，1975）

性状	花期	籽粒含油率	籽仁率	千粒重	籽粒产量	花盘直径	株高
自交衰退效应							
自交代数	S_5	S_4	S_4	S_4	S_4	S_4	S_6
S_0 代最小影响（%）	95.8	80.2	87.9	55.9	11.6	84.4	89.9
杂交育种后的 F_1 代最小影响（%）	102.0	92.6	91.8	104.9	96.6	100.8	77.9
杂种优势效应（%）							
单交种（SC）	99.9	114.6	115.4	154.7	596.1	156.9	114.1
在 S_4 代杂交	99.8	107.3	99.7	132.3	438.6	110.3	106.8
在 S_2 代杂交	100.1	90.4	94.5	89.9	90.8	102.4	92.8

2.21.5 自交系选育

向日葵自交系选育的基础材料主要有地方农家种、品种群体、种间杂交种、品系间杂交种、综合杂交种及一些基因池（Škorić，1989）。

Fick 和 Miller（1989）认为选育自交系最常用的方法是系谱法、混合选择法、单粒传法和回交法。所有这些品系都可以用来增加原始材料的遗传变异。

Kirichenko（2005）根据长期的研究结果指出，用于选育自交系的最好材料具有高产和高含油率的特性，Pustovoit、Zhdanov 及 Škorić（1975）等所育成的向日葵品种证实了上述结论。

稳定自交系的选育至少需要自交 6～8 代。如果考虑通过隐性杂交育种的方法将保持系转育成细胞质雄性不育系，那育种工作者将会面临更大的挑战。这也是为何需要冬季加代从而有可能在一年内收获 1～2 代。也可以使用温室或植物培养室来加快选育进程。使用一些生物技术手段如单倍体的染色体加倍也能够加快自交系选育的进程。

Pistolesi 等（1986）在加速育种选择过程中做了一项有趣的研究。他们建议将向日葵材料放进一个生长室内，在生长室内设置逆境胁迫条件（持续白光、缺少土壤）。利用这种方法能够保证对材料进行至少 3 代的选择，降低中选植株的数量，从而保证每平方米种植 250 株植物，抑制植株的雄蕊先熟。这样就不需要利用化学或机械的方法去雄而可以直接进行授粉杂交。

在自交的早代（S_0～S_1 代或 F_2～F_3 代）要淘汰含油率低、自交结实率低、花盘形状和花盘倾斜度不符合标准、粗化层缺失、易感病虫害和携带其他不良性状的植株。这也是为何在自交早代每个原始材料需要种植 30～100 株。这条规则尤其适用于利用常规种群进行选择的育种程序，因为在常规种群里具有良好配合力的基因型出现的频率非常低。

用羊皮纸袋或尼龙袋进行套袋隔离。这些袋子能够抵抗紫外线的辐射并且有透气孔，但是袋子的孔径不能允许花粉粒的通过。保持系和恢复系选用的隔离袋大小要有一定的差异。保持系用的隔离袋大小为 40cm×10cm×50cm，恢复系用的隔离袋大小为

30cm×10cm×40cm。杂交过程和转育过程中的隔离袋由合成材料（抗紫外线）做成，大小为40cm×10cm×80cm，隔离袋应该具有一定的孔隙，以便对雄性不育株进行控制（图2.68，图2.69）。

图2.68　扩繁用于杂交的亲本（A×B）

图2.69　扩繁品系和网棚内试验

S_0代或F_2代中选单株的种子在第二年要进行种植，每个中选单株至少要种植20株，最好能达到50株。在生长发育过程中要对表型进行观测。在选育自交系过程中，从S_1代或F_3代应该开始注意以下性状：生育期（天）、株高（cm）、单株籽粒数或自花结实性、花盘形状和大小、花盘倾斜度（°）、容重（kg）、千粒重（g）、籽仁率（%）、粗化层、籽粒含油率和蛋白质含量（%）、抗逆性、吸引传粉媒介的能力、是否抗除草剂等。

在自交系繁育过程中也可以选择其他性状。例如，在选育恢复系时，应选择具有隐性分枝性状的个体等。

一些育种工作者应该根据后代（品系）的表型特征在S_1代或F_3代开始选择用于隔离试验的植株。在选择中有可能会淘汰表型好的单株。最好从$S_{3\sim4}$代或F_4代开始对所有植株进行选择。虽然这样会导致成本的增加，但这是选育自交系更加可靠的方法。

在自交系选育的过程中，一定要检测籽粒的含油率，用NMR无损法检测可以使得被检测的种子继续用于下一代的种植。另外，一定要清楚自交会导致一些性状的退化。

2.21.6 保持系转育成细胞质雄性不育系

选育保持系的同时，必须要将它们转育成细胞质雄性不育系，并测定其一般配合力。Shein（1978）创建了从S_0代开始转育保持系，并同时测定一般配合力的方法。也就是说，由于正确地选择了未来的保持系以及将它们转育成的细胞质雄性不育系，需要同时进行自交转育和一般配合力的测定。所以在自交早代建立保持系的同时，还需要用细胞质雄性不育系进行杂交，通过回交，将保持系转育成细胞质雄性不育系。通过5~6代的回交得到了两个同型的A品系和B品系（图2.70）。

在自交过程中，与细胞质雄性不育系转育过程同步的是利用最好的恢复系进行测交，测定其一般配合力，目的是未来测定田间比较试验中品系的配合力。

图2.70 将常规保持系转育成细胞质雄性不育（CMS）系

2.21.7 自交系转育成恢复系

有时在测定一般配合力和特殊配合力的过程中，需要将某些保持系转育成隐性分枝的恢复系。这个转育过程相当复杂，需要掌握大量基础理论并熟悉选育程序才能够完成（图2.71）。

2.22 自交系配合力的测定

对自交系的一般配合力和特殊配合力进行评价对于获得理想的向日葵杂交种是至关重要的。选择具有高配合力的自交系往往会遇到很多困难，因为没有一种理想的育种方法能够准确地对向日葵育种需要考虑的参数和配合力进行评价（Tikhonov et al., 1991）。

Kirichenko（2005）指出，利用一般配合力来评估育种材料的性状和选择价值是极为重要的。每位向日葵育种工作者每年至少要测定100个自交系的一般配合力。

育种工作是一项非常复杂的应用科学技术的过程，为实现育种目标，需要掌握育种的原理。而测定配合力也是育种过程中一个非常重要的环节。

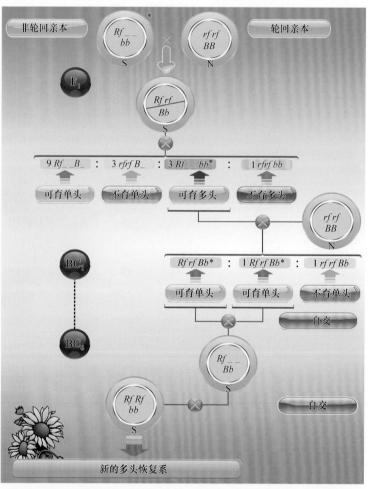

图2.71　将常规单头恢复系转育成多头恢复系（Vrânceanu et al., 1985）

测定自交系配合力的方法有很多种，如多系测交法、顶交法、轮交法。当被测群体是大量新育成的自交系，或者自交系的选育处于早期阶段时，一般使用顶交法来测定其配合力。而轮交法往往用于少量的优良自交系配合力的测定。

在实际育种过程中，选育高产向日葵杂交种的一个重要阶段是测定亲本的特殊配合力，这也是育种过程中最后一个重要环节。

Miller（1987）建议，通过不同的育种方法获得的新自交系，应该在F_4代或F_5代开始进行配合力的测定。但是，一些育种工作者建议，应该在育种的早代就开始测定配合力（Shein，1987）。在育种早代进行配合力测定的优点是能够较早地选择具有优良性状的品系。

可以通过多系测交法、顶交法来评价自交系及其一般配合力，而测定特殊配合力通常使用双列杂交育种法。

2.22.1 多系测交法

利用完全随机试验设计，将被测的育种系隔离种植（3km隔离），并且设置4~5个重复（每次12株）。按照随机区组设计进行种植并自由授粉。将多交种的后代成行种植后，进行产量的比较。根据产量值来评估亲本的一般配合力（Škorić，1989）。

2.22.2 顶交法

在测交试验中，针对母本和父本来选择合适的测验种往往关系到能否获得高产的杂交组合。基于一般配合力的高低来选择测验种。利用不少于3个测验种进行测交能够显著提高一般配合力测定结果的准确性。

一般选用已推广杂交种以及具有高的一般配合力的自交系作测验种。

Miller（1987）指出，除了自交系，也可以选用杂交种或合成品种作为测验种，都是为了准确评估新育成自交系的一般配合力和特殊配合力。

根据Kirichenko（2005）的研究结果，观测和筛选向日葵测验种的性状，有利于系统地对测验种的性状进行检测和对原始材料的性状进行分析。基于这一基础来评价供体亲本的基因型和选择标准，以及按照已有的遗传变异利用灵活的选择过程来矫正选择的方向。

将自交系和测验种进行杂交只能获得自交系一般配合力的信息，不能获得两者配合的相关数据。有大量的数据证实，和测验种具有良好配合力的自交系往往和其他自交系的配合力也很好。

选择和测验种测交后获得的高产自交系进行种植，那些比测验种表现差的自交系在后续的选择中将被剔除。

Tikhonov等（1991）研制出了一份评价向日葵品系配合力的分级表（表2.7）。所有顶交产量低于实验平均值（100%）的自交系均要被淘汰。

表2.7 评估向日葵品系配合力的分级表

配合力		杂交种产量相对于实验平均值的百分率（%）
级别	表现力	
I	极低	<85
II	低	85.1~95.0
III	中等	95.1~105.0
IV	较高	105.1~115.0
V	高	≥115.0

通过测定新育成自交系的配合力来评估供体亲本性状的方法具有很高的可信度，结果和杂交种的试验结果相一致。这使得收集不同来源基础育种材料的育种工作者能够有计划地收集他们所需要的具有目标性状的基因型（Kirichenko，2005）。

高产杂交组合的成功获得取决于测验种的正确选择。通常选用一般配合力高的自交系作为测验种。

测定新育成母本的配合力通常使用2～3个恢复系。这2～3个恢复系是当地主栽品种或一般配合力高的杂交种的恢复系。但是，测定新育成保持系的配合力要困难得多。如果保持系不是雄性不育系，那么就需要在现蕾期用赤霉酸进行人工去雄。如果花粉来自2～3个优良的恢复系，那么利用雄性不育系获得测交种将变得更加容易。

也可以用分子标记基因将2～3个恢复系转育成核雄性不育系。这往往是通过利用新的配合力未知的保持系给植株（*ms ms*或*tms tms*）进行授粉而实现的。

Miller（1987）指出，可以用三系杂交测定配合力。选用一个雄性不育保持系作为测验种。不育的单交杂交种和一个有育性恢复基因的自交系进行杂交。然而，测定保持系的一般配合力也可以将自交系和保持系进行杂交。在田间比较试验中将不育的单交种和可育的F_1代杂交种杂交，可以使得不育的A×B组合能够具有育性。

Škorić（1989）建议，如果想在F_3～F_4代测定很多个保持系的一般配合力，必须在隔离区（3km隔离）内种植保持系和测验种，将保持系和测验种相邻交替种植。用赤霉酸溶液（0.16%）进行人工去雄。

昆虫（蜜蜂）和风能将测验种的花粉粒传播到被测的自交系而进行授粉，从而获得足够多的杂交种种子。下一季种植通过顶交获得的杂交种，将与大田生产中的主要杂交种进行品种比较试验。根据试验结果（籽粒产量、籽粒含油量和每公顷籽粒产量）和其他重要的农艺性状测定自交系的一般配合力。

在已开发的育种项目中，已经育成很多雄性不育保持系，可以同时测定其一般配合力和特殊配合力。Škorić（1989）建议可以采用如下的步骤：选择5～10个一般配合力高的恢复系，每个恢复系单独进行隔离种植。种植恢复系的每个地块里还要种植所有的雄性不育系。通过蜜蜂或其他传粉媒介进行授粉。下一个生长季节，同时种植顶交测验种和产量最高的商用杂交种进行品种比较试验。试验结果将作为评价被测自交系（*cms+Rf*）一般配合力和特殊配合力的一个主要参考指标。

Kirichenko（2005）强调测验种的数量必须充足（大约1000份），这样才能保证对父本和母本特征或特性进行可靠评估，这对向日葵育种过程中杂种优势的利用非常重要。也可以将不同来源的材料单独种植，以便更好地对所选材料特征和基因型的选择值进行评估。

评估的特殊重要性还在于根据近缘和远缘关系对收集的材料进行分类，这与供体的性状，特别是遗传生理过程和选择值有关。

2.22.3 双列杂交育种法

根据一般配合力的测定和对主要病害抗性鉴定的结果选择10～15个优良品系进行双列杂交。双列杂交育种常用于选择优良的保持系。其基本原理是被测定的品系之间互相进行杂交。在向日葵现蕾期用赤霉酸溶液对作为母本的保持系进行人工去雄。开花前进行套袋隔离，在花期进行人工授粉，每个保持系要和其他所有保持系进行杂交。第二年种植所有的F_1代种子，然后进行产量比较试验。在更复杂的遗传检测中还需要包括对已经使用过的自交系进行测定。双列杂交育种法的结果可以用来评价所测定品系的配合力，还可以成功地用于分析并明确一些不同性状的遗传原理。

要非常准确地检测通过顶交法、多系测交法和双列杂交育种法得到的杂交组合。如果可能，最小的地块也应该至少种植4行（40株），设置3次重复，并且要在3个不同生态环境的试验点进行测试，以便评价杂交种的适应性。

评价品系的配合力也有利于评估品系的选择值。Kirichenko（2005）指出，品系的选择值是植株主要表型性状的整体呈现，也是其对环境变化的一种反应强度。这也是为何在实际生产中品种的产量和适应性往往会涉及表观遗传体系。

他还认为，评估品系的最大选择值是为了获得稳定性强而且产油量高（kg/hm^2）的杂交种，这些都是向日葵生产过程中的复杂性状。

对新育成的自交系进行一般配合力的测定主要是为了在大规模种植过程中保障新品种的高产和稳产性，这也是育种最基本的目标。

Kirichenko（2005）对一个规模化生产的杂交种的产量进行了11年的动态变化监测，结果表明，杂交种产量仍然能够增加$0.5t/hm^2$或者更多。在引进新的杂交种时，最重要的问题就是提高产量的稳定量（生态稳定性）。

同时，Periere等（2000）研究了1930~1995年阿根廷向日葵育种的发展史，得出如下结论：向日葵品系高产的潜力和结实期间生物量的增加、收获指数的增加、籽粒数量的增加、籽仁率的提高及籽粒含油率的增加有关。

现代的统计分析和计算机技术能够使育种工作者高效地分析育种过程中得到的结果。

基于新的生物技术方法，尤其是利用分子标记获得的自交系的遗传多样性，使得育种家能够利用最低的成本快速评价新品系作为供体亲本的能力和选择值，这对于高产杂交种的生产也是非常重要的。

2.23 自交系的性状与F_1代杂交种的相关性

向日葵育种工作者需要精心制订一个自交系的育种策略，以保证获得高产的杂交种。

Kirichenko（2005）指出，在育种早期基于杂种优势的选择往往依赖于育种材料以及对测试杂交种的检测。同时，了解父母本的性状，有利于预测未来杂交种的生物潜力。Fick和Miller（1997）指出，优良自交系的选择值都具有一定的相关性，它们配置的杂交组合应该具有亲本的性状。

很多研究人员曾研究过这个问题。Schuster（1964）在这一方面得到了非常好的结果（表2.8）。他认为，要想获得优良的自交系，选择合适的原始育种材料非常重要。

Schuster还指出，亲本自交系和F_1代杂交种之间在株高、单位面积产量和籽粒含油率上均表现为显著的正相关关系。其他研究人员得出的有关自交系亲本和F_1代杂交种之间性状具有相关性的结论也不容忽视。

表 2.8 亲本、F_1代杂交种和原始材料之间不同性状间的相关系数（Schuster，1964）

基因型	株高 F_1		株高 原始材料		籽粒产量 F_1		籽粒产量 原始材料		籽粒含油率 F_1	籽粒含油率 原始材料
	r	t	r	t	r	t	r	t	r	r
原始材料	0.281***	4.28***			0.051	0.65			0.159	
母本	0.329***	5.12***	0.298***	4.58***	0.197*	2.54*	0.155*	1.94*	0.367***	0.205*
父本	0.365***	5.75***	0.281***	4.30***	0.118	1.50	0.050	0.64	0.179*	0.223*

注：r表示相关系数，t表示t检验值；* 表示在0.1水平相关性显著，** 表示在0.05水平相关性显著，*** 表示在0.01水平相关性显著

Škorić（1982）在亲本和F_1代杂交种的株高、籽粒含油率、单位面积产量、单株叶片数、叶面积和籽仁率之间确立了显著的正相关关系。他的结论是在单位面积产量及籽粒含油率性状上，相比父本，母本和F_1代杂交种之间的相关性更为显著。Miller等（1982）进行多重回归分析，发现F_1代杂交种含油率变异的50.5%来自母本的遗传。

研究亲本和杂交种之间的相关性，Manivannan等（2004）得出了如下结论：50%的花开所需天数和株高之间，株高和花盘大小之间，以及花盘大小和产量之间均呈显著的正相关关系。

Byatets（2002）从连续多年的试验中得出了如下结论，亲本和F_1代杂交种之间具有相关性。在营养生长阶段从种子萌发到开花所需时间的相关系数为0.67~0.75，含油率的相关系数为0.69~0.87，单株叶片数的相关系数为0.61~0.84。

Hladni等（2008b）也注意到自交系、RHA测验种和F_1代杂交种在叶柄长度（PL）、单株总叶片数（TLP）、单株总叶面积（TLA）、单株籽粒产量（SY）、籽粒含油率（OC）和产油量（OY）方面存在显著差异。

通过研究自交系和杂交种的受精方式，Škaloud和Kovačik（1994）认为：①利用自交亲和、自交不亲和的亲本配置的F_1组合能够获得高于或等同于自交亲和亲本的结实率；②如果是自花授粉，自交亲和的亲本获得的F_1代杂交种比亲本有较低的自交结实率。

Joksimović（1992）在母本和F_1代的叶片干物质量与结实率之间建立了显著的正相关关系。另外，父本和F_1代杂交种在株高、叶表面积、茎秆干物质量、花盘干物质量、叶柄干物质量及营养生长部分干物质量方面有显著的正相关关系。

Miller等（1982）通过研究向日葵杂交种和自交系性状之间的关系，得出如下结论：杂交种和F_4代、F_5代、F_6代之间在含油率上呈现出显著的正相关关系。他还得出了母本籽粒含油率的性状能够正向遗传给杂交种的结论。

也有一些亲本性状基因型和杂种优势之间存在一定程度上的负相关关系，主要表现在向日葵营养生长阶段时间的长短上（Kirichenko，2005）。这种负相关性在母本上尤其明显，从而导致了杂交种营养生长时间的相对稳定性。

根据Kirichenko（2005）的研究结果，通过测交种性状来评价原始育种材料的性状是可行的。此外，测交种性状的评估还有利于收集不同来源的育种材料，然后根据目标性状选择育种材料。

向日葵育种工作者如果想繁育隐性分枝的恢复系，就应该关注Andrei和Jitarenau

（2000）的研究结果：向日葵每个花盘中管状花数量变化范围和管状花数量之间的相关系数为0.710***，和结实率之间的相关系数为0.670***。籽粒产量和千粒重与花粉数量之间也呈现显著的正相关关系（$r=0.499^{***}$和$r=0.388^{***}$）。这些结果也同样适用于恢复系和其F_1代杂交种的关系。

Serieys等（2000）认为，就向日葵的籽粒产量、株高、籽粒含油率和开花期的遗传效应而言，细胞质的遗传效应总是高于相关的互作效应。

以上提到的研究成果能够帮助育种工作者制定最佳的育种策略用于选育新的自交系，从而获得高产的杂交种。

2.24 向日葵育种的前景和生物技术的应用

提高向日葵的产量并不是一个简单的事情，需要来自不同领域专家的共同协作来提高向日葵栽培种的遗传变异，从而培育出高产、适应性广且具有一定抗性水平的杂交种。这样的杂交种能够在田间大面积种植且产量高于目前的栽培品种。

之前的向日葵育种可以划分为两个阶段。第一个阶段以俄罗斯育种家Pustovoit和Zhdanov（1910~1968年）为代表，以繁育高油的向日葵栽培种为主。第二个阶段以育种家Leclercq（1969年）为代表，他发现了细胞质雄性不育系，其他几位育种家鉴定出了恢复系基因（*Rf*）。这两个里程碑式的事件使杂种优势得以在向日葵育种中被利用。向日葵育种的特殊性体现在种间杂交上，或者将在向日葵野生种内发现的目标基因导入向日葵栽培种内（Škorić *et al.*，2002）。

向日葵育种工作者在下一步的育种工作中应该将传统育种方法和生物技术结合起来（图2.72），在育种过程中要遵循以下几项原则：①根据食品行业的需求提高向日葵单位面积内籽粒产量、含油量和蛋白质含量，同时要提升向日葵油和蛋白质的品质；②不仅要培育适应性广的杂交种，也要培育适应本地特殊环境的杂交种；③培育对生物（病虫害）胁迫具有抗性的品种，减少农化产品的使用；④培育对非生物逆境有抗性的品种，使得作物的投入和产出比达到最大化；⑤培育植株各部分都能够被充分利用的向日葵品种。

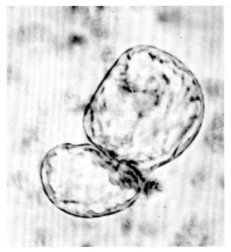 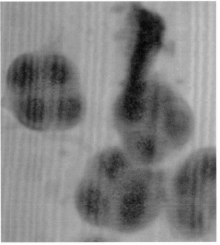

图2.72 向日葵育种工作者在下一步的育种工作中应该将传统育种方法和生物技术结合起来
左图示原生质体的融合，右图示四分体小孢子

另外，向日葵育种工作者的目标之一是提高向日葵对特定或一系列除草剂的抗性。

2.24.1 生物技术的重要性及其在向日葵育种中的应用

生物技术或现代的组织培养技术、细胞生物学技术和分子生物学技术，为扩大向日葵栽培种的遗传基础和创造更好地适应新市场与生产需求的种质资源提供了可能性。从20世纪70年代早期开始，育种家在这些领域就做了大量工作。

Bidney和Scelonge（1997）认为生物技术的主要作用是鉴定、分离、增加和修饰基因或将其他不同来源的DNA序列转移或应用到相同或不同物种上。

在过去的10年间，育种家已经通过使用最好的、可行的技术繁育出稳产、高质和带有各种抗性基因的新品种。许多体外技术，如组织培养、细胞培养、原生质体融合和DNA重组技术已经成为创造新的遗传变异或提高选择效率的育种工具。这些技术应该用来弥补传统育种技术的不足（Bohorova，1988）。

Ganssmann和Friedt（1993）详细阐述了未来向日葵育种过程中使用生物技术的潜力及局限性。

现代生物技术能够提高育种效率，如提高向日葵品种对极端环境的适应性。在不久的将来，一些特殊的技术，如单倍体技术或基因工程能够加速育种进程，缩短自交系繁育和/或回交的周期（Friedt，1988）。

Ganssmann和Friedt（1993）描述了可以加快向日葵育种进程、缩短选育时间和扩大向日葵遗传基础的技术。

细胞培养和组织培养技术已经在基础研究甚至育种项目中得到了应用，并且已被证明具有很好的效果。预计在未来向日葵育种项目中，使用这些新技术，不仅可以使向日葵育种进程比之前加快，而且更加有效（Friedt，1988）。Mohmand和Rana（1988）也曾使用组织培养技术改良向日葵品种。Durante等（2002）指出了生物技术在向日葵育种中的重要性。

Friedt（1988，1992，1997，1999）是在向日葵育种上使用生物技术比较频繁的育种家之一。本书有单独章节描述向日葵的分子育种技术，在这里将着重介绍细胞培养和组织培养的方法。

2.24.2 基于组织培养的快速繁殖和体外筛选

在过去的数十年间，育种家进行了大量尝试，试图建立向日葵不同外植体的体外组织培养技术，从而用于快速繁殖、体外筛选或外源基因的转移（Friedt，1992，1997，1999）。

Pugliesi等（1991）使用添加了不同浓度激动素（kinetin）和吲哚乙酸（IAA）的MS培养基研究了向日葵植株的再生性和遗传变异。

通过遗传标记能够对再生植株中的嵌合体进行鉴定。一些组织培养中产生的变异表型与向日葵中已知的自发突变体表型相似，但也产生了一些新的变异表型（Kräuter and Friedt，1991）。可以诱导成熟的向日葵种子或种子萌发后形成幼苗的不同器官产生愈伤组织。在后一种情况下，下胚轴和子叶形成愈伤组织已经被报道，然而，至今还没有从这样的愈伤组织中再生出向日葵植株。相反，从成熟胚及其诱导出来的愈伤组织可以获得再生植株。不同基因型的植株在愈伤组织诱导过程中的反应是明显不同的。幼茎可以再生出根并且可以诱导产生完整的植株直至成熟。过多的"未成熟开花"现象是愈伤组织形成再生植株的一个主要障碍，必须尽量避免这种现象的出现，以提高体外条件下再生植株营养生长的效率。

Espinasse-Gellner和Lay（1998）通过测试各种培养基，建立了向日葵最适宜的体外再生体系，其中在愈伤组织形成过程中，萘乙酸和细胞分裂素的最佳浓度分别为0.1mg/L和0.5mg/L；而从愈伤组织形成嫩芽，萘乙酸和细胞分裂素的最佳浓度均为0.1mg/L。

Bohorova等（1990）曾经对向日葵野生种*H. nuttallii*、*H. mollis*、*H. divaricatus*、*H. debilis*、*H. maximilliani*和*H. praecox*进行体外组织培养与原生质体培养。除了R培养基上的子叶，所有野生种都从其外植体的愈伤组织中获得了再生苗。此外，他们还观察了从供试的所有向日葵野生种获得的原生质体分裂、定植和随后愈伤组织形成的过程，发现所有的野生种都可以定植；然而，只有*H. praecox*可以分化形成愈伤组织。

Cavallini和Lupi（1987）利用体外培养的向日葵茎尖分生组织研究了愈伤组织和再生苗形成所需要的细胞学条件，发现在愈伤组织和再生苗的染色体中有大量的嵌合现象，反映了外植体形成过程中所经历的细胞学过程。

Anand等（1996）研究了如何利用向日葵花盘的苞叶作为外植体诱导愈伤组织和幼芽，结果表明，在单独添加NAA或2,4-D的培养基，以及二者和BA混合的MS培养基上，愈伤组织形成的比例比较高。将诱导的愈伤组织置于添加1.0mg/L BA的MS培养基上，4周后只有KBSH-1基因型能够形成再生苗。

Sujatha和Prabakaran（1997）对体外繁殖与保存的野生向日葵资源进行了研究。他们使用了一种添加了不同浓度激动素和BA的MS培养基。如果不考虑向日葵的习性和倍性，培养基中添加0.5mg/L BA后有利于促进向日葵腋芽的增生及减少玻璃化苗的出现。从培养基中获得的幼苗能够直接适应新的生长环境，而不需要经过耗费大量人力的生根培养阶段。这些组培苗能够在大田里成功定植（66.5%～100%）。通过对18份不同向日葵种的头状花序体外诱导成苗进行研究，Sujatha和Prabakaran（2000）得出结论：只有具有顶端生长能力的一年生二倍体和一些二倍体的种间杂交种的顶端头状花序能够被诱导成苗。

Pelegrini和Hernandez（2004）对体外培养的向日葵头状花序分化形成的小花原基进行了研究，结果表明，将激动素添加到含有酪蛋白水解物的Linsmaier & Skoog（LS）培养基中，能够诱导头状花序顶端分化形成新的小花原基。将外植体放在添加了0.1mg/L激动素的培养基上进行诱导，苞叶原基仅有中等程度的分化。

通过对向日葵（*H. annuus* L.）原生质体再生植株和种间杂交种进行研究，Hennet等（1995）得出了一个重要结论：用聚乙二醇融合向日葵下胚轴细胞的原生质体和野生向日葵叶肉细胞的原生质体能够获得杂合体细胞。利用显微操作能够单独筛选出具有活力的融合体，将其置于琼脂液滴内能够进行培养。

Nestares等（2002）将20份向日葵自交系的子叶置于两种培养基上研究体外条件下植株再生能力的遗传，结果表明，植株的再生能力受到培养基、基因型及它们之间相互作用的影响。其遗传力为0.45～0.74。此外，器官形成有关的性状之间也存在着很强的正相关关系。

Pugliesi等（1991）利用4个自交系研究了向日葵组织培养过程中植株再生和遗传变异的情况。在实验中，将子叶置于含有不同浓度的生长素和细胞分裂素的MS培养基中进行体外培养。研究发现，不同的生长素与细胞分裂素浓度的组合、子叶的龄期和2,3,5-三碘苯甲酸（2,3,5-triiodobenzoic acid，TIBA）的处理都会影响再生苗的生长。

Vega等（2006）研究了向日葵子叶再生器官形成的反应区域，发现子叶外植体的再生能力受到基因型和获得外植体的部位的显著影响。他们也发现距子叶的距离对再生苗的形成能力有显著影响。

Fauguel等（2008）观察了正常的和含水量高的向日葵体外再生茎的解剖结构，根据所观察到的表型，将畸形的再生苗划分为四大类。除此之外，他们还得出结论：畸形再生苗在解剖结构上呈现出各种结构上的缺陷，如柱状薄壁组织减少、细胞体积明显增加、维管束系统木质化程度较低，以及皮层薄壁组织细胞肥大。

Cavalla和Lupi（1987）在细胞学水平上对向日葵愈伤组织和再生植株进行了研究，发现在愈伤组织和再生植株中存在普遍的染色体嵌合现象，反映了外植体的细胞学情况。

Perrotta 等（1988）确定了向日葵植株再生过程中热休克蛋白基因的表达情况。发现在40℃条件下处理3h，许多热休克蛋白（HSP）基因都能够被诱导表达。大多数热休克蛋白基因在3种类型即未分化的愈伤组织、分化的愈伤组织和再生组培苗的细胞中都有表达。

Schuster（1993）对快速的再生组织培养体系进行了研究。组织培养技术对种间杂交种的繁殖是非常重要的，也是非常有用的。其中最重要的原因是一些向日葵的育性非常低，而且仅有少量植株可以被利用。

细胞培养是一种非常方便的培养体系，因为该体系能够非常容易地控制植物对特定逆境胁迫，如病害、虫害、干旱、高盐和除草剂等的抗性水平。利用人工培养基，每株植物都能够充分地暴露在病原菌或干旱、高盐或除草剂等胁迫条件下，有利于在单细胞水平上进行选择。大量的体外细胞使得选择的成功率得以显著提高（图2.73）。

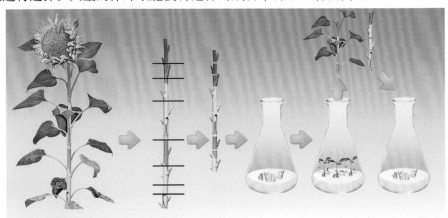

图2.73　扦插嫩芽进行向日葵的营养繁殖[Schuster，1993，来源于Mix（1982）]

到目前为止，已有两种方法可以用于体外筛选抗病的向日葵基因型。一种方法是利用真菌的滤液来筛选对拟茎点霉、茎点霉、核盘菌和链格孢菌有抗性的愈伤组织。另一种方法是用草酸来筛选抗菌核病的叶片细胞（Ganssmann and Friedt，1993）。

Bohorova等（1990）研究了以向日葵的芽、茎、叶片、子叶作为外植体诱导愈伤组织和再生植株的体外系统；利用酶解体系，从6个野生二倍体向日葵的叶片和它们在不同培养基上得到的组培材料中获得了它们的原生质体。结论是所有的外植体都在改良的培养基（MSD4）上能够形成愈伤组织。除了R培养基上的子叶，其他所有的外植体均可以诱导形成愈伤组织，并形成再生苗。基于 H. nuttallii 的茎段诱导形成的愈伤组织，其幼苗的再生率最高，为81.2%，而基于 H. mollis 幼芽诱导形成的愈伤组织，幼苗的再生率最低，仅为4.8%。

Quaglia和Zazzerini（2007）利用真菌培养液在体外条件下筛选对拟茎点霉呈现抗性的愈伤组织。他们认为，利用这种技术可以有效并快速地鉴别出强毒性的拟茎点霉，并且可以在育种早期鉴定对寄主的抗性水平。

Korell等（1995）在体外条件下对种间杂交向日葵品系的分离群体的耐旱性进行了筛选。结果表明，适应性好的植株在胁迫后没有恢复期，可以直接将它们移栽到土壤中，然后将它们移栽到温室内进行自交，以固定优良的基因型。因此，体外选择是一种适用的、省时的、可以筛选不同种间杂交分离群体的渗透调节能力的方法。

2.24.3　胚培养在向日葵育种中的重要性和应用

可以利用未成熟胚在一年内培养出多代可供筛选的材料、培养种间F_1代杂交种（图2.74）（Schuster，1993）。

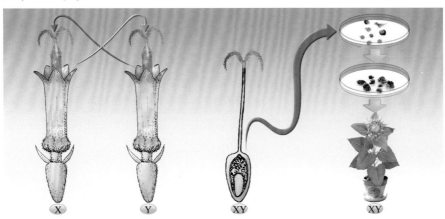

图2.74　胚培养[Schuster，1993，来源于Mix（1982）]

通过种间杂交，有可能将一个种（属）的抗病基因或优良品质基因转移到另一个种（属），如从野生种转移到栽培种中（Friedt，1992）。

Chandler和Beard（1983）利用胚培养向日葵杂交种，获得了53个杂交组合。随后他们得出结论，胚培养技术可以避免胚的败育和种子的休眠。

Encheva等（1998）利用不同种间进行有性杂交获得的后代（H. mollis×H. annuus、H. annuus×H. salicifolius、H. annuus×H. tuberosus）和属间杂交种（H. annuus×Verbisinia helianthoides）的幼胚直接进行培养，获得了所有组合的植株和种子。

Li等（1988）的研究结果表明，在适当的培养基上幼胚产生的胚性细胞团和胚状体大多数出现在子叶与胚轴上。

Madupuri等（1998）利用幼胚进行体外培养。在试管中F_1代杂交种能够被诱导开花，在花粉囊内形成了类似胚芽的结构。

Gopalkrishnan等（1993）利用幼胚培养法加快了向日葵的选择周期。另外，Zorzoly等（1994）利用幼胚培养法每年能够获得多个世代的选育材料。Marin（2000）也进行了类似的研究。

Jambhulkar（1995）利用幼胚培养加速了向日葵新品系的选择。Cecconi等（1996）为了每年获得多个世代而采用了幼胚培养法，结果表明，仅有10日龄的胚胎在蒸馏水中也能萌发。除此之外，他们还得出结论，进入休眠期的胚胎在不同基因型之间的差异仍然存在。

Encheva等（1993）研究了几种不同基因型的向日葵在幼胚培养过程中的反应，结果表明，供试的22份不同基因型材料在A2培养基（添加浓度为1mg/L的6-苄氨基嘌呤，即BAP）中形成再生苗的比例最高。然后，将不定芽转移到SIM培养基上进行生长，2~3周后再转到R培养基上生根培养。2~3周后，将试管苗移栽至温室内的地块中进行生长。

Jeannin等（1995）的研究结果表明，在短时间（12h）内器官的发生是可逆的，而胚胎的形成在几天内也是可逆的。在一些发育中的胚胎上还保留有一些胚结构，这些结构可以发育形成幼芽。他们还发现不能预先确定形态发生方式的合子胚在不同的培养条件下能够快速而准确地诱导形成相应的器官。

Tzekova等（1995）对7~10天种间杂交种的幼胚进行研究，发现低浓度的蔗糖、MS培养基中添加的激动素和萘乙酸是影响胚性愈伤发育的重要因子。

Encheva和Ivanov（1995，1997）以9个自交系未成熟的合子胚为材料，研究了3种培养基及γ射线处理对幼胚器官发生和体细胞胚发育产生的直接与间接影响。在这3种培养基及所有基因型的组合中，在AD培养基中用5Gy的γ射线处理对于增加植株的再生频率似乎是最恰当的条件。

Nedev等（1998）检测了向日葵杂交种后代幼胚（8~10天）的再生潜力，发现幼胚在20~30天内能够形成幼苗，并且得到的幼苗和原始植株在表型上并无显著差别。

Gürel等（1991）发现，体外条件下，单核小孢子的分裂和胚的形成都可以进行，只是发生频率较低。

Nemet和Frank（1992）的研究结果表明，将4种向日葵放置在添加$3×10^{-6}$mol/L NAA和$5×10^{-6}$mol/L BA的固体培养基上能够获得最多数量的胚与幼芽。

Jeannin等（1993）在细胞学水平上研究了未成熟的合子胚（IZE）诱导器官发生（organogenesis）和体细胞再生（somatic embryogenesis）的差异，结果表明，上述两种不同的植株再生方式在培养7~8天后就能够观察到形态上的差异，实际上这种表型上的差异早已存在了。

Kräuter和Friedt（1990）利用体外胚培养得到了34份HA 89和野生种（大部分是多年生种）的种间杂交种，共获得了481株再生植株。

Priya等（2003）研究了向日葵在不同培养条件下雄核发育的反应。结果表明，在添加2,4-D、低细胞分裂素和生长素的培养基内，愈伤组织快速被诱导，且具有很强的再生能力。他们发现$H.\ annuus×H.\ tuberosus$的种间杂交种的雄核发育越过了胚状体形成阶段，直接诱导形成了试管苗。

Marchenco（2005）利用杂交种的子叶、根系、胚根和幼胚研究了组织培养条件下向日葵的形态发生，结果表明，向日葵杂交种Poglad、Kiy和Svitoch具有最好的形态发生能力。嫩芽能够生根并长成完整的植株。

Polletier等（1988）检测了体外幼胚培养的效果，发现体外培养和种子萌发长成的植株对拟茎点霉侵染呈现的抗性反应是相同的。

Dozet等（1996）应用胚挽救技术将H. tuberosus的抗性转移到了栽培向日葵品种上。将5天大小的幼胚移植到B5培养基上，获得了对拟茎点溃疡有良好抗性水平的F_1代种间杂交种。

2.24.4 生产双单倍体

采用传统的育种方法培育向日葵自交系需要6～7个世代。而通过获得单倍体或双单倍体植株，则可以显著缩短这一过程所需的时间。

但是，向日葵育种工作者对使用这种方法快速培育来源于不同基因型材料的纯合自交系并没有表现出足够的热情。

双单倍体材料是在生长早期通过染色体的自然加倍或使用秋水仙碱诱导加倍获得的，它们所有的等位基因都是完全纯合的。就向日葵而言，花药培养和辐射处理后的花粉培养都曾被用于获得双单倍体。

Friedt（1988，1992，1997，1999）详尽阐述了利用染色体加倍的方法加速获得纯合品系的可能性。

Schuster（1993）指出，使用卵细胞或花粉粒的体外培养来获得单倍体，能够在一年内完成向日葵自交系的繁育（图2.75）。这项技术包括了细胞的扩繁、愈伤组织的形成、幼苗的生根和单倍体植株的生长，以及在培养过程中使用秋水仙碱处理，这些都是双单倍体生产过程中不可缺少的步骤。

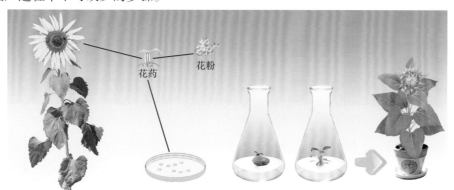

图2.75　花药和花粉培养生产的单倍体植株 [Schuster，1993，来源于 Mix（1982）]

Rovelo等（1988）也发现，在体外条件下可以获得单倍体向日葵的愈伤组织，但是愈伤组织再生形成完整的单倍体植株要通过后续的研究获得。

Bohorova等（1986）尝试了在某些培养条件下进行花药培养，但这不适用于所有的向日葵基因型。

Mezzarobba和Jonard（1988）从向日葵栽培种花粉培养过程中的小孢子发育早期阶段获得了高比例的胚。他们设法获得了二倍体（73%）、单倍体（20%）和混倍体（7%）。

Todorova等（1995）通过诱导单性生殖获得了向日葵双倍体植株。他们对再生植株2~3个叶片阶段的染色体倍性进行了检测，发现有296个幼苗是单倍体。对其中一些进行了染色体的自然加倍，而另外一些则用秋水仙碱诱导染色体加倍。

Ivanov等（2002）声称他们已经成功地将单性生殖诱导的方法应用到栽培向日葵（*H. annuus* L.）双单倍体品系的培育上。他们还研究了父本和母本的单性生殖能力，以及γ射线对单性生殖胚胎发育的影响。

Nenova等（1988）以HA 89×*H. smithii*及HA 89×*H. eggerttii*的F₁代杂交种的花药为材料，以期在花粉粒的单核小孢子时期诱导形成愈伤组织和再生植株。将花药置于添加了NAA和BAP的MS培养基上，他们获得了两个向日葵杂交种的愈伤组织，愈伤组织的颜色和结构不同。

Saji和Sujatha（1998）通过研究获得了不同变量条件下利用向日葵花药高效诱导形成愈伤组织和获得再生植株的方法。利用添加了2.0mg/L NAA和1.0mg/L BA的MS培养基，他们获得了100%的愈伤组织、44%的胚、14.3%的再生植株。

Vasić等（2000）利用不同的培养基对不同基因型的向日葵材料的花药培养进行了研究，结果表明，培养基中添加硝酸银和向日葵花药的器官发生与体细胞胚胎发生的程度呈现出一定的正相关性。

Nenova等（2000）利用4种添加有不同浓度NAA和BAP的培养基研究了4个一年生与9个多年生野生向日葵花药的再生能力，结果表明，所有野生向日葵愈伤组织的形成有很大的变化，4种向日葵获得了再生植株。

Barotti等（1995）在体外条件下研究了向日葵体外培养再生能力的遗传变异，发现在盘状小花的突变体中，花药被一个花瓣状的结构替代，表明体外组织培养过程中能够诱导获得同源异型的突变体（homeotic mutation）。

Vasić等（1995）利用添加了不同浓度BAP和NAA的B5培养基，使得1.44%的花药形成了愈伤组织并获得了再生植株。

Todorova等（1993）研究了向日葵花粉小孢子的组织培养，发现改良后的MS培养基（添加了浓度为800mg/L的谷氨酰胺、浓度为100mg/L的丝氨酸，蔗糖浓度提高到12%，调节pH为6.2）能够使花粉小孢子的数量大幅度增加，这预示着培养基中添加外源不同的成分能够促进雄性器官的发育。

Ivanov等（1998）研发了一种能够避免向日葵试管苗提早开花的方法。他们发现向日葵试管苗提早开花往往取决于培养条件、培养基营养成分和向日葵的基因型。他们还发现在20℃、8h日照和16h黑暗交替的条件下培养试管苗，能够大大降低其提早开花的概率。

Friedt（1999）结合本人及其他研究人员的研究结果得出如下结论：单倍体育种技术在一段时间内可能会成功地应用在向日葵上。和所有其他作物的花药离体培养方法一样，向日葵的花药离体培养方法对基因型有很强的依赖性，或者只对特定的基因型建立了花药培养体系。辐射处理花粉诱导单性生殖能够在获得向日葵双单倍体材料的过程中绕开花粉离体培养这一过程。

Răducanu等（1995）利用花药培养筛选了抗菌核病[*Sclerotinia sclerotiorum* (Lib.) de

Bary]的向日葵基因型。结果表明，接种菌株的毒力和与利用花药培养诱导出的愈伤组织的重量降低呈显著的正相关关系。接种核盘菌后根系的提取液呈现出非常高的毒性水平。用核盘菌的滤液处理愈伤组织，导致其重量最高降低82.9%。而利用草酸接种，菌株的毒性最低，愈伤组织的重量仅仅降低29.1%。

2.24.5　利用体细胞融合进行无性杂交

体细胞胚胎发生是体外条件下植株再生的方式之一。这是从一个或多个体细胞再生成单一植株的过程，它不是通过配子融合或胚胎不同阶段发育形成的植株。解剖学研究结果表明，体细胞胚是双极性的，与它们发育所形成的其他组织的维管束没有连接。这就意味着茎和根的分生组织在一开始就已经形成。

已经有不同的研究人员开始对向日葵原生质体的融合进行研究，主要目的是试图将不能进行杂交（父本和母本杂交）的亲本基因组融合在一起（图2.76）。该技术还可以用于将具有良好配合力的自交系快速转育成雄性不育系，以及快速将栽培向日葵中的细胞核整合到野生向日葵带有雄性不育基因的细胞质中（Schuster，1993）。

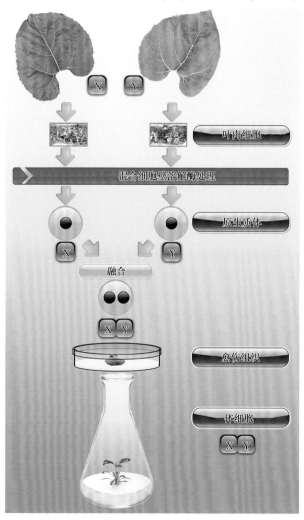

图2.76　通过原生质体培养进行细胞核的融合[Schuster，1993，来源于Mix（1982）]

与以多细胞外植体为基础建立的再生体系进行种间杂交及基因转移相比,原生质体培养有很多优点,因为它可以在单细胞水平上进行操作。但是,已经证明了向日葵经原生质体培养获得再生植株是非常困难的,并且对基因型有高度的依赖性(Friedt, 1999)。

进行原生质体融合时,必须掌握以下几个步骤:至少能从一种向日葵的原生质体获得再生植株、体细胞进行杂交及随后的培养过程、在融合后的细胞中鉴定杂交种(Fischer et al., 1993)。

Vasić(2003)研究了将向日葵种群的部分基因通过不对称体细胞杂交导入品种1631(*Helianthus maximiliani* Schrader),目的是导入抗菌核病 [*Sclerotinia sclerotiorum* (Lib) de Bary] 的基因。

原生质体融合被认为是作物遗传改良最重要的工具之一,以此为基础开启了很多遗传转化和遗传操作的研究(Binsfeld et al., 1999)。

Lapurne 等(1995)对 *H. smithii* 的体细胞胚胎发生进行了研究,发现利用 *H. smithii* 叶片外植体获得再生植株的过程中总是要经过体细胞胚胎发生阶段。在含有细胞分裂素和生长素的培养基内完成正常体细胞胚胎的发生,而在只含有细胞分裂素的培养基内会导致体细胞胚胎的早熟。

Schemionek 等(1995)研究了6个向日葵野生种的体外再生系统,得出如下结论:只有在低浓度酶溶液处理的条件下,才能够获得更多的原生质体。他们还得出结论,*H. giganteus*、*H. nuttallii* 和 *H. rigidus* 的愈伤组织长出了许多"绿色斑点",且 *H. giganteus* 的愈伤组织能够再生成植株,并且再生植株可移栽到温室中进行生长。

Vasić(2003)将 *H. maximiliani* 原生质体和品系 CMS-1-50A 的原生质体进行电融合后,发现有28%是异核融合体,它们可以被诱导进入器官发生或体细胞胚胎发生和愈伤组织的再生阶段。Vasić 还使用 RAPD 检测了 *H. maximiliani* 具有的典型条带,75%的再生愈伤组织和90%的体细胞胚胎都检测到了该条带。

Laporra 和 Hahne(1995)采用已经在 *H. annuus* 上使用的种内体细胞杂交方法,通过 PEG-CaCl$_2$ 介导的原生质体融合对 *H. annuus* 和 *H. smithii* 的种间体细胞进行了杂交。根据亲本原生质体的形态特征来选择融合的细胞,如使用两个类型的原生质体:*H.annuus* 黄花幼苗(细胞质脉络清晰可见)的原生质体和 *H. smithii* 叶肉(含有大量的叶绿体)的原生质体。在显微镜下将带有这两个表型标记的融合细胞进行分离。最终获得了候选杂交种的愈伤组织。

Bohorova(1988)使用原生质体培养进行种间杂交,通过优化条件建立了原生质体系统。利用该系统鉴定出了在丰富的细胞质背景下含有叶绿体的异核(*H. annuus* 和 *H. praecox*)原生质体。

Binsfeld 等(1999)在液体培养基内,使用不同的培养条件对4个向日葵野生种的原生质体进行了研究,得到如下结果:在黑暗条件下,预先将供体植株培养2天,利用8~12天叶龄的叶片制备原生质体,选择没有分化的原生质体。保证原生质体的浓度为 6×10^4 个/mL,在光暗交替条件下进行培养。上述条件对于获得高比例(超过70%)同步分裂的细胞至关重要。

Bohorova(1988)研究了向日葵组织和原生质体的培养,并得出如下结论:在添加了NAA和BAP的MS培养基内愈伤组织能够快速生长。此外，3个基因型的向日葵能够快速从愈伤组织形成再生分生组织、根、幼芽和再生苗。此外，Vasić等（2001）利用改良后的MS培养基（DV）对 H. maximiliani 的微繁技术进行了研究，结果表明，在培养之前将外植体放进吲哚丁酸（IBA）溶液中能够诱导生根。从叶肉组织中分离出了90%能够成活的原生质体，其中18%的原生质体在琼脂微滴中可以分化。

  Friedt（1999）得出结论：原生质体培养在向日葵育种上的应用还没有形成体系。但过去的研究结果已经表明这个方法可以在种间杂交过程中使用。

参 考 文 献

Abdallah, M., 1985. Sunflower hybrids resistant to Red River races of downy mildew. *In*: Proc. 11th Intl. Sunflower Conf. Vol. 2: 411. Mar del Plata, Argentina. Intl. Sunflower Assoc. Toowoomba, Australia.

Aćimović, M., 1976. Inbred Sunflower lines as a source of resistance to economically important diseases. Agricultural Scientific Review 39(49): 79-88. (In Serbian)

Agrawat, J.M., Vaish, O.P., Mathur, S.J. and Shhipa, H.P., 1978. Some observations on *Rhizopus* head rot of Sunflower in Fajasthan-India. Proc. 8th Intl. Sunflower Conf. pp. 264-270. Minneapolis, Minnesota, USA, July 23-27. Intl. Sunflower Assoc. Toowoomba, Australia.

Ahmad, M., Hussain, T. and Mchdi, S.S., 1991. Effect of various charcoal rot isolates on agronomic traits of exotic Sunflower inbred lines. Helia 14(14): 79-84.

Akhtouch, B., Munoz-Ruiz, J., Melero-Vara, J., Fernández-Martínez, J.M, and Dominguez, J., 2002. Inheritance of resistance to race F of broomrape (*Orobanche cumana* Wallr.) in Sunflower lines of different origin. Plant Breeding Vol. 121(3): 266-268.

Alba, E., 1985. Results of a reciprocal recurrent selection in Sunflower populations. *In*: Proc. 11th Intl. Sunflower Conf. Vol. 2: 789. Mar del Plata, Argentina. Intl. Sunflower Assoc. Toowoomba, Australia.

Alignan, M., Hewezi, T., Petitprez, M., Dechamp-Guillaume, G. and Gentzbittel, L., 2006. A cDNA microarray approach to decipher Sunflower (*Helianthus annuus*) responses to the necrotrophic fungus *Phoma macdonaldii*. New Phytol. 170: 523-536.

Al-Khatib, K., Beungurtner, J.R., Peterson, D.E. and Currie, R.S., 1998. Imazethapyr resistance in common Sunflower (*Helianthus annuus* L.). Weed Science 46: 403-407.

Alonso, L.C., 1998. Resistance to *Orobanche* and resistance breeding: a review. *In*: Wegmann, K., Musselman, L.J. and Joel, D.M. (Eds.). Current problems of *Orobanche* researches. Proc of the 4th Int. Workshop on *Orobanche*. Albena, Bulgaria, 23-26 September. pp. 233-257.

Alonso, L.C., Fernández-Escobar, J., Lopez, G., Rodriguez-Ojeda, M. and Sallago, F., 1996. New highly virulent Sunflower broomrape (*Orobanche cernua* Loefl.) pathotype in Spain. *In*: Moreno, M., Cubero, J., Berner, D., Joel, D., Musselman, L. and Parker, C. (Eds.). Advances in parasitic plant research. Proc. of the 6th Int. Symp. in Parasitic Weed. Cordoba, Spain, Consejeria de Agricultura y Pesca, Sevilla, Spain, 16-18 April. pp. 639-644.

Alonso, L.C., Rodriguez-Ojeda, M.I., Fernandez-Escobar, J. and Lopez-Ruiz-Calero, G., 1998. Chemical control of broomrape (*Orobanche cernua* Loefl.) in Sunflower (*Helianthus annuus* L.) resistant to imazethapyr herbicide. Helia 21(29): 45-54.

Anashchenko, A.V., 1977. The achievements and prospectives of Sunflower breeding in the world. Vniiteish, Moscow. (In Russian)

Andrei, E. and Jitareanu, C.D., 2000. Selection of Sunflower restorer inbred lines according to the pollen amount. Proc. 15th Int. Sunflower Conf. Vol. 2: E156-161. Toulouse, France, June 12-15. Intl. Sunflower Assoc. Paris, France.

Androsova, Y., Balakhnina, I. and Gulya, T., 2008. Structural aspects regarding formation and emission of *Diaporthe/Phomopsis helianthi* ascospores. Proc. 17th Intl. Sunflower Conf. Vol. 1: 103-107. Cordoba, Spain, June 8-12. Intl. Sunflower Assoc. Paris, France.

Anisimova, I.N., Georgieva-Todorova, J. and Vassileva, R., 1993. Variability of helianthinin, the major seed globulin in the *Helianthus* L. Helia 16(18): 49-58.

Antonelli, E.F., 1985. Variabilidad de la poblacion patogena de *Puccinia helianthi* Schw. en la Argentina. Proc. 11th Intl. Sunflower Conf. Mar del Plata, Argentina, 10-13 March 1985. Intl. Sunflower Assoc. Toowoomba, Australia. pp. 591-596.

Antonova, T.S. and ter Borg, S.J., 1996. The role of peroxidase in the resistance of Sunflower against *Orobanche cumana* in Russia. Weed Res. 36: 113-121.

Antonova, T.S., 1978. Development of broomrape (*O. cumana* Wallr.) haustoria in roots of resistant and susceptible forms of Sunflower. Bot. J. 7: 1025-1029.

Antonova, T.S., Araslanova, N.M., Guchetl, S.Z., Tchelustnikova, T.A., Ramazanova, S.A. and Trembak, E.N., 2009. Virulence of Sunflower broomrape (*Orobanche cumana* Wallr.) in some regions of Northern Caucasus. Helia 32(51): 101-110.

Areco, C.M., Ludeuna, P.M. and Bruniard, J.M., 1982. Genetic advances by mass selection in the oil percentage of Sunflower (*Helianthus annuus* L.). Proc. 10th Int. Sunflower Conf. Surfers Paradise, Australia, March 14-18. Intl. Sunflower Assoc. Paris, France. pp. 268-269.

Areco, C.M., Luduena, P.M. and Oliva, C., 1985. Analisis genetic sobre la compozicion de los acidos oleico y linoleico en el aciete de girasol. Proc. 11th Intl. Sunflower. Conf. Mar del Plata. pp. 665-670.

Arias, M.C., Lenardon, S. and Taleisnik, E., 2003. Carbon metabolism alterations in Sunflower plants infected with the Sunflower chlorotic mottle virus. J. Phytopatology 151: 267-273.

Arias, M.C., Luna, C., Rodriguez, M., Lenardon, S. and Taleisnik, E., 2005. Sunflower chlorotic mottle virus in compatible interactions with Sunflower: ROS generation and antioxidant response. European Journal of Plant Pathology 113: 223-232.

Arslan, O., Bal, S., Mirici, S. and Yenice, N., 2001a. Meiotic studies in the M_2 generation of *Helianthus annuus* L. variety EKIZ 1 after gamma irradiation. Helia 24(35): 33-38.

Arslan, O., Bal, S., Yenice, N. and Mirici, S., 2001b. Gamma ray-induced mitotic abnormalities in *Helianthus annuus* L. variety EKIZ 1. Helia. 24(35): 39-46.

Asad, S., Shafiullab, Rana, M.A. and Ahmed, I., 1992. Differential reaction of Sunflower genotypes to isolates of *Macrophomina phaseolina*. Proc 13th Intl. Sunflower. Conf. Vol. 2: 977-979. Pisa, Italy, September 7-11. Intel. Sunflower Assoc. Paris, France.

Atlagić, J., 1990. Pollen fertility in some *Helianthus* L. species and their F_1 hybrids with the cultivated Sunflower. Helia 13(13): 47-54.

Avila, F.J., 1984. The role of phenolic compounds in the resistance of Sunflower to *Sclerotinia sclerotiorum*. Ph.D. Thesis, Iowa State University, Ames, USA, p. 108.

Azadi, P., Moieni, A. and Ahmadi, M.R., 2002. Shoot organogenesis from cotyledons of Sunflower. Helia 25(37): 19-26.

Badigannavar, A.M. and Kuruvinashetti, M.S., 1996. Bract as an explant for callus induction and shoot bud formation in Sunflower (*Helianthus annuus* L.). Helia 19(25): 35-38.

Baez, M.I., Luduena, P. and Sanquinetti, A., 1988. Correlaciones fenotipicas, geneticas, y ambientales entre characters de girasol y podredumbre del tallo (*Macrophomina phaseolina* Maub. (Ashby). Proc. 12th Intl. Sunflower Conf. Vol. 2: 519-524. Novi Sad, Yugoslavia, July 25-29. Intl. Sunflower Assoc. Paris, France.

Baldini, M., Cecconi, F., Vannozzi, G.P. and Benvenuti, A., 1991. Effect of drought on yield reduction in different Sunflower hybrids. Helia 14(15): 71-76.

Baldini, M., Turi, M., Vischi, M., Vannozzi, G.P. and Olivieri, A.M., 2002. Evaluation of genetic variability for *Sclerotinia sclerotiorum* (Lib.) de Bary resistance in Sunflower and utilization of associated molecular markers. Helia 25(36): 177-190.

Baldini, M., Vanozzi, G.P., Cecconi, F., Turi, M., 1996. Prospects for the use of physiological traits during the selection for drought resistance in a Sunflower population. Proc. 14th Intl. Sunflower Conf. pp. 26-36. Beijing, China, June 12-20, 1996. Intl. Sunflower Assoc. Paris, France.

Bayraktaroglu, M. and Dagustu, N. 2012. *In vitro* regeneration of Sunflower (*Helianthus annuus* L.) from germplasm protection. Helia (In press).

Bazzalo, M.E., Bridges, I., Galella, T., Grondona, H., Leon, A., Scot, A., Bidney, D., Cole, G., D'Hautefeuille, J.L., Lu, G., Mancl, M., Scelonge, C., Soper, J., Sosa-Dominguez, G. and Wang, L., 2000. *Sclerotinia* head rot resistance conferred by wheat oxalate gene in transgenic Sunflower. Proc. 15th Int. Sunflower Conf. Vol. 2: K60-65. Toulouse, France, June 12-15. Intl. Sunflower Assoc. Paris, France.

Bazzalo, M.E., Giolitti, F., Galella, M.T., Leon, A. and Lenardon, S., 2008. Pathological and morphological evaluation of Sunflower isohybrids carrying or not the Rcm-1 gene for Sunflower chlorotic mottle virus resistance. Proc. 17th Intl. Sunflower Conf. Vol. 1: 205-210. Cordoba, Spain, June 8-12. Intl. Sunflower Assoc. Paris, France.

Bazzalo, M.E., Heber, E.M., Del Pero, M.A. and Caso, O.H., 1985. Phenolic compounds in stems of Sunflower plants inoculated with *Sclerotinia sclerotiorum* and then inhibitory effects on the fungus. Phytopathol. Z. 112: 322-332.

Bedov, M., 1988. Examination of armour layer and other features of seed belonging to Sunflower inbred lines and their F_1 hybrids. Graduation thesis, Faculty of Agriculture, University of Novi Sad. pp. 1-32. (In Serbian)

Bedov, S. and Škorić, D., 1981. Possibilities of increasing protein content in Sunflower. Eucarpia-Symposium Sunflower Breeding, Prague. pp. 267-278.

Bedov, S. and Škorić, D., 1989. Examination of armour layer in Sunflower shells. Oil production. Uljarstvo Vol. 26(1-2): 22-26. Belgrade. (In Serbian)

Bedov, S., 1982. Variability in protein and amino acid contents in different Sunflower inbreds. Proc. 10th Intl. Sunflower. Conf. Surfers Paradise. pp. 218-221.

Bedov, S., 1985. A study of combining ability for oil and protein contents in seed of different Sunflower inbreds. Proc 11th Intl. Sunflower Conf. Mar Del Plata, Argentina. Int. Sunflower Assoc. Toowoomba, Australia. pp. 675-682.

Beg, A., 1992. Screening Sunflower inbred lines for charcoal rot (*Macrophomina phaseolina*) resistance. Helia 15(16): 91-96.

Bejerman, N., Giolitti, F. and Lenardon, S., 2008. Molecular characterization of a novel Sunflower chlorotic mottle virus (SuCMoV) strain. Proc. 17th Intl. Sunflower Conf. Cordoba, Spain, June 8-12. Intl. Sunflower Assoc. Paris, France. Vol. 1: 137-142.

Belhassen, E., Castiglioni, V.P.R., Chimenti, C., Griveau, Y., Jamaux, I., Steinmetz, A., 1996. Looking for physiological and molecular markers of leaf cuticular transpiration using interspecific crosses between *Helianthus argophyllus* and *Helianthus annuus*. Proc. 14th Intl. Sunflower Conf. Beijing, China, June 12-20, 1996. Intl. Sunflower Assoc. Paris, France. pp. 39-45.

Berotti, S., Fambrini, M., Pugliesi, C. and Lenzi, A., 1995. Genetic variability in plants regenerated from *in vitro* culture of Sunflower (*Helianthus annuus* L.) Plant Breed. 114(3): 275-276.

Bert, P.F., Jonan, I., Serre, F., Cambon, F., Tourvieille de Labrouhe, D., Nicolas, P. and Vear, F., 2000. Analysis of QTL associated with resistance to *Sclerotinia slerotiorum* and *Diaphorthe helianthi* in Sunflower (*Helianthus annuus* L.) using molecular markers. Proc. 15th Int. Sunflower Conf. Vol. 2: K48-53. Toulouse, France, June 12-15. Intl. Sunflower Assoc. Paris, France.

Bert, P.F., Jouan, I., Tourvieille de Labrouhe, D., Serre, F., Nicolas and Vear, F., 2002. Comparative genetic analysis of quantitative traits in Sunflower (*Helianthus annuus* L.) 1. QTL involved in resistance to *Sclerotinia sclerotiorum* and *Diaporthe helianthi*. Theor. Appl. Genet. 105: 985-993.

Bertero de Romano, A. and Vazquez, A.N., 1985. *Verticillium dahliae* Kleb. Estimacion de perdidas de rendimiento pare distintas intensidades de ataque. Proc. 11th Intl. Sunflower Conf. Vol. 2: 379-384. Mar del Plata, Argentina, March 10-13. Intl. Sunflower Conf. Toowoomba, Australia.

Bertero de Romano, A. and Vazquez, A.N., 2003. Origin of the Argentina Sunflower varieties. Helia 26(38): 127-136.

Bertero de Romano, A., 1999. Progress report–Working sub-group on *Verticillium dahliae* Kleb. Helia 22(Special issue): 279-292.

Bertrand, F. and Tourvieille de Labrouhe, D., 1987. Phomopsis de tournesol: test de selection. Inf. Tech. CETIOM 98(1): 12-18.

Bertrand, F., 1986. Mise au point de methods de contamination artificielle pour selectionner les tournesols tolerant a *Diaporthe helianthi* Munt-Cvet. *et al.* Rapport de DEA. Universite de Paris XI Orsay, p. 56.

Berville, A., Delbut, J. and Bedergat, R., 1992. Mutagenic treatments performed on seeds of a Sunflower hybrid variety with the purpose of obtaining bifenox or glyphosate resistant mutants. Helia 15(16): 53-58.

Bichum, D., Honglin, S., Xuejing, L., Tingrui, L., Haiyan, Y. and Xinghuan, W., 1996. Indentification of the races of the Sunflower broomrape in the principal Sunflower production area of Jilin Province. Proc. 14th Int. Sunflower Conf. Vol. 2: 684-687. Beijing, Shenyang, China, June 12-20. Intl. Sunflower Assoc. Paris, France.

Bidney, D.L. and Scelonge, C.J., 1997. Sunflower Biotechnology. Sunflower technology and production. Editor Schneiter, A.A., Agronomy (ASA, CSSA, SSSA). Medison, Wisconsin, USA. pp: 559-594.

Binsfeld, P.C., Wingender, R. and Schnabl, H., 1999. An optimized procedure for Sunflower protoplast (*Helianthus annuus* ssp.) cultivation in liquid culture. Helia 22(30): 61-70.

Biskupek-Korell, B. and Moschner, C.R., 2006. Near-infrared spectroscopy (NTRS) for quality assurance in breeding, cultivation and marketing of high-oleic Sunflowers. Helia 29(45): 73-80.

Bjatec, M.B., 2004. Increasing effectiveness of breeding for early generations of Sunflower inbreeding. Abstract. M.Sc. Thesis. pp. 1-25. Cuban State Faculty of Agriculture, Krasnodar. (In Russian)

Blum, A., 1988. Plant breeding for stress environments. Boca Raton, Florida, USA. CRC Press InC., pp. 1-232.

Bohorova, N., 1988. Aplication of tissue and protoplast culture in the genus *Helianthus* L. Proc. 12th Int. Sunflower Conf. Vol. 2: 300-304. Novi Sad, Yugoslavia, July 25-29. Intl. Sunflower Assoc. Toowoomba, Australia.

Bohorova, N.E., Punia, M.S. and Lossiftheva, C., 1990. Morfogenetic ability of tissue and protoplast culture of wild diploid species of Sunflower (*Helianthus* L.). Helia 13(13): 35-40.

Borojević, S., 1971. Formation of the model of high yielding wheat varieties. Modern Agriculture No. 6: 33-47, Novi Sad. (In Serbian)

Borojević, S., 1981. Principles and methods of plant breeding. Novi Sad. pp. 1-382. (In Serbian)

Bruni, O., 1965. *Verticillium dahliae* parasite del girasol en Argentina. Informe Tecnica Estac. Exp. Agopec. Pergamino INTA. 47: 3-6.

Bruni, O., 1970. Nueves investigations sobre la enfermedad del girasol provocada por *Verticillium dahliae* Kleb. Pub. Tecnica Estac. Exp. Agropec. Pergamino INTA. 39: 3-29.

Bruniard, J.M. and Miller, J.F., 2001. Inheritance of imidazolinone-herbicide resistance in Sunflower. Helia 24(35): 11-16.

Bruniard, J.M., Luduena, P.M. and Ivanovich, A., 1984. Selection of Sunflower lines with resistance to *Verticillium dahliae* Kleb./IDIA 413/416: 96-98. Estac. Exp. Reg. Agropec. INTA, Pergamino.

Bulbul, A., Sahoglu, M., Sari, C. and Aydin, A., 1991. Determination of broomrape (*Orobanche cumana* Wallr.) races of Sunflower in the Thrace region of Turkey. Helia 14(15): 21-26.

Burlov, V.V. and Artemenko, Y.P., 1980. Prospect of Sunflower breeding for resistance to grey mould. Nauch-tekhn. byal. vses. selekts. genet. in-ta. Nr. 3: 62-65. Odessa.

Burlov, V.V. and Kostyuk, S.V., 1976. Development of counterparts restoring pollen fertility (Rf) and resistant to broomrape (*Orobanche cumana* Wallr.). Proc. 7th Intl. Sunflower Conf. Vol. 1: 322-326, Krasnodar, Russia. June 27-July 3. Intl. Sunflower Assoc. Paris, France.

Burlov, V.V., 1988. Genetic basis and the results obtained by interspecies hybridization in Sunflower selection. Avtoreferat- Ph.D. Thesis. pp. 1-41. Kharkov, Ukraine. (In Russian)

Byatets, M.V., 2004. Increasing effectiveness of breeding for early generations of Sunflower inbreeding. M.Sc. Thesis (Autoreferat). pp. 1-25. Kuban Agricultural State University, Krasnodar. (In Russian)

Cantamutto, M. and Poverene, M., 2007. Genetically modified Sunflower release: Opportunities and risks. Field Crops Research. 101(2): 133-144.

Casadebaig, P. and Debaeke, P., 2008. Exploring genotypic strategies for Sunflower drought resistance by means of a dynamic crop simulation model. Proc. 17th Intl. Sunflower Conf. Vol. 1: 369-374. Cordoba, Spain. June 8-12. Intl. Sunflower Assoc. Paris.

Castaño, F. and Giussani, M.A., 2009. Effectiveness of components of partial resistance in assessing white rot of Sunflower head. Helia 32(50): 59-68.

Castaño, F., Hemery-Tardin, M.C., Tourvieille de Labrouhe, D. and Vear, F., 1992. The inheritance and biochemistry of resistance to *Sclerotinia sclerotiorum* leaf infections in Sunflower (*Helianthus annuus* L.). Euphytica 58: 209-219.

Castaño, F., Vear, F. and Tourvieille de Labrouhe, D., 1993. Resistance of Sunflower inbred lines to various forms of attack by *Sclerotinia sclerotiorum* and relations with some morphological characters. Euphytica 68(1-2): 85-98.

Castaño, F., Vear, F. and Tourvieille de Labrouhe, D., 2001. The genetics of resistance in Sunflower capitula to *Sclerotinia sclerotiorum* measured by mycelium infections combined with ascospore tests. Euphytica 122: 373-380.

Castaño, F., Vear, F. and Tourvieille, D., 1989. L'utilisation de plusieurs tests simultanes dans la selection pour la resistance du tournesol vis-a-vis de *Sclerotinia sclerotiorum*. Inf. Tech. CETIOM 107: 14-20.

Castejon, M., Romero-Munoz, F. and Garcia-Torres, L., 1991. *Orobanche cernua* seed dispersal through Sunflower achenes. Helia 14(14): 51-54.

Cavallini, A. and Lupi, M.C., 1987. Cytological study of callus and regenerated plants of Sunflower (*Helianthus annuus* L.). Plant Breed. 99(3): 203-238.

Cecconi, F., Baldini, M., Turi, M. and Vanozzi, G.P., 1996. Embryo rescue in Sunflower (*Helianthus annuus* L.) a simple method to obtain more generations per year. Proc. 14th Intl. Sunflower Conf. Vol. 2: 1075-1080. Beijing/Shenyang, China, June 12-20. Intl. Sunflower Assoc. Paris, France.

Cecconi, F., Pugliesi, C., Baroncelli, S. and Rocca, F., 1987. Genetic analysis for some agronomical characters of a Sunflower (*Helianthus annuus* L.) diallel cross. Helia 10: 21-27.

Cellier, F., Ouvrard, O., Ferrare, K., Tosch, D., Lamaze, T., Dupuis, J.M., Casse-Delbrat, F., 1996. Differential expression of water stress-regulated genes in drought tolerant or sensitive Sunflower genotypes. Proc. 14th Intl. Sunflower Conf. pp. 36-39. Beijing, China, June 12-20. 1996. Intl. Sunflower Assoc, Paris.

Chandler, J.M. and Beard, B.H., 1983. Embryo culture of *Helianthus* hybrids. Crop Sci. 23: 1004-1007.

Chandler, J.M. and Jan, C.C., 1984. Identification of alt-tolerant germplasm sources in the *Helianthus* species. Agron. Abstr. Am. Soc. Agron. Madison. WI. pp. 61.

Chen, Y.H. and Sackston, W.E., 1973. Penetration and invasion of Sunflowers by *Sclerotium bataticola*. Can. J. of Botany Vol. 51(5): 999-1002.

Chervet, B., Vear, F. and Lascols, D., 1988. A physiological and genetical study of earliness in Sunflower. Proc. 12th Int. Sunflower Conf. Novi Sad, Yugoslavia, July 25-29. Intl. Sunflower Assoc. Paris, France. Vol. 2: 419-423.

Chigeza, G., Shanahan, P., Savage, M.J. and Mashingaidze, K., 2008. Heterosis for yield and oil content of Sunflower lines developed from biparental populations. Proc. 17th Int. Sunflower Conf. Vol. 2: 595-600. Cordoba, Spain, June 8-12. Intl. Sunflower Assoc. Paris, France.

Chikkadevaiah, C.Y., Jagannath, D.P. and Ramesh, S., 1998. Evaluation of Sunflower genotypes for confectionery purpose. Helia 21(29): 131-136.

Chimenti, C., Giuliano, J., Hall, A., 2004. Osmotic adjustment, its effects on yield maintenance under drought in Sunflower. Proc. 16th Intl. Sunflower Conf. Fargo, ND, USA, August 29–September 2, 2004. Intl. Sunflower Assoc. Paris. 1: 261-267.

Christov, M. and Nikolova, V., 1996. Increasing of the Sunflower genetic diversity by mutagenesis. Proc. 14th Int. Sunflower Conf. Vol. 1: 19-31. Beijing, China, June 12-20. Intl. Sunflower Assoc. Paris, France.

Christov, M., 1990. A new source of cytoplasmic male sterility on Sunflower originating from *Helianthus argophyllus*. Helia 13(13): 55-61.

Christov, M., 1992. New sources of male sterility and opportunities for their utilization in Sunflower hybrid breeding. Helia 15(16): 41-48.

Christov, M., 1996. A new Sunflower mutant form. Helia 19(24): 39-46.

Christov, M., Butchvarova, R. and Hristova-Cherbadzhi, M., 2009. Wild species of *Helianthus* L. -sources of resistance to the parasite *Orobanche cumana* Wallr. Helia 32(51): 65-74.

Christov, M., Ivanova, I., Ivanov, P., 1993. Some characteristics of the *Helianthus* species in the Dobrudja collection. I. Protein content and amino acid composition in proteins. Helia 16(18): 63-70.

Christov, M., Shindrova, P. and Encheva, V., 1992. Phytopathological characterization of wild species in the genus *Helianthus* in view of their use in breeding for resistance. Genetics and Breeding 25(1): 45-51.

Christov, M., Shindrova, P., Encheva, V., Bacharova, R. and Christova, M., 1998. New Sunflower forms resistant to broomrape. *In*: Wegmann, K., Musselman. L.J. and Joel, D.M. (Eds.). Current problems of *Orobanche* Research. Proc of the 4th International Workshop on *Orobanche* Research. September 23-26. Albena, Bulgaria. pp. 317-319.

Cockerell, T.D.A., 1912. The red Sunflower. Pop. Sci. Monthly pp. 373-382.

Cornich, K., Pearson, C.H., Rath, D.J., Dong, N., McMahan, C.M. and Whalen, M., 2007. The potential for Sunflower as a rubber-producing crop for the United States. Helia 30(46): 157-166.

Cremonini, R., Palla, S. and Vannozzi, G.P., 1991. Interspecific hybridization in Sunflower. Helia 14(14): 43-50.

Csengeri, T., 1990. The susceptibility of different Sunflower hybrids to *Diaporthe/Phomopsis helianthi* estimated on the bases of inoculations. Helia 13(13): 87-90.

Ćuk, L., 1984. Resistance to *Phomopsis* (*Plasmopara helianthi* Novot.) of Sunflower restorer lines with high content of oil. Ph.D. Thesis, Faculty of Agriculture, University of Novi Sad. pp. 1-81. (In Serbian)

Ćupina, T. and Sakač, Z., 1989. Physiological aspects of forming seed yield. Faculty of Agriculture, Institute of Field and Vegetable Crops, Novi Sad. pp. 1-223. (In Serbian)

Ćupina, T. and Vasiljević, V., 1978. Study of inheritance of size and structure of photosynthetic apparatus in Sunflower. IV Congress of Yugoslavia Biologists, Sarajevo.

Cvejić, S., 2010. Induced mutation effect on genetic variability of Sunflower (*Helianthus annuus* L.) seed oil quality. Ph.D. Thesis, University of Belgrade, Agricultural Faculty. pp. 1-93. (In Serbian)

Danjou, A.B. and Piquemal, C., 1986. Selection par la France. Tournesols de France. Chap. IX: 109-132. CST.

Darwishzadeh, R., Dechamp-Guillaume G., Hewezi, T. and Sarrafi, A., 2007a. Genotype-isolate interaction for resistance to black stem in Sunflower (*Helianthus annuus*). Plant Pathol. 56: 654-660.

Darwishzadeh, R., Kiani, S.P., Dechamp-Guillaume, G., Gentzbittel, L. and Sarrafi, A., 2007b. Quantitative trait loci associated with isolate specific and isolate non-specific partial resistance to *Phoma macdonaldii* in Sunflower. Plant Pathol. 56: 855-861.

De la Vega, A., Delacy, I.H. and Chapman, S.C., 2007a. Changes in agronomic traits of Sunflower hybrids over 20 years of breeding in central Argentina. Field Crops Research. 100(1): 73-81.

De la Vega, A., Delacy, I.H. and Chapman, S.C., 2007b. Progress over 20 years of Sunflower breeding in central Argentina. Field Crops Research. 100(1): 61-72.

De la Vega, A.J. and Chapman, S.C., 2000a. Genotype by environment interaction and indirect selection in Sunflower for Argentina. II. Three-mode principal component analysis. Proc. 15th Int. Sunflower Conf. Toulouse, France, June 12-15. Intl. Sunflower Assoc. Paris, France. Vol. 2: E65-70.

De la Vega, A.J. and Chapman, S.C. 2000b. Spatial and seasonal effects confounding interpretation of Sunflower yields in Argentina. Proc. 15th Int. Sunflower Conf. Vol. 2: E71-76. Toulouse. France. June 12-15. Intl. Sunflower Assoc. Paris. France.

De la Vega, A.J. and Hall, A.J., 2000. Genotype and environment effects on linear rate of increase of Sunflower harvest index and its duration. Proc. 15th Int. Sunflower Conf. Toulouse, France, June 12-15. Intl. Sunflower Assoc. Paris, France. Vol. 2: E53-59.

De la Vega, A.J., 2004. Does subdivision of the Sunflower growing region of Argentina increase the response to selection. Proc. 16th Int. Sunflower Conf. Fargo, ND, USA, August 29-September 2. Intl. Sunflower Assoc. Paris, France. Vol. 2: 459-464.

De la Vega, A.J., Chepmans, C. and Hall, A.J., 2000. Genotype by environment interaction and indirect selection for Argentina. I. Multiattribute two-made pattern analysis. Proc. 15th Int. Sunflower Conf. Toulouse, France, June 12-15. Intl. Sunflower Assoc. Paris, France. Vol. 2: E59-64.

De Oliveira, M.F., Neto, A.T., Leite, R.M.V.B.C., Castiglioni, V.B.R. and Arias, C.A.A., 2004. Mutation breeding in Sunflower for resistance to *Alternaria* leaf spot. Helia 27(41): 41-50.

Degener, J., Albrecht, E., Melchinger, A.E. and Hahn, V., 1999. Inheritance of resistance to *Phomopsis* in Sunflower: Study of leaf and stem resistance after artificial and natural infection. Helia 22(31): 105-116.

Degener, J., Melchinger, A.E. and Hahn, V., 1999. Resistance in the leaf and stem of Sunflower after infection with two isolates of *Phomopsis*. Plant Breeding 118(5): 405-410.

Degener, J., Melchinger, A.E., Gumber, R.K. and Hahn, V., 1998. Breeding for *Sclerotinia* resistance in Sunflower: A modified screening test and assessment of genetic variation in current germplasm. Plant Breeding 117(4): 367-372.

Demurin, Y. and Škorić, D., 1996. Unstable expression of *Ol* gene for high oleic acid content in Sunflower seeds. Proc 14th Intl. Sunflower Conf. Beijing, China. Intl. Sunflower Assoc. Paris, France. pp. 145-150.

Demurin, Y., 1993. Genetic variability of tocopherol composition in Sunflower seeds. Helia 16(18): 59-62.

Demurin, Y., 2003. Up-to-date results on biochemical genetics of Sunflower in VNIIMK. Helia 26: 137-142.

Demurin, Y., Škorić, D. and Karlović, Đ., 1996. Genetic variability of tocopherol composition in Sunflower seeds as basic of breeding for improved oil quality. Plant Breed. 115: 33-36.

Demurin, Y., Škorić, D., Popov, P., Efimenko, S. and Bochkovoy, A., 1994. Tocopherol genetics in Sunflower breeding for oil quality. *In*: Proceedings of Eucarpia Symposium on Breeding of Oil and Protein Crops, Albena, Bulgaria, 22-24 September 1994. pp. 193-197.

Demurin, Y., Škorić, D., Vőrősbaranji, I. and Jocic, S., 2000. Inheritance of increased oleic acid content in Sunflower seed oil. Helia 23: 87-92.

Di Leo, M.J., Riccobene, I.C. and Nolasco, S.M., 2004. Variability in dehulling ability of Sunflower hybrids (*Helianthus annuus* L.) in Argentina. Proc. 16th Int. Sunflower Conf. Fargo, ND, USA, August 29-September 2. Intl. Sunflower Assoc. Paris, France. 2: 591-595.

Djakov, A.B. and Antonova, T.S., 1978. An optimal method of choosing Sunflower plants resistant to broomrape. Colection of theses VNIIMK-Insects and diseases of oil cultivars. Krasnodar, USSR. pp. 58-65. (In Russian)

Djakov, A.B. and Antonova, T.S., 1978. The promotion of methods of assessment of resistant Sunflower plants to broompare. Zbornik-VNIIMK: Pests and diseases of oil crops, Krasnodar. (In Russian)

Djakov, A.B. and Dragavyev, V.A., 1969. The competiteveness of plants in breeding. Genetics Tom XI. No.5: 11-22. (In Russian)

Djakov, A.B. and Panchenko, T.A., 1984. Implementation of methods Panchenko in early diagnostics of the selection material of Sunflower resistant to broomrape in a greenhouse. Using phytotrons in the selection of oil cultivars. Krasnodar. pp. 53-56. (In Russian)

Djakov, A.B., 1969. About the connection between the inheritance of variations in seed yield and oil content. Dokladi Vashnil. No. 10: 12-14. (In Russian)

Djakov, A.B., 1969. Evaluation of Sunflower plants during the process of selection to oil content. Breeding and Seed Production No. 5: 31-34. (In Russian)

Djakov, A.B., 1969. The way of inheritance of seed yield and oil and their variability in Sunflower. Dokladi VASHNIL "Kolos", Moscow. No 1: 19-22. (In Russian)

Djakov, A.B., 1972. On high oil content of seeds and the prospective of Sunflower selection. Selskohosjastvenaja biologija. Tom IX, No. 5: 678-686. (In Russian)

Djakov, A.B., 1974. Comptetition among plants and productiveness of Sunflower crops. Agricultural Biology 9(5): 678-687. (In Russian)

Djakov, A.B., 1981. Physiological basses of Sunflower veriety and ideotypes for limited conditions. Proc. of the Eucarpia Symposium "Sunflower breeding", Praque.

Djakov, A.B., 1982. The systems of investigation of interrelation of the components in the process of inheritance of productiveness. Ceterozis, Minsk. 17-38 (In Russian)

Djakov, A.B., 1986. Related variability of traits complex in the course of Sunflower selection. Seljskohozyastveneya biologiya No.1: 77-83. (In Russian)

Dominguez, J., 1996. R-41, A Sunflower restorer line, carryng two genes for resistance against a highly virulent Spanish population of *Orobanche cernua*. Plant Breed. 115: 203-204.

Dominguez, J., Melero-Vara, J.M., Ruso, J., Miller, J. and Fernández-Martínez, J.M, 1996. Screening for resistance to broomrape (*Orobanche cernua*) in cultivated Sunflower. Plant Breeding 115: 201-202.

Downes, R.W. and Tonnet, M.L., 1982. Selection of Sunflower plants containing high linoleic acid and its agronomic significance. Proc. 10th Int. Sunflower Conf. Surfers Paradise, Australia, March 15-18. Intl. Sunflower Assoc. Toowoomba, Australia. pp. 258-260.

Dozet, B., 1991. Finding the source of resistance to *Phomopsis/Diaporthe helianthi*. Munt-Cvet. *et al*. in wild species of Sunflower of the genus *Helianthus* L. MSc Thesis. University of Novi Sad, Faculty of Agriculture. pp. 1-54. (In Serbian)

Dozet, B., Atlagić, J. and Vasić, D., 1996. Transferring stem canker resistance from *Helianthus tuberosus* L. into inbred line of Sunflower by embryo rescuo technique. Helia 19(25): 87-94.

Dozet, B., Škorić, D. and Jovanović, D., 2000. Sunflower breeding for resistance to broomrape (*Orobanche cumana* Wallr.). Proc. 15th Int. Sunflower Conf. Toulouse, France, June 12-15. 2000. Intl. Sunflower Assoc. Paris, France. Vol. 2: j20-25.

Drumeva, M., Nenov, N. and Kiryakov, I., 2008. Study on an *in vitro* screening test for resistance to *Sclerotinia sclerotiorum* in Sunflower. Proc. 17th Intl. Sunflower Conf. Cordoba, Spain, June 8-12. Intl. Sunflower Assoc. Paris, France. Vol. 1: 181-186.

Dubljanskaja, N.F. and Maliseva, A.G., 1963. Biochemical properties of the basic oil crops in SSSR. Masličnije i efiromasličnije kulturi, Moscow. pp. 248-279. (In Russian)

Dudienas, C., Ungaro, M.R.G. and Moraes, S.A., 1998. *Alternaria* disease development under tropical conditions. Helia 21(29): 63-72.

Dujovny, G., Sasaya, T., Koganesawa, H., Usugi, T., Shahara, K. and Lenardon, S., 2000. Molecular characterization of a new potyvirus infecting Sunflower. Arch. Virol. 145: 2249-2258.

Dujovny, G., Usugi, T., Shohara, K. and Lenardon, S.L., 1998. Characterization of a potyvirus infecting Sunflower in Argentina. Plant Dis. 82: 470-474.

Durante, M., Vannozi, G.P., Pugliesi, C. and Bernardi, R., 2002. The role of biotechnologies in the development of Sunflower cultures in the world. Helia 25(36): 1-28.

Ebrahimi, A., Maury, P., Berger, M., Shariati, F., Grieu, P. and Sarrafi, A., 2008. Genetic improvement of oil quality in Sunflower mutants under water stressed conditions. Proc. 17th Int. Sunflower Conf. Cordoba, Spain, June 8-12. Intl. Sunflower Assoc. Paris, France. Vol. 2: 509-512.

Encheva, J. and Ivanov, P., 1995. Sunflower genotype reaction to direct and indirect organogenesis and somatic embryogenesis using three media and gamma ray treatment. 3rd European Symposium on Sunflower Biotechnology (Summerys). Bad Munster am Stein, Germany. October 30-November 2. P. 28.

Encheva, J. and Ivanov, P., 1997. Sunflower genotype reaction to direct and indirect organogenesis and somatic embryogenesis using three media and gamma ray treatment. Helia 20(27): 135-142.

Encheva, J., Christov, M. and Ivanov, P., 1992. Use of direct organogenesis *in vitro* from immature embryos of interspecific and intergeneric hybrids of *Helianthus annuus* L. Proc 13th Intl. Sunflower Conf. Pisa, Italy, September 7-12. Intl. Sunflower Assoc. Paris, France. Vol. 2: 1455-1460.

Encheva, J., Christov, M., Nenov, N., Tsvetkova, F., Ivanov, P., Shindrova, P. and Encheva, V., 2003. Developing genetic variability in Sunflower (*Helianthus annuus* L.) by combined use of hybridization with gamma radiation or ultrasound. Helia 26(38): 99-108.

Encheva, J., Ivanov, P. and Liu, G., 1993. Genotypic responsiveness of several Sunflower lines, hybrids and open polinated varieties to *in vitro* manipulation of immature embryos. Series–Bio Technology, Bio Technological equipment. No. 4: 78-82.

Encheva, J., Shindrova, P. and Penchev, E., 2008. Developing mutant Sunflower lines (*Helianthus annuus* L.) through induced mutagenesis. Helia 31(48): 61-72.

Encheva, J., Tsvetkova, F. and Ivanov, P., 2002. Creating genetic variability in Sunflower through the direct organogenesis method, independently and in combination with gamma irradiation. Helia 25(37): 85-92.

Encheva, J., Tsvetkova, F. and Ivanov, P., 2003. A comparison between somaclonal variation and induced mutagenesis in tissue culture of Sunflower line Z-8-A (*Helianthus annuus* L.). Helia 26(38): 91-98.

Enns, H., 1972. Fertility restorer. Proc. 5th Int. Sunflower Conf. Clermont-Ferrand, France, July 25-29. Intl. Sunflower Assoc. Toowoomba, Australia. pp. 213-215.

Escande, A., Pereyra, V. and Quiroz, F., 2000. Stability of Sunflower resistance to *Verticillium* wilt. Proc. 15th Int. Sunflower Conf. Toulouse, France, June 12-15. Intl. Sunflower Assoc. Paris, France. Vol. 2: K102-107.

Espinasse-Geiler, A. and Lay, C., 1988. *In vitro* regeneration of Sunflower (*Helianthus annuus* L.), plants from immature embryos. Proc. 12th Int. Sunflower Conf. Novi Sad, Yugoslavia, July 25-29. Intl. Sunflower Assoc. Toowoomba, Australia. Vol. 2: 309.

Fambrini, M. and Pugliesi, C., 1996. Inheritance of a chlorina-apicalis mutant of Sunflower. Helia 19(25): 29-34.

Fambrini, M., Vernieri, P., Rocca, M., Pugliesi, C. and Baroncelli, S., 1995. ABA-deficient mutants in Sunflower (*Helianthus annuus* L.). Helia 18(22): 1-24.

Farrokhi, E. and Daneshian, J., 2004. Evaluation of single and three-way cross Sunflower hybrids for drought tolerance. Proc. 16th Int. Sunflower Conf. Fargo, ND, USA, August 29-September 2. Intl. Sunflower Assoc. Paris, France. Vol. 2: 481-487.

Fasoulas, A., 1981. Principles and Methods of Plant Breeding. Thesaloniki, Greece. pp. 1-147.

Faucon, J.P., Aurieres, C., Drajnudel, P., Ribiere, M., Martel, A.C., Zeggene, S. and Chauzat, M.P., 2004. Etude experimentale de la toxicite de l'imidaclopride distribue dans le sirop de nourrisseurs a des colonies d'abeilles (*Apis mellifera*). AFSSA. pp. 1-32.

Fauguel, C.M., Vega, T.A., Nestares, G., Zarzoli, R. and Picardi, L.A., 2008. Anatomy of normal and hyperhydric Sunflower shoots regenerated *in vitro*. Helia 31(48): 17-26.

Fayzalla, E.S., 1978. Studies on biology, epidemiology and control of *Phoma macdonaldi* Boerema of Sunflower. M.Sci. Thesis, University of Novi Sad, Faculty of Agriculture. pp. 1-118.

Fernandez-Escobar, J., Rodriguez-Ojeda, M.I. and Alonso, L.C., 2008. Distribution and dissemination of Sunflower broomrape (*Orobanche cumana* Wallr.) race F in Southern Spain. Proc. 17th Intl. Sunflower Conf. Cordoba, Spain, June 8-12. Intl. Sunflower Assoc. Paris, France. Vol. 1: 231-237.

Fernandez-Escobar, J., Rodriguez-Ojeda, M.I. and Alonso, L.C., 2009. Sunflower broomrape (*Orobanche cumana* Wallr.) in Castilla-Loleon, and traditionally non-broomrape infested area in Northern Spain. Helia 32(51): 57-64.

Fernández-Martínez, J.M. and Alba, E., 1984. Breeding for oil and meal quality in Sunflower. Proc. of Inter. Symposium on Science and Biotechnology for an integral Sunflower Utilization, Bari. pp. 75-97.

Fernández-Martínez, J.M., Domingues, J., Velasco, L. and Pérez-Vich, B., 2007. Update on breeding for resistance to Sunflower broomrape. Eucarpia–Oil and Protein Crops Section Meeting–"Present status and future needs in breeding oil and protein crops" (Book of Abstracts). Budapest, October 7-10. Hungary. pp. 32-34.

Fernández-Martínez, J.M., Dominguez, J., Pérez-Vich, B. and Velasco, L., 2008. Update on breeding for resistance to Sunflower broomrape. Helia 31(48): 73-84.

Fernández-Martínez, J.M., Dominguez, J., Pérez-Vich, B. and Velasco, L., 2009. Current research strategies for Sunflower broomrape control in Spain. Helia 32(51): 47-56.

Fernández-Martínez, J.M., Dominguez-Gimenez, J. and Jimenez-Ramirez, A., 1988. Breeding for high content of oleic acid in Sunflower (*Helianthus annuus* L.) oil. Helia 11: 11-15.

Fernández-Martínez, J.M., Melero-Vara, J., Munoz-Ruiz, J., Ruso, J. and Dominguez, J., 2000. Selection of wild and cultivated Sunflower for resistance to a new broomrape race that overcomes resistance of the Or_5 gene. Crop Sci. 40: 550-555.

Fernández-Martínez, J.M., Munoz, J. and Gomez-Arnau, J., 1993. Performance of near-isogenic high and low oleic acid hybrids of Sunflower. Crop Sci. 33: 158-163.

Fernández-Martínez, J.M., Osorio, J., Mancha, M. and Garces, R., 1997. Isolation of high palmitic mutants on high oleic background. Euphytica 97: 113-116.

Fernández-Martínez, J.M., Pérez-Vich, B., Velasco, L. and Dominguez, J., 2007. Breeding for speciality oil types in Sunflower. Helia 30(46): 75-84.

Fernández-Martínez, J.M., Velasco, L. and Pérez-Vich, B., 2004. Progress in the genetic modification of Sunflower oil quality. Proc. 16th Int. Sunflower Conf. Fargo, ND, USA, August 29–September 2. Intl. Sunflower Assoc. Paris, France. Vol. 1: 1-14.

Fernandez-Moya, V., Martinez-Force, E. and Garces, R., 2002. Temperature effect on a high stearic acid Sunflower mutant. Phytochem. 59: 33-38.

Fick, G.N. and Miller, J.F., 1997. Sunflower Breeding. *In*: Sunflower Technology and Production. Schneifer, A.A. (ed.). ACA. CSSA. SSSA. Madison, Wi. Chapter 8: 395-441.

Fick, G.N. and Rehder, D.A., 1977. Selection criteria in development of high oil Sunflower hybrids. *In*: Proc. Sunflower Forum. Fargo, ND, January 12-13. Natl. Sunflower Assoc. Bismarck, ND. pp. 26-27.

Fick, G.N. and Zimmer, D.E., 1974. Monogenic resistance to *Verticillium* wilt in Sunflowers. Crop Sci. 14: 893-896.

Fick, G.N. and Zimmer, D.E., 1974. RHA 271, RHA 273, and RHA 274-Sunflower parental lines for producing downy mildew resistant hybrids. N. Dak. Farm Res. 32(2): 7-9.

Fick, G.N., 1978. Breeding and Genetics. *In*: Carter, J.F. (ed.). Sunflower Science and Technology. Agron. Monogr. 19. ASA. CSSA. and SSA. Madison, Wi. pp. 279-338.

Fischer, Ch., Laparra, H. and Hahne, G., 1993. Towards somatic hybrids of Sunflower. Series-B Bio Technology, Bio Technological equipment. No. 4: 129-131.

Friedt, W., 1988. Biotechnology in breeding of Sunflower as an industrial oil crop. Proc. 12th Int. Sunflower Conf. Novi Sad, Yugoslavia, July 25-29. Intl. Sunflower Assoc. Toowoomba, Australia. Vol. 2: 316-321.

Friedt, W., 1992. Present state and future prospects of biotechnology in Sunflower breeding. Field Crops Res. 30(3,4): 425-442.

Friedt, W., 1999. Progress report: FAO-Working group: Use of biotechnology in Sunflower breeding (1997-1998). FAO-Rome, Italy. Helia 22(Special issue): 197-216.

Friedt, W., Ganssmann, M. and Korell, M., 1994. Improvement of Sunflower oil quality. Eucarpia-Oil and Protein Crops Section. Symposium on Breeding of Oil and Protein Crops. Albena, Bulgaria, September 22-24. pp. 1-29.

Friedt, W., Nurhidayah, T., Rochher, T., Kohler, H., Bergmann, R. and Horn, R., 1997. Haploid production and application of molecular methods in Sunflower (*Helianthus annuus* L.). *In*: Jain, S.M. (ed): *In vitro* haploid production in higher plants. Kluwer Ac. Publ., Amsterdam. pp. 17-35.

Fulda, S., Stegmann, H. and Horn, R., 2008. Influence of drought stress on growth, protein expression and osmolyte accumulation in Sunflower *Helianthus annuus* L. c.v. Peredovik. Proc. 17th Intl. Sunflower Conf. Cordoba, Spain, June 8-12. Intl. Sunflower Assoc. Paris, France. Vol. 1: 357-362.

Gange, G., Roeckel-Drevet, P., Grezes-Besset, B., Shindrova, P., Ivanov, P., Blanchard, P., Lu, Y.H., Nicolas, P. and Vear, F., 2000. The inheritance of resistance to *Orobanche cumana* Wallr. in Sunflower. Proc 15th Intl. Sunflower Conf. Toulouse, France, June 12-15. Intl. Sunflower Assoc. Paris, France. Vol. 2: J1-6a.

Ganssmann, M. and Friedt, W., 1993. Potential use and limits of biotechnology in future Sunflower breeding. Series B–Bio Technology, Bio Technological equipment. 4: 5-15.

Ghaffari, M. and Farrokhi, E., 2008. Principal component analysis as a reflector of combining abilities. Proc. 17th Int. Sunflower Cordoba, Spain, June 8-12. Intl. Sunflower Assoc. Paris, France. Vol. 2. 499-504.

Giussani, M.A., Castano, F., Rodriguez, R. and Quiroz, F., 2008. White rot resistance, seed weight and seed oil content in Sunflower test-crosses. Proc. 17th Int. Sunflower Conf. Cordoba, Spain, June 8-12. Intl. Sunflower Assoc. Paris, France. Vol. 2: 539-544.

Godoy, M., Castano, F., Re, J. and Rodriquez, R., 2005. *Sclerotinia* resistance in Sunflower: Genotypic variations of hybrids in three environments of Argentica. Euphytica 145(1-2): 147-154.

Gomez, D., Marinez, D., Arona, M. and Castro, V., 1991. Generating a selection index for drought tolerance in Sunflower I. water use and consumption. Helia 14(15): 65-70.

Gomez-Sanchez, D., Vannozzi, G.P., Enferadi, S.T., Menichincheri, M., Vedove, G.D., 1996. Stability parameters in drought resistance Sunflower lines derived from interspecific crosses. Proc. 14th Intl. Sunflower Conf. Beijing, China, June 12-20. Intl. Sunflower Assoc. Paris. pp. 61-72.

Goncharov, S.V., 2005. Genetic-biological aspects of making the outcome material for heterosis selection of Sunflower (*Helianthus annuus* L.) and rice (*Oryza sativa* L.). Ph.D. Thesis. VNIIR. Sankt-Peterburg. pp. 1-221. (In Russian)

Goncharov, S.V., 2009. Sunflower breeding for resistance to the new broomrape race in the Krasnodar region of Russia. Helia 32(51): 75-80.

Goncharov, S.V., Antonova, T.S. and Saukova, S.L., 2006. Sunflower breeding for resistance to *Fusarium*. Helia 29(45): 49-54.

Gonzales, J., Mancuso, N. and Ludena, P., 2008. Germoplasma mejorado de girasol de la EEA Pergamino. Proc. 17th Int. Sunflower Conf. Cordoba, Spain, June 8-12. Intl. Sunflower Assoc. Paris, France. Vol. 2: 589-594.

Gonzales, J., Mancuso, N., Luduena, P. and Ivanovich, A., 2007. Verticilosis en germplasma de girasol (*Verticillium* wilt of Sunflower germplasm). Helia 30(47): 121-126.

Gopalkrishen, K., Naidu, M.R. and Sreedhar, D., 1993. Shortening breeding cycle through immature embryo culture in Sunflower (*Helianthus annuus* L.). Helia 16(19): 61-68.

Gorbachenko, O.F., 2004. Characteristics of selection and base seed production of parental lines of Sunflower hybrids in the conditions of Rostov District. M.Sc. Thesis (Abstract), Don State University of Agriculture, Rostov on the Don. pp. 1-24. (In Russian)

Gotor, A.A., Berger, M., Farkas, E., Laballete, F., Centis, S. and Calmon, A., 2007. Quantification on Sunflower minor componens by near-infrared spectrometry (NIR). Helia 30(47): 183-190.

Goud, I.S. and Giriraj, K., 1999. Pollen competition at gametphytic and sporophytic phases in Sunflower (*Helianthus annuus* L.). Helia 22(31): 57-62.

Gowda, J. and Seetheram, A., 2008. Response to mass and S_1 selection for autogamy, seed yield and oil content in Sunflower populations (*Helianthus annuus* L.). Helia 31(48): 101-110.

Grezes-Besset, B., 1994. Evaluation de la resistance du tournesol a l'*Orobanche*. Rustica Prograin Genetique. Protocoleno No: E-16. Version No. 1: 1-7.

Griveau, Y., Serieys, H., Cleomene, J., Belhassen, E., 1996. Yield evaluation of Sunflower genetic resources in relation to water supply. Proc. 14th Intl. Sunflower Conf. Beijing, China, June 12-20. Intl. Sunflower Assoc. Paris, France. pp. 79-85.

Gulya, T., 2007. New strain of *Verticilium dahlia* in North America. Helia 30(47): 115-120.

Gulya, T., Radi, S. and Balbyshev, N., 2008. Large scale field evaluation for *Sclerotinia* stalk rot resistance in cultivated Sunflower. Proc. 17th Intl. Sunflower Conf. Cordoba, Spain, June 8-12. Intl. Sunflower Assoc. Paris, France. Vol. 1: 175-180.

Gulya, T.J. and Maširević, S., 1995. Proposed methodologies for inoculation of Sunflower with *Puccinia helianthi* and for disease assessment. Proposed methodologies for inoculation of Sunflower with different pathogens and for disease assessment. FAO-European Research Network on Sunflower (Rome, Italy). Bucharest, Romania. pp. 31-47.

Gulya, T.J., Rashid, K.Y. and Maširević, S., 1997. Sunflower Diseases. Sunflower Technology and Production. Schneite American Society of Agronomy, Crop Sci. Society of America, Soil Science Society of America. Madison, Wisconsin, USA. pp. 263-381.

Gulya, T.J., Sackston, W.E., Viranyi, F., Maširević, S. and Rashid, K.Y., 1991. New races of the Sunflower downy mildew pathogen (*Plasmopara halstedii*) in Europe and North and South America. Journal of Phytopathology 132: 303-311.

Gulya, T.J., Shiel, P.J., Freeman, T., Isakeit. T. and Berger, P.H., 2002. Host range and characterization of Sunflower mosaic virus. Phytopathology 92: 694-702.

Gulya, T.J., Tourvieille de Labrouhe, D., Maširević, S., Penaud, A., Rashid, K. and Virany, F., 1998. Proposal for standardized nomenclature and identification of races *Plasmopara halstedii* (Sunflower downy mildew). ISA Symposium II. Sunflower Downy Mildew, Fargo (USA), 13-14 January. pp. 130-136.

Gulyas, A. and Mesterhazy, A., 1992. Screening Sunflower against *Sclerotinia* wilt. Helia 15(16): 73-78.

Gundaev, A.I., 1964. Populations of early Sunflower varieties and selection in the conditions of east Siberia. M.Sc. Thesis, Rostov on Don State University, Krasnodar. pp. 1-162. (In Russian)

Gundaev, A.I., 1965. The method of line hybridization in Sunflower breeding. Vestnik Selskohoz. Nauki 3: 124-129. (In Russian)

Gundaev, A.I., 1966a. The manifestations of heterotic effect in Sunflower and the obtaining of hybrid seeds on the basis of male sterility. Geterozis v rastenievodstvo, Leningrad. pp. 358-367. (In Russian)

Gundaev, A.I., 1966b. The excurence of male sterility in interlinear hybridization of Sunflower. Selekcija rastenjij s ispolzovanijem citoplazmatičeskoj muškoj sterilnosti, Kiev. pp. 433-441. (In Russian)

Gundaev, A.I., 1971. Basic principles of Sunflower selection. Genetic Principles of Plant Selection, Nauka, Moscow. pp. 417-465. (In Russian)

Gurel, A., Kontawski, S., Nichterlein, K. and Friedt, W., 1991. Embryogenesis in microspore culture of Sunflower (*Helianthus annuus* L.). Helia 14(14): 123-128.

Gvozdenović, S., 2006. Evaluation of genetic distance and combining abilities for Sunflower inbred lines (*Helianthus annuus* L.). M.Sc. Thesis, University of Novi Sad, Faculty of Agriculture, Novi Sad. pp. 1-90. (In Serbian)

Habura, E.Ch. 1957. Parasterilitat bei Sonneblumen. [Self and cross sterility in Sunflowers.] Ztschr. f. Pflanzenzucht 37: 280-298. (In German).

Habura, E.Ch. 1958. Heterosis in Ertragsmerkmalen bei der Sonnenblume. TAG Theoretical and Applied Genetics 28(6): 285-287. (doi: 10.1007/BF00710535)

Hahn, V., 2000. Resistance to *Scerotinia* head rot in Sunflower after artificial infection with inoculated willet seed. Proc. 15th Int. Sunflower Conf. Toulouse, France, June 12-15. Intl. Sunflower Assoc. Paris, France. Vol. 2: K19-22.

Hahn, V., 2002. Genetic variation for resistance to *Sclerotinia* head rot in Sunflower inbred lines. Field Crops Research 77: 153-159.

Hanlin, S., McClurg, S., Gardner, C. and Reitsma, K., 2008a. Help from under could fortify U.S. Sunflowers. Agricultural Research May/June. pp. 12-13.

Hanlin, S., McClurg, S., Gardner, C. and Reitsma, K., 2008b. Proving their prowess-Insect help preserve germplasm collection. Agricultural Research May/June. pp. 14-16.

Haumann, B.F., 1994. Modified oil may be the key to Sunflowers future. INFORM Am. Oil Chem. Soc. 11(5): 1198-1210.

Heaton, T., 1983. Multiple plants from embryo culture of Sunflower, *H. annuus* L. Proc. Sunflower Research Workshop, January 26. pp. 11-12.

Hebbara, M., Rajakumer, G.R., Ravishankar, G. and Raghaviah, C.V., 2003. Effect of salinity stress on seed yield through physiological parameters in Sunflower genotypes. Helia 26(39): 155-160.

Heiser, C.B., 1957. A revision of the South American species of *Helianthus*. Brittonia 8: 283-295 (pravilna referenca ali nije citirana)

Hémery, M.C., Tourvieille, D., Jay, M. and Vear, F., 1987. Recherche de marqueurs phenoliques impliques dans la resistance du tournesol au *Sclerotinia*. Inf. Tech. CETIOM 101: 20-29.

Hémery-Tardin, M.C. and Tourvieille, D., 1990. Biochimie de la resistance d'*Helianthus annuus* a *Sclerotinia sclerotiorum*. Le marquage phenolique: outil de selection? (résumé). 2eme Congres de la S.F.P., Montpellier, 28-29 November, Supplement Bull. Soc. Francaise Phytopathol.

Henn, H.J., Wingender, R. and Schnabl, H., 1995. Plant regeneration from Sunflower (*Helianthus annuus* L.) protoplasts and interspecific hybridization. 3rd European Symposium on Sunflower Biotechnology. (Summerys). Bad Munster am Stein, Germany, October 30–November 2. P. 4.

Henson, B. and Gulya, T., 2004. Screening Sunflower for *Sclerotinia* head rot. Proc. 16th Intl. Sunflower Conf. Fargo, ND, USA, August 29–September 2. Intl. Sunflower Assoc. Paris, France. Vol. 1: 141-146.

His, C.H., 1961. An effective technique for screening sorghum for resistance to charcoal rot. Phitopath. 51: 340-341.

Hladni, N., 2007. Combining abilities and mode of inheritance of yield and yield components in Sunflower (*Helianthus annuus* L.) Ph.D. Thesis, Faculty of Agriculture, University of Novi Sad. pp. 1-104. (In Serbian)

Hladni, N., Škorić, D., Kraljević-Balalić, M., Ivanović, M., Sakač, Z. and Jovanović, D., 2004. Correlation of yield components and seed yield per plant in Sunflower (*Helianthus annuus* L.). Proc. 16th Int. Sunflower Conf. Fargo, ND, USA, August 29–September 2. Intl. Sunflower Assoc. Paris, France. Vol. 2: 491-496.

Hoes, J.A., Putt, E.D. and Enns, H., 1973. Resistance to *Verticillium* wilt in collections of wild *Helianthus* in North America. Phytopathology 63(12): 1517-1520.

Hongtrakul, V., Slabaugh, M.B. and Knapp, S., 1998a. DFLP, SSCP and SSR markers and delta-9-stearoyl-acyl carrier protein desaturases strongly expressed in developing seeds of Sunflower: intron lengths are polymorphic among elite inbred lines. Mol. Breed. 4: 195-203.

Hongtrakul, V., Slabaugh, M.B. and Knapp, S., 1998b. A seed specific delta-12 oleate gene is duplicated, rearranged and weakly expressed in high oleic acid Sunflower lines. Crop Sci. 38. 1245-1249.

Honiges, A., Wegman, K. and Ardelean, A., 2008. *Orobanche* resistance in Sunflower. Helia 31(49): 1-12.

Horvath, Z., 1983. The role of the fly *Phytomyza orobanchia* Kalt. (*Diptera; Agromyzidae*) in reducing parasitic phanerogam populations of the *Orobanche* genus in Hungary. P. Int. Integr. Plant Prot. Budapest, July 4-9. 4: 81-86.

Huguet, N., Perez-Fernandez, J. and Quiroz, F., 2008. *Puccinia helianthi* Schw., infecciones en hibridos comerciales en Argentina y su evolucion durente dos decedas. Proc. 17th Intl. Sunflower Conf. Cordoba, Spain, June 8-12. Intl. Sunflower Assoc. Paris, France. Vol. 1: 215-217.

Hussain, M.K. and Rehman, O.U., 1995. Breeding Sunflower for salt tolerance: association of seedling growth and mature plant traits for salt tolerance in cultivated Sunflower (*Helianthus annuus* L.). Helia 18(22): 69-76.

Hussain, M.K. and Rehman, O.U., 1997. Evaluation of Sunflower (*Helianthus annuus* L.) germplasm for salt tolerance at the seedling stage. Helia 20(26): 69-78.

Hussain, M.K., Rehman, O.U. and Rakha, A., 1996. Breeding Sunflower for salt tolerance: interrelationship of morpho-physiological parameters in Sunflower (*Helianthus annuus* L.) for salt tolerance. Helia 19(25): 119-132.

Hussain, M.K., Rehman, O.U., 1993. Breeding Sunflower for salt tolerance: physiological basis for salt tolerance in Sunflower (*Helianthus annuus* L.). Helia 16(18): 77-84.

Iliescu, H., 1999. FAO–Progress report–Working subgroup on *Macrophomina phaseolina*. FAO–Rome, Italy. Helia 22 (Special issue): 335-352.

Ionita, A. and Iliescu, H., 1995. Proposed methodologies for inoculation of Sunflower with *Macrophomina phaseolina* and for disease assessment. FAO (Rome) –European Research Network on Sunflower: Proposed Methodologies for inoculation of Sunflower with different pathogens and for disease assessment, Bucharest. pp. 17-19.

Iouras, M., Stancin, D., Cinca, M., Nastase, D. and Geronzi, F., 2004. Preliminary studies related to the use of marker assisted selection for resistance to *Orobanche cumana* Wallr. in Sunflower. Romanian Agricultural Research 21: 33-37.

Ivanov, P., Encheva, J. and Ivanova, I., 1998. A protocol to avoid precocious flowering of Sunflower plantles *in vitro*. Plant Breed. 117(6): 582-584.

Ivanov, P., Encheva, J., Nenov, N. and Todorova, M., 2002. Application of some biotechnological achievements in Sunflower breeding. Helia 25(37): 9-18.

Ivanov, P., Petakov, D., Nikolova, V. and Petchev, E., 1988. Sunflower breeding for high palmitic acid content in the oil. Proc 12th Intl. Sunflower Conf. Novi Sad, Yugoslavia. Intl. Sunflower Assoc. Toowoomba, Australia. pp. 463-465.

Jagadeesan, S., Kandasamy, G., Manivannan, N. and Muralidharan, V., 2008. Mean and variability studies in M_1 and M_2 generations of Sunflower (*Helianthus annuus* L.). Helia 31(49): 71-78.

Jambhulkar, S.J. and Joshua, D.C., 1999. Induction of plant injury, chimera, chlorophyll and morphological mutations in Sunflower using gamma rays. Helia 22(31): 63-74.

Jambhulkar, S.J., 1995. Rapid cycling through immature embryo culture in Sunflower (*Helianthus annuus* L.). Helia 18(22): 45-50.

Jan, C.C. and Chandler, J.M., 1985. Transfer of powdery mildew resistance from *Helianthus debilis* Nutt. to cultivated Sunflower. Crop Sci. 25(4): 664-666.

Jan, C.C. and Fernández-Martínez, J.M., 2002. Interspecific hybridization, gene transfer, and the development of resistance to the broomrape race F in Spain. Helia 25(36): 123-136.

Jan, C.C. and Seiler, G.J., 2007. Sunflower. *In*: Singh, R.J. (ed.), Genetic Resources, Chromosome, Enineering, and Crop Improvement, Vol. 4, Oilseed Crops. CRC Press. Boca Raton, London, New York. 4(Chapter 5): 103-165.

Jan, C.C., 1988. Chromosome doubling of wild × cultivated Sunflower interspecific hybrids and its direct effect and backcross success. Proc. 12th Int. Sunflower Conf. Novi Sad, Yugoslavia, July 25-29. Intl. Sunflower Assoc. Toowoomba, Australia. Vol. 2: 287-292.

Jan, C.C., Fernández-Martínez, J.M., Ruso, J. and Munoz-Ruiz, J., 2002. Registration of Four Sunflower Germplasms with resistance to *Orobanche cumana* Wallr. race F. Crop Sci. 42(6): 2217-2218.

Jan, C.C., Ruso, J.A., Munoz-Ruiz, J. and Fernández-Martínez, J.M., 2000. Resistance of Sunflower (*Helianthus*) perennial species, interspecific amphiploides, and backcross progeny to broomrape (*Orobanche cumana* Wallr.) races. Proc 15th Intl. Sunflower Conf. Toulouse, France, June 12-15. Intl. Sunflower Assoc. Paris, France. Vol. 2: J14-19.

Javed, N. and Mehdi, S.S., 1992. Self-incompatibility and autogramy of Sunflower (*Helianthus annuus* L.) cultivars. Helia 15(17): 17-24.

Jeannin, G., Bronner, R. and Hahne, G., 1993. Early cytological discrimination between organogenesis and somatic embryogenesis induced and imature zygotic embryos of Sunflower. (*Helianthus annuus* L.). Series B–Bio Technology, Bio Technological equipment. No. 4: 96-99.

Jeaunin, G., Bronner, R., Hahne, G., 1995. Adaptative morphogenetic response of the Sunflower immature zygotic embryo cultivated in vitro. 3rd European Symposium on Sunflower Biotechnology. (Summerys). Bad Munster am Stein, Germany, October 30 - November 2. pp.3.

Jocić, S., Miklič, V., Malid, G., Hladni, N. and Gvozdenović, S., 2008. New Sunflower hybrids tolerant of tribenuron-methyl. Proc. 17th Intl. Sunflower Conf. Vol. 2: 505-508. Cordoba, Spain. June 8-12. Intl. Sunflower Assoc. Paris.

Jocić, S., Škorić, D. and Malid, G., 2001. Sunflower breeding for resistance to herbicides. Periodicals of Institute of Field and Vegetable Crops Novi Sad, 35: 223-230. (In Serbian)

Joel, D., Benharrat, H., Portnay, V.H., Thalouarn, P., 1998. Molecular markers for *Orobanche* species-new approuches and their potential uses. Proc of the 4th International Workshop on *Orobanche* Research. September 23-26, Albena, Bulgaria. pp. 117.

Joel, D.M., Portnoy, V.H. and Katzir, N., 2004. New methods for the study, control and diagnosis of *Orobanche* (broomrape). - A Serious pest in Sunflower field. Workshop: Breeding for resistance to *Orobanche* sp. Bucharest, November 4-6. COST-849.

Joksimović, J., 1992. Evaluation of combining abilities in some inbred Sunflower lines. Ph.D. Thesis, Faculty of Agriculture, University of Novi Sad. pp. 1-157. (In Serbian)

Jouffret, P., Pilorge, E. and Pinochet, X., 2000. Nuisibilite et enjeux economiques du mildiou du tournesol en France. *In*: Le mildou du tournesol. INRA-Editions, RD 10, 78026 Versailles Cedex, CETIOM–Centre de Grignon, BP4-78850 Thiverval Grignon. pp. 31-35.

Jovanović, D., 2001. Possibilities of using Sunflower and breeding for special purposes. Collection of Theses FVC, Novi Sad. Vol. 35: 209-221. (In Serbian)

Juillet, M.T., 1975. Vergleich der Vitamin-und Antioxidans-Wirkung der verschiedenen Tocopherole bei den wichstig Pfanzenolen. Fette, Seifen, Antstrichmittel, 77: 101-105

Kalaydzhyan, A.A., Khlevnoy, L.V., Neshchadim, N.N., Golovin, V.P., Vartanyan, V.V., Burdun, A.M., 2007. Rossiyskiy solnechnyy tsvetok.-Krasnodar: Sovet. Kuban'. pp.1-352. (In Russian)

Kalaydzhyan, A.A., Neshchadim, N.N., Osipyan, V.O. and Škorić, D., 2009. Kuban Sunflower-gift to the world. Monograph. Ministry of Russian Agriculture-Russian Academy of Agriculture-Kuban State Agrarian University, Krasnodor. pp. 1-498 (In Russian)

Karlović, Đ., Recseg, K., Kovari, K., Nobik-Kovacs, A., Škorić, D. and Demurin, Y., 1997. Characteristic quality and oxidative stability of Sunflower oil with altered fatty acid and tocopherol composition. 22nd World Congress and Exibiton of the International Society for Fat Research, Kuala Lumpur, Malaysia. (Poster presentation)

Kaya, Y., Evci, G., Peckan, V. and Gucer, T., 2004. Determining new broomrape-infested areas, resistant lines and hybrids in Trakya region of Turkey. Helia 27(40): 211-218.

Kaya, Y., Evci, G., Peckan, V., Gucer, T. and Yilmaz, M.I., 2009. Evaluation of broomrape resistance in Sunflower hybrids. Helia 32(51): 161-169.

Kinman, M.L., 1970. New developments in the USDA and state experiment station Sunflower breeding programs. Proc 4th Intl. Sunflower. Conf. Memphis, TN, June 23-25. Intel. Sunflower Assoc. Paris, France. pp. 181-183.

Kirichenko, V.V., 2005. Sunflower breeding and Seed Production. Insitute of Field Crops-Yuryeva, V. Ya. Harkov. pp. 1-385. (In Russian)

Knapp, S.J., Slabaugh, M.B., Tang, S., 2000. The development of tools for molecular breeding and genomics research in cultivated Sunflower. Proc. 15th Int. Sunflower Conf. Toulouse, France, June 12-15. Intl. Sunflower Assoc. Paris, France. Tome I: Pl. D-1 to Pl. D-8.

Kochman, J.K. and Goulter, K.C., 1985. A proposed system for identifying races of Sunflower rust. Proc. 11th Intl. Sunflower Conf. Mar del Plata, Argentina, 10-13 March. Intl. Sunflower Assoc. Toowoomba, Australia. pp. 391-396.

Kochman, J.K. and Kong, G.A., 1990. Investigations of slow rusting and resistance gene pyramiding to control Sunflower rust (*Puccinia helianthi*). *In*: Proc. Workshop, 8th, Kooralbyn, Qld. 19-22 March, Aust. Sunflower Assoc. Toowoomba, Australia. pp. 130-134.

Korell, M., Horn, R. and Friedt, W., 1995. Screening *in vitro* for drought tolerance in segregating interspecific Sunflower lines. 3rd European Symposium on Sunflower Biotechnology. Bad Munster am Stein, Germany, October 30–November 2. pp. 12.

Korell, M., Mosges, G. and Friedt, W., 1992. Construction of a Sunflower pedigree map. Helia 15(17): 7-16.

Kostyuk, S.V., 1985. Results of on ecological stury of the Sunflower gene pool for resistance to grey mould. *In*: Problemy selec. and semen. podsol. dlya zasuh. usloviy stepi. (P.B. Abstr.)

Kovačik, A. and Skaloud, V., 1972. Combining Ability and Prediction of Heterozis in Sunflower (*Helianthus annuus* L.). Scientia Agriculturae Bohemoslovaca, Praha, No. 4: 263-273.

Kovačik, A. and Skaloud, V., 1978. Contribution to defining the inheritance of earliness in Sunflower and the method of its exploatation in breeding. Proc. 8th Int. Sunflower Conf. Mineapolis, Minnesota, USA, July 23-27. Intl. Sunflower Assoc. Toowoomba, Australia. pp. 437-440.

Kovačik, A. and Skaloud, V., 1979. Prerequisites for the determination of Sunflower ideotype for Northern Regions. Roslinna Vyroba. 25(5): 551-556. (In Czech)

Kovačik, A. and Skaloud, V., 1980. Untersuchungen der Ertragsfaktoren des Samenertrages bei der Heterosiszüchtung der Sonnenblume (*Helianthus annuus* L.). Arch. Züchtungsfosch. Berlin. 410(3): 145-153.

Kovačik, A. and Skalska, R., 1969. Preliminary tests on the effect of acute gamma radiation of Co60 on Sunflower plants. Genetika Šlechteni 5(XLII). No.1: 23-28. (In Czech)

Kovačik, A., 1959a. The influence of intervarietal hybridization on the phemological properties of Sunflower crosses in F_1 and F_2 generations. Polnohospodarstvo VI(4): 491-512. (In Czech)

Kovačik, A., 1959b. The influence intervarietal hybridization on the lenght and width of stoma and on the diamatar of pollen grains with F_1 and F_2 Sunflower crosses. Polnohospodarstvo VI(5): 661-680. (In Czech)

Kovačik, A., 1959c. Contribution to the influence of intervarietal hybridization on the yield, percentage of husks and oil content of Sunflower F_1 and F_2 generation. Polnohospodarstvo. VI(6): 823-842.

Kovačik, A., 1960. The influence of intervarietal hybridization on morphological characters of Sunflower crosses in F_1 and F_2 generations. Rostlinna Viroba. Ročnik 6(33), No. 4: 447-466. (In Czech)

Kovačik, A., 1970. Influence of colchicine on the morphologic and caryologic changes Sunflower. Genetika Šlechteni 6(XLIII), No.2: 103-110. (In Czech)

Kovačik, A., Skaloud, V. and Vlckova, V., 1980. Evaluation of relation between the yield components in hybrid Sunflower breeding. Proc. 9th Intl. Sunflower Conf. Torremolinos, Spain, June 8-13. Intl. Sunflower Assoc. Paris, France. pp. 362-368.

Kovačik, A., Skaloud, V., 1975. Consequences of multi-annual inbreeding and the possibilities of using Sunflower SIB-cross breeding (*Helianthus annuus* L.). Scientia Agriculturae Bohemoslovaca 7(24), No. 1: 19-24. (In Russian)

Kovačik, A., Skaloud, V., 1990. Results of inheritance evaluation of agronomically important traits in Sunflower. Helia No.13: 41-46.

Krauter, R. and Friedt, W., 1990. Efficient interspecific hybridization via embryo rescus for application in Sunflower breeding. Helia 13(13): 17-20.

Krauter, R. and Friedt, W., 1991. Propagation and multiplication of Sunflower lines (*Helianthus annuus* L.) by tissue culture *in vitro*. Helia 14(14): 117-122.

Labrousse, P., Arnaud, M.C., Griveau, Y., Fer, A. and Thalouarn, P., 2004. Analysis of resistance criteria of Sunflower recombined inbred lines against *Orobanche cumana* Wallr. Crop Protection No. 23: 407-413.

Labrousse, P., Arnaud, M.C., Serieys, H., Berville, A. and Thalouarn, P., 2001. Several Mechanismes are Involved in Resistance of *Helianthus* to *Orobanche cumana* Wallr. Annals of Botany 88: 859-868.

Labrousse, P., Arnaud, M.C., Veronesi, C., Serieys, H., Berville, A. and Thalouarn, P., 2000. Mecanismes de resistance du tournesol a *Orobanche cumana* Wallr. Proc 15th Intl. Sunflower Conf. Toulouse, France, June 12-15. Intl. Sunflower Assoc. Paris. Vol. 2: J-13.

Lacombe, S. and Berville, A., 2000. Problems and goals in studying oil composition variation in Sunflower. Proc. 15th Int. Sunflower

Conf. Toulouse, France, June 12-15. Intl. Sunflower Assoc. Paris, France. Vol. 1: P1.D-16-P1. D-26.

Lacombe, S. and Berville, A., 2001. A dominant nutation for high oleic acid content in Sunflower (*Helianthus annuus* L.) seed oil is genetically linked to a single oleate-desaturase RFLP locus. Mol. Breed. 8: 129-137.

Lafon, S., Delos, M., Gay, P. and Tourvieille de Labrouhe, D., 1998. Metalaxyl resistance in French isolates of downy mildew. ISA Symposium II. Sunflower Downy Mildew, Fargo (USA), 13-14 January. pp. 62-73.

Lamaryue, C. and Kochman, J.K., 1988. Essai de standardisation des techniques du tournesol avec l'*Alternaria helianthi*. Proc. 12th Intl. Sunflower Conf. Novi Sad, Yugoslavia, July 25-29. Intl. Sunflower Assoc. Toowoomba, Australia. Vol. 1: 566-570.

Lambrides, C.J. and Miller, J.F., 1994. Inheritance of Rust Resistance in a source of MC 29 Sunflower Germplasm. Crop Sci. 34: 1225-1230.

Langar, K., Griveau, Y., Serieys, H. and Berville, A., 2000. Genetic analysis of *Phomopsis* (*Diaporthe helianthi* Munt-Cvet. *et al.*) disease resistance in cultivated Sunflower (*Helianthus annuus* L.). Proc. 15th Intl. Sunflower Conf. Toulouse, France, June 12-15. Intl. Sunflower Assoc. Paris, France. Vol. 2: K90-95.

Langar, K., Griveau, Y., Serieys, H., Kaan, F. and Berville, A., 2004. Mapping components of resistance to *Phomopsis* (*Diaporthe helianthi*) in a population of Sunflower recombinant inbred lines. Proc. 16th Intl. Sunflower Conf. Fargo, ND, USA, August 29-September 2. Intl. Sunflower Assoc. Paris, France. Vol. 2: 643-649.

Laparra, H. and Hahne, G., 1995. Interspecific somatic hybridization between Sunflower and *Helianthus smithii* Heiser. 3rd European Symposium on Sunflower Biotechnology. (Summerys). Bad Munster am Stein, Germany, October 30–November 2. pp. 30.

Laparra, H., Bronner, R. and Hahne, G., 1995. Somatic embryogenesis in *Helianthus smithii* Heiser. 3rd European Symposium on Sunflower Biotechnology. (Summerys). Bad Munster am Stein, Germany, October 30–November 2. pp. 6.

Larfeil, C., Deshamp-Guillaume, G. and Barrault, G., 2002. *Phoma macdonaldii* Boerema/*Helianthus annuus* L. interaction. Helia 25(36): 153-160.

Leclercq, P., 1966. Amelioration du Tournesol. INRA-Station d'Amelioration des Plantes de Clermon-Ferrand. Rapport d'Activite 1964-1967. pp. 6-20.

Leclercq, P., 1969. Une sterilite male cytoplasmique chez le tournesol. Ann. Amelior. Plantes 19(2): 99-106.

Leclercq, P., 1971. La sterilite male cytoplasmique. I. Premiers etudes sur la restauration de la fertilite. Ann. Amelior. Plant. 21: 45-54.

Lenardon, S., 2008. Sunflower chlorotic mottle virus. Characterization, Diagnosis and Management of Plant Viruses. Industrial Crops (Ed. Rao, Khurana, S.M.P. and Lenardon, S.L.). Studium Press LLC, Houston, Texas, USA. Vol. 1: 349-359.

Lenardon, S.L., Bazzalo, M.E., Abratti, G., Cimmino, C.J., Galella, M.T., Grondona, M., Giolitti, F. and Leon, A.J., 2005. Screening Sunflower for Resistance to Sunflower chlorotic mottle virus and Mapping the Rcmo-1 Resistance Gene. Crop. Sci. 45: 735-739.

Lenardon, S.L., Giolitti, F., Leon, A., Bazzalo, M.E. and Grondona, M., 2001. Effect of Sunflower chlorotic mottle virus infection on Sunflower yield paremeters. Helia 24(35): 55-66.

Li, Y.H., Kuo, C.S. and Wang, F.H., 1988. *Helianthus* hybrids and observation of somatic embryogenesis in the immature embryo culture of Sunflower. *In*: Proc. 12th Int. Sunflower Conf. Novi Sad, Yugoslavia, July 25-29. Intl. Sunflower Assoc. Paris, France. Vol. 2: 305-308.

Lipps, P.E. and Herr, L.J., 1986. Reactions of *Helianthus annuus* and *H. tuberosus* plant introductions to *Alternaria helianthi*. Plant Disease 70(9): 831-835.

Lofgren, J.R. and Ramaraje-Lers, N.V., 1982. Chemically induced mutations in Sunflower. Proc. 10th Int. Sunflower Conf. Surfers Paradise, Australia, March 15-18. Intl. Sunflower Assoc. Toowoomba, Australia. pp. 264-267.

Lopez, M., Berney, P.A., Hall, A.J. and Trapani, N., 2008. Contribution of pre-anthesis photoassimilates to grain yield: Its relationship with yield an Argentine Sunflower cultivars released between 1930 and 1995. Field Crops Research 105(1-2): 88-96.

Lu, G., Bidney, D., Bao, Z., Hu, X., Wang, J., Vartherms, T., Scelonge, C., Wang, L., Shao, A., Bruce, W. and Durvick, J., 2000. Constitutive promoters and *Sclerotinia* disease resistance in Sunflower. Proc. 15th Int. Sunflower Conf. Toulouse, France, June 12-15. Intl. Sunflower Assoc. Paris, France. Vol. 2: K72-77.

Lu, Y.H., Gagne, G., Grezes-Besset, B. and Blanchard, P., 1999. Integration of molecular linkage group containing the broomrape resistance gene Or_5 into an RFLP map in Sunflower. Genome 42: 453-456.

Luciano, A. and Davreux, M., 1967. Production de girasol in Argentina. INTA-Publication Tecknnica 37.

Luduena, P., Mancuso, N. and Gonzalez, J., 1992. Response to recurrent selection for oil content in three Sunflower populations. Proc 13th Intl. Sunflower Conf. Pisa, Italy, September 7-11. Intl. Sunflower Assoc. Paris, France. Vol. 2: 1113-1117.

Luhs, W. and Friedt, W., 1994. The Major Oil Crops. *In*: Designer Oil Crops. Breeding, Processing and Biotechnology (Ed. Denis J. Marphy) VCH Weinheim-New York. pp. 1-71.

Luhs, W. and Friedt, W., 1994b. Non-food uses of vegetable oils and fatty acids. *In*: Designer Oil-seed Crops, (Ed. D.J. Murphy) VCH Press Ltd. pp. 73-130.

Lyakh, V., Soroka, A. and Vasin, V., 2005. Influence of mature and immature Sunflower seed treatment with ethylmethanesulphonate on mutation spectrum and frequency. Helia 28(43): 87-98.

Machaček, Č., 1979. Study of inheritance of earliness in the Sunflower (*Helianthus annuus* L.) Genet. a Šlecht. 15(3): 225-232. (In Czech)

Macpherson, R. and White, K., 1982. Use of multivariate techniques in a breeding programme to assist selection of Sunflower inbreds and hybrids. Proc. 10th Int. Sunflower Conf. Surfers Paradise, Australia, March 15-18. Intl. Sunflower Assoc. Toowoomba, Australia. pp. 252-256.

Macura, J., 1986. Biological features of some species of the genus *Helianthus* L. and their hybrids of Sunflower cultivars in F_1 generation. M.Sc. Thesis, Faculty of Agriculture, University of Novi Sad. pp. 1-134. (In Serbian)

Madhavi, K.J., Sujatha, M., Raja Ram Reddy, D. and Chander Rao, S., 2005a. Culture characteristics and histological changes in leaf tissues of cultivated and wild Sunflowers infected with *Alternaria helianthi*. Helia 28: 1-12.

Madhavi, K.J., Sujatha, M., Raja Ram Reddy, D. and Chander Rao, S., 2005b. Biochemical characterization of resistance against *Alternaria helianthi* in cultivated and wild Sunflowers. Helia 28: 13-24.

Madupuri, R.N., Gopalakrishnan, K. and Sreedhar, D., 1992. Breeding and biotechnological approaches for improving the productivity of Sunflower hybrids. Proc 13th Intl. Sunflower Conf. Pisa, Italy, September 7-11. Intl. Sunflower Assoc. Paris, France. Vol. 2: 1498-1508.

Mailo, D., Poverene, M., Giolitti, F. and Lenardon, S., 2008. Differential gene expression in SuCMoV-tolerant and susceptible Sunflower lines. Proc. 17th Intl. Sunflower Conf. Cordoba, Spain, June 8-12. Intl. Sunflower Assoc. Paris, France. Vol. 2: 635-640.

Malid, G., Škorić, D. and Jocić, S., 2000. Imidazolinone resistant Sunflower (*Helianthus annuus* L.): Inheritance of resistance and response towards selected sulfonyl urea herbicides. Proc. 15th Intl. Sunflower Conf. Toulouse, France, June 12-15. Intl. Sunflower Assoc. Paris. Vol. 2: 42-47.

Malid, G., Škorić, D. and Jocić, S., 2002. The possibility of using wild Sunflower's resistance to imidazolinones. Acta Herbologica 11(1-2): 43-52. (In Serbian)

Mancel, M.K. and Shein, S.E., 1982. Field inoculation of Sunflower for *Sclerotinia sclerotiorum* basal stalk rot and virulence of isolates from various hosts. Proc. 10th Int. Sunflower Conf. Surfers Paradise, Australia, March 15-18. Intl. Sunflower Assoc. Toowoomba, Australia. pp. 167-170.

Mancha, M., Osorio, J., Garces, R., Ruso, J., Munoz, J. and Fernández-Martínez, J.M., 1994. New Sunflower mutants with altered seed fatty acid composition. Prog. Lipid Res. 33: 147-154.

Manici, L.M., Cerato, C. and Caputo, F., 1992. Pathogenic and biological variability of *Macrophomina phaseolina* (Tassi) Goid. isolaties in different areas of Sunflower cultivation in Italy. Proc. 13th Intl. Sunflower Conf. Pisa, Italy, September 7-11. Intl. Sunflower Assoc. Paris, France. Vol. 1: 779-784.

Manivannman, N., Mualidharan, V. and Ravinirakumar, M., 2004. Association between parent and progeny performance and their relevance in heterosis breeding of Sunflower. Proc. 16th Int. Sunflower Conf. Fargo, ND, USA, August 29-September 2. Intl. Sunflower Assoc. Paris, France. Vol. 2: 581-584.

Manjula, K., Nadaf, H.I. and Giriray, K., 2001. Genetic diversity in non-oilseed Sunflower (*Helianthus annuus* L.) genotypes. Helia 24(34): 17-24.

Marchenko, O.A., 2005. Morphogenesis of *in vitro* cultures tissues and immature germs of Sunflower hybrids (*Helianthus annuus* L.). Helia 28(42): 45-50.

Marin, I.V., 2000. Intensive Sunflower cultivation from immature seeds. Helia 23(33): 129-134.

Marquez-Lema, A., Delavault, Ph., Letousey, P., Hu, J. and Pérez-Vich, B., 2008. Candidate gene analysis and identification or TRAP and SSR markers linked to the Or_5 gene, which confers Sunflower resistance to race E of broomrape (*Orobanche cumana* Wallr.) Proc. 17th Intl. Sunflower Conf. Cordoba, Spain, June 8-12. Intl. Sunflower Assoc. Paris. Vol. 2: 661-666.

Maširević, S., 1995. Proposed methodologies for inoculation of Sunflower with *Alternaria helianthi* and disease assessment. FAO(Rome)–European Research Network on Sunflower (Rome, Italy). Proposed methodologies for inoculation of Sunflower with different pathogens and for disease assessment. Bucharest. pp. 25-27.

Maširević, S., 1995. Proposed methodologies for inoculation of Sunflower with *Phoma macdonaldii* and for disease assessment. FAO-Europen Research Network on Sunflower (Rome, Italy). Proposed methodologies for inoculation of Sunflower with different pathogens and for disease assessment. Bucharest. pp. 15-16.

Maširević, S., 1995. Proposed methodologies for inoculation of Sunflower with *Phomopsis* spp./*Diaporthe* spp. and for disease assessment. FAO (Rome)–European Research Network on Sunflower. Proposed Methodologies for inoculation of Sunflower with different pathogens and for disease assessment. Bucharest. pp. 11-13.

Maširević, S., 2000. Evoluation of Sunflower germplasm for resistance to *Phomopsis* stem canker. Proc. 15th Intl. Sunflower Conf. Toulouse, France, June 12-15. Intl. Sunflower Assoc. Paris, France. Vol. 2: K84-89.

Matusova, R., Van Mourik, T. and Bouwmeester, J., 2004. Changes in the sensitivity of parasitic seeds to germination stimulants. Seed Science Research 14: 335-344.

Melero-Vara, J.M., Dominguez, J. and Fernández-Martínez, J.M, 2000. Update of Sunflower broomrape situation in Spain: Racial status and Sunflower breeding for resistance. Helia 23(33): 45-56.

Melero-Vara, J.M., Gracia-Pedrajas, M.D., Perez-Artes, E. and Jimenez-Diaz, R.M., 1996. Pathogenic and molecular characterization of populations of *Orobanche cernua* Loefl. from Sunflowers in Spain. Proc. 14th Intl. Sunflower Conf. Beijing/Shenyang, China, June 12-20. 1996. Intl. Sunflower Assoc. Paris. Vol. 2: 677-684.

Menichincheri, M., Vanozzi, G.P., Gomez-Sanchez, D., 1996. Study of stability parameters for drought resistance in Sunflower hybrids derived from interspecific crosses. ISA-Symposium II: Drought Tolerance in Sunflower. Beijing, China, June 14. Intl. Sunflower Assoc. Paris. pp. 72-79.

Merfert, W., 1961. Problemi praznih semena i neoplođenosti kod suncokreta. Agrobiologija. 2(128): 199-205. (In Russian)

Merrien, A., Champolivier, L., 1996a. Note de synthese la tolerance a la secheresse chez le tournesol. ISA-Symposium II: Drought Tolerance in Sunflower. Beijing, China, June 14. Intl. Sunflower Assoc. Paris. pp. 7-17.

Merrien, A., Champolivier, L., Marette, K., Vandeputte, B., 1996b. Lethal dehydratation threshold of leaf area: interest of a test for breeding Sunflower genotypes for the "stay-green" character under water stress. ISA-Symposium II: Drought Tolerance in Sunflower. Beijing, China, June 14. Intl. Sunflower Assoc. Paris. pp. 52-61.

Mezzaroba, A. and Jonard, R., 1988. L'Androgenese *in vitro* chez le tournesol culture (*Helianthus annuus* L.). Proc. 12th Int. Sunflower Conf. Novi Sad, Yugoslavia, July 25-29. Intl. Sunflower Assoc. Toowoomba, Australia. Vol. 2: 562-567.

Mihaljčević, M., 1978. Choosing a suitable technique for screening Sunflower for resistance to charcoal rot in climatic conditions of Yugoslavia. Proc. 8th Intl. Sunflower Conf. Minneapolis, Minnesota, USA, July 23-27. Intl. Sunflower Assoc. Toowoomba, Australia. pp. 258-263.

Mihaljčević, M., 1980. Finding the sources of resistance to *Sclerotium bataticola* Gaiv. for inbred lines and Sunflower hybrids. M.Sc. Thesis, University of Novi Sad, Faculty of Agriculture. pp. 1-59. (In Serbian)

Miklič, V., 1996. Effect of various genotypes and climate factors on visiting of honey bees and other pollinizers and Sunflower fertilization. M.Sc. Thesis, Faculty of Agriculture, University of Novi Sad. pp. 1-93. (In Serbian)

Miller, J.F. and Al-Khatib, K., 2000. Development of herbicide resistant germplasm in Sunflower. Proc. 15th Int. Sunflower Conf. Toulouse, France, June 12-15. Intl. Sunflower Assoc. Paris, France. Vol. 2: 419-423.

Miller, J.F. and Al-Khatib, K., 2004. Registration of two oilseed Sunflower genetic stock. SURES-1 and SURES-2, resistant to tribenuron herbicide. Crop Sci. 39: 301-302.

Miller, J.F. and Gulya, T.J., 1985. Registration of four *Verticilium* wilt resistant Sunflower germplasm lines. Crop. Sci. 25(4): 718.

Miller, J.F. and Gulya, T.J., 1987. Inheritance of resistance to race 3 downy mildew in Sunflower. Crop. Sci. 27: 210-212.

Miller, J.F. and Hammond, J.J., 1985. Improvement of yield in Sunflower utilizing reciprocal full-sib selection. *In*: Proc. 11th Intl. Sunflower Conf. Mar del Plata, Argentina, March 10-13. Intl. Sunflower Assoc. Toowoomba, Australia. Vol. 2: 715-720.

Miller, J.F. and Vick, B., 2001. Registration of four linoleic germplasms. Crop Sci. 41: 602.

Miller, J.F. and Vick, B.A., 1999. Inheritance of reduced stearic and palmitic acid content in Sunflower seed oil. Crop Sci. 39: 64-367.

Miller, J.F., 1987. Sunflower. *In*: W.R. Fehr (ed.). Principles of cultivar development. Vol. 2. Macmillan Publ. Co. New York. pp. 626-668.

Miller, J.F., 1992. Update on inheritance of Sunflower characteristics. Proc. 14th Intl. Sunflower Conf. Pisa, Italy, September 7-11. Intl. Sunflower Assoc. Paris, France. Vol. 2: 905-944.

Miller, J.F., Fick, G.N. and Rooth, W.W., 1982. Relationships among traits of inbreds and hybrids of Sunflower. Proc. 10th Int. Sunflower Conf. Surfers Paradise, Australia, March 15-18. Intl. Sunflower Assoc. Toowoomba, Australia. pp. 238-240.

Miller, J.F., Rodriguez, R.H. and Gulya, T.J., 1988. Evaluation of genetic materials for inheritance to race 4 rust in Sunflower. Proc. 12th Intl. Sunflower Conf. Novi Sad, Yugoslavia, 25-29 July. Intl. Sunflower Assoc. Toowoomba, Australia. pp. 361-365.

Miller, J.F., Zimmerman, D.C. and Vick, B.A., 1987. Genetic control of high oleic acid content in Sunflower oil. Crop Sci. 27: 923-926.

Mirza, M.S., Aslam, M. and Ahmed, V., 1995. Sunflower wilt caused by *Fusarium tabacinum* in Pakistan. Helia 18(22): 91-94.

Mitov, N. and Popov, A., 1979. Powder mildew, a new disease on cultivated Sunflower and *H. tuberosus* in Bulgaria. Rast. Zashch. 11: 24-26. Sofia. (In Bulgarian)

Mix, G., 1982. Gewebckulturtechniken eröffnen der Pflanzenzüchtung neue Wege. IMA. Hanover.

Mix, G., 1985. Antheren-und Ovarienkultur von Sonnenblumenn (*Helianthus annuus* L.). Landbauforsch. Volkenrode 35(3): 181-186.

Mohmand, A.S. and Rene, M.A., 1992. Improvement of Sunflower using tissue culture techniques. Proc 13th Intl. Sunflower Conf. Pisa, Italy, September 7-11. Intl. Sunflower Assoc. Paris, France. Vol. 2: 1492-1498.

Molinero-Demilly, V., Guenard, M., Giroult, C., Herbert, O., Tourvieille de Labrouhe, D., Philippon, J., Penaud, A., Tardin, M.C., Argeles, G., Costes, M., Mezzaroba, A., Masse, P., Pachet, I., Cellier, V. and Gregoire, S., 2004. Improving the Sunflower downy mildew resistance test. Proc. 16th Intl. Sunflower Conf. Fargo, ND, USA, August 29-September 2. Intl. Sunflower Assoc. Paris. Vol. 1: 99-104.

Monte, L.M., 1986. Breeding plants for drought resistance hhe problem and its relevance. Drought resistance in plants-physiological and genetic aspects. Amalfi, October 19th to 23rd. pp. 1-11.

Morozov, V.K., 1947. Sunflower breeding in USSR. Pishchepromizdat. pp. 1-274. Moscow. (In Russian)

Morozov, V.K., 1970. On Sunflower selection for yield. Selection and Seed Production No. 1: 18-25. (In Russian)

Morris, J.B., Yang, S.M. and Wilson, I., 1983. Reaction of *Helianthus* species to *Alternaria helianthi*. Plant Dis. 67: 539-540.

Mouzeyar, S., 2000. Unraveling the molecular mechanisms of pathogen resistance in Sunflower. Proc 15th Intl. Sunflower Conf. Toulouse, France, June 12-15. Intl. Sunflower Assoc. Paris. Vol. 1: PLD8-15.

Nazarov, R.S., 2004. Outcome material for the selection of Sunflower hybrids in Nizhne-Volzhskiy District. M.Sc. Thesisis, VNIIMK, Krasnodar. pp. 1-25. (In Russian)

Nedev, T., Vassilevska-Ivanova, R. and Tzekova, Z., 1998. Regeneration potential of Sunflower hybrids. Helia 21(28): 1-6.

Nemeth, G. and Frank, J., 1992. Callus formation, embryogenesis and plantlet regeneration in wild *Helianthus* species. Helia 15(16): 1-8.

Nemeth, J. and Walcz, I., 1992. Bacterial disease of Sunflower in Hungary caused by *Erwinia carotovora*. Helia 15(16): 79-84.

Nenova, N., Christov, M. and Ivanov, P., 2000. Anther culture regeneration from some wild *Helianthus* species. Helia 23(32): 65-72.

Nenova, N., Ivanov, P. and Christov, M., 1992. Anther culture regeneration of F$_1$ hybrids of *H. annuus* × *H. smithii* and *H. annuus* × *H eggertii*. Proc 13th Intl. Sunflower Conf. Pisa, Italy, September 7-11. Intl. Sunflower Assoc. Paris, France. Vol. 2: 1509-1514.

Nestares, G., Zorzoli, R., Mroginski, I. and Picardi, L., 1998. Cytoplasmic effect on the regeneration ability of Sunflower. Plant Breed. 117(2): 188-190.

Nestares, G., Zorzoli, R., Mroginski, I. and Picardi, L., 2002. Heritability of in *vitro* regeneration capacity in Sunflower. Plant Breed. 121(4): 336-368.

Nieco, Ch., Piqemal, M., Latche, J.C., Cavalie, G., Merrien, A., 1996. Effect of water stress on Sunflower physiology. ISA-Symposium II: Drought Tolerance in Sunflower. Beijing, China, June 14. Intl. Sunflower Assoc. Paris. pp. 17-26.

Nikolova, V. and Ivanov, P., 1992. Gametocidal effect of gibberellic acid (GA$_3$) on biochemical characteristics of Sunflower seeds. Helia 15(17): 45-50.

Nikolova, V. and Ivanov, P., 1992. Inheritance of the fatty acid composition of oil in some Sunflower lines. Helia 15(16): 35-40.

Ojeda, M.I., Fernandez-Escobar, J., Alonso, I.C., 2001. Sunflower inbred line (KI-374) carrying two recessive genes for resistance against a highly virulent Spanish population of *Orobanche cernua* Loefl. race F. *In*: Proc. 7th Int. Parasitic Weed Symposium, June 5-8. Nantes, France. pp. 208-211.

Orellana, R.G., 1970. The response of Sunflower genotypes to natural infection by *Macrophomina phaseolina*. Plant Disease Rep. 54: 891-893.

Orellana, R.G., 1973. Sources of resistance to soilborne fungal disease complex of Sunflower. Plant Dis. Rep. 57(4): 318-320.

Orta, A.H., Erdem, T. and Erdem, Y., 2002. Determination of water stress index in Sunflower. Helia 25(37): 27-38.

Osorio, J., Fernández-Martínez, J.M, Mancha, M. and Garces, R., 1995. Mutant Sunflower with high concentration in saturated fatty acid in the oil. Crop Sci. 35: 739-742.

Pacueranu-Joita, M., Raranciue, S., Procopovici, E., Sava, E. and Nastase, D., 2008. The impact of the new races of broomrape (*Orobanche cumana* Wallr.) parasite in Sunflower crop in Romania. Proc. 17th Intl. Sunflower Conf. Cordoba, Spain, June 8-12. Intl. Sunflower Assoc. Paris. Vol. 1: 225-231.

Pacueranu-Joita, M., Raranciue, S., Sava, E., Stancin, D. and Nastase, D., 2009. Virulence and aggressiveness of Sunflower broomrape (*Orobanche cumana* Wallr.) populations in Romania. Helia 32(51): 119-126.

Pacueranu-Joita, M., Veronesi, C., Raranciue, S. and Stancin, D., 2004. Parasite-host interaction of *Orobanche cumana* Wallr. with *Helianthus annuus* L. Proc. 16th Intl. Sunflower Conf. Fargo, ND, USA. August 29–September 2. Intl. Sunflower Assoc. Paris. Vol. 1: 171-177.

Pacueranu-Joita, M., Vranceanu, A.V., Scare, G., Marinescu, A. and Sandu, I., 1998. The evaluation of the parasite-host interaction in the system *Helianthus annuus* L. *Orobanche cumana* Wallr. in Romania. Proc. 2th Balkan Symposium on Field Crops. Novi Sad, Yugoslavia, June 16-20. 1: 153-157.

Palmer, J.H. and Steer, V.T., 1985. The generative area as the site of floret initiation in the Sunflower capitulum and its integration to predict floret number. Field Crop Research 11: 1-12.

Palmer, J.H., 1996. Floret initiation and production in the oil seed Sunflower. *In*: Hind, D.J.N., Caligari, P.D.S. (eds.). Compositae: biology and utilization. Proceedings of the International Compositae Conference, Kew, 1994. Royal Botanic Gardens, Kew. 2: 161-178.

Panchenko, A.Y. and Antonova, T.S., 1975. Protective reaction of resistant forms of Sunflower to new races of broomrape. Sbornik-VNIIMK, Krasnodar. pp. 5-9. (In Russian)

Panchenko, A.Y., 1975. Early diagnosis of broomrape resistance in breeding and improving seed production. Vestnik–S.H.N. No. 2: 107-115. (In Russian)

Panković, D., 1996. Photosynthesis in Sunflower leaves (*Helianthus annuus* L.) in the conditions of water shortage. PhD thesis, Faculty of Biology, University of Belgrad. pp. 1-94. (In Serbian)

Panković, D., Sakač, Z., Plesničar, M., Ćupina, T. and Škorić, D., 1991. Leaf expansion and photosynthesis during growth and development of NS Sunflower hybrids and inbred lines. Helia 14(14): 55-62.

Pap, J. 1983. Examination of the influence of the size and shape of vegetative space on some morpho-physiological features and the yield of mother lines of Sunflower hybrids NS-H-63-RM i NS-H-26-RM. M.Sc. Thesis, Faculty of Agriculture, University of Novi Sad. pp. 1-67 (In Serbian)

Parameswaran, M., 1996. Leaf angle as an indicator for gauging water stress in Sunflowers. ISA-Symposium II: Drought Tolerance in Sunflower. Beijing, China, June 14. 1996. Intl. Sunflower Assoc. Paris. pp. 45-52.

Paricsi, S., Tar, M. and Nagyne-Kutni, R., 2008. Study of resistance to *Sclerotinia* head disease in Sunflower genotypes. Proc. 17th Intl. Sunflower Conf. Cordoba, Spain, June 8-12. Intl. Sunflower Assoc. Paris. Vol. 1: 211-214.

Patt, E.D., 1966. Heterozis, combining ability and predicted synthetics from a diallel cross in Sunflower (*Helianthus annuus* L.). Can. J. Plant Sci. 46: 59-67.

Pecchia, S., Mercatelli, E. and Vannacci, G., 2004. Intraspecific diversity within *Diaporthe helianthi*: evidence from Rdna intergenic spacer (IGS) sequence analysis. My copathologia 157: 317-326.

Pellergrini, C.N. and Hernandez, L.F., 2004. Floret primordial differention from *in vitro* cultured Sunflower capitula. Helia 27(40): 237-250.

Pelletier, C., Tourvieille, D. and Vear, F., 1992. The effect of *in vitro* culture of immature Sunflower embryos on some morphological and agronomical characters. Proc 13th Intl. Sunflower Conf. Vol. 2: 1517-1522. Pisa, Italy. September 7-11. Intl. Sunflower Assoc. Paris. France.

Pereira, M.L., Sandras, V.O. and Trapani, N., 2000. Physiological traits associated with Sunflower yield potential: future opportunies. Proc. 15th Int. Sunflower Conf. Toulouse, France, June 12-15. Intl. Sunflower Assoc. Paris, France. Vol. 2: E82-87.

Peres, A., 2000. *Sclerotinia* du bourgeon terminal du tournesol: Amelioration de methodes d'evaluation du comportement varietal en serre. Proc. 15th Int. Sunflower Conf. Toulouse, France, June 12-15. Intl. Sunflower Assoc. Paris, France. Vol. 2: K7-12.

Peres, A., Painsignan, D. and Grezes-Besset, B., 2000. *Sclerotinia* sur collet de tournesol: methodologie de l'evaluation du comportement varietal en serre. Proc. 15th Int. Sunflower Conf. Toulouse, France, June 12-15. Intl. Sunflower Assoc. Paris, France. Vol. 2: K13-18.

Peretyagina, T.M., 2007. Genetic identification of mutations regarding the contents of tocopherol in Sunflower seed. Abstract. M.Sc. Thesis, Kuban Agricultural State University, Krasnodar. pp. 1-21. (In Russian)

Pérez-Vich, B., Akhtouch, B., Knnap, S.J., Leon, A.J., Velasco, L., Fernández-Martínez, J.M. and Berry, S.T., 2004. Quantitative trait loci for broomrape (*Orobanche cumana* Wallr.) resistance in Sunflower. Theor. Appl. Genet. 109: 92-102.

Pérez-Vich, B., Akhtouch, B., Munoz-Ruiz, J., Fernández-Martínez, J.M. and Jan, C.C., 2002. Inheritance of resistance to a highly virulent race F of *Orobanche cumana* Wallr. In a Sunflower line derived from interspecific amphiploids. Helia 25(36): 137-144.

Pérez-Vich, B., Fernández-Martínez, J.M., Grondona, M., Knapp, S.J. and Berry, S.T., 2002c. Stearoyl-ACP and oleoyl-PC desaturase genes cosegregate with quantitative trait loci underlying stearic and oleic acid mutant phenotypes in Sunflower. Theor. Appl. Genet. 104: 228-349.

Pérez-Vich, B., Garces, R. and Fernández-Martínez, J.M., 2000. Genetic characterization of Sunflower mutants with high content of saturated fatty acids in seed oil. Helia 23(33): 77-84.

Pérez-Vich, B., Garces, R. and Fernández-Martínez, J.M., 2002a. Inheritance of high palmitic and its relationship with high oleic acid content in the Sunflower mutant CAS 12. Plant Breed. 121: 49-56.

Pérez-Vich, B., Garces, R. and Fernández-Martínez, J.M., 2002b. Inheritance of medium stearic acid content in the seed oil of

Sunflower mutant CAS-4. Crop. Sci. 42: 1806-1811.

Pérez-Vich, B., Munoz-Ruiz, J. and Fernández-Martínez, J.M., 2004a. Developing mid-stearic acid Sunflower lines from a high stearic acid mutant. Crop Sci. 44: 70-75.

Perrotta, C., Conte, M.R., Vergari, G. and Marmiroli, N., 1992. Heat shock gene expression during regeneration in Sunflower (*Helianthus annuus* L.). Proc 13th Intl. Sunflower Conf. Pisa, Italy, September 7-11. Intl. Sunflower Assoc. Paris, France. Vol. 2: 1523-1532.

Petakov, D., 1996. Effect of environmental conditions on the evaluation of combinig ability of Sunflower inbred lines. Helia 19(24): 47-52.

Petcu, E., Stanciu, M., Stancio, D. and Raducanu, F., 2008. Physiological traits for quantification of drought tolerance in Sunflower. Proc. 17th Intl. Sunflower Conf. Cordoba, Spain, June 8-12. Intl. Sunflower Assoc. Paris. Vol. 1: 345-350.

Petrov, D., 1970. A new physiological race of Sunflower broomrape (*Orobanche cumana* Wallr.) in Bulgaria. *In*: Kovachevski *et al.*, (eds.) Plant protection in the service of agriculture. Bulgarian Acad. Sci. Press, Sofia. pp. 37-48. (In Bulgarian)

Petrović, M., Kastori, R., Škorić, D. and Petrović, N., 1992. Sunflower lines and hybrids response to water stress. Helia 15(17): 57-64.

Pham–Delegue, M.H., Masson, C., Etievant, P. and Azar, M., 1986. Selective olfactory choices of the honeybee among Sunflower aromas: a study by combined olfactory conditioning and chemical analysis. Journal of Chemical Ecology 12(3): 782-793.

Pistolesi, G., Cecconi, F., Baroncelli, S. and Rocca, M., 1986. Stressing Sunflower (*Helianthus annuus* L.) plants as a method for speeding breeding techniques. Z. Pflanzenzüchtung 96: 90-93.

Plachek, E.M., 1930. Achievements and future directions of Sunflower breeding. Semenovodstvo. (In Russian)

Plesničar, M., Sakač, Z., Panković, D. and Ćupina, T., 1995. Responses of photosynthesis and carbohydrate accumulation in Sunflower leaves to short-term water stress. Helia 18(22): 25-36.

Pogorletskiy, B.K. and Geshele, E.E., 1976. Resistence of the Sunflowers to broomrape, downy mildew and rust. Proc. 7th Intl. Sunflower Conf. Krasnodar, USSR, June 27 to July 3. Intl. Sunflower Assoc. Paris. Vol. 1: 238-243.

Pogorletsky, B.K., 1971. Resistance to broomrape of F_1 Sunflower hybrids. Bilten-VSGI, Odessa. 14: 51-53. (In Russian)

Popov, A., Lazarov, M., Spirova, M. and Stoyanova, J., 1965. On the problem in obtaining hybrid seeds in Sunflowers. Academy of Science, Sofia. (In Bulgarian)

Popović, M., Gasi O., Hong, Z., Kraljević-Balalić, M. and Škorić, D., 1992. Activity of nitrogen assimilation enzymes in leaves of young plants of Sunflower (*Helianthus annuus* L.). Helia 15(17): pp. 33-44.

Prabakaran, A.J. and Sujatha, M., 2000. Breeding for *Alternaria* resistance in Sunflower: aproaches for introgression from wild Sunflowers. Proc. 15th Intl. Sunflower Conf. Toulouse, France, June 12-15. Intl. Sunflower Assoc. Paris, France. Vol. 2: 031-036.

Prakash, A.H., Vajranabhaiah, S.N. and Reddy, P.C., 1993. Effect of salt stress on callus development from hypocotyl segments of Sunflower (*Helianthus annuus* L.) genotypes. Helia 16(18): 71-76.

Prakash, A.H., Vajranabhaiah, S.N., Reddy, P.C. and Purushothama, M.G., 1996. Differences in growth, water relations and solute accumulation in the selected calluses of Sunflower (*Helianthus annuus* L.) under sodium chloride atress. Helia 19(25): 149-156.

Prats, J., 1970. Avenir du tournesol. Bull. Tech. Inf. Serv. Agric. Paris. pp. 615-622.

Prats-Perez, E., Bazzalo, M.E., Leon, A. and Jarrim-Novo, J.V., 2000. Accumulation of soluble phenolic compounds in Sunflower capitula correlates with tolerance to *Sclerotinia sclerotiorum*. Proc. 15th Int. Sunflower Conf. Toulouse, France, June 12-15. Intl. Sunflower Assoc. Paris, France. Vol. 2: K35-41.

Prioletta, S. and Bazzalo, M.E., 1998. Sunflower basal stalk rot (*Sclerotinia sclerotiorum*): its relationship with some yield components reduction. Helia 21(29): 33-44.

Priya, V., Sassikumar, D., Sudhagar, R. and Gopalan, A., 2003. Androgenetic response of Sunflower in different culture environments. Helia 26(38): 39-50.

Pugliesi, C., Biasini, M.G., Fambrini, M. and Baroncelli, S., 1993. Genetic transformation by *Agrobacterium tumefaciens* in the interspecific hybrid *Helianthus annuus* × *Helianthus tuberosus*. Plant Science 93: 105-115.

Pugliesi, C., Cecconi, F., Mandolfo, A. and Baroncelli, S., 1991. Plant regeneration and genetic variability from tissue cultures of Sunflower (*Helianthus annuus* L.). Plant Breed. 106(2): 114-121.

Puscasu, A. and Iuoras, M., 1987. Preliminary research on the resistance of some *Helianthus* species to *Erysiphe cichoracearum* D.C., sp. *Helianthi* Jocz. Bul. de Prot. Plant. No. 1: 23-27.

Pustovoit, G.V. and Borodin, G.S., 1983. Results of first cycle of recurrent selection for resistance charcoal rot (*Sclerotium baticola*). Zbornik VNIIMK. No. 82: 5-8. Krasnodar. (In Russian)

Pustovoit, G.V. and Gubin, I.A., 1974. Results and prospects in Sunflower breeding for group immunity by using the interspecific hybridization method. Proc. 6th Intl. Sunflower Conf. pp. 373-383. Bucharest. Romania. July 22-24. Intl. Sunflower Assoc. Wageningen. Holland.

Pustovoit, G.V. and Krohin, E.Ya., 1978. Inheritance of resistance to main pathogens of interspecies Sunflower hybrids. Zbornik VNIIMK- Pests and diseases of oil crops. pp. 40-43. Krasnodar, USSR. (In Russian)

Pustovoit, G.V. and Slysar, E.L., 1978. Sunflower selection to resistance to rust. Zbornik VNIIMK- Pests and diseases of oil crops. pp. 52-57. Krasnodar. USSR. (In Russian)

Pustovoit, G.V., 1963. Sunflower breeding for group resistance by interspecific hybridization. (In Russian)

Pustovoit, G.V., 1975. Sunflower breeding for group resistance by interspecific hybridization. Kolos, Moscow. pp. 164-210. (In Russian)

Pustovoit, G.V., 1978. Main results of Sunflower breeding for group resistance in VNIIMK. Zbornik-VNIIMK: Pests and diseases of oil crops. pp. 52-58. Krasnodar. (In Russian)

Pustovoit, G.V., 1978. Main results of Sunflower breeding for group resistance in VNIIMK. Pests and diseases of oil crops. Zbornik-VNIIMK. pp. 32-39. Krasnodar. USSR. (In Russian)

Pustovoit, G.V., Italovskiy, V.P. and Sljuser, E.L., 1976. The results and prospective of Sunflower breeding to group resistance by the method of interspecies hybridization. Proc. 7th Intl. Sunflower Conf. pp. 93-101. Krasnodar. USSR. June 27–July 3. "Kolos". Intl. Sunflower Assoc. Toowoomba. Australia. (In Russian)

Pustovoit, V.S. and Borodin, G.S., 1983. Results of first cycle of recurrent Sunflower selection for resistance to charcoal. NTB VNIIMK, Krasnodar, 82: 5-6. (In Russian)

Pustovoit, V.S. and Djakov, A.B. 1971. Sunflower yield and its increase in selection process. Selekciya i semenovodstvo. 1: 25-30. (In Russian)

Pustovoit, V.S. and Djakov, A.B. 1972. On Sunflower selection on protein content in seeds. Vest. s/h Nauki. 7: 11-15. (In Russian)

Pustovoit, V.S. and Krasnokutskaja, O.N., 1976. Wild *Helianthus* species as the results of Sunflower selection for disease resistance. *In*: Proc. 7th Intl. Sunflower Conf., Krasnodar, Russia, 27 June–3 July 1976. Intl. Sunflower Assoc., Paris, France. pp. 202-205. (In Russian)

Pustovoit, V.S. and Krohin, E.J., 1978. The inheritance of resistance to major pathogenes in interspecies Sunflower hybrids. *In*: VNIIMK Rewiev: Pests and diseases of oil crops, Krasnodar. pp. 40-44. (In Russian)

Pustovoit, V.S. and Skuropet, Z.J., 1978. Resistance in wild species of genus *Helianthus*. *In*: VNIIMK Rewiev: Pests and diseases of oil crops, Krasnodar. pp. 45-49. (In Russian)

Pustovoit, V.S. and Sljusar, E.L., 1975. The methods of assessment and choice of interspecies Sunflower hybrids in selection for resistance to rust. Bjulleten VNIIMK, Vipusk, Krasnodar. 2: 3-6. (In Russian)

Pustovoit, V.S. and Sljusar, E.L., 1978. Sunflower selection for rust resistance. *In*: VNIIMK Rewiev: Pests and diseases of oil crops, Krasnodar. pp. 52-58. (In Russian)

Pustovoit, V.S., 1963. Sunflower selection for group resistance by interspecies hybridization. Masličnije i efiromasličnije kulturi, Moscow. Pp. 75-93. (In Russian)

Pustovoit, V.S., 1966. Breeding, seed production and Sunflower crop management. Kolos, Moscow. pp. 1-368. (In Russian)

Pustovoit, V.S., 1966. Breeding, seed production and Sunflower production management it elected papers. Kolos, Moscow. pp. 1-368. (In Russian)

Pustovoit, V.S., 1967. Guidance for breeding and seed production of oil cultivars. Kolos, Moscow. pp. 1-351.

Pustovoit, V.S., 1975. Sunflower selection for group resistance by the methods of interspecies hybridization. Podsolnečnik, Kolos, Moscow. pp. 164-210. (In Russian)

Pustovoit, V.S., 1978. Main results of Sunflower selection for group resistance in VNIIMK. *In*: VNIIMK Rewiev: Pests and diseases of oil crops, Krasnodar. pp. 32-44. (In Russian)

Pustovoit, V.S., 1990. Selected work. Agropromizdat. Moscow. pp. 1-367. (In Russian)

Pustovoit, V.S., Ilatovskij, V.P. and Sljusar, E.L., 1976. The results and prospective of Sunflower selection to group resistance by the method of interspecies hybridization. Proc 7th Intl. Sunflower. Conf. Krasnodar. pp. 95-101. (In Russian)

Pustovoit, V.S., Plitnikova, T.J., Gubin, I.A., 1967. Sunflower selection and seed production. NTB VNIIMK, Krasnodar, Vipusk 3: 5-16. (In Russian)

Putt, E.D. 1964. Breeding behaviour of resistance to leaf mottle or Verticillium in sunflo-wer. Crop. Sci. 4 (2): 177-179.

Putt, E.D. and Sackston, W.E., 1957. Studies on Sunflower rust: I. Some sources of rust resistance. Canadian Journal of Plant Science, 37(1): 43-54. (doi: 10.4141/cjps57-005)

Putt, E.D. and Sackston, W.E., 1963. Studies of Sunflower rust: IV. Two genes R_1 and R_2 for resistance in the hosts. Canadian Journal of Plant Science, 43:(4): 490-496. (doi: 10.4141/cjps63-100)

Putt, E.D., 1943. Association of seed yield and oil content with other characters in the Sunflower. Sci. Agr. 23(7): 377-383.

Putt, E.D., 1957. Sunflower seed production, CDA, Publ. 1019, Ottawa.

Putt, E.D., 1958. Note on resistance of Sunflowers to leaf mottle disease. Can. J. Plant Sci. 38: 380-381.

Putt, E.D., 1962. The velue of hybrids and syntheties in Sunflower seed production. Can. J. of Plant Sci. 42: 488-500.

Putt, E.D., 1966. Heterosis, combining ability, and predicted synthetics from a diallel cross in Sunflower. Can. J. of Plant Sci. 46: 59-67.

Putt, E.D., Graig, B.M. and Carson, R.B., 1969. Variation in composition of Sunflower oil from composite samples and single seeds of varieties and inbred lines. J. Am. Oil. Chem. Soc. 46: 126-129.

Quaglia, M. and Zazzerini, A., 2007. *In vitro* screening for Sunflower (*Helianthus annuus* L.) resistant calli to *Diaphorte helianthi* fungal culture filtrate. Eur. J. Plant Pathol. 118: 393-340.

Qualset, C.O., 1982. Integration conventional and molecular genetics. California Agriculture 36(8): 29-30.

Quresh, Z. and Jan, C.C., 1993. Allelic Relationships among Genes for Resistance to Sunflower Rust. Crop Sci. 33: 235-238.

Quresh, Z., Jan, C.C. and Gulya, T.J., 1993. Resistance to Sunflower Rust and its Inheritance in Wild Sunflower Species. Plant Breeding. 110: 297-306.

Raducanu, F., Soare, G., Craiciu, D.S., 1995. Screening of Sunflower genotypes to *Sclerotinia sclerotiorum* (Lib.) de Bary by anther culture. 3rd European Symposium on Sunflower Biotechnology. Bad Munster am Stein, Germany. October 30–November 2. pp. 31

Raducanu, F., Vranceanu, A.V., Hagima, I. and Petcu, E., 2000. Studies about the influence of *Sclerotinia sclerotiorum* filtrates on some quantitative and qualitative traits in Romanian Sunflower genotypes *in vitro* and *in vivo* tested. Proc. 15th Int. Sunflower Conf. Vol. 2: K29-34. Toulouse. France. June 12-15. Intl. Sunflower Assoc. Paris. France.

Rains, D.W. 1982. Developing salt tolerance. California Agriculture 36(8): 30-31.

Rama, R.U., Lofgren, J. and Herada, W., 1983. Sclerotinia resistance. Problems and Progress. Proc. Sunflower Research Workshop, p. 22.

Rao, N.M. and Singh, B., 1977. Inheritance of some quantitative characters in Sunflower. Pantnagor, J. Res. 2 (2): 144-146.

Rashid, K., 1991. Incidence and virulence of *Puccinia helianthi* on Sunflower in western Canada during 1988-1990 Can. J. Plant Path. 13: 356-360.

Ravikumar, R.L., 1997. Effects of *Alternaria helianthi* toxin on Sunflower pollen. Helia 20(26): 29-34.

Ravishankar, K.V., Uma Shaanker, R., Ravishankar, H.M., Kumar, M.U. and Prasad, T.G., 1991. Development of drought tolerant Sunflower for semiarid tracts of India: duration of genotypes influence their performance under imposed moisture stress. Helia 14(15): 77-86.

Regina, M.V., Leite, B.C., Amorim, L., Filho, A.B., N. de Oliveira, M.C. and De Castro, C., 2008. Effect of sowing date and initial inoculums of *Alterneria helianthi* on Sunflower in the south region of Brazil. Proc. 17th Intl. Sunflower Conf. Vol. 1: 193-198. Cordoba. Spain. June 8-12. Intl. Sunflower Assoc. Paris. France.

Robert, N., Vear, F. and Tourvieille, D., 1987. Lheredite de la resistance a *Sclerotinia sclerotiorum* (Lib) de Bary chez le tournesol. I. Etude des reactions a deux tests myceliens. Agronomie 7: 423-429.

Robles, S.R., 1982. Stratified masal selection on Sunflower as a breeding method for synthetic varieties for forage or grain. Proc. 10th Int. Sunflower Conf. pp. 257. Surfers Paradise. Australia. March 14-18. Intl. Sunflower Assoc. Toowoomba. Australia.

Rodin, V.F., 1976. On the problem of the inheritance of low stem. Bjulleten-VNIIMK, Vipusk 2: 8-13, Krasnodar. (In Russian)

Rogers, C.E. and Kreitner, G.L., 1983. Phytomelanin of Sunflower Achenes: a Mechanism for Pericarp Resistance to Abrasion by Larvae of the Sunflower Moth (Lepidoptere: Phyralidae). Environmental Entomology. 12(2): 277-285.

Rovelo, C., Angeles-Espino, A. and Suarez, G., 1988. Obtencion de callo haploide de girasol (*Helianthus annuus* L.) medante el cultivo de anteras *in vitro*. Proc. 12th Int. Sunflower Conf. Vol. 2: 310-315. Novi Sad. Yugoslavia. July 25-29. Intl. Sunflower Assoc. Toowoomba, Australia.

Rulbul, A., Sahoglu, M., Sari, C. and Aydin, A., 1991. Determination of broomrape (*Orobanche cumana* Wallr.) races of Sunflower in the Thrace region of Turkey. Helia 14(15): 21-26.

Ruso, J., Sukno, S., Dominguez-Gimenez, J., Melero-Vera, J.H. and Fernández-Martínez, J.M., 1996. Screening of wild *Helianthus* species and derived lines for resistance to several population of Orobanche cernua. Plant Dis. 80: 1165-1169.

Sackston, W.E., 1962. Studies of Sunflower rust III. Occurrence, distribution and significance of races of *Puccinia helianthi* Schw. Can. J. Bot 40: 1449-1458.

Sackston, W.E., Bertero de Romano, A. and Vasquez, A., 1985. Race formulae to designate races of *Puccinia helianthi* of Sunflower. p. 385-389. Proc. 11th Intl. Sunflower Conf. Mer del Plata. Argentina. 10-13 March 1985. Intl. Sunflower Assoc. Toowoomba. Australia.

Saji, K.V. and Sujatha, M., 1998. Embryogenesis and plant regeneration in anther culture of Sunflower (*Helianthus annuus* L.) Euphytica 103(1): 1-7.

Sala, C., Bulos, M., Echarte, M., Whitt, S., Budziszewski, G., Howie, W., Singh, B. and Weston, B., 2008. Development of CLHA-PLUS: a novel herbicide tolerance trait in Sunflower conferring superior imidazolinone tolerance and ease of breeding. Proc. 17th

Intl. Sunflower Conf. Vol. 2: 489-494. Cordoba, Spain. June 8-12, 2008. Intl. Sunflower Assoc. Paris.

Sala, C.A., Bulos, M. and Echarte, A.M., 2008. Genetic Analysis of an Induced Mutation Conferring Imidazolinone Resistance in Sunflower. Crop. Sci. 48: 1817-1822.

Sala, C.A., Vazquez, A.N., de Romano, A.B. and Piubello, S., 1996. Yield losses in Sunflower (*Helianthus annuus* L.) due to head rot caused by *Sclerotinia sclerotiorum* (Lib.) de Bary. Helia 19(25): 95-104.

Salas, J.J., E. Martinez-Force and Garces, R., 2004. Biochemical characterization of high palmitoleic acid *Helianthus annuus* mutant. Plant Physiol.Biochem. 42(5): 373-381.

Saliman, M., Yand, S.M. and Wilson, I., 1982. Reaction of Helianthus soecies in Erysiphe cichoracearum. Plant Disease, 66(7): 572-573.

Sammataro, D. flottum, P.K. and Erickson, E.H., 1984. Factors contributing to honeybee preferences in Sunflower varieties. Proc. Sunflower Research workshop, February: 20-21.

Sammataro, D., Erickson, E.H.Jr. and Garment, M.B., 1985. Ultrastructure of the Sunflower nectar. Journal of Apicultural Research, 24 (3): 150-160.

Sammataro, D., Garment, M.B. and Erickson, E.H.Jr., 1985. Anatomical features of the Sunflower floret. Helia, Nr. 8: 25-30.

Sarić, M., Krstić, B. and Škorić, D., 1991. Element diversity in Sunflower inbred lines. Helia 14(15): 41-48.

Sato, T., Y. Takahata, T. Noda, T. Yanagisawa, T. Morishita and S. Sakai., 1995. Nondestructive determination of fatty acid composition of husked Sunflower (*Helianthus annuus* L.) seeds by near-infrared spectroscopy. J.Am. Oil Chem. Soc. 72: 1177-1183.

Sauerborn, J., Buschman, H., Ghiasvand-Ghiasi, K. and Kogel, H., 2002. Benzothiadiazole Activates Resistance in Sunflower (*Helianthus annus* L.) to the Root-Parasitic Weed *Orobanche cumana*. Phytophatology. 92(1): 59-64.

Savchenko, V.D., 2000. Manifestation of the effects of heterosis in TWC Sunflower hybrids and features of selection-seed genus with them. Abstract. M. Sc. Thesis. pp. 1-24. Kuban State University of Agriculture. Krasnodar. (In Russian)

Scelonge, C., Wang, L., Didney, D., Lu, G., Hastings, C., Cole, G., Mancl, M., D'Hautefeuille, J.L., Sosa-Dominguez, G. and Coughlan, S., 2000. Transgenic *Sclerotinia* resistance in Sunflower (*Helianthus annuus* L.). Proc. 15th Int. Sunflower Conf. Vol. 2: K66-72. Toulouse. France. June 12-15. Intl. Sunflower Assoc. Paris. France.

Schmidt, L., 1990. Genotypische Variation des Fettsauremusters der Sonnenblume (*Helianthus annuus* L.) und Moglichkeiten der Zuchtung von Sorten fur alternative Nutzung. Ph.D. Thesis. University of Giessen. Germany.

Schnabl, H., Binsfeld, P.C., Cerboncini, C., Dresen, B., Peisker, H., Wingender, R. and Henn, A., 2002. Biotechnological methods applied to produce *Sclerotinia sclerotiorum* resistant Sunflower. Helia 25(36): 191-198.

Schuster, W.H., 1964. Inzucht und Heterosis bei der Sonnenblume (*Helianthus annuus* L.). pp. 1-135. Wilhelm Schmitz Verlag. Giessen.

Schuster, W.H., 1993. Die Zuchtung der Sonnenblume (*Helianthus annuus* L.) Paul Perey, Scientific Publishers-Berlin and Hamburg. pp. 1-188.

Segala, A., Segala, M. et Piquemal, G., 1980. Recherches en vue d'ameliorer le degre d'autogamie des cultivars de Tournesol (I). Ann. Amelior. Plantes, 30 (2): 151-174.

Sendall, B.C., Kong, G.A., Goulter, K.C., Aitken, E.A.B., Thompson, S.M., Mitchell, J.H.M., Kochman, J.K., Lawson, W., Shatte, T. and Gulya, T.J., 2006. Diversity in the Sunflower: *Puccinia helianthi* pathosystem in Australia. Australian Plant Pathology. 35: 657-670.

Seneviratne, K.G.S., Ganesh, M., Ranganatha, A.R.G., Nagaraj, G. and Rukmini-Devi, K., 2004. Population improvement for seed yield and oil content in Sunflower. Helia 27(41): 123-128.

Serieys, H. and Christov, M., 2005. Identification, Study and Utilization in Breeding Programs on New CMS Sources. pp. 1-81. X Consultation Meeting. Novi Sad. Serbia. July 17-20. FAO. Rome.

Serre, F., Walser, P., Tourvieille de Labrouche, D. and Vear, F., 2004. *Sclerotinia sclerotiorum* capitulum resistance test using ascospores: Results over the period 1991-2003. Proc. 16th Intl. Sunflower Conf. Vol. 1: 129-134. Fargo, ND, USA. August 29 -September 2., 2004. Intl. Sunflower Assoc. Paris.

Shabana, M.R.A., 1974. Genetic variability of the yield components of oil in different Sunflower varieties and inbred lines. Ph.D. Thesis. pp. 1-129. Faculty of Agriculture, University of Novi Sad.

Shabana, R., 1990. Performance of a new synthetic Sunflower stock developed from local and introduced germplasm and further improvement via population improvement method. Helia 13(13): 11-16.

Shaik, S.M. and Ravikumar, R.L., 2003. Association between field and *in vitro* reaction to Alternaria leaf blight in Sunflower genotypes. Helia 26(38): 109-114.

Shapovalova, L.G., 2003. The influence of conditions under which hybrid Sunflower seed is produced on its genetic purity, yield components and seed quality. Abstract. M. Sc. Thesis. pp. 1-24. VNIIMK. Krasnodar. (In Russian)

Sharma, J.R., 1994. Principles and Practice of Plant Breeding. pp. 1-599. Tata McGraw-Hill Publishing Company Limited. New Delhi.

Shein, S.E., 1978. An evaluation of early generation testing for general combining ability in Sunflower. Proc. 8th Int. Sunflower Conf. pp. 432-436. Mineapolis. Minnesota. USA. July 23-27. Intl. Sunflower Assoc. Toowoomba. Australia.

Shindrova, P., 2005. Broomrape (*Orobache cumana* Wallr.) in Bulgaria.

Shobha Rani, T. and Ravikumar, R.L., 2006. Sporophytic and gametohytic recurrent selection for improvement of partial resistance to *Alternari*a leaf blight in Sunflower (*Helianthus annuus* L.). Euphytica. 147: 421-431.

Shopov, T., 1975. Powdery mildew, a new disease on Sunflower in Bulgaria (In Bulgarian). Rast. zashch. 23(9): 10-12.

Shumnyi, V.K., Sokolov, V.A. and Vershinin, A.V., 1982. Heterosis and Mechanisms of Overdominance. *In*: Geterozis (Heterosis), Minsk: Nauka i Tekhnika, pp. 109-141.

Shurupov, V.G., Belevztev, D.N., Gorbachenko, F.I. and Karamishev, V.G., 2004. Dostizheniya Donskoy opitnoy stancii po maslichnim kulturam, immeni L.A. Zhdanova. (1924-2004.) Rostov na Donu. pp. 1-250.

Simpson, B.W., C.M. Mcleod and George, D.L., 1989. Selection for high linoleic acid in Sunflower (*Helianthus annuus* L.). Auust. J. Exp. Agric. 29:233-239.

Singh, B.D., 2000. Plant Breeding-Principies and Methods. Kalyani Publishers. Ludhiana, New Delhi, Noida, India. pp. 1-896.

Škaland, V. and Kovačik, A., 1973. Effects of heterosis for interspecies Sunflower hybrids at various levels of inbreeding parental lines. Heterosis and Field Crops. Abstracts. pp. 42. Varna. Bulgaria. (In Russian)

Škaloud, V. and Kovačik, A., 1974. Inheritance of some heteromorphic characters in Sunflower (*Helianthus annuus* L.). Proc 6th Intl. Sunflower Conf. pp. 291-295. Bucharest, Romania. pp. 291-295. Intl. Sunflower Assoc., Toowoomba, Australia.

Škaloud, V. and Kovačik, A., 1984. Method emploing partial correlation and path coefficient to identified recombination progenies. Sbornik Vysoke Skoly zemedelske v Brne. No.4: 265-269. Ceskoslovensko.

Škaloud, V. and Kovačik, A., 1992. Study of inheritance of progressive Sunflower plant traits in relation to stand density. Helia. 15. No. 17. pp. 25-32.

Škaloud, V. and Kovačik, A., 1994. Findings on Sunflower self-fertility in connection with line hybridization. Helia 17(20): 13-20.

Škaloud, V. and Kovačik, A., 1996. Evaluation of self-fertility in Sunflower lines. Genet. a Slecht. 32(4): 265-274.

Škorić, D. and Jocić, S., 2004. Achievements of Sunflower breeding at the IFVC in Novi Sad. *In*: Seiler, G.J. [ed.], Proc. 16th Intl. Sunflower Conf., Fargo, ND, USA, 29 August-4 September 2004. Intl. Sunflower Assoc., Paris, France. 2: 451-458.

Škorić, D. and Jocić, S., 2005. Broomrape (*Orobanche cumana* Wallr.) and its possible control genetic and chemical means. *In*: Proc. 46th meeting of oil processing industry: "Production and processing of oilseeds", Petrovac na Moru, Montenegro, June 6-10, 2005. Busines association "Industrial plants", Novi Sad, Serbia. 46: 9-21.

Škorić, D. and Marinković, R., 1990. Current state in breeding and problems in Sunflower production. *In*: Proc. 31st meeting of oil processing industry: "Production and processing of oilseeds", Herceg Novi, Montenegro, June, 1990. Busines association "Industrial plants", Novi Sad, Serbia. 31: 1-15. (In Serbian).

Škorić, D. and Păcureanu-Joița, M., 2011. Possibilities for increasing Sunflower resistance to broomrape (*Orobanche cumana* Wallr.) Journal of Agricultural Science and Technology. B1: 151-162.

Škorić, D., 1975. Possibilities of using heterosis based on male sterility for Sunflower. Ph.D. Thesis. University of Novi Sad. Agriculture Faculty. pp. 1-148. (In Serbian).

Škorić, D., 1976. The way of inheritance of oil content in the seeds in F_1 generation and the components of genetic variability. Proc 7th Intl. Sunflower Conf. Vol. 1: 151-155. Krasnodar. USSR. June 27- July 3. Intl. Sunflower Assoc. Toowoomba. Australia.

Škorić, D., 1980. Desired model of hybrid Sunflower and the newly developed NS-hybrids. Helia. 3: 19-24.

Škorić, D., 1982. Correlations for important agronomic characters between parent lines and F_1 hybrids of Sunflower. Proc. 10th Int. Sunflower Conf. p. 238. Surfers Paradise. Australia. March 15-18. Intl. Sunflower Assoc. Toowoomba. Australia.

Škorić, D., 1982. Reaction of the assortment to *Phomopsis* sp. and possibilities of Sunflower breeding for resistance to the pathogen. (In Serbian). Uljarstvo. No. 1: 15-22. Belgrade.

Škorić, D., 1985. Mode of inheritance of LAI in F_1 generation of different Sunflower inbreds. Proc 11th Intl. Sunflower Conf. Vol. 1: 675-682. Mar del Plata. Argentina. March 10-13. Intl. Sunflower Assoc. Toowoomba. Australia.

Škorić, D., 1985. Sunflower breeding for resistance to *Diaporthe/Phomopsis helianthi*. Munt.-Cvet. *et al.,* Helia 8: 21-24.

Škorić, D., 1988. Screening for resistance in wild Sunflower forms in order to create resistant hybrids. Int. Symposium on Sci. and Biotechnol. for an Integral Sunf. Utilization. Pisa. Italy. pp. 24-26.

Škorić, D., 1988. Sunflower breeding. Uljarstvo, 25(1): 1-90.

Škorić, D., 1989. Sunflower breeding. *In*: Polak, V. (ed.), Sunflower-Monograph, Nolit, Beograd, 1989. pp. 285-393. (In Serbian)

Škorić, D., 1992. Achievements and future directions of Sunflower breeding. Field Crops Research 30: 231-270.

Škorić, D., 1998. Sixty years of Sunflower breeding at the Institute of Field and Vegetable Crops. *In*: Stamenković, S. [ed.], Proc.

2nd. Balkan Symposium of field crops, Novi Sad, Yugoslavia, June 16-20, 1998, Institute of Field and Vegetable Crops, Novi Sad, Yugoslavia. 1: 65-69.

Škorić, D., 2009. Sunflower breeding for resistance to abiotic stresses. Helia 32(50): 1-16.

Škorić, D., Bedov, S. and Konstantinov, K., 1978. Studies of oil and protein contents and compositions in genetically divergent Sunflower genotypes. Proc. 8th Int. Sunflower Conf. pp. 516-524. Mineapolis. Minnesota. USA. July 23-27. Intl. Sunflower Assoc. Toowoomba. Australia.

Škorić, D., Demurin, Y. and Jocić, S., 1996. Development of hybrids with various oil qualities. Proc. 14th Int. Sunflower Conf. Vol. 1: 54-60. Beijing. China. June 12-20. Intl. Sunflower Assoc. Paris. France.

Škorić, D., Jocić, S. and Lečić, N., 1999. Sunflower breeding for different oil quality. Genetics and Breeding for Crop Quality and Resistance. pp. 339-346. Klumar Academic Publishers. Dordrecht/Boston/London.

Škorić, D., Jocić, S. and Molnar, I., 2000. General and specific combining abilities in Sunflower. In: Proc 15th Intl. Sunflower. Conf. Vol. 2: E23-29. Toulouse. France. June 12-15. Intel. Sunflower Assoc. Paris. France.

Škorić, D., Jocić, S., Jovanović, D., Hladni, N., Marinković, R., Atlagić, J., Panković, D., Vasić, D., Miladinović, F., Gvozdenović, S., Terzić, S. and Sakač, Z. 2006. Achievements of Sunflower breeding. Periodicals of Institute of Field and Vegetable Crops Novi Sad, Novi Sad. pp. 131-171. (In Serbian)

Škorić, D., Jocić, S., Lečić, N. and Sakač, Z., 2006. Possibility of producing Sunflower hybrids with different oil quality. (In Serbian) In: "Production and Processing of Oilseeds" Proceedings of the 47th Oil Industry Conference. pp. 9-19.

Škorić, D., Jocić, S., Lečić, N. and Sakač, Z., 2007. Development of Sunflower hybrids with different oil quality. Helia. 30(47): 205-212.

Škorić, D., Jocić, S., Lečić, N., 1998. Sunflower breeding for different oil quality. Proc. 15th Eucarpia Congress. Viterbo. Italy. 339-346.

Škorić, D., Jocić, S., Sakač, Z. and Lečić, N., 2008. Genetic possibilities for altering Sunflower oil quality to obtain novel oils. Canadian Journal of Physiology and Pharmacology. 86(4): 215-221.

Škorić, D., Marinković, R., 1986. Most recent results in Sunflower breeding. Jodelmezob. Napraforgo Termesztes. Budapest, 24-28.

Škorić, D., Mihaljčević, M., Jocić, S., Marinković, R., Dozet, B., Atlagić, J. and Hladni, N., 1996. New results in Sunflower breeding (In Serbian). Production and Processing of Oilseeds. Proc. 37th Oil Industry Conf. Budva. pp. 18-25.

Škorić, D., Rajčan, I., 1992. Breeding for Sclerotinia tolerance in Sunflower. Proc 13th Intl. Sunflower Conf. Vol. 2: 1257-1262. Intl. Sunflower Assoc. Italy. September 7-11. Intl Sunflower Assoc. Paris. France.

Škorić, D., Vőrősbaranyi, Ćupina, T. and Marinković, R., 1978. Inheritance of fatty acid composition in F1 generations of Sunflower. Proc 8th Intl. Sunflower Conf. pp. 472-479. Mineapolis. USA. July 23-27. Intl. Sunflower Assoc., Toowoomba, Australia.

Škorić, D., Vőrősbaranyi, I. and Bedov, S., 1982. Variability in the composition of higher fatty acids in oil of Sunflower inbreds with different oil contents in seed. Proc. 10th Int. Sunflower Conf. pp. 215-218. Surfers Paradise. Australia. March 15-18. Intl. Sunflower Assoc. Toowoomba. Australia.

Škorić, D., Vőrősbaranyi, I. and Bedov, S., 1986. Development of Sunflower inbred lines with modified content of ftty acids in oil. (In Serbian). Uljarstvo. Vol. 23. Nr. 1-2: 7-11.

Škorić, D., Vrebalov, T., Ćupina, T., Turkulov, J., Marinković, R., Maširević, S., Atlagić, J., Tadić, L., Sekulić, R., Stanojević, D., Kovačević, M., Jančić, V., Sakač, Z., 1989. Sunflower (monography). Nolit. Beograd. 1-635.

Soldatov, K.I., 1976. Chemical mutagenesis in Sunflower breeding. In: Proc. 7th Intl. Sunflower Conf., Krasnodar, Russia. June 27–July 3. Intl. Sunflower Assoc., Paris, France. pp. 352-357.

Spirova, M., 1966. On pollination and fertilization of some Sunflower lines. (In Bulgarian). Plant Science. Vol. 3. No. 2: 3-11. Sofia.

Sreehari, M., Govinda-Rao, N. and Sastry, K.S., 1992. Studies on insect transmission of Sunflower mosaic disease. Helia. Vol. 15, Nr. 17: 65-68.

Stafford, R.E., Rogers, C.E. and Seiler, G.J., 1984. Pericarp Resistance to Mechanical Puncture in Sunflower. Crop. Sci. Vol. 24: 891-894.

Stanković, V., 2005. Phenotypic and genotypic correlations of morphophysiological traits and yield components of protein Sunflower (*Helianthus annuus* L.) M. Sci. Thesis. pp. 1-68. Faculty of Agriculture, University of Novi Sad. (Serbian).

Stoyanova, Y. and Ivanov, P., 1975. Inheritance of oil and protein content in first hybrid progeny in Sunflower (In Bulgarien). Rastenievod. Nauk. 12 (9): 30-35, Sofia.

Stoyanova, Y., 1970. On the inheritance of male sterility in certain sources of this character in Sunflower. Genetics and Plant breeding, Vol. 3, No. 6: 451-459, Sofia.

Stoyanova, Y., 1978. Frequence of occurrence and rate of heterosis with respect to productivity of Sunflower. Proc 8th Intl. Sunflower. Conf. 449-453. Minneapolis. USA. July 23-27. Intel. Sunflower Assoc. Toowoomba. Australia.

Stoyanova, Y., Ivanov, P. and Georgiev, I., 1971. Inheritance of certain features in F_1 in Sunflower. Genetics and Plant breeding, Vol. 4, No. 1: 3-14, Sofia.

Stoyanova, Y., Velkov, V. and Ivanov, P., 1975. Current state and problems of heterosis in Sunflower. Bjulleten-VNIIMK, Vipusk 2: 7-11, Krasnodar. (In Russian)

Subrahmanyam, S.V.R., Kumar, S.S. and Ranganatha, E.R.G., 2003. Genetic divergence for seed parameters in Sunflower (*Helianthus annuus* L.). Helia. Vol. 26, Nr. 38: 73-80.

Sudhakar, D., Seetharam, A., Sindai, S.S., 1984. Analysis of combining ability in Sunflower. Oilseeds Journal, 1, 157-166., Mineapolis. USA. July 22-27. Intl. Sunflower Assoc., Toowoomba, Australia.

Sujatha, M. and Prabakaran, A.J., 1997. Propagation and maintenance of wild Sunflower *in vitro*. Helia 20(27): 107-114.

Sujatha, M. and Prabakaran, A.J., 2000. *In vitro* capitulum induction on shoot cultures of *Helianthus* species. Helia 23(33): 113-120.

Sujatha, M. and Prakabaran, A.J., 2006. Ploidy manipulation and introgression of resistance to *Alternaria helianthi* from wild hexaploid *Helianthus* species to cultivated Sunflower. (*Helianthus annuus* L.) aided by another culture. Euphatica 152: 2010-2015.

Sujatha, M., Prakabaran, A.J. and Chattopadhyay, C., 1997. Reaction of wild Sunflowers and certain interspecific hybrids to *Alternaria helianthi*. Helia 20(27): 15-24.

Sukno, S., Jan, C.C., Melero-Vera, J.H. and Fernández-Mártinez, J.M., 1998. Reproductive behavior and broomrape resistance in interspecific hybrids of Sunflower. Plant Breeding. 117: 279-285.

Sukno, S., Melero-Vara, J.M. and Fernández-Martinez, J.M,, 1999. Inheritance of Resistance to *Orobanche cernua* Loefl. in Six Sunflower lines. Crop Sci. 39: 674-678.

Šulc, D., Vörösbaranyi, I., Navalušić, J. and Pećo, N., 1988. Chemical composition, structural characteristics and jellying capacity of Sunflower pectins. p. 525-526. *In*: Proc. 12th Intl. Sunflower Conf., Novi Sad, Yugoslavia. July 25-29. Intl. Sunflower Assoc., Paris, France.

Suzer, S. and Atakısı, I., 1993. Yield components of Sunflower hybrids of different height. Helia 16(18): 35-40.

Tahmasebi-Enferadi, S., Turi, M., Baldini, M. and Vannozzi, G.P., 2000. Comparison between artificial inoculation and culture filtrate of *Sclerotinia sclerotiorum* Lib. de Bary treatments on nine Sunflower genotypes. Proc. 15th Int. Sunflower Conf. Vol. 2: K23-28. Toulouse. France. June 12-15. Intl. Sunflower Assoc. Paris. France.

Takhtadzhian, A.L. 1970. Origin and pattern of flowers on Sunflower plants. L.: 304. (In Russian)

Tang, S., Heesacker, A., Kishore, V.K., Fernandez, A., Sadik, E.S., Cole, G. and Knnap, S.J., 2003. Genetic Mapping of the Or_5 Gene for Resistance to *Orobanche* Race E in Sunflower. Crop Sci. 43: 1021-1028.

Tang, S., J-K. Yu, M.B. Slabaugh, D.K. Shintani and S.J. Knapp., 2002. Simple sequence repeat map of the Sunflower genome. Theor. Appl. Genet. 105: 1124-1136.

Thompson, T.E., Rogers, C.E., Zimmerman, D.C., Huang, H.C., Whelan, E.D.P. and Miller, J.F., 1978. Evaluation of *Helianthus* species for disease resistance and oil content and quality. pp. 501-509. In Proc. 8th Intl. Sunflower Conf., Minneapolis, MN. July 23-27. Intl. Sunflower Assoc., Paris, France.

Thompson, T.E., Zimmerman, D.C. and Rogers, C.E., 1981. Wild *Helianthus* as a genetic resource. Field Crops Res. 4: 333-343.

Tikhonov, O.I., Bochkarev, N.I., Dyakov, A.B. *et al.*, 1991. Sunflower biology, plant breeding and growing technology. "Agropromizdat", Moscow. (VASKHNIL). pp. 1-268.

Todorova, M. and Ivanov, P., 1999. Induced parthenogenesis in Sunflower: effect of pollen donor. Helia. Vol. 22, No. 31: 49-56.

Todorova, M., Dahlhoft, M. and Friedt, W., 1993. Microspore culture in Sunflower (*Helianthus annuus* L.). Series B–Bio Technology, Bio Technological equipment. No. 4: 83-90.

Todorova, M., Ivanov, P., Nenova, N. and Encheva, J., 2004. Effect of female genotype on efficiency of γ-induced parthenogenesis in Sunflower (*Helianthus annuus* L.). Helia. Vol. 27. No. 41: 67-74.

Todorova, M., Ivanov, P., Shindrova, P. and Christov, M., 1995. Dihaploid plant production of Sunflower (*H. annuus* L.) through induced parthenogenesis. 3rd European Symposium on Sunflower Biotechnology. (Summerys). p.32. Bad Munster am Stein, Germany. October 30- November 2.

Tolmacheva, N.N., 2007. Making a genetic collection of Sunflower belonging to erectoid leaf type. M. Sc. Thesis (Autoreferat). Kuban Agricultural State University. Krasnodar. pp. 1-22, (In Russian)

Tourvieille de Labrouche, D., Ducher, M., Philippon, J., Meliala, C. and Walser, P., 2000. Les methods d'analyse du mildion. pp. 55-67. CETIOM-INRA. Paris. France.

Tourvieille de Labrouche, D., Serre, F., Walser, P., Philippon, J., Vear, F., Tardin, M.C., Andre, T., Castellanet, P., Chatre, S., Costes, M., Jouve, Ph., Madeuf, J.L., Mezzaroba, A., Plegades, J., Pauchet, I., Mestries, E., Penaud, A., Pinochet, X., Serieys, H. and Griveau, Y., 2004a. Partial, non-race-specific resistance to downy mildew in cultivated Sunflower lines. Proc. 16th Intl. Sunflower Conf. Vol. 1: 105-110. Fargo, ND, USA. August 29–September 2. 2004. Intl. Sunflower Assoc. Paris.

Tourvieille de Labrouche, D., Serre, F., Walser, P., Philippon, J., Vear, F., Tardin, M.C., Andre, T., Castellanet, P., Chatre, S., Costes, M.,

Jouve, Ph., Madeuf, J.L., Mezzaroba, A., Plegades, J., Pauchet, I., Mestries, E., Penaud, A., Pinochet, X., Serieys, H. and Griveau, Y., 2004b. Partial, non-race-specific resistance to downy mildew in cultivated Sunflower lines. Proc. 16th Intl. Sunflower Conf. Vol. 1: 111-116. Fargo, ND, USA. August 29–September 2. 2004. Intl. Sunflower Assoc. Paris.

Tourvieille de Labrouhe, D., 2000. Disease control concerns every body: the example of Sunflower downy mildew. Proc 15th Intl. Sunflower Conf. Vol. 1: PLC1-8. Toulouse, France. June 12-15. 2000. Intl. Sunflower Assoc. Paris.

Tourvieille, D. and Vear, F., 1990. Heredity of resistance to *Sclerotinia sclerotiorum* in Sunflowers. III. Study of reactions to artificial infections of roots and cotyledons. Agronomie 10: 323-330.

Tourvieille, D.L., Guillaumin, J.J., Vear, F. and Lamarque, C., 1978. Role des ascopores dans l'infection du tournesol par *Sclerotinia sclerotiorum* (Lib) de Bary. Ann. Phytopathol. 10: 417-431.

Tourvieille, D.L., Vear, F. and Pelletier, C., 1988. Use of two mycelium tests in breeding Sunflower resistance to *Phomopsis*. p. 110-114. In Proc. 12th Intl. Sunflower Conf., Novi Sad, Yugoslavia. July 25-29. Intl. Sunflower Assoc., Paris, France.

Triboi, A.M., Messaoud, J., Debaeke, P., Lecoeur, J. and Vear, F., 2004. Heridity of Sunflower leaf characters as yield predictors. Proc. 16th Int. Sunflower Conf. Vol. 2: 517-524. Fargo. ND. USA. August 29–September 2. Intl. Sunflower Assoc. Paris. France.

Turkav, S.Z., 1995. Genetics of isoferments in the selection of Sunflower hybrids. Master thesis. pp. 1-142. RASHN. VNIIMK. Krasnodar. (In Russian)

Tyagi, A.P., 1988. Combining ability analysis for yield components and maturity traits in Sunflower (*Helianthus annuus* L.). pp. 489-493. In Proc. 12th Intl. Sunflower Conf., Novi Sad, Yugoslavia. July 25-29. Intl. Sunflower Assoc., Paris, France.

Udaya Kumar, M. and Krishna Sastry, K.S., 1975. Effect of growth regulators on germination of dormant Sunflower seeds. Seed Res. 3(2): 61-65.

Unrau, J. and White, W.J., 1944. The yield and other characters of inbred lines and single crosses of Sunflowers. Sci. Agric. 24: 516-528.

Unrau, J., 1947. Heterosis in relation to Sunflower breeding. Sci. Agric. 27: 414-427.

Van Becelaere, G. and Miller, J.F., 2004. Methods of inoculation of Sunflower heads with *Sclerotinia sclerotiorum* (Lib.) de Bary. Helia. Vol. 27, No. 41: 137-142.

Vannozzi, G.P., Megale, P. and Salera, E., 1990. Germination ability of achenes of *Helianthus* genus wild species interspecific hybrids. Helia. 13. No. 13. pp. 135-142.

Vannozzi, G.P., Megale, P. and Salera, E., 1990. *Helianthus* genus wild species, interspecific hybrids: morphological and technological characters. Helia. 13. No. 13. pp. 127-133.

Vanozzi, G.P., Menichincheri, M., Gomez-Sanchez, D., 1996. Evaluation of experimental Sunflower hybrids derived from interspecific crosses for drought tolerance. ISA-Symposium II: Drought Tolerance in Sunflower. pp. 85-97. Beijing. China. June 14. 1996. Intl. Sunflower Assoc. Paris.

Vasić, D., 2003. Sunflower Somatic Hybridization. Edition Dissertatio, The Andrejevic Endowment, Belgrade. pp. 1-120.

Vasić, D., Alibert, G. and Škorić, D., 1999. *In vitro* screening of Sunflower for resistance to *Sclerotinia sclerotiorum* (Lib) de Bary. Helia 22(31): 95-104.

Vasić, D., Škorić, D. and Jocić, S., 2000. Anther culture of Sunflower cultivars. Proc 15th Intl. Sunflower Conf. Vol. 2: L52-55. Toulouse, France. June 12-15. Intl. Sunflower Assoc. Paris. France.

Vasić, D., Škorić, D., Gilbert, A. and Miklič, V., 2001. Micropropagation of *Helianthus maximiliani* Schreder, by shot apex culture. Helia. 24(34): 63-68.

Vear, F, Garreyn, M. and Tourvieille de Labrouhe, D., 1997. Inheritance of resistance to phomopsis (*Diaporthe helianthi*) in Sunflower. Plant Breeding. 116: 277-281.

Vear, F. and Tourvieille, D., 1984. Recurrent selection for resistance to *Sclerotinia sclerotiorum* in Sunflowers using artificial infections. Agronomie 4: 789-794.

Vear, F. and Tourvieille, D., 1988. Heredity of resistance to *Sclerotinia sclerotiorum* in Sunflowers. II. Study of capitulum resistance to natural and artificial ascospore infections. Agronomie 8: 503-508.

Vear, F. and Tourvielle de Labrouhe, D., 1985. Resistance to *Sclerotinia sclerotiorum* in Sunflower. Proc 11th Intl. Sunflower Conf. Vol. 2: 357-362. Mar del Plata. Argentina. March 10-13. Intl. Sunflower Assoc. Toowoomba. Australia.

Vear, F., 2004. Breeding for durable resistance to the main diseases of Sunflower. Proc. 16th Int. Sunflower Conf. Vol. 1: 15-28. Fargo. ND. USA. August 29-September 2. Intl. Sunflower Assoc. Paris. France.

Vear, F., Jouan-Dufournet, I. Bert, P-F., Serre, F., Cambon, F., Pont, C., Walser, P., Roche, S., Tourvieille de Labrouhe, D. and Vincourt, P., 2008. QTL for capitulum resistance to *Sclerotinia sclerotiorum* in Sunflower. Proc. 17th Intl. Sunflower Conf. Vol. 2: 605-610. Cordoba. Spain. June 8-12. Intl. Sunflower Assoc. Paris. France.

Vear, F., Pham-Delegue, M., Tourvielle de Labrouhe, D., Marilleau, R., Loublier, Y., Le Metayer, M., Donault, P. and Philippon, J.P.,

1990. Genetical studies of nectar and pollen production in Sunflower. Agronomie 10: 219-231.

Vear, F., Pinochet, X., Cambon, F. and Philippon, J., 2000. La lutte genetique, une methode efficace a privilegier. *In*: Tourvieille de Labrouhe D, Pilorge E, Nicolas P and Vear F, (eds.) Le mildiou du tournesol. Paris: INRA Editions. pp. 125-135. CETIOM-INRA. Paris. France.

Vear, F., Serre, F., Roche, S., Walser, P. and Tourvieille de Labrouhe, D., 2007. Improvement of *Sclerotinia sclerotiorum* head rot resistance in Sunflower by recurrent selection of a restorer population. Helia. 30(46): 1-12.

Vear, F., Serre, F., Walser, P., Bony, H., Joubert, G. and Torvieille de Labrouhe, D., 2000. Pedigree selection for Sunflower capitulum resistance to *Sclerotinia sclerotiorum*. Proc. 15th Int. Sunflower Conf. Vol. 2: K42-47. Toulouse. France. June 12-15. Intl. Sunflower Assoc. Paris. France.

Vega, T.A., Nestares, G.M., Zorzoli, R. and Picardi, L., 2006. Responsive regions for direct organogenesis in Sunflower cotyledons. Acta Physiologiae Plantarum. Vol. 28, No. 5: 427-431.

Velasco, L. and Fernández-Martínez, J.M., 2003. Identification and genetic characterization of new sources of beta and gamma tocopherol in Sunflower germoplasm. Helia. 26(38): 17-24.

Velasco, L., B. Pérez-Vich and Fernández-Martínez, J.M., 1999. Nondescrutive screening for oleic and linoleic acid in single Sunflower achenes by near-infrared reflectance spectroscopy (NIRS). Crop Sci. 39: 219-222.

Velasco, L., B. Pérez-Vich and Fernández-Martínez, J.M., 2004a. Development of Sunflower germoplasm with high delta-tocopherol content. Helia. 27(40): 99-106.

Velasco, L., Dominguez, J. and Fernández-Martínez, J.M., 2004b. Registration of T589 and T 2100 Sunflower germplasms with modified tocopherol profiles. Crop Sci. 44: 93-97.

Velasco, L., Pérez-Vich, B. and Fernández-Martínez, J.M., 2004. Use of Near-Infrared Reflectance Spectroscopy for Selecting for High Stearic Acid Concentracion in single Husked Achenes of Sunflower. Crop Sci. 44: 93-97.

Velasco, L., Pérez-Vich, B. and Fernández-Martínez, J.M., 2004c. Novel variation for tocopherol profile in Sunflower created by mutagenesis and recombination. Plant Breed. In press.

Velasco, L., Pérez-Vich, B. and Fernández-Martínez, J.M., 2008. A new Sunflower mutant with increased levels of palmitic acid in seed oil. Helia. Vol. 31, Nr. 48: 55-60.

Velasco, L., Pérez-Vich, B., Jan, C.C. and Fernández-Martínez, J.M., 2007. Inheritance of resistance to broomrape (*Orobanche cumana* Wallr.) race F in a Sunflower line derived from wild Sunflower species. Plant Breeding. 126: 67-71.

Velkov, V. and Stoyanova Y., 1974. Biological peculiarties of cytoplasmic male sterility and schemes of its use. pp. 361-365. In: Proc. 6th Intl. Sunflower Conf., Bucharest, Romania. July 22-24. Intl. Sunflower Assoc., Paris, France.

Velkov, V. and Stoyanova, J., 1973. Results of using CMS for obtaining hybrid seed of Sunflower. (In Bulgarian). Heterosis and Field Crops. Abstracts. p. 45. Varna. Bulgaria.

Venkov, V. and Shindrova, P., 1998. Development of Sunflower Form with Partial Resistance to *Orobanche cumana* Wallr. By Seed Treatment with N: trisomethlurea (NMU). Proc. of the Fourth International Workshop on *Orobanche* Research. pp. 301-305. September 23-26. Albene. Bulgaria.

Venkov, V. and Shindrova, P., 2000. Durable resistance to broomrape (*Orobanche cumana* Wallr.) in Sunflower. Helia. 23(33): 39-44.

Vera-Ruiz, E.M., Fernández-Martínez, J.M., 2006. Genetic mapping Tph1 gene controlling beta-tocopherol accumulation in Sunflower seeds. Molecular Breeding. 17: 291-296.

Vicence, P.M. and Zazzerini, A., 1997. Identification of Sunflower rust (*Puccinia helianthi*) physiological races in Mozambique. Helia. 20(27): 25-30.

Vick, B.A. and Miller, J., 1996. Utilization of mutagens for fatty acid alteration in Sunflower. Proc 18th Sunflower Research Workshop. Natl. Sunflower Assoc., Bismarck, ND, USA. p. 11-17.

Vick, B.A. and Miller, J., 2003. Inheritance of the reduced saturated fatty acid trait in Sunflower seed. Proc 18th Sunflower Research Workshop. Natl. Sunflower Assoc., Bismarck, ND, USA.

Vick, B.A., Jan, C.C. and Miller, J., 2002. Inheritance of reduced saturated fatty acid content in Sunflower oil. Helia. 25: 113-122.

Viguie, A., Serre, F., Walser, P., Vear, F. and Tourvieille de Labrouhe, D., 2000. The use of natural infections under controlled conditions and of artificial infections to estimate phomopsis resistance of Sunflower hybrids: conclusions after ten years of trials. Proc. 15th Intl. Sunflower Conf. Vol. 2: K78-83. Toulouse. France. June 12-15. Intl. Sunflower Assoc. Paris. France.

Viranyi, F., 2008. Research progress in Sunflower diseases and their managment. *In*: Proc. 17th Intl. Sunflower Conf. Vol. 1: 1-13. Cordoba, Spain, June 8-12. Intl. Sunflower Assoc. Paris, France.

Voljf, V.G., 1968. Sunflower heterosis and manifestation of citoplasmic male sterility. Heterosis and Field Crops: 348-357. Leningrad. (In Russian)

Voskoboinik, L.K. and Soldatov, K.I., 1974. The research trends in the field of Sunflower breeding for heterosis at the All-Union Research Institute for Oil Crops (VNIIMK). pp. 383-389. In Proc. 6th Intl. Sunflower Conf., Bucharest, Romania. July 22-24. Intl. Sunflower Assoc., Paris, France.

Voskoboynik, L.K. and Gorbachenko, F.I., 1977. Influence of inbreeding on morphological and agronomic characteristics of dwarf Sunflower. Bilten-VNIIMK. No. 2: 6-8. Krasnodar. (In Russian)

Vranceanu, A.V. and Stoenescu, F.M., 1971. Pollen fertility restorer gene from cultivated Sunflower (*Helianthus annuus* L.). Euphytica. 20: 536-541.

Vranceanu, A.V. and Stoenescu, F.M., 1980. Genetic study of the occurrence of male fertile plants in cytoplasmic male sterile lines of Sunflower. pp. 316-324. In Proc. 9th Intl. Sunflower Conf., Torremolinos, Spain. June 8-13. Intl. Sunflower Assoc., Paris, France.

Vranceanu, A.V., 1974. floarea-soarelui (In Romanian). Edit. Acad. R.S.R., Bucuresti, pp. 1-322. (El Girasol. Ed. Mundi Prensa, Madrid, Espana, 1977).

Vranceanu, A.V., 2000. Floarea-soarelui hibridă. Editura Ceres. Bucharest, Romania. pp. 1-1147.

Vranceanu, A.V., Craiciu, D.S., Soare, G., Păcureanu-Joița, M., Voinescu, G. and Sandu, I., 1992. Sunflower genetic resistance to Phomopsis attack. Proc. 13th Intl. Sunflower Conf. Vol. 2: 1301-1306. Pisa. Italy. September 7-11. Intl. Sunflower Assoc. Paris. France.

Vranceanu, A.V., Csep, N., Parvu, N. and Stoenescu, F.M., 1983. Genetic variability of Sunflower reaction to the attack of *Phomopsis helianthi* Munt.-Cvet. *et al.* Helia. No. 6: 23-25.

Vranceanu, A.V., Pirvu, N., Stoenescu, F.M., Iliescu, H. and Lascu, I., 1981. Genetic aspects of Sunflower resistance to Sclerotinia stem rot (*Sclerotinia Sclerotiorum* (Lib) de Bary). Analele I.C.C.P.T. Vol. XLVIII: 45-53. (In Romania). Bucharest.

Vranceanu, A.V., Soare, G. and Craiciu, D.S., 1995. Ameliorarea florii-soarelui pentru continut ridicat in acid oleic (Breeding Sunflower for high oleic content). Analele I.C.C.P.T., Fundulea, Vol. LXII: 87-96.

Vranceanu, A.V., Stoenescu, F.M. and Parvu N., 1985. Conversion of single headed inbreds into recessive branched restorers and their utilization in Sunflower breeding. pp. 691-696. In Proc. 11th Intl. Sunflower Conf., Mer del Plata, Argentina. March 10-13. Intl. Sunflower Assoc., Paris, France.

Vranceanu, A.V., Stoenescu, F.M. and Parvu N., 1988. Genetic progress in Sunflower breeding in Romania. pp. 404-410. In Proc. 12th Intl. Sunflower Conf., Novi Sad, Yugoslavia. July 25-29. Intl. Sunflower Assoc., Paris, France.

Vranceanu, A.V., Tudor, V.A., Stoenescu, F.M. and Parvu, N., 1980. Virulence groups of *Orobanche cumana* Wallr., differential hosts and resistance source genes in Sunflower. In Proc. 9th Intl. Sunflower Conf. Vol. 2: 74-82. Torremolinos. Spain. June 8-9. Intl. Sunflower Assoc. Paris.

Vranceanu, V. and Stoenescu, F., 1969. Hibridii simplide floarea-soarelui, o perspective apropiata pentru productie. (In Romania). Probleme agricole. No. 10: 21-32.

Vranceanu, V. and Stoenescu, F., 1969a. Folosirea liniilor autoincompatible cu gene marcatoare pentru crearea hybrizilor simple de floarea-soarelui. An. Inst. Cercet. Cerale Plante Teh. Fundulea Acad. Stiinte Agric. Silvice 35: 551-557.

Vranceanu, V. and Stoenescu, F., 1969b. Sterilitatea mascula la floarea-soarelui si perspective utilizarii ei in producerea semintelor hibride. An. Inst. Cercet. Cerale Plante Teh. Fundulea Acad. Stiinte Agric. Silvice 35: 559-571.

Vranceanu, V. and Stoenescu, F., 1970. Obtinerea de hibrizi de floarea-soarelui pe baza androsterilitate genica. An. Inst. Cercet. Cerale Plante Teh. Fundulea Acad. Stiinte Agric. Silvice 36: 281-290.

Vranceanu, V., 1970. Advances in Sunflower breeding in Romania. pp. 136-148. In Proc. 4th Intl. Sunflower Conf., Memphis, TN. June 23-25. Intl. Sunflower Assoc., Paris, France.

Vranceanu, V., Stoenescu, F. and Caramangiu P., 1974. Maintenance of the biological and genetic value of inbred lines in Sunflower hybrid seed production. pp. 427-433. In Proc. 6th Intl. Sunflower Conf., Bucharest, Romania. July 22-24. Intl. Sunflower Assoc., Paris, France.

Vulpe, V.V., 1974. Single three-way and double-crosses in Sunflower. pp. 443-449. In Proc. 6th Intl. Sunflower Conf., Bucharest, Romania. July 22-24. Intl. Sunflower Assoc., Paris, France.

Walez, I. and Piszker, Z., 2004. Artifical inoculation technique for selecting resistance of Sunflower to *Macrophomina phaseolina* (Tassi) Goid. p. 171. *In*: Abstr. 10th Nat. Plant Breed. Conf. Budapest. (In Hungarian)

Wegmann, K., 1986. Biochemistry of osmoregulation in *Orobanche* resistance. *In*: ter Borg, S.J. (eds.) Proceedings of a Workshop on Biology and Control of *Orobanche*. Wageningen, pp. 107-113.

Wegmann, K., 1998. Progress in *Orobanche* research during the past decade. *In*: Proc. of the Fourth International Workshop on *Orobanche* Research. pp. 13-17. September 23-26. Albena. Bulgaria.

Wegmann, K., 2004. The search for inhibitors of the exoenzymes of the *Orobanche* radical. COST 849 Meeting. Naples. Italy.

Wegmann, K., von Elert, E., Harloff, H.J. and Stadler, M., 1991. Tolerance and resistance to *Orobanche*. *In:* Wegmann, K. and

Musselman, L.J. (eds.) Progress in *Orobanche* Research. pp. 318-321.

Xanthopoulos, F.P., 1990. Honeycomb mass selection efficiency for Sunflower yield under different spacing conditions. Helia 13(13): 121-125.

Xanthopoulos, F.P., 1991. Seed set and pollen tube growth in Sunflower styles. Helia 14(14): 69-72.

Yang, S.M. and Thomas C.A., 1981. Comparison of Techniques for inoculating Sunflower heads with three species of *Rhizopus*. Phitopathology 71(4): 458-460.

Yang, S.M., 1986. A new race of *Puccinia helianthi* of Sunflower. Ann. Phytopathol. Soc. Japan 52: 248-252.

Yang, S.M., Dowler, W.M. and Luciano, A., 1989. Gene Pu_6: A new gene in Sunflower for resistance to *Puccinia helianthi*. Phytopathology 79: 474-477.

Yang, S.M., Morris, J.B. and Thompson, T.E., 1980. Evaluation of *Helianthus* spp. for resistance to Rhizopus head rot. IX Intl. Sunflower Conf. I: 147-151.

Yang, S.M., Morris, J.B., Unger, R.W. and Thompson, T.E., 1979. Rhizopus head rot of cultivated Sunflower in Texas. Plant Disease Reporter 63(10): 833-835.

Yang, Z., 1986. Induced antifungal compounds in *Helianthus annuus* L. Thesis, Ph.D., Iowa State University, Ames, USA., 75 p.

Zazzerini, A., Monotti, M., Buonaurio, R. and Pirani, V., 1985. Effects of some environmental and agronomical factors on charcoal rot of Sunflower. Helia. 8: 45-49.

Zhdanov, D.A., 1963. Abstract directions of Sunflower selection at Don Experimental Station-VNIIMK. Masličnie i efiromasličnie kulturi (Trudi za 1912-1962): 37-56, Moscow. (In Russian)

Zhdanov, D.A., 1975. Sunflower breeding on Don Experimental Station-VNIIMK. Sunflower. pp. 219-233. "Kolos", Moscow. (In Russian)

Zhdanov, L.A., 1930. Sunflower breeding for resistance to broomrape race (B). "Masloboynožirovo delo". No. 4-5.

Zhdanov, L.A., 1964. Sunflower breeding to low stalk. Доклады Академики сельскохозяйственых наук, имени В.И. Ленина. No. 6: 7-12. (In Russian)

Zhdanov, L.A., 1972. Results of Sunflower breeding to low stalk. Breeding and Seed Production of oil crops. pp. 39-45. VNIIMK. Krasnodar. USSR. (In Russian)

Zhdanov, L.A., 1975. Selection of Sunflower in the Don experimental station. Sunflower. pp. 219-233. (In Russian)

Zhou, W.J., Yoneyama, K., Takeuchi, Y., Iso, S., Rungmekarat, S., Chae, S.H., Sato, D. and Joel, D.M., 2004. *In vitro* infection of host roots by differentiated calli of the parasitic plant Orobanche. Journal of Experimental Botany. Vol. 55. No. 398: 899-907.

Zorzoli, R., Cointry, E.L., Ludena, P. and Picardi, L.A., 1994. Rescate de embriones inmaduros: reduccion del interval generacion para la obtencion de materials selectios de girasol. Helia 17(21): 27-32.

第3章 向日葵野生资源在向日葵育种中的应用

Gerald J. Seiler

Agricultural Research Service, U. S. Department of Agriculture, Northern Crop Science Laboratory, 1605 Albrecht Blvd N., Fargo, North Dakota 58102-2765 USA

3.1 种质资源

事实已经证明利用野生种质资源中的基因可以提高作物产量，一些重要的范例可以追溯到60年前。携带有祖先遗传信息的作物野生种质资源，以及与该作物相关的其他物种，对现代农业的价值是毋庸置疑的，同时也为育种家提供了大量有潜在利用价值的基因（Hajjar and Hodgkin, 2007; Holden et al., 1993）。一般野生种较栽培种具有更丰富的遗传多样性。这种遗传多样性能够使它们快速地适应环境变化，并被长期保存下来。

虽然研究者看不出许多二级和三级基因库在育种及遗传上的利用价值（Burton, 1979），但是它们携带的基因将可能保护目前生产中种植的感病的或抗性水平低的作物抵抗当前的病虫害或者是一些新的病虫害的危害。我们希望我们的基因库中的种质资源具有抵御这些病虫害的抗性基因。由于无法预测未来环境灾害发生的时间、严重性，应该尽可能为育种研究者提供带有最大遗传变异的种质资源（Jones, 1983）。种质资源的多样性对作物遗传育种的成功至关重要，但是到目前为止它的遗传多样性还是非常有限的（Harlan, 1976）。这也是向日葵栽培种的现状，其野生资源只在有限的范围内被育种家利用，未来仍然有大量的遗传多样性可以被利用。

向日葵野生资源，除了构成向日葵栽培种的基本遗传基础，还为向日葵栽培种的改良提供了多种特殊性状。然而，为了未来对向日葵栽培种进行改良，现在对向日葵野生种质资源的收集、保存、评价和扩充仍需继续进行。拥有丰富遗传多样性的野生资源可为向日葵栽培种提供有效抵御病害、虫害及环境变化的基因，保持向日葵的经济活力，促进全球向日葵产业的健康发展。

向日葵野生种已经适应了多种栖息地，拥有大量的农艺性状和果实特性，具有对昆虫和病原菌抗性的多样性（Christov, 1996a, 2008; Fernández-Martínez et al., 2008; Jan and Seiler, 2007, 2008; Korrell et al., 1996; Laferriere, 1986; Seiler, 1988a, 1992, 1996a, 2002; Seiler and Rieseberg, 1997; Škorić 1984, 1988, 1992b, 1996, 2009; Sujatha, 2006; Tavoljanski et al., 2002; Thompson et al., 1981）。Hajjar和Hodgkin（2007）研究了20世纪80年代中期到2005年对全球粮食安全有影响的13种重要作物的外源基因，结果表明，向日葵拥有7个重要的基因，其贡献在所有作物中排名第五。野生向日葵资源给向日葵栽培种带来的年经济效益估计超过3.84亿美元（Prescott-Allen and Prescott-Allen, 1986），有人认为该经济效益约为2.70亿美元（Phillips and Meilleur, 1998）。在向日葵所有基因中，贡献最大的是来自法国品种 H. petiolaris 的细胞质雄性不育基因 PET1。向日葵野生种一直都是抵抗造成重大经济损失的向日葵病害抗性基因

的来源，如针对向日葵抗锈病、霜霉病、黄萎病、叶斑病、白粉病、茎腐病、菌核病及列当的抗性基因。不久前，耐盐基因已经被发现并且被导入向日葵栽培种中（Miller and Seiler，2003）。上文没有提到的另一个性状是向日葵对除草剂的抗性，研究者在美国堪萨斯州的向日葵野生种 H. annuus 中发现了抗咪唑啉酮（imidazolinone）和磺酰脲类（sulfonylurea）除草剂基因，并且将这些抗性基因导入了向日葵栽培种中（Al-Khatib et al.，1998；Al-Khatib and Miller，2000）。上述这两个抗除草剂基因可以很好地被利用来控制向日葵列当的危害（Alonso et al.，1998）。因此，抗除草剂向日葵杂交种可以通过喷施上述除草剂来有效控制向日葵列当的危害。

当筛选向日葵野生种潜在的优良基因时，应该认识到，由于向日葵种群是一个常异花授粉分离群体，其后代的性状分离会导致来源于同一个种的单一群体的所有植株对特定病虫害表现出不同的抗性水平。当我们鉴定某一个向日葵种中的抗性基因时，应该考虑来源于同一个种的多个群体的抗性水平。

3.1.1 分类

向日葵属属于菊科菊亚科向日葵族向日葵亚族（Panero and Funk，2002）。目前，支持向日葵属分类的结果表明，Phoebanthus 是向日葵属（Helianthus）的一个姊妹属（Schilling，2001；Schilling and Panero，2002），并且它们也是 Pappobolus（曾经认为它是南美洲地区的向日葵属）、Simsia、Tithonia 和 Viguiera 的姊妹属（Schilling and Panero，1996，2002；Schilling，2001）。向日葵属植物原产于北美洲温带地区，该属包含14个一年生种和37个多年生种（Schilling，2006）（表3.1，表3.2）。向日葵属植物的染色体基数 $n = 17$，有二倍体种（$2n = 2x = 34$）、四倍体种（$2n = 4x = 68$）、六倍体种（$2n = 6x = 102$）（表3.1，表3.2）。这14个一年生种全部是二倍体，37个多年生种包含27个二倍体、4个四倍体、6个六倍体，其中4个多年生种为混倍体种。Helianthus ciliaris 和 H. strumosus 有四倍体与六倍体两种形式，而 H. decapetalus 和 H. smithii 有二倍体与四倍体两种形式。

表3.1 一年生向日葵的分类

属名*	种名	通用名	染色体数目（条）
Helianthus	H. anomalus Blake	Anomalous	17
	H. argophyllus T. et G.	Silver-leaf	17
	H. bolanderi A. Gray	Bolander's、Serpentine	17
	H. debilis		
	ssp. debilis Nutt.	Beach	17
	ssp. cucumerifolius (T. et G.) Heiser	Cucumber-leaf	17
	ssp. silvestris Heiser	Forest	17
	ssp. tardiflorus Heiser	Slow-Flowering	17
	ssp. vestitus (Watson) Heiser	Heiser Clothed	17
	H. deserticola Heiser	Desert	17
	H. exilis A. Gray	Serpentine	17

续表

属名*	种名	通用名	染色体数目（条）
	H. neglectus Heiser	Neglected	17
	H. niveus		
	ssp. *niveus* (Benth.) Brandegee	Snowy	17
	ssp. *tephrodes* (Gray) Heiser	Ash-Colored、Dune	17
	H. paradoxus Heiser	Pecos、Puzzle、Paradox	17
	H. petiolaris		
	ssp. *canescens* (A. Gray) E. E. Schilling	Gray	17
	ssp. *fallax* Heiser	Deceptive	17
	ssp. *petiolaris*	Prairie	17
	H. praecox		
	ssp. *hirtus* Heiser	Texas	17
	ssp. *praecox* Englm. *et* A. Gray	Texas	17
	ssp. *runyonii* Heiser	Runyon's	17
Agrestes	*H. agrestis* Pollard	Rural、Southeastern	17
Porteri	*H. porteri* (A. Gray) J. F. Pruski	Confederate Daisy、Porter's	17

*资料来源于Schilling and Heiser，1981；Schilling，2006

表3.2　多年生向日葵的分类

属名*	品系	种名	通用名	染色体数目（条）
Ciliares	Ciliares	*H. arizonensis* R. Jackson	Arizona	17
		H. ciliaris DC.	Texas blueweed	34、51
		H. laciniatus A. Gray	Alkali	17
Ciliares	Pumili	*H. cusickii* A. Gray	Cusick's	17
		H. gracilentus A. Gray	Slender	17
		H. pumilus Nutt.	Dwarfish	17
Atrorubens	Corona-solis	*H. californicus* DC.	California	51
		H. decapetalus L.	Ten-petal	17、34
		H. divaricatus L.	Divergent	17
		H. eggertii Small	Eggert's	17
		H. giganteus L.	Giant	17
		H. grosseserratus Martens	Sawtooth	17
		H. hirsutus Raf.	Hairy	34
		H. maximiliani Schrader	Maximilian	17
		H. mollis Lam.	Soft、Ashy	17
		H. nuttallii ssp. *nuttallii* T. *et* G.	Nuttall's	17
		H. nuttallii ssp. *rydbergii* (Brit.) Long	Rydberg's	17
		H. resinosus Small	Resinous	51
		H. salicifolius Dietr.	Willowleaf	17

续表

属名*	品系	种名	通用名	染色体数目（条）
		H. schweinitzii T. et G.	Schweinitz's	51
		H. strumosus L.	Swollen、Woodland	34、51
		H. tuberosus L.	Jerusalem artichoke	51
Atrorubens	Microcephali	H. glaucophyllus Smith	Whiteleaf	17
		H. laevigatus T. et G.	Smooth	34
		H. microcephalus T. et G.	Small-headed	17
		H. smithii Heiser	Smith's	17、34
Atrorubens	Atrorubentes	H. atrorubens L.	Purple-disk	17
		H. occidentalis ssp. occidentalis Riddell	Fewleaf、Western	17
		H. occidentalis ssp. plantagineus (T.et G.) Heiser	Fewleaf、Western	17
		H. pauciflorus ssp. pauciflorus	Stiff	51
		H. pauciflorus ssp. subrhomboides (Rydb.) O. Spring	Stiff	51
		H. silphioides Nutt.	Odorous	17
Atrorubens	Angustifolii	H. angustifolius L.	Narrowleaf、Swamp	17
		H. carnosus Small	Fleshy	17
		H. floridanus A. Gray ex Chapman	Florida	17
		H. heterophyllus Nutt.	Variableleaf	17
		H. longifolius Pursh	Longleaf	17
		H. radula (Pursh) T. et G.	Scraper、Rayless	17
		H. simulans E. E. Wats.	Muck、Imitative	17
		H. verticillatus Small	Whorled	17

*资料来源于Schilling and Heiser，1981；Schilling，2006

长期以来，对向日葵种的分类存在一定的分歧，Heiser等（1969）认为，人们倾注了大量精力对向日葵的分类进行研究，不是为了提供一种简单便捷的方式来识别向日葵，而是试图解释为何区分这些种是如此困难。向日葵属分类的复杂性来源于多种因素，许多种间的自然杂交和基因导入导致向日葵种原本显著不同的表型混杂融合，多年生向日葵种中多倍体的存在也使得向日葵属的分类变得更加复杂。长期以来，一些多倍体杂交种，特别是一些多年生向日葵多倍体杂交种的起源及它们之间的亲缘关系一直备受关注，但在很大程度上它们间的亲缘关系还是没能理清（Timme et al.，2007）。这也导致了对同一个属分类有多种多样的模式。现在仍然存在许多样本，它们有的来源于不同的杂交种，有的生长在不寻常的环境下，有的资源收集不完全，因此很难被归为一个单独的物种（Schilling，2006）。许多种向日葵在地理上分布很广，它们表现出很大的表型变异，这些变异包含了一些可遗传和一些易受环境影响的不可遗传的成分。许多种还在遗传上有很大的变异，这也给向日葵的准确鉴定和分类带来了一定的困难。

在过去的两个世纪中，尽管许多植物分类学家致力于向日葵属的分类（de Candolle，

1836；Torrey and Gray，1842；Gray，1884；Dewer，1893；Cockerell，1919；Watson，1929），但是该属比较全面的分类知识还是来源于Heiser等（1969）的大量形态学描述和杂交种研究。20世纪上半叶，其他许多植物学家在向日葵属上专注于较小范围的分类研究，已有50余篇关于向日葵种及其杂交种的研究报道（Timme et al.，2007）。

  向日葵属曾被认为包含10～200个种甚至更多。Linnaeus（1753）起初认为向日葵属包含9个种；Asa Gray（1884）公布北美洲的向日葵属包含42个种；20世纪初，Watson（1929）认为该属有108个种，其中15个种来源于南美洲；Heiser等（1969）对来源于北美洲的14个一年生向日葵种和36个多年生向日葵种及来源于南美洲的17个种进行了鉴别。后来，Robinson（1979）将来源于南美洲的20个多年生向日葵种划分到了*Helianthopsis*属。与以前的研究相比，Anashchenko（1974，1979）的分类法是一种完全不同的分类方法，他只识别出一个一年生种*H. annuus*（包含有3个亚种和6个变种）和9个多年生种（含13个亚种）。Schilling和Heiser（1981）基于表型学、遗传分类学、生物分类索引规程提出了一种向日葵属新的分类方法，它将49个种划分为4种类型、6个系列（表3.1，表3.2）。下面列举Schilling和Heiser（1981）在向日葵分类方面进行的6个方面的修订：①曾被Anashchenko（1974）用过的*Atrorubens*部分的名称具有分类优先权，因而将*Divaricati* E. Schilling et Heiser更名为*Atrorubens* Anashchenko；②明确了*Helianthus exilis*是一个种，而不是*H. bolanderi*的变种，因为其在形态学和遗传学上与*H. bolanderi*的生态类型差异极其明显（Oliveri and Jain，1977；Rieseberg，1991；Rieseberg et al.，1988；Jain et al.，1992）；③种名*H. pauciflorus*较种名*H. rigidus*具有优先权，在这里也做了适当的调整；④*Viguiera porter*被更改为*Helianthus porter*（Pruski，1998；Schilling et al.，1998）；⑤*Helianthus verticillatus*最近已经被重新发现并且进行了新的描述，现在它被公认是一个种；⑥*Helianthus niveus* ssp. *canescens*已经更改为*Helianthus petiolaris* ssp. *canescens*（Schilling，2006）。这样向日葵种的数量变为51个，其中包含14个一年生种和37个多年生种（表3.1，表3.2）。

3.1.2　种质资源的收集

  向日葵种质资源可分为本地资源（如野生族群和地方种）和异地资源（进入种质资源库的资源）两类。美国农业部农业研究局国家植物种质资源系统（National Plant Germplasm System，NPGS）的向日葵种质资源被保存在美国艾奥瓦州Ames北方中心区域植物引种站（North Central Regional Plant Introduction Station，NCRPIS）。NCRPIS的任务是保存具有遗传多样性的作物种质资源及其相关信息，开展种质资源的相关研究；鼓励利用种质资源及其相关信息进行基础研究、作物改良、产品开发等。NPGS的向日葵种质资源库保存有世界上最大、遗传变异最丰富的向日葵异地资源。该机构对向日葵种质资源的保护具有非常重要的作用（Marek et al.，2004）。目前，这个资源库收藏了向日葵的37个多年生种、14个一年生种和*Helianthus annuus*栽培种（Jan and Seiler，2007），共包括3850份向日葵组合材料，其中1708份（44%）来自59个国家的向日葵栽培种、932份（24%）是*Helianthus annuus*野生种、437份（11%）代表其他13个向日葵一年生野生种、773份（20%）代表37个向日葵多年生种。在过去的30年中，这些收集的材料中有超过15 000份野生向日葵资源的样品被分送给36个国家超过375位从事向日葵研究的科研工作者。

这些从NPGS寄出去的向日葵样品已经成为阿根廷、法国、意大利、西班牙、德国、保加利亚、罗马尼亚、捷克、匈牙利、俄罗斯、塞尔维亚、印度、中国和墨西哥等国家野生种质资源库和进行向日葵研究的基础材料。值得一提的是，塞尔维亚的诺维萨德大田作物和蔬菜研究所的向日葵种质资源库包含了51个向日葵野生种中的39种，共447份育种材料（IBPGR，1984；Cuk and Seiler，1985；Atlagić et al.，2006）。保加利亚General Toshevo的Dobroudja农业研究所（DAI）的向日葵野生种收藏数量达到428份，其中包含了51个向日葵种中的37种（Christov et al.，2001）。法国Montpellier的国家农业研究院（INRA）收集的向日葵野生种质资源已超过600份，包含51个向日葵野生种中的45种（Serieys，1992）。西班牙科尔多瓦的可持续农业研究所（The Instituto de Agricultura Sostenible，CSIC）收集了44份一年生和多年生向日葵种质资源（Ruso et al.，1996b）。Sujatha（2006）报道，印度海得拉巴的油料研究所已经收集了36份野生向日葵资源材料，这些材料是从塞尔维亚诺维萨德、美国农业部农业研究局和NPGS获得的。Tavoljanski等（2002）报道，俄罗斯Veidelevka的向日葵研究所收集了51个向日葵野生种中的8个一年生种（208份）和27个多年生种的材料（227份）。

3.1.3 种质资源的开发

种质资源的收集不仅是保存有价值的种质资源，也是为研究者提供向日葵野生种和其他相关种的栖息地信息。野生向日葵适应了多种多样的生活环境，并且它们在农艺性状、果实的品质性状及对病虫害的抗性上具有非常大的遗传变异。这些信息对向日葵尤为重要，因为向日葵与其栖息地的昆虫、病原菌及非生物胁迫能够协同进化。了解一个种的特定的栖息地信息及其适应性常常有助于鉴定某一优良特性的来源；了解一个种的栖息地信息及生活环境有助于更准确、有效地选出具有独特品性的向日葵。在过去的35年中，科研工作者通过22次的考察收集了超过2200个野生向日葵群体。Seiler和Gulya（2004）的一篇综述详细记载了在美国和加拿大向日葵野生种考察的历史。

在野生向日葵群体的栖息地保护其遗传多样性也是非常重要的，因为我们缺乏保护所有的适应当地生长环境的向日葵种群的措施。对野生向日葵种群进行长期保护的主要障碍是人类活动。不幸的是，许多种向日葵的长期生存前景并不乐观，因为有些向日葵已经是珍稀濒危种。就*H. nuttallii* ssp. *parishii*而言，它可能已经灭绝。稀有向日葵种群保护的另一个困难是由于种群数量的减小而导致的遗传多样性的丧失。

虽然向日葵起源于北美洲地区并在北美洲有广泛的分布，但是一些向日葵只在有限的范围内栖息。在北美洲地区，向日葵在美国境内几乎随处可见，而有几个种已经扩展到了加拿大，少数几个种扩展到了墨西哥。由于向日葵物种的多样性，它们的生存环境非常广泛，从人类活动干扰的地区到茂盛的草原，再到郁郁葱葱的森林都有分布。它们占据了各种各样的栖息地，通常是一些开阔的区域，但是也有极少数向日葵种分布在浓密的树荫下，还有一些向日葵种可被归为杂草。向日葵野生种*H. annuus*的分布极其广泛（图3.1），主要在人类活动干扰多的地区生长。少数种有其特有的栖息地。例如，向日葵野生种*Helianthus exilis*（图3.2）仅生长在加利福尼亚海岸山脉和内华达山脉的蛇纹石土壤中，而原产于加利福尼亚中部和南部的*H. californicus*（图3.3）仅栖息于河岸边。

图3.1　具有典型的分枝、多头和小苞叶花盘的一年生野生向日葵 H. annuus

图3.2　生长强壮的向日葵 Helianthus exilis（高约1m）沿着典型的干旱河床两岸蜿蜒分布，但是离加利福尼亚州Napa镇河床的距离越远其分布面积越小

图3.3　美国农业部农业研究局—艾奥瓦州立大学向日葵资源中心负责人Laura Marek站在生长于加利福尼亚州圣何塞附近的圣安东尼奥河谷干涸河床边的多年生向日葵 H. californicus（2.5~3.0m）旁边

还有一些向日葵种，如 *H. niveus* ssp. *tephrodes*（图3.4）仅生长于加利福尼亚州的阿尔戈多内斯（Algodones）沙丘地区；*H. porteri*（图3.5）仅在美国东南部皮埃蒙特（Piedmont）地区有裸露花岗岩的地方生长。

图3.4　加利福尼亚州的Algodones沙丘地带生长的典型一年生向日葵 *H. niveus* ssp. *tephrodes*种群。该向日葵种具有极强的抗旱能力，通常分布在直径数米的典型的"沙碗"地形中；植株一般生长在碗状地貌的底部，偶尔也会出现在侧面

图3.5　美国农业部向日葵研究专家Gerald Seiler（左）和Tom Gulya（右）站在一年生向日葵 *H. porteri*种群的后面。该种群分布在一个位于北卡罗来纳州亚历山大地区的岩石山上。该种向日葵是近几年从*Viguiera*属中分离出来的

H. carnosus（图3.6）只在佛罗里达州的沼泽湿地生长，而*H. niveus* ssp. *niveus*（图3.7）仅在沿西太平洋海岸的墨西哥北部加利福尼亚海岸南部的沙丘地带生长。还有两个种，即生长在新墨西哥州和德克萨斯州的*H. paradoxus*（图3.8）、在南卡罗来纳州和北卡罗来纳州的*H. schweinitzii*（图3.9）是受美国联邦法律保护的濒危物种。由于目前收集的向日葵种质资源不包含向日葵属所有的、具有代表性的遗传多样性，还需要收集并保存一些向日葵种群，特别是那些稀有、濒临灭绝的或可能受到威胁的种，以供将来改良向日葵栽培种。

图3.6 *H. carnosus*是一种稀有的多年生向日葵，它的分布具有局限性。这里呈现的是在佛罗里达州Flagler庄园路边的沙沟里生长的向日葵稀有种

图3.7 生长在墨西哥北部加利福尼亚半岛南部西太平洋海岸沙丘上的*H. niveus* ssp. *niveus*植株。该种具有多年生特性，叶片上带有绒毛，有非常少量的头状花

图3.8 一年生种*H. paradoxus*一般生长在低盐的沼泽地带，是向日葵栽培种的耐盐资源材料。该种群生长在德克萨斯州的Pecos镇，1958年利用采集地点为该种进行了命名。该种是受美国联邦政府保护的濒危物种

图3.9 多年生种 *H. schweinitzii* 具有典型的淡紫色的茎，通常生长在森林中的开放地带，该种是受美国联邦政府保护的濒危物种

3.2 种质资源创新

3.2.1 种间杂交

种间杂交是同一属内不同种间的杂交，通常是将野生种中的抗病、抗虫及抗非生物胁迫相关的一些优良性状转移到栽培种中。在向日葵中，种间杂交是发现新的细胞质雄性不育基因及其恢复因子的重要来源，同时也是培育特异向日葵理想株型的重要手段。向日葵野生种和栽培种通常能够杂交，但是向日葵属的分化和异质性给种间杂交带来了非常大的困难，如种间杂交的不亲和性、胚败育、不育和育性下降等。向日葵的细胞遗传及其种间杂交的研究为育种家提供了向日葵种间亲缘关系的信息，促进了向日葵的种间杂交和基因转移，并为培育向日葵栽培种提供了宝贵的种质资源。

细胞遗传学是用于研究染色体数目、结构，减数分裂（小孢子发生），以及花粉活力的一门科学，这使得建立向日葵野生种与栽培种之间的亲缘关系成为可能。向日葵的细胞遗传学是从细胞学演化而来的，它通过细胞分类学和传统的细胞遗传学进化到分子细胞遗传学（Atlagić，2004）。细胞遗传学的发展和应用使得利用野生向日葵资源来改良栽培向日葵基因组成为可能。

向日葵栽培种通常被作为一种单交种种植，它是世界上第二大杂交种作物。作为一种杂交作物，育种家在创建向日葵自交系的多样性上投入了大量精力。向日葵自交系的多样性是通过将野生资源的性状导入栽培种中而实现的。许多早期的种间杂交研究主要集中在种间的亲缘关系上，大多数讨论的是F_1代结实率、花粉育性、减数分裂异常，以及进一步杂交等问题（Jan，1997）。利用经典的育种方法，研究者获得了向日葵物种的进化及其分类信息，超过亲本农艺性状潜力的信息。最近几年，种间杂交技术的主要用途是从野生种中转移优良基因到栽培种中，培育出用于向日葵育种的种质资源，从而有利于改良向日葵栽培种。向日葵抗病、抗虫、耐盐、耐旱、脂肪酸变异、细胞质雄性不育和育性恢复的变异是长期以来备受育种家关注的性状。向日葵已经成为一个将野生种基因转移到栽培种中的模式作物。至今，已有很多向日葵野生种种间杂交成功的报道，如Atlagić（1990，2004）、Atlagić等（1999）、Bohorova和Atanassov（1990）、Christov

（1996b，2008）、Georgieva-Todorova（1984）、Hristova-Cherbadzi（2009）、Hulke和Wyse（2008）、Jan（1997）、Jan和Seiler（2007，2008）、Laferriere（1986）、Miller等（1992）、Nikolova等（2000）、Sukno等（1999）、Whelan（1978）、Whelan和Dorrell（1980）进行的种间杂交研究都是成功的案例。

在Chandler和Beard（1983）提出胚培养方法之前，几乎所有的种间杂交都采用经典的育种方法进行。完全去雄是向日葵栽培种作为母本的必要条件。当向日葵野生种被用作母本时，将当天要开的小花进行去雄处理，然后在早晨用水将该花盘的花粉洗掉。该植株的头状花序需要套上一个隔离袋以防止其他植株花粉的污染，当天下午，当该头状花序彻底晾干，次日的花粉粒未出现之前，对其进行人工授粉。授粉之后仍然需要用隔离袋套袋，直至收获。套袋的主要目的是防止因种子脱落或由于鸟害造成的种子损失。除了 *H. agrestis*，所有一年生向日葵种都可以进行杂交，并且用经典的回交方法可以将F_1代与栽培种进行回交。栽培种与许多多年生向日葵种也可以通过传统的育种方法直接进行杂交。向日葵的杂交后代，如 *H. mollis* × *H. annuus*、*H. strumosus* × *H. annuus*（Heiser and Smith，1964）及 *H. decapetalus* × *H. annuus*（Heiser et al.，1969；Georgieva-Todorova，1984）已有报道。*H. tuberosus* × *H. annuus*（Heiser et al.，1969；Atlagić et al.，1993）、*H. annuus* × *H. hirsutus*（Georgieva-Todorova，1984）及 *H. rigidus*（= *pauciflorus*）× *H. annuus*（Vrânceanu and Iuoras，1988）杂交已经取得成功。1988年，Jackson获得了一株 *H. laciniatus* × *H. annuus* 的单交后代，但是没有获得回交后代。Atlagić（1990）获得了5个种间杂交种，包含多年生种 *H. hirsutus*、*H. laevigatus*、*H. rigidus*（= *pauciflorus*）、*H. tuberosus*、*H. maximiliani* 和 *H. nuttallii* 与栽培向日葵的杂交种。所有的这些种间杂交种包括一些非常难得的杂交组合都是没有经过胚培养而获得的。

1978年，Whelan利用向日葵野生种作为"中间亲本"或"桥梁亲本"培育出了第一个 *H. giganteus* 和 *H. maximiliani* 的杂交后代。*H. giganteus* 与栽培种Krasnodarets直接杂交培育出了一个高度不育的单株。无论有没有后续的胚培养，这个单株重复授粉后，都不会产生回交后代。然而，用野生向日葵 *H. annuus* 的花粉为 *H. giganteus* 和 *H. maximiliani* 进行授粉后，分别会产生相应的杂交种。随后，这些杂交种用Krasnodarets花粉进行授粉后会产生少量种子（Whelan and Dedio，1980）。

利用Chandler和Beard（1983）建立的两步胚胎培养法能够加速向日葵的种间杂交进程。他们未经人工授粉就成功地创造出53个向日葵的种间杂交组合，其中21个组合从未被报道过。Jan（1988）也利用一种改良的培养基创造出了18个多年生种与 *H. annuus* 的杂交种，其中的许多组合也从未被报道过。将10～12天的向日葵胚胎放在改良的生芽培养基上进行培养后能够高效地培养出回交后代，从而加速了加代培养。Kräuter等（1991）利用这种方法成功获得了33个向日葵的种间杂交组合，成功率高达41%。利用这一培养方法能够获得以前不可能成功的杂交组合，进而使得以前不能进行的向日葵种间关系研究变为可能。

传统种间杂交的另一个问题是种子的休眠。野生向日葵品种的种子通过休眠来确保它们在温带气候条件下不发芽，直到环境条件适宜幼苗可存活时才开始发芽。从向日葵野生种得到的发育良好的种子处于高休眠状态，发芽率非常低。使用标准四唑氮活力试验（standard tetrazolium viability test）对种子进行测试，结果表明，一般而言，供试的种子均有活性，但都处在深度休眠期（Seiler，2009）。在荒漠中生长的向日葵一年生野生种*H. anomalus*（图3.10）、*H. deserticola*（图3.11）和*H. niveus* ssp. *tephrodes*的种子中，这种休眠深度最强，它们也是最有潜力的抗旱材料（Chandler and Jan，1985）。Chandler和Jan（1985）开发了一种打破向日葵种子休眠的技术。他们划伤向日葵的种壳并将其在赤霉素水溶液（100mg/L）中浸泡1h，除去种壳，这样可以导致许多向日葵种子的发芽率超过90%，其中也包括那些很难发芽的向日葵一年生荒漠种。Benvenuti等（1991）利用划伤种子和种皮剥离的方法提高向日葵一年生野生种种子的发芽率。研究还发现，调节发芽培养基的pH对提高野生种种子的发芽率没有显著效果，但当发芽培养基的pH低

图3.10　一年生种*H. anomalus*生长在美国犹他州Hanksville Wayne镇附近的沙漠中，该种具有潜在的耐旱特性

图3.11　一年生向日葵种*H. deserticola*生长在美国犹他州华盛顿县的棕色沙地，和蒿属植物相伴而生。该种具有典型的低位分枝，分枝末端长有头状花序，叶片和茎上长有白色绒毛。该种也具有潜在的抗旱能力

于4时不利于种子的萌发（Seiler，1988b）。收获时种子的成熟度似乎对种子发芽和休眠有一定的影响。Seiler（1993，1998b）报道，比较开花20天后和开花40天后收获的种子，前者种子的休眠程度较低。另外，储存时间和温度不能打破在任何时期收获的种子的休眠。用溶于丙酮的浓度为1mmol/L的赤霉酸对 H. annuus 和 H. petiolaris 的种子进行化学预处理（诱导发芽），与对照相比，其发芽率增加了一倍（Seiler，1996b）。和赤霉酸处理相比，利用硝酸钾对种子进行21天的处理，对提高向日葵种子的萌发率没有明显效果。但该方法仍然能够打破向日葵种子固有的休眠，并且可以减少赤霉素处理对向日葵幼苗容易造成的长期不良影响（Seiler，1998b）。

对二倍体、四倍体向日葵野生资源与栽培种进行杂交获得的F_1代染色体进行加倍可以很大程度地提高向日葵回交和自花授粉的结实率（Jan，1988）。已有的研究表明，对杂交困难的二倍体多年生种与 H. annuus，以及四倍体种与 H. annuus 的后代进行染色体加倍可以促进种间基因的转移。将 H. hirsutus 中的基因转移到向日葵栽培种中已经获得了成功（Jan and Zhang，1995）。染色体加倍技术通过为每条染色体提供一条完全相同的同源染色体能够有利于多倍体育性的恢复。然而，和没有进行染色体加倍的杂交种相比，这种人为获得的育性在减数分裂时期会降低向日葵野生种和栽培种染色体的配对与基因交换概率。最好的方法是对已经加倍及未加倍的向日葵头状花序进行回交，同时对已加倍的头状花序进行互交来获得多倍体。Jan Chandler（1989）成功地对P21 × H. bolanderi 的F_1代进行了染色体加倍，并且增加了该头状花序的结实率。Jan（1988）的研究表明，改良的秋水仙碱染色体加倍技术，对19个利用胚胎培养获得的野生种与栽培种的杂交种回交的结实率有影响。染色体是否加倍可以通过花粉粒的大小、花粉的活力得到证实（Alexander，1969）。花粉粒大小的增加是鉴定植物染色体是否加倍的一个可信的检测指标。

为了比较F_1代在染色体加倍或不加倍情况下基因的转移效率，在细胞学水平进行评价是必不可少的。当染色体没有加倍时，BC_1F_1的种子发芽率会降低，并且BC_1F_1群体中出现瘦弱型植株的比例会很高。当染色体加倍后，由于 H. annuus 在减数分裂过程中染色体优先配对，H. annuus 的染色体与野生种染色体配对的机会越少越好。

在向日葵育种中，现有的许多育种资源都起源于有限的核心种质资源，从而导致它们的遗传基础非常狭窄。由于全球向日葵杂交种共用单一的雄性不育细胞质，因此会造成非常大的遗传风险。正如20世纪70年代早期由 Bipolaris maydis（Y. Nisk. et C. Miyake Shoemaker）T生理小种引起的灾难性的南方玉米叶枯病（Tatum，1971）。因而，从事向日葵种间杂交的许多研究者便把目光投向了寻找更多的特异的细胞质雄性不育基因，以及相应的育性恢复基因。Whelan（1980，1981）、Whelan和Dorrell（1980）利用种间杂交，在 H. petiolaris、H. giganteus 和 H. maximiliani 中找到了新的细胞质雄性不育基因。在野生向日葵资源和栽培种的杂交后代中，发现了72个细胞质雄性不育的种质资源（Serieys，2002；Serieys and Christov，2005）。

迄今为止，种间杂交中的染色体交换是通过细胞学手段和表型鉴定来确定的。栽培向日葵与多年生向日葵 H. mollis、H. orgyalis 的部分杂交已有报道（Faure et al.，2002a，2002b）。这些杂交种在正反交组合中更像母本，报道中也提出了部分杂交种中父本基因组的很小一部分被转移到了母本基因组中。通过RAPD和AFLP分子标记技术确定了这些杂交种有2n=34条染色体。这些现象背后的遗传机制仍然有待进一步确定。基因组原位杂交（genomic in situ hybridization，GISH）技术在其他农作物上已被用于识别异类染色体或者染色体片段，但最近才应用在向日葵上。Liu等（2009）报道了利用GISH技术对向日葵的种间杂交后代和回交后代染色体进行跟踪，其中包含4个多年生向日葵种：*H. californicus*（2n=102）、*H. angustifolius*（2n=34）、*H. nuttallii*（2n=34）和*H. maximiliani*（2n=34）。采用不同的封闭液与探针比例（blocking/probe ratio）和洗涤强度，可以清晰地识别4个外来物种的染色体或染色体片段。他们确认GISH技术是一个非常实用的在基因转移过程中识别外源染色体或染色体片段的工具。原位杂交技术包括GISH、FISH和BAC-FISH，这些技术正在被优化，可用来研究向日葵属中不同种的遗传多样性和进化趋势，并绘制了一个向日葵的物理图谱，为绘制向日葵的基因图谱奠定基础（Paniego et al.，2007）。染色体的测量与吉姆萨显带（Giemsa banding）技术及FISH技术的结合能够使得人们对大多数向日葵的染色体对进行辨别。

种间杂交可以导致非整倍体的产生。Leclercq等（1970）对*H. tuberosus* × *H. annuus*杂交后代进行回交，获得了三倍体植株（2n+1）。该后代对霜霉病具有抗性，他们推测那个多余的染色体来源于*H. tuberosus*。

对*H. petiolaris*×*H. annuus*（Whelan，1979）及*H. maximiliani* × *H. annuus*（Whelan and Dorrell，1980；Whelan，1982）种间杂交后代与栽培种*H. annuus*进行回交也获得了三倍体植株。在这些杂交种细胞分裂过程中容易出现多价体，显示其杂合型的相互异位。3条染色体可能起源于多价体的不对称分离。大多数向日葵的三倍体植株具有正常表型，但也有一些三倍体植株表现出特有的形态学特征。

在过去，多年生种和多倍体杂交种的谱系关系一直是非常难解决的问题。第一个原因是缺乏快速发展的标记来记录这个物种在快速进化过程中所形成的新物种；第二个原因是二倍体和多倍体的检测与重建比较困难，严重影响了对向日葵系统发育史的研究（Timme et al.，2007）。目前，向日葵有13个种具有不同形式的多倍体，或是四倍体，或是六倍体，尚不清楚哪些是同源多倍体，哪些是异源多倍体。

3.2.2 雄性不育

两种雄性不育方式即细胞核雄性不育（nucleus male sterility，NMS）和细胞质雄性不育（cytoplasmic male sterility，CMS）在向日葵中都存在。细胞核雄性不育受一对隐性基因的调控，1974年，Georgieva-Todorova从*H. grosseserratus* × *H. annuus*的杂交后代中获得了核雄性不育的植株。其中，一种类型的植株能够正常进行减数分裂，而四分体释放孢子后花粉败育，另一种类型的植株在减数分裂前形成孢子的组织已经退化。

向日葵是菊科植物中唯一一个发现存在细胞质雄性不育系统的成员。向日葵是孢子体细胞质雄性不育（Pearson，1981）。不育的向日葵植株通常花药长度只有正常花药的1/2，且花药不伸出花冠（Leclercq，1969）。不育系的花药仅在其基部融合，其顶端不融合。在一些不育系中，虽然花药拥有正常的长度并且可以从花冠中正常伸出，但是它们没有花粉。雄性不育植株的雌性花表型正常，其授粉后可以正常结实。

大约40年前，一个来源于*H. petiolaris* ssp. *petiolaris*（图3.12）的PET1（法国来源的细胞质）雄性不育细胞质，以及显性的育性恢复因子的发现（Enns et al.，1970；Kinman，

1970；Vrânceanu and Stoenescu，1971；Leclercq，1969）加速了向日葵从自然授粉的常规种到杂交种的进程。这个细胞质雄性不育和育性恢复的基因，包括广泛使用的Rf_1和Rf_2基因，已专门用于全世界向日葵杂交种的生产（Fick and Miller，1997）。

在向日葵野生种和栽培种的杂交后代中，从观察圃中的野生资源、来源于诱变的向日葵突变体中发现了72个细胞质雄性不育的种质资源（Serieys，2002；Serieys and Christov，2005）。Serieys于1991年提出一种通用的编码系统来记录这些逐年增加的细胞质雄性不育的资源。这种编码系统被向日葵研究者接受并广泛使用。每一个细胞质雄性不育资源都可以通过3个缩写字母进行编码，3个缩写字母分别代表这个细胞质雄性不育资源的来源种和（或）亚种，接着就是由1开始的数字排序，这个排序和它们被发现的时间及其恢复育性测试反应的时间相对应。

图3.12　生长健壮的一年生向日葵*H. petiolaris* ssp. *petiolaris*种群，株高约为0.7m且多分枝。图中的种群生长在德克萨斯州近Clarendon（Donley镇）一条砂石路边的沟渠内

联合国粮食及农业组织-欧洲农业系统网络研究合作社（The FAO-European System Cooperative Research Networks in Agriculture，ESCORENA）分支网络的一个研究小组致力于向日葵育种过程中新的细胞质雄性不育资源的识别、研究和利用。法国农业研究院的Hervé Serieys博士曾任这个研究小组的组长，现在则由保加利亚General Toshevo市Dobroudja农业研究所的Michail Christov博士负责这个小组的工作。已经有10个国家参与了对13个向日葵细胞质雄性不育资源的深入研究。42份细胞质雄性不育资源在向日葵野生种中已经被鉴定。其中，12份是在一年生野生资源*H. annuus*中发现的；5份是在*H. argophyllus*中发现的；在*H. petiolaris* ssp. *petiolaris*中发现了6份；在*H. petiolaris* ssp. *petiolaris*中发现了4份；在*H. exilis*中发现了2份；在*H. petiolaris* ssp. *fallax*、*H.bolanderi*、*H. praecox* ssp. *hirtus*、*H. debilis*、*H. neglectus*和*H. petiolaris*（=*niveus*）ssp. *canescens*中分别发现了1份；在*H. maximiliani*中发现了2份；在*H. giganteus*、*H. mollis*、*H. resinosus*、*H. rigidus*（=*pauciflorus*）和*H. strumosus*中分别发现了1份（Serieys，2002；Serieys and Vincourt，1997；Serieys and Christov，2005）。Jan在2004年的报道中称，在多年生*H. giganteus*中发现了新的细胞质雄性不育资源。保加利亚的Dobroudja农业研究所一直致力于对向日葵细胞质雄性不育资源的发掘，并发现了15个新的细胞质雄性不育资源及其与之匹配的育性恢复资源（Christov，1990，1992，1996a，1996b，2008）。另外，诺维

萨德大田作物和蔬菜研究所也致力于 Rf 基因的发掘（Škorić et al., 1988）。他们报道称，在6个一年生种和16个多年生种中发现了育性恢复基因。育性恢复基因出现的频率在一年生种中远高于多年生种，并且育性恢复基因在杂合体中出现的频率要远高于纯合体。有关控制育性恢复基因的数量目前还没有答案。

利用向日葵野生种提高栽培种的遗传多样性在恢复系的研究中是非常成功的。2008年，Christov报道了在向日葵育种过程中通过种间杂交获得了675个新的 Rf 基因（R品系）。所有R品系的配合力较高并且抗霜霉病，一些R品系也抗拟茎点溃疡、列当、茎点霉病，一些还耐菌核病。Škorić（1993）和Tavoljanski等（2002）在他们的育种过程中利用向日葵野生种来增加栽培种的遗传多样性，同样取得了成功。

在向日葵新的细胞质雄性不育资源利用过程中育性恢复是一个常见的问题。这种在细胞质雄性不育亲本中的基因通常被称为致育因子基因（fertility factor gene），而不是育性恢复基因。对许多携带细胞质雄性不育基因的亲本进行研究，发现其育性可以部分恢复，这表明有基因修饰现象的存在，而这些基因会经常受到环境条件的影响，使它们的遗传难以稳定（Miller，1997）。研究者发现分离细胞质雄性不育的细胞质似乎是比较容易的，但是在野生向日葵细胞质雄性不育资源中寻找单一的、完全显性的育性恢复基因（Rf）是非常困难的。已有34个不育系的育性恢复基因被报道，研究者已经对19份这样的细胞质雄性不育资源的遗传特征进行了详细研究（Serieys，2002）。据Christov（2008）报道，通过对来源于 H. petiolaris 的PET1细胞质进行研究，在37个向日葵种中，有181份材料携带恢复该雄性不育因子育性的 Rf 基因。

3.2.3 属间杂交

Christov和Vassilevska-Ivanova（1999）、Christov等（2004）对向日葵属与向日葵栽培种杂交的亲和性做了研究，并与以下物种进行了成功的杂交：*Silphium perfoliatum* L.、*Matricaria chamomilla* L.、*Cichorium intybus* L.、*Gaillardia speciose* (hybrid) Fouger、*Telekia speciose* (Schreb.) Baumg.、*Carduus acanthoides* L.、*Onopordum acanthium* L.、*Verbesina helianthoides* Michx、*Tithonia rotundifolia* (Mill.) S. F. Blake、*Arctium lappa* L.、*Inula helenium* L.和*Bidens tripartita* L.。也有一小部分有关向日葵属的属间杂交成功的报道。Encheva和Christov（2005）将*Verbesina helianthoides* Robins et Greenm与栽培向日葵进行种间杂交，并且利用RAPD分子标记验证了杂交种的真实性（Encheva et al., 2005）。Vassilevska-Ivanova（2005）将*Verbesina encelioides* var. *exauriculata* Robins.et Greenm进行了属间杂交。Christov和Panayotov（1991）报道，*Tithonia*可用作获得抗霜霉病、黑茎病和菌核病潜在的育种资源，并与*Tithonia rotundifolia*进行了属间杂交。2005年，Reyes-Valdés等报道，他们将向日葵栽培种与*Tithonia rotundifolia*进行了属间杂交，同时，他们利用AFLP技术进行了验证，而基于遗传距离的分析结果证实了上述种间杂交是一个完全的杂交，而不是一个如之前曾经报道过的部分种间杂交。Christov和Vassilevska-Ivanova（1999）、Reyes-Valdés等（2005）都得出如下结论：属间杂交是一种具有广阔应用前景的育种方法，通过该方法可将野生资源中重要的农艺性状转移到栽培种中。

3.2.4 理想株型

现有的向日葵栽培种的遗传多样性不能完全满足不同农业生态条件下理想株型的需求，然而幸运的是，在野生向日葵资源中观察到的遗传多样性能够为理想的向日葵株型的选择提供遗传基础（Škorić，1992a）。向日葵育种中的一个主要目标是改变光合作用器官的结构，许多野生向日葵中丰富的遗传变异也许可以为向日葵株型的改变提供可能。Škorić（1992a）曾经建议，通过评估向日葵资源如 *H. mollis*（图3.13）、*H. argophyllus*、*H. salicifolius*、*H. radula*（图3.14）及 *H. maximiliani* 光合作用器官的差异，就可了解叶片数量、形状、活力及其他特性遗传操作的可能性。

图3.13 多年生向日葵 *H. mollis* 生长在密苏里州Johnson镇道路两边的浅沟中，这个种的独特之处在于：它的茎和叶片上有密集的短毛及紧密相邻的无梗叶片

图3.14 多年生种 *H. radula* 生长于佐治亚州McIntosh镇一处长有松树的沙滩上，这种向日葵通常缺少花瓣，茎通常没有分枝，其基部长有带叶的莲座和一个头状花序，每个柄长有紫色的花盘

3.2.5 基因流动

向日葵是独特的、北美洲为数不多的本土作物之一。这非常有利于种质资源的收集和保存。由于野生向日葵原产于北美洲的向日葵主产区，人们担忧向日葵栽培种的基因会流向野生种。对于转基因作物，人们普遍认为的一个潜在风险是：转基因作物与近缘野生种的杂交可能将与适应环境有关的基因转入野生种中，并在野生种中持续存在

（Armstrong et al., 2005）。如果野生向日葵资源能够获得抵抗病害、草害、环境胁迫和除草剂的基因，它们会在其栖息地大量生长，或者侵入不适于它们生长的区域。

向日葵栽培种和野生种间的杂交时有发生。生长在向日葵栽培种种植区附近的野生种有超过42%的子代带有栽培种的基因，并且在野生种群中能够持续至少5代，或者在一些地区持续40年之久（Linder et al., 1998）。此外，形态学的证据表明，在一年内所研究的种群中，有10%~33%被研究的族群内存在杂交现象。Rieseberg等（1999）利用AFLP标记对一个向日葵的近缘野生种 *H. petiolaris* 做了深入研究。他们对 *H. petiolaris* 的4个同地种群进行了研究，发现种间基因渐渗的频率非常低，仅仅为0.006~0.026，这表明 *H. petiolaris* 的基因组在种间的渗入是不同的，基因的逃逸是零星的，不同的时间仅仅在一些群体里发生，而在其他群体里不发生。因而，对野生种 *H. annuus* 的风险评估比对 *H. petiolaris* 的评估更加迫切。

Burke等（2002）指出，在向日葵的种植区普遍存在栽培种和野生种杂交的机会，在被调查的所有区域，约有2/3的区域是栽培种与野生种毗邻的，并且它们同时开花。在这些种群中，它们生育期的重叠现象普遍存在，有52%~96%的野生向日葵与栽培种的开花期同步。这些研究表明，在美国野生向日葵与栽培向日葵间的杂交很容易在所有向日葵种植区发生。

3.3 资源特性

3.3.1 病原菌

在许多向日葵生产国，病害是限制向日葵产业发展的主要因素。向日葵是许多病原菌的寄主，这些病原菌能够对向日葵的产量和品质造成严重影响，其中真菌性病害造成的经济危害尤为严重。在美国，向日葵的主要病害有霜霉病、锈病、盘腐型菌核病、茎腐型菌核病和黑茎病。而黄萎病、茎腐病、链格孢叶斑病、壳针孢斑枯病、炭腐病和根霉盘腐病的发生程度较轻。在欧洲及其毗邻的地中海国家主要的向日葵病害有霜霉病、盘腐型菌核病、茎腐病、根霉菌引起的花盘腐烂、炭腐病。有一些病害只在部分国家对向日葵生产有一定的影响。例如，黄萎病在阿根廷发生非常严重，白锈病在南非发生非常严重。向日葵野生种是许多栽培种常见病害抗性基因的重要来源。个别病害的危害程度随着气候条件的变化而变化很大。选育抗病品种是防控向日葵病害的有效措施。在向日葵的栽培种和野生种中都可以找到对大多数病害表现为抗病或耐病的资源。

3.3.1.1 霜霉病

霜霉病（downy mildew）是由 *Plasmopara halstedii* (Farl.) Berl. et de Toni引起的，除澳大利亚外，其他的向日葵种植国家都有发生。Gulya（2007）编写完成了《全球霜霉病菌的分布》一书。他对病原菌的36种致病型（生理小种）进行了描述，其中5个病原菌生理小种（330、330、710、730、770）在世界范围内广泛分布。在过去的7年中，法国牵头鉴定出了数量最多的霜霉病菌新的致病型（Vear et al., 2007）。在对霜霉病的防控中，寄主含有针对特异生理小种的 *Pl* 基因对霜霉病的防治是非常有效的。现在，已经报道了18个不同的 *Pl* 基因（Gulya, 2007）。病原菌的变异和长时间种植抗病杂交种及种子药剂处理的选择压力，会导致新的生理小种不断进化，这也不断迫使育种家寻找新的抗源，并将新的抗性基因或基因簇转入栽培种中。向日葵野生种是抗霜霉病基因的丰富来源。

霜霉病菌非常独特，它可以在种子、空气及土壤中生存，并通过侵染幼苗的根部进而导致植株系统性发病，而空气中飘浮的孢子往往只能导致叶片发生局部病斑。直到最近，农民都是利用杀菌剂（如甲霜灵和甲霜灵-M）进行拌种处理来控制霜霉病，但是霜霉病菌对上述化学药剂已经产生了抗药性。对霜霉病的抗性可以受一个具有生理小种特异的、主效的、显性单基因控制。向日葵野生种中对多个生理小种和单个生理小种具有抗性的种质资源已经被开发出来（Miller and Gulya，1988；Tan *et al*.，1992；Jan *et al*.，2004b）。野生资源*H. annuus*、*H. petiolaris*、*H. tuberosus*和*H. praecox* ssp. *runyonii*（图3.15）含有针对单一生理小种的显性抗性基因；而*H. argophyllus*是唯一被发现的含有抗目前所有生理小种的主效基因的野生向日葵材料（Miller and Gulya，1988，1991；Jan *et al*.，2004b；Pustovoit and Krokhin，1977；Vrânceanu and Stoenescu，1970；Zimmer and Kinman，1972；Miller *et al*.，2002；Tan *et al*.，1992；Dussle *et al*.，2004；Hulke *et al*.，2010；Seiler，1991c）。

图3.15 一年生向日葵*H. praecox* ssp. *runyonii*生长在德克萨斯州Nueces镇海边的沙滩上。该种具有针对霜霉病菌生理小种的抗性

研究者还发现，一年生种*H. annuus*、*H. argophyllus*、*H. debilis*和*H. petiolaris*，以及多年生种*H. decapetalus*、*H. divaricatus*、*H. eggertii*（图3.16）、*H. giganteus*、*H.* × *laetiflorus*、*H. mollis*、*H.nuttallii*、*H. scaberrimus*、*H. pauciflorus*、*H. salicifolius*（图3.17）和*H. tuberosus*（图3.18）对霜霉病有完全抗性（Christov，1996b）。多年生二倍体向日葵*H. divaricatus*、*H. giganteus*、*H. glaucophyllus*、*H. grosseserratus*、*H. mollis*、*H. nuttallii*和*H. smithii*（图3.19）及其种间杂交后代对霜霉病也具有抗性（Nikolova *et al*.，1998）。在保加利亚，利用*H. eggertii*和*H. smithii*获得的种间杂交种也抗霜霉病（Christov *et al*.，1998）。俄罗斯Veidelevka市向日葵研究所在田间试验中观察到了*H. argophyllus*、*H. niveus*、*H. neglectus*、*H. debilis*和*H. petiolaris*群体对霜霉病具有高的抗性水平（Tikhomirov and Chiryaev，2005）。

图3.16 多年生种*H. eggertii*生长在田纳西州Willamson镇一处森林的开放地带,其单株具有典型的紫色茎,顶端分枝,且有典型的头状花序。该种最近从美国联邦政府濒危物种保护名单中被移除

图3.17 多年生种*H. salicifolius*生长在美国俄克拉何马州华盛顿县路边的沟渠中,其株高达3.5~4m,叶片狭长

图3.18　多年生种*H. tuberosus*在沿着印第安纳州Decatur镇一处小溪附近的树林边生长。在过去的50年间，该种一直被作为一种抗病资源进行保护

图3.19　多年生种*H. smithii*生长在北卡罗来纳州Burke镇松树林附近开放地带路边的沟渠中。该种稀有，主要在佐治亚州、亚拉巴马州和北卡罗来纳州有少量分布

由*H. argophyllus*（图3.20）衍生的ARG-1575-2育种材料携带有Pl_{arg}基因位点，其对所有已知的霜霉病菌生理小种都具有抗性。因Pl_{arg}被定位到一个与已被SSR标记的Pl基因的连锁群中，因而可以说Pl_{arg}是一个独特的、新的霜霉病的抗性基因（Dussle et al.，2004；Wieckhorst et al.，2008）。在*H. annuus*和*H. argophyllus*群体中发现了抗霜霉病的植株，在*H. annuus*群体中抗霜霉病的植株占比9%~100%，而在*H. argophyllus*群体中抗霜霉病的植株占比50%~58%（Terzić et al.，2007）。

在保加利亚，Christov（2008）通过田间鉴定，发现由9个一年生种和27个多年生种配置的850份种间杂交种对霜霉病具有抗性，这表明抗霜霉病基因在向日葵野生种中有广泛的分布。Nikolova等（2004）报道，*H. pumilus*的各个种间杂交的后代也具有对霜霉病的抗性。根据其他的一些报道，对一个或多个霜霉病菌生理小种具有潜在抗性的野生向

图3.20 在佛罗里达州Daytona海滩的海景房前,一年生向日葵H. argophyllus在一片空地上正在蓬勃地生长。这个种群是Pl_{arg}基因的来源,其叶片和茎上长有非常密的柔软短毛

日葵资源包括一年生种H. paradoxus、H. deserticola和H. praecox ssp. hirtus,以及多年生种H. grosseserratus、H. maximiliani、H. nuttallii和H. pauciflorus(Seiler,1991a,1991b;Fick et al.,1974;Thompson et al.,1978)。Pustovoit等(1976)以野生资源H. annuus和H. tuberosus为基础从"群体免疫"的品种中获得了2个栽培种Progress和Novinka。Encheva等(2006b)从H. salicifolius的种间杂交中获得了对霜霉病有完全抗性的材料。Christov等(1996b)指出,野生种H. petiolaris含有抗霜霉病基因;而Tarpomanova等(2009)认为H. bolanderi的种间杂交种对霜霉病菌生理小种330及700具有抗性。

野生向日葵资源中存在大量的抗霜霉病基因,一系列引入抗霜霉病基因的种质资源就是最好的例证,它们一直在保护向日葵栽培种免受霜霉病菌不断进化的新的生理小种的侵染。

3.3.1.2 菌核病

由病原菌 *Sclerotinia sclerotiorum* (Lib.) de Bary 侵染所致的向日葵茎腐型和盘腐型菌核病(也称白腐病,white mold)被认为是世界上向日葵种植地区最具灾难性的病害。核盘菌侵染导致的向日葵植株枯死给全球范围内向日葵的生产造成了严重损失。造成这种现状的一个原因是病原菌 *S. sclerotiorum* 具有广泛的寄主,病原菌的兼性营养型使得它能够侵染360多种植物。向日葵栽培种对这种病原菌高度感病,该病原菌可以通过不同的方式破坏向日葵的根部、茎秆、花盘和种子。由于生产中缺少有效的栽培措施或杀菌剂来控制这种病害,研究者在抗病、耐病的向日葵杂交种的培育上投入了大量精力和资源。向日葵对菌核病的抗性是很复杂的,有许多基因的参与,但是每个基因对抗性的贡献却很小。和单基因或几个基因控制的抗性相比,这就需要利用不同的育种策略来培育抗(耐)菌核病的向日葵品种。

茎腐型和盘腐型菌核病能使向日葵减产50%以上,进而造成严重的经济损失。栽培向日葵一般缺少抗菌核病基因，不同品种对菌核病的感病程度也存在一定差异。向日葵属中至少有51个种（含二倍体、四倍体和六倍体）是潜在的抗菌核病资源。对野生向日葵资源进行抗性评价的结果表明，一些多年生野生向日葵资源对盘腐型和茎腐型菌核病具有很高的抗性水平。

在多年生野生向日葵 *H. resinosus*（图3.21）、*H. tuberosus*、*H. decapetalus*、*H. grosseserratus*、*H. nuttallii* 和 *H. pauciflorus* 中也观察到对盘腐型菌核病的抗性（Pustovoit and Gubin, 1974; Mondolot-Cosson and Andary, 1994; Ronicke et al., 2004）。一些向日葵野生种或它们的种间杂交种与 *H. annuus* 进行杂交后表现出高抗菌核病的特性（Christov et al., 1996b; Cerboncini et al., 2002, 2005; Rashid and Seiler, 2004, 2006）。Cáceres 等（2006）报道称，*H. petiolaris* 的一些群体在阿根廷被驯化后，*S. sclerotiorum* 在叶片上侵染形成的病斑比在其他品种上的病斑要小，但是在茎秆上形成的病斑大小与其他品种差别不大。也有报道称，*H. argophyllus* 种间杂交后能够获得具有高耐盘腐型菌核病的后代（Christov et al., 2004）。多年生向日葵 *H. tuberosus*、*H. divaricatus*、*H. hirsutus*、*H. maximiliani*、*H. mollis*、*H. nuttallii*、*H. occidentalis* 和 *H. rigidus*（=*pauciflorus*）群体在自然发病条件下也对菌核病有较高的抗性水平（Tikhomirov and Chiryaev, 2005）。Block 等（2009）的研究表明，在温室条件下，*H. argophyllus*（PI 650078）有94%的植株抗茎腐型菌核病。

图3.21 *H. resinosus* 是一种多年生向日葵，生长在南卡罗来纳州Oconee镇的Tugaloo河边。该种已经被确定能够抵抗几种不同的病原菌，特别是核盘菌

俄罗斯Veidelevka市向日葵研究所的研究者，通过对一年生向日葵进行田间筛选，在 *H. argophyllus*、*H. niveus*、*H. neglectus*、*H. debilis* 和 *H. petiolaris* 群体中观察到对菌核病呈现高抗水平的材料（Tikhomirov and Chiryaev, 2005）。Hahn（2002）报道称，利用 *H. argophyllus* 和 *H. praecox* ssp. *runyonii* 的种间杂交获得的后代株系对盘腐型菌核病具有最高的抗性。

Christov（1996b）报道称，高倍体（六倍体和四倍体）的多年生向日葵比二倍体向日葵更容易感病，其中 *H. glaucophyllus*、*H. divaricatus*、*H. salicifolius* 和 *H. mollis* 中有高比例的抗病植株。在向日葵多年生种 *H. eggertii*、*H. pauciflorus*、*H. smithii* 和一年生种 *H. annuus*、*H. argophyllus*、*H. petiolaris*、*H. praecox* 中都观察到了对菌核病的耐病性

(Christov, 2008)。利用多年生H. maximiliani所配置的杂交种在对茎腐型菌核病的抗性方面比抗盘腐型菌核病自交系的抗性水平还要高（Cerboncini et al., 2002；Ronicke et al., 2004）。Rashid和Seiler（2004, 2006）在加拿大多年生向日葵H. maximiliani（图3.22）和H. nuttallii spp. rydbergii（图3.23）群体中鉴定出了对盘腐型和茎腐型菌核病有潜在抗性的材料。Škorić和Rajčan（1992）的研究也表明，H. maximiliani对菌核病呈现高抗水平。Mondolot-Casson和Andary（1994）也鉴定出多年生H. resinosus是一个抗盘腐型菌核病的育种资源。Block等（2009）的报道称，H. resinosus的群体PI 650079和PI 650082，在温室条件下100%抗菌核病。

图3.22　多年生向日葵H. maximiliani生长在加拿大曼尼托巴省的一个草原牧场栅栏旁路边的沟渠里。该种被鉴定为抗菌核病的遗传资源

图3.23　H. nuttallii ssp. rydbergii是一种多年生向日葵资源，生长在北达科他州Ransom镇森林附近的一片潮湿区域。该种茎秆为紫色，是一种抗菌核病的资源

在提高向日葵栽培种对茎腐型菌核病的抗性研究方面也取得了一定的进展。在一年生向日葵H. praecox及多年生向日葵H. pauciflorus、H. giganteus、H. maximiliani、H. resinosus和H. tuberosus中都发现了耐茎腐型菌核病的育种资源（Škorić，1987）。

Kohler和Freidt（1999）认为，H. mollis和H. tuberosus种间杂交的后代能够提高向日葵对茎腐型菌核病的抗性。Micic等（2004）利用H. tuberosus的种间杂交后代群体对抗茎腐型菌核病的数量性状基因座（QTL）进行定位。最初有关种间杂交的研究结果是由Degener等（1999a）发表的。Degener等（1998，1999b）发现H. argophyllus和H. tuberosus种间杂交获得的自交系的茎秆上核盘菌侵染后形成的病斑数量非常少。Henn等（1997）用H. nuttallii、H. giganteus和H. maximiliani进行了种间杂交，其后代对茎腐型菌核病具有一定的抗性。Miller和Gulya（1999）获得了抗茎腐型菌核病的4个油用向日葵保持系与恢复系。Miller和Gulya认为，来源于多年生种H. pauciflorus（=rigidus）的自交系HA 410也对茎腐型菌核病有中等水平的抗性。多年生向日葵野生资源H. mollis、H. nuttallii、H. resinosus和H. tuberosus对根腐型菌核病有耐病性（Škorić，1987）。位于美国法戈（Fargo）的向日葵研究小组（The Sunflower Research Unit）已经开始了一项计划，利用种间杂交将不同倍性（$2x$、$4x$、$6x$）的向日葵野生资源中的抗茎腐型菌核病的基因转入被驯化的向日葵种质资源中（Jan and Seiler，2008）。将对茎腐型菌核病有高抗水平的多年生六倍体H. californicus和对菌核病有中等抗性的自交系HA 410进行杂交（Miller and Gulya，1999），然后通过和HA 410连续回交直到BC_4F_1代群体，使得回交后代的染色体数目降到$2n=34$（Feng et al.，2006，2007a）。

从来源于H. divaricatus、H. grosseserratus、H. maximiliani、H. nuttallii和H. strumosus的种间杂交合成的多倍体中分离出了高抗茎腐型菌核病的后代，从而丰富了抗菌核病基因的多样性。这些合成的多倍体与HA 410进行杂交，再通过两次回交可转移抗茎腐型菌核病的基因（Jan et al.，2006，2008；Feng et al.，2007b，2008，2009）。

通过和HA 410回交，从3个二倍体多年生野生种H. maximiliani、H. giganteus（图3.24）和H. grosseserratus中将抗茎腐型菌核病的基因进行转移，从64 618朵HA 410授粉的小花上仅获得155粒回交一代（BC_1F_1）的种子。这一结果进一步证实了多年生二倍体种可以与栽培种进行杂交，只是成功率较低（Atlagić et al.，1995）。低成功率是多年生二倍体材料转移优良基因最大的限制因素。然而，由于F_1代大多数是多年生植株，可以通过重复授粉来获得足够多的BC_1F_1种子（Jan and Seiler，2008）。

图3.24　H. giganteus是一种多年生向日葵野生资源，生长在威斯康星州Menominee镇森林附近一处开阔的潮湿地带

菌核病的病原菌 S. sclerotiorum 能够产生大量草酸，它在病原菌侵染过程中起关键作用。因此，一个有效的抗菌核病的措施是：通过遗传工程技术获得可降解草酸的转基因植株，进而间接地提高寄主对核盘菌的抗性。一个从小麦（Triticum aestivum L.）中获得的草酸氧化酶基因（OXO）已经通过遗传转化技术转入向日葵中（Scelonge et al., 2000）。在转基因自交系 H. annuus cv. SMF3 中持续表达小麦的草酸氧化酶基因（OXO）（Hu et al., 2003），能够提高转基因植株对产生草酸的核盘菌的抗性水平。用于遗传转化的自交系 SMF3 最初是由 Rogers 等（1984）推出的，该自交系是利用 H. petiolaris 通过种间杂交获得的抗向日葵螟的遗传资源。利用转基因技术在向日葵上控制菌核病的效果还有待进一步验证和商业化应用。

总而言之，利用二倍体、四倍体和六倍体种质资源已经获得了具有潜力的用于向日葵育种的种间杂交系。评价这些育种材料对茎腐型菌核病的抗性水平能够验证不同的育种策略获得的抗性 QTL 的有效性。当后代染色体数达到 $2n = 34$ 时，进行田间种子扩繁，可以通过在子代植株中追踪向日葵野生种的特定分子标记来验证各育种方法的有效性。我们的最终目标是尽可能在短时间内，鉴定、转育并推出改良的抗茎腐型和盘腐型菌核病的育种资源。

向日葵菌核病是一种非常复杂的真菌病害，寻找一个单一的显性基因来抵御菌核病的希望非常渺茫，但是利用野生资源提高向日葵对盘腐型和茎腐型菌核病的抗性已经取得了很大进步。目前，生产中还没有商业向日葵杂交种对菌核病的抗性表现出令人满意的水平。

3.3.1.3 锈病

向日葵锈病（rust）是由 Puccinia helianthi Schwein. 引起的一种叶斑病。该病害在所有向日葵种植地区都有发生。多年的研究表明，向日葵野生种是栽培种中抗锈病基因的重要来源。抗锈病性基因 R_1、R_2 已经在向日葵育种中被广泛应用，美国德克萨斯州向日葵野生种异交（outcross）后代中有上述抗病基因，该基因也被认为是第一批能够有效控制向日葵锈菌的抗性基因（Putt and Sackston, 1957, 1963）。Hennessy 和 Sackston（1972）认为，德克萨斯州的大多数向日葵野生种存在多种不同的抗锈病基因。Zimmer 和 Rehder（1976）对来自美国中北部的两个一年生种 H. annuus、H. petiolaris，以及5个多年生种 H. maximiliani、H. nuttallii、H. grosseserratus、H. pauciflorus（rigidus）和 H. tuberosus 近200个种群进行了大量调查，发现200个种群中有190个种群没有锈病的发生。他们还发现了具有多重抗性的抗锈病育种资源，其中来自美国内布拉斯加州（Nebraska）和堪萨斯州（Kansas）的一年生野生向日葵中普遍存在抗锈病基因。Quresh 等（1993）、Quresh 和 Jan（1993）发现在 H. annuus、H. argophyllus、H. petiolaris 的78个种群中，抗锈菌生理小种1、2、3和4的抗性植株占植株总数的百分比分别为25%、28%、15%和26%，仅有10%的植株对4种生理小种同时呈现出抗性。McCarter（1993）观察到 H. tuberosus 种群对锈病也存在着不同程度的抗性。也有报道称，来源于 H. tuberosus 的自交系中有的对锈病表现免疫（Pogorietsky and Geshle, 1976）。3个向日葵野生种 H. annuus、H. petiolaris 和 H. argophyllus 已经被确定对北美洲广泛流行的锈菌生理小种具有抗性（Jan et al., 2004a）。

向日葵野生种的种群中大多都有抗锈病的植株，但很少能找到完全抗或完全不抗的群体。由于锈菌的不同生理小种和寄主之间的特异性，感病的向日葵野生种为锈菌生理小种的扩展提供了选择性的寄主，从而使得锈菌生理小种得以繁衍。由于锈菌生理小种的不断进化，寻找新的抗锈病的遗传资源是必要的。利用向日葵野生种中的抗锈病基因，向日葵锈病能够被长期有效地控制。众所周知，这些抗锈病基因大多存在于向日葵栽培种的野生种祖先中（Quresh et al.，1993）。在大多数情况下，向日葵对锈病的抗性都是受显性单基因控制的。

3.3.1.4 拟茎点溃疡

向日葵拟茎点溃疡（*Phomopsis* brown stem canker）是由病原菌 *Diaporthe helianthi*/*Phomopsis helianthi* Munt.-Cvet.等侵染而引起的一种茎秆病害，它于1980年在南斯拉夫的向日葵上首次被发现，目前对欧洲大部分向日葵种植区构成了严重威胁（Mihaljčević et al.，1982；Aćimović，1984；Škorić，1985）。随后，该病害对其他地区的向日葵生产也构成了严重威胁，如南美洲、北美洲（Virányi，2008）。该病害出现后很快就成为欧洲许多地区向日葵生产的主要制约因素，如南斯拉夫、罗马尼亚、匈牙利和法国。Cuk（1982）发现一年生野生种 *H. debilis* 和多年生种 *H. pauciflorus* 中具有针对拟茎点溃疡病菌潜在的抗性基因。Kurnik和Walcz（1985）发现在一年生向日葵 *H. argophyllus* 中存在抗拟茎点溃疡的基因，在两个其他向日葵野生种中也发现了耐病基因，但是，他们也发现当地多年生向日葵 *H. tuberosus* 高感拟茎点溃疡。Škorić（1985）报道了4个向日葵的自交系对拟茎点溃疡表现出一定的耐病性，其中两个自交系以多年生种 *H. tuberosus* 为基础选育而成，另外两个基于一年生材料 *H. annuus* 和 *H. argophyllus* 选育而成。Dozet（1990）在 *H. tuberosus* 的两个种群中发现了对拟茎点溃疡呈现高抗水平的个体。多年生 *H. maximiliani*、*H. pauciflorus*、*H. hirsutus*、*H. resinosus*、*H. mollis* 和 *H. tuberosus* 也对拟茎点溃疡表现出一定的抗性水平（Škorić，1985；Dozet，1990）。从 *H. tuberosus* 和 *H. argophyllus* 中选育而来的向日葵杂交种在田间条件下对拟茎点溃疡呈现耐病性。Škorić（1985）预测这些向日葵对拟茎点溃疡的抗性是由两个或两个以上的互补基因共同调控的，并且这种抗性和茎秆的"持绿色性"特性紧密关联，并且这些向日葵对炭腐病、黑茎病和干旱也呈现一定的抗性。Nikolova等（2004）报道了多年生向日葵 *H. pumilus*（图3.25）的种间杂交后代对拟茎点溃疡的抗性。向日葵对拟茎点溃疡的抗性也在 *H. argophyllus*、*H. deserticola*、*H. tuberosus* 和 *H.* × *laetifloru* 的种间杂交种中也有过相关报道（Degener et al.，1999b）。

位于俄罗斯Veidelevka市的向日葵研究所通过对一年生向日葵进行田间筛选，在 *H. argophyllus*、*H. niveus*、*H. neglectus*、*H. debilis* 和 *H. petiolaris* 的群体中发现了高抗拟茎点溃疡的育种材料（Tikhomirov and Chiryaev，2005）。

在多年生向日葵，如 *H. tuberosus*、*H. divaricatus*、*H. hirsutus*、*H. maximiliani*、*H. mollis*、*H. nuttallii*、*H. occidentalis* 和 *H. rigidus*（=*pauciflorus*）的群体中也发现了在自然发病条件下表现出抗性的育种材料（Tikhomirov and Chiryaev，2005）。多年生种 *H. mollis*、*H. nuttallii*、*H. resinosus*、*H. hirsutus*、*H. divaricatus*、*H. rigidus*（=*pauciflorus*）、*H. tuberosus*、*H. strumosus*、*H. decapetalus*、*H. maximiliani*、*H. smithii*、*H. doronicoides*、*H. orygalis* 和 *H.* × *multiflorus* 对拟茎点溃疡具有高抗水平，从而使得这

图3.25　*H. pumilus*是多年生向日葵，生长在靠近科罗拉多州和怀俄明州边界路边的水沟里，其后面烟囱岩位于怀俄明州Albany镇。其中插入的图片是该种的头状花

些野生种成为抗拟茎点溃疡育种非常好的供体材料（Encheva et al., 2006a）。在保加利亚，以*H. eggertii*和*H. smithii*为基础进行种间杂交，其后代对拟茎点溃疡表现出高抗水平（Christov et al., 1998）。Cáceres等（2007）在一年生种*H. petiolaris*上接种拟茎点溃疡的病原菌，通过观察叶片和茎秆上形成的褐色坏死斑大小，发现一些半同胞（half-sib）姊妹系种群对拟茎点溃疡有明显的耐病性。Christov（2008）在保加利亚通过田间鉴定认为一年生种*H. annuus*、*H. argophyllus*、*H. debilis*，以及多年生种*H. pauciflorus*、*H. laevigatus*、*H. glaucophyllus*、*H. eggertii*是抗拟茎点溃疡的潜在抗源材料。在多年生向日葵中，二倍体*H. divaricatus*被认为是对该病害具有耐病性的育种资源（Korrell et al., 1996）。Škorić（1987）报道*H. salicifolius*（图3.26）对拟茎点溃疡具有一定的抗性水平。Encheva（2006b）和Škorić（1992b）报道了*H. salicifolius*的种间杂交种对拟茎点溃疡表现免疫。

图3.26　多年生向日葵*H. salicifolius*生长在堪萨斯州Neosho镇道路边的沟渠里，其株高3~4m

3.3.1.5 黄萎病

向日葵黄萎病（Verticillium wilt）是由病原真菌 Verticillium dahliae Kleb.侵染引起的一种重要的土传病害，它可导致向日葵萎蔫、叶片上呈现出黄绿相间的斑驳。这种病害在阿根廷向日葵地块中发生非常严重。向日葵对这种病害的抗性是由单基因控制的。然而，最近发现了许多病原菌新的毒性菌株，从而促使人们去寻求更多的抗源。向日葵黄萎病病原菌的抗源在野生向日葵中广泛存在。在新近发现的生理小种之前，Helianthus annuus、H. petiolaris 和 H. praecox 是抗黄萎病基因（V-1）的主要来源。Hoes 等（1973）对加拿大曼尼托巴省（Manitoba）和萨斯喀彻温省（Saskatchewan）的6个地区和美国12个州的野生向日葵 H. annuus 与 H. petiolaris 的40个种群进行了调查，发现抗性植株存在的群体似乎多出现在靠近纬度偏南的地区，建议将这一地区确定为抗黄萎病资源的起源中心，而这一中心也正是一般公认的野生向日葵 H. annuus 的起源中心。Putt（1964）在自交系 CM144 中发现了黄萎病菌的抗源，这一自交系来源于野生向日葵 H. annuus 的种间杂交。这一野生育种材料曾被用来培育向日葵自交系（Fick and Zimmer, 1974）。黄萎病在 H. hirsutus、H. occidentalis 和 H. tuberosus 上能够发生，而 H. resinosus 对黄萎病免疫（Škorić, 1984）。Pustovoit 等（1976）报道，除了多年生的 H. tomentosus Michx，所有的向日葵野生种都不抗黄萎病。

2004年，在美国北达科他州和明尼苏达州发现了一个新的北美黄萎病菌菌株（Gulya, 2004; Radi and Gulya, 2006）。这个新的菌株能够克服油用和食用向日葵中由显性单基因 V-1 调控的抗性。进一步的研究表明，黄萎病菌的新菌株在加拿大曼尼托巴省也存在。Radi 和 Gulya（2006）评价了不同的向日葵栽培种种质资源对黄萎病菌新菌株的抗性。基于抗性基因 V-1 起源于野生向日葵 H. annuus 的育种经验，野生向日葵中很有可能同样含有针对黄萎病菌新菌株的抗性基因。因为目前还没有化学药剂、生物措施或栽培技术能够控制向日葵黄萎病的发生，所以，明确在栽培或野生向日葵种质资源中是否存在针对新的黄萎病菌菌株的抗性基因是一项非常紧迫的工作。

3.3.1.6 黑茎病

向日葵黑茎病（black stem）是由 Phoma macdonaldii Boerma 引起的一种检疫性病害，在世界范围内所有向日葵种植区均有发生。包括美国在内的一些地区，该病害往往会在向日葵生育末期发生，其造成的经济损失相对较小。向日葵黑茎病在欧洲的一些国家也有发生，在法国的发生最为严重。黑茎病发生后，茎下部的病斑常常会引起向日葵的倒伏（Virányi, 2008）。病原菌侵染植株后在茎秆和叶柄交界处形成黑色的病斑，偶尔也会在发病植株的叶片上形成病斑。迄今为止，绝大多数的向日葵品种对该病原菌不具有抗性。也有研究表明，寄主对黑茎病的抗性可能与茎"持绿性"的能力有关，同时也与对拟茎点溃疡的抗性有关。在自然发病条件下，野生向日葵 H. maximiliani、H. argophyllus、H. tuberosus 和 H. pauciflorus 对黑茎病表现出极强的抗性（Škorić, 1992b）。而有关一些多年生向日葵野生种 H. decapetalus、H. eggertii、H. hirsutus、H. resinosus 和 H. tuberosus 对黑茎病的抗性也有报道（Škorić, 1985）。Encheva 等（2006b）发现 H. salicifolius 的种间杂交种对黑茎病也具有一定的耐病性。最近，利用 H. eggertii、H. laevigatus、H. argophyllus 和 H. debilis 的种间杂交材料已经选育出抗黑茎病的育种材料（Christov，2008）。

在自然发病条件下，野生向日葵 *H. maximiliani*、*H. tuberosus*、*H. pauciflorus* 和 *H. argophyllus* 对黑茎病表现出极强的抗性（Škorić，1992b）。而一年生向日葵 *H. debilis* ssp. *silvestris* 和多年生种 *H. glaucophyllus* 也被发现对黑茎病表现出一定的抗性（Christov，1996a）。Škorić（1985）的研究表明，向日葵对黑茎病的抗性与其对拟茎点溃疡、炭腐病的抗性呈显著的正相关关系。

3.3.1.7 黑斑病

向日葵黑斑病（black spot）是由 *Alternaria helianthi*（Hansf.）Tub. et Nish. 引起的一种叶斑病，它对美国及其他一些地区的向日葵栽培种造成了极大的损失。在温暖、降雨量丰沛的地区该病害会使向日葵叶片凋零并使其产量显著下降（Sackston，1981）。研究者通过接种 *A. helianthi* 的分生孢子液对向日葵21个一年生种和21个多年生种的抗性进行了评价，结果表明，所有的一年生种和18个多年生种都高感黑斑病，然而多年生种 *H. hirsutus*、*H. pauciflorus* ssp. *subrhomboideus* 和 *H. tuberosus* 对黑斑病表现出一定的抗性水平（Morris et al.，1983）。Lipps和Herr（1986）发现13份 *H. tuberosus* 种质材料对黑斑病的抗性水平高于商业杂交种。他们认为 *H. tuberosus* 是一个可用于培育抗黑斑病品种的抗源材料。田间抗性评价的结果表明，一年生野生向日葵 *H. praecox*、*H. debilis* ssp. *cucumerifolius* 和 *H. debilis* ssp. *silvestris* 高抗黑斑病以及由 *Septoria helianthi* Ell. et Kell. 侵染所致的褐斑病（Block，1992）。而Anilkumar等（1976）也发现 *H. argophyllus* 对黑斑病具有中等抗性水平。

研究表明向日葵多年生种 *H. maximiliani*、*H. mollis*、*H. divaricatus*、*H. simulans*、*H. occidentalis*、*H. pauciflorus*、*H. decapetalus*、*H. resinosus* 和 *H. tuberosus* 高抗黑斑病，而所有的一年生向日葵都高感黑斑病（Sujatha et al.，1997；Korrell et al.，1996）。Madhavi 等（2005）发现 *H. occidentalis* 和 *H. tuberosus* 对黑斑病表现出高抗水平，而 *H. hirsutus* 则表现为中等抗性水平。*H. divaricatus* 与向日葵栽培种进行杂交获得的后代对黑斑病表现出一定的耐病性（Prabakaran and Sujatha，2003）。Sujatha和Prabakaran（2006）利用花药培养，将两个六倍体资源（*H. resinosus* 和 *H. tuberosus*）的抗黑斑病基因转入了二倍体栽培种中。通过对向日葵育种亲本材料、种间杂交种和花药培养的再生苗进行离体鉴定，发现65.5%的 *H. tuberosus* 种间杂交种花药培养株和24.8%的 *H. resinosus* 种间杂交种花药培养株对黑斑病表现出抗性。在印度，*H. simulans* 及其种间杂交种在田间条件下没有黑斑病的发生（Prabakaran and Sujatha，2004）。Christov（2008）在保加利亚通过田间筛选，发现 *H. decapetalus*、*H. laevigatus*、*H. glaucophyllus* 和 *H. ciliaris*（图3.27）具有潜在的抗黑斑病的遗传基因。Škorić（1987）发现 *H. salicifolius* 对黑斑病具有抗性。Encheva等（2006b）报道，*H. salicifolius* 的种间杂交种对黑斑病表现免疫。

3.3.1.8 白粉病

向日葵白粉病（powdery mildew）是由 *Erysiphe cichoracearum* DC. ex Meret 引起的叶部病害，它是温带地区向日葵栽培种老叶上常见的一种病害（Zimmer and Hoes，1978）。在温带地区，这种病害发生的严重程度还不足以需要喷施杀菌剂来控制（Gulya et al.，1997）。然而，如果向日葵种植扩展到更温暖的地区，则该病害的发生可能会造

图3.27 *H. ciliaris*（Texas Blueweed）是多年生向日葵，生长在德克萨斯州Hidalgo镇Rio Grande河谷的向日葵地里

成一定的经济损失，而抗白粉病杂交种的选育就变得非常重要。无论在大田还是在温室条件下，*H. debilis* ssp. *silvestris*、*H. praecox* ssp. *Praecox*、*H. bolanderi*及14种多年生向日葵对白粉病都表现出一定的耐病性（Saliman et al., 1982）。也不是所有的多年生向日葵群体都抗白粉病，如*H. grosseserratus*和*H. maximiliani*种群对白粉病表现出不同的抗性反应。Škorić（1984）的试验结果表明，由*H. giganteus*、*H. hirsutus*、*H. divaricatus*和*H. salicifolius*选育的种间杂交种没有出现白粉病的症状。在田间条件下对*H. tuberosus*的36个品系的抗白粉病水平进行了评价，发现有3份材料高抗白粉病（McCarter, 1993）。Christov（2008）将多年生*H. decapetalus*、*H. laevigatus*、*H. glaucophyllus*和*H. ciliaris*鉴定为抗白粉病的育种资源，并认为向日葵对该病原菌的抗性有两种类型，第一种抗性受来源于*H. decapetalus*的一个显性基因调控，而第二种受来源于*H. glaucophyllus*、*H. ciliaris*、*H. laevigatus*、*H. debilis*、*H. tuberosus*和*H. resinosus*的多个基因调控。Jan和Chandler（1985）在*H. debilis* ssp. *debilis*（图3.28）中鉴定出含有抗白粉病的基因，该基因在F_1代和回交后代中是不完全显性遗传。

图3.28 一年生向日葵*H. debilis* ssp. *debilis*沿着佛罗里达州Flagler镇Flagle海岸的沙滩上生长

Jan和Chandler（1988）将来源于*H. debilis* spp. *debilis*的基因整合到一个栽培种中，并且推出了一个含有抗白粉病基因的PM1种质资源库。Rojas-Barros等（2004）的研究表明，*H. debilis* ssp. *debilis*、*H. debilis* ssp. *vestitus*和*H. argophyllus*对白粉病免疫。这两个

*H. debilis*材料不同于Jan等（1985）发现的抗性资源材料。Rojas-Barros等（2005）的研究表明，*H. argophyllus*、*H. debilis*中抗白粉病基因的分离比证明了这些野生亲本的杂合性。对白粉病抗性的分离比也证明了在两个杂交种中向日葵对白粉病的抗性至少由两个基因来调控。

3.3.1.9 根霉型盘腐病

向日葵根霉型盘腐病（Rhizopus head rot）是由根霉属（*Rhizopus*）真菌引起的在干旱地区发生的向日葵的重要病害。它已经成为美国向日葵生产中的一种重要病害（Rogers et al., 1978）。该病害的发生会降低油用向日葵籽粒的含油量和品质（Thompson and Rogers, 1980）。向日葵螟[(*Homoeosoma electellum* (Hulst)]幼虫取食所造成的伤口会加重根霉型盘腐病的发生，会导致根霉对向日葵的再次侵染（Rogers et al., 1978）。根霉属包括3种，其中流行较普遍且毒性最强的种是*Rhizopus arrhizus* Fischer。目前，向日葵栽培种都高感根霉型盘腐病。Yang等（1980）的研究表明，当用*R. arrhizus*和*R. oryzae* Went进行人工接种后，32个野生种和亚种中只有4份材料对该病原菌具有抗性。这些多年生的抗性资源是多年生向日葵*H. divaricatus*、*H. hirsutus*、*H. × laetiflorus*和*H. resinosus*的杂交组合。未来需要更多的育种工作将这些向日葵资源中抗病基因转移到栽培种中，并且研究这些抗性基因的遗传模式（Yang, 1981）。

3.3.1.10 炭腐病

炭腐病是由*Macrophomina phaseolina* (Tassi) Goid引起的，它对世界各地温带地区种植的向日葵和其他一些作物都有影响。利用*H. tuberosus*获得的种间杂交种对该病害具有抗性。野生向日葵*H. mollis*、*H. maximiliani*、*H. resinosus*、*H. tuberosus*和*H. pauciflorus*也对该病害具有抗性。向日葵对炭腐病表现出的抗性与对拟茎点溃疡和黑茎病的抗性呈正相关关系（Škorić, 1985）。向日葵对该病害的抗性是显性遗传，但对该病原菌抗性的遗传模式、调控抗性基因的数量尚不清楚。

向日葵茎象甲（Sunflower stem weevil）能够作为载体将该病原菌进行传播。Yang等（1983）的研究表明，少数向日葵茎象甲的成虫携带*M. phaseolina*，并在产卵期间通过茎中密封的卵腔将病原菌传播给向日葵。

3.3.2 寄生性种子植物

3.3.2.1 列当

列当（*Orobanche cumana* Wallr.）是侵染向日葵根系的一种寄生性杂草，在南欧和黑海地区给向日葵的生产造成了严重影响（Höniges et al., 2008）。同时，在澳大利亚、蒙古国、中国等地也发现了向日葵列当，它的发生一般和干燥的气候条件有关。随着列当生理小种（A~E）的陆续出现，目前已经有5个抗列当基因（Or_1~Or_5）成功地用于抗列当育种，并有效控制列当的危害。由于列当具有非常高的变异频率，会经常克服寄主的抗性，因此，需要有很多的抗源材料用于抗列当育种。在苏联时期，研究者在向日葵的地方品种中就发现了对列当具有抗性的资源，也从野生向日葵资源*H. tuberosus*中将抗列当基因转入了感病的向日葵品种中（Pustovoit et al., 1976）。早期苏联的向日葵栽培种和*H. tuberosus*也是抗罗马尼亚多个列当生理小种的主要抗源材料（Vrânceau *et al.*, 1980）。Fernán-dez-Martínez等（2000，2008）、Nikolova等（2000）、Bervillé（2002）对向日葵种质资源抗列当水平进行评价的结果表明，向日葵野生种是获得克服列当新的生理小种抗性基因的宝库。

近期的研究发现，在西班牙有一个新的列当生理小种——生理小种F，它能够克服之前所有的抗列当基因（Domínguez *et al.*, 1996）。Ruso（1996b）和Fernández-Martínez等（2000）在野生向日葵中也发现了针对生理小种E和F的抗性材料。他们在29个多年生向日葵野生种中发现了针对生理小种E和F的抗性材料；然而，在一年生向日葵中，只有很少的材料对列当具有抗性，如在8份一年生向日葵材料中仅有4份对生理小种F具有抗性。Ruso等（1996b）评价了一些一年生和多年生向日葵野生种对西班牙列当新的生理小种的抗性水平，发现两个一年生种*H. anomalus*、*H. exilis*及所有参试的26个多年生种对西班牙列当新的生理小种具有抗性。多年生向日葵和向日葵栽培种的杂交比较困难，但通过胚胎培养和F_1代染色体加倍技术能够获得二倍体，从而使得从多年生向日葵野生种中转移抗列当基因成为可能。利用上述这些技术，研究者已经获得了来源于多年生种*H. grosseserratus*、*H. maximiliani*和*H. divaricatus*的抗列当生理小种F的二倍体（Jan and Fernández-Martínez，2002），并且也向公众公开了4个抗生理小种F的向日葵种质资源，它们分别被命名为BR1～BR4（Jan *et al.*, 2002）。由于对列当生理小种F的抗性似乎受几个主效的、隐性的、异位基因调控，因此必须将这些基因导入两个亲本才能产生抗列当的杂交种（Akhtouch *et al.*, 2002）。Pérez-Vich等（2002）对来源于*H. annuus*及两个多年生野生种*H. divaricatus*和*H. grosseserratus*的种间二倍体的后代抗列当生理小种F的遗传机制进行了研究，发现该抗性由一个主效单基因调控。然而，Velasco等（2006）对上述材料的抗性遗传重新进行了研究，结果表明，*H. grosseserratus*种质资源J1的抗列当特性受双基因调控，并且第二个基因的效应会受到环境条件的影响。

在保加利亚，以*H. eggertii*和*H. smithii*为基础获得的种间杂交种对所有的列当生理小种都具有抗性（Christov *et al.*, 1998）。在*H. divaricatus*、*H. eggertii*、*H. giganteus*、*H. grosseserratus*、*H. glaucophyllus*、*H. mollis*、*H. nuttallii*、*H. pauciflorus*（=*rigidus*）、*H. resinosus*和*H. tuberosus*中也相继发现了能抗保加利亚当地列当生理小种的抗性材料（Christov，1996a）。在保加利亚还发现*H. pumilus*（图3.29）种间杂交种的不同后代对列当（具体生理小种不详）也具有一定的抗性水平。二倍体多年生向日葵*H. divaricatus*、*H. giganteus*、*H. glaucophyllus*、*H. grosseserratus*、*H. mollis*、*H. nuttallii*、*H. smithii*及其种间杂交种都对列当表现出抗性（Nikolova *et al.*, 1998）。Christov（2008）报道了多年生向日葵如*H. tuberosus*、*H. eggertii*、*H. smithii*、*H. pauciflorus*和*H. strumosus*对列当表现免疫。Christov（2008）得出结论，保加利亚向日葵栽培种中的抗列当性状受一个显性基因调控。

Labrousse等（2001）对向日葵野生种根系和列当的互作进行了研究，发现来源于*Helianthus debilis* ssp. *debilis*的种间杂交种的根系能够形成一种坚固的外皮层，从而阻挡列当的入侵并导致其死亡。另一个来源于同一亲本的杂交种能够降低列当种子的萌发率，并且能够导致列当早期寄生结构的迅速坏死。另一个源自*H. argophyllus*的杂交种，对列当的抗性主要表现在影响列当发育的第四阶段，导致列当不能产生种子，因为在列当开花之前植株就已经死亡了。

图3.29 多年生资源*H. pumilus*生长在怀俄明州Albany镇碎石路旁边的沟渠里

此外，研究者在许多多年生野生向日葵资源中发现了抗列当的育种资源（Fernández-Martínez *et al.*，2000；Ruso *et al.*，1996b）。早期有关向日葵抗列当育种的报道都来源于苏联，研究者利用"群体免疫"的方法育成了向日葵栽培种Progress和Novinka（Pustovoit and Gubin，1974）。Pogorietsky和Geshle（1976）还发现了一个源自*H. tuberosus*的自交系对列当免疫。Christov等（1996a，1996b）及Škorić（1998）得出结论，野生向日葵资源构成了抗列当性状的主要基因库，这些抗性基因可以有效控制新的列当生理小种。

3.3.3 向日葵病毒病害与细菌病害

在阿根廷，研究者在向日葵栽培种和野生种中都发现了向日葵褪绿斑驳病毒（Sunflower chlorotic mottle virus，SuCMoV）（Lenardon *et al.*，2005）。向日葵的细菌性叶斑病包括顶端黄化病[*Pseudomonas syringae* pv. *tagetis* (Hellmers) Young, Dye *et* Wilkie]和细菌性枯萎病[*P. syringae* pv. *helianthi* (Kawamura) Young, Die *et* Wilkie]，这些病害一般对向日葵造成的经济损失较小（Gulya，1982）。向日葵在生长过程中可以被30余种病毒感染。在北美洲地区，向日葵花叶病毒和向日葵褪绿斑驳病毒一般在向日葵上很少见到，只有在德克萨斯州的野生向日葵上曾经发现向日葵花叶病毒，但同时在德克萨斯州的野生向日葵*H. annuus*上也发现了抗花叶病毒的基因，因此这个向日葵野生种可用于培育抗病毒病的杂交种（Gulya *et al.*，2002）。Jan和Gulya（2006）培育出了3份带有抗向日葵花叶病毒基因的向日葵育种材料SuMV-1、SuMV-2和SuMV-3，它们是利用德克萨斯州的向日葵野生种*H.annuus*选育而成的。

3.3.4 害虫

向日葵是昆虫的取食对象和避难所，因为害虫往往会与本土生长的向日葵共同进化，北美洲向日葵虫害的发生非常严重。尽管现有的种植条件下北美洲的许多昆虫开始在向日葵上繁衍生存，并且成为经济害虫，但是还有一些害虫由于天敌和气候条件限制而受到抑制。将抗虫性整合到向日葵栽培种中的一个问题是昆虫种群为了适应环境需要不断进化，从而使得抗虫育种成为一项长期的工作。尽管可以利用化学防治的方法对一些主要的害虫进行防治，但是从长远来看，以提高寄主的抗虫性为主的综合防控措施不但可以减少害虫造成的经济损失,还可以提供灵活多变的田间管理策略,从而有利于降低投入的成本。寄主植物的抗虫性是利用植物本身具有的对昆虫的防御机制来控制害虫的发生,它为控制害虫发生提供了另外一种防治策略。因为许多向日葵野生种原产于北美洲,一些向日葵的害虫和寄主在自然条件下能够协同进化,因此有机会从多样的野生资源中找到抗虫基因,而寻找抗虫育种材料也是抗虫育种的第一步。

在北美洲的向日葵主产区,向日葵栽培种上大约有15种害虫,其中6种害虫被认为是潜在的经济害虫(Charlet and Brewer, 1997)。值得注意的向日葵主要害虫有甲虫[*Zygogramma exclamationis* (Fabricius)]、茎象甲[*Cylindrocopturus adspersus* (LeConte)]、红色种子象甲[*Smicronyx fulvus* (LeConte)]、灰色种子象甲[*S. sordidus* (LeConte)]、细卷蛾[*Cochylis hospes* Walsingham]、向日葵螟[*Homoeosoma electellum* (Hulst)]和向日葵摇蚊[*Contarinia schulzi* Gagne]。在北美洲以外的其他国家,向日葵虫害通常被认为是一个非常小的或罕见的问题。如果有害虫发生,通常是由诸如蚜虫、盲蝽(*Lygus* spp.)和其他一些杂食性昆虫引起的问题。

3.3.4.1 向日葵螟

向日葵螟(*Homoeosoma electellum*)是北美洲一种分布广泛且危害极大的向日葵害虫(Schulz, 1978; Rogers, 1988; Charlet et al., 1997)。Kinman(1966)及Teetes等(1971)评价了*H. petiolaris*和商业向日葵杂交种对向日葵螟幼虫的抗性水平。Rogers和Thompson(1978b)发现一年生向日葵*H. petiolaris*及多年生向日葵*H. maximiliani*、*H. ciliaris*、*H. strumosus*和*H. tuberosus*中含有抗向日葵螟的基因。Rogers等(1984)以多年生种*H. tuberosus*和一年生种*H. petiolaris* ssp. *petiolaris*为基础材料,创建并向公众发布了向日葵种间杂交的抗虫种质资源。

Charlet等(2008a)通过5年的田间调查发现了一批能够抗向日葵螟幼虫的种质资源。以一年生种*H. paradoxus*为基础材料获得的种间杂交组合连续两年瘦果的蛀蚀率低于2%,另外一年的蛀蚀率低于3%;而*H. paradoxus*与一年生种*H. praecox* ssp. *praecox*或与多年生种*H. strumosus*杂交获得的组合连续3年向日葵螟幼虫的蛀蚀率低于3%。

Rogers等(1984)推出的3个抗向日葵螟的材料都具有黑色素层(phytomelanin layer),它是在瘦果的真皮和厚壁组织之间形成的一种坚硬的细胞成分。具有这种结构的瘦果对幼虫的机械穿刺具有更强的抵抗性,因此可以避免向日葵螟幼虫的危害(Rogers and Kreitner, 1983; Stafford et al., 1984)。所有种类的向日葵瘦果都有黑色素层,但并不是每一个种的所有族群都有这样的细胞结构(Seiler et al., 1984)。

经过鉴定一些向日葵野生种对向日葵害虫具有一定的抗性。这种寄主的抗性基于一定的化学基础。在实验室条件下,从野生资源*H. annuus*、*H. argophyllus*、*H. ciliaris*和*H. petiolaris* ssp. *petiolaris*中提取非极性化合物进行试验,结果表明,这些化学物质使得向日葵螟幼虫的体长明显增加,但延缓了幼虫的发育(Rogers et al., 1987)。Spring等(1987)的研究表明,向日葵具有的结构简单的非头状腺毛(noncapitate glandular)和头状腺毛(capitate glandular)能够产生至少6种不同的倍半萜内酯(sesquiterpene lactone, STL)。进一步研究表明,STL不仅能够抑制向日葵螟取食,同时还对向日葵螟有一定的毒害作用(Gershenzon et al., 1985; Rogers et al., 1987)。从*H. maximiliani*花药的腺毛中分离得到的STL，经过生物测定发现其对向日葵螟幼虫具有毒性（Gershenzon and Mabry，1984）。

3.3.4.2 向日葵细卷蛾

细卷蛾（*Cochylis hospes*）一直是美国大平原北部向日葵上一种经常发生的害虫，美国大平原中部地区也发现了该种群的存在（Charlet et al.，2007b）。通过评价向日葵遗传资源对细卷蛾的抗性水平，发现细卷蛾对源自 *H. praecox* ssp. *hirtus* 的种间杂交种的蛀蚀率不及2%，而对来源于 *H. praecox* ssp. *praecox* 和 *H. giganteus* 的杂交种的蛀蚀率不及4%（Charlet et al.，2004）。

3.3.4.3 向日葵茎象甲

茎象甲（*Cylindrocopturus adspersus*）是美国向日葵栽培种上的一种主要经济害虫（Rogers and Jones，1979；Charlet，1987；Charlet et al.，1997，2002；Armstrong et al.，2004）。通过抗性鉴定，发现24份向日葵（其中11份来自供试的14份一年生材料，13份来自供试的37份多年生材料）对雌性茎象甲产卵和（或）幼虫发育呈现出显著的抗性水平（Rogers and Seiler，1985）。以每一株向日葵茎秆上的幼虫数量为评价指标，发现向日葵野生种 *H. annuus* 和 *H. argophyllus* 上的茎象甲幼虫数量明显高于对照，而其他9份一年生向日葵可能是极具潜力的耐茎象甲的资源材料。在德克萨斯州自然发病条件下调查每株向日葵茎秆上的茎象甲幼虫数量，结果表明，31份多年生向日葵茎秆上幼虫数量少于1头（Rogers and Seiler，1985）。如果单株向日葵茎秆上幼虫数量很高（25～30头或更高），那么茎秆会因幼虫的钻洞而变得脆弱，从而导致向日葵植株在收获前就会死亡（Rogers and Serda，1982，Charlet et al.，1997）。针对茎象甲，以向日葵野生种为抗源的种间杂交组合已被选育出来。Charlet等（2004）的初步研究结果显示，来源于 *H. petiolari* 种质资源上的茎象甲数量最少。在多年生种 *H. grosseserratus*、*H. hirsutus*、*H. maximiliani*、*H. pauciflorus*、*H. salicifolius* 和 *H. tuberosus* 中也发现了对茎象甲的抗性（Rogers and Seiler，1985）。然而，对茎象甲具有耐性的多年生材料进行种间杂交获得组合的后代群体对茎象甲没有表现出持续的耐虫水平（Rogers and Seiler，1985）。一年生种 *H. petiolaris* 和 *H. argophyllus* 的种间杂交后代当年表现出对茎象甲的抗性，但是这种抗性常常在以后的年份中就消失了。

Charlet等（2009）在美国中部的大平原上，对基于一年生种 *H. petiolaris*、*H. praecox* ssp. *runyonii* 和多年生种 *H. hirsutus*、*H. giganteus*、*H. strumosus*、*H. tuberosus*、*H. resinosus* 种间杂交组合的茎秆与根上寄生的害虫进行了多年调查，发现来源于多年生资源 *H. hirsutus*、*H. strumosus* 和一年生资源 *H. praecox* ssp. *runyonii* 的种间杂交组合单株茎秆上茎象甲幼虫数量非常少，对该害虫表现出一定的抗性水平。这一结果与Rogers和Seiler（1985）的结论正好相反，他们在德克萨斯州进行的抗虫性鉴定中发现，野生种的抗虫基因似乎并没有成功地转移到种间杂交种中。导致出现上述不同结果的原因可能是供试材料来源于同一种向日葵的不同群体。控制茎象甲的一个最大好处是能够减少由茎象甲取食导致的黑茎病菌侵染和向日葵黑茎病流行，从而减少由此病害造成的美国北部平原上向日葵过早成熟问题（Gulya and Charlet，1984）。在美国南部平原上，茎象甲也会加重炭腐病的发生（Yang et al., 1983）。

3.3.4.4 向日葵甲虫

向日葵甲虫（*Zygogramma exclamationis*）很早就被认为是美国北部大平原上一种非常重要的食叶性害虫（Charlet et al., 1987），而在美国南部平原上该害虫的危害较轻（Rogers, 1977b）。在实验室和温室条件下，一年生向日葵资源*H. agrestis*、*H. paradoxus*和*H. praecox* ssp. *hirtus*，以及多年生向日葵资源*H. arizonensis*、*H. atrorubens*、*H. carnosus*、*H. ciliaris*、*H. floridanus*、*H. grosseserratus*、*H. pauciflorus*、*H. salicifolius*和*H. tuberosus*均对向日葵甲虫呈现出一定的抗性水平（Rogers and Thompson, 1978a, 1980）。利用18种供试的向日葵饲喂向日葵甲虫的幼虫，结果显示幼虫的死亡率比对照杂交种显著升高（Rogers and Thompson, 1980）。在向日葵*H. angustifolius*、*H. argophyllus*、*H. mollis*、*H. praecox*上饲喂的幼虫形成蛹的平均重量显著低于在对照栽培种上饲喂幼虫形成蛹的重量。说明这些向日葵对向日葵甲虫的成虫和幼虫都有抗性，尤其是多年生向日葵的抗性更强。

3.3.4.5 红色种子象甲

红色种子象甲（*Smicronyx fulvus*）是美国北方向日葵产区如北达科他州、南达科他州、明尼苏达州的一种重要的经济害虫（Charlet et al., 1997）。Charlet和Seiler（1994）发现了几个向日葵地方品种具有抗红色种子象甲的特性。经过一年的红色种子象甲危害试验发现，由*H. strumosus*和*H. tuberosus*筛选出的种质资源红色种子象甲的发生程度比对照品种Hybrid 894明显降低（Charlet et al., 2004）。

3.3.4.6 天牛

天牛（*Dectes texanus* LeConte）被认为是向日葵的一种害虫（Rogers, 1977a, 1985; Charlet and Glogoza, 2004）。目前，几乎没有关于评价向日葵抗天牛水平的报道。虽然Rogers（1985）对德克萨斯州田间向日葵茎秆受害的百分比进行了评估，但是他也没有发现一个商业品种或杂交种的抗天牛水平能够达到令人满意的程度。Rogers进一步的研究表明，多年生向日葵野生种似乎对天牛表现免疫，但是其杂交种F_1代和配置杂交种的亲本对天牛没有抗性。Charlet等（2009a）评价了一些种间杂交种对天牛的抗性水平，发现来源于*H. resinosus*的种间杂交种的茎秆被侵害率仅为5%，但是没有发现对天牛表现免疫的育种资源。一些以多年生种*H. tuberosus*为基础获得的种间杂交种，其茎秆上象甲幼虫数量和天牛数量有所降低。有趣的是，Michaud等（2007）发现，相比向日葵野生种*H. annuus*，天牛更喜欢在向日葵栽培种上取食，然而当没有其他食物来源时，天牛也会取食野生种*H. annuus*。

3.3.4.7 根蛀蛾

近几年，在美国中部大平原上，根蛀蛾[*Pelochrista womonana*（Kearfott）]在向日葵上的发生率持续增加（Charlet et al., 2007）。在美国堪萨斯州和科罗拉多州进行长达8年的田间调查发现，根蛀蛾的种群数量非常低，但在许多试验中，不同自交系之间虫害的发生程度差异明显，说明有希望创制抗根蛀蛾的向日葵抗性资源。通过对以

H. tuberosus 和 H. petiolaris 为基础获得的两个种间杂交种的抗虫性进行评估，发现供试的杂交种对根蛀蛾和茎象甲均表现出一定的抗性水平。

3.3.4.8 其他害虫

还有几种害虫对向日葵栽培种也有一定的危害，但一般不会造成严重的经济损失。胡萝卜甲虫[*Bothynus gibbosus* (DeGeer)]是一种潜在的向日葵害虫。在实验室和温室条件下的研究结果表明，近一半的向日葵野生种对胡萝卜甲虫有抗性（Rogers and Thompson，1978c）。在田间试验过程中，在没有其他食物可供选择的条件下，食用一些特定的多年生向日葵根的胡萝卜甲虫会有极高的死亡率（Rogers et al.，1980）。蚜虫[*Masonaphis masoni* (Knowlton)]和西方马铃薯叶蝉[*Empoasca abrupta* (DeLong)]有时也会大量生长在向日葵上。在实验室和温室中的研究表明，有几种向日葵可以抵抗蚜虫和西方马铃薯叶蝉的危害（Rogers and Thompson，1978d，1979；Rogers，1981）。

利用寄主植物的抗性防控虫害是害虫综合治理的一种可行措施。从向日葵野生种中转移抗虫基因的成功率远远低于抗病基因转移的成功率，其原因目前尚不清楚，可能是抗虫性不是一种简单的遗传性状。因此，在育种过程中很难转移并保持这些抗虫基因。此外，与抗病性鉴定相比，缺少完善的、高效的抗虫性鉴定体系和方法。同时，抗虫机制的研究也非常有限，这也正是目前向日葵植保工作者正在进行的研究工作。

3.3.5 向日葵的营养

3.3.5.1 蛋白质

向日葵野生种具有提高向日葵栽培种籽粒蛋白质含量的潜力（Laferriere，1986）。之所以关注籽粒蛋白质的含量是因为向日葵的籽粒可以作为人类的食物或动物的饲料。商品向日葵籽仁蛋白质的含量大约为440g/kg（去种皮）、籽实蛋白质的含量大约为280g/kg（整粒种子）（Doty，1978）。Georgieva-Todorova和Hristova（1975）发现，多年生向日葵 *H. rigidus*（=*pauciflorus*）去油脂后的籽仁蛋白质含量高达710g/kg。对39种野生向日葵的籽粒蛋白质含量进行测定，结果表明，供试材料籽粒蛋白质的含量为290～350g/kg（Pustovoit and Krasnokutskaya，1975）。Christov等（1993）发现，16种向日葵的30个种群中籽粒蛋白质的含量为239～507g/kg。阿根廷向日葵 *H. petiolaris* 的驯化种群中籽粒蛋白质含量为206～231g/kg（Perez et al.，2004）。*H. hirsutus*、*H. rigidus*（= *pauciflorus*）、*H. mollis* 和 *H. eggertii* 的种群被认为是提高向日葵栽培种籽粒蛋白质含量的潜在资源。多年生种 *H. nuttallii* ssp. *nuttallii* 的整个籽粒中粗蛋白质含量高达348g/kg，而向日葵野生种 *H. annuus* 籽粒蛋白质含量平均仅为180g/kg（Seiler，1984）。其他一些向日葵野生种（16个多年生种和19个一年生种）的整个籽粒粗蛋白质含量介于 *H. neglectus* 的137g/kg和 *H. porteri* 的305g/kg之间（Seiler，1986）。一年生向日葵整个籽粒的粗蛋白质含量一般低于多年生种（Seiler，1984）。Laferriere（1986）认为向日葵野生种籽粒中蛋白质含量高的原因可能是其籽粒比较小。向日葵野生种籽粒中的蛋白质含量有足够的遗传多态性，可以在向日葵育种中用于提高籽粒蛋白质含量。

氨基酸对于植物细胞的生化过程非常重要。向日葵栽培种的籽粒中最缺乏的氨基酸是赖氨酸，而赖氨酸的缺乏使得籽粒的营养价值降低。Christov等（1993）对16种向日葵的30个种群的氨基酸组成进行了测定，结果表明，两个一年生种 *H. petiolaris* 和 *H. praecox* 是高赖氨酸的品种，它们的赖氨酸平均含量分别为3.9%和3.8%。赖氨酸占比为67.3%。Christov等（1996a）报道，在 *H. petiolaris* 和 *H. praecox* 的种群中，籽粒中赖氨酸含量分别为4.1%和4.2%。Perez等（2004）发现，阿根廷向日葵野生种 *H. petiolaris* 的驯化种群中，除赖氨酸外，其他必需氨基酸的含量远远低于向日葵栽培种，其赖氨酸的含量是正常值的2倍，高达94%。因此，他们认为向日葵育种应该考虑利用野生种 *H. petiolaris* 来提高商业种籽粒中的赖氨酸含量。

绿原酸存在于向日葵种子的外壳和籽仁中，其主要功能是参与向日葵籽仁的绿色变色反应（Singleton and Kratzer，1969）。尽管绿色的籽仁是无毒的，但是它的存在使得籽粒的剥离及制备无色籽仁变得困难。因此，在育种过程中降低绿原酸含量可以降低因去除籽粒中的绿原酸所产生的昂贵费用。Dorrell（1976）对向日葵野生种 *H. annuus* 43个群体的绿原酸含量进行了评价，发现它们的绿原酸含量为15～27g/kg，低于栽培种籽粒中的绿原酸含量。因而必须对向日葵野生种进行进一步的筛选，评估它们在向日葵育种中降低绿原酸含量的潜力。

3.3.6 油和油质

3.3.6.1 含油率

野生向日葵具有提高向日葵栽培种籽粒含油率和油质的潜力。野生向日葵籽粒的含油率通常要低于栽培种，然而，利用栽培种进行回交能够很快使得籽粒中的含油率提高到一个令人满意的水平。有关野生向日葵籽粒含油率的报道有很多（Cantamutto *et al.*，2008；Christov，1996a，2008；DeHaro and Fernández-Martínez，1991；Dorrell and Whelan，1978；Fick *et al.*，1976；Perez *et al.*，2004，2007；Ruso *et al.*，1996b；Seiler，1985，1994，2007；Seiler and Brothers，1999；Seiler *et al.*，2008；Thompson *et al.*，1978，1981）。几个当地的向日葵 *H. annuus* 种群籽粒的含油率为223～303g/kg（Fick *et al.*，1976；Dorrell and Whelan，1978；Thompson *et al.*，1981；Seiler，1983a，1985）。Christov（1996a）报道，他收集的一个向日葵群体籽粒的平均含油率达409g/kg，而其他种群的含油率为232～409g/kg。一年生向日葵野生种 *H. annuus*、*H. debilis*、*H. petiolaris*、*H. praecox* 和多年生种 *H. pauciflorus*、*H. × laetiflorus* 被Christov（2008）列为有潜力的可用于向日葵育种的高油材料。

通过对来自加拿大和美国的 *H. petiolaris* 群体的籽粒进行分析，发现该种向日葵籽粒的含油率为228～398g/kg（Dorrell and Whelan，1978；Seiler and Brothers，1999；Seiler，1985，1994）。在阿根廷，研究者对 *H. petiolaris* 和 *H. annuus* 的驯化种群籽粒的含油率进行了评估。Perez等（2004，2007）的评估结果表明，*H. petiolaris* 的驯化种群籽粒的含油率为270～300g/kg。Cantamutto等（2008）发现，来源于阿根廷的向日葵 *H. annuus* 的9个种群籽粒的含油率为214～281g/kg，这是该向日葵种群的典型特征。他们进一步对起源于美国、生长在阿根廷的向日葵 *H. annuus* 种群籽粒的含油率进行了比较研究，结果显示，起源于两个不同地方的同一种质资源籽粒中的含油率没有很大区别，只是美国种群籽粒中含油率的变异更大一些。有报道称，一种一年生的沙漠向日葵 *H. anomalus*（图3.30）籽粒的含油率高达460g/kg，这是已报道的向日葵野生种籽粒含油率最高的一个种，与向日葵栽培种籽粒的含油率基本相当（Seiler，2007）。*H. petiolaris*（= *niveus*）ssp. *canescens*（图3.31）籽粒的含油率达402g/kg（Thompson *et al.*，1981）。*Helianthus porteri*是一个最近被重新划分到向日葵属的非常稀有的一年生种，经过对该种8个种群的籽粒含油率进行分析，发现该种籽粒的平均含油率为291g/kg（Seiler *et al.*，2008）。

图3.30 犹他州Jaub县生长的一年生向日葵*H. anomalus*。值得注意的是，其后面的雪松和可移动的白色沙丘。该材料典型的植株长有白色的茎，多头且具有大的苞片。该种群籽粒的含油率高达460g/kg

图3.31 一年生向日葵*H. petiolaris*（= *niveus*）ssp. *canescens*生长在亚利桑那州Yuma Dunes海军陆战队航空站旁边的沙丘上。图中所示的是其栖息地长有多样且能够固沙的植物。*H. petiolaris*（= *niveus*）ssp. *canescens*比*H. niveus* ssp. *tephrodes*绒毛少，生长得更加健壮和挺拔

加拿大的多年生向日葵籽粒中的平均含油率是297g/kg（Seiler and Brothers，1999），而美国中部大平原的多年生向日葵籽粒中的平均含油率是244g/kg（Seiler，1994）。在37种多年生向日葵中，*H. salicifolius*籽粒的含油率最高，为370g/kg（Seiler，1985）。最近收集的一个向日葵野生种*H. verticillatus*（图3.32）早在100多年前就有记载，但是长期以来都没有发现并收集到，直到最近才在田纳西州找到，该野生种的两个种群籽粒的平均含油率为323g/kg（Seiler *et al.*，2008），这是对该野生种含油率的首次报道。野生向日葵作为向日葵遗传改良的资源，所得到的种间杂交种的含油率可通过与向日葵栽培种进行回交而迅速得到提高。因此，野生种含油率低这个因素不会限制其用于向日葵栽培种的遗传改良。

图3.32　*H. verticillatus*是一个非常高大的多年生向日葵材料,该种向日葵株高可达3.5m(图中部和左侧),田纳西州保护部的Claude Bailey(左)和美国农业部农业研究局(位于北达科他州的法戈)的Gerald Seiler(右)在该种向日葵的映衬下显得格外矮小。图中该材料生长在田纳西州Henderson镇一条小溪旁潮湿的沟渠里。该物种早在100年前已被命名,最近才被重新发现,并且只在3个地点发现了该物种

3.3.6.2　脂肪酸

向日葵籽粒中的脂肪酸组成决定了它的最终用途。葵花籽油被认为是一种高质量的食用油,然而,通过育种手段挖掘其潜在工业用途和营养价值的研究工作还没有进行。在向日葵育种过程中,4种主要的脂肪酸即饱和软脂酸、饱和硬脂酸、单链不饱和油酸、多不饱和亚油酸是筛选的主要指标。有关向日葵野生种籽粒中脂肪酸成分的报道有很多(Fick *et al.*,1976;Dorrell and Whelan,1978;Fernández-Martínez and Knowles,1976;Knowles *et al.*,1970;Thompson *et al.*,1978,1981;Seiler,1982,1983a,1984,1985,1994,2007;Seiler and Brothers,1999;Seiler *et al.*,2008;DeHaro and Fernández-Martínez,1991;Ruso *et al.*,1996a;Perez *et al.*,2004,2007;Christov,1996a,2008;Cantamutto *et al.*,2008)。

亚油酸和油酸的含量是决定葵花籽油品质的重要因素。亚油酸浓度达到或超过700g/kg往往会受到油脂加工厂家的青睐。向日葵的种群地理分布可能会影响其籽粒中脂肪酸的组分。来源于加拿大的向日葵*H. annuus*和*H. petiolaris*籽粒中亚油酸的平均含量分别为737g/kg和742g/kg(Seiler and Brothers,1999),然而来源于美国中北部地区相同种的籽粒中亚油酸含量分别为630g/kg和665g/kg(Seiler,1994)。Seiler(1994)发现,在一年生向日葵中,地理纬度与其籽粒中亚油酸含量呈正相关关系。研究还发现,和野生种相似,向日葵栽培种种植在北纬39°以上的冷凉地区,其籽粒中亚油酸含量随着纬度增加而增加(Robertson *et al.*,1979)。有关一些亚油酸平均含量高的一年生向日葵已有很多报道,包括*H. exilis*(778g/kg)、*H. debilis* ssp. *tardiflorus*(776g/kg)、*H. petiolaris*

（795g/kg和800g/kg）、H. annuus（797g/kg）、H. bolanderi（700g/kg）、H. porteri（820g/kg）（DeHaro and Fernández-Martínez，1991；Dorrell and Whelan，1978；Seiler，1985；Seiler and Brothers，1999；Christov，1996a；Thompson et al.，1981）。Helianthus anomalus是一个栖息于犹他州和亚利桑那州北部沙丘与沼泽地的地方种，该种的群体籽粒中亚油酸含量高达700g/kg，这是生长在沙漠地区的亚油酸含量异常高的一种向日葵（Seiler，2007）。相反，一个近缘种H. deserticola的亚油酸含量仅为542g/kg，这是生长在沙漠生境下比较典型的一个期望值。另一个来自美国东南部的一年生种H. porteri（图3.33），其亚油酸平均含量高达820g/kg，主要是由于该种长期生长在高温环境中（Seiler et al.，2008）。这是已报道的野生向日葵中亚油酸含量最高的种。在阿根廷，H. petiolaris的4个驯化种群籽粒中的亚油酸含量为637～799g/kg（Perez et al.，2004）；而Cantamutto等（2008）发现，来源于阿根廷的向日葵H. annuus的9个驯化群体籽粒中亚油酸含量为631～799g/kg，这是该种一个特有的亚油酸含量的指标。他们进一步比较了起源于美国但是在阿根廷长期生长的H. annuus的地方群体籽粒中的亚油酸含量，结果显示，两个不同来源的同一品种似乎有一个相似的亚油酸值的范围，但是来源于美国群体的籽粒中亚油酸含量的变化范围会更大一些。

图3.33　一年生向日葵H. porteri沿着佐治亚州Walton镇路边的一条电力线路裸露的花岗岩生长。该种是一个高亚油酸资源材料

多年生向日葵野生种籽粒中的亚油酸含量普遍超过700g/kg，25个野生种籽粒中的亚油酸含量为700～770g/kg（Christov，1996a；DeHaro and Fernández-Martínez，1991；Seiler，1985；Seiler and Brothers，1999；Thompson et al.，1981；Whelan，1978）。H. maximiliani、H. rigidus（= pauciflorus）、H. giganteus、H. hirsutus和H. eggertii群体的亚油酸含量高达800g/kg或更多（Dorrell and Whelan，1978；Christov，1996a）。H. verticillatus两个群体的平均亚油酸含量为750g/kg、油酸含量为138g/kg（Seiler et al.，2008），这是有关该品种脂肪酸含量的首次报道。

对籽粒中脂肪酸含量进行研究所用的向日葵籽粒都是从原生地收集到的。众所周知，环境条件会影响籽粒中脂肪酸的含量。Seiler（1985）对22个多年生野生种的原始群体和再生群体的脂肪酸含量进行了比较，发现在这22个群体中有5个群体的亚油酸含量、10个群体的油酸含量与其他材料呈现显著差异。而它们的饱和棕榈酸含量却没有太大区别，仅有3个种的硬脂酸含量有显著差异。

在野生向日葵中，籽粒中油酸的含量和亚油酸的含量呈现一定的相关性（$r=0.98$）（Seiler，1983a）。另外，在野生种籽粒中油酸的含量会受到生长环境的最低温度和光照的影响（Seiler，1986）。环境因素对向日葵野生种和栽培种的影响是相似的。籽粒中亚油酸含量和油酸含量具有一定的相关性，籽粒中高的亚油酸含量（750g/kg）通常会导致油酸含量较低（<150g/kg）。最高的油酸含量是在一年生种 *H. argophyllus*（366~475g/kg）、*H. annuus*（463g/kg）、*H. praecox* ssp. *runyonii*（410g/kg）中被发现的，而油酸含量最低的则为一年生种 *H. porteri*（65g/kg）和多年生种 *H. radula*（93g/kg）（Thompson et al., 1981; DeHaro and Fernández-Martínez, 1991; Seiler, 1985）。目前，向日葵育种的目标之一是培育高油酸含量的向日葵杂交种。迄今为止，在向日葵野生种中还没有发现具有提高籽粒中油酸含量潜力的种质资源。

向日葵籽粒中油酸含量的升高会导致饱和软脂酸和硬脂酸浓度的降低。近年来，消费者都愿意消费饱和脂肪酸含量较低的食物。摄入过多的饱和脂肪酸会增加消费者患冠心病的风险（Mensink and Katan, 1989）。在野生种 *H. annuus*（图3.34）的群体中已经发现了饱和软脂酸和硬脂酸含量低的个体（Seiler, 2004），其软脂酸的平均含量为39g/kg，而硬脂酸的平均含量为19g/kg，两者总含量为58g/kg。该含量要比向日葵栽培种中的软脂酸和硬脂酸含量低50%。当向日葵生长在环境条件相对一致的温室时，仍然能够维持较低的饱和脂肪酸含量。

图3.34 在南达科他州的Holmquist（Day县）收集到野生一年生向日葵 *H. annuus*（PI 585886），其典型植株高1.5m，有分枝，花盘上长有许多黄色的舌状花，花盘黑色。这个种群籽粒中饱和脂肪酸含量较低

一个 *H. pauciflorus* 种群籽粒中的软脂酸含量为45g/kg，硬脂酸含量为23g/kg，累计饱和脂肪酸含量为68g/kg（Seiler, 1998a）。当其被种在温室条件下时，软脂酸含量为37g/kg，硬脂酸含量为12g/kg，累计饱和脂肪酸含量为49g/kg。Christov（1996a）也报道了一个 *H. pauciflorus* 种群籽粒中软脂酸含量为47g/kg，硬脂酸含量为13g/kg，两者总含量达60g/kg。在向日葵野生种中，软脂酸含量最高的是 *H. decapetalus*，达103g/kg（Christov, 1996a），而 *H. hirsutus* 和 *H. divaricatus* 的一个种群籽粒中软脂酸含量超过111g/kg（Ruso et al., 1996a）。向日葵野生种中已报道的硬脂酸含量最高的是起源于 *H. annuus* 的一个种群，为101g/kg（Christov, 1996a）。

利用野生向日葵资源改变向日葵栽培种籽粒中脂肪酸含量的可能性已经存在。在许多种向日葵中观察到大量的遗传多样性，这些遗传多样性可用于后续的向日葵育种。将向日葵野生种中脂肪酸特性导入栽培种应该不会改变栽培种籽粒中脂肪酸对环境因素的响应。此外，当用低含油量的野生种作为基因的供体时，其籽粒中的含油量可以通过与亲本的回交来提高。

3.3.6.3 维生素E

维生素E（vitamin E）是一种最重要的天然脂溶性抗氧化剂，可抑制食物和生物系统中的脂质氧化过程。近年来，维生素E及其抗氧化特性的商业价值得到了育种家的关注，从而使得提高向日葵油中的维生素E含量成为一个育种目标。α-维生素E是向日葵油中维生素E的主要成分，在总维生素E中的占比为92.4%，但它是维生素E在体外环境条件下氧化能力最弱的一种。向日葵油中高含量的α-维生素E在烹调过程中极不稳定。利用另外一些抗氧化能力强的维生素E的衍生物（如β-维生素E、γ-维生素E和δ-维生素E）部分替代向日葵油中的α-维生素E已经成为向日葵的一个重要育种目标，能够提高向日葵油的抗氧化能力。向日葵油中维生素E的含量似乎与饱和脂肪酸的含量没有相关性，因此这两个育种目标在育种过程中可以同时兼顾（Dolde *et al.*, 1999）。

Velasco等（2004）对36种野生向日葵的维生素E的组成及含量进行了测定，发现籽粒中维生素E的平均含量为328mg/kg，其中α-维生素E的含量是99.0%、β-维生素E的含量是0.7%、γ-维生素E的含量是0.3%。向日葵栽培种的籽粒中维生素E的平均含量是669mg/kg，其中α-维生素E的含量是92.4%、β-维生素E的含量是5.6%、γ-维生素E的含量是2.0%（Demurin，1993）。在许多野生种群中，*H. maximiliani*的维生素E含量最高，为673mg/kg。在*H. praecox*的种群中发现了一个β-维生素E含量异常高的群体，其籽粒中β-维生素E含量占维生素E总含量的11.2%，而来源于*H. debilis*的一个种群的β-维生素E含量占维生素E总含量的11.8%。在*H. exilis*的一个种群中也发现了γ-维生素E含量较高的个体，它的含量占维生素E总含量的7.4%，而*H. nuttallii*的两个种群的γ-维生素E含量分别占维生素E总含量的11.0%和14.6%。Perez等（2004）的检测结果表明，*H. petiolaris*中维生素E含量为410～559mg/kg，并且含有极少量的β-维生素E。

野生向日葵材料与典型的向日葵栽培种籽粒中维生素E的平均含量相当，然而野生向日葵包含丰富的β-维生素E和γ-维生素E的遗传多样性。Velasco等（2004）的研究表明，尽管需要在种群内水平上进行进一步研究并筛选有变异的个体，但是野生向日葵资源包含能够用于改变籽粒中维生素E含量的有价值的遗传多样性。

3.3.7 非生物胁迫

3.3.7.1 耐盐性

有些向日葵品种原产于盐泽地，可能含有耐盐基因。Seiler等（1981）认为栖息于德克萨斯州和新墨西哥州盐泽地的野生向日葵*H. paradoxus*可以作为筛选耐盐基因的候选材料。Chandler和Jan（1984）对原产于沙漠地区盐碱地的3种野生向日葵（*H. paradoxus*、*H. debilis*和*H. annuus*）种群的耐盐性进行了评估，发现*H. debilis*的耐盐水平和向日葵栽培种相当，NaCl的致死浓度为250～400mmol/L。

野生向日葵*H. annuus*种群的耐盐性较高，其中一些植株在800mmol/L的盐胁迫条件下仍然能够存活。H. paradoxus（图3.35）为高度耐盐种，一些植株在1300mmol/L的盐胁迫条件下仍然能够存活。耐盐性似乎是向日葵的一个显性遗传特征，野生种H. paradoxus和栽培种H. annuus的杂交后代的耐盐性与其野生亲本相当。Welch和Rieseberg（2002）用NaCl处理野生种H. paradoxus时发现，它的耐盐水平要比其亲本H. annuus和H. petiolaris高5倍。来源于H. paradoxus的种间杂交种具有很强的耐盐性，其耐受的盐浓度可以达到EC 24.7dS/m。Miller和Seiler（2003）推出了两个具有耐盐性的油用向日葵的保持系HA 429和HA 430。

图3.35　向日葵种H. paradoxus栖息在低盐的沼泽地，是一种潜在的耐盐材料。该种群生长在德克萨斯州Pecos镇，并且被列为濒危物种而受到美国联邦政府的保护

耐盐性似乎受一个主效基因的调控，尽管可能存在一个隐性的修饰基因（Miller，1995）。Lexer等（2003a，2003b）的研究表明，向日葵的耐盐性是通过增加钙的吸收来实现的，同时还伴有对钠及相关矿物离子的排斥。也有研究表明，钠离子趋向于在H. paradoxus的叶片中积累，并且植株的耐盐性与液泡渗透调节过程中钠离子替代钾离子、钙离子和镁离子有关（Karrenberg et al.，2006）。H. paradoxus中长期低量或超量表达与钾离子和钙离子运输相关的基因，预示着这些基因可能会提高该种向日葵的耐盐性（Edelist et al.，2009）。Lexer等（2004）在向日葵基因图谱的抗盐QTL位点上定位了一个编码钙依赖蛋白激酶（Ca-dependent protein kinase）的表达序列标签（EST）位点。

3.3.7.2　除草剂抗性

作物和近缘野生种间的基因流动已经发生了许多年，这有助于物种的进化和灭绝（Ellstrand et al.，1999）。抗除草剂作物在农业生产中的应用变得越来越普遍。一个来源于堪萨斯州大豆田的野生一年生向日葵H. annuus，连续7年用咪唑乙烟酸（imazethapyr）进行处理，产生了对咪唑啉酮（imidazolinone）和磺酰脲类（sulfonylurea）除草剂的抗性（Al-Khatib et al.，1998）。对于生产商，植物对咪唑乙烟酸和甲氧咪草烟（imazamox）除草剂的抗性对控制阔叶杂草具有非常大的利用潜力。来自美国和加拿大的野生向日葵的几个种群（H. annuus和H. petiolaris）已经被用于筛选抗咪唑乙烟酸和甲氧咪草烟除草剂的个体。在美国中部的50个野生向日葵种群中，有8%的个体对甲氧咪草烟具有一定的抗性，有57%的个体对苯磺隆（tribenuron）具有一定的抗性（Olson et al.，2004）。在加拿大的23个野生向日葵种群中，52%的个体对苯磺隆具有一定的抗性（Miller and Seiler，2005）。Massinga等（2003）证明，抗性基因从抗咪唑啉酮的向日葵栽培种向对咪唑啉酮敏感的向日葵（*H. annuus*和*H. petiolaris*）转移是存在的，但是随着种群间遗传距离的增加抗性基因的转移频率逐渐降低。育种家已经获得了抗除草剂的向日葵育种材料IMISUN-1（油用向日葵的保持系）、IMISUN-2（油用向日葵的恢复系）和IMISUN-3（食用向日葵的保持系）并向公众发布（Al-Khatib and Miller，2000）。Miller和Al-Khatib（2002）也发布了对咪唑啉酮除草剂具有抗性的一个油用向日葵的保持系和2个恢复系。Miller和Al-Khatib（2004）成功地选育了抗磺酰脲类除草剂苯磺隆的遗传材料SURES-1和SURES-2，并向公众发布。此外，这两种除草剂在有列当发生的向日葵种植区也能够用于控制列当的危害（Alonso et al.，1998）。

3.3.7.3 耐旱性

干旱是植物体内的水分不能满足自身蒸发作用和蒸腾作用的需求而造成的。植物在进化过程中，已经形成了一定的抗逆机制，从而使得植物能够在逆境条件下存活，但是也不是所有的机制都能够维持植物的生存能力（Turner，1979）。在自然生态系统中，逆境胁迫下植物的生存能力比其高产显得更为重要（Turner，1981）。在选育具有高产性状的品种时，育种者将会在不经意间丢失掉一些在野生资源中普遍存在的抗旱特性，因此，在育种计划中需要将向日葵野生种中的抗逆遗传资源转入栽培种中，从而提高向日葵栽培种的抗旱能力。Korrell等（1996）的研究表明，野生向日葵具有丰富的应对非生物胁迫（如干旱和盐分）的遗传多样性。

气孔反应被认为是潜在的可以用于提高作物对水分利用效率的特性。Seiler（1983b）在灌溉条件下对19份多年生和1份一年生野生向日葵叶片的扩散阻力、蒸腾作用与气孔密度进行了初步研究，结果表明，除了*H. pumilus*，其余供试的多年生向日葵都比野生种*H. annuus*有较高的扩散阻力、蒸腾作用和气孔密度。同时，他们还发现叶片的近轴面比远轴面的扩散阻力要低，叶片近轴面的蒸腾作用通常高于远轴面，气孔密度也随着叶面积的变化而变化。在所有多年生向日葵中，气孔密度在叶片远轴面的数量要比近轴面多，叶片近轴表面的气孔密度从最低16个/mm^2（*H. resinosus*）到最高的127个/mm^2（*H. resinosus*）。气孔密度在叶片的远轴面从最低值110个/mm^2（*H. resinosus*）到最高值153个/mm^2（*H. decapetalus*）之间变化。然而在野生向日葵*H. annuus*中，叶片近轴面（198个/mm^2）要比远轴面（155个/mm^2）有较多的气孔分布。类似的气孔在叶片上的分布在一些商业向日葵品系中也有报道（Blanchet and Gelfi，1980）。在向日葵杂交种中，叶片远轴面上的气孔密度要高于近轴面（Rawson et al.，1980；Tuberosa et al.，1985）。在向日葵野生种中，似乎有足够多的气孔可以在向日葵育种中被利用，从而提高向日葵栽培种对水分的利用效率。

Blanchet和Gelfi（1980）对美国西南地区10个向日葵品种的气孔阻力（stomatal resistance）、叶片水势（leaf water potential）、光合活性（photosynthetic activity）、叶片结构（leaf structure）和气孔数量（number of stomata）进行了评价，得出结论：*H. argophyllus*是在向日葵育种中最有希望被利用的抗旱资源，因为它带有绒毛的叶片可以反射阳光、减少水分的流失，进而表现出低的蒸腾速率。*H. petiolaris*（=*niveus*）ssp. *canescens*则是第二个用于抗旱育种的候选资源。而*H. anomalus*是一种原产于亚利桑那州北部和犹他州南部的一年生二倍体向日葵，它也被育种家推荐为可以加以利用的抗旱育种资源（Nabhan and Reichardt，1983）。

Sobrado和Turner（1983a）在田间条件下对向日葵的两个栽培种和两个野生种（*H. nuttallii*和*H. petiolaris*）与水相关的组织特征及生物产量进行了比较，结果表明，在所有的向日葵中，缺水会导致叶面积变小和干物质积累减少。水分缺乏会导致向日葵栽培种在液泡充盈条件下渗透势的降低，以及鲜重到干重转化效率的降低。但是上述现象在向日葵野生种中不会发生。

Sobrado和Turner（1983b）对向日葵栽培种*H. annuus*和野生种*H. petiolaris*叶片中水分的变化规律做了研究，并且在可控湿度条件下，对气孔反应与抗旱性之间的关系进行了研究。他们认为，栽培种*H. annuus*与野生种*H. petiolaris*在缺水的情况下，其渗透调节能力不同。进一步的研究表明，叶片在完全或零膨压条件下的渗透势与鲜重到干重的转化效率有极大的相关性。他们认为，叶片细胞大小的变化可能与向日葵的渗透调节和抗旱性有关。

Sobrado和Rawson（1984）通过对野生种*H. petiolaris* ssp. *fallax*和栽培种*H. annuus*进行研究，发现向日葵叶片的扩展受到了植株体内水分的影响。他们认为这两种向日葵受外界干旱胁迫的压力相当，但叶面积分布的不同格局导致了对水分胁迫忍受能力的不同。已有的研究结果表明，野生种对叶面积分布格局的敏感性略低于栽培杂交种，但栽培杂交种在胁迫解除后可能需要一个较长时间的恢复期。

Morizet等（1984）对栽培种*H. annuus*与*H. argophyllus*的种间杂交种中的光合作用和水分关系进行了研究。他们将供试杂交种分为两组，一组与*H. argophyllus*的性状非常相似，另一组则和*H. annuus*的性状相似。在相同的环境和土壤条件下，*H. argophyllus*的植株比*H. annuus*的植株更容易枯萎且具有高的叶片水势。和*H. annuus*的植株相比，*H. argophyllus*的植株叶片水势较低。另外，在特定的叶片水势条件下，*H. argophyllus*的光合活性略高一些。然而，两个组的蒸腾作用或气孔阻力没有显著差异。

在抗旱育种上，*H. argophyllus*被向日葵育种家广泛利用（Baldini et al.，1993；Belhassen et al.，1996；Baldini and Vannozzi，1998，1999；Griveau et al.，1998）。与向日葵栽培种的自交系相比，通过不同生理特征筛选的来源于*H. argophyllus*的种间杂交种在干旱条件下具有较高的水分利用效率、干旱敏感指数和产量指数（Baldini et al.，1992，1993；Martin et al.，1992；Baldini and Vannozzi，1998）。

Soja和Haunold（1991）对耶路撒冷洋蓟的光合能力进行了研究，发现该物种的平均光合速率和向日葵栽培种或其他一些野生种的光合速率相近或者略高一些（Lloyd and Canvin，1977；Sobrado and Turner，1986）。*H. tuberosus*的最大光合速率要高于许多C_3植物。*H. tuberosus*不同种群的光合速率存在46%的差异，预示着向日葵对碳的固定能力在新的育种材料的选择中还有进一步提升的空间。

关于野生向日葵抗旱生理机制的研究刚刚起步。Škorić（2009）提出，在抗旱育种上，应该加大对其他野生资源如*H. deserticola*、*H. hirsutus*、*H. maximiliani*、*H. tuberosus*等的利用。这些材料的利用结合分子育种技术有助于鉴定向日葵的抗旱基因，并将这些基因整合到具有良好配合力的向日葵栽培种的基因组中。Rauf（2008）也强调利用野生种来增加向日葵抗旱育种的遗传多样性。向日葵的耐旱机制非常复杂，且与多种因素有关。干旱是一种多层面的胁迫，在各种层面上对植物组织产生一定的影响。所有的研究结果都表明，向日葵对外界环境胁迫的抵抗是受多基因调控的，正是这些抗旱基因的多位点分布给后续的育种操作带来了一定的困难。

3.4 结论与展望

向日葵育种界面临的挑战是培育不仅能够适应边缘环境条件的向日葵，还要增加向日葵的产量。向日葵多年持续地被种植于贫瘠的土壤和边缘性的生长环境中，干旱、高温或低温会降低其单位面积产量。

由于向日葵所有的杂交种只选用了一个母本的细胞质，其遗传基础比较狭窄，该作物就像20世纪70年代玉米杂交种一样极易遭受灭顶之灾。在向日葵的驯化过程中，遗传多样性显著降低，因而迫切需要提高栽培向日葵的遗传多样性。向日葵野生种是抵御很多有害生物的主要遗传来源，特别是一些抗病基因的主要遗传来源。它们还可以提供向日葵杂交育种所需的雄性不育的细胞质。向日葵野生种和栽培种都起源于北美洲地区，且相关的有害生物在自然生境下能够与向日葵共同进化，为在野生向日葵资源中寻找丰富的对有害生物具有抗性的基因提供了可能。目前，在收集与保存向日葵野生种、增加向日葵遗传多样性，以及利用这些遗传多样性改良向日葵栽培种方面已经取得了很大的进展。但迄今为止，只有一小部分野生向日葵资源的遗传多样性可以被利用。

目前，在向日葵起源、驯化、遗传多样性、生物学特征及对生物和非生物胁迫抗性的筛选方法等方面已取得了很大的进展。未来的研究方向包括：将目标基因从野生亲本转移到向日葵栽培种中，改良栽培种的遗传背景，从而使得栽培种能够适应当地的生长环境。可以通过导入种质资源的外来等位基因，聚合优良基因、调控优良性状的QTL，从而达到改良大量农艺性状的目标。未来新选育的向日葵杂交品种将拥有来自远缘亲本的基因，甚至是无亲缘关系物种或其他生物中的抗性基因。为了使向日葵能够成为全球主要的经济作物，研究人员必须努力将常规育种手段和现代分子育种手段相结合。这将需要一个从事多学科研究的团队成员的协作，并需要长期对向日葵综合性状进行改良和研究。

参考文献

Aćimović, M. 1984. Sunflower diseases in Europe, the United States, and Australia, 1981-1983. Helia 7: 45-54.

Akhtouch, B., J. Munoz-Ruz, J.J. Melero-Vara, J.M. Fernández-Martínez, and J. Dominguez. 2002. Inheritance to race F of broomrape in Sunflower lines of different origins. PlantBreed. 121: 266-268.

Alexander, P. 1969. Differential staining of aborted and non-aborted pollen. Stain Technol. 44: 117-122.

Al-Khatib, K. and J.F. Miller. 2000. Registration of four genetic stocks of Sunflower resistant to imidazolinone herbicides. Crop Sci. 40: 869-870.

Al-Khatib, K., J.R. Baumgartner, D.E. Peterson, and R.S. Currie. 1998. Imazethapyr resistance in common Sunflower (*Helianthus annuus*). Weed Sci. 46: 403-407.

Alonso, L.C., M.I. Rodriguez-Ojeda, J. Fernandez-Escobar, and G. Lopez-Calero. 1998. Chemical control of broomrape (*Orobanche cernua* Loefl.) in Sunflower (*Helianthus annuus* L.) resistant to imazethapyr herbicide. Helia 21: 45-54.

Anashchenko, A.V. 1974. On the taxonomy of the genus *Helianthus* L. Bot. Zhurn. 59: 1472-1481.

Anashchenko, A.V. 1979. Phylogenetic relations in the genus *Helianthus* L. Bull. Appl. Bot. Genet. Plant Breed. 64: 146-156.

Anilkumar, T.B., M.N.L. Sastry, and A. Seetharan. 1976. Two additional hosts of *Alternaria helianthi*. Curr. Sci. 45: 777.

Armstrong, J.S., M.D. Koch, and F.B. Peairs. 2004. Artificially infesting Sunflower, *Helianthus annuus* L., field plots with Sunflower stem weevil, *Cylindrocopturus adspersus* (LeConte) (Coleoptera: Curculionidae) to evaluate insecticidal control. J. Agric. Urban

Entomol. 21: 71-74.

Armstrong, T.T., R.G. Fitajohn, L.E. Newstrom, A.D. Wilton, and W.G. Lee. 2005. Transgene escape: what potential for crop-wild hybridization? Mol. Ecol. 14: 2111-2132.

Atlagić, J. 1990. Pollen fertility in some *Helianthus* wild species and their F_1 hybrids with the cultivated Sunflower. Helia 13: 47-54.

Atlagić, J. 2004. Roles of interspecific hybridization and cytogenetic studies in Sunflower breeding. Helia 27: 1-24.

Atlagić, J., B. Dozet, and D. Škorić. 1993. Meiosis and pollen viability in *Helianthus tuberosus* L. and its hybrids with cultivated Sunflower. Plant Breed. 111: 318-324.

Atlagić, J., B. Dozet, and D. Škorić. 1995. Meiosis and pollen grain viability in *Helianthus mollis*, *Helianthus salicifolius*, *Helianthus maximiliani* and their F_1 hybrids with cultivated Sunflower. Euphytica 81: 259-263.

Atlagić, J., B. Dozet, and D. Škorić. 1999. Cytogenetic study of *Helianthus laevigatus* and its F_1 and BC_1F_1 hybrids with cultivated Sunflower, *Helianthus annuus*. Plant Breed. 118: 555-559.

Atlagić, J., S. Terzić, D. Škorić, R. Marinković, L.J. Vasiljević, and D. Panković-Staftić. 2006. The wild Sunflower collection in Novi Sad. Helia 13: 55-64.

Baldini, M. and G.P. Vannozzi. 1998. Agronomic and physiological assessment of genotypic variation for drought tolerance in Sunflower genotypes obtained from a cross between *H. annuus* and *H. argophyllus*. Agr. Med. 128: 232-240.

Baldini, M. and G.P. Vannozzi. 1999. Yield relationships under drought in Sunflower genotypes obtained from a wild population and cultivated Sunflowers in rain-out shelter in large pots and field experiments. Helia 222(30): 81-96.

Baldini, M., F. Cecconi, and G.P. Vannozzi. 1993. Influence of water deficit on gas exchange and dry matter accumulation in Sunflower cultivars and wild species (*Helianthus argophyllus* T.& G.). Helia 16(19): 1-10.

Baldini, M., F. Cecconi, P. Megale, A. Benvenuti, and G.P. Vannozzi. 1992. Improvement of drought resistance in cultivated Sunflower by the use of *Helianthus argophyllus* T.&G.: Results of a divergent selection for physiological parameters. pp. 980-987. *In*: Proc. 13th Intl. Sunflower Conf., Pisa, Italy, 7-11 September 1992. Intl. Sunflower Assoc., Paris, France.

Belhassen, E., V.P.R. Castiglioni, C. Chimenti, Y. Griveau, I. Jamaux, and A. Steinmetz. 1996. Looking for physiological and molecular markers for leaf cuticular transpiration using interspecific crosses between *Helianthus argophyllus* and *H. annuus*. pp. 39-45. *In*: Drought Tolerance in Sunflower Symposium II, Beijing, China, 14 June 1996. Intl. Sunflower Assoc., Paris, France.

Benvenuti, A., G.P. Vannozzi, P. Megale, and M. Baldini.1991. Study of germination for *Helianthus* genus wild species. Agr. Med. 121: 175-179.

Berville, A. 2002. Perennial Sunflower in breeding for broomrape resistance. *In*: Parasitic Plant Management in Sustainable Agriculture Joint Meeting of COST Action 849, Sofia, Bulgaria, 14-16 March 2002.

Blanchet, R. and N. Gelfi. 1980. Physiologie vegetale caracteres xerophytiques de quelques especes d'*Helianthus* susceptibles d'etre utilises pour ameliorer l'adaptation aux conditions seches du tournesol cultive (*Helianthus annuus* L.). pp. 279-282. CR. Acad. S.C. Paris T. 290. Serie D.

Block, C. 1992. Screening for Alternaria head blight resistance in the USDA germplasm collection. pp. 64-66. *In*: Proc. 14th Sunflower Research Workshop, Fargo, ND, 16-17 January 1992. Natl. Sunflower Assoc., Bismarck, ND.

Block, C.C., L.Marek and T.J. Gulya. 2009. Evaluation of wild *Helianthus* species for resistance to Sclerotinia stalk rot. *In*: Proc. 7th Annual Sclerotinia Initiative Meeting, January 21-23, 2010 Bloomington, MN. Available at: http://www.ars.usda.gov,/Research/docs.htm.

Bohorova, N.E. and A.I. Atanassov. 1990. Sunflower (*Helianthus annuus* L.) in vitro production of haploids. pp. 428-441. *In*: Y.P.S. Bajaj [ed.], Biotech. in Agric. and Forestry, Vol. 12. Haploids in Crop Improvement I. Springer-Verlag, Berlin.

Burke, J.M., K.A. Gardner, and L.H. Rieseberg. 2002. The potential for gene flow between cultivated and wild Sunflower (*Helianthus annuus*) in the United States. Am. J. Bot. 89: 1550-1552.

Burton, G.W. 1979. Handling cross-pollinated germplasm efficiently. Crop Sci. 19: 685-690.

Caceres, C., F. Castano, R. Rodriguez, A. Ridao, T. Salaberry, M. Echeverria, and M. Colabeli. 2006. Variability of *Sclerotinia* responses in *Helianthus petiolaris*. Helia 29(45): 43-48.

Caceres, C., F. Castano, R. Rodriguez, A. Ridao, T. Salaberry, M. Echeverria, and M. Colabeli. 2007. Phomopsis resistance on leaves and stems of *Helianthus petiolaris*. Helia 30(47): 213-218.

Cantamutto, M., D. Alvarez, A. Presotto, I. Fernandez-Moroni, G.J. Seiler, and M. Poverene. 2008. Seed morphology and oil composition of wild *Helianthus annuus* from Argentina. pp. 697-702. *In*: L. Velasco [ed.], Proc 17th Intl. Sunflower Conf., Cordoba, Spain, 8-12 June 2008. Intl. Sunflower Assoc., Paris, France.

Cerboncini, C., G. Beine, P.C. Binsfeld, B. Dresen, H. Peisker, A. Zerwas, and H. Schnabl. 2002. Sources of resistance to *Sclerotinia sclerotiorum* (Lib.) de Bary in the natural *Helianthus* gene pool. Helia 25: 167-176.

Cerboncini, C., P.C. Binsfeld, C. Mullenborn, S. Roenicke, V. Hahn, W. Freidt, and H. Schnabl. 2005.*Sclerotinia* resistance factors in the secondary *Helianthus* gene pool and viable biotechnological strategies for their stable and direct transfer in the cultivated Sunflower. pp. 54-55. *In*: Proc. 13th Intl. Sclerotinia Workshop, Monterey, California, 9-15 June 2005. Univ. Calif. Coop. Ext., Salinas, CA.

Chandler, J.M. and B.H. Beard. 1983. Embryo culture of *Helianthus* hybrids. Crop Sci. 23: 1004-1007.

Chandler, J.M. and C.C. Jan. 1984. Identification of salt-tolerant germplasm sources in the *Helianthus* species. Agron. Abstr., Am. Soc. Agron., Madison, WI, USA. p. 61.

Chandler, J.M. and C.C. Jan. 1985. Comparison of germination techniques for wild *Helianthus* seeds. Crop Sci. 25: 356-358.

Charlet, L.D. 1987. Seasonal dynamics of the Sunflower stem weevil, *Cylindrocopturus adspersus* LeConte (Coleoptera: Curculionidae), on cultivated Sunflower in the northern Great Plains. Can. Entomol. 119: 1131-1137.

Charlet, L.D. and G.J. Brewer. 1997. Management strategies for insect pests of Sunflower in North America. Recent Res. Devel. in Entomol. 1: 215-229.

Charlet, L.D. and G.J. Seiler. 1994. Sunflower seed weevils (Coleoptera: Curculionidae) and their parasitoids from native Sunflowers (*Helianthus* spp.) in the northern Great Plains. Ann. Entomol. Soc. Am. 87: 831-835.

Charlet, L.D. and P.A. Glogoza. 2004. Insect problems in the Sunflower production regions based on the 2003 Sunflower crop survey and comparisons with the 2002 survey. *In*: Proc. 26th Sunflower Research Workshop, Fargo, ND, 14-15 January 2004. Natl. Sunflower Assoc., Bismarck, ND. http://Sunflowernsa.com/research/research-workshop/-do-cu-ments/143.pdf.

Charlet, L.D., D.D. Kopp, and C.Y. Oseto. 1987. Sunflowers: Their history and associated insect community in the northern Great Plains. Bull. Entomol. Soc. Am. 33: 69-75.

Charlet, L.D., G.J. Brewer, and B. Franzmann. 1997. Insect pests. pp. 183-261. *In*: A.A. Schneiter [ed.], Sunflower Technology and Production. Agron. Monogr. 35, ASA, CSSA, and SSSA, Madison, WI, USA.

Charlet, L.D., J.F. Miller, and G.J. Seiler. 2004. Evaluation of Sunflower for resistance to stem and seed insect pests in North America. pp. 861-866. *In*: G.J. Seiler [ed.], Proc. 16th Intl. Sunflower Conf., Fargo, ND, 29 August 2 September 2004. Intl. Sunflower Assoc., Paris, France.

Charlet, L.D., J.S. Armstrong, and G.L. Hein. 2002. Sunflower stem weevil (Coleoptera: Curculionidae) and its larval parasitoids in the central and northern Plains of the USA. Biocontrol 47: 513-523.

Charlet, L.D., R.M. Aiken, G.J. Seiler, A. Chirumamilla, B.S. Hulke, and J.J. Knodel. 2009b. Sunflower resistance to Sunflower moth (Lepidoptera:Pyralidae) in the central Plains. J. Agric. Urban. Entomol. 24: 245-257.

Charlet, L.D., R.M. Aiken, G.J. Seiler, J.F. Miller, K.A. Grady, and J.J. Knodel. 2008b. Development of resistance in insect pests attacking the stem and head of cultivated Sunflower in the central and northern production areas of North America. pp. 237-242. *In*: L. Velasco [ed.], Proc. 17th Intl. Sunflower Conf., Cordoba, Spain, 8-12 June 2008. Intl. Sunflower Assoc., Paris, France.

Charlet, L.D., R.M. Aiken, J.F. Miller, and G.J. Seiler. 2009. Resistance among cultivated Sunflower germplasm to stem-infesting pests in the Central Great Plains. J. Econ. Ent. 102: 1281-1290.

Charlet, L.D., R.M. Aiken, R.F. Meyer, and A. Gebre-Amlak. 2007. Impact of combining planting date and chemical control to reduce larval densities of stem-infesting pests of Sunflower in the central Great Plains. J. Econ. Entomol. 100: 1248-1257.

Christov, M. 1990. A new source of cytoplasmic male sterility in Sunflower originating from *Helianthus argophyllus*. Helia 13: 55-62.

Christov, M. 1992. New sources of male sterility and opportunities for their utilization in Sunflower hybrid breeding. Helia 15: 41-48.

Christov, M. 1996a. Characterization of wild *Helianthus* species as sources of new features for Sunflower breeding. pp. 547-570. *In*: P.D.S. Caligari and D.J.N. Hind [eds.], Compositae: Biology and Utilization, Vol. 2. Proc. Intl. Composite Conf., The Royal Botanic Gardens, 24 July-5 August 1994. Kew, London.

Christov, M. 1996b. Hybridization of cultivated Sunflower and wild *Helianthus* species. pp. 602-615. *In*: P.D.S. Caligari and D.J.N. Hind [eds.], Compositae: Biology and Utilization, Vol. 2. Proc. Intl. Composite Conf., The Royal Botanic Gardens, 24 July-5 August 1994. Kew, London.

Christov, M. 2008.*Helianthus* species in breeding research in Sunflower. pp. 709-714. *In*: L. Velasco [ed.], Proc 17th Intl. Sunflower Conf., Cordoba, Spain, 8-12 June, 2008. Intl. Sunflower Assoc., Paris, France.

Christov, M. and L. Panayotov. 1991. Hybrids between the genera of *Helianthus* and *Tithonia* and their study. Helia 14(15): 27-34.

Christov, M. and R.D. Vassilevska-Ivanova. 1999. Intergeneric hybrids in Compositae (Asteraceae), I. Hybridization between cultivated Sunflower *H. annuus* L. and Compositae genera. Helia 22(31): 13-22.

Christov, M., I. Ivanova, and P. Ivanov. 1993. Some characteristics of the *Helianthus* species in the Dobroudja collection. I. Protein content and amino acid composition in proteins. Helia 16(18): 63-70.

Christov, M., I. Kiryakov, P. Shindrova, V. Encheva, and M. Christova. 2004. Evaluation of new interspecific and intergeneric Sunflower hybrids for resistance to *Sclerotinia sclerotiorum*. pp. 693-698. *In*: G. Seiler [ed.], Proc. 16th Intl. Sunflower Conf., Fargo, ND, 29 August-2 September 2004. Intl. Sunflower Assoc., Paris, France.

Christov, M., L. Nikolova, and T. Djambasova. 2001. Evaluation and use of wild *Helianthus* species grown in the collection of Dobroudja Agricultural Institute, General Toshevo, Bulgaria for the period 1999-2000. pp. 30-31. *In*: G. Seiler [ed.], FAO Sunflower Subnetwork Progress Report 1999-2000. FAO, Rome, Italy.

Christov, M., P. Shindrova, and V. Encheva. 1996b. Transfer of new gene material from *Helianthus* species to Sunflower. pp. 1039-1046. *In*: ISA [ed.], Proc. 15th Intl. Sunflower Conf., Tome II, Beijing/Shenyang, China, 12-20 June 1996. Intl. Sunflower Assoc., Paris, France.

Christov, M., P. Shindrova, V. Encheva, R. Bachvarova, and M. Christova. 1998. New Sunflower forms resistant to broomrape. pp. 317-319. *In*: K. Wegmann, L.J. Musselman, and D.M Joel [eds.], Current Problems of *Orobanche* Researchers. Proc.4th Intl. Workshop on Orobanche, Albena, Bulgaria, 23-26 September 1998.

Christov, M., P. Shindrova, V. Encheva, V. Venkov, L. Nikolova, A. Piskov, P. Petrov, and L. Nikolova. 1996a. Development of fertility restorer lines originating from interspecific hybrids of the genus *Helianthus*. Helia 19: 65-72.

Cockerell, T.D.A. 1919. Hybrid perennial Sunflowers. J. Roy. Hort. Soc. 15: 26-29.

Cuk, L. 1982. The uses of wild species in Sunflower breeding. J. Edible Oil Industry 1: 23-27.

Cuk, L. and G.J. Seiler. 1985. Collection of wild Sunflower species. A collection trip in the USA. Zbornik-Radova 15: 283-289.

De Candolle, A.P. 1836. *Helianthus*. pp. 585-591. *In*: A.P. de Candolle [ed.], Prodromus Systematis Naturalis Regni Vegetabilis. Vol. II. Treuttel and Wurtz, Paris, France.

Degener, J., A.E. Melchinger, and V. Hahn. 1999a. Optimal allocation of resources in evaluating current Sunflower inbred lines for resistance to *Sclerotinia*. Plant Breed. 118: 157-160.

Degener, J., A.E. Melchinger, and V. Hahn. 1999b. Interspecific hybrids as sources of resistance to *Sclerotinia* and *Phomopsis* in Sunflower breeding. Helia 22(30): 49-60.

Degener, J., A.E. Melchinger, R.K. Gumber, and V. Hahn. 1998. Breeding for *Sclerotinia* resistance in Sunflower: a modified screening test and assessment of genetic variation in current germplasm. Plant Breed. 117: 367-372.

DeHaro, A., and J. Fernández-Martínez. 1991. Evaluation of wild Sunflower (*Helianthus*) species for high content and stability of linoleic acid in the seed oil. J. Agric. Sci. 116: 359-367.

Demurin, Y. 1993. Genetic variability of tocopherol composition in Sunflower seeds. Helia 16: 59-62.

Dewer, D. 1893. Perennial Sunflowers. J. Roy. Hort. Soc. 15: 26-39.

Dolde D., C. Vlahakis, and J. Hazebroek. 1999. Tocopherols in breeding lines and effects of planting location, fatty acid composition, and temperature during development. J. Am. Oil Chem. Soc 76: 349-355.

Domminguez, J., J.J. Melero-Vara, J. Ruso, J. Miller, and J.M. Fernández-Martínez, 1996. Short communication: Screening for resistance to broomrape (*Orobanche cernua*) in cultivated Sunflower. Plant Breed. 115: 201-202.

Dorrell, D.G. 1976. Chlorogenic acid content of meal from cultivated and wild Sunflowers. Crop Sci. 16: 422-424.

Dorrell, D.G. and E.D.P. Whelan. 1978. Chemical and morphological characteristics of seeds of some Sunflower species. Crop Sci. 18: 969-971.

Doty, H.O. 1978. Future of Sunflower as an economic crop in North America and the world. pp. 457-488. *In*: J.F. Carter [ed.], Sunflower Science and Technology, Agron. Monogr. 19, CSSA, ASA, and SSSA, Madison, WI.

Dozet, B.M. 1990. Resistance to *Diaporthe/Phomopsis helianthi* Munt.-Cvet.*et al*. in wild Sunflower species. pp. 86-88. *In*: Proc. 12th Sunflower Research Workshop, Fargo, ND, 9-10 January 1990. Natl. Sunflower Assoc., Bismarck, ND.

Dussle, C.M., V. Hahn, S.J. Knapp, and E. Bauer. 2004. Pl_{Arg} from *Helianthus argophyllus* is unlinked to other known downy mildew resistance genes in Sunflower. Theor. Appl. Genet. 109: 1083-1086.

Edelist, C., X. Raffoux, M. Falque, C. Dillmann, D. Sicard, L.H. Rieseberg, and S. Karrenberg. 2009. Differential expression of candidate salt-tolerance genes in the halophyte *Helianthus paradoxus* and its glycophyte progenitors *H. annuus* and *H. petiolaris* (Asteraceae). Am. J. Bot. 96: 1830-1838.

Ellstrand, N.C., H.C. Prentice, and J.F. Hancock. 1999. Gene flow and introgression from domesticated plants in to wild relatives. Annu. Rev. Ecol. Syst. 30: 539-563.

Encheva, J. and M. Christov. 2005. Intergeneric hybrids between cultivated Sunflower (*Helianthus annuus* L.) and *Verbesina helianthoides* (Genus *Verbesina*): Morphological and biochemical aspects. Helia 28(42): 27-36.

Encheva, J., H. Kohler, M. Christov, and W. Friedt. 2005. Intergeneric hybrids between cultivated Sunflower (*Helianthus annuus* L.) and *Verbesina helianthoides* (Genus *Verbesina*)- RAPID analysis. Helia 28(42): 37-44.

Encheva, J., M. Christov, P. Shindrova, M. Drumeva, and V. Encheva. 2006b. New Sunflower restorer lines developed by direct organogenesis method from interspecific cross *Helianthus annuus* L. (cv. Albena) × *Helianthus salicifolius* L.-Disease resistance, combining ability. Helia 29(45): 95-106.

Encheva, V., D. Valkova, and M. Christov. 2006a. Reaction of some annual and perennial Sunflower species of the genus *Helianthus* to the causal agent of gray spot of Sunflower. Field Crops Studies 3(1): 151-158.

Enns, H., D.G. Dorrell, J.A. Hoes, and W.O. Chubb. 1970. Sunflower research, a progress report. pp. 162-167. *In*: Proc. 4th Intl. Sunflower Conf., Memphis, TN, 23-35 June 1970. Intl. Sunflower Assoc., Paris, France.

Faure, N., H. Serieys, A. Berville, E. Cazaux, and F. Kaan. 2002b. Occurrence of partial hybrids in wide crosses between Sunflower (*Helianthus annuus*) and perennial species *H. mollis* and *H. orgyalis*. Theor. Appl. Genet. 104: 652-660.

Faure, N., H. Serieys, E. Cazaux, F. Kaan, and A. Bervillé. 2002a. Partial hybridization in wide crosses between cultivated Sunflower and the perennial *Helianthus* species *H. mollis* and *H. orgyalis*. Ann. Bot. 89: 31-39.

Feng J.H., G.J. Seiler, T.J. Gulya, and C.C. Jan. 2006. Development of Sclerotinia stem rot resistant germplasm utilizing hexaploid *Helianthus*species. *In*: Proc. 28th Sunflower Research Workshop, Fargo, ND, 11-12 January 2006. Natl. Sunflower Assoc., Bismarck, ND. http://www.Sunflowernsa.com/research/research-workshop/documents/ Feng_Scle-roti-nia_06.pdf.

Feng, J., G.J. Seiler, T.J. Gulya, and C.C. Jan. 2007a. Advancement of pyramiding new Sclerotinia stem rot resistant genes from *H. californicus* and *H. schweinitzii* into cultivated Sunflower. *In*: Proc. 29th Sunflower Research Workshop, 10-11 January, Fargo, ND. Natl. Sunflower Assoc., Bismarck, ND. Available: http://www.Sunflowernsa.com/ research/research-workshop/documents/Feng_et-al_Pyramid_ 2007.pdf.

Feng, J., G.J. Seiler, T.J. Gulya, C. Li, and C.C. Jan. 2007b. Sclerotinia stem and head rot resistant germplasm development utilizing interspecific amphiploids. *In*: Proc. 29th Sunflower Research Workshop, Fargo, ND, 10-11 January. Natl. Sunflower Assoc., Bismarck, ND. Available: http://www.Sunflowernsa.com/ research/research-workshop/do-cu-men-ts/Feng_etal_Amphi-ploids_-2007.pdf

Feng, J., G.J. Seiler, T.J. Gulya, X. Cai, and C.C. Jan. 2008. Incorporating Sclerotinia stalk rot resistance from diverse perennial wild *Helianthus* species into cultivated Sunflower. *In*: Proc. 30th Sunflower Research Workshop, Fargo, ND, 10-11 January, 2008. Natl. Sunflower Assoc., Bismarck, ND. Available: http://www.Sunflowernsa.com/research/ rese-ar-ch-workshop/ documents/Feng_etal_-Stalk-Rot_08.pdf

Feng, J., Z. Liu, X. Cai, G.J. Seiler, T.J. Gulya, K.Y. Rashid, and C.C. Jan. 2009. Transferring Sclerotinia resistance genes from wild *Helianthus* into cultivated Sunflower. *In*: Proc. 31st Sunflower Research Workshop, Fargo, ND, 13-14 January 2009. Natl. Sunflower Assoc., Bismarck, ND. Available: http://www.Sunflowernsa.com/research/ research--workshop /documents /Feng_Ge-nes_09.pdf

Fernández-Martínez, J.M., J. Domminguez, B. Pérez-Vich, and L. Velasco. 2008. Update on breeding for resistance to Sunflower broomrape. Helia 31(48): 73-84.

Fernández-Martínez, J.M., J., and P.F. Knowles. 1976. Variability in fatty acid composition of the seed oil of *Helianthus* species. pp. 401-409. *In*: Proc. 7th Intl. Sunflower Conf., Krasnodar, Russia, 27 June-3 July 1976. Intl. Sunflower Assoc., Paris, France.

Fernández-Martínez, J.M., J.J. Melero-Vara, J. Munoz-Ruz, J. Ruso, and J. Dominguez. 2000. Selection of wild and cultivated Sunflower for resistance to a new broomrape race that overcomes resistance to Or_5 gene. Crop Sci. 40: 550-555.

Fick, G.N. and D.E. Zimmer. 1974. Monogenic resistance to Verticillium wilt in Sunflowers. Crop Sci. 14: 895-896.

Fick, G.N., D.E. Zimmer, and T.E. Thompson. 1976. Wild species of *Helianthus* as a source of variability in Sunflower breeding. pp. 4-5. *In*: Proc. Sunflower Research Workshop, Bismarck, ND, 12-13 January 1976. Nat. Sunflower Assoc., Bismarck, ND.

Fick, G.N., D.E. Zimmer, J. Dominguez-Gimenez, and D.A. Rehder. 1974. Fertility restoration and variability for plant and seed characteristics in wild Sunflower. pp. 333-338. *In*: Proc. 6th Intl. Sunflower Conf., Bucharest, Romania, 22-24 July 1974. Intl. Sunflower Assoc., Paris, France.

Fick. G.N. and J.F. Miller. 1997. Sunflower breeding. pp. 395-439. *In*: A.A. Schneiter [ed.], Sunflower Technology and Production. Agron. Monogr. 35, ASA, CSSA, and SSSA, Madison, WI, USA.

Georgieva-Todorova, J. 1984. Interspecific hybridization in the genus *Helianthus* L. Z. Pflanzenzucht. 93: 265-279.

Georgieva-Todorova, J. and A. Hristova. 1975. Studies on several wild-growing *Helianthus* species. C. R. Acad. Agric. G. Dimitrov. 8(4): 51-55.

Georgieva-Todorova, Y. 1974. A new male sterile form of Sunflower (*Helianthus annuus* L.). pp. 343-347. *In*: A.V. Vranceanu [ed.], Proc. 6th Intl. Sunflower Conf., Bucharest, Romania, 22-24 July 1974. Intl. Sunflower Assoc., Paris, France.

Gershenzon, J. and T.J. Mabry. 1984. Sesquiterpene lactones from a Texas population of *Helianthus maximiliani*. Phytochemistry 23: 1959-1966.

Gershenzon, J., M.C. Rossiter, T.J. Mabry, C.E. Rogers, M.H. Blust, and T.L. Hopkins. 1985. Insect antifeedant terpenoids in wild Sunflower possible source of resistance to the Sunflower moth. pp. 433-446. *In*: P.H. Hedin [ed.], Bioregulators for Pest Control. ACS Symposium Ser. 276, Am. Chem. Soc., Washington, D.C.

Gray, A. 1884. pp. 271-280. *In*: Synoptical Flora of North America, Vol. I, pt. II. Smithsonian Institution, Washington, DC, USA.

Griveau, Y., H. Serieys, J. Cleomene, and E. Belhassen. 1998. Field evaluation of Sunflower genetic resources in relation to water supply. Czech J. Gen. Plant Breed. 34(1): 11-16.

Gulya, T.J. 1982. Apical chlorosis of Sunflower caused by *Pseudomonas syringae* pv. *tagetis*. Plant Dis. 66: 598-600.

Gulya, T.J. 2004. Two new "Verticillium" threats to Sunflowers in North America. *In*: Proc. 25th Sunflower Research Workshop, Fargo, ND, 14-15 January 2004. Natl. Sunflower Assoc., Bismarck, ND. http://www.Sunflowernsa.com/research/ research-workshop/do-cu-ments/ Gulya_Verticillium_04.PDF

Gulya, T.J. 2007. Distribution of *Plasmopara halstedii* races from Sunflower around the world. pp. 121-134. *In*: A. Lebeda and P.T.N. Spencer-Philips [eds.], Advances in Downy Mildew Research, Vol. 3. Proc. 2nd Intl. Downy Mildew Symposium, Olomouc, Czech Republic, 2-6 July 2007.

Gulya, T.J. and L.D. Charlet. 1984. Involvement of *Cylindrocopturus adspersus* in the premature ripening complex of Sunflower. Phytopathology 74: 869.

Gulya, T.J., K.Y. Rashid, and S.M. Masirevic. 1997. Sunflower diseases. pp. 21-65. *In*: A.A. Schneiter [ed.], Sunflower Technology and Production. Agron. Monogr. 35, ASA, CSSA, and SSSA, Madison, WI, USA.

Gulya, T.J., P.J. Shiel, T. Freeman, R.L. Jordan, T. Isakeit, and P.H. Berger. 2002. Host range and characterization of Sunflower mosaic potyvirus. Phytopathology 92: 694-702.

Hahn, V. 2002. Genetic variation for resistance to *Sclerotinia* head rot in Sunflower inbred lines. Field Crops. Res. 77: 153-159.

Hajjar, R. and T. Hodgkin. 2007. The use of wild relatives in crop improvement: A survey of developments over the last 20 years. Euphytica 156: 1-13.

Harlan, J.R. 1976. Genetic resources in wild relatives of crops. Crop Sci. 16: 329-332.

Heiser, C.B. and D.M. Smith. 1964. Species crosses in *Helianthus*: II. Polyploid species. Rhodora 66: 344-358.

Heiser, C.B., D.M. Smith, S.B. Clevenger, and W.C. Martin. 1969. The North American Sunflowers (*Helianthus*). Mem. Torr. Bot. Club 22: 1-219.

Henn, H.J., R. Wingender, and H. Schnabel. 1997. Wild type Sunflower clones: Source of resistance against *Sclerotinia sclerotiorum* (Lib) de Bary stem infection. Appl. Bot. 71: 5-9.

Hennessy, C.M.R. and W.E. Sackston. 1972. Studies on Sunflower rust. X. Specialization of *Puccinia helianthi* on wild Sunflowers in Texas. Can. J. Bot. 50: 1871-1877.

Hoes, J.A., E.D. Putt, and H. Enns. 1973. Resistance to Verticillium wilt in collections of wild *Helianthus* in North America. Phytopathology 63: 1517-1520.

Holden, J., J. Peacock, and T. Williams. 1993. Genes, Crops, and the Environment. Cambridge Press, NY.

Honiges, A., K. Wegmann, and A. Ardelean. 2008.*Orobanche* resistance in Sunflower. Helia 31(49): 1-12.

Hristova-Cherbadzi, M. 2009. Characterization of hybrids, forms and lines obtained from interspecific hybridization of cultivated Sunflower *Helianthus annuus* L. with wild species of the genus *Helianthus*. Biotechnol. & Biotechnol. Eq. 23(2): 112-116.

Hu, X., D. Bidney, N. Yalpani, J.P. Duvick, O. Crasta, O.P. Folkerts, and G. Lu. 2003. Over expression of a gene encoding hydrogen peroxide-generating oxalate oxidase evokes defense responses in Sunflower. Plant Physiol. 133: 170-181.

Hulke, B.S., and D.L. Wyse. 2008. Using interspecific hybrids with *Helianthus tuberosus* L. to transfer genes for quantitative traits into cultivated Sunflower, *H. annuus* L. pp. 729-734. *In*: L. Velasco [ed.], Proc 17th Intl. Sunflower Conf., Cordoba, Spain, 8-12 June 2008. Intl. Sunflower Assoc., Paris, France.

Hulke, B.S., J.F. Miller, T.J. Gulya, and B.A. Vick. 2010. Registration of the oilseed Sunflower genetic stocks HA 458, HA 459, and HA 460 possessing genes for resistance to downy mildew. J. Plant Registrations 4: 1-5.

International Board for Plant Genetic Resources (IBPGR). 1984. Report of a Working Group on Sunflowers (First Meeting). International Board for Plant Genetic Resources, Rome, Italy.

Jackson, R.C. 1988. A quantitative cytogenetic analysis of an intersectional hybrid in *Helianthus* (Compositae). Am. J. Bot. 75: 609-614.

Jain, S.K., R. Kesseli, and A. Olivieri. 1992. Biosystematic status of the serpentine Sunflower, *Helianthus exilis* Gray. pp. 391-408. *In*: A.J. Baker, J. Proctor, and R.D. Reeves [eds.], The Vegetation of Ultramafic (Serpentine) Soils. Intercept LTD., Andover, England, UK.

Jan, C.C. 1988. Chromosome doubling of wild × cultivated Sunflower interspecific hybrids and its direct effect on backcross success. pp. 287-292. *In*: Proc. 12th Intl. Sunflower Conf., Novi Sad, Yugoslavia, 25-29 July 1988. Intl. Sunflower Assoc., Paris, France.

Jan, C.C. 1997. Cytology and interspecific hybridization. pp. 497-558. *In*: A. Schneiter [ed.], Sunflower Technology and Production, Agron. Monogr. 35, ASA, CSSA, and SSSA, Madison, WI.

Jan, C.C. 2004. A new *cms* source from *Helianthus giganteus* and its fertility restoration genes from interspecific amphiploids. pp. 709-712. *In*: G.J. Seiler [ed.], Proc. 16th Intl. Sunflower Conf., Fargo, ND, 29 August–4 September 2004. Intl. Sunflower Assoc., Paris, France.

Jan, C.C. and G.J. Seiler. 2007. Sunflower. pp. 103-165. *In*: R.J. Singh [ed.], Genetics Resources, Chromosome Engineering, and Crop Improvement, Vol 4, Oilseed Crops. CRC Press, NY, USA.

Jan, C.C. and G.J. Seiler. 2008. Sunflower germplasm development utilizing wild *Helianthus* species. pp. 29-43. *In*: L. Velasco [ed.],

Proc 17th Intl. Sunflower Conf., Cordoba, Spain, 8-12 June 2008. Intl. Sunflower Assoc., Paris, France.

Jan, C.C. and J.M. Chandler. 1985. Transfer of powdery mildew resistance from *Helianthus debilis* Nutt. into cultivated Sunflower (*H. annuus* L.). Crop Sci. 25: 664-666.

Jan, C.C. and J.M. Chandler. 1988. Registration of powdery mildew resistant Sunflower germplasm pool, PM 1. Crop Sci. 28: 1040.

Jan, C.C. and J.M. Chandler. 1989. Interspecific hybrids and amphiploids of *Helianthus annuus* × *H. bolanderi*. Crop Sci. 29: 643-646.

Jan, C.C. and J.M. Fernández-Martínez, 2002. Interspecific hybridization, gene transfer, and the development of resistance to broomrape race F in Spain. Helia 25: 123-136.

Jan, C.C. and T.J. Gulya. 2006. Three virus resistant Sunflower genetic stocks. Crop Sci. 46(4): 1834.

Jan, C.C. and T.X. Zhang. 1995. Interspecific gene transfer from tetraploid *Helianthus hirsutus* into cultivated Sunflower. pp. 48-49. *In*: Proc. 17th Sunflower Research Workshop, Fargo, ND, 12-13 January 1995. Natl. Sunflower Assoc., Bismarck, ND.

Jan, C.C., A.S. Tan, and T.J. Gulya. 2004b. Registration of four downy mildew resistant Sunflower germplasms. Crop Sci. 44: 1887.

Jan, C.C., G. Seiler, T.J. Gulya, and J. Feng. 2008. Sunflower germplasm development utilizing wild *Helianthus* species. pp. 29-43. *In*: L. Velasco [ed.], Proc. 17th Intl. Sunflower Conf., Cordoba, Spain, 8-12 June 2008. Intl. Sunflower Assoc., Paris, France.

Jan, C.C., J.H. Feng, G.J. Seiler, and T.J. Gulya. 2006. Amphiploids of perennial *Helianthus* species × cultivated Sunflower possess valuable genes for resistance to Sclerotinia stem and head rot. *In*: Proc. 28th Sunflower Research Workshop, Fargo, ND, 11-12 January 2006. Natl. Sunflower Assoc., Bismarck, ND. http://www.Sunflowernsa.com/re-search/ research-workshop/documents/Jan amphiploids_06.pdf

Jan, C.C., J.M. Fernández-Martínez, J. Ruso, and J. Munoz-Ruz. 2002. Registration of four Sunflower germplasms with resistance to *Orobanche cumana* Race F. Crop Sci. 42: 2217-2218.

Jan, C.C., Z. Quresh, and T.J. Gulya. 2004a. Registration of seven rust resistant Sunflower germplasms. Crop Sci. 44: 1887-1888.

Jones, Q. 1983. Germplasm needs for oilseed crops. Econ. Bot. 37: 418-422.

Karrenberg, S., C. Edelist, C. Lexer, and L. Rieseberg. 2006. Response to salinity in the homoploid hybrid species *Helianthus paradoxus* and its progenitors *H. annuus* and *H. petiolaris*. New Phytol. 170: 615-629.

Kinman, M.L. 1966. Tentative resistance to larvae of *Homoeosoma electellum* in *Helianthus*. p. 72. *In*: Proc. 2nd Int. Sunflower Conf., Morden, Canada, 22-24 July 1966. Intl. Sunflower Assoc., Paris, France.

Kinman, M.L. 1970. New developments in the USDA and state experiment station Sunflower breeding programs. pp. 181-183. *In*: Proc. 4th Intl. Sunflower Conf., Memphis, TN, 23-25 June 1970. Intl. Sunflower Assoc., Paris, France.

Knowles, P.F., S.R. Temple, and F. Stolp. 1970. Variability in the fatty acid composition of Sunflower seed oil. pp. 215-218. *In*: Proc. 4th Intl. Sunflower Conf., Memphis, TN, 23-25 June 1970. Intl. Sunflower Assoc., Paris, France.

Kohler, R.H. and W. Friedt. 1999. Genetic variability as identified by AP-PCR and reaction to mid-stem infection of *Sclerotinia sclerotiorum* among interspecific Sunflower (*Helianthus annuus* L.) hybrid progenies. Crop Sci. 39: 1456-1463.

Korrell, M., L. Brahm, W. Friedt, and R. Horn. 1996. Interspecific and intergeneric hybridization in Sunflower breeding. II. Specific uses of wild germplasm. Pl. Breed. Abst. 66: 1081-1091.

Krauter, R., A. Steimetz, and W. Friedt. 1991. Efficient interspecific hybridization in the genus *Helianthus* via "embryo rescue" and characterization of the hybrids. Theor. Appl. Genet. 82: 521-525.

Kurnik, E. and I. Walcz. 1985. *Diaporthe helianthi* on Sunflower in Hungary and the result of breeding for resistance. p. 603. *In*: Proc. 11th Intl. Sunflower Conf., Mar del Plata, Argentina, 10-13 March 1985. Intl. Sunflower Assoc., Paris, France.

Labrousse, P., M.C. Arnaud, H. Serieys, A. Berville, and P. Thalouarn. 2001. Several mechanisms are involved in resistance of *Helianthus* to *Orobanche cumana* Wallr. Ann. Bot. 88: 859-868.

Laferriere, J. E. 1986. Interspecific hybridization in Sunflowers: An illustration of the importance of wild genetic resources in plant breeding. OutlookAgric. 15: 104-109.

Leclercq, P. 1969. Cytoplasmic male sterility in Sunflower. Ann. Amelior. Plant. 19: 99-106.

Leclercq, P., Y. Cauderon, and M. Dauge. 1970. Selection pour la resistance au mildiou du tournesol a partir d'hybrides topinambour × tournesol. Ann. Amelior. Plant. 20: 363-373.

Lenardon, S.L., M.E. Bazzalo, G. Abratti, C.J. Cimmino, M.T. Galella, M. Grondona, F. Giolitti, and A.J. Leon. 2005.Screening Sunflower for resistance to Sunflower chlorotic mottle virus and mapping the *Rcmo-1* resistance gene. Crop Sci. 45: 735-739.

Lexer, C., M.E. Welch, J.L. Durphy, and L.H. Rieseberg. 2003a. Natural selection for salt tolerance quantitative trait loci (QTLs) in wild Sunflower hybrids: Implications for the origin of *Helianthus paradoxus*, a diploid hybrid species. Mol. Ecol. 12: 1225-1235.

Lexer, C., M.E. Welch, O. Raymond, and L.H. Rieseberg. 2003b. The origin of ecological divergence in *Helianthus paradoxus* (Asteraceae): Selection on transgressive characters in a novel hybrid habitat. Evolution 57: 1989-2000.

Lexer, C., Z. Lai, and L.H. Rieseberg. 2004. Candidate gene polymorphisms associated with salt tolerance in wild Sunflower hybrids: Implications for the origin of *Helianthus paradoxus*, a diploid hybrid species. New Phytol. 161: 225-233.

Linder, C.R., I. Taha, G.J. Seiler, A.A. Snow, and L.H. Rieseberg. 1998. Long-term introgression of crop genes into wild Sunflower populations. Theor. Appl. Gen. 96: 339-347.

Linnaeus, C.L. 1753. *Species Plantarum*, Holmiae.

Lipps, P.E. and L.L. Herr. 1986. Reactions of *Helianthus annuus* and *H. tuberosus* plant introductions to *Alternaria helianthi*. Plant Dis. 70: 831-835.

Liu, Z., J. Feng, and C.C.Jan. 2009. Genomic *in situ* hybridization (GISH) as a tool to identify chromosomes of parental species in Sunflower interspecific hybrids. *In*: Proc. 31st Sunflower Research Workshop, Fargo, ND, 13-14 January 2009. Natl. Sunflower Assoc., Bismarck, ND. http://www.sun-flowernsa.com/research/research-workshop/documents/Liu_GISH_09.pdf

Lloyd, N.D.H. and D. T. Canvin. 1977. Photosynthesis and photorespiration in Sunflower selections. Can. J. Bot. 55: 3006-3012.

Madhavi, K.J., M. Sujatha, D.R. Reddy, and S.C. Rao. 2005. Culture characteristics and histological changes in leaf tissues of cultivated and wild Sunflowers infected with *Alternaria helianthi*. Helia 28:1-12.

Marek, L., I. Larsen, C. Block, and C. Gardner. 2004. The Sunflower collection at the North Central Regional Plant Introduction Station. pp. 761-765. *In*: G.J. Seiler [ed.], Proc. 16th Intl. Sunflower Conf., Fargo, ND, 29 August-4 September 2004. Intl. Sunflower Assoc., Paris, France.

Martin, M., P. Molfetta, G.P. Vannozzi, and G. Zerbi. 1992. Mechanisms of drought resistance of *Helianthus annuus* and *H. argophyllus*. pp. 571-586. *In*: Proc. 13th Intl. Sunflower Conf., Pisa, Italy, 7-11 September 1992. Intl. Sunflower Assoc., Paris, France.

Massinga, R., K. Al-Khatib, P. St. Amand, and J.F. Miller. 2003. Gene flow from imidazolinone-resistant domesticated Sunflower to wild relatives. Weed Sci. 51: 854-862.

Matthews, J.F., J.R. Allison, R.T. Ware, and C. Nordman. 2002.*Helianthus verticillatus* Small (Asteraceae) rediscovered and redescribed. Castanea 67: 13-24.

McCarter, S.M. 1993. Reaction of Jerusalem artichoke genotypes to two rusts and powdery mildew. Plant Dis. 77: 242-245.

Mensink, R.P. and M.B. Katan. 1989. Effect of diet enriched with monounsaturated or polyunsaturated fatty acids on levels of low-density and high-density lipoprotein cholesterol in healthy women and men. New Engl. J. Med. 321: 436-441.

Michaud, J.P., J.A. Qureshi, and A.K. Grant. 2007. Sunflowers as a trap crop for reducing soybean losses to the stalk borer *Dectes texanus* (Coleoptera: Cerambycidae). Pest Manage. Sci. 63: 903-909.

Micic, Z., V. Hahn, E. Bauer, C.C. Schon, S.J. Knapp, S. Tang, and A.E. Melchinger. 2004. QTL mapping of *Sclerotinia* midstalk-rot resistance in Sunflower. Theor. Appl. Genet. 109: 1474-1484.

Mihaljčević, M., M. Muntanola-Cvetković, and M. Petrov. 1982. Further studies on the Sunflower disease caused by *Diaporthe (Phomopsis helianthi)* and possibilities of breeding for resistance. pp. 57-59. *In*: Proc. 10th Intl. Sunflower Conf., Surfers Paradise, Australia, 14-18 March 1982. Intl. Sunflower Assoc., Paris, France.

Miller, J. F. and T.J. Gulya. 1988. Registration of six downy mildew resistant Sunflower germplasm lines. Crop Sci. 28: 1040-1041.

Miller, J.F. 1995. Inheritance of salt tolerance in Sunflower. Helia 18: 9-16.

Miller, J.F. 1997. Sunflower. pp. 626-668. *In*: W.R. Fehr [ed.], Principles of Cultivar Development. II. Crop Species. Macmillan, New York, NY.

Miller, J.F. and G.J. Seiler. 2003. Registration of five oilseed maintainer (HA 429-HA 433) Sunflower germplasm lines. Crop Sci. 43: 2313-2314.

Miller, J.F. and G.J. Seiler. 2005.Tribenuron resistance in accessions of wild Sunflower collected in Canada. *In*: Proc. 27th Sunflower Research Workshop, Fargo, ND, 12-13 January 2005. Natl. Sunflower Assoc., Bismarck, ND.http://www.Sunflowernsa.com/research/research- workshop/documents/miller_tribenuron_05.pdf, 2005.

Miller, J.F. and K. Al-Khatib. 2002. Registration of imidazolinone herbicide-resistant Sunflower maintainer (HA 425) and fertility restorer (RHA 426 and RHA 427) germplasms. Crop Sci. 42: 988-989.

Miller, J.F. and K. Al-Khatib. 2004. Registration of two oilseed Sunflower genetic stocks, SURES-1 and SURES-2 resistant to tribenuron herbicide. Crop Sci. 44: 1037-1038.

Miller, J.F. and T.J. Gulya. 1987. Inheritance of resistance to race 3 downy mildew in Sunflower. Crop Sci. 27: 210-212.

Miller, J.F. and T.J. Gulya. 1999. Registration of eight Sclerotinia-tolerant Sunflower germplasm lines. Crop Sci. 39: 301-302.

Miller, J.F., G.J. Seiler, and C.C. Jan. 1992. Use of plant introductions in cultivar development, part 2. pp. 151-166. *In*: H. Shands and L.E. Weisner [eds], CSSA Spl. Publ. No. 20, ASA, CSSA, and SSSA, Madison, WI.

Miller, J.F., T.J. Gulya, and G.J. Seiler. 2002. Registration of five fertility restorer Sunflower germplasms. Crop Sci. 42: 989-991.

Mondolot-Cosson, L. and C. Andary. 1994. Resistance factors of a wild species of Sunflower, *Helianthus resinosus*, to *Sclerotinia sclerotiorum*. Acta Hort. 381: 642-645.

Morizet, J., P. Cruiziat, J. Chatenoud, P. Picot, and P. Leclercq. 1984. Improvement of drought resistance in Sunflower by interspecific crossing with wild species *Helianthus argophyllus*: Methodology and first results. Agronomie 4: 577-585.

Morris, J.B., S.M. Yang, and L. Wilson. 1983. Reaction of *Helianthus* species to *Alternaria helianthi*. Plant Dis. 67: 539-540.

Nabhan, G.B. and K.L. Reichardt. 1983. Hopi protection of *Helianthus anomalus*, a rare Sunflower. Southwest Nat. 28: 231-235.

Nikolova, L.M., M. Christov, and G. Seiler. 2004. Interspecific hybridization between *H. pumilus* Nutt. and *H. annuus* L. and their potential for cultivated Sunflower improvement. Helia 27(41): 151-162.

Nikolova, L.M., M. Christov, and P. Shindrova. 1998. New Sunflower forms resistant to *Orobanche cumana* Wallr. originating from interspecific hybridization. pp. 295-299. *In*: K. Wegmann, L.J. Musselman, and D.M Joel [eds.], Current Problems of *Orobanche* Researchers. Proc.4th Intl. Workshop on Orobanche, Albena, Bulgaria, 23-26 September 1998.

Nikolova, L.M., P. Shindrova, and V. Entcheva. 2000. Resistance to diseases obtained through interspecific hybridization. Helia 23(33): 57-64.

Oliveri, A.M. and S.K. Jain. 1977. Variation in the *Helianthus exilis-bolanderi* complex. Madrono 24: 177-189.

Olson, B., K. Al-Khatib, and R.M. Aiken. 2004. Distribution of resistance to imazamox and tribenuron-methyl in native Sunflowers. *In*: Proc 26th Sunflower Research Workshop, Fargo, ND, 14-15 January 2004. Natl. Sunflower Assoc., Bismarck, ND. Available:

Panero, J.L. and V.A. Funk. 2002. Toward a phylogenetic subfamilial classification for the Compositae (Asteraceae). P. Biol. Soc. Wash. 115: 909-922.

Paniego, N., M. Echaide, M. Munoz, L. Fernandez, S. Torales, P. Faccio, I. Fuxan, M. Carrera, R. Zandomeni, E.Y. Suarez, and H.E. Hopp. 2002.Microsatellite isolation and characterization in Sunflower (*Helianthus annuus* L.). Genome 45: 34-43.

Paniego, N., R. Heinz, and H.E. Hopp. 2007 Sunflower. pp. 153-178. *In*: C. Kole [ed.], Genome Mapping and Molecular Breeding in Plants. Vol 2: Oilseeds. Springer, Heidelberg, Berlin, New York.

Pearson, O.H. 1981. Nature and mechanisms of cytoplasmic male sterility in plants: A review. Hort. Sci. 16: 482-487.

Perez, E.E., A.A. Carelli, and G.H. Crapiste. 2004. Chemical characterization of oils and meals from wild Sunflower (*Helianthus petiolaris* Nutt). J. Amer. Oil Chemists Soc. 81: 245-249.

Perez, E.E., G.H. Crapiste, and A.A. Carelli. 2007. Some physical and morphological properties of wild Sunflower seeds. Biosys. Eng. 96: 41-45.

Pérez-Vich, B., B. Akhtouch, B. Munoz-Ruz, J.M. Fernández-Martínez, and C.C. Jan. 2002. Inheritance of resistance to a highly virulent Race F of *Orobanche cumana* Wallr. in a Sunflower line derived from wild Sunflower species. Helia 25(36): 137-144.

Phillips, O.L. and B.A. Meilleur. 1998. Usefulness and economic potential of rare plants of the United States: A statistical survey. Econ Bot 52: 57-67.

Pogorletskiy P.K. and E.E. Geshle. 1976. Sunflower immunity to broomrape and rust. pp. 238-243. *In*: Proc. 7th Intl. Sunflower Conf., Krasnodar, Russia, 27 June-3 July 1976. Intl. Sunflower Assoc., Paris, France.

Prabakaran, A.J. and M. Sujatha. 2003. Identification of novel variants in interspecific derivatives of *Helianthus divaricatus* and cultivated Sunflower. Helia 26(39): 167-170.

Prabakaran, A.J. and M. Sujatha. 2004. Interspecific hybrid of *H. annuus* × *H. simulans*: Characterization and utilization in improvement of cultivated Sunflower (*H. annuus* L.). Euphytica 135: 275-282.

Prescott-Allen, C.P. and R. Prescott-Allen. 1986. The First Resource: Wild Species in the North American Economy. Yale Univ. Press, London, UK.

Pruski, J.F. 1998.*Helianthus porteri* (A. Gray) Pruski, a new combination validated for the "Confederate Daisy." Castanea 63: 74-75.

Pustovoit, G. V. and E.Y. Krokhin. 1977. Inheritance of resistance in interspecific hybrids of Sunflower to downy mildew. Skh. Biol. 12: 231-236.

Pustovoit, G.V. and I.A. Gubin. 1974. Results and prospects in Sunflower breeding for group immunity by using the interspecific hybridization method. pp. 373-381. *In*: Proc. 6th Intl. Sunflower Conf., Bucharest, Romania, 22-24 July 1974. Intl. Sunflower Assoc., Paris, France.

Pustovoit, G.V. and O.N. Krasnokutskaya. 1975. Protein content of Sunflower meal. p. 38. *In*: Immunitet S.-Kh. Rast. K. Bolesnyam, Vreditelyam, Moscow [Plant Breed. Abstr.] 31, No. 152.

Pustovoit, G.V., V.P. Ilatovsky, and E.L. Slyusar. 1976. Results and prospects of Sunflower breeding for group immunity by interspecific hybridization. pp. 193-204. *In*: Proc. 7th Intl. Sunflower Conf., Krasnodar, Russia, 27 June-3 July 1976. Intl. Sunflower Assoc., Paris, France.

Putt, E.D. 1964. Breeding behavior of resistance to leaf mottle or Verticillium in Sunflowers. Crop Sci. 4: 177-179.

Putt, E.D. and W.E. Sackston. 1957. Studies on Sunflower rust. I. Some sources of rust resistance. Can. J. Plant Sci. 37: 43-54.

Putt, E.D. and W.E. Sackston. 1963. Studies on Sunflower rust. I. Two genes, R_1 and R_2 for resistance in the host. Can. J. Plant Sci. 43: 490-496.

Quresh, Z. and C.C. Jan. 1993. Allelic relationships among genes for resistance to Sunflower rust. Crop Sci. 33: 235-238.

Quresh, Z., C.C. Jan, and T.J. Gulya. 1993. Resistance of Sunflower rust and its inheritance in wild Sunflower species. Plant Breed.

110: 297-306.

Radi, S.A. and T.J. Gulya. 2006. Sources of resistance to a new strain of *Verticillium dahliae* on Sunflower in North America. Phytopath. 97: 164.

Rashid, K.Y. and G.J. Seiler. 2004.Epidemiology and resistance to Sclerotinia head rot in wild Sunflower species. pp. 751-754. *In*: G.J. Seiler [ed.], Proc. 16th Intl. Sunflower Conf., Fargo, ND, 29 August-4 September 2004. Intl. Sunflower Assoc., Paris, France.

Rashid, K.Y. and G.J. Seiler. 2006. Updates in epidemiology and resistance to Sclerotinia head rot in wild Sunflower species. Poster presented at the Sclerotinia Initiative Annual Meeting, Bloomington, MN, January 18-20 2006. http//www.whitemoldresearch.com/posters2005/rashid2006-02.pdf.

Rauf, S. 2008. Breeding Sunflower (*Helianthus annuus* L.) for drought tolerance. Comm. Biomet. Crop Sci. 3(1): 29-44.

Rawson, H.M., G.A. Constable, and G.N. Howe. 1980. Carbon production of Sunflower cultivars in field and controlled environment. II. Leaf growth. Aust. J. Plant. Physiol. 7: 575-586.

Reyes-Valdes, H., M. Gomez-Martinez, O. Martinez, and F. Hernadez Godinez. 2005. Intergeneric hybrid between cultivated Sunflower (*Helianthus annuus* L.) and *Tithonia rotundifolia* (Mill.) Blake. Helia 28(43): 61-68.

Rieseberg, L.H. 1991. Hybridization in rare plants: Insights from case studies in *Helianthus* and *Cercocarpus*. pp. 171-181. *In*: D.A. Falk and K.E. Holsinger [eds.], Conservation of Rare Plants: Biology and Genetics. Oxford University Press, Inc., Oxford.

Rieseberg, L.H., D.E. Soltis, and J.D. Palmer. 1988. A molecular re-examination of introgression between *Helianthus annuus* and *H. bolanderi* (Compositae). Evolution 42: 227-238.

Rieseberg, L.H., M.J. Kim, and G.J. Seiler. 1999. Introgression between the cultivated Sunflower and a sympatric wild relative, *Helianthus petiolaris* (Asteraceae). Int. J. Plant Sci. 160: 102-108.

Robertson, J.A., W.H. Morrison, and R.L. Wilson. 1979. Effects of planting location and temperature on the oil content and fatty acid composition of Sunflower seeds. USDA Agricultural Research Results, Southern Series No.3, Washington, DC.

Robinson, A. 1979. Studies in the *Heliantheae* (Asteraceae). XVIII. A new genus *Helianthopsis*. Phytologia 44: 257-259.

Rogers, C.E. 1977a. Cerambycid pests of Sunflower: Distribution and behavior in the Southern Plains. Environ. Entomol. 6: 833-838.

Rogers, C.E. 1977b. Bionomics of the Sunflower beetle. Environ. Entomol. 6: 466-468.

Rogers, C.E. 1981. Resistance of Sunflower species to the western potato leafhopper. Environ. Entomol. 10: 697-700.

Rogers, C.E. 1985. Cultural management of *Dectes texanus* (Coleoptera: Cerambycidae) in Sunflower. J. Econ Entomol. 78: 1145-1148.

Rogers, C.E. 1988. Entomology of indigenous *Helianthus* species and cultivated Sunflowers. pp. 1-38. *In*: M.K. Harris and C.E. Rogers [eds.], The Entomology of Indigenous and Naturalized Systems in Agriculture. Westview Press, Boulder, CO.

Rogers, C.E. and G.J. Seiler. 1985. Sunflower (*Helianthus*) resistance to stem weevil (*Cylindrocopturus adspersus*). Environ. Entomol. 14: 624-628.

Rogers, C.E. and G.L. Kreitner. 1983. Phytomelanin of Sunflower achenes: A mechanism for pericarp resistance to abrasion by larvae of the Sunflower moth (Lepidoptera: Pyralidae). Environ. Entomol. 12: 277-285.

Rogers, C.E. and J.G. Serda. 1982.*Cylindrocopturus adspersus* in Sunflower: Overwintering and emergence patterns on the Texas high plains. Environ. Entomol. 11: 154-156.

Rogers, C.E. and O.R. Jones. 1979. Effects of planting date and soil water on infestation of Sunflower by larvae of *Cylindrocopturus adspersus*. J. Econ. Entomol. 72: 529-531.

Rogers, C.E. and T.E. Thompson. 1978a. Resistance in wild *Helianthus* to the Sunflower beetle. J. Econ. Entomol. 71: 622-623.

Rogers, C.E. and T.E. Thompson. 1978b. Evaluation of *Helianthus* species to insect pests pp. 320-327. *In*: Proc. 8th Intl. Sunflower Conf., Minneapolis, MN, 23-27 July 1978. Intl. Sunflower Assoc., Paris, France.

Rogers, C.E. and T.E. Thompson. 1978c. *Helianthus* resistance to carrot beetle. J. Econ. Entomol. 71: 760-761.

Rogers, C.E. and T.E. Thompson. 1978d. Resistance of wild *Helianthus* species to aphid, *Masonaphis masoni*. J. Econ. Entomol. 71: 221-222.

Rogers, C.E. and T.E. Thompson. 1979. *Helianthus* resistance to *Masonaphis masoni*. Southwest. Entomol. 4: 321-324.

Rogers, C.E. and T.E. Thompson. 1980. *Helianthus* resistance to the Sunflower beetle. J. Kansas Entomol. Soc. 53: 727-730.

Rogers, C.E., J. Gershenzon, N. Ohno, T.J. Mabry, R.D. Stipanovic, and G.L. Kreitner. 1987. Terpenes of wild Sunflowers (*Helianthus*): an effective mechanism against seed predation by larvae of the Sunflower moth, *Homoeosoma electellum* (Lepidoptera: Pyralidae). Environ. Entomol. 16: 586-592.

Rogers, C.E., T.E. Thompson, and D.E. Zimmer. 1978. *Rhizopus* head rot of Sunflower: Etiology and severity in the Southern Plains. Plant Dis. Rep. 62: 769-771.

Rogers, C.E., T.E. Thompson, and G.J. Seiler. 1984. Registration of three *Helianthus* germplasms for resistance to the Sunflower moth. Crop Sci. 24: 212-213.

Rogers, C.E., T.E. Thompson, and W. J. Wellik. 1980. Survival of *Bothynus gibbosus* on *Helianthus* species. J. Kansas Entomol. Soc. 53: 490-494.

Rojas-Barros, P., C.C. Jan, and T. Gulya. 2004. Identification of powdery mildew resistance from wild Sunflower species and transfer into cultivated Sunflower. *In*: Proc. 26th Sunflower Research Workshop, Fargo, ND, 14-15 January 2004. Natl. Sunflower Assoc., Bismarck, ND. http://www.Sunflowernsa.com/research/research-workshop/documents/176.pdf

Rojas-Barros, P., C.C. Jan, and T. Gulya. 2005. Transferring powdery mildew resistance genes from wild *Helianthus* into cultivated Sunflower. *In*: Proc. 27th Sunflower Research Workshop, Fargo, ND, 12-13 January 2005. Natl. Sunflower Assoc., Bismarck, ND. http://www.Sunflowernsa.com/ research/research-workshop/documents/ Rojas_Powdery Mil-dew_05.pdf

Ronicke, S., V. Hahn, R. Horn, I. Grone, L. Brahn, H. Schnabl, and W. Freidt. 2004. Interspecific hybrids of Sunflower as sources of Sclerotinia resistance. Plant Breed. 123: 152-157.

Ruso, J., A. DeHaro, and J.M. Fernández-Martínez. 1996a. Isolation of variants with high saturated and high linoleic fatty acids in several wild Sunflower species. pp. 1039-1046. *In*: Proc. 15th Intl. Sunflower Conf., vol. II, Beijing/Shenyang China, 12-20 June 1996. Intl. Sunflower Assoc., Paris, France.

Ruso, J., S. Sukno, J. Dominguez-Gimenez, J.M. Melero-Vara, and J.M. Fernández-Martínez. 1996b. Screening wild *Helianthus* species and derived lines for resistance to several populations of *Orobanche cernua*. Plant Dis. 80: 1165-1169.

Sackston, W.E. 1981. The Sunflower crop and disease: Progress, problems, prospects. Plant Dis. 65: 643-648.

Saliman, M., S.M. Yang, and L. Wilson. 1982. Reaction of *Helianthus* species to *Erysiphe cichoracearum*. Plant Dis. 66: 572-573.

Scelonge, C., L. Wang, D. Bidney, G. Lu, C. Hastings, G. Cole, M. Mancl, J.-L. D'Hautefeuille, C. Sosa-Dominguez, and S. Coughlan. 2000. Transgenic Sclerotinia resistance in Sunflower (*Helianthus annuus*). pp. K66-K71. *In*: Proc. 15th Intl. Sunflower Conf., Toulouse, France, 12-15 June 2000. Intl. Sunflower Assoc., Paris, France.

Schilling, E.E. 2001. Phylogeny of *Helianthus* and related genera. Oleagineux Crops Gras Lipides 8: 22-25.

Schilling, E.E. 2006. *Helianthus*. pp. 141-169. *In*: Flora of North America Editorial Committee [eds.], Flora of North America North of Mexico, Vol. 21. Oxford Univ. Press, New York and Oxford.

Schilling, E.E. and C.B. Heiser. 1981. Infrageneric classification of *Helianthus* (Compositae). Taxon 30: 393-403.

Schilling, E.E. and J.L. Panero. 1996. Phylogenetic reticulation in subtribe Helianthinae. Am. J. Bot. 83: 939-948.

Schilling, E.E. and J.L. Panero. 2002. A revised classification of subtribe Helianthinae (Asteraceae: Heliantheae). I. Basal lineages. Bot. J. Linn. Soc. 140: 65-76.

Schilling, E.E., C.R. Linder, R.D. Noyes, and L.H. Rieseberg. 1998. Phylogenetic relationships in *Helianthus* (Asteraceae) based on nuclear ribosomal DNA internal transcribed spacer regions sequence data. Syst. Bot. 23: 177-187.

Schulz, J.T. 1978. Insect pests. pp. 169-223. *In*: J.F. Carter [ed.], Sunflower Science and Technology, Agron. Monogr. 19, CSSA, ASA, and SSSA, Madison, WI.

Seiler, G. J. and M.E. Brothers. 1999. Oil concentration and fatty acid composition of achenes of Achenes of *Helianthus* species (Asteraceae) from Canada. Econ. Bot. 53: 273-280.

Seiler, G.J. 1982. Variation in oil and oil quality of wild annual Sunflower (*Helianthus annuus* L.) populations in a uniform environment. pp. 212-215. *In*: Proc. 10th Intl. Sunflower Conf., Surfers Paradise, Australia, 14-18 Mar 1982. Intl. Sunflower Assoc., Paris, France.

Seiler, G.J. 1983a. Effect of genotype, flowering date, and environment on oil content and oil quality of wild Sunflower seed. Crop Sci. 23: 1063-1068.

Seiler, G.J. 1983b. Evaluation of wild Sunflower species for potential drought tolerance. p. 13. *In*: Proc. 5th Sunflower Research Workshop, Minot, ND, 26 January 1983. Natl. Sunflower Assoc., Bismarck, ND.

Seiler, G.J. 1984. Protein and mineral concentration of selected wild Sunflower species. Agron. J. 76: 289-295.

Seiler, G.J. 1985. Evaluation of seeds of Sunflower species for several chemical and morphological characteristics. Crop Sci. 25: 183-187.

Seiler, G.J. 1986. Forage quality of selected wild Sunflower species. Agron. J. 78: 1059-1064.

Seiler, G.J. 1988a. The genus *Helianthus* as a source of genetic variability for cultivated Sunflower. pp. 17-58. *In*: Proc 12th Intl. Sunflower Conf., Vol. 1, Novi Sad, Yugoslavia, 25-29 Jul 1988. Intl. Sunflower Assoc., Paris, France.

Seiler, G.J. 1988b. Influence of pH, storage temperature, and maturity on germination of four wild annual Sunflower species (*Helianthus* spp.). pp. 269-270. *In*: Proc 12th Intl. Sunflower Conf., Novi Sad, Yugoslavia, 25-29 July 1988. Intl. Sunflower Assoc., Paris, France.

Seiler, G.J. 1991a. Registration of six interspecific Sunflower germplasm lines derived from wild perennial species. Crop Sci. 31: 1097-1098.

Seiler, G.J. 1991b. Registration of 15 interspecific Sunflower germplasm lines derived from wild annual species. Crop Sci. 31: 1389-1390.

Seiler, G.J. 1991c. Registration of 13 downy mildew tolerant interspecific Sunflower germplasm lines derived from wild annual species. Crop Sci. 31: 1714-1716.

Seiler, G.J. 1992. Utilization of wild Sunflower species for the improvement of cultivated Sunflower. Field Crops Res. 30: 195-230.

Seiler, G.J. 1993. Wild Sunflower species germination. Helia 16(18): 15-20.

Seiler, G.J. 1994. Oil concentration and fatty acid composition of achenes of North American *Helianthus* (Asteraceae) species. Econ. Bot. 48: 271-279.

Seiler, G.J. 1996a. The USDA-ARS Sunflower germplasm collection. Helia 19: 44-45.

Seiler, G.J. 1996b. Dormancy and germination of wild *Helianthus* species. pp. 213-222. *In*: P.D.S. Caligari and D.J.N. Hind [eds.], Compositae: Biology and Utilization, Vol. 2. Proc. Intl. Composite Conf., the Royal Botanic Gardens, 24 July-5 August 1994. Kew, London.

Seiler, G.J. 1998a. The potential use of wild *Helianthus* species for selection of low saturated fatty acids in Sunflower oil. pp. 109-110. *In*: A.M. de Ron [ed.], International Symposium on Breeding of Protein and Oil Crops. EUCARPIA, Pontevedra, Spain.

Seiler, G.J. 1998b. Seed maturity, storage time and temperature, and media treatment effects on germination of two wild Sunflowers. Agron. J. 90: 221-226.

Seiler, G.J. 2002. Wild Sunflower germplasm: A perspective on characteristics of use to Sunflower breeders in developing countries. *In*: Proc. 2nd Intl. Symp. on Sunflower in Developing Countries, Benoni, South Africa, 18-21 February 2002. Available at: http://www.isa.cetiom.fr/symposium/seiler.htm

Seiler, G.J. 2004. Wild *Helianthus annuus*, a potential source of reduced palmitic and stearic fatty acids in Sunflower oil. Helia 27(40): 55-62.

Seiler, G.J. 2007. Wild annual *Helianthus anomalus* and *H. deserticola* for improving oil content and quality in Sunflower. Ind. Crops Prod. 25: 95-100.

Seiler, G.J. 2009. Storage of wild Sunflower achenes at room temperature for 20 years: are they still alive? *In*: Proc. 31st Sunflower Research Workshop, Fargo, ND, 13-14 January 2009. Natl. Sunflower Assoc., Bismarck, ND. http://www.Sunflowernsa.com/research/research-workshop/documents/Seiler_SFachenes_09.pdf.

Seiler, G.J. and L. H. Rieseberg. 1997. Systematics, origin, and germplasm resources of wild and domesticated Sunflower. pp. 21-65. *In*: A.A. Schneiter [ed.] Sunflower Technology and Production. Agron. Monogr. 35, ASA, CSSA, and SSSA, Madison, WI, USA.

Seiler, G.J. and T.J. Gulya. 2004. Exploration for wild *Helianthus* species in North America: Challenges and opportunities in the search for global treasures. pp. 43-68. *In*: G.J. Seiler [ed.], Proc. 16th Intl. Sunflower Conf., Fargo, ND, USA, 29 August-4 September 2004. Intl. Sunflower Assoc., Paris, France.

Seiler, G.J., L. Cuk, and C.E. Rogers. 1981. New and interesting distribution records for *Helianthus paradoxus* Heiser (Asteraceae). Southwest. Nat. 26:431-432.

Seiler, G.J., R.E. Stafford, and C.E. Rogers. 1984. Prevalence of phytomelanin in pericarp of Sunflower parental lines and wild species. Crop Sci. 24:1202-1204.

Seiler, G.J., T.J. Gulya, and G. Kong. 2008. Wild Sunflower species from the southeastern United States as potential sources for improving oil content and quality in cultivated Sunflower. pp. 715-720. *In*: L. Velasco [ed.], Proc 17th Intl. Sunflower Conf., Cordoba, Spain, 8-12 June 2008. Intl. Sunflower Assoc., Paris, France.

Serieys, H. 1991. Note on the codification of Sunflower *cms* sources, FAO Sunflower research subnetwork. p. 9-13. *In*: Proc. 1990 FAO Sunflower Subnetwork Progress Report, FAO, Rome, Italy.

Serieys, H. 2002. Report on the Past Activities of the FAO Working Group "Identification, Study and Utilization in Breeding Programs of New *cms* Sources" for the Period 1999-2001, pp. 1-54. FAO, Rome, Italy.

Serieys, H. and M. Christov. 2005. Identification, study, and utilization in breeding programs of new *cms* sources (1999-2004). pp. 1-63. *In*: Proc. FAO Consultation Meeting, Novi Sad, Serbia, 17-20 July 2004. FAO, Rome, Italy.

Serieys, H. and P. Vincourt. 1997. Characterization of some new *cms* sources from *Helianthus* genus. Helia 10: 9-13.

Serieys, H.A. 1992. Sunflower: A Catalogue of the Wild Species of the Genus *Helianthus*. ENSAM and INRA, Montpellier, France.

Singleton, V.L. and F.H. Kratzer. 1969. Toxicity and related physiological activity of phenolic substances of plant origin. J. Agric. Food. Chem. 17: 497-512.

Škorić, D. 1984. Genetic resources in the *Helianthus* genus. pp. 37-73. *In*: Int. Symp. on Science and Biotechnology for an Integral Sunflower Utilization, Bari, Italy, 25-October 1984.

Škorić, D. 1985. Sunflower breeding for resistance to *Diaporthe/Phomopsis helianthi* Munt.-Cvet. *et al.* Helia 8: 21-23.

Škorić, D. 1987. FAO Sunflower sub-network report 1984-1986. pp. 1-17. *In*: D. Škorić [ed.], Genetic Evaluation and Use of *Helianthus* Wild Species and their Use in Breeding Programs. FAO, Rome, Italy.

Škorić, D. 1988. Sunflower breeding. J. Edible Oil Industry 25: 1-90.

Škorić, D. 1992a. Achievements and future directions of Sunflower breeding. Field Crops Res. 30: 195-230.
Škorić, D. 1992b. Results obtained and future directions of wild species use in Sunflower breeding. pp. 1317-1348. *In*: Proc. 13th Intl. Sunflower Conf., 7-11 September 1992, Pisa Italy. Intl. Sunflower Assoc., Paris, France.
Škorić, D. 1993. Wild species uses in Sunflower breeding-Results and future breeding. Pl. Genet. Res. Newsletter. 3: 17-25.
Škorić, D.1996. Germplasm in Sunflower breeding in the next ten years. Genet. a Secht. 32(4): 297-306.
Škorić, D. 2009. Sunflower breeding for resistance to abiotic stresses. Helia 32(50): 1-16.
Škorić,D. and I. Rajčan. 1992. Breeding of Sclerotinia tolerance in Sunflower. pp. 1257-1262. *In*: Proc. 13th Intl. Sunflower Conf., Pisa, Italy, 7-11 September, 1992. Intl. Sunflower Assoc., Paris, France.
Škorić, D., R. Marinković, and J. Atlagić. 1988. Determination of restorer genes from sources of cytoplasmic male sterility in wild Sunflower species. pp. 282-286. *In*: Proc. 12th Intl. Sunflower Conf., Novi Sad, Serbia, 25-29 July 1988. Intl. Sunflower Assoc., Paris, France.
Sobrado, M.A. and H.M. Rawson. 1984. Leaf expansion as related to plant water availability in wild and cultivated Sunflower. Physiol. Plant. 60: 561-566.
Sobrado, M.A. and N.C. Turner. 1983a. Influence of water deficits on the water relations characteristics and productivity of wild and cultivated Sunflowers. Aust. J. Plant Physiol. 10: 195-203.
Sobrado, M.A. and N.C. Turner. 1983b. A comparison of the water relations characteristics of *Helianthus annuus* and *Helianthus petiolaris* when subjected to water stress. Oecologia 58: 309-313.
Sobrado, M.A. and N.C. Turner. 1986. Photosynthesis, dry matter accumulation and distribution in the wild Sunflower *Helianthus petiolaris* and the cultivated Sunflower *Helianthus annuus* as influenced by water deficits. Oecologia 69: 181-187.
Soja, G. and E. Haunold. 1991. Leaf gas exchange and tuber yield in Jerusalem artichoke (*Helianthus tuberosus*) cultivars. Field Crops Res. 26: 241-252.
Spring, O., U. Bienert, and V. Klemt. 1987. Sesquiterpene lactones in glandular trichomes of Sunflower leaves. J. Plant Physiol. 130: 433-439.
Stafford, R.E., C.E. Rogers, and G.J. Seiler. 1984. Pericarp resistance to mechanical puncture in Sunflower achenes. Crop Sci. 24: 891-894.
Sujatha, M. 2006. Wild *Helianthus* species used for broadening the genetic base of cultivated Sunflower in India. Helia 29(44): 77-86.
Sujatha, M., A.J. Prabakaran, and C. Chattopadhyay. 1997. Reaction of wild Sunflower and certain inter-specific hybrids to *Alternaria helianthi*. Helia 20: 5-24.
Sujatha, M., and A.J. Prabakaran. 2006. Ploidy manipulation and introgression of resistance to *Alternaria helianthi* from wild hexaploid *Helianthus* species to cultivated Sunflower (*H. annuus* L.) aided by anther culture. Euphytica 152: 201-215.
Sukno, S., J. Ruso, C.C. Jan, J.M. Melero-Vara, and J.M. Fernández-Martínez. 1999. Interspecific hybridization between Sunflower and wild perennial *Helianthus* species via embryo rescue. Euphytica 106: 69-78.
Tan, A.S., C.C. Jan, and T.J. Gulya. 1992. Inheritance of resistance to race 4 of Sunflower downy mildew in wild Sunflower accessions. Crop. Sci. 32: 949-952.
Tarpomanova, H., T. Hvarleva, M. Hristova, and I. Atanassov. 2009. Molecular marker characterization of breeding lines derived from *Helianthus annuus*×*H. bolanderi* interspecific hybrids. Biotechnol. & Biotechnol. Eq. 23(2): 565-567.
Tatum, L.A. 1971. The southern corn leaf blight epidemic. Science 171: 1113-1116.
Tavoljanski, N., A. Yesaev, V. Yakutin, A. Akhtulova, and V. Tikhomirov. 2002. Using the collection of wild species in Sunflower breeding. Helia 25(36): 65-78.
Teetes, G.L., M.L. Kinman, and N.M. Randolph. 1971. Differences in susceptibility of certain Sunflower varieties and hybrids to the Sunflower moth. J. Econ. Entomol. 64: 1285-1287.
Terzić, S., B. Dedić, J. Atlagić, and S. Masirević. 2007. Transferring *Plasmopara halstedii* resistance from annual wilds into cultivated Sunflower. Helia 30(47): 199-204.
Thompson, T.E. and C.E. Rogers. 1980. Sunflower oil quality and quantity as affected by Rhizopus head rot. J. Am. Oil Chem. Soc. 57: 106-108.
Thompson, T.E., C.E. Rogers, D.C. Zimmerman, D.C. Huang, E.D.P. Whalen, and J.F. Miller. 1978. Evaluation of *Helianthus* species for disease resistance and oil content and quality. pp. 501-509. *In*: Proc. 8th Intl. Sunflower Conf., Minneapolis, MN, 23-27 July 1978. Intl. Sunflower Assoc., Paris, France.
Thompson, T.E., D.C. Zimmerman, and C.E. Rogers. 1981. Wild *Helianthus* as a genetic resource. Field Crops. Res. 4: 333-343.
Tikhomirov, V.T. and P.V. Chiryaev. 2005. Sources of resistance to diseases in original material of Sunflower. Helia 28(42): 101-106.
Timme, R.E., B.B. Simpson, and C.R. Linder. 2007. High-resolution phylogeny for *Helianthus* (Asteraceae) using the 18S-26S ribosomal DNA external transcribed spacer. Am. J. Bot. 94: 1837-1852.

Torrey, J. and A. Gray. 1842. A Flora of North America. Vol II. Wiley and Putnam, New York, USA, pp. 318-333.

Tuberosa, R., U. Paradisi, and P. Mannini. 1985. Stomatal density in Sunflower (*Helianthus annuus* L.). Helia 8: 33-36.

Turner, N.C. 1979. Drought resistance and adaptation to water deficits in crop plants. pp. 343-372. *In*: H. Mussell and R.C. Staples [ed.], Stress Physiology in Crop Plants. John-Wiley, NY.

Turner, N.C. 1981. Designing crops for dryland Australia: can the deserts help us? J. Aust. Inst. Agric. Sci. 47: 29-34.

Vassilevska-Ivanova, R. 2005. A short-cycle Sunflower line derived from intergeneric hybridization of *Helianthus × Verbesina*. Helia 28(43): 55-60.

Vear, F., F. Serre, S. Roche, P. Walser, and D. Tourvieille de Labrouhe. 2007. Recent research on downy mildew resistance useful for breeding industrial use of Sunflowers. Helia 30(46): 45-54.

Velasco, L., B. Pérez-Vich, and J.M. Fernández-Martínez. 2004. Evaluation of wild Sunflower species for tocopherol content and composition. Helia 27(40): 107-112.

Velasco, L., B. Pérez-Vich, C.C. Jan, and J.M. Fernández-Martínez. 2006. Inheritance of resistance to broomrape (*Orobanche cumana* Wallr.) Race F in a Sunflower line derived from wild Sunflower species. Plant Breed. 126: 67-71.

Viranyi, F. 2008. Research progress in Sunflower diseases and their management. pp. 1-12. *In*: L. Velasco [ed.], Proc 17th Intl. Sunflower Conf., Cordoba, Spain, 8-12 June 2008. Intl. Sunflower Assoc., Paris, France.

Vranceanu, A.V. and F.M. Stoenescu. 1970. Immunity to Sunflower downy mildew due to single dominant gene. Probleme Agricole 2: 34-40.

Vranceanu, A.V. and F.M. Stoenescu. 1971. Pollen fertility restorer genes from cultivated Sunflower. Euphytica 20: 536-541.

Vranceanu, A.V. and M. Iuoras. 1988. Hibridul interspecific dintre *Helianthus rigidus* Desf. si floarea-soarelui cultivata (*H. annuus* L.). Probl. Genet. Teor. Aplic. 2: 109-119.

Vranceanu, A.V., V.A. Tudor, F.M. Stoenescu, and N. Pirvu. 1980. Virulence groups of *Orobanche cumana* Wallr., differential hosts and resistance sources and genes in Sunflower. pp. 74-80. *In*: Proc. 9th Intl. Sunflower Conf., Torremolinos, Spain, 8-13 July 1980. Intl. Sunflower Assoc., Paris, France.

Watson, E.E. 1929. Contributions to a monograph of the genus *Helianthus*. Papers Mich. Acad. Sci. 9: 305-475.

Welch, M.E. and L.H. Rieseberg. 2002. Habitat divergence between a homoploid hybrid Sunflower species, *Helianthus paradoxus* (Asteraceae), and its progenitors. Am. J. Bot. 89: 472-478.

Whelan, E.D.P. 1978. Hybridization between annual and perennial diploid species of *Helianthus*. Can.J. Genet. Cytol. 20: 523-530.

Whelan, E.D.P. 1979. Interspecific hybrids between *Helianthus petiolaris* Nutt. and *H. annuus* L.: Effect of backcrossing on meiosis. Euphytica 28: 297-308.

Whelan, E.D.P. 1980. A new source of cytoplasmic male sterility in Sunflower. Euphytica 29: 33-46.

Whelan, E.D.P. 1981. Cytoplasmic male sterility in *Helianthus giganteus* L. × *H. annuus* L. interspecific hybrids. Crop Sci. 21: 855-858.

Whelan, E.D.P. 1982. Trisomic progeny from interspecific hybrids between *Helianthus maximiliani* and *H. annuus*. Can. J. Genet. Cytol. 24: 375-384.

Whelan, E.D.P. and D.G. Dorrell. 1980. Interspecific hybrids between *Helianthus maximiliani* Schrad. and *H. annuus* L.: Effect of backcrossing on meiosis, anther morphology, and seed characteristics. Crop Sci. 20: 29-34.

Whelan, E.D.P. and W. Dedio. 1980. Registration of Sunflower germplasm composite crosses CMG-1, CMG-2, and CMG-3. Crop Sci. 20: 832.

Wieckhorst, S., V. Hahn, C.C. Dussle, S.J. Knapp, C.C. Shon, and E. Bauer. 2008. Fine mapping of the downy mildew resistance locus PL_{arg} in Sunflower. pp. 645-649. *In*: L. Velasco [ed.], Proc 17th Intl. Sunflower Conf., Cordoba, Spain, 8-12 June, 2008. Intl. Sunflower Assoc., Paris, France.

Yang, S.M. 1981. Progress in breeding Sunflower for resistance to Rhizopus head rot. pp. 213-226. *In*: Proc. EUCARPIA Symposium on Plant Breeding, 26-31 October 1981, Prague, Czechoslovakia.

Yang, S.M., C.E. Rogers, and N.D. Luciani. 1983. Transmission of *Macrophomina phaseolina* in Sunflower by *Cylindrocopturus adspersus*. Phytopath. 73: 1467-1469.

Yang, S.M., J.B. Morris, and T.E. Thompson. 1980. Evaluation of *Helianthus* spp. for resistance to *Rhizopus* head rot. pp. 147-151. *In*: Proc. 9th Intl. Sunflower Conf., Torremolinos, Spain, 8-13 July 1980. Intl. Sunflower Assoc., Paris, France.

Zimmer, D.E. and D. Rehder. 1976. Rust resistance of wild *Helianthus* species of the North Central United States. Phytopath. 66: 208-211.

Zimmer, D.E. and J.A. Hoes. 1978. Diseases. pp. 225-262. *In*: J.F. Carter [ed.], Sunflower Science and Technology, Agron. Monogr. 19, CSSA, ASA, and SSSA, Madison, WI.

Zimmer, D.E. and M.L. Kinman. 1972. Downy mildew resistance in cultivated Sunflower and its inheritance. Crop Sci. 12: 749-751.

第4章　向日葵育种的分子技术

Zhao Liu[1], Chao-Chien Jan[2]

[1]Department of Plant Sciences, North Dakota State University, North Dakota 58102-2765, USA;[2]Agricultural Research Service, U. S. Department of Agriculture, Northern Crop Science Laboratory, 1605 Albrecht Blvd N., Fargo, North Dakota 58102-2765, USA

20世纪下半叶的"绿色革命"培育了高产但株型矮小的小麦和水稻，以及对植物的一系列有害生物具有抗性的玉米和其他作物的F_1代杂交种。传统的育种方法结合高效的灌溉、施肥和其他栽培措施解决了许多发展中国家饥饿人口的粮食问题（Evenson and Gollin，2003；Godfray et al.，2010）。2010年，全世界约有68亿人（United States Census Bureau，http://search.census.gov/），按照现在的增长态势，预计2050年达到90亿人（Godfray et al.，2010）。增加作物产量和改善粮食作物品质的育种目标仍然面临着资源（如土地、水和能源）匮乏和环境变化的巨大挑战（Godfray et al.，2010）。如何在资源逐步匮乏的前提下为持续增长的人口提供足够且优质的食物已经成为一个非常严峻的问题，而通过育种手段进行作物改良可以成为缓解和改善这一现状的有效措施（Tester and Langridge，2010）。

20世纪传统的植物育种方法建立在Darwin和Mendel的遗传学定律的基础上，如配置杂交组合和后代选择的原理，基因型和表型的关联。通过分子生物学、生物技术和基因组学领域的创新所获得的新的育种方法和技术可以弥补传统植物育种方法的不足，从而产生一个综合学科即分子植物育种学（Moose and Mumm，2008）。随着分子技术的持续发展，在育种过程中利用紧密连锁或共分离的分子标记在育种早期进行目标性状的分子标记辅助选择（marker-assisted selection，MAS）、在大量的群体中追踪和监测基因组中的特定染色体区段、高通量地分析物种的遗传多样性，以及对一些筛选困难的性状进行定向选择都已经成为可行的育种手段（Varshney et al.，2006；Moose and Mumm，2008）。分子标记技术、全基因组测序和功能基因组分析为解析植物对生物与非生物胁迫的抗性机制提供了很多信息（Moose and Mumm，2008；Leung，2008）。由于这些现代遗传学的技术具有快速和低成本的特点，因此很容易被应用于作物育种中（Godfray et al.，2010）。分子育种已经在许多作物如水稻（Collard et al.，2008）、小麦（Habash et al.，2009）、玉米（Xu et al.，2009）和柳枝稷（Bouton，2007）等的改良中发挥非常重要的作用。它为作物改良进入"第二次绿色革命"提供了机遇。相比之前的"绿色革命"，"第二次绿色革命"在自然资源和环境保护方面将更有成效，也更加"绿色"（Conway and Toenniessen，1999；Habash et al.，2009；Tester and Langridge，2010）。

向日葵属于菊科（Asteraceae）。菊科是植物中最大的一个家族，共包括23 000种植物（Bremer and Gustafsson，1997）。栽培向日葵（*Helianthus annuus* L.）起源于北美洲，是世界上第四大生产食用油的一年生油料作物。食用向日葵和用于喂食小动物的向日葵也占有一定的市场份额（Putt，1997）。向日葵野生种为向日葵的育种提供了广泛的遗传资源。科学家和育种家已经利用野生种进行向日葵的抗病育种及其他感兴趣的优良性状的育种。随着分子生物学技术及结构与功能基因组学的发展，向日葵的研究已经受益于各种前沿的研究成果，包括分子标记的挖掘和遗传连锁图谱的构建、cDNA文库和BAC文库的构建，以及基因克隆等。这些成果为向日葵的分子育种奠定了很好的研究基础。在这一章，我们将对应用于向日葵育种的分子生物学技术进行综述和讨论。这些技术目前已经或将来可能用于向日葵育种的各个方面，如利用种质资源的遗传多样性、改善向日葵油的品质、克隆得到细胞质雄性不育cms基因和相应的恢复基因、向日葵对生物和非生物胁迫的抗性机制、植物的遗传发育，以及栽培向日葵及其近缘种的驯化和进化。

4.1 分子标记和遗传图谱的构建

分子标记和遗传连锁图谱为基因定位及区分基因型提供了重要的工具，因此有助于分子标记辅助选择在配置杂交组合、筛选和个体评价过程中的应用（Wenzel，2006；Habash et al.，2009）。目前研究者已经开发出多种分子标记，其中最早的是限制性片段长度多态性（restriction fragment length polymorphism，RFLP），其是基于DNA序列的相似性和分子杂交建立的分子标记。后来，各种基于聚合酶链反应（polymerase chain reaction，PCR）的分子标记也相继出现，如随机扩增多态性DNA（random amplified polymorphic DNA，RAPD）、扩增片段长度多态性（amplified fragment length polymorphism，AFLP）、酶切扩增多态性序列（cleaved amplified polymorphic sequence，CAPS）、序列特异性扩增区（sequence characterized amplified region，SCAR）、简单重复序列（simple sequence repeat，SSR）或微卫星（microsatellite），以及序列标签位点（sequence tagged site，STS）。随着测序技术的发展，各种基于DNA序列的分子标记也被开发出来，如表达序列标签（expressed sequence tag，EST）、单核苷酸多态性（single nucleotide polymorphism，SNP）、靶位区域扩增多态性（target region amplification polymorphism，TRAP）和逆转座子间扩增多态性（inter-retrotransposon amplified polymorphism，IRAP）（Brar，2002；Varshney et al.，2006；Hu，2006；Vukich et al.，2009）。基于PCR的分子标记和其他正在开发的高通量的分子标记体系具有便捷、可信度高和快速等特点，因此有助于缩短向日葵育种过程中性状整合所需要的时间。

Brunel（1994）在利用噬菌体M13构建的基因库中筛选时发现了一个向日葵特异的微卫星$(CA)_n$位点。这个位点在向日葵的多个品种和群体中均具有多态性。后来，有很多有关SSR标记的报道。Paniego等（2002）用不同的寡核苷酸（oligonucleotide）探针，通过筛选一个具有小片段插入的基因组文库获得了多个SSR标记；对503个特异性微卫星克隆进行测序，并设计了271对微卫星重复序列特异性PCR引物。他们分析了16份向日葵（H. annuus）种质资源的多态性，得到170对具有多态性的引物，平均每个多态性的位点有3.5个等位基因，多态信息含量（polymorphism information content，PIC）平均值为0.55。向日葵基因组中优势多态性SSR重复基序（motif）也有相关的报道。Yu等（2002）通过对基因组DNA文库的970个克隆进行序列分析，检测到259个栽培向日葵特有的SSR标记，其中74个SSR标记在16个优良自交系中都检测到了长度多态性。四核苷酸重复序列每个位点有9.5个等位基因，远远高于二核苷酸（3.7个）和三核苷酸重复序列的多态性（3.6

个）。二核苷酸和三核苷酸重复序列的PIC平均值相同，均为0.53，但四核苷酸重复序列的PIC平均值为0.83。这些SSR标记可以用于向日葵DNA指纹图谱构建、基因的遗传定位和分子育种。Tang等（2002）从富含$(AC)_n$或$(AG)_n$重复基序的基因组DNA文库中的2033个克隆中鉴定出1093个特异性的SSR序列，并开发出879个SSR标记。其中579个标记在4个优良的向日葵自交系中均检测到多态性（占总数的65.9%）。这些标记已被用于构建向日葵的遗传图谱。具有高密度标记的饱和遗传图谱将有助于对向日葵基因组学的研究。

在向日葵上已报道了多个独立的遗传图谱，包括不同种类的DNA标记（Al-Chaarani et al.，2004；Bert et al.，2002，2004；Mokrani et al.，2002；http://www.Sunflower.uga.edu/cmap/）。Tang等（2002）利用94个来源于RHA 280×RHA 801的F_7重组自交系（recombinant inbred line，RIL）构建了一个包含408个多态性SSR标记的遗传连锁图谱。该图谱大小为1368.3cM，包括了17个连锁群（linkage group，LG），标记的平均密度为3.1cM/位点。Tang等（2003）还报道了一个快捷且低耗的PCR方法，主要用于检测SSR或其他DNA序列标签位点的标记，可以同时扩增多个位点，也称为多重PCR（multiplex PCR）。他们用13个6-位点多重PCR开发出分布在向日葵基因组中的78个单位点SSR标记（3~5位点/连锁群），为向日葵的分子育种和基因组学研究提供了一个包括主要或全部共显性DNA标记的全基因组的框架结构。

在92个来自RHA 280×RHA 801杂交组合的F_7重组自交系的作图群体中，Hu（2006）利用TRAP标记对向日葵每个连锁群的末端进行了定位。该研究利用9个含有拟南芥类型的端粒重复序列的固定引物，和8个随机引物配成组合进行扩增。在226个多态性的TRAP标记中，183个被定位在已有SSR图谱的17个连锁群上，其中32个被定位在连锁群末端。该研究对向日葵基因组中的34个末端连锁群中的21个进行了准确定位，这将有助于提高向日葵染色体上连锁群排列的精确度。

4.2 在分子水平评价感兴趣的性状及其遗传多样性

利用一系列的分子标记、遗传图谱、基因组学和生物信息学数据，以及其他正在发展中的技术，可以对许多感兴趣的向日葵性状，包括控制葵花籽油品质的基因、细胞质雄性不育和育性恢复基因、控制生物胁迫和非生物胁迫抗性的数量性状基因座（QTL）等进行研究。这些工具将有助于理解向日葵特定性状的遗传机制，从而为向日葵的分子育种提供科学的理论基础。那些紧密连锁或共分离的标记可用于分子标记辅助选择。

4.3 葵花籽油的品质

植物油中的脂肪酸（fatty acid，FA）成分基本决定了油料作物的营养价值和食品加工前景（Pérez-Vich et al.，2004）。传统的葵花籽油中亚油酸（linoleic acid）含量为600~700g/kg。然而，通过基因突变的方法已经开发出了油酸（oleic acid）含量高达850g/kg或更高的高油酸基因型（Škorić，2009）。通过增加葵花籽油中硬脂酸（stearic acid）的含量来改善油的品质也是满足油脂加工企业需求的一个育种方向。传统的向日葵杂交种籽粒中的硬脂酸含量低于60g/kg。西班牙学者已经获得了两个具有高硬脂酸含量的向日葵突变体CAS-3和CAS-14，其硬脂酸含量分别为260g/kg（Osorio et al.，1995）和370g/kg（Fernández-Moya et al.，2002）。目前，已经获得了3个控制向日葵籽粒中高硬脂酸含量的基因，即从突变体CAS-3中克隆得到的 Es1 和 Es2 基因，以及从突变体CAS-14中克隆得到的 Es3 基因。其中 Es1 和 Es2 基因被定位在向日葵染色体的第1连锁群，与硬脂酰酰基载体蛋白脱饱和酶[stearoyl-acyl carrier protein（ACP）desaturase]基因（SAD17A）紧密连锁（Pérez-Vich et al.，2006）。利用P21×CAS-14的F_2作图群体，通过SSR和插入/缺失（insertion-deletion，InDel）标记，已将 Es3 基因定位于向日葵染色体的第8连锁群，其与两侧的SSR标记ORS243和ORS1161之间的遗传距离分别为0.5cM和3.9cM。研究者利用CAS-3×CAS-14构建的F_2作图群体对CAS-3和CAS-14之间的遗传关系也进行了研究，发现两个QTL位点被分别定位于向日葵染色体的第1和第8连锁群，它们分别与CAS-3中的 Es1 基因和CAS-14中的 Es3 基因紧密连锁，并发现这两个QTL位点之间存在显著的上位性互作（Pérez-Vich et al.，2006）。

向日葵高硬脂酸突变体CAS-14种子中的硬脂酸含量从胚（160g/kg）到子叶末端（371g/kg）呈逐步上升的趋势。这个上升趋势也相应地改变了向日葵籽粒中脂肪酸的组成，即总类脂（total lipid）、三酰甘油（triacylglycerol，TAG）和磷脂（phospholipid）。上述的这种硬脂酸的含量呈现梯度升高的原因可能是合成TAG的酰基转移酶（acyltransferase）基因表达水平发生改变（Fernández-Moya et al.，2006）。

另一个向日葵突变体CAS-5的籽粒中含有高浓度的棕榈酸（palmitic acid）。对该突变体开花15天和30天后形成的种子中相关酶的活性、cDNA序列和竞争测定（competition assay）的结果表明，这个突变体中的脂肪酸酰基载体蛋白硫酯酶（fatty acyl-ACP thioesterase，Fat A）活性发生了改变（Martínez-Force et al.，2000）。Serrano-Vega 等（2005b）将Fat A合成路径中的关键基因整合到具有特定遗传背景的材料中从而获得了3个突变体家系CAS-18、CAS-25和CAS-31。其中，CAS-18和CAS-25分别是高棕榈油酸和低棕榈油酸（low-palmitoleic acid）的突变系，而CAS-25同时具有高油酸的特性。它们是利用高硬脂酸突变系CAS-3和硬脂酸脱饱和酶（stearic acid desaturase）缺陷型突变系CAS-5与CAS-12分别杂交而获得的。与此类似，新近获得的高硬脂酸突变系CAS-31是将CAS-5中的 Fat A 基因转入高油酸突变系CAS-3中获得的，其油酸含量从270g/kg提高到320g/kg。与此同时，上述的这些突变系中的三酰甘油（TAG）、二酰甘油（diacylglycerol，DAG）和磷脂等脂肪酸组成成分也相应地发生了改变。

自交系high-n-7是一个具有单不饱和脂肪酸（monounsaturated FA）的突变系，含有超长的酰基链（acyl chain），不饱和脂肪酸含量高达200g/kg（16:1Δ9含量为120g/kg，16:2Δ9含量为50g/kg，18:1Δ11含量为60g/kg）。Salas等（2004）的研究结果表明，脂肪酸合成酶Ⅱ（FA synthase Ⅱ）和硬脂酰酰基载体蛋白脱饱和酶与高棕榈油酸基因型关系密切。Fernández-Moya等（2000）利用气液色谱（gas liquid chromatography，GLC）分析了新获得的向日葵突变系油脂中TAG的构成，发现利用每个突变系籽粒加工的油脂都有独特的TAG气相色谱。

高油酸（high-oleic，HO）基因型材料含有特异的油酸脱饱和酶（oleate desaturase，OD），该酶在油酸到亚油酸的去饱和过程中发挥着催化作用。Lacombe等（2009）的研究结果表明，油酸脱饱和酶由两部分组成，一部分在高油酸和低油酸基因型中都存在，而另一部分只存在于高油酸基因型中,并具有油酸脱饱和酶复制基因。油酸脱饱和酶复制基因能够导致油酸脱饱和酶基因的沉默,从而导致油酸的积累。基于基因序列开发的分子标记可用于高油酸育种中突变体的鉴定。

野生向日葵(*H. annuus* L.)的种子中富含α-生育酚(α-tocopherol),即维生素E(vitamin E)。Hass等(2006)鉴定和分离了两个γ-TMT的旁系同源基因(paralogs),即γ-TMT-1和γ-TMT-2,并将它们定位在染色体的第8连锁群,与*g*位点共分离,且在野生型的种子发育过程中进行转录表达。在研究了 g=*Tph*(2)、m=*Tph*(1)和d突变体中α-生育酚与γ-生育酚的合成路径后,发现在葵花籽油中这3种非等位基因的上位性互作能够导致甲基转移酶(methyltransferase)发生突变,因此产生了新的生育酚类型(Hass *et al.*,2006)。

4.4 细胞质雄性不育和育性恢复

细胞质雄性不育(cytoplasmic male sterility,CMS)由线粒体基因在RNA或蛋白质水平进行调控,从而阻止了花粉的发育。图4.1显示的雄性可育和细胞质雄性不育向日葵的花盘。恢复系细胞核中的育性基因能够互补细胞质雄性不育基因的功能,从而使得向日葵的表型从细胞质雄性不育变成雄性可育。利用细胞质雄性不育系/恢复系配置杂交组合是获得向日葵杂交种的一种非常重要的育种手段(Bentolila *et al.*,2002)。最早的向日葵细胞质雄性不育是Leclercq(1969)在*H. annuus*和*H. petiolaris*的种间杂交后代中发现的,并命名为PET1。尽管已鉴定出许多其他类型的CMS,但PET1现在仍然是全世界范围内向日葵杂交育种中应用最广泛的CMS来源(Horn *et al.*,2003)。利用分子标记,研究者已经对不同的细胞质雄性不育的机制进行了研究。

图4.1 雄性可育(a)和细胞质雄性不育(b)向日葵的花盘

RFLP是一种用于区分不同CMS类型及研究不育分子机制的方法。通过对一些雄性不育和雄性可育的向日葵材料进行研究,Crouzillat等(1991,1994)发现存在0%~100%连续变化的恢复基因型,这主要取决于雄性不育的类型,并依据雄性育性恢复与雄性不育保持类型的比例来区分不同的细胞质雄性不育类型。在不同的不育系的线粒体DNA中存在着特异的RFLP多态性。一个细胞质雄性不育可能会有一个或多个特异性的核恢复基因。对6个CMS材料和一个可育基因型进行RFLP分析，发现编码线粒体F_1-ATP酶α亚基的基因（*atpA*）与细胞质雄性不育密切相关。利用*atpA*作探针也检测到一个新的细胞质雄性不育基因型CMS-ANT1（Spassova *et al.*，1992）。以12个基因或可读框（open reading frame，ORF）为探针，Horn（2002）对28个CMS材料和一个可育的向日葵栽培种的线粒体DNA（mtDNA）进行了研究。根据RFLP的杂交结果，可依据mtDNA的构成和细胞质雄性不育的机制对供试材料进行区分。未来新的细胞质雄性不育资源将应用于向日葵的杂交育种，使得向日葵育种过程中细胞质雄性不育的资源多样化，从而可以避免向日葵品种遗传基础单一的缺陷，增加其遗传基础的多样性。

研究者已经对向日葵的细胞质雄性不育系、可育系和恢复系中的细胞质雄性不育相关基因的表达模式和序列进行了分析。Siculella和Palmer（1988）对同核的可育和细胞质雄性不育品系中的线粒体DNA物理结构（physical organization）与转录特性进行了研究，发现只有一个线粒体基因*atpA*在可育和细胞质雄性不育系之间的转录本出现了明显的差异。同时，还发现位于*atpA*附近的一个12kb逆转片段和一个17kb区段中的5kb插入/缺失片段。研究者在*H. annuus*和*H. petiolaris*的可育系、雄性不育系与恢复系中也做过相似的研究（Köhler *et al.*，1991）。Horn等（1991）通过对两个细胞质雄性不育系CMS HA 89和CMS Baso的线粒体DNA的序列及转录模式进行研究，揭示了CMS的作用机制。另外，在*H. petiolaris*细胞质雄性不育系和恢复系中检测到一个16kDa的特异性蛋白的表达，但该蛋白在*H. petiolaris*和*H. annuus*细胞质可育系中却没有检测到。

Monéger等（1994）报道了不育系中一个新的可读框ORF522，其能够与*atpA*共转录。蛋白质印迹（Western blotting）分析的结果表明，该转录本能够形成一个15kDa的蛋白质，并且在杂交种雄性小花中的表达量大大降低。RNA印迹（Northern blotting）分析证明这个蛋白表达量的减少发生在转录后水平上，因此能够恢复育性。ORFB是*orfB*基因编码的产物，在植物线粒体基因组中非常保守，其编码蛋白末端19个氨基酸和嵌合的可读框ORF522编码蛋白的末端氨基酸相同。该蛋白是ATP合酶复合体的成分之一。通过对呼吸作用蛋白复合体的功能进行研究，发现相比雄性可育系，不育系中ATP合酶对ATP的水解作用（hydrolysis）显著降低。因此，研究者提出细胞质雄性不育与*orfB*基因的嵌合可读框的表达密切相关（Sabar *et al.*，2003）。

可育系和雄性不育系线粒体DNA的主要区别在于*atpA*基因位点的一个11kb逆转片段和一个5kb的插入片段，这可能是由于在一个261bp的反转片段内发生了重组。*atpA*和一个新的可读框（*orf*H522）在雄性不育系CMS Baso和可育的Baso之间的转录本不同。PET1-*cms*和*orf*H522与一个16kDa蛋白密切相关（Horn *et al.*，1996）。通过对27个不同起源的雄性不育细胞系中这个16kDa蛋白进行分析，发现在10个供试的CMS材料（PET1和另外9个不同于PET1的雄性不育细胞系）中都存在16kDa蛋白，且在*atpA*位点的排序相同。利用探针*orf*H522在所研究的CMS细胞质中也检测到相同的转录本。MAX1中含有一个*orf*H522相关的序列，但没有检测到16kDa蛋白的转录本。有研究表明这个16kDa蛋白能够定位在细胞膜上。蛋白质结构的预测结果表明，ORFH522具有一个疏水的N端区域，能够形成一个跨膜螺旋从而将蛋白膜锚定在细胞膜上（Horn *et al.*，1996）。Rieseberg等（1994）开发了一套PCR引物用于检测细胞内各细胞器DNA的变异，从而有助于向日葵细胞型的鉴定及向日葵育种。

物理作图和序列分析结果表明，atpA基因的下游区段发生了一个片段的逆转和一个片段的插入重组，从而导致一个新的与atpA共同转录的ORFc的产生。在向日葵雄性不育系中检测到一个可能是由ORFc编码的特异的16kDa蛋白（Laver et al., 1991）。DNA印迹（Southern blotting）结果表明，在新的细胞质雄性不育系CMS 3的线粒体基因组中，至少有5个位点发生了重组，如atp6、atp9、atpA、nad1 + 5和coxIII。在CMS 3染色体上紧邻着atpA基因3′端的ORFB-coxIII位点也检测到DNA的重组。然而，在可育细胞系中它们在染色体上的遗传距离大约为60kb（Spassova et al., 1994）。这些重组变化可能是导致向日葵细胞质雄性不育的主要原因（Siculella and Palmer, 1988; Köhler et al., 1991; Laver et al., 1991）。

通过比较3个向日葵杂交种H. anomalus、H. deserticola和H. paradoxus及它们亲本的遗传连锁图谱，Lai 等（2005）都检测到染色体重组现象。结合一个BC_2群体中花粉育性的QTL分析和核型（karyotype）变化数据，发现在11个控制花粉活力的QTL中有9个定位在发生重组的染色体上，而且除了一个QTL位点外，其他几个QTL位点全部定位在靠近重组断裂的区域（breakpoint），表明核型的变化会影响向日葵杂交种的育性（Lai et al., 2005）。

4.5 遗传多样性

由于分子标记的稳定性和在全基因组范围内的多态性，它们成为研究遗传多样性的强大工具。通过对36种野生向日葵的叶绿体DNA（chloroplast DNA，cpDNA）进行研究，Serror等（1990）提出了在遗传学上结合限制性酶切图谱（restriction mapping）和S1核酸酶图谱（S1 nuclease mapping）来区分分类学上相近的向日葵。

随机扩增多态性DNA（RAPD）和同工酶（isozyme）已经应用于向日葵自交系的遗传多样性研究（Popov et al., 2002; Iqbal et al., 2008）。RAPD标记能够检测到DNA的多态性，可以用它来区分向日葵不同的自交系，是一种非常有效的鉴定方法。同时，遗传多样性分析也将为育种过程中亲本的选择奠定基础。

AFLP可以在全基因组范围内提供丰富的遗传标记，它已经被用于研究包括向日葵在内的多种作物的遗传多样性。Quagliaro等（2001）对12个H. argophyllus群体内和群体间多样性进行了研究。他们用3对引物组合获得了92个优良的多态性片段，从而将H. annuus及一个种间杂交种从野生群体中区分出来。利用上述方法鉴定出含有最多变异的两个遗传群体，这两个遗传群体可用于向日葵育种。上述这些研究结果证明了AFLP标记可用于向日葵的分类和系统进化研究。

SSR标记由于具有丰富的多态性和良好的稳定性已被用于遗传多样性的研究。图4.2显示利用不同的SSR引物在6种不同的野生向日葵和两个栽培向日葵品种中扩增出的特异性PCR带型。Sapir 等（2007）应用59个和表达序列标签（EST）相关的SSR位点研究了H. annuus和H. petiolaris配置的杂交种H. anomalus的遗传多样性，结果在H. anomalus中检测到6个遗传位点具有多态性。与预测的两个位点具有多态性的结果相矛盾的是，群体遗传学（population genetics）检测手段并未检测出自然进化过程中存在的遗传偏离（deviation）现象，然而在HT998位点上发现了高频率的非同源替换（nonsynonymous substitution）。基于极大可能性模型（likelihood-based model）的预测结果表明，*HT998*基因编码的蛋白在杂交种*H. anomalus*以及可能在它的一个或两个亲本中都经过了一定的遗传选择。

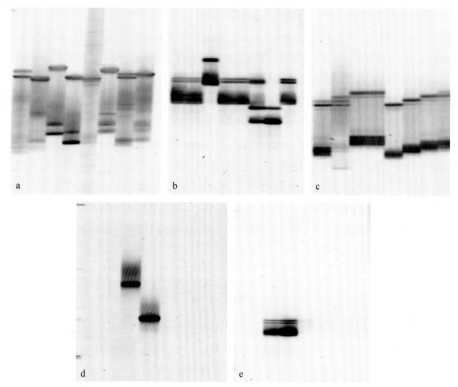

图4.2 利用SSR标记研究向日葵野生种和栽培种的遗传多态性

a. ORS 1114，供试材料都具有多态性；b. ORS 309；c. ORS 432，一些种之间具有多态性；d. ORS 1159，只是在栽培种间具有多态性；e. ORS 16，在两个栽培种中没有多态性。从左到右依次为泳道1至泳道8。泳道1. *H. californicus* 2376；泳道2. *H. schweinitzii* 2405；泳道3. HA 410；泳道4. NMS HA 89-552；泳道5. *H. nuttallii*；泳道6. *H. maximiliani*；泳道7. *H. giganteus*；泳道8. *H. grosseserratus*

Tang和Knapp（2003）用122个分布于向日葵基因组的SSR标记研究了47份驯化的和野生的向日葵种质资源的多样性。共检测到1341个SSR等位基因（allele）位点，其中489个位点为本地品种（land race）、外来驯化种和野生群体所特有，只有15个位点为优良自交系所特有。在分类学水平上，分类特异的向日葵种的等位基因出现频率显著降低。野生群体和美洲本地品种具有的新的等位基因有助于增加油用向日葵种子资源基因库的遗传多样性。

联合作图（association mapping）是鉴定育种家感兴趣基因位点的一个功能强大的工具，但是它需要一个高密度分子标记的遗传连锁图谱（Fusari et al., 2008）。通过对分布于向日葵基因组的81个基因位点进行分析，发现缺失/插入（indel）位点的分布频率为1/277.0bp，而在49.4kb DNA/基因型中SNP的分布频率为1/45.7bp；非编码序列分布频率（1/32.1bp）要高于编码序列（1/62.8bp）。自交系中的核苷酸多样性（0.0094）略低于野生群体（0.0128），但是前者的连锁不平衡（linkage disequilibrium, LD）的衰退比后者要慢。这些结果表明了现代育种中需要具有高SNP分布频率和连锁不平衡衰退的高密度遗传连锁图以及高分辨率的联合作图（Kolkman et al., 2007）。通过对28个和向日葵生物及非生物胁迫有关的候选基因进行序列分析，Fusari等（2008）发现在14.348kb的DNA序列中检测到SNP的分布频率为1/69bp，相对而言，检测到indel的分布频率为1/38bp。在优良自交系中存在较高分布频率的SNP及连锁不平衡的现象预示着育种家可以利用较少的分子标记进行高分辨率的联合作图。

利用分布在全基因组上的77个位点的序列，Strasburg等（2009）研究了向日葵 H. annuus和H. petiolaris两个种基因组上重新排列（rearranged）和共线性（collinear）区域的遗传多样性及不同之处，发现在重排染色体上由适应性导致的变异（adaptive divergence）频率没有增加，而在共线性染色体区域两个物种的氨基酸水平表现出极大的差异。

Sujatha等（2008）以5个种间杂交组合的回交后代衍生出的自交系为材料，对染色体重排和野生种基因的片段进行了分析，发现这些杂交组合来源于4个一年生野生种（二倍体），即H. argophyllus、H. petiolaris、H. annuus和H. debilis。利用在遗传图谱上已经定位的118个SSR标记，共鉴定出204个等位基因，每个位点有2～5个等位基因。其中来源于H. petiolaris的杂交种衍生出的自交系检测到特异的等位基因数量最多。因此，野生种，尤其是H. petiolaris，将为向日葵育种种质资源提供新的基因谱。

为了研究不同向日葵的种内和种间变异（variability），Vukich等（2009）根据一个类似于copia的反转录因子（retroelement）和一个未知属性的假定的反转录转座子（putative retrotransposon of unknown nature，SURE）的LTR序列开发了IRAP技术，结果显示，利用IRAP指纹的主成分分析法（principal component analysis），特别是利用SURE元件，可以区分多年生和一年生的向日葵。

Liu和Burke（2006）利用9个核基因的序列研究了野生和栽培向日葵的核苷酸多态性，结果表明，向日葵栽培种只保留了野生种中40%～50%的多样性，其核苷酸多态性频率的期望值为1/70bp。系统进化分析的结果表明，向日葵的起源地是单一的。他们也研究了自交不亲和的向日葵野生种和栽培种之间在遗传连锁不平衡上的差异，结果表明联合作图能够用于研究向日葵一些功能性基因的变异。

4.6 主效基因的分子定位

分子标记的开发和遗传图谱的构建使得研究者能够对控制性状的单拷贝或低拷贝基因进行分子定位。Yue等（2009）分离到几个黄叶的向日葵品系，与正常的叶片相比，其叶绿素a、叶绿素b和总叶绿素含量分别降低了41.6%、53.5%和44.3%。利用共分离的SSR标记ORS595和TRAP标记B26P17ga5-300（遗传距离为4.2cM），以及两个向日葵育种系配置的F_2群体，将一个控制叶绿素缺乏（chlorophyll deficiency）（表型为黄色叶片，yl）的主效基因定位于向日葵遗传图谱的第10连锁群中。与yl紧密连锁的分子标记为研究向日葵叶片中的叶绿素代谢提供了可能。

在一个由两个具有黄色边缘花亲本杂交获得的F_2群体中统计了黄色和柠檬色边缘花的分离比，结果表明，柠檬色边缘花的表型由两个来源于亲本的独立隐性基因控制（Yue et al.，2008）。其中一个基因——Yf_1，被定位于向日葵遗传图谱的第11连锁群，与其紧密连锁的TRAP标记（B26P17Trap13-68）的遗传距离为1.5cM。

Plasmopara halstedii (Farl.) Berl. *et* de Toni是向日葵霜霉病的病原菌。图4.3中呈现的是利用霜霉病菌的生理小种770在F_3代中鉴定出纯合的抗病家系、杂合的抗病家系和感病家系的向日葵植株的表型。

图4.3 针对霜霉病菌生理小种770鉴定出的抗病和感病植株的表型
a. F_3家系中抗病的纯合系；b. F_3家系中感病的纯合系；c. F_3家系中抗病的杂合系

从向日葵中已经克隆得到几个具有核苷酸结合位点（nucleotide binding site，NBS）和富含亮氨酸重复序列（leucine-rich repeat，LRR）的抗性蛋白NBS-LRR的同源物（homolog），它们所在的基因簇中包含抗霜霉病的基因（Radwan et al., 2008）。

利用抗病基因DNA序列的高度保守基序（motif），已经从包括向日葵在内的许多植物中克隆到了属于NBS超级家族的抗病候选基因（disease resistance gene candidate，RGC）（Gedil et al., 2001；Plocik et al., 2004；Danilova et al., 2007）。通常这些抗病基因在染色体上成簇分布，形成抗病基因岛。Radwan等（2008）通过挖掘向日葵基因组的EST数据库和利用比较基因组学方法，研究了NBS-LRR同源基因在向日葵基因组中的分布和多态性。通过挖掘向日葵基因组的EST数据库，以及对普通和野生向日葵物种的基因进行DNA扩增获得的产物进行测序分析，共鉴定出630个NBS-LRR同源基因。研究者从196个NBS-LRR特异序列中开发出了DNA标记，从而将167个NBS-LRR基因定位在44个基因簇中或这些基因以单基因的形式存在于向日葵的染色体上。他们证明了向日葵野生种含有新的NBS-LRR同源基因，而且这些同源基因与之前已经定位的抗霜霉病、抗锈病和抗列当基因紧密连锁，说明野生种将是向日葵抗病育种中扩大遗传资源多样性的极好资源。

基因序列分析表明，菊科的NBS基因亚族（subfamily）非常古老，它们已经经过了基因丢失/复制（gene loss/duplication）和趋异（divergence）等进化历程，看起来与拟南芥基因进化枝（gene clade）有明显的不同（Plocik et al.，2004）。一个从RGC Ha-4W2开发出的CAPS标记，与Pl_1基因紧密连锁但没有完全共分离（Gedil et al.，2001）。利用RT-PCR，Radwan等（2005）证明了向日葵霜霉病的抗性与一个hsr203J-like基因的激活有关。该基因是烟草中过敏性坏死反应（hypersensitive reaction，HR）的一个标记基因，并由此得出在向日葵中可能也存在HR反应介导的抗性机制的结论。

向日葵茎溃疡（stem canker）由Diaporthe helianthi引起，这是一种在欧洲向日葵上普遍发生的病害。Vergara等（2004，2005）对从不同地理区域采集的病样上分离到的D. helianthi进行了限制性片段长度多态性（RFLP）研究，发现所有从法国和南斯拉夫向日葵病样上分离到的病原菌都具有相同的RFLP带型。细胞核和线粒体上的遗传标记也被应用在D. helianthi的遗传多样性研究中（Rekab et al.，2004）。已有的研究结果表明，D. helianthi的生物型（biotype）、地理起源和向日葵茎溃疡的流行有一定的相关性（Vergara et al.，2004）。此外，AFLP标记也被用于研究D. helianthi两个群体在分子水平上的遗传变异（Says-Lesage et al.，2002），研究发现对内部转录间隔区（internal transcribed spacer，ITS）进行测序可用于鉴定Diaporthe/Phomopsis的不同种。

4.7 数量性状基因座的分子定位

和物种驯化相关的性状通常由少数的数量性状基因座（QTL）调控，每个QTL对表型都有很大的贡献（Ross-Ibarra，2005）。QTL定位是通过对自然或人为控制的分离群体中的表型变异与分子标记进行关联而实现的（Ebrahimi et al.，2008）。目前，已经鉴定出一些控制向日葵相关农艺性状的QTL。利用自花授粉且不休眠的自交系NMS373和一个野生自交不亲和且有休眠特性的ANN1811杂交后衍生出了一个包含212个后代的BC_1群体，Gandhi等（2005）将调控自交不亲和特性的单个S位点定位于向日葵染色体的第17连锁群，其最近的STS标记为HT945和ORS735，上述两个标记和S位点的遗传距离分别为2.4cM和6.1cM。同时，也鉴定出调控种子休眠性状的3个QTL位点。其中S位点和一个QTL簇紧密连锁，而这个QTL簇调控几个和向日葵驯化及驯化后相关的性状。

许多和农艺性状相关的QTL在F_3家系或重组自交系以及它们的亲本中被检测出来，其中包括单株粒重、千粒重、籽粒含油率和开花时间（Mokrani et al.，2002；Al-Chaarani et al.，2004）。研究者对上述QTL的遗传以及它们能够解释的总表型变异也做了相关分析，这些结果将有助于后续进行分子标记辅助选择。也有研究者建议在杂交区域（hybrid zone）进行QTL定位，以明确QTL对向日葵的选型杂交（assortative mating）、杂交种适合度（hybrid fitness）和种间基因流（interspecific gene flow）的调控。但是，相比利用已建立的向日葵遗传图谱和依据自然杂交群体进行QTL定位，前者取得成功的可能性会更大（Rieseberg and Buerkle，2002）。

目前，国际上也有抗霜霉病和黑茎病（Phoma macdonaldii）QTL的报道（Al-Chaarani et al.，2002）。研究者以向日葵重组自交系和两个亲本材料（PAC-2和RHA 266）分别配置群体，利用复合区间作图法（composite interval mapping），将4个抗霜霉病的假定QTL分别定位在向日葵染色体的第1、9和17连锁群上。两个主效QTL（dmr 1-1和dmr 1-2）被定位在第1连锁群，它们能解释31%的表型变异。7个抗黑茎病的QTL也被检测出来，分别定位于染色体的第3、6、8、9、11、15和17连锁群上。这些QTL一共可以解释92%的表型变异。

4.8　菌核病抗性分子水平的研究

核盘菌[*Sclerotinia sclerotiorum* (Lib.) de Bary]是腐生营养型真菌，它可以侵染寄主的各个部位从而导致不同的症状类型（Peluffo *et al*.，2009）。图4.4是核盘菌侵染向日葵花盘和茎秆后的症状。

图4.4　菌核病的盘腐（左）和茎腐（右）田间症状

Fraissinet-Tachet等（1996）对采自不同地块的核盘菌的基因组大小和多态性进行了研究。脉冲场凝胶电泳（pulsed-field gel electrophoresis，PFGE）的结果表明，核盘菌至少含有16条染色体，其长度为1.5～4.0Mb，单倍体基因组预测的大小为43.5Mb。利用RAPD标记可以区分6个具有不同毒性水平的核盘菌菌株。用钳位均匀电场电泳（contour-clamped homogeneous electric field electrophoresis）方法能够检测到上述6个菌株间的几个染色体长度多态性。上述结果证实了核盘菌菌株间具有很强的核型稳定性。

编码天冬氨酰蛋白酶的基因*aspS*已经从核盘菌中克隆得到。RT-PCR的结果表明，*aspS*基因在核盘菌开始侵染向日葵子叶时被诱导表达（Poussereau *et al*.，2001）。核盘菌另一个编码多聚半乳糖醛酸酶（polygalacturonase）的基因*pg1*，在侵染向日葵幼苗的过程中被诱导表达，而一个CREA的同源基因可能参与了对*pg1*基因的调控（Reymond-Cotton *et al*.，1996）。

Bert等（2002）利用两个向日葵自交系XRQ和PSC8作为亲本配置组合，共获得220个F_2～F_3个体用于抗性遗传分析。他们检测到对核盘菌和黑茎病菌具有抗性的QTL。在大田中连续3年进行的黑茎病抗性以及2年的菌核病抗性鉴定结果表明，向日葵对上述两种病害的抗性由分布于几个连锁群的QTL控制，而且这些QTL可以解释7%～41%的抗性表型变异。有些QTL在多年多点试验中被证明对黑茎病和菌核病呈现出一定的抗性水平。在向日葵染色体的第8连锁群检测到的对核盘菌和黑茎病菌具有抗性的QTL位于同一位点，预示着在向日葵抗核盘菌和黑茎病菌机制中可能会有共同的调控元件。在两个向日葵自交系FU和PAZ2杂交后获得的150个F_2～F_3家系群体中鉴定了不同个体对导致向日葵顶芽和头状花序腐烂的菌核病和侵染茎秆的黑茎病菌的抗性水平（Bert et al., 2004），结果表明在向日葵染色体上所有的连锁群中几乎都检测到了抗核盘菌的QTL。

Micic等（2004）在一个抗病自交系（来自NDBLOS的种质资源库）和一个感病系CM 625杂交得到的351个F_3家系中进行人工接种，统计了接种后叶片上和茎秆上病斑大小及病斑的扩展速度。利用117个共显性SSR标记，对向日葵抗茎腐型菌核病的QTL进行了定位研究。结果表明这些QTL能够解释24.4%~33.7%的表型变异。为了定位一个种间杂交系TUB-5-3234对茎腐型菌核病的抗性QTL，Micic等（2005a）在F_3家系中通过抗性鉴定选择了60份高抗和60份高感的家系，采用选择性基因分型法（selective genotyping），用78个SSR标记进行了遗传分析。结果表明，选择性基因分型法可以高效地进行QTL定位和分析存在于不同群体内相同的抗性基因。

Micic等（2005b）利用NDBLOSsel × CM 625杂交获得的重组自交系验证了从该杂交组合的F_3家系中鉴定到的针对茎腐型菌核病的抗性QTL，发现该QTL位于第8和第16连锁群的两个基因组区段中，在不同世代中能够解释针对茎腐型菌核病的26.5%的抗性变异。这两个QTL有望用于针对茎腐型菌核病的向日葵抗病育种的分子标记辅助选择。

4.9 列当抗性分子水平的研究

列当（*Orobanche cumana* Wallr.）是向日葵上的一种根部寄生性植物，是限制地中海地区向日葵生产的重要因素之一。目前，抗列当育种是控制列当最有效的方法（Pérez-Vich et al., 2004）。研究者已经利用SSR和RFLP标记在自交系P-96（抗列当）和P21（感列当）配置的杂交群体中定位了对列当生理小种E和F呈现抗性的QTL（Pérez-Vich et al., 2004）。在向日葵的17个连锁群中，在7个连锁群中检测到了5个抗列当生理小种E（or1.1、or3.1、or7.1、or13.1和or13.2）和6个抗列当生理小种F（or1.1、or4.1、or5.1、or13.1、or13.2和or16.1）的QTL。上述研究结果预示向日葵对列当的抗性由质量性状基因和针对不同生理小种的特异性基因共同调控，而每株植物上寄生的列当数量则受数量性状基因和非生理小种特异性基因所调控。

Serghini等（2001）研究了列当与向日葵抗、感品种的互作机制，发现抗、感品种在列当侵染循环的早期就呈现出一定的抗性差异，其中包括了列当种子的萌发、附着、穿透（penetration）和寄生关系的建立（瘤结形成）各个阶段。他们的研究结果表明，在向日葵抗列当品种中可能会积累大量的毒性物质。

4.10 分子标记辅助选择

4.10.1 育性恢复

一般来讲，遗传距离小于1cM的分子标记适合用于分子标记辅助选择（marker-assisted selection，MAS）（Brar, 2002）。利用显性特别是共显性分子标记，育种家可以在杂交后代中检测出期望的基因型，甚至还可以将控制一些感兴趣性状基因的纯合子和杂合子区分开来。与PET1的育性恢复基因Rf_1紧密连锁的两个RAPD标记（OPK13_454，距离Rf_1 0.8cM，OPY10_740，距离Rf_1 2cM）和两个AFLP标记（E33M61_136，距离Rf_1

0.3cM；E41M48_113，距离$Rf_1$1.6cM）已经被开发出来。OPK13_454和OPY10_740已被转化为SCAR标记HRG01和HRG02，可以用于分子标记辅助选择（Horn et al.，2003）。

利用TRAP、SSR及其他分子标记，向日葵中的一些基因已被定位在染色体上。Chen等（2006）利用NMS 360 × RHA 271杂交后获得的F_2群体将一个核不育突变体NMS360中的核不育基因$ms9$定位于向日葵SSR遗传连锁图谱的第10连锁群。两个TRAP标记——Ts4p03-202和Tt3p09-529，与$ms9$共分离。遗传连锁图谱的第10连锁群上的SSR标记ORS705与$ms9$紧密连锁，其遗传距离仅为1.2cM。与$ms9$紧密连锁的标记还将有助于在分离群体中辅助选择雄性不育个体。Rojas-Barros 等（2008）从非分枝系HA 234和分枝系RHA 271杂交获得的F_2群体中，鉴定出15个与分枝基因b_1连锁的TRAP标记。其中有两个标记已经定位于SSR遗传连锁图谱的第16连锁群，与b_1基因紧密连锁，遗传距离仅为0.5cM。这些分子标记将有助于进行分子标记辅助选择。

Feng和Jan（2008）从种间杂交种$H.\ giganteus$（登记号为1934）× $H.\ annuus$（品种HA 89）衍生的后代群体中开发出了一个新的CMS系，命名为CMS GIG2。与其他已经报道的CMS类型相比，这个CMS对标准的育性恢复测试材料表现出特异的反应，研究者从$H.\ maximillani$（登记号：1631）中克隆得到其调控基因并命名为Rf_4。利用包括933个单株的后代分离群体和SSR及RFLP衍生的STS标记，将Rf_4定位于遗传连锁图谱的第3连锁群（Yu et al.，2003）。其中遗传距离最近的标记是SSR标记ORS1114，仅为0.9cM。在向日葵育种过程中，这个标记将用于CMS-Rf体系的分子标记辅助选择。

4.10.2 霜霉病

$P.\ halstedii$是向日葵霜霉病的病原菌。Pl基因是向日葵抗霜霉病的主要显性基因。迄今为止，至少有21个抗霜霉病基因（$Pl_1 \sim Pl_{13}$、Pl_v、Pl_w、Pl_x、Pl_y、Pl_z、M_w、M_x和Pl_{arg}）已经被报道，但利用STS、SSR、AFLP、CAPS和RAPD标记只将其中的7个抗病基因定位到遗传连锁图谱上（Bouzidi et al.，2002；Duβle et al.，2004；Gedil et al.，2001；Radwan et al.，2003，2004；Pankoviĉ et al.，2007；Mulpuri et al.，2009）。上述的抗霜霉病基因属于TIR-NBS-LRR和非TIR-NBS-LRR两大类型。Bouzidi等（2002）的研究结果表明，Pl_6基因能够抵抗除一个生理小种以外所有的霜霉病菌生理小种，并发现在RFLP遗传连锁图谱（Gentzbittel et al.，1999）的第1连锁群上存在一个基因簇，其包含针对不同生理小种的抗性基因（如Pl_1和Pl_2）。研究者在以Pl_6为中心的3cM遗传距离范围内开发出了13个分子标记，这些标记序列分析的结果表明Pl_6是TIR-NBS-LRR类型的抗性基因。Radwan 等（2003，2004）克隆了18个抗性基因的同源物（resistance gene analogs，RGA）并对其序列进行了分析，还利用一个F_2分离群体将这些RGA定位在利用SSR构建的遗传连锁图谱的第8连锁群上（Yu et al.，2003）。这些非TIR-NBS-LRR类型RGA在染色体上成簇分布，与抗霜霉病基因Pl_5/Pl_8的位点紧密连锁。基于两个属于CC-NBC-LRR类型的RGA序列，研究者在Pl_5/Pl_8位点内部开发出了14个STS标记。这些STS标记可以用于分子标记辅助选择抗霜霉病的向日葵育种材料（Radwan et al.，2004）。

向日葵自交系 ARG-1575-2中的Pl_{arg}位点调控向日葵对霜霉病菌4个生理小种（300、700、730、770）的抗性（Duβle et al.，2004）。研究者利用SSR标记对感病亲本CMS HA 342和抗病亲本ARG-1575-2杂交后的F_2群体进行遗传分析，并将Pl_{arg}基因定位于利用SSR

构建的遗传连锁图谱的第1连锁群（Yu et al., 2003）。ORS622是和该基因紧密连锁的分子标记，其遗传距离为1.9cM（Duβle et al., 2004）。

Mulpuri等（2009）利用HA-R5（抗）× HA 821（感）的F_2群体（116个单株）将另外一个抗霜霉病基因Pl_{13}定位于遗传连锁图谱的第1连锁群（Tang et al., 2002）。该基因对霜霉病菌的9个生理小种都有抗性。以上这些分子标记的开发为育种家利用分子标记辅助选择来培育抗霜霉病菌特定生理小种的新品种提供了可能。

4.11 驯化和进化

叶绿体基因组或全基因组中的微卫星位点将为研究物种的起源和进化提供信息，为在分子水平上揭示向日葵杂交育种的理论奠定了基础。已有的研究结果表明，驯化相关的性状一般只受少数几个QTL调控，但每个QTL对表型具有相对较大的遗传贡献。然而，与其他作物不同，向日葵的QTL定位的结果也表明驯化相关的性状由多个具有小到中等水平遗传效应的QTL所调控（Wills and Burke, 2007）。

基因结构（genetic structure）将影响植物的适应能力。向日葵基因结构和基因位点适应性的研究将有助于揭示影响向日葵进化过程中基因渐渗（introgression）的因素（Kim and Rieseberg, 1999; Baack et al., 2008）。利用衍生于H. annuus和H. debilis ssp. cucumerifolius组合的226个BC_1后代，研究者检测到与向日葵的形态性状有关的56个QTL，与花粉育性相关的2个QTL。其中4个调控形态性状的QTL与一个或多个不育基因紧密连锁（＜10cM），而其他45个调控形态性状的QTL不存在基因渐渗的障碍。Kim和Rieseberg（2001）的研究结果表明，基因的上位性对区分两个一年生向日葵物种（H. annuus和H. debilis ssp. cucumerifolius）的15个形态性状以及对一个BC_1作图群体中杂交种花粉不育性都有一定的贡献。对主效QTL间的双基因互作进行分析，发现上述QTL对15个形态性状中的6个性状及花粉的育性有着显著的调控作用。调控向日葵3个性状如茎秆细胞中的色素、总苞片的绒毛和花粉活力的基因均呈现出显著的上位效应，上述互作效应能够解释大于5%的表型变异。通过对向日葵栽培种和野生种杂交获得的重组自交系进行研究，在第6和第9连锁群末端都检测到调控向日葵适应性的QTL，这些QTL可解释总变异的11%～12%，并分别聚集了野生种和栽培种中的等位基因。Baack等（2008）观察到多个和驯化性状及适应性有关的QTL重叠的现象。这些QTL调控着向日葵的开花时间、瘦果数量、花盘数及花盘直径等性状。

为了研究向日葵驯化的起源，Wills和Burke（2006）利用具有高度遗传变异的叶绿体SSR标记研究了向日葵叶绿体的单倍型（haplotype）。他们在野生向日葵和驯化品系配置的不同群体中检测到46个叶绿体的单倍型。主成分分析的结果表明，现在种植的向日葵是在墨西哥之外某个地方发生的单一驯化事件的结果。Edelist等（2006）比较了3个和调控存活力相关的QTL紧密连锁的微卫星标记及基因组中无显著特征的微卫星标记的变异性，结果表明这些和向日葵存活力有关的QTL在这个自然杂交种的起源和进化过程中经历了自然选择。

Kim等（2005）研究了两个倒位（inversion）片段的边界，一个22.8kb长的片段是菊科植物基因组上的一个主要分裂点；另一个片段长3.3kb，位于前一个倒位片段的末端。

系统发育的研究结果表明，在菊科不同成员之间都检测到了这两个倒位的片段。根据对 *ndhF* 和 *rbcL* 基因序列进行分析，发现这两个倒位片段起源于始新世后期（3800万～4200万年），比菊科的起源稍晚一些（始新世中期，4200万～4700万年）。

EST序列已被用于研究向日葵及其近缘种的驯化和进化过程。使用基于似然的变量选择模型，Church等（2007）对向日葵和生菜中的523对EST序列进行了分析，在向日葵中鉴定出5个受到正向选择的候选基因。其中4个候选基因被定位于和驯化相关的QTL区域。Chapman等（2008b）通过对来自野生种、地方品种和改良的向日葵品系的492个EST位点进行分析，鉴定出在进化和驯化过程中受到自然选择的36个候选基因。通过序列分析，发现这些候选基因具有多种假定的功能，但大多是富含涉及氨基酸合成和蛋白质分解代谢的基因。这些候选基因被成簇定位于对野生种和栽培种的表型差异有贡献的QTL附近，表明这些基因参与了向日葵的进化。

Kim和Jansen（1995）的研究结果表明，菊科植物的叶绿体 *ndhF* 基因具有高度的多态性。对94个 *ndhF* 序列的系统发育进行分析，获得了相比之前利用分子和形态学构建的系统发育树更为清晰的进化关系。Linder等（2000）设计了一对引物ETS1f/18S-2L，用来在菊科的所有家族以及其他的分类群中扩增nrDNA的整个外部转录间隔区（external transcribed spacer，ETS），结果表明在ETS区保留了一个物种特异性的系统发育相关基因，可将其用于菊科中分化谱系的系统发育树的重建。

Anisimova等（2009）用RAPD标记检测了栽培向日葵和多年生向日葵经过长期自交（世代F_8～F_{12}）后获得家系的基因不稳定性，发现移动元件是基因重组的主要诱因之一。利用特异的引物在向日葵基因组中鉴定出和几个移动元件（MuDR、Far1、CACTA、Stowaway和Tourist）序列高度同源的核苷酸序列。这些序列可能被用于向日葵的基因分型。

Rieseberg等（1995）利用197个已经定位的分子标记，以栽培向日葵与具有核型差异的野生近缘种 *H. petiolaris* 的回交后代为材料，研究了染色体结构差异对基因渐渗的影响。结果表明染色体结构和遗传因素都能作为向日葵基因渐渗的障碍。利用分布于17条染色体上的88个标记，对基因组上3个自然杂交区域进行了基因渐渗的研究（Rieseberg et al.，1999），和预期的结果相似，共检测到26个染色体片段具有显著的基因渐渗降低的现象，其中16个与花粉不育有关。Carney等（2000）的研究结果表明，花粉活力的显著提高预示着存在较大的育性选择压力，并且染色体重排能够导致近50%的基因存在渐渗障碍。农艺的选择压力也可能增加野生种群基因渐渗的频率（Mercer et al.，2007）。

利用一个源自 *H. petiolaris* 的SSR/RAPD遗传连锁图谱和一个源自4个独立的 *H. annuus* 群体的综合SSR遗传连锁图，Burke等（2004）比较研究了这两种一年生向日葵的染色体重组现象，共发现了27个共线性片段。这些片段由至少8次染色体的易位和3次倒位而形成，共涉及20条染色体的断裂/融合。从分出了这两个物种开始计算，染色体重组发生频率估计为5.5～7.3个/百万年，这是目前已报道的所有分类群中重组发生频率最高的一个。通过对18个匿名核基因位点的序列进行分析，发现 *H. annuus* 和 *H. petiolaris* 已存在约100万年，并且以很高的频率进行基因的交换（长期$N_e m$估计约为每个方向0.5），且从 *H. annuus* 向 *H. petiolaris* 的基因渐渗频率比反向渐渗频率要略高一些。目前，这两种向日葵的遗传多样性研究在已经报道的所有开花植物中名列前茅（Strasburg and Rieseberg，2008）。

细胞核和细胞器基因组中的基因均可用于研究物种的系统发育。Alvarez 等（2008）利用一个单拷贝基因*QG8140*的序列，对狗舌草属（千里光族Senecioneae）植物进行了系统发育分析。Chapman 等（2008a）通过对*CYCLOIDEA*（*CYC*）/*TEOSINTE-BRANCHED1*（*TB1*）基因家族的10个成员的系统发育进行分析，在向日葵中共检测到3个不同的遗传聚类分枝。通过对基因的复制和这些基因的遗传连锁图谱进行分析，发现有些基因的重复与多倍体化有一定的关联，并检测到*CYC*类基因和向日葵分枝相关的QTL共分离。保守域里的残基被认为是继基因重复之后进行正向选择的目标位点。基因重复及功能分化在向日葵*CYC*基因家族的进化中发挥了重要作用。Giordani等（2003）以16种野生向日葵或亚种为材料，利用PCR分离到脱水素（dehydrin）基因片段的序列，用最大似然、最大简约或邻接方法在多年生和一年生物种中获得了相同的系统发育树，说明这个基因可用于研究向日葵的系统发育。Natali 等（2003）对脱水素编码基因（*Dhn1*）在栽培和野生向日葵中的变化进行了研究，发现相比栽培种，野生种在编码区和非编码区[内含子和3′-UTR（3′非翻译区）]的序列存在更大的变异，而在栽培向日葵的3′-UTR却没有观察到变异。因此，预测该基因可能与栽培向日葵的起源相关。

　　Ellis等（2008）对稀有向日葵*H. verticillatus* Small杂交所得到的323个后代的叶绿体DNA（cpDNA）的SSR序列进行了研究，发现在1.86%的后代中检测到父系基因的渗漏（leakage）和异质性（heteroplasmy）现象。同倍体杂交种*H. paradoxus*的群体中具有同一个cpDNA单倍型。来自叶绿体基因组和17个核SSR位点的数据证明了*H. paradoxus*起源于单一杂交事件，发生在7.5万~20.8万年前（Welch and Rieseberg，2002）。上述这些数据表明了*H. paradoxus*是单一杂交起源的。Harter 等（2004）研究了来自美国和墨西哥的驯化种与野生种之间的遗传关系及遗传漂移的模式，结果表明，现存的向日葵驯化出现在北美洲东部，在驯化过程中曾经存在一个非常大的遗传瓶颈。

　　Rieseberg等（2003）的研究结果表明，古老杂交种中的大多数性状差异可以在人工杂交中重新产生，并且会被优先进行选择。通过比较向日葵的亲本及其杂交种在高密度图谱上的分子标记，Karrenberg等（2007）利用3个向日葵杂交种研究了同倍体杂交种形成过程中的选择压力，结果表明，那些和生态型变化相关的性状在杂交过程中受到了选择。Rieseberg（2008）还利用106个SSR标记研究了向日葵*H. annuus*中类似于杂草群体的进化，结果表明，基因组上的一个小的、非常重要的基因片段可能被选择，并参与了植物的适应过程。

　　*Helianthus anomalus*是一种由*H. annuus*和*H. petiolaris*杂交衍生的野生向日葵。Ungerer等（1998）通过估计*H. anomalus*中亲本染色体片段的大小来研究杂交种的形成过程。结果表明，*H. anomalus*形成的速度很快。在*H. anomalus*和*H. annuus* × *H. petiolaris*形成的杂交种的早期世代种中发现了它们的基因组之间具有显著的一致性，并且还在这些杂交种中发现了花粉育性的迅速恢复。这是一个用于研究杂交种形成速度和杂交区域起源的新方法。

　　有研究表明，Ty3/*gypsy*及Ty1/*copia*反转录转座子在向日葵基因组进化和物种分化过程中起到一定的作用，它们在一年生或多年生物种中独立进化（Santini *et al*., 2002; Natali *et al*., 2006）。类似Ty3/*gypsy*的反转录转座子可能在向日葵形成过程中导致基因组的急剧增加（Ungerer *et al*., 2009）。估算这些基因增加所需的时间能为物种的形成提供一些信息。研究中已经观察到这些元件分布的位置不同。有些Ty3/gypsy反转录转座子优先分布在染色体的着丝粒区，而有些Ty1/copia反转录转座子优先分布在H. annuus的染色体末端（Natali et al., 2006）。

4.12 对非生物胁迫的反应

非生物胁迫，如盐害、干旱、极端温度、除草剂和重金属污染等都会不同程度地影响向日葵的产量。利用分子生物学、功能基因组学、转录组学和蛋白质组学的方法鉴定与胁迫反应有关的基因、QTL或者蛋白质，将为培育对各种胁迫具有抗性或耐性的杂交种奠定一定的理论基础。有些野生物种的栖息地环境极端恶劣，这为我们研究其对恶劣生长环境的适应性提供了可能性。Helianthus paradoxus是H. annuus和H. petiolaris的同源杂交种。虽然它的亲本都对盐胁迫极度敏感，但它却具有较高的耐盐性，能够在盐沼中生长。Lexer等（2003）利用来自H. annuus和H. petiolaris的172个BC_2群体对矿物离子吸收能力进行了QTL分析，结果显示，14个QTL调控向日葵对矿物离子的吸收能力，3个QTL和向日葵的存活力有关。一些调控矿物离子吸收的QTL被定位到和调控向日葵存活力的QTL相同的染色体位置上。同时，该研究还证明了向日葵的耐盐性是通过增加钙的吸收，相应地排斥钠和其他矿物离子的吸收来实现的。此外，有研究者比较了H. paradoxus及其祖先H. annuus和H. petiolaris对盐胁迫的反应，结果表明，H. paradoxus在盐胁迫条件下生物量增加了17%，而在相同处理条件下，H. annuus和H. petiolaris的生物量却下降了19%～33%。上述供试材料叶片中离子组成分析的结果表明，H. paradoxus的耐盐性和物种形成过程中钠离子取代钾离子、钙离子和镁离子来调节渗透压的能力有关（Karrenberg et al., 2006）。

Batard等（1998）利用氨基比林（aminopyrine）处理Helianthus tuberosus后制备了一个cDNA文库，并从中获得了异生素诱导的P450加氧酶基因的部分cDNA序列，通过5'-RACE获得了该基因的全长cDNA。其相应蛋白CYP76B1可在H. tuberosus中被化学药剂强烈诱导表达，预示着CYP76B1可以作为一个指示化学胁迫和环境污染的标记基因。

向日葵中由delta-TIP-like基因编码的液泡膜嵌入蛋白（tonoplast intrinsic protein, TIP）被认为和向日葵抗旱能力有关。这是基于原位杂交试验中检测到向日葵根部的韧皮组织中SunTIP7和SunTIP18 mRNA的积累，以及干旱处理24h后SunTIP基因转录水平的变化而得出的结论（Sarda et al., 1999）。

HAHB-4是向日葵中与亮氨酸拉链高度同源的（homeodomain-leucine zipper, HD-Zip）亚族Ⅰ的成员。研究者发现该蛋白调控向日葵的耐旱性，并参与乙烯介导的衰老过程。Manavella等（2006）通过在向日葵中过量表达该基因，以及利用组织芯片和定量RT-PCR的方法比较了该基因在转基因和野生型向日葵植株中的转录水平，并初步确定了HAHB-4的作用靶标。他们还证明了这个转录因子（transcription factor, TF）是调控乙烯信号路径的一个新的转录因子，其通过调控乙烯信号路径延缓衰老，进而提高向日葵的抗旱能力。Cabello等（2007）通过分离胁迫诱导的启动子，并利用这些启动子调控Hahb-4基因的表达，从而获得了一个几乎没有表型缺陷且高度耐旱的拟南芥转基因株系。Hahb-4基因在转录和翻译水平的显著提高是增强拟南芥抗旱能力的主要原因。

转基因拟南芥中HAHB-4蛋白的表达通过蛋白质电泳得到了验证。利用瞬时表达体系在向日葵叶片中表达*HAHB-4*的cDNA，以及通过RNA干扰（iRNA）下调*HAHB-4*基因的表达证明了该基因在黑暗中能够被上调，而在有光照时表达水平显著降低。这个蛋白质还在转录水平上负向调控一大批和光合作用相关的基因的表达（Manavella et al.，2008b）。此外，在向日葵中还鉴定出一个响应脱落酸（abscisic acid，ABA）的元件，其对ABA、氯化钠（NaCl）和干旱处理均有响应。在向日葵和拟南芥中还发现了一个非常保守的抗逆分子调控机制（Manavella et al.，2008a）。

Binet等（1991）从向日葵基因组文库中分离出两个泛素基因*UbB1*和*UbB2*。RNA印迹杂交的结果表明，上述两个基因都能够被转录为1.6kb产物，且两种蛋白质在向日葵的不同组织中表达水平极低，但热胁迫后能够使基因表达显著上调。*UbB1*编码蛋白的结构和来源于鸡的泛素热休克基因编码蛋白的结构非常相似。向日葵中*Ha hsp17.9*和*Ha hsp17.6*分别编码两个低分子量热休克蛋白（low-molecular-weight heat-shock protein，LMW HSP），它们被亚细胞定位于细胞质中（Coca et al.，1994）。它们的表达已通过特异性抗体、双向免疫印迹分析和组织免疫定位进行了研究，结果证明，这些特异性的*HSP*基因的表达受到向日葵不同发育阶段的调控，并参与向日葵对水分胁迫的耐受性。*Ha hsp17.9*基因在转录水平上对高温胁迫的反应已经在向日葵的悬浮培养细胞和幼苗中得到验证；而在向日葵的营养器官中，*Ha hsp17.6*基因的转录没有被高温胁迫所诱导（Coca et al.，1994；Carranco et al.，1997；Treglia et al.，2001）。另外，研究者还克隆了两个热休克蛋白基因——*Ha hsp18.6 G2*和*Ha hsp17.7 G4*，它们编码分子量小的热休克蛋白。研究结果表明，高温胁迫（42℃）、ABA和轻度水分胁迫处理都能够诱导*Ha hsp17.7 G4*基因在向日葵的营养器官中表达（Coca et al.，1996），且*Ha hsp17.7 G4*基因的功能也通过定点诱变进行了研究（Almoguera et al.，1998）。相反，*Ha hsp18.6 G2*基因的表达只有在高温胁迫下才能够被上调，表明这两个基因调控胁迫反应的模式存在一定的差异（Coca et al.，1996）。研究者通过在向日葵胚胎中瞬时表达以及取代热休克顺式元件关键位置的核苷酸，证明了一个来自拟南芥的种子特异性转录因子ABI3在热激因子的作用下作为共转录激活因子参与*Ha hsp17.7 G4*启动子的转录激活（Rojas et al.，1999）。作为转录因子的向日葵热激因子A9（Sunflower heat stress factor A9，HaHSFA9）基因已经被克隆，该基因被证实参与了由发育调控的*Ha hsp17.6 G1*和*Ha hsp17.7 G4*的基因表达。在没有外界环境因素胁迫的条件下，热激因子A9在向日葵的胚胎发育过程中特异性表达（Almoguera et al.，2002）。研究者还克隆得到另外一个向日葵的转录因子——干旱响应元件结合因子2（drought-responsive element binding factor 2，HaDREB2），并且发现利用基因枪转化向日葵胚胎后，HaDREB2和HaHSFA9是反式激活*Ha hsp17.6 G1*基因启动子所必需的两个转录因子（Díaz-Martín et al.，2005）。

通过消减杂交（subtractive hybridization），Ouvrard等（1996）获得了6个差异表达基因的cDNA序列（其中*sdi*为向日葵干旱诱导的基因），这些基因的转录水平在耐旱型（R1基因型）或干旱敏感型（S1基因型）向日葵叶片中被上调。测序结果表明，这6个基因的转录本与非特异性脂质转移蛋白（nonspecific lipid transfer protein，nsLTP）、早期光诱导蛋白（early light-induced protein，ELIP）、1-氨基环丙烷-1-羧酸氧化酶（1-aminocyclopropane-1-carboxylate oxidase，ACC氧化酶）或脱水蛋白相关。上述这些基因调控着向日葵的很多生理过程。Cellier等（1998）通过在耐旱型（R1基因型）或干旱敏感型（S1基因型）中比较3个干旱诱导基因即 *HaElip1* 以及向日葵脱水蛋白编码基因 *HaDhn1* 和 *HaDhn2* 的转录水平，发现叶片中 *HaDhn1* 和 *HaDhn2* 基因转录水平的高低和向日葵对干旱的适应能力有关。和干旱敏感的向日葵材料相比，在抗旱品种中，ABA将会诱导 *HaDhn2* 高水平表达，但不诱导 *HaDhn1* 基因表达，表明在抗旱材料中 *HaDhn1* 基因的表达可能会受到其他因子的调控。Giordani等（1999）在两个突变体即非休眠-1（non-dormant-1，*nd-1*）和野生型-1（wilt-1，*w-1*）中研究了干旱胁迫下胚胎和幼苗发育过程中脱水蛋白编码基因（*HaDhn1a*）的转录水平，结果表明，该基因转录水平受ABA依赖型和ABA非依赖型两个信号路径的调控。

已经有人对向日葵耐受极端温度的机制进行了研究。为了在分子水平揭示向日葵对低温反应的机制，Hewezi等（2006a）开发出了基因芯片，其上排列的基因数量超过8000个。通过比较低温胁迫（15℃和7℃）和标准生长条件下（25℃）向日葵的转录谱，研究者发现有108个cDNA克隆在低温条件下生长的早花和晚花向日葵基因型的两叶期与四叶期均有差异表达，且90%的基因表达是被下调的。如果比较15℃和7℃条件下上述基因的表达情况，发现只有4个基因在上述两个基因型中的表达存在差异。这些被鉴定出来的基因可能调控向日葵对低温的耐受力。Senthil-Kumar等（2003）通过温度诱导反应（temperature induction response，TIR）试验鉴定出一个耐热的杂交种KBSH-1。在供试的杂交种群体中，KBSH-1对甲萘醌（萘醌）诱导的氧化胁迫表现出高度的耐受性，并且在甲基紫精诱发的氧化胁迫中有相对较少的损伤。在这个杂交种中检测到高表达的基因 *HSP 90*、*HSP 104* 及热休克蛋白转录因子HSFA。

向日葵可用于修复重金属污染的土壤。建议筛选对金属离子具有高吸收效率的向日葵品种，为利用常规育种或基因工程手段增加向日葵对金属离子的吸收能力奠定基础。SDS-PAGE结果显示，受到4种金属离子（镉、铜、铅和锌）污染的向日葵中总蛋白的组成和对照存在显著差异。向日葵受到锌离子和混合离子溶液处理时能够受到一定程度的氧化胁迫（Garcia et al.，2006）。

Anjum和Bajwa（2005）从 *H. annuus* cv. Suncross-42的叶片中分离到annuionone H，利用它可以开发植物生长抑制剂和天然除草剂。咪唑啉酮（imidazolinone）除草剂的机制是抑制杂草中的乙酰羟酸合成酶（acetohydroxyacid synthase，AHAS）的活性，因此，靶位点AHAS基因中的单碱基突变可能会赋予杂草对AHAS抑制性除草剂的耐受性。但是，在培育抗除草剂作物品种的过程中需要考虑一些问题，包括抗除草剂杂草的存在和抗除草剂基因从农作物向杂草的基因漂移（Tan et al.，2005）。Kolkman等（2004）从野生向日葵种群（ANN-PUR和ANN-KAN）的抗除草剂（突变体）与敏感（野生型）的基因型中克隆了3个AHAS基因（*AHAS1*、*AHAS2* 和 *AHAS3*）并分析了其序列，发现在这些基因中检测到许多SNP位点，在这些位点存在碱基的插入/缺失。利用SNP和单链构象多态性（single stranded conformational polymorphism）标记，研究者将 *AHAS1*、*AHAS2* 和 *AHAS3* 基因分别定位于向日葵第9、6和2连锁群。在两个向日葵种群中，*AHAS1* 在密码子205的一个C/T SNP位点被证明与抗咪唑啉酮除草剂的部分显性基因共分离。通过EMS诱变和利用咪唑烟酸（除草剂）进行筛选，研究者已经在栽培品种CLHA-Plus中鉴定出调控咪唑啉酮除草剂抗性的部分显性核基因（Sala et al.，2008）。Sala等（2008）在向日葵的抗除草剂和对除草剂敏感的品系之间分析了 *AHAS* 基因的核苷酸序列并对氨基酸序列进行了预测。他们在CLHA-Plus中检测到了位于122位苏氨酸密码子（ACG）处（相对于拟南芥 *AHAS* 序列）的单位点突变，而对除草剂敏感的品种BTK47中具有丙氨酸残基（GCG）。这些结果将为检测 *AHAS* 位点突变和向日葵抗除草剂基因的分子标记辅助育种奠定基础。

Didierjean等（2002）的研究结果表明，在 *H. tuberosus* 中利用异生素诱导产生的细胞色素基因 *P450* 和 *CYP76B1*，可增加转基因烟草和拟南芥对苯脲类除草剂的耐受性。因此，CYP76B1也可以作为植物遗传转化的选择标记及检测污染地点的指示标记。

使用高压液相色谱–串联质谱（high-performance liquid chromatography-tandem mass spectrometry，HPLC-MS/MS）和蛋白质组学技术，Chaki等（2009b）分析了向日葵中硝化酪氨酸（NO_2-Tyr）和硝化蛋白质的含量。利用3-硝基酪氨酸和3′-(对氨基苯基)荧光素（APF）抗体作为荧光探针，在共聚焦显微镜下对硝化的酪氨酸进行了亚细胞定位。结果表明酪氨酸硝化是蛋白质调控的一个重要过程，可以作为亚硝化胁迫的一种分子标记。

4.13 转录组学、蛋白质组学和功能基因组学数据挖掘

为了更好地理解遗传学、分子生物学和基因组学的理论，以及挖掘改良作物的一些基因，许多转录组学、蛋白质组学和功能基因组学的研究成果已被用于研究向日葵的发育与进化，如RT-PCR、cDNA文库、基因组文库、图位克隆、RNA印迹、遗传转化和组织原位杂交。目前，已构建了几个数据库用来存储有关向日葵的数据，如国家生物技术信息中心（http://www.ncbi.nlm.nih.gov/），以及网址http://www.ebi.ac.uk/、http://www.plantgdb.org/和http://www.uniprot.org/。

1. 花粉基因

cDNA文库的构建为高通量挖掘基因提供了可能性。使用差显杂交（differential hybridization）方法，Baltz等（1992）从向日葵花的cDNA文库中分离到一个cDNA克隆，它可以和仅在成熟花粉粒中表达的一个1.1kb的mRNA杂交。通过对该cDNA编码的蛋白质结构进行分析，发现它与鸡的红细胞特异性转录因子Eryf1和鼠的同系物GF-1具有高度的相似性，表明SF3蛋白是一个转录因子，能够调控开花后期花粉基因的表达。*SF3* 基因属于多基因家族，该基因含有4个较短的、AT碱基丰富的内含子。

2. 植物生长发育

HD-Zip蛋白是一个转录因子，仅在植物中被发现（Rueda *et al.*，2005；Elhiti and Stasolla，2009），能参与信号转导（signal transduction）。在向日葵中已经报道了几个相似的转录因子。Palena等（1997）对向日葵HAHR1蛋白的结合能力进行了研究，结果表明，HAHR1以蛋白二聚体形式发挥其功能，而二聚化区域紧靠C端。利用基因的同源性，Gonzalez等（1997）在向日葵茎和根的cDNA文库中，以保守序列设计的引物和λgt10引物构成了引物对，通过PCR获得了属于HD-Zip超家族的6个部分同源的cDNA。通过对 *H. annuus* homeobox-10（Hahb-10）全长cDNA进行分析发现该基因编码的蛋白质属于HD-Zip Ⅱ亚族，该蛋白质能够与Hahb-1形成同型二聚体，而a1和d1位点的保守苏氨酸与亮氨酸是形成蛋白二聚体的决定性氨基酸位点。这些基因可能参与调控植物的生长发育（Gonzalez *et al.*，1997）。

Rueda等（2005）利用RNA印迹研究了*Hahb-10*的表达模式。结果表明，该基因主要在成熟的叶片中表达，其在黄化苗中的表达水平比在光下生长的幼苗中要高。此外，*Hahb-10*基因的表达还能够被赤霉素诱导。研究者也在拟南芥中研究了该基因的功能，结果表明，HAHB-10可能参与植物的光反应以及赤霉素介导的信号通路。在向日葵中还鉴定出其他类型的同源域蛋白如KNOX蛋白HAKN1（Tioni *et al.*，2005）。

向日葵SunTIP7和SunTIP20的氨基酸序列与TIP家族高度同源（Sarda *et al.*，1997）。研究者通过转化非洲爪蟾卵母细胞、在叶片中进行原位杂交以及观察叶片气孔运动对上述基因的表达谱进行了研究，结果表明这两个蛋白具有不同的功能，即SunTIP7作为水孔蛋白参与保卫细胞中水的释放，进而减小了保卫细胞的体积，而SunTIP20却没有这个功能（Sarda *et al.*，1997）。

Doi-Kawano等（1998）获得一个编码向日葵半胱氨酸蛋白酶Scb的完整cDNA，并对其DNA和氨基酸序列进行了分析。在大肠杆菌中进行表达后，通过凝胶过滤和离子交换柱层析纯化获得了重组的Scb（recombinant Scb，rScb）蛋白。该蛋白的功能与Scb略有不同。通过对Scb突变体进行研究，发现其N端氨基酸（Ile1-Pro2），以及N端甘氨酸残基Gly3/Gly4对抑制木瓜蛋白酶的活性至关重要。

Prieto-Dapena等（1999）对向日葵中一组胚胎发生后期富集（late embryogenesis-abundant，LEA）的cDNA序列如Hads10的基因序列进行了分析，并且将该基因鉴定为向日葵中的一个独特的*ds10 G1*基因。*Ha ds10 G1* 的mRNA在未成熟胚中均匀分布，而在胚胎发育中的子叶内呈现不对称分布，并且具有一些偏好性。在向日葵胚胎中，该基因的启动子可以被拟南芥ABI3 TF瞬时激活。

研究者也在黄化的幼苗中研究了*HaDhn1*基因的转录（Natali *et al.*，2007）。通过不同光源的处理，发现该基因能够受光的诱导。白光和单色光，特别是红光会促使*HaDhn1*基因转录本在幼苗子叶中的积累。激活的植物色素和隐花色素可增加该基因的转录。在光处理的幼苗子叶中进行原位杂交的实验结果表明，*HaDhn1*在所有叶肉细胞中能够表达，特别是在茎基部和维管束组织中。通过对*HaDhn1*基因的启动子序列进行预测发现存在一个光反应的G盒，预示着在叶片的黄化过程中，如果没有水分胁迫，*HaDhn1*基因的表达会受到光的诱导。

Parra-Lobato等（2007）从向日葵幼苗根中分离到一个编码过氧化物酶（peroxidase）的cDNA序列——*HaPOX1*。通过对不同的植物生长激素处理后的基因表达谱进行研究，发现该基因的表达受ABA下调，但被吲哚乙酸（IAA）诱导。同时还发现，这种过氧化物酶在根生长的早期阶段能够促进细胞的伸长。Salvini等（2005）利用PCR技术从向日葵中分离到一个八氢番茄红素合成酶（phytoene synthase，Psy）基因的cDNA序列。通过基因序列、系统发育和转录谱的分析，发现该基因不仅在叶片发育过程中发挥作用，还参与调控类胡萝卜素（carotenoid）的生物合成。Park等（2000）从向日葵的种子中克隆得到了编码天冬氨酸蛋白酶的cDNA，该基因编码的蛋白酶与其他天冬氨酸蛋白酶有30%～78%的同源性。

根据已知的光合和异养植物的铁氧还蛋白（ferredoxin）序列，从向日葵叶片和发育中的种子中克隆得到了两个全长铁氧还蛋白cDNA——*HaFd1*和*HaFd2*（Venegas-Calerón *et al.*，2009）。研究者不仅获得了它们的基因序列，还在不同的向日葵品系中研究了其DNA的多态性，结果表明，*HaFd2*有两个单倍型，并且其多态性仅限于5′-NTR内含子。使用特异性的DNA标记，这两个基因被分别定位于向日葵的第10和第11连锁群。对*HaFd1*基因表达谱的研究结果表明，该基因偏向于在向日葵的绿色组织中表达，而*HaFd2*基因则在所有组织中都可以表达，如叶片、茎、根、子叶和发育中的种子（Venegas-Calerón et al.，2009）。

Thomas等（2003）通过RT-PCR从低严谨度的cDNA文库中分离到编码生长素结合蛋白1（auxin-binding protein 1，ABP1）的cDNA。通过基因序列和RFLP分析证明该基因在向日葵基因组中只有一个单拷贝。研究者利用RNA印迹、原位杂交和RT-PCR对其转录谱进行了分析，发现该基因在分裂和生长的器官中高度表达，如茎顶端、花芽和未成熟胚胎。研究还表明*ABP1*的高水平表达与植物细胞对生长素敏感程度有关。

Ribichich等（2001）通过RNA原位杂交和RNA印迹，研究了编码细胞色素c（cytochrome c）的转录本在向日葵不同组织和器官中的表达，结果表明，它们参与了向日葵花的发育。从向日葵R2开花期的花序中也分离到了*HaPI*、*HaAG*和*HaAP3*基因（Dezar et al.，2003）。序列分析的结果表明，它们分别是拟南芥基因*PISTILLATA*、*AGAMOUS*和*APETALA3*的同源基因。RNA印迹和原位杂交的结果表明，它们在头状花序发育的R3和R4期优先表达。然而，研究者也发现它们的表达模式有所不同，*HaAG*基因主要在可育小花的雄蕊中表达，而*HaPI*和*HaAP3*基因则优先在边花（不育）中表达，而在花瓣和可育小花的雄蕊中表达水平较低（Dezar et al.，2003）。同样，Tioni等（2003）也对向日葵中3个类似于*knotted1*的基因进行了研究，明确该基因编码的产物是一个转录因子，能够调控植物的发育，同时也证明了类似于*kn1*的基因在不同的向日葵中的表达模式不同。推测该基因的表达可能受到某种细胞和物种特异性因素的影响。

Conti等（2004）报道了有关向日葵*nd-1*（non dormant-1）突变体的分子基础。研究者利用紫外分光光度计和HPLC进行色素分析，结果表明在这个突变体的子叶中不存在β-胡萝卜素、叶黄素和紫黄素，并且ζ-胡萝卜素的去饱和作用具有缺陷性。研究者从野生的纯合Nd-1/Nd-1植物中获得了一个ζ-胡萝卜素脱饱和酶（zeta-carotene desaturase，*Zds*）基因的全长cDNA序列（1916bp）。通过RT-PCR检测，在*nd-1*突变体中没有检测到*Zds*的转录本。向日葵*Zds*基因（*HaZds*）包含14个外显子和13个内含子，分布在5.0kb区域内，其外显子的分布和大小与水稻*Zds*基因间呈现高度的保守性。DNA印迹结果表明，在*nd-1*突变体中缺少*Zds*基因位点。

Fambrini等（2006）在*H. annuus* × *H. tuberosus*杂交组合的体细胞突变体（EMB-2）中研究了启动子区域CCAAT盒的结合因子*H. annuus LEAFY COTYLEDON1-LIKE*（*HaL1L*）基因的表达。结果表明，在突变体EMB-2的叶片发育过程中，异位胚胎的表皮增生与*HaL1L* mRNA的积累有关；在心型和早期子叶的体细胞胚中都检测到了该基因的表达，而在含有嫩芽结构的EMB-2突变体的叶片中未能检测到该基因的表达。*HaL1L*基因在合子和体细胞胚胎发生（somatic embryogenesis）中均能够表达，预示体细胞发育向胚胎发生的转换能力（embryogenic competence）。利用突变体EMB-2，Chiappetta等（2009）研究了异位表达*HaL1L*基因以及生长素的激活是否与体细胞胚胎发生有相关性。RT-PCR和原位杂交的结果显示，*HaL1L*可以作为体细胞胚胎的标记基因，且该基因的亚细胞定位和在叶片表皮细胞中IAA的积累都预示着早期体细胞胚胎的发生。

3. 氮的利用

浇灌含有高浓度的无机离子是一种诱导向日葵突变的方法。使用双向电泳，Guijun等（2006）研究了向日葵种子浇灌氮离子前后的蛋白质组学变化。获得了大约369个蛋白质斑点，在对照和浇灌氮离子的向日葵种子的总蛋白中分别检测到8个和4个特异性的蛋白。利用基质辅助激光解析电离飞行时间质谱（MALDI-TOF MS）进行分析的结果表明，代码为29号的蛋白质与MADS-box TF HAM59的同源性为23.4%，而代码为279号的蛋白质与亮氨酸拉链蛋白HAHB-4的同源性为23.2%。

4. 脂质合成

Serrano-Vega等（2005a）通过系统发育分析、3-D模型和定点诱变的方法，从发育中的向日葵种子中分离到一个编码酰基-ACP硫酯酶的cDNA克隆——*HaFatA1*。这个酶的作用底物能够特异性地调控向日葵种子中脂肪酸生物合成路径中的储存蛋白和膜脂质的合成。研究者在大肠杆菌中表达并纯化得到HaFatA1蛋白。*HaFatA1*基因的cDNA编码一个优先作用于单不饱和酰基-ACP的功能性硫酯酶，该酶能够高效地催化油酰-ACP的水解（kcat/K_m）。该研究结果有力地支持了真核细胞起源的内共生（endosymbiotic）理论，并鉴定出能够稳定底物活性位点的关键区域。

5. 防御蛋白

从水杨酸（salicylic acid，SA）处理后的莴苣和向日葵叶片的提取物中分离鉴定出一个新的植物来源的60kDa抗菌蛋白（Custers et al.，2004）。根据其氨基酸和cDNA序列及酶活性，研究者将它们分别命名为向日葵碳水化合物氧化酶（*H. annuus* carbohydrate oxidase，Ha-CHOX）和莴苣碳水化合物氧化酶（*Lactuca sativa* carbohydrate oxidase，Ls-CHOX）。上述氧化酶具有广泛的底物特异性，并且能够催化过氧化氢（H_2O_2）。在烟草中过量表达*Ha-CHOX*能够显著提高烟草对软腐病（*Pectobacterium carotovorum* ssp. *carotovorum*）的抗性水平，而基因的表达水平和抗性呈正相关关系。Martin等（2007）在大肠杆菌中研究了来自向日葵种子的一个碱性抗真菌肽Ha-AP10。这个蛋白是植物脂质转移家族的成员，其磷酸化受到内源性膜结合钙依赖性蛋白激酶的调控。

根据已知的ω-3脱饱和酶的保守序列，Venegas-Calerón等（2006）从向日葵中获得了一个编码质体ω-3脱饱和酶（plastidial omega-3 desaturase）的cDNA克隆——*HaFAD7*。氨基酸序列分析显示它的分子量为50.8kDa，蛋白质预测结果表明HaFAD7为51个氨基酸的叶绿体转运肽。RT-PCR和在单细胞的*Synechocystis* sp. PCC 6803中的异源表达结果表明，该蛋白质优先在向日葵叶片的光合活性组织中积累，并且其cDNA编码的蛋白质具有ω-3脱饱和酶活性。

利用已知的黄瓜（*Cucumis sativus*）3-氧基酰基-CoA硫解酶（3-oxoacyl-CoA thiolase）的DNA序列，Schiedel等（2004）设计了特异性引物从向日葵子叶中克隆得到了一种硫解酶异构体，即硫解酶Ⅱ（thiolase Ⅱ）。研究者利用RT-PCR扩增得到该基因的全长cDNA。蛋白质预测的结果表明，该蛋白质在氨基酸水平上与其他植物来源的硫解酶至少具有80%的同源性。在大肠杆菌中进行体外表达后，通过Ni-NTA琼脂糖层析将重组的硫解酶Ⅱ进行了纯化，发现该蛋白质特异性的活性水平为235nkat/mg蛋白。

6. 基因挖掘和表达

Fernández等（2003）利用不同来源向日葵的mRNA构建了差异表达文库（differential

library），还建立了向日葵两个不同发育阶段（R1和R4）的叶片、茎、根和花芽的EST文库。Tamborindeguy等（2004）利用在胚胎发生初期和胚胎发生末期的向日葵原生质体构建了4个不同的cDNA文库，其中包括两个标准文库和两个差减文库。在22 876个cDNA克隆中，共有4800个EST被测序，获得了2479个高质量的EST序列，代表着1502个单基因（unigene）。通过与公开的EST数据库中的序列进行比对，对这些单基因进行了分类，结果显示33%是假定的新基因。这些文库为发现向日葵的新基因提供了宝贵的平台。EST数据库是开发分子标记的潜在资源库，因为EST来自向日葵基因组中的转录区域，因此，它们很可能比其他类型的标记在不同的物种间更加保守（Pashley et al.，2006）。通过对一个向日葵稀有种 *H. verticillatus* 和一个广布种 *H. angustifolius* 进行研究，发现从EST标记衍生而来的SSR标记比普通的SSR标记在不同物种间的转移频率要高3倍以上（分别为73%比21%），而前者的变异程度并不低于后者。

Lai等（2006）创建了由3743个EST组成的向日葵的cDNA微阵列，其富含一年生向日葵的2897个基因。利用这个微阵列，他们对 *H. annuus*、*H. petiolaris* 和同倍体杂交种 *H. deserticola* 的基因类型进行了比较研究。总体而言，微阵列中有12.8%的基因在3种向日葵间的表达具有显著差异。研究者以生长在 *H. deserticola* 栖息地的两个亲本杂交获得的早代回交群体（BC_2群体）为材料，对潜在的和适应性有关的基因进行了研究，发现一个编码G蛋白偶联受体（G protein-coupled receptor）的基因被定位在调控向日葵对沙漠环境适应性的QTL附近。

Ben等（2005）利用EST标记研究了向日葵胚胎发育过程中基因的表达谱，并利用共聚焦显微镜确定了合子是胚胎发育过程的关键阶段。研究者还构建了6个cDNA文库，其中3个来自显微解剖的胚胎，一个来自未受精的胚珠，两个分别来自授粉后第4天和第7天的胚胎。一共获得了7106个EST序列，其中约43.1%（3064个暂定重叠群和单个序列）是不同的假基因。通过对单基因的序列进行注释、比对，将它们划分为15个不同的功能群。这些数据库在整体水平上提供了向日葵胚胎发生过程中基因的表达谱，也成为一个最早用于研究无胚乳双子叶植物发育基因组学有价值的工具。

Göpfert等（2009）利用从向日葵特定发展阶段分离到的小花花药附属物上的腺毛，在分泌前和分泌后的阶段对3个倍半萜合成酶（sesquiterpene synthase）基因的表达进行了研究。结果表明，倍半萜合成酶基因在向日葵的地上部分和腺毛成熟期同时表达。这些合成酶基因也在向日葵幼嫩的根与根毛中有表达。

4.14　植物与病原菌的互作机制

为了了解向日葵对病原菌的抗性机制，研究者对向日葵与病原菌的互作机制进行了大量研究。Serghini等（2001）研究了寄生性种子植物列当与向日葵抗、感品种之间的互作机制。他们提出向日葵中的7-羟基化简单香豆素（7-hydroxylated simple coumarin）通过抑制列当种子的萌发、侵入以及和寄主维管束寄生关系的建立，进而对列当表现出抗性。

Echevarría-Zomeño等（2006）利用细胞组织化学的方法对向日葵的抗/感品种（HE39999/HE39998）与列当生理小种F的非亲和、亲和互作进行了研究。通过荧光共聚焦显微镜的观察，他们发现在非亲和互作过程中，抗病基因型的细胞壁会出现木栓化和蛋白质的交联化，以及酚类物质积累现象，预示着寄主的这些代谢物在向日葵抵抗列当寄生过程中发挥着非常重要的作用。

对健康的和被霜霉病菌侵染的向日葵基因型进行了mRNA差异表达的比较研究（Mazeyrat et al., 1998），获得了 HaAC1 基因的全长cDNA序列。该基因与植物中生长素诱导的基因具有显著的同源性，并能够被2,4-二氯苯氧基乙酸（2,4-D）、水杨酸（SA）和伤口诱导表达。Hewezi等（2006b）从抗霜霉病的向日葵品系RHA 266中克隆得到了 PLFOR48 基因的部分cDNA序列，它和向日葵的一个霜霉病抗性标记基因共分离。蛋白质预测结果表明，它编码的蛋白质属于TIR-NBS-LRR家族。研究者还利用DNA印迹在向日葵基因组中检测到包括该基因在内的一个基因家族的存在。在向日葵RHA 266中超表达该基因的反义cDNA后能够导致植株发育的异常。在模式植物烟草中超表达该基因的反义cDNA后能够导致烟草对寄生疫霉（Phytophthora parasitica）具有更高的敏感性，同时也影响了烟草种子的发育。上述的这些结果表明，PLFOR48 基因及其同源基因可能同时调控寄主植物的发育、对病原菌的抗性水平。

de Zélicourt等（2007）在向日葵中发现了一个编码防御素的基因——HaDef1，该基因主要在向日葵的根系中表达，且能够被列当诱导。他们首次证明了防御素对植物细胞具有致死效应。在大肠杆菌中表达这个基因，能够编码形成具有防御素结构域的重组蛋白，其分子量为5.8kDa。将蛋白质纯化后，在离体条件下研究了HaDEF1的抗真菌活性，发现这个体外重组蛋白能够导致列当幼苗的死亡，表明该基因编码的蛋白质在向日葵抗列当寄生过程中发挥一定的作用。

为了分离活性氮（reactive nitrogen species，RNS），Chaki等（2009a）以两个对霜霉病呈现不同抗性水平的品种为材料，研究了一系列氮化合物的活性及其相关基因的表达。结果表明，在感病品种中病原菌能够诱导寄主的硝化应激反应，而在抗病品种中却没有观察到类似的反应。因此，酪氨酸的硝化可以作为植物硝化应激反应的一个生物标记。

Bouzidi等（2007）首次利用抑制消减杂交法（suppression subtraction hybridization，SSH）对感染霜霉病菌 P. halstedii 的向日葵幼苗的转录组进行了研究，并对获得的差异克隆进行随机测序。研究者利用PCR从373个EST中鉴定出来自 P. halstedii 的145个非冗余EST（67.7%），其中有87个非冗余序列与公共数据库中的序列相匹配，约有7%的EST是霜霉病菌特有的序列。通过对EST进行注释揭示了许多基因在病原菌致病过程中发挥作用。这一研究方法将有助于寻找新的基因并解析向日葵的抗性机制。

有研究表明，向日葵中的香豆素莨菪亭、东莨菪苷（scopolin）、泽兰内酯（ayapin）和3-乙酰基-4-乙酰氧基苯乙酮有利于寄主抵抗核盘菌（S. sclerotiorum）的侵染，可以利用这些代谢物来鉴定对核盘菌有抗性的向日葵基因型（Prats et al., 2007）。Jobic等（2007）在研究核盘菌侵染向日葵过程中检测到了碳素营养的交换，并发现两个己糖转运蛋白（hexose transporter）基因 Sshxt1 和 Sshxt2 的表达水平在病原菌侵染寄主过程中有所增加。

4.15 BAC 文库的构建

BAC（bacterial artificial chromosome）文库为物理图谱的构建、图位克隆和基因组学研究奠定了基础。向日葵的基因组估计为3000Mb。目前已经建立了多个向日葵的BAC文库（Gentzbittel et al.，2002；Özdemir et al.，2004；Feng et al.，2006；Bouzidi et al.，2006）。

第一个向日葵BAC文库是由Gentzbittel等（2002）以向日葵品种HA 821为材料构建的。文库的覆盖率预测为基因组的4~5倍，插入片段的平均大小为80kb，这意味着发现任何特定感兴趣基因的可能性为95%。以和拟南芥基因 $AtelP$ 序列同源的向日葵EST序列（$HaELP1$）为探针，从BAC文库中筛选出3个不同的克隆。通过对BAC克隆进行亚克隆和测序，确定该基因在向日葵基因组中有两个拷贝。

Feng等（2006）以向日葵品种HA 89为材料构建了向日葵的BAC（在pECBAC1载体中用 $BamH$ I 构建）和BIBAC（在pCLD04541载体中用 $Hind$ III 构建）互补文库。其中，BAC文库含有107 136个克隆，插入片段平均大小为140kb；BIBAC文库含有84 864个克隆，插入片段平均大小为137kb。这两个文库容量相当于约8.9倍单倍体向日葵基因组大小，感兴趣克隆的获得概率约为99%。以向日葵基因组连锁群中的单拷贝或低拷贝RFLP标记（Jan et al.，1998）设计的重叠寡核苷酸（overlapping oligonucleotide）为探针，共鉴定出76个BAC克隆和119个BIBAC克隆，覆盖了19个连锁群。这些覆盖了向日葵基因连锁群的特异BAC克隆将为向日葵遗传学和基因组学的研究奠定基础，并可用于P21和HA 89背景下三倍染色体的鉴定（Jan et al.，1988）。

另一个BAC文库由Özdemir等（2004）建成，所用的向日葵材料为含有育性恢复基因 Rf_1 和抗霜霉病基因 Pl_2 的恢复系RHA 325。该BAC文库包括104 736个克隆，插入片段平均大小为60kb。整个BAC文库（覆盖了向日葵基因组的1.9倍）以两次重复的形式被点在4张高密度的尼龙膜上，每张膜上含有55 296个克隆。利用PCR结合菌落杂交对BAC文库进行筛选，获得了含有与 Rf_1 紧密连锁标记OP-K13_454的阳性BAC克隆。

Bouzidi等（2006）用对霜霉病菌几个生理小种呈现抗性的向日葵自交系YDQ构建了BAC文库。它由147 456个克隆组成，插入片段平均大小为118kb，库容的大小约为向日葵单倍体基因组的5倍。结合指纹图谱和遗传连锁图谱，研究者已经筛选到阳性的BAC克隆，将构建好的重叠群（contig）定位在向日葵的遗传连锁图谱上，从而为向日葵的物理作图和图位克隆提供了便利的条件。

4.16 分子细胞遗传学

细胞遗传学方法已被应用于向日葵染色体的鉴别和核型分析。利用荧光原位杂交（fluorescence in situ hybrization，FISH）技术，Ceccarelli等（2007）区分了向日葵的17对染色体，并从基因组（DNA）文库中克隆分离到串联重复序列（HAG004N15）。HAG004N15重复单元高度甲基化，在每个单倍体基因组中约有7800个拷贝。在染色体的一个或两个末端都检测到了FISH荧光信号。在向日葵品系HA 89、RA20031和HOR中都检测到相同的模式，证实了这个重复序列在向日葵染色体上的分布。这个重复序列可能被用作遗传标记来研究向日葵渐渗杂交或进化过程。Natali 等（2008）以该克隆和核糖体DNA的重复序列作为FISH探针，在H. annuus中研究了如何扩增及在染色体上定位这些重复序列，并在一年生及多年生向日葵中研究了这些重复序列在核糖体DNA上的物理分布。结果显示，一年生和多年生向日葵之间的差异在于一年生向日葵至少有一个亲本是通过种间杂交而产生的。然而，以多年生的H. giganteus的基因组DNA作为封闭DNA（blocking DNA）对H. annuus进行基因组原位杂交（genomic in situ hybridization, GISH）研究，结果表明在一年生和多年生物种的基因组组成上没有差异。GISH可用于鉴定种间杂交种或后代中的外来染色体或基因片段。利用外源染色体和（或）片段可以把多年生向日葵与向日葵栽培种，包括H. californicus、H. angustifolius、H. nuttallii和H. maximiliani的基因组区分开来（图4.5，Liu等未发表数据）。BAC-FISH也可以利用特异的标记将BAC定位于特定的染色体上（Feng et al., 2009; Talia et al., 2010）。通过分子标记，BAC-FISH及GISH能够将野生种的基因或DNA片段定位在向日葵的遗传连锁图谱上。

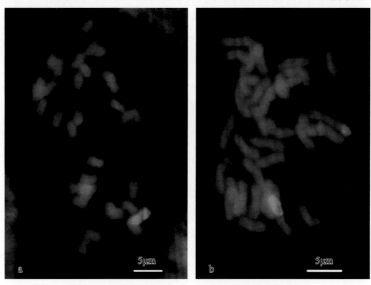

图4.5 基因组原位杂交（GISH）的分析结果
a. H. angustifolius一个雄性不育植株的外源染色体（2n=35）（红色）；
b. 在具有向日葵栽培种遗传背景的一个后代中（2n=34）的外源染色体片段（蓝色）

为了解决有性杂交不亲和的问题，Hoffmann 等（1995）在D-2太空实验室微重力条件下通过电融合的方法对向日葵、烟草和洋地黄的原生质体进行体细胞杂交。在另一个例子中，研究者利用原生质体融合成功地将H. maximiliani的基因导入向日葵栽培种中。事实已经证明向日葵野生种H. maximiliani中含有多个抗病基因，包括抗核盘菌基因，但它们与向日葵栽培种的配合力较低，以及种间杂交种的不育性是目前向日葵育种的瓶颈。为了解决这个育种障碍，Taški-Ajduković等（2006）利用电击方法将一个抗核盘菌的H. maximiliani叶肉细胞的原生质体与向日葵栽培种的近交系PH-BC1-91A的白化下胚轴细胞原生质体进行了融合。利用形态学和RAPD方法对再生植株进行分析，证实了再生植株是杂交种。这一结果表明上述方法将有助于解决向日葵育种过程中存在的低配合力和不育性的问题。

4.17 结　论

从上述对向日葵育种的分子技术进行综述的结果来看，各种先进的分子育种工具几乎在向日葵育种的各个方面都得到了应用。许多分子标记，从第一代的RFLP标记，到第二代的PCR标记，以及第三代基于DNA序列的标记得到了迅速的发展。这些技术为分析和表征向日葵的遗传多样性提供了可能，从而为利用分子标记辅助选择所需的基因型及选择亲本进行杂交奠定了基础。此外，与目标性状紧密连锁或共分离的分子标记使得育种过程中早期的选择变得更可靠、更容易和更快捷，特别是在育种过程中表型鉴定非常困难的情况下，分子标记辅助选择是非常重要的。分子标记辅助选择是至今将调控更多生物性状的基因聚合（gene-pyramiding）到一种植物基因型的唯一有效的方法，也有助于回交后代的选择。将传统和分子育种方法进行结合将缩短获得具有期望农艺性状品种的时间。世界人口的增长和气候变化将使得提高作物的产量和品质比以往任何时候都紧迫。在向日葵野生种中存在诸多的遗传多样性，其中许多性状来自极端恶劣的环境。这种在极端恶劣条件下生长的植物为更好地解析植物抵抗非生物胁迫的机制提供了研究材料。尽管公众对转基因作物的食品安全性存在疑惑，但是对这些野生材料进行分子水平的研究将有助于挖掘抗逆胁迫反应信号网络中的重要基因，从而有助于作物的改良。

随着植物基因组学、转录组学、蛋白质组学、生物信息学，以及其他创新技术的发展，它们中的许多可以或将被应用于分子育种。目前，向日葵的BAC文库、cDNA文库和遗传图谱已经建成，同时也建立了向日葵BAC-FISH的操作规程，这些将为鉴定基因以及图位克隆提供研究手段。由于不同植物基因组之间的共线性，研究者对模式植物如拟南芥和水稻的全基因组进行了测序，并将它们的功能基因组与向日葵的基因组进行了比较研究。很多与生物和非生物胁迫反应、进化、驯化和植物发育相关的基因已经被鉴定出来并进行了研究。这些基因为作物的改良提供了宝贵的遗传资源。分子标记辅助育种也将弥补传统植物育种中存在的缺陷。将所有可行的育种方法、育种材料和育种知识结合在一起将有助于保障21世纪世界粮食的安全。

参 考 文 献

Al-Chaarani, G.R., Gentzbittel, L., Huang, X.Q., Sarrafi, A., 2004. Genotypic variation and identification of QTLs for agronomic traits, using AFLP and SSR markers in RILs of Sunflower (*Helianthus annuus* L.). Theor. Appl. Genet. 109: 1353-1360.

Al-Chaarani, G.R., Roustaee, A., Gentzbittel, L., Mokrani, L., Barrault, G., Dechamp-Guillaume, G., Sarrafi, A., 2002. A QTL analysis of Sunflower partial resistance to downy mildew (*Plasmopara halstedii*) and black stem (*Phoma macdonaldii*) by the use of recombinant inbred lines (RILs). Theor. Appl. Genet. 104: 490-496.

Almoguera, C., Prieto-Dapena, P., Jordano, J., 1998. Dual regulation of a heat shock promoter during embryogenesis: stage-dependent role of heat shock elements. Plant J. 13: 437-446.

Almoguera, C., Rojas, A., Diaz-Martin, J., Prieto-Dapena, P., Carranco, R., Jordano, J., 2002. A seed-specific heat-shock transcription factor involved in developmental regulation during embryogenesis in Sunflower. J. Biol. Chem. 277: 43866-43872.

Alvarez, I., Costa, A., Feliner, G.N., 2008. Selecting single-copy nuclear genes for plant phylogenetics: a preliminary analysis for the *Senecioneae* (Asteraceae). J. Mol. Evol. 66: 276-291.

Anisimova, I.N., Tumanova, L.G., Gavrilova, V.A., Diagileva, A.V., Pasha, L.I., Mitin, V.A., Timofeeva, G.I., 2009. Genomic instability in Sunflower interspecific hybrids Genetika 45: 1067-1077. (In Russian)

Anjum, T., Bajwa, R., 2005. A bioactive annuionone from Sunflower leaves. Phytochemistry 66: 1919-1921.

Baack, E.J., Sapir, Y., Chapman, M.A., Burke, J.M., Rieseberg, L.H., 2008. Selection on domestication traits and quantitative trait loci in crop-wild Sunflower hybrids. Mol. Ecol. 17: 666-677.

Baltz, R., Domon, C., Pillay, D.T., Steinmetz, A., 1992. Characterization of a pollen-specific cDNA from Sunflower encoding a zinc finger protein. Plant J., 2: 713-721.

Batard, Y., LeRet, M., Schalk, M., Robineau, T., Durst, F., Werck-Reichhart, D., 1998. Molecular cloning and functional expression in yeast of CYP76B1, a xenobiotic-inducible 7-ethoxycoumarin O-de-ethylase from *Helianthus tuberosus*. Plant J. 14:111-120.

Ben, C., Hewezi, T., Jardinaud, M.F., Bena, F., Ladouce, N., Moretti, S., Tamborindeguy, C, Liboz T, Petitprez M, Gentzbittel L., 2005. Comparative analysis of early embryonic Sunflower cDNA libraries. Plant Mol. Biol. 57: 255-270.

Bentolila, S., Alfonso, A.A., Hanson, M.R., 2002. A pentatricopeptide repeat-containing gene restores fertility to cytoplasmic male-sterile plants. Proc. Natl. Acad. Sci. USA 99: 10887-10892.

Bert, P.F., Dechamp-Guillaume, G., Serre, F., Jouan, I., de Labrouhe, D.T., Nicolas, P., Vear, F., 2004. Comparative genetic analysis of quantitative traits in Sunflower (*Helianthus annuus* L.) 3. Characterisation of QTL involved in resistance to *Sclerotinia sclerotiorum* and *Phoma macdonaldi*. Theor. Appl. Genet. 109: 865-874.

Bert, P.F., Jouan, I, de Labrouhe, D.T., Serre, F., Nicolas, P., Vear, F., 2002. Comparative genetic analysis of quantitative traits in Sunflower (*Helianthus annuus* L.) 1. QTL involved in resistance to *Sclerotinia scle-rotiorum* and *Diaporthe helianthi*. Theor. Appl. Genet. 105: 985-993.

Binet, M.N., Weil,J.H., Tessier, L.H., 1991. Structure and expression of Sunflower ubiquitin genes. Plant Mol. Biol. 17: 395-407.

Bouton, J.H., 2007. Molecular breeding of switchgrass for use as a biofuel crop. Curr. Opin. Genet. Dev. 17: 553-558.

Bouzidi, M.F., Badaoui, S., Cambon, F., Vear, F., De Labrouhe, D.T., Nicolas, P., Mouzeyar, S., 2002. Molecular analysis of a major locus for resistance to downy mildew in Sunflower with specific PCR-based markers. Theor. Appl. Genet. 104: 592-600.

Bouzidi, M.F., Franchel, J., Tao, Q., Stormo, K., Mraz, A., Nicolas, P., Mouzeyar, S., 2006. A Sunflower BAC library suitable for PCR screening and physical mapping of targeted genomic regions. Theor. Appl. Genet. 113: 81-89.

Bouzidi, M.F., Parlange, F., Nicolas, P., Mouzeyar, S., 2007. Expressed Sequence Tags from the oomycete *Plasmopara halstedii*, an obligate parasite of the Sunflower. BMC Microbiol. 7: 110.

Brar, D.S., 2002. Molecular marker assisted breeding. p. 55-84. *In*: Jain, S.M., Brar, D.S., Ahloowalia, B.S. (eds.) Molecular Techniques in Crop Improvement. Kluwer Academic Publishers, Dordrecht, The Netherlands.

Bremer, K., Gustafsson, M.H., 1997. East Gondwana ancestry of the Sunflower alliance of families. Proc. Natl. Acad. Sci. USA 94: 9188-9190.

Brunel, D., 1994. A microsatellite marker in *Helianthus annuus* L. Plant Mol Biol. 24: 397-400.

Burke, J.M., Lai, Z., Salmaso, M., Nakazato, T., Tang, S., Heesacker, A., Knapp, S.J., Rieseberg, L.H., 2004. Comparative mapping and rapid karyotypic evolution in the genus *Helianthus*. Genetics 167: 449-457.

Cabello, J.V., Dezar, C.A., Manavella, P.A., Chan, R.L., 2007. The intron of the *Arabidopsis thaliana* COX5c gene is able to improve the drought tolerance conferred by the Sunflower Hahb-4 transcription factor. Planta. 226: 1143-1154.

Carney, S.E., Gardner, K.A., Rieseberg, L.H., 2000. Evolutionary changes over the fifty-year history of a hybrid population of Sunflowers (*Helianthus*). Evolution 54: 462-474.

Carranco, R., Almoguera, C., Jordano, J., 1997. A plant small heat shock protein gene expressed during zygotic embryogenesis but noninducible by heat stress. J. Biol. Chem. 272: 27470-27475.

Ceccarelli, M., Sarri, V., Natali, L., Giordani, T., Cavallini, A., Zuccolo, A., Jurman, I., Morgante, M., Cionini, P.G., 2007. Characterization of the chromosome complement of *Helianthus annuus* by *in situ* hybridization of a tandemly repeated DNA sequence. Genome 50: 429-434.

Cellier, F., Conejero, G., Breitler, J.C., Casse F., 1998. Molecular and physiological responses to water deficit in drought-tolerant and drought-sensitive lines of Sunflower. Accumulation of dehydrin transcripts correlates with tolerance. Plant Physiol. 116: 319-328.

Chaki, M., Fernández-Ocaña, A.M., Valderrama, R., Carreras, A., Esteban, F.J., Luque, F., Gómez-Rodríguez, M.V., Begara-Morales, J.C., Corpas, F.J., Barroso, J.B., 2009a. Involvement of reactive nitrogen and oxygen species (RNS and ROS) in Sunflower-mildew interaction. Plant Cell Physiol. 50: 265-279.

Chaki, M., Valderrama, R., Fernández-Ocaña, A.M., Carreras, A., López-Jaramillo, J., Luque, F., Palma, J.M., Pedrajas, J.R., Begara-Morales, J.C., Sánchez-Calvo, B., Gómez-Rodríguez, M.V., Corpas, F.J., Barroso, J.B., 2009b. Protein targets of tyrosine nitration in Sunflower (*Helianthus annuus* L.) hypocotyls. J. Exp. Bot. 60: 4221-4234.

Chapman, M.A., Leebens-Mack, J.H., Burke J.M., 2008a. Positive selection and expression divergence following gene duplication in the Sunflower *CYCLOIDEA* gene family. Mol. Biol. Evol. 25: 1260-1273.

Chapman, M.A., Pashley, C.H., Wenzler, J., Hvala, J., Tang, S., Knapp, S.J., Burke, J.M., 2008b. A genomic scan for selection reveals candidates for genes involved in the evolution of cultivated Sunflower (*Helianthus annuus*). Plant Cell 20: 2931-2945.

Chen, J., Hu, J., Vick, B.A., Jan, C.C., 2006. Molecular mapping of a nuclear male-sterility gene in Sunflower (*Helianthus annuus* L.) using TRAP and SSR markers. Theor. Appl. Genet. 113: 122-127.

Chiappetta, A., Fambrini, M., Petrarulo, M., Rapparini, F., Michelotti, V., Bruno, L., Greco, M., Baraldi, R., Salvini, M., Pugliesi, C., Bitonti, M.B., 2009. Ectopic expression of *LEAFY COTYLEDON1-LIKE* gene and localized auxin accumulation mark embryogenic competence in epiphyllous plants of *Helianthus annuus* × *H. tuberosus*. Ann. Bot. 103: 735-747.

Church, S.A., Livingstone, K., Lai, Z., Kozik, A., Knapp, S.J., Michelmore, R.W., Rieseberg, L.H., 2007. Using variable rate models to identify genes under selection in sequence pairs: their validity and limitations for EST sequences. J. Mol. Evol. 64: 171-180.

Coca, M.A., Almoguera, C., Jordano, J., 1994. Expression of Sunflower low-molecular-weight heat-shock proteins during embryogenesis and persistence after germination: localization and possible functional implications. Plant Mol. Biol. 25: 479-492.

Coca, M.A., Almoguera, C., Thomas, T.L., Jordano, J., 1996. Differential regulation of small heat-shock genes in plants: analysis of a water-stress-inducible and developmentally activated Sunflower promoter. Plant Mol. Biol. 31: 863-876.

Collard, B.C., Vera Cruz, C.M., McNally, K.L., Virk, P.S., Mackill, D.J., 2008. Rice molecular breeding laboratories in the genomics era: current status and future considerations. International Journal of Plant Genomics, Vol. 2008, Article ID 524847, 25 pages. doi:10.1155/2008/524847.

Conti, A., Pancaldi, S., Fambrini, M., Michelo-tti, V., Bonora, A., Salvini, M., Pugliesi, C., 2004. A deficiency at the gene coding for zeta-carotene desaturase characterizes the Sunflower non dormant-1 mutant. Plant Cell Physiol. 45: 445-455.

Conway, G., Toenniessen, G., 1999. Feeding the world in the twenty-first century. Nature 402 (6761 Suppl): C55-58.

Crouzillat, D., de la Canal, L., Perrault, A., Ledoigt, G., Vear, F., Serieys, H., 1991. Cytoplasmic male sterility in Sunflower: comparison of molecular biology and genetic studies. Plant Mol. Biol. 16: 415-426.

Crouzillat, D., de la Canal, L., Vear, F., Serieys, H., Ledoigt, G., 1994. Mitochondrial DNA RFLP and genetical studies of cytoplasmic male sterility in the Sunflower (*Helianthus annuus*). Curr. Genet. 26: 146-152.

Custers, J.H., Harrison, S.J., Sela-Buurlage, M.B., van Deventer, E., Lageweg, W., Howe, P.W., van der Meijs, P.J., Ponstein AS, Simons BH, Melchers LS, Stuiver MH., 2004. Isolation and characterisation of a class of carbohydrate oxidases from higher plants, with a role in active defence. Plant J. 39: 147-160.

Danilova, T.V., Kuklev, M.Iu., Andeeva, G.N., Shevelukha, V.S., Karlov, G.I., 2007. Cloning and analysis of the resistance gene fragments from silverleaf Sunflower *Helianthus agrophyllus*. Genetika 43: 482-488. (In Russian)

de Zelicourt, A., Letousey, P., Thoiron, S., Campion, C., Simoneau, P., Elmorjani, K., Marion, D., Simier, P., Delavault, P., 2007. Ha-DEF1, a Sunflower defensin, induces cell death in *Orobanche* parasitic plants. Planta 226: 591-600.

Dezar, C.A., Tioni, M.F., Gonzalez, D.H., Chan, R.L., 2003. Identification of three MADS-box genes expressed in Sunflower capitulum. J. Exp. Bot. 54: 1637-1639.

Diaz-Martin, J., Almoguera, C., Prieto-Dapena, P., Espinosa, J.M., Jordano, J., 2005. Functional interaction between two transcription factors involved in the developmental regulation of a small heat stress protein gene promoter. Plant Physiol. 139: 1483-1494.

Didierjean, L., Gondet, L., Perkins, R., Lau, S.M., Schaller, H., O'Keefe, D.P., Werck-Reichhart, D., 2002. Engineering herbicide metabolism in tobacco and *Arabidopsis* with CYP76B1, a cytochrome P450 enzyme from Jerusalem artichoke. Plant Physiol. 130: 179-189.

Doi-Kawano, K., Kouzuma, Y., Yamasaki, N., Kimura, M., 1998. Molecular cloning, functional expression, and mutagenesis of cDNA encoding a cysteine proteinase inhibitor from Sunflower seeds. J. Biochem. 124: 911-916.

Duble, C.M., Hahn, V., Knapp, S.J., Bauer, E., 2004. Pl_{Arg} from *Helianthus argophyllus* is unlinked to other known downy mildew resistance genes in Sunflower. Theor. Appl. Genet. 109: 1083-1086.

Ebrahimi, A., Maury, P., Berger, M., Kiani, S.P., Nabipour, A., Shariati, F., Grieu, P., Sarrafi A., 2008. QTL mapping of seed-quality traits in Sunflower recombinant inbred lines under different water regimes. Genome 51: 599-615.

Echevarria-Zomeno, S., Perez-de-Luque, A., Jorrin, J., Maldonado, A.M., 2006. Pre-haustorial resistance to broomrape (*Orobanche cumana*) in Sunflower (*Helianthus annuus*): cytochemical studies. J. Exp. Bot. 57: 4189-4200.

Edelist C, Lexer C, Dillmann C, Sicard D, Rieseberg LH., 2006. Microsatellite signature of ecological selection for salt tolerance in a wild Sunflower hybrid species, *Helianthus paradoxus*. Mol. Ecol. 15: 4623-4634.

Elhiti, M., Stasolla, C., 2009. Structure and function of homodomain-leucine zipper (HD-Zip) proteins. Plant Signal Behav. 4(2): 86-88.

Ellis, J.R., Bentley, K.E., McCauley, D.E., 2008. Detection of rare paternal chloroplast inheritance in controlled crosses of the endangered Sunflower *Helianthus verticillatus*. Heredity 100: 574-580.

Evenson, R.E., Gollin, D., 2003. Assessing the impact of the green revolution, 1960 to 2000. Science 300: 758-862.

Fambrini, M., Durante, C., Cionini, G., Geri, C., Giorgetti, L., Michelotti, V., Salvini, M., Pugliesi, C., 2006. Characterization of *LEAFY COTYLEDON1-LIKE* gene in *Helianthus annuus* and its relationship with zygotic and somatic embryogenesis. Dev. Genes Evol. 216: 253-264.

Feng, J., Jan, C.C., 2008. Introgression and molecular tagging of Rf_4, a new male fertility restoration gene from wild Sunflower *Helianthus maximiliani* L. Theor. Appl. Genet. 117: 241-249.

Feng, J., Liu, Z., Jan, C.C., 2009. Development of a set of chromosome-specific cytogenetic DNA markers in Sunflower using BAC-FISH. Proceedings 31st Sunflower Research Workshop, National Sunflower Association, January 13-14, 2009, Fargo, ND. Available: http://www.Sunflowernsa.com/research/research-workshop/documents/Feng_BACFISH-_09.-pdf.

Feng, J., Vick, B.A., Lee, M.K., Zhang, H.B., Jan, C.C., 2006. Construction of BAC and BIBAC libraries from Sunflower and identification of linkage group-specific clones by overgo hybridization. Theor. Appl. Genet. 113: 23-32.

Fernandez, P., Paniego, N., Lew, S., Hopp, H.E., Heinz, R.A., 2003. Differential representation of Sunflower ESTs in enriched organ-specific cDNA libraries in a small scale sequencing project. BMC Genomics 4: 40.

Fernandez-Moya, V., Martinez-Force, E., Garces, R., 2000. Identification of triacylglycerol species from high-saturated Sunflower (*Helianthus annuus*) mutants. J. Agric. Food Chem. 48: 764-769.

Fernandez-Moya, V., Martinez-Force, E., Garces, R., 2002. Temperature effect on a high stearic acid Sunflower mutant. Phytochemistry 59: 33-37.

Fernandez-Moya, V., Martinez-Force, E., Garces, R., 2006. Lipid characterization of a high-stearic Sunflower mutant displaying a seed stearic acid gradient. J. Agric. Food Chem. 54: 3612-3616.

Fraissinet-Tachet, L., Reymond-Cotton, P., Fevre, M., 1996. Molecular karyotype of the phytopathogenic fungus *Sclerotinia sclerotiorum*. Curr. Genet. 29: 496-501.

Fusari, C.M., Lia, V.V., Hopp, H.E., Heinz, R.A., Paniego, N.B., 2008. Identification of single nucleotide polymorphisms and analysis of linkage disequilibrium in Sunflower elite inbred lines using the candidate gene approach. BMC Plant Biol. 8: pp. 7.

Gandhi, S.D., Heesacker, A.F., Freeman, C.A., Argyris, J., Bradford, K., Knapp, S.J., 2005. The self-incompatibility locus (S) and quantitative trait loci for self-pollination and seed dormancy in Sunflower. Theor. Appl. Genet. 111: 619-629.

Garcia, J.S., Gratao, P.L., Azevedo, R.A., Arruda, M.A., 2006. Metal contamination effects on Sunflower (*Helianthus annuus* L.) growth and protein expression in leaves during development. J. Agric. Food Chem. 54: 8623-8630.

Gedil, M.A., Slabaugh, M.B., Berry, S., Johnson, R., Michelmore, R., Miller, J., Gulya, T., Knapp, S.J., 2001. Candidate disease resistance genes in Sunflower cloned using conserved nucleotide-binding site motifs: genetic mapping and linkage to the downy mildew resistance gene Pl_1. Genome 44: 205-212.

Gentzbittel, L., Abbott, A., Galaud, J.P., Georgi, L., Fabre, F., Liboz, T., Alibert, G., 2002. A bacterial artificial chromosome (BAC) library for Sunflower, and identification of clones containing genes for putative transmembrane receptors. Mol. Genet. Genomics 266: 979-987.

Gentzbittel, L., Mestries, E., Mouzeyar, S., Mazeyrat, F., Badaoui, S., Vear, F., Tourvieille de Labrouhe, D., Nicolas, P., 1999. A composite map of expressed sequences and phenotypic traits of the Sunflower (*Helianthus annuus* L.) genome. Theor. Appl. Genet. 99: 218-234.

Giordani T, Natali L, D'Ercole A, Pugliesi C, Fambrini M, Vernieri P, Vitagliano C, Cavallini A., 1999. Expression of a dehydrin gene during embryo development and drought stress in ABA-deficient mutants of Sunflower (*Helianthus annuus* L.). Plant Mol. Biol. 39: 739-748.

Giordani, T., Natali, L., Cavallini, A., 2003. Analysis of a dehydrin encoding gene and its phylogenetic utility in *Helianthus*. Theor. Appl. Genet. 107: 316-325.

Godfray, H.C., Beddington, J.R., Crute, I.R., Haddad, L., Lawrence, D., Muir, J.F., Pretty, J., Robinson, S., Thomas, S.M., Toulmin, C., 2010. Food security: the challenge of feeding 9 billion people. Science 327: 812-818.

Gonzalez, D.H., Valle, E.M., Chan, G.G., 1997. Interaction between proteins containing homeodomains associated to leucine zippers from Sunflower. Biochem. Biophys. Acta 1351: 137-149.

Gopfert, J.C., Macnevin, G., Ro, D.K., Spring, O., 2009. Identification, functional characterization and developmental regulation of sesquiterpene synthases from Sunflower capitate glandular trichomes. BMC Plant Biol. 9: 86.

Guijun, D., Weidong, P., Gongshe, L., 2006. The analysis of proteome changes in Sunflower seeds induced by N^+ implantation. J. Biosci. 31: 247-253.

Habash, D.Z., Kehel, Z., Nachit, M., 2009. Genomic approaches for designing durum wheat ready for climate change with a focus on drought. J. Exp. Bot. 60: 2805-2815.

Harter, A.V., Gardner, K.A., Falush, D., Lentz, D.L., Bye, R.A., Rieseberg, L.H., 2004. Origin of extant domesticated Sunflowers in eastern North America. Nature 430: 201-205.

Hass, C.G., Tang, S., Leonard, S., Traber, M.G., Miller, J.F, Knapp, S.J., 2006. Three non-allelic epistatically interacting methyltransferase mutations produce novel tocopherol (vitamin E) profiles in Sunflower. Theor. Appl. Genet. 113: 767-782.

Hewezi, T., Leger, M., El Kayal, W., Gentzbittel L., 2006a. Transcriptional profiling of Sunflower plants growing under low temperatures reveals an extensive down-regulation of gene expression associated with chilling sensitivity. J. Exp. Bot. 57: 3109-3122.

Hewezi, T., Mouzeyar, S., Thion, L., Rickauer, M., Alibert, G., Nicolas, P., Kallerhoff, J., 2006b. Antisense expression of a NBS-LRR sequence in Sunflower (*Helianthus annuus* L.) and tobacco (*Nicotiana tabacum* L.): evidence for a dual role in plant development and fungal resistance. Transgenic Res. 15: 165-180.

Hoffmann, E., Schonherr, K., Johann, P., Hampp, R., von Keller, A., Voeste, D., Barth, S., Schnabl, H., Baumann, T., Eisenbeiss, M., Reinhard, E., 1995. Electrofusion of plant cell protoplasts under microgravity-a D-2 spacelab experiment. Microgravity Sci. Technol. 8: 188-195.

Horn, R., 2002. Molecular diversity of male sterility inducing and male-fertile cytoplasms in the genus *Helianthus*. Theor. Appl. Genet. 104: 562-570.

Horn, R., Hustedt, J.E., Horstmeyer, A., Hahnen, J., Zetsche, K., Friedt, W., 1996. The *cms*-associated 16 kDa protein encoded by *orf* H522 in the PET1 cytoplasm is also present in other male-sterile cytoplasms of Sunflower. Plant Mol. Biol. 30: 523-538.

Horn, R., Kohler, R.H., Zetsche, K., 1991. A mitochondrial 16 kDa protein is associated with cytoplasmic male sterility in Sunflower. Plant Mol. Biol. 17: 29-36.

Horn, R., Kusterer, B., Lazarescu, E., Prufe, M., Friedt, W., 2003. Molecular mapping of the Rf_1 gene restoring pollen fertility in PET1-based F_1 hybrids in Sunflower (*Helianthus annuus* L.). Theor. Appl. Genet. 106: 599-606.

Hu, J., 2006. Defining the Sunflower (*Helianthus annuus* L.) linkage group ends with the *Arabidopsis*-type telomere sequence repeat-derived markers. Chromosome Res. 14: 535-548.

Iqbal, M.A., Sadaqat, H.A., Khan, I.A., 2008. Estimation of genetic diversity among Sunflower genotypes through random amplified polymorphic DNA analysis. Genet. Mol. Res. 7: 1408-1413.

Jan, C.C., Chandler, J.M., Wagner, S.A., 1988. Induced tetraploidy and trisomics production of *Helianthus annuus* L. Genome 30: 647-651.

Jan, C.C., Vick, B.A., Miller, J.F., Kahler, A.L., Butler, E.T., 1998. Construction of an RFLP linkage map for cultivated Sunflower. Theor. Appl. Genet. 96: 15-22.

Jobic, C., Boisson, A.M., Gout, E., Rascle, C., Fevre, M., Cotton, P., Bligny, R., 2007. Metabolic processes and carbon nutrient exchanges between host and pathogen sustain the disease development during Sunflower infection by *Sclerotinia sclerotiorum*. Planta 226: 251-265.

Kane, N.C., Rieseberg, L.H., 2008. Genetics and evolution of weedy *Helianthus annuus* populations: adaptation of an agricultural weed. Mol. Ecol. 17: 384-394.

Karrenberg, S., Edelist, C., Lexer, C., Rieseberg, L., 2006. Response to salinity in the homoploid hybrid species *Helianthus paradoxus* and its progenitors *H. annuus* and *H. petiolaris*. New Phytol. 170: 615-629.

Karrenberg, S., Lexer, C., Rieseberg, L.H., 2007. Reconstructing the history of selection during homoploid hybrid speciation. Amer. Nat. 169: 725-737.

Kim, K.J., Choi, K.S., Jansen, R.K., 2005. Two chloroplast DNA inversions originated simultaneously during the early evolution of the Sunflower family (Asteraceae). Mol. Biol. Evol. 22: 1783-1792.

Kim, K.J., Jansen, R.K., 1995. *ndhF* sequence evolution and the major clades in the sun,.flower family. Proc. Natl. Acad. Sci. USA 92: 10379-10383.

Kim, S.C., Rieseberg, L.H., 1999. Genetic architecture of species differences in annual Sunflowers: implications for adaptive trait introgression. Genetics 153: 965-977.

Kim, S.C., Rieseberg, L.H., 2001. The contribution of epistasis to species differences in annual Sunflowers. Mol. Ecol. 10: 683-690.

Kohler, R.H., Horn, R., Lossl, A., Zetsche, K., 1991. Cytoplasmic male sterility in Sunflower is correlated with the co-transcription of a new open reading frame with the *atpA* gene. Mol. Gen. Genet. 227: 369-376.

Kolkman, J.M., Berry, S.T., Leon, A.J., Slabaugh, M.B., Tang, S., Gao, W., Shintani, D.K., Burke, J.M., Knapp, S.J., 2007. Single nucleotide polymorphisms and linkage disequilibrium in Sunflower. Genetics 177: 457-468.

Kolkman, J.M., Slabaugh, M.B., Bruniard, J.M., Berry, S., Bushman, B.S., Olungu, C., Maes, N., Abratti, G., Zambelli, A., Miller, J.F., Leon, A., Knapp, S.J., 2004. Acetohydroxyacid synthase mutations conferring resistance to imidazolinone or sulfonylurea herbicides in Sunflower. Theor. Appl. Genet. 109: 1147-1159.

Lacombe, S., Souyris, I., Berville, A.J., 2009. An insertion of oleate desaturase homologous sequence silences via siRNA the functional gene leading to high oleic acid content in Sunflower seed oil. Mol. Genet. Genomics. 281: 43-54.

Lai Z, Gross BL, Zou Y, Andrews J, Rieseberg LH., 2006. Microarray analysis reveals differential gene expression in hybrid Sunflower species. Mol. Ecol. 15: 1213-1227.

Lai, Z., Nakazato, T., Salmaso, M., Burke, J.M., Tang, S, Knapp, S.J., Rieseberg, L.H., 2005. Extensive chromosomal repatterning and the evolution of sterility barriers in hybrid Sunflower species. Genetics 171: 291-303.

Laver, H.K., Reynolds, S.J., Moneger, F., Leaver, C.J., 1991. Mitochondrial genome organization and expression associated with cytoplasmic male sterility in Sunflower (*Helianthus annuus*). Plant J. 1: 185-193.

Leclercq, P., 1969. Une sterilite male cytoplasmique chez le tournesol. Ann. Amelior. Plant., 19: 99-106.

Leung, H., 2008. Stressed genomics-bringing relief to rice fields. Curr. Opin. Plant Biol. 11: 201-208.

Lexer, C., Welch, M.E., Durphy, J.L., Rieseberg, L.H., 2003. Natural selection for salt tolerance quantitative trait loci (QTLs) in wild Sunflower hybrids: implications for the origin of *Helianthus paradoxus*, a diploid hybrid species. Mol. Ecol. 12: 1225-1235.

Linder, C.R., Goertzen, L.R., Heuvel, B.V., Fran-cisco-Ortega, J., Jansen, R.K., 2000. The complete external transcribed spacer of 18S-26S rDNA: amplification and phylogenetic utility at low taxonomic levels in Asteraceae and closely allied families. Mol. Phylogenet. Evol. 14: 285-303.

Liu, A., Burke, J.M., 2006. Patterns of nucleotide diversity in wild and cultivated Sunflower. Genetics 173: 321-330.

Manavella, P.A., Arce, A.L., Dezar, C.A., Bitton, F., Renou, J.P., Crespi, M., Chan, R.L., 2006. Cross-talk between ethylene and drought signaling pathways is mediated by the Sunflower *Hahb-4* transcription factor. Plant J. 48: 125-137.

Manavella, P.A., Dezar, C.A., Ariel, F.D., Chan, R.L., 2008a. Two ABREs, two redundant root-specific and one W-box *cis*-acting elements are functional in the Sunflower *HAHB4* promoter. Plant Physiol. Biochem. 46: 860-867.

Manavella, P.A., Dezar, C.A., Ariel, F.D., Drincovich, M.F., Chan, R.L., 2008b. The Sunflower HD-Zip transcription factor HAHB4 is up-regulated in darkness, reducing the transcription of photosynthesis-related genes. J. Exp. Bot. 59: 3143-3155.

Martin, M.L., Vidal, E.E., de la Canal, L., 2007. Expression of a lipid transfer protein in *Escherichia coli* and its phosphorylation by a membrane-bound calcium-dependent protein kinase. Protein Pept. Lett. 14: 793-799.

Martinez-Force, E., Cantisan, S., Serrano-Vega, M.J., Garces, R., 2000. Acyl-acyl carrier protein thioesterase activity from Sunflower (*Helianthus annuus* L.) seeds. Planta 211: 673-678.

Mazeyrat, F., Mouzeyar, S., Nicolas, P., Tourvieille de Labrouhe, D., Ledoigt, G., 1998. Cloning, sequence and characterization of a Sunflower (*Helianthus annuus* L.) pathogen-induced gene showing sequence homology with auxin-induced genes from plants. Plant Mol. Biol. 38: 899-903.

Mercer, K.L., Andow, D.A., Wyse, D.L., Shaw, RG., 2007. Stress and domestication traits increase the relative fitness of crop-wild hybrids in Sunflower. Ecol. Lett. 10: 383-393.

Micic, Z., Hahn, V., Bauer, E., Melchinger, A.E., Knapp, S.J., Tang, S., Schon, C.C., 2005a. Identification and validation of QTL for *Sclerotinia* midstalk rot resistance in Sunflower by selective genotyping. Theor. Appl. Genet. 111: 233-242.

Micic, Z., Hahn, V., Bauer, E., Schon, C.C., Knapp, S.J, Tang, S., Melchinger, A.E., 2004. QTL mapping of Sclerotinia midstalk-rot resistance in Sunflower. Theor. Appl. Genet. 109: 1474-1484.

Micic, Z., Hahn, V., Bauer, E., Schon, C.C., Melchinger, A.E., 2005b. QTL mapping of resistance to Sclerotinia midstalk rot in RIL of Sunflower population NDBLOSsel × CM625. Theor. Appl. Genet. 110: 1490-1498.

Mokrani, L., Gentzbittel, L., Azanza, F., Fitamant, L., Al-Chaarani, G., Sarrafi, A., 2002. Mapping and analysis of quantitative trait loci for grain oil content and agronomic traits using AFLP and SSR in Sunflower (*Helianthus annuus* L.). Theor. Appl. Genet. 106: 149-156.

Moneger, F., Smart, C.J., Leaver, C.J., 1994. Nuclear restoration of cytoplasmic male sterility in Sunflower is associated with the tissue-specific regulation of a novel mito-chondrial gene. EMBO J. 13: 8-17.

Moose, S.P., Mumm, R.H., 2008. Molecular plant breeding as the foundation for 21st century crop improvement. Plant Physiol. 147: 969-977.

Mulpuri, S., Liu, Z., Feng, J., Gulya, T.J., Jan, C.C., 2009. Inheritance and molecular mapping of a downy mildew resistance gene, Pl_{13} in cultivated Sunflower (*Helianthus annuus* L.). Theor. Appl. Genet. 119: 795-803.

Natali, L., Ceccarelli, M., Giordani, T., Sarri, V., Zuccolo, A., Jurman, I., Morgante, M., Cavallini, A., Cionini, P.G., 2008. Phylogenetic relationships between annual and perennial species of *Helianthus*: evolution of a tandem repeated DNA sequence and cytological hybridization experiments. Genome 51: 1047-1053.

Natali, L., Giordani, T., Cavallini, A., 2003. Sequence variability of a dehydrin gene within *Helianthus annuus*. Theor. Appl. Genet. 106: 811-818.

Natali, L., Giordani, T., Lercari, B., Maestrini, P., Cozza, R., Pangaro, T., Vernieri, P., Martinelli, F., Cavallini, A., 2007. Light induces expression of a dehydrin-encoding gene during seedling de-etiolation in Sunflower (*Helianthus annuus* L.). J. Plant Physiol. 164: 263-273.

Natali, L., Santini, S., Giordani, T., Minelli, S., Maestrini, P., Cionini, P.G., Cavallini, A., 2006. Distribution of Ty3-*gypsy*- and Ty1-*copia*-like DNA sequences in the genus *Helianthus* and other Asteraceae. Genome 49: 64-72.

Nehnevajova, E., Herzig, R., Federer, G., Erismann, K.H., Schwitzguebel, J.P., 2005. Screening of Sunflower cultivars for metal phytoextraction in a contaminated field prior to mutagenesis. Int. J. Phytoremediation 7: 337-349.

Osorio, J., Fernandez-Martinez, J.M., Mancha, M., Garces, R., 1995. Mutant Sunflowers with high concentration of saturated fatty acids in the oil. Crop Sci. 35: 739-742.

Ouvrard, O., Cellier, F., Ferrare, K., Tousch, D., Lamaze, T., Dupuis, J.M., Casse-Delbart, F., 1996. Identification and expression of water stress- and abscisic acid-regulated genes in a drought-tolerant Sunflower genotype. Plant Mol. Biol. 31: 819-829.

Özdemir, N., Horn, R., Friedt, W., 2004. Construction and characterization of a BAC library for Sunflower (*Helianthus annuus* L.). Euphytica 138: 177-183.

Palena, C.M., Chan, R.L., Gonzalez, D.H., 1997. A novel type of dimerization motif, related to leucine zippers, is present in plant homeodomain proteins. Biochim. Biophys. Acta. 1352: 203-212.

Paniego, N., Echaide, M., Muñoz, M., Fernández, L., Torales, S., Faccio, P., Fuxan, I., Carrera, M., Zandomeni, R., Suárez, E.Y., Hopp, H.E., 2002. Microsatellite isolation and characterization in Sunflower (*Helianthus annuus* L.). Genome 45: 34-43.

Panković, D., Radovanović, N., Jocić, S., Satović, Z., Škorić, D., 2007. Development of co-dominant amplified polymorphic sequence markers for resistance of Sunflower to downy mildew race 730. Plant Breeding 126: 440-444.

Park, H., Yamanaka, N., Mikkonen, A., Kusakabe, I., Kobayashi, H., 2000. Purification and characterization of aspartic proteinase from Sunflower seeds. Biosci. Biotechnol. Biochem. 64: 931-939.

Parra-Lobato, M.C., Alvarez-Tinaut, M.C., Gomez-Jimenez, M.C., 2007. Cloning and characterization of a root Sunflower peroxidase gene putatively involved in cell elongation. J. Plant Physiol. 164: 1688-1692.

Pashley, C.H., Ellis, J.R., McCauley, D.E., Burke, J.M., 2006. EST databases as a source for molecular markers: lessons from *Helianthus*. J. Hered. 97: 381-388.

Peluffo, L., Lia, V., Troglia, C., Maringolo, C., Norma, P., Escande, A., Esteban Hopp, H., Lytovchenko, A., Fernie, A.R., Heinz, R., Carrari, F., 2009. Metabolic profiles of Sunflower genotypes with contrasting response to *Sclerotinia sclerotiorum* infection. Phytochemistry.

Pérez-Vich, B., Akhtouch, B., Knapp, S.J., Leon, A.J., Velasco, L., Fernández-Martínez, J.M., Berry, S., 2004. Quantitative trait loci for broomrape (*Orobanche cumana* Wallr.) resistance in Sunflower. Theor. Appl. Genet. 109: 92-102.

Pérez-Vich, B., Leon, A.J., Grondona, M., Velasco, L., Fernández-Martínez, J.M., 2006. Molecular analysis of the high stearic acid content in Sunflower mutant CAS-14. Theor. Appl. Genet. 112: 867-875.

Plocik, A., Layden, J., Kesseli, R., 2004. Comparative analysis of NBS domain sequences of NBS-LRR disease resistance genes from Sunflower, lettuce, and chicory. Mol. Phylogenet. Evol. 31: 153-163.

Popov, V.N., Urbanovich, O.Iu., Kirichenko, V.V., 2002. Studying genetic diversity in inbred Sunflower lines by RAPD and isoenzyme analyses Genetika 38: 937-943. (In Russian)

Poussereau, N., Gente, S., Rascle, C., Billon-Grand, G., Fèvre M., 2001. *aspS* encoding an unusual aspartyl protease from *Sclerotinia sclerotiorum* is expressed during phy-to-pa-thogenesis. FEMS Microbiol. Lett., 194: 27-32.

Prats, E., Galindo, J.C., Bazzalo, M.E., León, A., Macías, F.A., Rubiales, D., Jorrín, J.V., 2007. Antifungal activity of a new phenolic compound from capitulum of a head rot-resistant Sunflower genotype. J. Chem. Ecol. 33: 2245-2253.

Prieto-Dapena, P., Almoguera, C., Rojas, A., Jordano, J., 1999. Seed-specific expression patterns and regulation by *ABI3* of an unusual late embryogenesis-abundant gene in Sunflower. Plant Mol. Biol. 39: 615-627.

Putt, E.D., 1997. Early history of Sunflower. p. 1-19. *In*: Schneiter, A.A. (ed.). Sunflower Technology and Production. Agron. Monogr. 35. ASA, CSSA, and SSSA, Madison, WI.

Quagliaro, G., Vischi, M., Tyrka, M., Olivieri, A.M., 2001. Identification of wild and cultivated Sunflower for breeding purposes by AFLP markers. J. Hered. 92: 38-42.

Radwan, O., Bouzidi, M.F., Nicolas, P., Mouzeyar, S., 2004. Development of PCR markers for the *Pl5/Pl8* locus for resistance to *Plasmopara halstedii* in Sunflower, *Helianthus annuus* L. from complete CC-NBS-LRR sequences. Theor. Appl. Genet. 109: 176-185.

Radwan, O., Bouzidi, M.F., Vear, F., Philippon, J., De Labrouhe, D.T., Nicolas, P., Mouzeyar, S., 2003. Identification of non-TIR-NBS-LRR markers linked to the *Pl5/Pl8* locus for resistance to downy mildew in Sunflower. Theor. Appl. Genet. 106: 1438-1446.

Radwan, O., Gandhi, S., Heesacker, A., Whitaker, B., Taylor, C., Plocik, A., Kesseli, R., Kozik, A., Michelmore, R.W., Knapp, S.J., 2008. Genetic diversity and genomic distribution of homologs encoding NBS-LRR disease resistance proteins in Sunflower. Mol. Genet. Genomics 280: 111-125.

Radwan, O., Mouzeyar, S., Venisse, J.S., Nicolas, P., Bouzidi, M.F., 2005. Resistance of Sunflower to the biotrophic oomycete *Plasmopara halstedii* is associated with a delayed hypersensitive response within the hypocotyls. J. Exp. Bot. 56: 2683-2693.

Rekab, D., del Sorbo, G., Reggio, C., Zoina, A., Firrao, G., 2004. Polymorphisms in nuclear rDNA and mtDNA reveal the polyphyletic nature of isolates of Phomopsis pathogenic to Sunflower and a tight monophyletic clade of defined geographic origin. Mycol. Res. 108: 393-402.

Reymond-Cotton, P., Fraissinet-Tachet, L., Fèvre, M., 1996. Expression of the *Sclerotinia sclerotiorum* polygalacturonase *pg1* gene:

possible involvement of CREA in glucose catabolite repression. Curr. Genet. 30: 240-245.

Ribichich, K.F., Tioni, M.F., Chan, R.L., Gonzalez, D.H., 2001. Cell-type-specific expression of plant cytochrome c mRNA in developing flowers and roots. Plant Physiol. 125: 1603-1610.

Rieseberg, L.H., Buerkle, C.A., 2002. Genetic mapping in hybrid zones. Am. Nat. 159 Suppl 3: S36-50.

Rieseberg, L.H., Linder, C.R., Seiler, G.J., 1995. Chromosomal and genic barriers to introgression in *Helianthus*. Genetics 141: 1163-1171.

Rieseberg, L.H., Raymond, O., Rosenthal, D.M., Lai, Z., Livingstone, K., Nakazato, T., Durphy, J.L., Schwarzbach, A.E., Donovan, L.A., Lexer, C., 2003. Major ecological transitions in wild Sunflowers facilitated by hybridization. Science 301: 1211-1216.

Rieseberg, L.H., Van Fossen, C., Arias, D., Carter, R.L., 1994. Cytoplasmic male sterility in Sunflower: origin, inheritance, and frequency in natural populations. J. Hered. 85: 233-238.

Rieseberg, L.H., Whitton, J., Gardner, K., 1999. Hybrid zones and the genetic architecture of a barrier to gene flow between two Sunflower species. Genetics 152: 713-727.

Rojas, A., Almoguera, C., Jordano, J., 1999. Transcriptional activation of a heat shock gene promoter in Sunflower embryos: synergism between ABI3 and heat shock factors. Plant J. 20: 601-610.

Rojas-Barros, P., Hu, J., Jan, C.C., 2008. Molecular mapping of an apical branching gene of cultivated Sunflower (*Helianthus annuus* L.). Theor. Appl. Genet. 117: 19-28.

Ross-Ibarra, J., 2005. Quantitative trait loci and the study of plant domestication. Genetica 123: 197-204.

Rueda, E.C., Dezar, C.A., Gonzalez, D.H., Chan, R.L., 2005. Hahb-10, a Sunflower homeobox-leucine zipper gene, is regulated by light quality and quantity, and promotes early flowering when expressed in *Arabidopsis*. Plant Cell Physiol. 46: 1954-1963.

Sabar, M., Gagliardi, D., Balk, J., Leaver, C.J., 2003. ORFB is a subunit of $F_1F_{(O)}$-ATP synthase: insight into the basis of cytoplasmic male sterility in Sunflower. EMBO Rep. 4: 381-386.

Sala, C.A., Bulos, M., Echarte, M., Whitt, S.R., Ascenzi, R., 2008. Molecular and biochemical characterization of an induced mutation conferring imidazolinone resistance in Sunflower. Theor. Appl. Genet. 118: 105-112.

Salas, J.J., Martínez-Force, E., Garcés, R., 2004. Biochemical characterization of a high-palmitoleic acid *Helianthus annuus* mutant. Plant Physiol. Biochem. 42: 373-381.

Salvini, M., Bernini, A., Fambrini, M., Pugliesi, C., 2005. cDNA cloning and expression of the phytoene synthase gene in Sunflower. J. Plant Physiol. 162: 479-484.

Santini, S., Cavallini, A., Natali, L., Minelli, S., Maggini, F., Cionini, P.G., 2002. *Ty1/copia*- and *Ty3/gypsy*-like DNA sequences in *Helianthus* species. Chromosoma 111: 192-200.

Sapir, Y., Moody, M.L., Brouillette, L.C., Donovan, L.A., Rieseberg, L.H., 2007. Patterns of genetic diversity and candidate genes for ecological divergence in a homoploid hybrid Sunflower, *Helianthus anomalus*. Mol. Ecol. 16: 5017-5029.

Sarda, X., Tousch, D., Ferrare, K., Cellier, F., Alcon, C., Dupuis, J.M., Casse, F., Lamaze, T., 1999. Characterization of closely related delta-TIP genes encoding aquaporins which are differentially expressed in Sunflower roots upon water deprivation through exposure to air. Plant Mol. Biol. 40: 179-191.

Sarda, X., Tousch, D., Ferrare, K., Legrand, E., Dupuis, J.M., Casse-Delbart, F., Lamaze, T., 1997. Two TIP-like genes encoding aquaporins are expressed in Sunflower guard cells. Plant J. 12: 1103-1111.

Says-Lesage, V., Roeckel-Drevet, P., Viguié, A., Tourvieille, J., Nicolas, P., de Labrouhe, D.T., 2002. Molecular variability within *Diaporthe/Phomopsis helianthi* from France. Phytopathology 92: 308-313.

Schiedel, A.C., Oeljeklaus, S., Minihan, P., Dyer, J.H., 2004. Cloning, expression, and purification of glyoxysomal 3-oxoacyl-CoA thiolase from Sunflower cotyledons. Protein Expr. Purif. 33: 25-33.

Senthil-Kumar, M., Srikanthbabu, V., Mohan Raju, B., Ganeshkumar, Shivaprakash, N., Udayakumar, M., 2003. Screening of inbred lines to develop a thermotolerant Sunflower hybrid using the temperature induction response (TIR) technique: a novel approach by exploiting residual variability. J. Exp. Bot. 54: 2569-2578.

Serghini, K., Pérez de Luque, A., Castejón-Muñoz, M., García-Torres, L., Jorrín, J.V., 2001. Sunflower (*Helianthus annuus* L.) response to broomrape (*Orobanche cernua* Loefl.) parasitism: induced synthesis and excretion of 7-hydroxylated simple coumarins. J. Exp. Bot. 52: 2227-2234.

Serrano-Vega, M.J., Garcés, R., Martínez-Force E., 2005a. Cloning, characterization and structural model of a FatA-type thioesterase from Sunflower seeds (*Helianthus annuus* L.). Planta 221: 868-880.

Serrano-Vega, M.J., Martínez-Force, E., Garcés, R., 2005b. Lipid characterization of seed oils from high-palmitic, low-palmitoleic, and very high-stearic acid Sunflower lines. Lipids 40: 369-374.

Serror, P., Heyraud, F., Heizmann, P., 1990. Chloroplast DNA variability in the genus *Helianthus*: restriction analysis and S1 nuclease mapping of DNA-DNA heteroduplexes. Plant Mol. Biol. 15: 269-280.

Siculella, L., Palmer, J.D., 1988. Physical and gene organization of mitochondrial DNA in fertile and male sterile Sunflower. *cms*-associated alterations in structure and transcription of the *atpA* gene. Nucleic Acids Res. 16: 3787-3799.

Škorić, D., 2009. Possible uses of Sunflower in proper human nutrition. Med. Pregl. 62 Suppl 3: 105-110 (Article in Serbian).

Spassova, M., Christov, M., Bohorova, N., Petrov, P., Dudov, K., Atanassov, A., Nijkamp, H.J., Hille, J., 1992. Molecular analysis of a new cytoplasmic male sterile genotype in Sunflower. FEBS Lett. 297: 159-163.

Spassova, M., Moneger, F., Leaver, C.J., Petrov, P., Atanassov, A., Nijkamp, H.J., Hille, J., 1994. Characterisation and expression of the mitochondrial genome of a new type of cytoplasmic male-sterile Sunflower. Plant Mol. Biol. 26: 1819-1831.

Strasburg, J.L., Rieseberg, L.H., 2008. Molecular demographic history of the annual Sunflowers *Helianthus annuus* and *H. petiolaris*-large effective population sizes and rates of long-term gene flow. Evolution 62: 1936-1950.

Strasburg, J.L., Scotti-Saintagne, C., Scotti, I., Lai, Z, Rieseberg LH., 2009. Genomic patterns of adaptive divergence between chromosomally differentiated Sunflower species. Mol. Biol. Evol. 26: 1341-1355.

Sujatha, M., Prabakaran, A.J., Dwivedi, S.L., Chandra, S., 2008. Cytomorphological and molecular diversity in backcross-derived inbred lines of Sunflower (*Helianthus annuus* L.). Genome 51: 282-293.

Talia, P., Greizerstein, E., Quijano, C.D., Peluffo, L., Fernández, L., Fernández, P., Hopp, H.E., Paniego, N., Heinz, R.A., Poggio, L., 2010. Cytological characterization of Sunflower by *in situ* hybridization using homologous rDNA sequences and a BAC clone containing highly represented repetitive retrotransposon-like sequences. Genome 53: 172-179.

Tamborindeguy, C., Ben, C., Liboz, T., Gentzbittel, L., 2004. Sequence evaluation of four specific cDNA libraries for developmental genomics of Sunflower. Mol. Genet. Genomics 271: 367-375.

Tan, S., Evans, R.R., Dahmer, M.L., Singh, B.K., Shaner, D.L., 2005. Imidazolinone-tolerant crops: history, current status and future. Pest Manag. Sci. 61: 246-257.

Tang, S., Kishore, V.K., Knapp, S.J., 2003. PCR-multiplexes for a genome-wide framework of simple sequence repeat marker loci in cultivated Sunflower. Theor. Appl. Genet. 107: 6-19.

Tang, S., Knapp, S.J., 2003. Microsatellites uncover extraordinary diversity in native American land races and wild populations of cultivated Sunflower. Theor. Appl. Genet. 106: 990-1003.

Tang, S., Yu, J.K., Slabaugh, B., Shintani, K., Knapp, J., 2002. Simple sequence repeat map of the Sunflower genome. Theor. Appl. Genet. 105: 1124-1136.

Taški-Ajduković, K., Vasić, D., Nagl, N., 2006. Regeneration of interspecific somatic hybrids between *Helianthus annuus* L. and *Helianthus maximiliani* (Schrader) via protoplast electrofusion. Plant Cell Rep. 25: 698-704.

Tester, M., Langridge, P., 2010. Breeding technologies to increase crop production in a changing world. Science 327: 818-822.

Thomas, C., Meyer, D., Wolff, M., Himber, C., Alioua, M., Steinmetz, A., 2003. Molecular characterization and spatial expression of the Sunflower ABP1 gene. Plant Mol. Biol. 52: 1025-1036.

Tioni, M.F., Gonzalez, D.H., Chan, R.L., 2003. Knotted1-like genes are strongly expressed in differentiated cell types in Sunflower. J. Exp. Bot. 54: 681-690.

Tioni, M.F., Viola, I.L., Chan, R.L., Gonzalez, D.H., 2005. Site-directed mutagenesis and footprinting analysis of the interaction of the Sunflower KNOX protein HAKN1 with DNA. FEBS J. 272: 190-202.

Treglia, A.S., Gulli, M., Perrottab, C., 2001. Isolation and characterisation of a cDNA for a novel small HSP from Sunflower suspension cell cultures. DNA Seq. 12: 397-400.

Ungerer, M.C., Baird, S.J., Pan, J., Rieseberg, L.H., 1998. Rapid hybrid speciation in wild Sunflowers. Proc. Natl. Acad. Sci. USA 95: 11757-11762.

Ungerer, M.C., Strakosh, S.C., Stimpson, K.M., 2009. Proliferation of Ty3/*gypsy*-like retrotransposons in hybrid Sunflower taxa inferred from phylogenetic data. BMC Biol. 7: 40.

Varshney, R.K., Hoisington, D.A., Tyagi, A.K., 2006. Advances in cereal genomics and applications in crop breeding. Trends Biotechnol. 24: 490-499.

Venegas-Calerón, M., Muro-Pastor, A.M., Garcés, R., Martínez-Force, E., 2006. Functional characterization of a plastidial omega-3 desaturase from Sunflower (*Helianthus annuus*) in cyanobacteria. Plant Physiol. Biochem. 44: 517-525.

Venegas-Calerón, M., Zambelli, A., Ruiz-López, N., Youssar, L., León, A., Garcés, R., Martínez-Force, E., 2009. cDNA cloning, expression levels and gene mapping of photosynthetic and non-photosynthetic ferredoxin genes in Sunflower (*Helianthus annuus* L.). Theor. Appl. Genet. 118: 891-901.

Vergara, M., Capasso, T., Gobbi, E., Vannacci, G., 2005. Plasmid distribution in European *Diaporthe helianthi* isolates. Mycopathologia 159: 591-599.

Vergara, M., Cristani, C., Regis, C., Vannacci, G., 2004. A coding region in *Diaporthe helianthi* reveals genetic variability among isolates of different geographic origin. Mycopathologia 158: 123-130.

Vukich, M., Schulman, A.H., Giordani, T., Natali, L., Kalendar, R., Cavallini, A., 2009. Genetic variability in Sunflower (*Helianthus annuus* L.) and in the *Helianthus* genus as assessed by retrotransposon-based molecular markers. Theor. Appl. Genet. 119: 1027-1038.

Welch, M.E., Rieseberg, L.H., 2002. Patterns of genetic variation suggest a single, ancient origin for the diploid hybrid species *Helianthus paradoxus*. Evolution 56: 2126-2137.

Wenzel, G., 2006. Molecular plant breeding: achievements in green biotechnology and future perspectives. Appl. Microbiol. Biotechnol. 70: 642-650.

Wills, D.M, Burke, J.M., 2007. Quantitative trait locus analysis of the early domestication of Sunflower. Genetics 176: 2589-2599.

Wills, D.M., Burke, J.M., 2006. Chloroplast DNA variation confirms a single origin of domesticated Sunflower (*Helianthus annuus* L.). J. Hered. 97: 403-408.

Xu, Y., Skinner, D.J., Wu, H., Palacios-Rojas, N., Araus, J.L., Yan, J., Gao, S., Warburton, M.L., Crouch, J.H., 2009. Advances in maize genomics and their value for enhancing genetic gains from breeding. International Journal of Plant Genomics, Vol. 2009, Article ID 957602, 30 pages. doi:10.1155/2009/957602.

Yu, J.K., Mangor, J., Thompson, L., Edwards, K.J., Slabaugh, M.B., Knapp, S.J., 2002. Allelic diversity of simple sequence repeats among elite inbred lines of cultivated Sunflower. Genome 45: 652-660.

Yu, J.K., Tang, S., Slabaugh, M.B., Heesacker, A., Cole, G., Herring, M., Soper, J., Han, F., Chu, W.C., Webb, D.M., Thompson, L., Edwards, K.J., Berry, S., Leon, A.J., Grondona, M., Olungu, C., Maes, N., Knapp, S.J., 2003. Towards a saturated molecular genetic linkage map for cultivated Sunflower. Crop Sci. 43: 367-387.

Yue, B., Cai, X., Vick, B., Hu, J., 2009. Genetic characterization and molecular mapping of a chlorophyll deficiency gene in Sunflower (*Helianthus annuus*). J. Plant Physiol. 166: 644-651.

Yue, B., Vick, B.A., Yuan, W., Hu, J., 2008. Mapping one of the 2 genes controlling lemon ray flower color in Sunflower (*Helianthus annuus* L.). J. Hered. 99: 564-567.

第5章 抗虫育种

Jerry F. Miller, Laurence D. Charlet

Agricultural Research Service，U.S. Department of Agriculture，Northern Crop Science Laboratory 1605，Albrecht Blvd N. Fargo，North Dakota 58102-2765，USA

向日葵上几种重要的经济害虫已经被报道（Charlet et al.，1987），促使启动了许多以培育抗虫向日葵杂交种和自由授粉品种为目的的育种项目。早在20世纪20年代，研究者就从早期品种（Gundaev，1971）和栽培向日葵与菊芋（*Helianthus tuberosus* L.）的杂交后代中培育出对欧洲向日葵螟（*Homoeosoma nebulellum* Denis et Schiffermuller）具有抗性的品种（Pustovoit，1966）。向日葵瘦果细胞壁中黑色素层是抵抗欧洲向日葵螟的主要因素（Pustovoit et al.，1976）。瘦果细胞壁中的黑色素层随着种子成熟而变硬，从而进一步保护种子免受欧洲向日葵螟幼虫的侵入。近期的育种项目主要集中在对一些为害花盘和种子的昆虫、食叶昆虫及蛀茎昆虫具有耐受性的种质资源的鉴定上。

迄今为止，有关欧洲向日葵螟抗性遗传的报道相对很少。Gundaev（1971）和其他人最初报道黑色素层由显性单基因控制。然而，Bochkarev等（1991）报道黑色素层的厚度在各向日葵栽培品种中的变异范围为15～35μm，而这个厚度是由几个修饰基因控制的。在过去几年里，已经对很多栽培向日葵上重要的害虫进行了鉴定。通过对这些品系的抗虫性进行鉴定，发现其抗性是数量遗传性状，并且3种不同的抗性机制（抗生性、不选择性或排趋性、耐害性）都能够减轻昆虫对向日葵的为害。因此，必须要针对与数量性状相关的抗性机制制订育种策略。

这里所推荐的两种育种程序用来鉴定对为害栽培向日葵的昆虫具有良好抗性的品系，这些育种程序是基于一些研究结果而制订的。研究者认为向日葵对昆虫的抗性是数量遗传性状，也就是由几个基因协同来控制。两种育种程序都是基于轮回选择和随机杂交的原理，其主要目标是尽可能多地聚合控制抗虫性的等位基因。经过几轮选择，优良植株可以被纳入育种计划的精选品系中，用于测试杂交组合或创造自由授粉的品种。

5.1 轮回表型选择育种程序

轮回表型选择育种程序可用来选择对为害向日葵茎和叶的昆虫具有抗性的植株（图5.1）。原始种群（C_0）可以由品种或品系随机杂交而产生（如引种、自由授粉种群），然后用来筛选对为害向日葵的某种昆虫具有抗性的植株。

将C_0种群中植株的花盘进行套袋后用于自花授粉。在成熟期评估植株对害虫的抗性水平。此外，还可以对这些植株的花盘直径、株高、种子成熟度、植株抗倒伏性和抗病性、种子品质及自交不亲和性进行评价。其下一代是随机杂交的一代。将通过自花授粉获得的种子进行种植，然后在植株间进行随机杂交。随机杂交的一代可在温室或冬季苗圃中种植，这样能够在一年内完成一个轮回。从相互杂交的植株收获的种子即为C_1群体。将C_1群体像C_0群体一样种植在昆虫为害严重的地块，并将一个已知的感虫品种作为对照行种植在C_n世代的旁边，用于监测虫害的发生程度，并确定哪些植株可被选择用来进行随机杂交，从而形成C_{n+1}代。

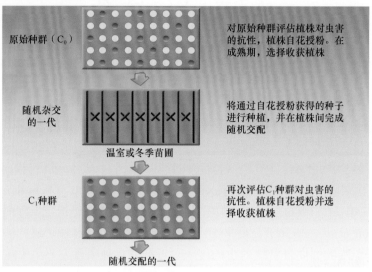

图5.1　利用轮回表型选择育种程序鉴定向日葵对取食茎叶昆虫的抗性
图中绿圆圈代表中选植株

5.2　轮回表型选择结合 S_1 品系子代评估的育种程序

通过评估S_1品系子代进行轮回表型选择的方法可以用来鉴定对为害花盘和籽粒的害虫具有抗性的植株（图5.2）。原始种群（C_0）的创建过程与轮回表型选择的程序相似。将C_0种群种植在一个常规的育种圃中，选择长势最好的植株进行套袋和自花授粉。

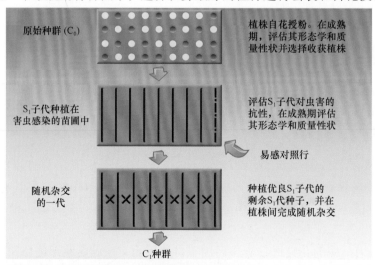

图5.2　利用S_1品系子代评价的轮回表型选择法鉴定向日葵对取食花盘和种子昆虫的抗性
图中绿圆圈代表中选植株

在成熟期，可以对植株的花盘直径、株高、种子成熟度、植株抗倒伏性和抗病性、种子品质及自交不亲和性进行评价。根据这些指标，选取最好的植株进行种子的收获。第二年，从每一个S_0植株上收获S_1种子，将S_1子代成行种植在高虫口密度的区域，推荐设置2次重复并且将对照行穿插在其中种植以确定害虫的为害水平。收获时，对每个S_1子代行中一些植株的抗性水平进行评估，并与对照行进行比较。此外，对上述提及的植株形态和品质性状也要进行评估。根据S_1子代行的表现，挑选30%的S_0植株，剩余S_0植株收获的S_1代种子用来随机杂交以形成新的C_1种群。如果随机杂交的这一代是在温室或冬季苗圃完成，那么每两年便可完成一个轮回。

创制原始种群（C_0）是抗虫育种的重要部分。如果育种家想要在几轮选择中获得成功，原始种群中必须包含尽可能多的抗性基因，从而培育成一个抗性品系或自由授粉品种。寻找具有多个抗性基因的品系是具有挑战性的。美国农业部农业研究局设立在北达科他州法戈的抗虫育种项目，是在几个害虫种群数量高的地方对数百种引种植物的抗虫性进行评估，这对于鉴定潜在的和多样化的抗性资源，并用于杂交形成C_0种群是一个非常好的育种方案。

5.3　向日葵螟

向日葵螟[*Homoeosoma electellum* (Hulst)]是北美洲分布范围最广、为害最严重的向日葵害虫（Schulz，1978；Rogers，1988a；Charlet *et al.*，1997）。据报道，向日葵螟（图5.3）幼虫可以取食40多种不同的菊科植物，包括4种本地向日葵属植物*Helianthus debilis* Nuttall、*H. maximiliani* Schrader、*H. petiolaris* Nuttall和*H. tuberosus* L.（Teetes and Randolph，1969；Chippendale and Cassatt，1986；DePew，1986；Goodson and Neunzig，1993）。向日葵螟分布的北界约为北纬40°，越过此界限将不能越冬（Arthur，1978）。然而，向日葵螟可随着南风向北扩散到美国北部平原、加拿大的马尼托巴（Manitoba）和萨斯喀彻温（Saskatchewan）地区（Arthur and Bauer，1981；Rogers and Underhill，1983）。

图5.3　向日葵螟

向日葵螟的卵产在开花向日葵花盘的表面。1龄幼虫主要取食花粉。2龄幼虫取食花粉和筒状花。3龄幼虫的取食可阻止子房的受精，造成空瘪籽粒，并且从3龄幼虫开始取食子房。幼虫的取食可延续到成熟期，每头幼虫可为害大约96个筒状花和23个子房

（Rogers，1978）。幼虫在取食的同时还可在花盘上吐丝结网，在花盘的表面把衰败的筒状花和虫粪缠绕在一起。幼虫取食花盘也可导致根霉的侵染，从而进一步降低向日葵的产量，影响食用油的品质。幼虫老熟后从向日葵花盘中爬出，坠落土中并在带有土粒的丝茧中越冬（Rogers，1978，1992；Rogers and Westbrook，1985；Charlet et al.，1997）。

在2002~2007年的生长季节，研究者评价了42个引种品种、25个早代选择获得的育种品系和40个种间杂交种对向日葵螟自然种群的抗性。美国农业部的向日葵杂交种894作为标准对照每年都被纳入试验中。这些向日葵品种来自位于艾奥瓦州Ames镇的美国农业部植物引种站。抗虫性鉴定试验在美国的堪萨斯州西部进行，小区的单行长为8m、行距为76cm、行内株距为30.5cm、密度约为54 000株/hm^2，每年对21~59个入选的品种进行抗虫性评价。从中选择花盘籽粒被害水平相对较低的品种，在随后几年里与一些敏感品系一起再进行测试。在每年的5月7~10日进行田间种植，采用完全随机区组设计，设置4次重复。2005~2007年例外，只进行了3次重复。在种植前，要对小区施用化肥和除草剂，但不使用其他化学药物。

8月下旬到9月初，待籽粒成熟后，每行摘取5个花盘（每个处理共15~20个花盘）送往北达科他州的法戈。花盘经晒干、脱粒和籽粒清洁后进行抗虫性评估。每个花盘随机选取100个籽粒作为样本，用来调查向日葵螟幼虫取食为害籽粒的数量。受害程度用每一花盘向日葵螟取食籽粒的百分比来表示。

2002年，根据每个取样花盘籽粒的被害率评价花盘的受害程度，结果表明，试验范围内向日葵螟的为害水平较高。在被评估的花盘中，向日葵螟对籽粒的为害率为0~73%。在测试的种质资源中，平均籽粒被害率为0.7%~22.3%（表5.1）。这项研究所涉及的59个品系中，有22个品系籽粒被害率小于2%。在测试材料中，被害率为1%或更低的材料包括种间杂交种PRA 1673-1、STR 1622-1和杂交种894。

表5.1 供试的向日葵品种遭受向日葵螟为害后花盘籽粒的被害率（2002~2007年，堪萨斯州科尔比）

品种	被害率（%）				
	2002年	2003年	2005年	2006年	2007年
PI 170401	—	2.7±0.8	2.0±1.0	13.6±7.1	62.4±15.1
PI 170405	—	—	1.4±0.4	21.5±12.8	23.7±2.0
PI 170414	—	0.9±0.7	0.0	10.6±4.8	9.3±6.5
PI 170415	—	3.9±1.6	2.9±0.9	18.5±14.9	13.3±5.5
PI 175728	1.9±1.0	2.7±1.2	1.3±0.5	—	—
PI 307946	1.7±0.8	2.3±0.5	0.5±0.3	—	—
PI 372259	—	1.5±0.9	0.8±0.5	38.1±21.8	46.4±14.8
PI 505651	—	—	1.6±0.2	33.4±17.3	39.8±4.8
HIR 1734-1	—	2.0±0.8	36.5±11.5	31.1±13.5	72.3±26.0
PAR 1673-1	1.4±0.6	1.7±0.2	2.6±1.7	—	—
STR 1622-1	1.3±0.5	2.3±1.0	1.5±0.9	—	—
STR 1622-2	—	1.3±0.3	1.0±0.5	20.4±19.9	23.9±5.8

续表

品种	被害率（%）				
	2002年	2003年	2005年	2006年	2007年
01-4094-1	22.3±10.1	46.5±19.1	42.2±6.5	47.3±10.3	—
杂交种894	0.7±0.2	2.2±1.0	0.3±0.1	1.2±0.4	14.0±5.0

注：由于2004年侵染水平降低，相关数据未列入；表中数据为平均值±标准误；"—"表示未检测

2003年，根据籽粒的被害率评价了每个取样花盘的受害程度，结果表明，试验区内向日葵螟的为害水平较高。在被评估的种质资源中，平均籽粒被害率为0.9%～47%（表5.1）。在测试的所有种质资源中，品系01-4094-1是最敏感的。在供试的54份材料中，共有9份花盘籽粒的被害率约为2%或更低，其中包括杂交种894，种间杂交种HIR1734-1、PAR 1673-1、STR 1622-1和STR 1622-2，以及品种PI 170414、PI 307946和PI 372259。

2004年，由于向日葵螟的为害减轻，所有测试的种质资源的籽粒被害率都较低。在36个品系中，向日葵螟幼虫取食造成的向日葵籽粒被害率仅为0～2%。由于向日葵螟取食为害率大幅度降低，很难在测试的种质资源之间进行有意义的比较。因此，在2005年用相同的品系重新做了抗虫性鉴定试验。

在2005年的试验中，除了有2个品系的被害率超过36%，其余34个品系平均每个花盘的籽粒被害率大约为10%或更低（表5.1）。尽管2005年的结果与前几年相比明显不一致，但有几个已经重复表现受害较轻的品系，在本试验中又出现在种子被害率较轻的品系之列。通过向日葵螟的取食试验，再次证明易感品系01-4094-1是测试品系中受害最严重的；而HIR 1734-1，2003年的花盘籽粒被害率仅为2%，在2005年则超过36%。2003年籽粒被害率较轻（≤2%）的5个品系，在2005年的籽粒被害率仍然为2%或更低，其中包括品系PI 170414、PI 372259，还有种间杂交种STR 1622-2。在2005年的试验中，9个新的向日葵品种的籽粒被害率也低于2%，而这一组中的PI 170405的平均籽粒被害率为1.4%。

2006年，籽粒被害率的调查结果表明，向日葵螟的为害非常严重。测试品系的平均籽粒被害率为1%～80%。测试种质资源籽粒的持续受害程度出人意料，在2005年籽粒被害率只有4%或更低的品系，而在2006籽粒受害程度非常严重。例如，种间杂交种STR1622-2，在2006年每个花盘的平均籽粒被害率为20.4%（表5.1），但在2003年和2005年只有1%左右。然而，杂交种894在试验中的籽粒被害率最低（1.2%），在2005年籽粒的被害率也是较低的，只有0.3%。杂交种894在过去几年的测试结果一直保持一致，花盘籽粒被害率均不超过2.2%。对于PI 170414，尽管只对少量的花盘进行了评估，但2006年的平均籽粒被害率只有10.6%，而2005年的被害率为0%。

根据试验中籽粒的被害程度，确定2007年是向日葵螟为害严重的年份。在被测评的品系、种间杂交种和杂交种中，每个花盘籽粒的被害率为8%～82%（表5.1）。在6年的抗虫性评估试验中，2007年的平均被害率最高，每个花盘的籽粒被害率为43%。杂交种894的平均籽粒被害率为14%，其在2006年的籽粒被害率最低（1.2%），在2005年测试中也是被害率最低中的一个（0.3%）。PI 170414籽粒平均被害率只有9.3%，而在2006年被害率维持在10.6%，2005年被害率平均为0%。

根据6年的试验结果，研究者筛选出对向日葵螟幼虫的攻击和为害具有抗性的种质资源。PI 175728和PI 307946在3年所有的试验中，每个花盘籽粒被害率均小于3%。PI 170414在2年的试验中，每个花盘籽粒被害率均小于1%，但在2006年其籽粒被害率超过10%，2007年的被害率为9.3%。然而在2007年，向日葵螟种群的数量非常高，因此，正如试验结果所显示，每个花盘的平均籽粒被害率达到43%。两个品系（PI 170401和PI 372259）在2003年和2005年都表现很好，每个花盘籽粒被害率低于3%，但在最后两年的试验中却受害严重。

在3年的试验中，一些种间杂交种被证实对害虫具有一定的抗性水平。PAR 1673-1在2002年和2003年的花盘籽粒被害率均低于2%，在2005年籽粒被害率小于3%。在同样3年的试验中，STR1622-1的花盘籽粒被害率均小于2.3%。

由于品系01-4094-1在2002年的试验中籽粒被害率最高（花盘籽粒被害率约为22.3%），因此从2002年起，研究者选择其作为试验中的易感对照品种。在其参与的4年试验中，有3年其受向日葵螟的为害一直最严重。

已有的调查结果表明，开发向日葵对向日葵螟的抗性基因型是非常有潜力的，这将有助于降低栽培向日葵品种籽粒的被害程度，避免种植者的产量损失，从而增加农民的收益。种植具有抗虫性向日葵品种将为向日葵螟的综合治理提供一项有效的措施。关于向日葵的抗虫机制，是否是籽粒中黑色素（Rogers and Kreitner，1983）或倍半萜（Gershenson *et al.*，1985；Rogers *et al.*，1987；Spring *et al.*，1987）或双萜（Elliger *et al.*，1976；Rogers *et al.*，1987）导致害虫的拒食，目前还不清楚，但这将成为未来的研究课题。其他的工作也正在进行中，如通过分子标记辅助选择加速传统育种的速度，将已鉴定出的抗性品系中的抗性基因导入栽培向日葵中。

5.4 向日葵细卷蛾

自20世纪80年代初以来，在北达科他州、明尼苏达州和南达科他州种植向日葵的地块，常常由于细卷蛾（*Cochylis hospes* Walsingham）（图5.4）的为害而造成向日葵的经济损失（Charlet and Busacca，1986；Charlet *et al.*，1997；Knodel and Charlet，2007）。在加拿大马尼托巴（Manitoba）、萨斯喀彻温（Saskatchewan）和亚伯达（Alberta）诸省，在向日葵上也有细卷蛾的发生（Westdal，1975；Arthur and Campbell，1979）。在美国堪萨斯州其种群数量也一直在上升（Aslam and Wilde，1991）。在美国本地的9个向日葵品种上，也一直发现有细卷蛾幼虫的为害（Rogers，1988a，1988b；Beregovoy and Riemann，1987；Charlet *et al.*，1992）。

细卷蛾白天主要在大田边缘的植物上活动。在黄昏时分，雌蛾进入大田产卵。通过解剖发现，细卷蛾的雌蛾在进入向日葵田之前已经进行了交配（Beregovoy and Riemann，1987；Beregovoy *et al.*，1989）。细卷蛾从7月初开始产卵，大约持续6周。大多数的卵产在总苞叶的轮生叶上，一些卵产在向日葵花盘的背面。新孵化的幼虫先在总苞叶上为害，随后转移到花盘取食花粉。3龄幼虫钻蛀花盘并取食尚未成熟的籽粒。随着籽粒的成熟和硬化，幼虫则蛀入籽粒（Westdal，1949；Charlet and Busacca，1986）。因为花盘在籽粒灌浆时不能对缺失的管状小花进行补偿，所以花盘的损坏可能会影响向日葵的产量

图5.4 向日葵细卷蛾

(Charlet and Miller, 1993)。取食完成熟种子的籽仁后，幼虫便转移到另一个新的种子上继续为害。每个幼虫可取食超过6个成熟的籽粒(Charlet and Gross, 1990)。当幼虫老熟后，便从花盘坠落，进入土中结丝茧越冬(Westdal, 1949; Beregovoy and Riemann, 1987; Charlet and Gross, 1990)。

在北达科他州，从2002年开始评估不同向日葵种质资源对向日葵细卷蛾的潜在抗性。在2002～2006年的生长季节，在田间自然感虫条件下，对71个引种的油用向日葵品种、32个早代选择品系和25个种间杂交种对向日葵细卷蛾的抗虫性进行了评价。每年美国农业部的向日葵杂交种894都被纳入试验中。供试的向日葵品种均来自位于艾奥瓦州Ames的美国农业部植物引种站。每年在北达科他州东部对23～98份材料进行抗虫性鉴定试验，试验小区为单行长8m，行距76cm，行内株距30.5cm，种植密度约为54 000株/hm^2。在随后的几年里，花盘籽粒被害程度相对较低的品种和一些敏感品系再次进行了试验。试验田在每年的5月18～27日进行种植，采用随机区组设计，重复4次；2005年和2006年例外，抗虫性试验只设置了3次重复。试验田在播种前施用化肥和除草剂，但没有使用其他化学药物。在植株开花前进行鉴定，以尽量减少植株的成熟可能对向日葵细卷蛾为害程度所造成的影响，那些被认为由于晚熟而躲避受害的品种则被排除在评估之外。

受害程度用每一花盘中向日葵细卷蛾取食造成损害籽粒的百分率表示。待植株成熟后，每行摘取5个花盘（每个处理共15～20个花盘）。9～10月收割向日葵的花盘，送往北达科他州法戈，经晒干、脱粒和籽粒清洁后进行抗性评估。

2002～2006年，在测试的向日葵种质资源中向日葵细卷蛾幼虫造成的籽粒被害率存在显著差异；在5年的试验中，有4年高感品种的籽粒被害率都超过了29%（表5.2）。2002年，也就是试验的第1年，在被评估的98个品系和种间杂交种中，向日葵细卷蛾的平均为害程度为1%～42%。2003年，对花盘平均籽粒被害率为4%或更低的品种及杂交种再次进行测试。

表 5.2　选试的向日葵品种受向日葵细卷蛾为害后花盘籽粒被害率
（2003～2006 年，北达科他州普罗斯珀）

品种	被害率（%）			
	2003年	2004年	2005年	2006年
DEB CUC 810	5.6±0.7	19.2±4.5	29.7±3.9	—
杂交种894	4.1±0.5	8.9±0.9	7.5±0.8	5.7±0.8
PAR 1673-2	20.3±5.7	39.4±5.0	46.5±6.9	29.4±5.6
PAR PRA 1142	7.6±1.7	20.5±3.5	20.6±3.8	—
RES 834-1	17.4±4.0	33.2±5.7	17.9±3.9	24.7±3.7
PI 170385	1.8±0.6	6.3±2.3	13.0±2.7	5.3±3.9
PI 251902	5.1±1.0	8.2±1.6	9.3±1.6	5.8±1.6
PI 253776	2.8±0.8	3.3±1.2	12.8±2.8	—
PI 265503	6.5±2.5	12.0±1.6	10.7±1.9	3.3±0.9
PI 291403	2.2±0.7	5.3±2.6	16.5±3.1	2.9±0.8
PI 431542	—	32.1±6.7	57.5±6.8	—
PI 494859	2.9±0.8	4.4±1.2	18.6±3.7	5.9±2.3
PI 505651	3.4±1.3	12.1±2.5	13.1±2.0	1.3±0.3
PI 505652	5.1±1.2	10.0±2.1	15.2±4.6	—

注：表中数据为平均值±标准误；"—"表示未检测

2003年，向日葵细卷蛾的为害程度在从PI 170385的1.8%到种间杂交种PAR 1673-2的20.3%之间变化（表5.2）。2002年和2003年，PI 505651、PI 494859、PI 291403和PI 170385的被害率低于4%。杂交种894的受害程度也有所减轻，平均每个花盘的被害率为4.1%。

在2004年的试验中向日葵细卷蛾的种群密度远远高于2003年，花盘籽粒被害率在株系PI 253776的3.3%和一个被评估品种的79%之间变化（表5.2）。与试验的平均值18.6%相比，杂交种894的籽粒被害率（8.9%）相对较低。2002年和2003年，品种PI 505651、PI 494859、PI 291403和PI 170385的籽粒被害率两年均低于4%，2004年籽粒被害率为4%～8%。PI 253776在试验中一直是受害程度较轻的，其在2003年的籽粒被害率低于3%。所有种间杂交种的籽粒被害率均大于18%。

在2005年的试验中，向日葵细卷蛾造成的籽粒被害率从杂交种894的7.5%上升到品种PI 431542的57.5%（表5.2）。2005年，PI 251902的籽粒被害率小于10%，相比之下，2004年和2003年的籽粒被害率分别为8.2%和5.1%。2005年，PI 265503的籽粒被害率为10.7%，而2004年的被害率为12%，2003年小于7%。2005年杂交种894受害最轻，而该品种2004年的籽粒被害率小于9%，2003年只有4.1%。所有种间杂交种的籽粒被害率均大于18%，与2004年的结果相似。

2006年，向日葵细卷蛾的为害率低于2005年，籽粒被害率的范围从品种PI 505651的1.3%到种间杂交种1673-2的29.4%（表5.2）。绝大多数供试种质的被害率均持续小于10%。在2006年的第1次测试中，其中3个品种的受害程度最低，低于2%。

经过历时5年的研究，研究者筛选出对向日葵细卷蛾幼虫的攻击和为害具有抗性的种质资源。PI 251902在4年内的花盘籽粒被害率均小于10%，而其中的2年小于6%。PI 253776的籽粒被害率在3年试验中有2年为3%左右，在2003年试验中被害率最低。4个品种（PI 170385、PI 291403、PI 494859、PI 505651）在5年试验中有3年对向日葵细卷蛾均呈现出抗性，在2005年也是受害较轻的，而2005年是试验平均值最高的年份。

基于2002的试验结果，在2003年重新测试的一些种间杂交种的籽粒被害率有所降低，但随后在2004年被害率则显著升高。种间杂交种PAR 1673-2作为易感对照品种，被害率也一直较高；在测试的4年中，其中有2年是所有供试品种中受害最严重的。

基于调查结果，研究者认为开发对向日葵细卷蛾耐受的向日葵基因是有希望的，这将有助于减少幼虫的取食为害，并有助于减少对作物造成的产量损失。目前正在对种质资源中减轻籽粒被害程度的抗性机制进行研究。此外，进一步的工作也正在开展中，如通过使用标记辅助选择加速常规育种进程，利用已鉴定出的抗性品系，将其抗虫性基因导入栽培向日葵。

5.5 红色种子象甲

红色种子象甲（*Smicronyx fulvus* LeConte）（图5.5），是北达科他州、南达科他州和明尼苏达州等北部向日葵生产地区的一种主要经济害虫（Oseto and Braness，1979；Charlet et al.，1997）。在美国中部大平原，可见红色种子象甲的发生，在科罗拉多州和堪萨斯州红色种子象甲的种群数量急剧上升，从而成为栽培向日葵上一种潜在的害虫（Aslam and Wilde，1991；Charlet and Glogoza，2004）。作为一种本地害虫，红色种子象甲在初夏羽化出土，然后爬到向日葵花盘（头状花序）取食苞叶。在开花期，成虫取食花粉，雌虫在正在发育的籽粒里产卵（Oseto and Braness，1980；Brewer，1991；Rana and Charlet，1997）。红色种子象甲取食正在发育的向日葵瘦果（籽仁），破坏部分籽仁，降低籽粒中油的含量。在夏末，当籽粒成熟时幼虫从籽粒中钻出，在土壤中越冬，次年夏天羽化为成虫。该害虫1年只发生1代（Oseto and Braness，1979；Peng and Brewer，1995）。

图5.5 向日葵红色种子象甲

有研究者评价了向日葵种质资源对红色种子象甲的潜在抗性。该研究从2003年开始在南达科他州进行,主要利用向日葵种质资源自然感虫率来评估这种害虫在不同供试材料中引起籽粒损害的差异。

在2003~2008年的生长季节,研究者选择了52个向日葵引种品种、20个早代选择的品系和9个种间杂交种,以评价田间自然感虫条件下不同向日葵材料对红色种子象甲的抗性。每年的抗性评价试验中,美国农业部向日葵杂交种894作为对照也被纳入试验材料中。其他的向日葵品种同样来自位于艾奥瓦州Ames的美国农业部植物引种站。试验在位于南达科他州Highmore的南达科他州大学作物和土壤研究中心实验站进行。每年对19~33个向日葵品种进行抗虫性评价。试验小区为单行,长8m,行距76cm,行内株距30.5cm,种植密度约为54 000株/hm²。在随后的几年里,花盘籽粒被害程度相对较轻的品种和一些敏感品系被挑选出并进行再次评价。在每年的5月16日至6月20日进行田间种植,采用随机区组设计,设置4次重复;2005~2008年例外,只设置了3次重复。试验田在播种前施用了化肥和除草剂,但没有使用其他化学药物用来控制害虫。

红色种子象甲的为害程度是根据每个花盘被幼虫为害籽粒的百分率来衡量的。待植株成熟后每行摘取5个花盘(每个处理共取15~20个花盘)。向日葵花盘从9月下旬到10月收获,并送往北达科他州的法戈。花盘经晒干、脱粒、籽粒清洁后进行评估。

2003~2008年,每个花盘被红色种子象甲幼虫为害的籽粒被害率在供试种质资源之间存在显著差异,最感虫的品系在6年试验中有4年籽粒被害率超过40%,而其他两年也超过了32%(表5.3)。2003年,也就是试验的第1年,在被评估的33个品系和种间杂交种中,红色种子象甲造成的籽粒被害率为5%~41%。随后根据取食为害的程度,选取了一些抗虫的品种或杂交种,在2004年再次进行试验。同时,也选择种间杂交种(HIR 828-3)作为潜在的感虫对照,其平均籽粒被害率为41%。

表5.3 选试的向日葵品种受红色种子象甲为害的花盘籽粒被害率(2004~2008年,南达科他州海莫尔)

品种	被害率(%)				
	2004年	2005年	2006年	2007年	2008年
PI 162453	—	—	11.1±3.3	8.8±2.0	5.3±1.6
PI 170391	—	—	14.3±2.1	13.5±1.3	23.3±2.6
PI 175728	—	—	11.3±2.4	22.1±3.3	31.5±4.2
PI 181994	—	—	—	2.5±1.4	4.4±1.5
PI 250855	—	—	—	8.6±1.7	7.7±2.6
PI 431506	18.8±1.7	38.5±4.1	38.2±6.5	—	26.7±4.0
PI 431542	6.0±1.6	2.0±0.8	14.0±5.3	2.9±0.7	1.6±0.5
PI 431545	—	13.5±5.5	10.4±3.5	4.4±0.9	4.3±0.9
PI 432516	—	—	—	6.2±1.6	3.5±1.4
PI 650375	12.5±1.6	18.0±1.9	7.3±0.7	6.8±3.4	7.1±0.9
PI 650558	16.7±5.3	35.4±4.1	52.1±5.4	37.1±3.9	—
HIR 828-3	49.0±3.7	58.9±2.9	20.5±3.3	32.0±3.8	21.6±3.8
PAR 1673-1	—	—	14.7±3.9	11.9±1.2	14.3±2.5
STR 1622-2	32.4±4.5	34.0±2.7	29.3±5.9	10.4±2.7	26.5±3.6
杂交种894	23.9±1.2	43.3±1.5	33.6±2.5	20.7±1.6	31.9±3.4

注:表中数据为平均值±标准误;"—"表示未检测

对2004年试验中的种质资源籽粒的损害程度进行测定，结果表明，供试的种质资源中红色种子象甲为害程度较高，供试材料花盘的籽粒被害率为6%~49%（表5.3）。籽粒被害率为15%或更低的一些种质资源包括了品系 PI 650375和PI 431542。PI 650375已在2003年进行了测试，其花盘籽粒被害率只有13%。杂交种894花盘平均籽粒被害率为23.9%，与2003年的试验结果相似。种间杂交种HIR 828-3作为一个感虫对照，在2004年的试验中籽粒被害率最高，达到49%。种间杂交种STR 1622-2，由于在2003年有相对较低的籽粒被害率，进行了重复测试，籽粒被害率保持在32.4%，高于试验的平均值26%。

2005年，红色种子象甲对向日葵的为害水平高，供试材料花盘籽粒被害率为2.0%~58.9%（表5.3）。为害水平在15%或更低的种质材料包括品系PI 431545和PI 431542。PI 650375的籽粒被害率为18%，略高于2003年和2004年的测定水平（两个年份都仅为12.5%）。在2005年所有评估的种质资源中，PI 431542的籽粒被害率（2%）和2004年的籽粒被害率（6%）一样，是供试材料中籽粒被害率最低的品系。杂交种894的籽粒被害率平均为43.3%，高于2004年试验的籽粒被害率23.9%。

在2006年的试验中，红色种子象甲的为害程度与2005年相似，害虫发生密度高。在所测试的种质资源中，籽粒被害率为7.3%~52.1%（表5.3）。7个品系的籽粒被害率约为15%或更低，包括PI 162453、PI 170391、PI 175728、PI 431542、PI 431545、PI 650375、PAR 1673-1，其中有4个品系是2006年新增加的。PI 650375的籽粒被害率为7.3%，是供试材料中受害最轻的品系，而且这个品系一直是整个试验中受害程度较低的种质资源之一。虽然PI 431542的籽粒被害率比2005年高，平均为14%，但仍低于试验的平均值24%。PI 431545平均籽粒被害率约为10%，比2005年受害程度要轻。

2007年，红色种子象甲取食为害的百分率低于2006年的测定值，介于品系PI 181994的2.5%到品系PI 650558的37.1%之间（表5.3）。种间杂交种HIR 828-3以前被选为易感对照品种，在2007年的试验中也表现出较高的籽粒被害率，平均为32%。两个PI系列，PI 431545和PI 431542，在之前的试验中红色种子象甲对其为害造成的籽粒被害率一直保持在较低水平，这次的籽粒被害率也仅分别为4.4%和2.9%。PI 650375是早期试验中的另一个品种，也是试验中最为抗虫的种质资源之一，籽粒被害率仅为6.8%。在2007年的试验中，在10个籽粒被害率保持在低于10%的品系中，有5个品系是2007年试验中新加入的。

2008年试验中红色种子象甲的为害水平与2007年相似，籽粒被害率的变异幅度为从PI 431542的1.6%到杂交种894的31.9%（表5.3）。有9个品系的籽粒被害率持续低于9%，其中7个品系的籽粒被害率在2007年也低于9%。这些品系包括PI 162453、PI 181994、PI 250855、PI 431542、PI 431545、PI 432516和PI 650375。品系 PI 431542是试验中受害最轻的，在5年评估中有4年其籽粒被害率保持在低于7%。PI 181994的籽粒被害率在测试的第2年（2008年）显示仅为4.4%，在2007年其籽粒被害率也只有2.5%。另一个在2007年首次被评估的品系，也显示出对红色种子象甲具有抗性，在2008年的籽粒被害率为3.5%，在2007年的籽粒被害率只有6.2%。

通过历时6年对不同向日葵种质资源抗虫性进行评估，筛选出对红色种子象甲幼虫取食为害具有抗性的种质资源。品系 PI 162453在3年的测试中籽粒被害率平均只有8.4%，品系 PI 431545在4年的测试中籽粒被害率平均为8.2%。品系PI 431542和PI 650375在5年的测试过程中其平均籽粒被害率分别为5.3%和10.3%，而PI 431542除1年外其余各年的籽粒被害率都低于或等于6%。另外1个品系PI 432516，在连续2年的试验中显示有较高的抗虫潜力，2007年和2008年的籽粒被害率分别为6.2%和3.5%。

共有5个种间杂交种进行了1~6年的抗虫性评估。HIR 828-3作为一个感虫对照品种，除1年外，在其他所有年份其籽粒被害率都高于平均值水平。STR 1622-2共参与了5年的测试，在4年的试验中其籽粒被害率持续高于26%。种间杂交种PAR 1673-1表现出最低的籽粒被害率，但有两年的试验其平均籽粒被害率仍然超过14%。

在鉴定的种质资源中，能抵抗红色种子象甲取食为害的抗性类型目前尚不清楚。Brewer和Charlet（1995）、Gao和Brewer（1998）在早期的研究中，发现被评估抗虫性的品种中都具有排趋性和抗生性机制。将几种抗性机制组合在一起来减轻红色种子象的为害是非常重要的，可以克服向日葵中一些参与吸引红色种子象甲的因素，如成虫对取食植物的选择、雌虫在发育中的瘦果里产卵，以及随后幼虫对籽仁的取食。后续还需要进一步研究对红色种子象甲具有抗性的向日葵品系，以确定哪些是最重要的抗虫性机制。

开发有潜力的抗虫性基因型以减少红色种子象甲对向日葵的为害，从而帮助向日葵种植者降低因红色种子象甲造成的产量损失是有希望的。通过利用标记辅助选择加速常规育种，把已鉴定品系的抗性基因导入栽培向日葵品种中的相关研究正在进行中。

5.6　向日葵茎象甲

茎象甲[*Cylindrocopturus adspersus* (LeConte)]（图5.6）是美国栽培向日葵上的一种经济害虫（Rogers and Jones，1979；Charlet，1987；Charlet *et al*.，1997；Armstrong *et al*.，2004）。茎象甲将卵产在向日葵茎秆底部，幼虫开始取食、生长发育并在茎秆内越冬，幼虫在茎皮层内能够筑巢越冬（Charlet，1983）。如果一个植株上幼虫种群数量多（25~30头甚至更多），茎秆因被虫钻蛀髓部而坏死，植株生长衰弱、茎秆易发生折断，导致整个头状花序严重受损（Rogers and Serda，1982；Charlet *et al*.，1985，1997）。向日葵茎象甲导致的产量损失主要是由于幼虫取食和越冬筑巢造成植株的衰弱、倒伏（Rogers and Jones，1979；Charlet，1987）。向日葵茎象甲和向日葵病害如北部平原由茎点霉（*Phoma macdonaldii* Boerma）引起的黑茎病和南部平原由大茎点霉[*Macrophomina phaseolina*（Tassi）Goid]引起的炭腐病的流行也有一定的相关性

图5.6　向日葵茎象甲

（Gaudet and Schulz，1981，Yang et al.，1983）。黑茎病被认为是引起北达科他州向日葵早衰（未成熟即干枯）的主要原因之一（Gulya and Charlet，1984）。

1999年，在美国中部大平原，研究者开始对向日葵对茎象甲害虫潜在的抗性进行评价。向日葵种质资源暴露在自然条件下使其自然感虫，以确定茎秆里茎象甲幼虫的密度。在1999~2006年的生长季节，研究者在自然条件下评估了61个油葵引进品种和31个种间杂交种对茎象甲的抗性。美国农业部向日葵杂交种894被作为标准对照，所以每年都被纳入试验中。供试的向日葵品种来自位于艾奥瓦州Ames的美国农业部植物引种站。1999~2002年在科罗拉多州东部、2002~2006年在堪萨斯州西部分别进行了抗虫性试验。每年对11~28个品种进行评价。试验（2002年为两个地点）小区单行长8m，行距76cm，行内株距30.5cm，种植密度约为54 000株/hm^2。茎象甲幼虫密度相对较低的品种和一些敏感品系，在随后的几年中将再次进行评价。在每年5月8~23日（2001年在6月6日），采用随机区组设计将供试品种种植在小区内，设置4次重复；2004~2006年例外，只进行了3次重复。小区在播种前施入化肥和除草剂，但没有使用其他化学药物。通过比较每个茎秆中茎象甲幼虫的数量来判断其为害程度。等到向日葵成熟后，每行选取5个茎秆（取茎基上部50cm茎秆，每个处理总共选15~20个茎秆）。每年10~11月收获向日葵的茎秆，随后送往北达科他州的法戈进行抗性评估。在评估之前，茎秆一直保存在5℃的条件下，然后纵向劈开，统计每个茎秆内茎象甲幼虫的数量。

在连续8年、两个地点的试验中，茎秆中幼虫密度在测试种质资源之间有显著差异。对于最易感虫的品系，在9个测试点中有6个测试点每个茎秆中幼虫平均数量超过50头（表5.4）。早期在北达科他州的试验结果表明，和其他品系相比，杂交种894更容易受茎象甲的为害（Charlet and Brewer，1992）；然而这次的结果却相反，杂交种894在这8年的评价试验中是最抗虫的。

表5.4 选试的向日葵品种每个茎秆中茎象甲幼虫数量

（1999~2006年，科罗拉多州阿克伦和堪萨斯州科尔比）

品种	每个茎秆中向日葵茎象甲的幼虫数量（头）								
	科罗拉多州阿克伦				堪萨斯州科尔比				
	1999年	2000年	2001年	2002年	2002年	2003年	2004年	2005年	2006年
GIG 1616-1					22.8±5.7	9.3±1.9	6.8±1.9	32.5±6.6	22.0±5.3
HIR 1734-1					59.3±14.0	23.9±4.6	45.4±7.8	43.7±6.6	33.6±6.5
杂交种894	20.1±5.2	25.8±4.5	6.0±1.3	29.9±5.8	36.9±2.5	13.4±1.8	16.4±1.9	30.6±2.9	23.0±2.8
PET PET 1741-2				44.4±8.0	34.5±6.9				
TUB 1709-3					25.6±7.3		12.6±2.3	31.3±6.5	
TUB 346					28.3±5.9		12.3±2.9	33.2±7.4	18.9±7.1
PI 372259							55.9±13.1	61.3±11.7	41.2±6.4
PI 386230		12.7±4.1	4.2±1.1	20.2±4.8		10.5±2.0	14.2±2.8	9.3±2.3	5.0±2.1
PI 431516								6.6±2.5	6.5±1.7
PI 431542		9.4±2.0	7.4±1.5	26.4±6.3		8.6±1.5	20.5±3.5	34.8±11.8	21.4±5.1
PI 497939					28.0±5.0	5.9±1.1	11.9±2.5	8.8±2.5	23.3±6.8

续表

品种	每个茎秆中向日葵茎象甲的幼虫数量（头）								
	科罗拉多州阿克伦				堪萨斯州科尔比				
	1999年	2000年	2001年	2002年	2002年	2003年	2004年	2005年	2006年
PI 650497	21.7±3.4	11.5±5.2	3.4±0.6	37.7±5.8		6.2±0.9	19.1±5.0	9.7±2.2	
PI 650558				19.8±4.7		4.9±1.8	22.5±4.9	9.3±4.2	8.9±4.8

注：表中数据为平均值±标准误

2000年，对茎秆中茎象甲幼虫进行测定的结果表明，在这个测试点茎象甲发生非常严重，但PI 431542平均每个茎秆中只有9头幼虫。而有25～30头及更多幼虫的茎秆常容易倒伏（Charlet et al., 1985）。PI 650497在1999年的试验中是抗虫品种，在2000年的试验中茎象甲幼虫的数量也较低。在2001年的试验中茎象甲为害的程度大幅降低，但PI 650497茎秆中幼虫密度再次低于5个最易感品系（表5.4）。

2002年，在科罗拉多州阿克伦，茎象甲数量比上一年数量高出很多，在供试品系中每茎幼虫平均密度为20～61头（表5.4）。这次试验中，4个品系PI 497939、PI 431542、PI 386230和PI 650558平均每茎幼虫数低于30头，表明在茎象甲的高水平压力下，这些品种的抗虫水平较高。2000年和2001年，PI 431542和PI 386230中茎象甲幼虫密度都是较低的。2000年和2001年，PI 650497中每茎向日葵茎象甲幼虫数量也低于其他大多数品种，但在2002年该品系平均每茎茎的象甲幼虫为38头。然而，2001年的种群压力总体上较低。在2002年堪萨斯州科尔比的另一个试验中，包括了一些被选中的种间杂交种，平均每茎茎的象甲幼虫密度为17～59头；在25个测试品系中有10个品系每茎幼虫数低于25头（表5.4）。

2003年在堪萨斯州科尔比的试验中，不仅包含了以前在科罗拉多州阿克伦和堪萨斯州科尔比进行试验的种质资源，还增加了一些新的品系。然而，向日葵茎象甲的为害压力降低，最敏感株系的每茎平均幼虫只有24头。表现最好的品系是PI 650558，平均幼虫只有5头，显著低于其他10个测试品系（表5.4）。在2002年科罗拉多州阿克伦的试验中，这个品系的茎象甲密度也是最低的。在2003年科尔比的试验中，PI 497939的每茎茎象甲数量也较低，与2002年阿克伦试验中的茎象甲数量相似。

2004年，在科尔比的测试种质中，每茎向日葵茎象甲幼虫数平均为7～56头（表5.4）。在测试的27个品系中，有17个品系的每茎茎象甲幼虫数低于20头，有3个品系低于9头。在试验中表现最好的品系是种间杂交种GIG 1616-1，平均只有6.8头。在2003年的试验中，只有9头。品系PI 497939，在2003年每茎只有6头幼虫，2004年平均每茎有12头幼虫。

在2005年的测试种质中，平均每茎向日葵茎象甲幼虫数为7～61头（表5.4）。在测试的21个品系中，12个品系幼虫低于25头，5个品系低于10头。在试验中，幼虫数量最少的是品系PI 431516，平均为6.6头，显著低于试验中的其他品系。该品系是第一年进行测试。GIG 1616-1在2004年平均每茎的茎象甲幼虫只有6.8头，然而在2005年幼虫数超过了32头。这个杂交种在2003年每茎的茎象甲幼虫只有9头。PI 497939在2005年只有9头幼虫，2004年有12头，2003年6头。品系PI 386230平均每茎的幼虫数只有9头，在2004年是

10个测试品种中最低的。杂交种894在2004年平均每茎的幼虫数只有16头，而在2005年却超过30头。

在2006年的测试种质资源中，每茎向日葵茎象甲幼虫数量平均为5~51头（表5.4）。在测试的22个品系或杂交种中，有16个品系每茎的茎象甲幼虫低于25头，有3个品系低于10头。在试验中表现最好的两个品种中的一个是PI 431516，平均每茎只有6.5头幼虫。这是该品系第2次进行测试。在2005年的试验中，该品系的幼虫数量最低。2006年幼虫数最少的品系是PI 386230，平均为5头；2005年其也在平均每茎幼虫数量最低的品系名单中，2004年也在幼虫数量最低的10个品系之列。PI 650558平均只有9头，就如在过去几年的测试结果一样，幼虫数量较少。

研究者还对向日葵茎象甲具有潜在抗性的新的种质资源进行了研究。在试验中，许多品系在1年或2年内看似具有抗性，然后在另一年份又会受到茎象甲幼虫的严重为害，这可能是茎象甲种群密度的不同引起的。在连续7年的试验中，PI 650497和PI 431542是幼虫数较少的品系，但在其中的1年或2年试验中，幼虫数又超过25头。Rogers和Seiler（1985）在德克萨斯州的田间测试中也注意到了野生和栽培向日葵对茎象甲的抗性在年份间不一致的现象。然而，在科罗拉多州和堪萨斯州的研究中，PI 650558、PI 386230和PI 431516在测试的2年或更多年份中，每茎的茎象甲密度一直保持较低水平。PI 497939在5年测试中有4年低于25头。

茎的直径在每年测试的不同品系中也有一些变化。在某些年份的试验中，平均茎直径最高的品系，每茎的茎象甲幼虫数量较多，而直径最小的品系其幼虫数量也较少。茎秆的粗细和幼虫数量可以影响植物抵抗倒伏的能力（Charlet et al., 1985）。然而，供试的不同品系之间在几年内的测定结果是不一致的。经常是具有相同平均茎直径的品系，其每茎的茎象甲幼虫数量却相差很大，差异变化幅度常常在50%~70%。为了抗倒伏，每茎的幼虫数量需要低于25~30头（Charlet et al., 1985）。如前所述，影响倒伏的因素是复杂的，可能是多种因素的综合结果，包括茎的直径、茎象甲的密度、茎象甲越冬巢穴的位置、茎的干燥度、皮层厚度，以及茎中存在的其他昆虫。植物的株行距、植物种群和环境条件会影响茎的直径、茎皮层的厚度和植物的干燥程度。这些因子再加上风速和花盘大小也会影响倒伏（Charlet et al., 1985）。因此，向日葵在各种各样条件下的抗虫能力取决于向日葵茎象甲幼虫在茎秆中持续的低密度。对于不同年份向日葵茎象甲的数量一直保持在较低水平的品系和杂交种，其所表现的抗虫性机制到底是排趋性还是抗生性，还需要进一步详细进行研究。

基于这项研究结果，研究者认为培育抗茎象甲的基因型是有潜力的，还需通过常规育种结合分子标记辅助选择，利用已鉴定的抗虫品系和种间杂交种，把抗性基因导入栽培向日葵中，从而培育出抗虫的新品种。

参 考 文 献

Armstrong, J.S., M.D. Koch, and F.B. Peairs, 2004. Artificially infesting Sunflower, *Helianthus annuus* L., field plots with Sunflower stem weevil, *Cylindrocopturus adspersus* (LeConte) (Coleoptera: Curculionidae) to evaluate insecticidal control. J. Agric. Urban Entomol. 21: 71-74.

Arthur, A.P. and D.J. Bauer, 1981. Evidence of northerly dispersal of the Sunflower moth by warm winds. Environ. Entomol. 10: 528-533.

Arthur, A.P. and S.J. Campbell, 1979. Insect pests of maturing Sunflower heads and parasites of the Sunflower moth in Saskatchewan and Alberta. Int. Sunflower Assoc. Sunflower Newsletter 3: 15-18.

Arthur, A.P., 1978. The occurrence, life history, courtship, and mating behaviour of the Sunflower moth, *Homoeosoma electellum* (Lepidoptera: Phycitidae), in the Canadian Prairie Provinces. Can. Entomol. 110: 913-916.

Aslam, M. and G.E. Wilde, 1991. Potential insect pests of Sunflower in Kansas. J. Kansas Entomol. Soc. 64: 109-112.

Beregovoy, V.H. and J.G. Riemann, 1987. Infestation phenology of Sunflowers by the banded Sunflower moth, *Cochylis hospes* (Cochylidae: Lepidoptera) in the northern Plains. J. Kans. Entomol. Soc. 60: 517-527.

Beregovoy, V.H., G.L. Hein and R.B. Hammond, 1989. Variations in flight phenology and new data on the distribution of the banded Sunflower moth (Lepidoptera: Cochylidae). Environ. Entomol. 18: 273-277.

Bochkarev, N., 1991. Plant and seed marker characters, pp. 39-43. *In*: Tikhonov, O., N. Bochkarev, and A.B. Dyakov [eds.]. Sunflower Biology, Plant breeding and Production Technology. Agropromizdat, Moscow, Russia.

Brewer, G.J. and L.D. Charlet, 1995. Mechanisms of resistance to the red Sunflower seed weevil in Sunflower accessions. Crop Prot. 14: 501-503.

Brewer, G.J., 1991. Oviposition and larval bionomics of two weevils (Coleoptera: Curculionidae) on Sunflower. Ann. Entomol. Soc. Am. 84: 67-71.

Charlet, L. D. and J. F. Miller. 1993. Seed production after floret removal from Sunflower heads. Agron. J. 85: 56-58.

Charlet, L. D. and J.D. Busacca. 1986. Insecticidal control of banded Sunflower moth, *Cochylis hospes* (Lepidoptera: Cochylidae), larvae at different growth stages and dates of planting in North Dakota. J. Econ. Entomol. 79: 648-650.

Charlet, L. D. and T. A. Gross. 1990. Bionomics and seasonal abundance of the banded Sunflower moth (Lepidoptera: Cochylidae) on cultivated Sunflower in the northern Great Plains. J. Econ. Entomol. 83: 135-141.

Charlet, L. D., and P. A. Glogoza. 2004. Insect problems in the Sunflower production regions based on the 2003 Sunflower crop survey and comparisons with the 2002 survey. Proc. 26th Sunflower Research Workshop, Natl. Sunflower Assoc., Fargo, ND, 14-15 January 2004. http://www.Sunflowernsa.com/re-search/research-workshop/documents/143.pdf.

Charlet, L. D., C. Y. Oseto, and T. J. Gulya. 1985. Application of systemic insecticides at planting: Effects on Sunflower stem weevil (Coleoptera: Curculionidae) larval numbers, plant lodging, and seed yield in North Dakota. J. Econ. Entomol. 78: 1347-1349.

Charlet, L.D. and G.J. Brewer., 1992. Host-plant resistance of the Sunflower stem weevil (Coleoptera: Curculionidae) and the banded Sunflower moth (Lepidoptera: Cochylidae) 1990-1991, pp. 76-84. *In*: Proceedings of the 7th Great Plains Sunflower Insect Workshop, 7-8 April 1992, Fargo, ND.

Charlet, L.D., 1983. Ovipositional behavior and site selection by a Sunflower stem weevil, *Cylindrocopturus adspersus* (Coleoptera: Curculionidae). Environ. Entomol. 12: 868-870.

Charlet, L.D., 1987. Seasonal dynamics of the Sunflower stem weevil, *Cylindrocopturus adspersus* LeConte (Coleoptera: Curculionidae), on cultivated Sunflower in the northern Great Plains. Can. Entomol. 119: 1131-1137.

Charlet, L.D., D.D. Kopp, and C.Y. Oseto. 1987. Sunflowers: their history and associated insect community in the northern Great Plains. Bull. Entomol. Soc. Am. 33: 69-75.

Charlet, L.D., G.J. Brewer and B. Franzmann, 1997. Insect pests, pp. 183-261. *In*: A.A. Schneiter [ed.], Sunflower Technology and Production. Agron. Ser. 35. Am. Soc. Agron., Madison, WI.

Charlet, L.D., G.J. Brewer and V.H. Beregovoy, 1992. Insect fauna of the heads and stems of native Sunflower (Asterales: Asteraceae) in eastern North Dakota. Environ. Entomol. 21: 493-500.

Chippendale, G.M. and K.L. Cassatt, 1986. Bibliographic review of the Sunflower moth, *Homoeosoma electellum*, a pest of cultivated Sunflower in North America. Misc. Publ. Entomol. Soc. Am. 64: 1-32.

DePew, L.J., 1986. Non-cultivated plant species harboring Sunflower moth (Lepidoptera: Pyralidae) in Kansas. J. Kansas Entomol. Soc. 59: 741-742.

Elliger, C.A., D.F. Zinkel, B.G. Chan and A.C. Waiss, Jr., 1976. Diterpene acids as larval growth inhibitors. Experientia 32: 1364-1366.

Gao, H. and G.J. Brewer, 1998. Sunflower resistance to the red Sunflower seed weevil (Coleoptera: Curculionidae). J. Econ. Entomol. 91: 779-783.

Gaudet, M.D. and J.T. Schulz, 1981. Transmission of *Phoma oleracea* var. *helianthi-tuberosi* by the adult stage of *Apion occidentale*. J. Econ. Entomol. 74: 486-489.

Gershenzon, J., M.C. Rossiter, T.J. Mabry, C.E. Rogers, M.H. Blust and T.L. Hopkins, 1985. Insect antifeedant terpenoids in wild Sunflower—a possible source of resistance to the Sunflower moth, pp. 433-446. *In*: P. H. Hedin [ed.], Bioregulators for Pest Control. ACS Symposium Ser. 276. Am. Chem. Soc., Washington, D.C.

Goodson, R.L. and H.H. Neunzig, 1993. Taxonomic revision of the genera *Homoeosoma* Curtis and *Patagonia* Ragonot (Lepidoptera: Pyralidae: Phycitinae) in America north of Mexico. N. C. Agric. Res. Serv., Tech. Bull. 303.

Gulya, T.J., Jr. and L.D. Charlet, 1984. Involvement of *Cylindrocopturus adspersus* in the premature ripening complex of Sunflower.

Phytopathology 74: 869.

Gundaev, A.I., 1971. Basic principles of Sunflower selection. p. 417-465. *In*: Genetic Principles of Plant Selection. Nauka, Moscow (Transl. Dep. of the Secretary of State, Ottawa, Canada, 1972).

Knodel, J. and L. Charlet, 2007. Pest management—insects, pp. 26-53. *In*: D. R. Berglund [ed.], Sunflower Production. No. Dak. State Univ. Ext. Serv. Bull. A-1331.

Oseto, C.Y. and G.A. Braness, 1979. Bionomics of *Smicronyx fulvus* (Coleoptera: Curculionidae) on cultivated Sunflower, *Helianthus annuus*. Ann. Entomol. Soc. Am. 72: 524-528.

Oseto, C.Y. and G.A. Braness, 1980. Chemical control and bioeconomics of *Smicronyx fulvus* on cultivated Sunflower in North Dakota. J. Econ. Entomol. 73: 218-220.

Peng, C. and G.J. Brewer, 1995. Economic injury levels for the red Sunflower seed weevil (Coleoptera: Curculionidae) infesting oilseed Sunflower. Can. Entomol. 127: 561-568.

Pustovoit, G.V., 1966. Distant interspecific hybridization of Sunflowers. pp. 82-101. *In*: Proc. 2nd Int. Sunflower Conf., Morden, Manitoba, Canada. 17-18 Aug. 1966. Int. Sunflower Assoc., Paris, France.

Pustovoit, G.V., V.P. Ilatovsky and E.L. Slyusav, 1976. Results and prospects of Sunflower breeding for group immunity by interspecific hybridization. pp. 193-204. *In*: Proc. 7th Int. Sunflower Conf., Krasnodar, USSR. 27 June-3 July 1976. Int. Sunflower Assoc., Paris, France.

Rana, R.L. and L.D. Charlet, 1997. Feeding behavior and egg maturation of the red and gray Sunflower seed weevils (Coleoptera: Curculionidae) on cultivated Sunflower. Ann. Entomol. Soc. Am. 90: 693-699.

Rogers, C. E., and G. J. Seiler. 1985. Sunflower (*Helianthus*) resistance to a stem weevil, *Cylindrocopturus adspersus* (Coleoptera: Curculionidae). Environ. Entomol. 14:624-628.

Rogers, C.E. and E.W. Underhill, 1983. Seasonal flight pattern for the Sunflower moth (Lepidoptera: Pyralidae) on the Texas High Plains. Environ. Entomol. 12: 252-254.

Rogers, C.E. and G.L. Kreitner, 1983. Phytomelanin of Sunflower achenes: a mechanism for pericarp resistance to abrasion by larvae of the Sunflower moth (Lepidoptera: Pyralidae). Environ. Entomol. 12: 277-285.

Rogers, C.E. and J.G. Serda, 1982. *Cylindrocopturus adspersus* in Sunflower: overwintering and emergence patterns on the Texas high plains. Environ. Entomol. 11: 154-156.

Rogers, C.E. and J.K. Westbrook, 1985. Sunflower moth (Lepidoptera: Pyralidae): overwintering and dynamics of spring emergence in the southern Great Plains. Environ. Entomol. 14: 607-611.

Rogers, C.E. and O.R. Jones, 1979. Effects of planting date and soil water on infestation of Sunflower by larvae of *Cylindrocopturus adspersus*. J. Econ. Entomol. 72: 529-531.

Rogers, C.E., 1978. Sunflower moth: feeding behavior of the larva. Environ. Entomol. 7: 763-765.

Rogers, C.E., 1988a. Entomology of indigenous *Helianthus* species and cultivated Sunflowers, pp. 1-38. *In*: M. K. Harris and C. E. Rogers [eds.], The Entomology of Indigenous and Naturalized Systems in Agriculture. Westview, Boulder, CO.

Rogers, C.E., 1988b. Insects from native and cultivated Sunflowers (*Helianthus*) in southern latitudes of the United States. J. Agric. Entomol. 5: 267-287.

Rogers, C.E., 1992. Insect pests and strategies for their management in cultivated Sunflower. Field Crops Res. 30: 301-332.

Rogers, C.E., J. Gershenzon, N. Ohno, T.J. Mabry, R.D. Stipanovic and G.L. Kreitner, 1987. Terpenes of wild Sunflowers (*Helianthus*): an effective mechanism against seed predation by larvae of the Sunflower moth, *Homoeosoma electellum* (Lepidoptera: Pyralidae). Environ. Entomol. 16: 586-592.

Schulz, J.T., 1978. Insect pests, pp. 169-223. *In*: J. F. Carter [ed.], Sunflower Science and Technology. Agronomy Series 19. American Society Agronomy, Madison, WI.

Spring, O., U. Bienert and V. Klemt, 1987. Sesquiterpene lactones in glandular trichomes of Sunflower leaves. J. Plant Physiol. 130: 433-439.

Teetes, G.L. and N.M. Randolph, 1969. Seasonal abundance and parasitism of the Sunflower moth, *Homoeosoma electellum*, in Texas. Ann. Entomol. Soc. Am. 62: 1461-1464.

Westdal, P.H., 1949. A preliminary report on the biology of *Phalonia hospes* (Walsingham), a new pest of Sunflowers in Manitoba, pp. 1-3. 80th Annual Report of Entomol. Soc. Ontario.

Westdal, P.H., 1975. Insect pests of Sunflowers, pp. 479-495. *In*: J. T. Harapiak [ed.], Oilseed and Pulse Crops in Western Canada-a Symposium. Modern, Saskatoon, Sask.

Yang, S.M., C.E. Rogers and N.D. Luciani, 1983. Transmission of *Macrophomina phaseolina* in Sunflower by *Cylindrocopturus adspersus*. Phytopathology 73: 1467-1469.